U0252710

农田土壤冻融过程及生境效应理论与实践

付 强 李天霄 侯仁杰 等 著

科学出版社

北京

内 容 简 介

为了提升寒区农业水土资源利用效率，构建冻融农田水土环境健康循环模式，本书以黑龙江省松嫩平原典型黑土区作为研究对象，以寒区农田水土环境低碳、绿色、可持续生产为目标，采用室内机理探索、大田试验验证、区域尺度推广相结合的研究方法，系统地探索了冻融土壤水、热、养分环境响应机制及协同调控技术。全书共十章，主要内容包括农田冻融土壤物理特征参数分析、农田冻融土壤水热状况及能量传输机制、农田冻融土壤水热复杂性特征识别、农田冻融土壤水热盐协同运移理论及过程模拟、农田冻融土壤碳氮循环转化机理及伴生过程、作物生育期土壤环境演变机理及综合效应等内容。

本书可供农业水土工程、环境科学与工程、水文学等领域的科研人员、教师和管理人员参考，也可作为相关专业研究生的学习参考书。

图书在版编目（CIP）数据

农田土壤冻融过程及生境效应理论与实践 / 付强等著. --北京：科学出版社，2024.8

ISBN 978-7-03-076165-1

Ⅰ. ①农… Ⅱ. ①付… Ⅲ. ①冻融作用-耕作土壤-土壤生态学-生态环境-研究 Ⅳ. ①S155.4

中国国家版本馆 CIP 数据核字（2023）第 149565 号

责任编辑：孟莹莹　程雷星 / 责任校对：郝甜甜
责任印制：徐晓晨 / 封面设计：无极书装

科 学 出 版 社 出版
北京东黄城根北街 16 号
邮政编码：100717
http://www.sciencep.com

中煤（北京）印务有限公司印刷
科学出版社发行　各地新华书店经销

*

2024 年 8 月第 一 版　　开本：787×1092　1/16
2024 年 8 月第一次印刷　　印张：25
字数：593 000

定价：299.00 元
（如有印装质量问题，我社负责调换）

前　　言

东北黑土区是全球四大黑土区之一，典型黑土地耕地面积为 1853.33 万 hm^2，粮食产量占全国粮食总产量的 1/4，输出的商品粮占全国商品粮总量的 1/3，为保障国家粮食安全做出了重要贡献。随着粮食产能的不断提升以及黑土地长期大规模、高强度的集约利用，土壤生态问题日益凸显，在一定程度上制约了区域农业的发展。在农业生产过程中，过度使用化肥会影响土壤的理化性质，导致土壤板结、酸化。受季节性冻融循环作用的影响，土壤冻层水分相变加剧了水文过程的不确定性，导致融雪期大量融雪水无法正常入渗，形成了具有高寒地区特色的春季涝渍灾害。另外，冻融交替作用破坏了土壤微孔结构，导致土壤可蚀性增大，加剧了降雨或融雪径流引发的土壤流失效应。黑土区复杂的气候类型及水文循环特征强烈影响了农田水土环境，降低了作物水养利用效率，改变了农田作物生境，进而对黑土区粮食产能稳步提升产生威胁。

2021 年 7 月，农业农村部、国家发展改革委、财政部、水利部等七部门联合印发了《国家黑土地保护工程实施方案（2021—2025 年）》。黑土区隶属于季节性冻土区，受气象环境影响，越冬期土壤内部频繁地发生着能量交换，进而改变着土壤中水热环境状态。在此背景下，通过对寒区不同农田耕作模式的土壤水土环境效应进行研究，有效发挥冻融过程在漫长冬季中对作物生境的修整作用，对于减弱土壤养分供给失衡对黑土区粮食产能安全及绿色可持续发展的威胁具有重要理论意义。同时，阐明土壤质量退化的过程及其对作物产量降低的影响机制，提出阻控黑土地农田土壤质量退化的水肥气热耦合调控的技术途径，对于寒区农业水土资源高效利用及黑土生境保护模式构建具有重要实践意义。

本书立足于我国东北松嫩平原典型黑土区，以农田冻融土壤水土环境为研究载体，通过部署野外试验站点，定点观测了东北黑土区土壤水、热、养分变化情况，提炼了关于寒区黑土保护的基础理论。本书作者以"土壤冻融过程机制—水土环境协同机理—土壤养分改良效应"为研究主线，通过近十年的野外田间试验，并结合室内试验机理探索，开展了土壤结构演变、水热盐耦合运移、碳氮循环转化、能量跨介质传输、水热复杂性分析、植物生境调控等方面的理论和试验研究。作者写作本书的目的在于阐明农田土壤理化性质对冻融循环的响应机制，明确土壤水热环境与气候变化的协同效应关系，揭示农田冻融土壤生境健康恢复机理，为东北黑土区农田资源可持续利用提供技术支撑。

本书主要内容如下：第一章为寒区农田土壤生境理论概述，主要对国内外相关研究进行梳理、论述，并确定本书的具体研究内容、研究方法和技术路线；第二章为研究区概况，主要对研究区域松嫩平原自然地理概况、土质类型及植物覆被状况、河流水系及水文状况进行系统概括；第三章为农田冻融土壤物理特征参数分析，主要对土壤物理特征参数在冻融循环条件下的变化特征进行探究，并在此基础上阐述外源介质对土壤物理特征参数的调控效果；第四章为农田冻融土壤水热状况及能量传输机制，主要阐述水分迁移运动、能量传递过程在大气、覆被、土壤各层次之间的协同效应与互馈机制关系；

第五章为农田冻融土壤水热复杂性特征识别，主要采用复杂性评价理论识别土壤水热时间序列变异波动性效果，进而采取有效的调控措施，降低土壤水热变异的不确定性；第六章为农田冻融土壤水热盐协同运移理论及过程模拟，主要构建了冻融期土壤水热盐多维传输模型，定量表征了冻融土壤水热盐耦合迁移特征及互馈作用机制；第七章为农田冻融土壤碳素循环转化机理及伴生过程，主要探究了冻融过程对土壤碳素循环的影响，揭示了土壤碳素矿化速率及温室气体排放通量对土壤水热的响应机制；第八章为农田冻融土壤氮素循环转化机理及伴生过程，主要挖掘土壤氮素矿化及其伴生过程对土壤水热环境的响应机制，定量表征土壤氮素转化与环境敏感性因子之间的协同效应关系；第九章为作物生育期土壤环境演变机理及综合效应，主要探索生物炭调控对作物生育过程中土壤水肥利用效率的提升潜力，通过对比分析不同生物炭调控模式下土壤碳、氮迁移转化效果，进而剖析大豆生长发育过程的环境协同效应；第十章为农田土壤冻融过程及生境效应理论发展问题与展望，主要梳理了农田冻融土壤水土环境研究的重要发现、农田冻融土壤生态过程的核心问题与挑战、农田冻融土壤生境健康调控的未来展望，以有效指导寒区农田黑土水热过程及健康生境模式构建。

本书由多位长期致力于农田土壤冻融过程的水土环境效应、农业水土资源高效利用理论方法及应用、黑土地保护与可持续利用等研究的学者撰写完成。本书共十章，撰写分工情况如下：第一章由付强撰写完成；第二章由侯仁杰和薛平撰写完成；第三～五章由付强、李天霄撰写完成；第六～八章由付强、侯仁杰撰写完成；第九章由付强撰写完成；第十章由付强、李天霄、侯仁杰撰写完成；付强负责全书统稿。此外，本书的撰写得到了东北农业大学博士研究生杨学晨、薛平、石国新、李庆林、龚一丹、张玉豪、刘明轩、马效松、马梓焘，硕士研究生蒋睿奇、赵航等的大力协助，在此表示真诚的感谢！

本书是作者近十年相关研究工作的总结，为该领域提供了新的研究思路和科学方法，可为广大在读研究生、科研工作者处理寒区农田土壤生境健康问题提供相关理论指导和实际解决方案。在本书写作过程中，作者参考和引用了国内外大量相关论著，吸收了同行专家的宝贵成果，在此谨向各位学者表示衷心的感谢！

衷心感谢国家自然科学基金委员会对本书相关研究工作的支持，感谢国家杰出青年科学基金项目"农田土壤冻融过程的水土环境效应"（No. 51825901）、国家自然科学基金区域创新发展联合基金项目"黑龙江省农田土壤冻融过程及生境健康调控机理研究"（No. U20A20318）的联合资助。通过本书的出版，力求不断改进我们在农业水土资源高效利用和农田生境健康绿色调控等方面的研究工作，立足于中国东北地区高寒环境，持续推进寒区农业水土工程的创新研究。面向未来，团队将继续扎根黑土，不忘初心、砥砺前行、锐意进取，不负科研工作者的使命与担当，破解寒区农业发展瓶颈，为东北粮食主产区资源安全与生态安全保驾护航！

由于作者水平有限，加之时间仓促，书中难免存在一些不足之处，恳请各位同行专家、广大读者给予批评指正。

作　者

2023 年 7 月

目　　录

第一章　寒区农田土壤生境理论概述

第一节　寒区土壤冻融过程概述

土壤冻融交替是随着季节或者昼夜更替土壤能量收支发生变化，在表土及以下深度形成的反复冻结和解冻的过程，其广泛存在于中高纬度及高海拔地区。全球有55%~70%的陆地面积受土壤冻融交替的影响。我国作为世界第三冻土大国（俄罗斯、加拿大分列第一、第二名），有近70%的地区属于季节性冻土区[1]。冻融土壤作为含有特殊冰晶的土-水结构体，与外界环境存在着频繁的物质交换与能量传输过程，对人类的生产活动和生存环境都具有极其重要的影响[2]。冻融循环作用主要通过调节水热时空分布特征，促使土壤微生物量、微生物群落组成和结构发生改变，进而影响碳、氮元素在土壤中的迁移和转化，其是陆地生态系统养分元素循环转化的重要驱动因素[3]。

土壤的冻融循环是一个较为复杂的过程，它伴随着物理、物理化学、力学的现象，主要体现为土壤水热传输、水分相变以及盐分的积累[4]。冻结期，一部分土壤液态水转化为固态冰，随着液态含水量的降低，土壤基质势减小，在土壤基质势梯度的驱动作用下，土壤液态水不断向土壤的冻结锋面移动，导致土壤垂直剖面出现含水量峰值。融化期，土壤冻结锋面积聚的固态冰转变为液态水，在重力梯度的驱动作用下，土壤垂直剖面再次出现水分聚集的现象[5]。此外，土体冻结过程中，在外界环境的驱动作用下，土壤冻结锋面由地表逐渐向深层移动，在土壤垂直剖面形成一个温度梯度，在此驱动力作用下，热量从高温区向低温区传递，形成一个复杂的水热交换界面[6]。土壤水分迁移转化影响溶质扩散，导致土壤盐分出现重分布现象。冻结过程中，伴随着土壤水的相变转化，盐分离子逐渐析出，并且随未冻水在土壤孔隙通道中继续运移传输，在土壤表层聚集[7]。而在春季解冻期，土壤冻结夹层抑制了表层融雪水对于土壤盐分的淋洗作用，导致土壤次生盐渍化现象发生，危害春季作物幼苗生长，严重影响作物产量，威胁冻土区农业可持续发展。

第二节　冻融作用对土壤物理参数的影响

农田土壤冻融过程引发的土壤物理性质变化主要受土壤水分频繁相变的影响，水分相变改变了土壤的体积和形态，且在此过程中伴随着能量交换和一系列的外力作用，这些作用对土壤结构演变具有强烈的影响[8]，具体表现为土壤团聚体、土壤孔隙结构、土壤容重以及土壤导水性在冻融前后的多元变化。

一、土壤团聚体

土壤团聚体是土壤颗粒在物理、化学及生物作用下凝聚胶结而成的团粒，其抵抗外力作用、保持原有形态的能力称为土壤团聚体稳定性[9]。土壤团聚体稳定性的变化能够影响土壤水、肥、气、热循环，改变土壤酶的丰富度与活性，其在评价土壤结构特征、抗侵蚀性能方面具有重要意义[10]。土壤团聚体易受土壤生物和农田耕作制度的影响。微生物是土壤生物的重要组成部分，其代谢产生的多糖、氨基酸等物质对土壤颗粒有黏结作用，且微生物的菌丝对团聚体的形成也有促进作用[11]。另外，土壤动物活动和排泄物对土壤结构和气体循环过程也有显著影响。龚鑫[12]研究证实了蚯蚓对土壤大团聚体形成具有促进作用，且有利于土壤通气保水性能的提升。农田耕作制度可直接或间接地影响土壤结构，连年耕作易导致土壤退化，不利于农业生产[13, 14]，而保护性耕作等措施可有效提升地力，恢复土壤结构[15]。Nath 和 Lal[16]发现保护性耕作可以提升土壤有机质含量和团聚体稳定性，有利于增强土壤的固碳能力。另外，外源介质对土壤结构也有一定影响。Abiven等[17]研究发现，合理使用有机肥不仅可以改善土壤结构，降低土壤侵蚀风险，还能够活化土壤养分，提高作物产量。Zhang 等[18]研究发现，秸秆和生物炭的联合施用可以增加土壤有机质和腐殖质，增强土壤团聚体稳定性。

土壤干湿交替和冻融循环过程中也伴随着土壤结构的改变。土壤经历干湿交替时，团聚体周围的水分环境发生变化，使团聚体收缩、膨胀，进而影响土壤团聚体结构的稳定性[19, 20]。Utomo 和 Dexter[21]研究发现干湿循环会使土壤团聚体出现微裂缝，团聚体抗拉强度降低，更易破碎。土壤在经历冻融循环时，土壤水分相变引发的冰体膨胀会使土壤中的大颗粒团聚体受到挤压而破碎，导致土壤团聚体分布不均，降低土壤结构稳定性[22]。此外，土壤团聚体稳定性还受土壤质地、初始含水量、土壤紧实度、冻融循环温度及次数等因素影响[23]。Kvaerno 和 Oygarden[24]研究表明，冻融循环降低了淤泥和黏土结构的稳定性，且在相同冻融条件下，淤泥结构稳定性的变化幅度显著高于黏土。Froese 等[25]发现当土壤下层存在冻层或滞水时，上层土壤含水量和基质势升高，凝聚力降低，加剧了土壤团聚体的裂解。Li 和 Fan[26]研究发现冻融温度降低会加速大颗粒土壤团聚体的破碎，降低大粒径土壤团聚体比重。Ma 等[27]通过计算机体层成像（computed tomography，CT）和三维图像可视化技术研究冻融循环作用下表层土壤的结构变化，发现随着冻融循环次数的增加，土壤团聚体裂解程度加剧，土体导气、导水能力增强。

二、土壤孔隙结构与土壤容重

土壤孔隙结构是指土壤颗粒之间及内部的孔隙数量、形态和空间分布情况。土壤中的水、气迁移和生化反应均受孔隙结构的影响[28]。土壤孔隙度指单位体积土壤中孔隙体积所占的百分比，其数值大小能够衡量土壤颗粒排列的疏松程度[29]。土壤容重是单位容积土体的干重，与土壤孔隙度呈负相关关系，当土壤容重增大时，孔隙度降低，水分和气体在土体中的流动能力减弱，不利于作物根系生长[30]。在农业生产中，连年耕作使土壤容重增大，孔隙度降低，进而影响土壤水分入渗和气体交换能力。而深翻等耕作措施可以改善土壤孔隙结构，提高土壤的保水能力，有利于作物生长[31]。化肥的过度施用使土壤养分流失，腐殖质减少，造成土壤板结，通气、透水能力降低。改变施肥方式，合理配施有机肥可以增加土壤有机质含量，提升微生物丰度和酶活性，进而改善土壤孔隙结构[32]。另外，灌溉方式对土壤孔隙结构和容重也有显著影响，冀保毅等[33]研究发现，与移动式管灌相比，微喷灌使土壤孔隙度增加了 84%，且提升了花生产量。李泽霞等[34]研究发现，喷灌的农田土壤容重显著小于常规漫灌农田，且孔隙度和持水量也有所改善。

在季节性冻土区，土壤水在冻融作用下的相变过程使土壤发生冻胀和融沉，土壤孔隙结构和容重会发生改变[35]。土壤在冻结过程中，液态水转化成冰晶，体积膨胀产生推力使部分土壤颗粒破碎、变形，并促进土壤颗粒运动，土壤孔隙结构发生改变。在融化过程中，土壤颗粒间的冰晶转化为液态水，土壤颗粒随液态水运移堵塞了土壤小孔隙，进一步影响了土壤的孔隙度与容重[36]。此外，冻融导致的土壤孔隙度与容重的变化会改变土壤的黏聚力，导致土体更易发生侵蚀，增加了土体失稳风险[37]。Starkloff 等[38]探究冻融作用对不同质地土壤孔隙度的影响，发现冻融作用对松散砂土的影响要大于结构紧实的土壤。肖俊波等[39]通过控制冻融循环次数与土壤的初始含水量两个因素，证实冻融循环次数及含水量的变化显著影响土壤孔隙度和容重。刘佳等[40]研究发现，土体冻胀作用随着温差的增大而增强，伴随冻结强度的提升，土壤裂缝增多。

三、土壤导水性

土壤的水力特性决定了土壤水分扩散规律，具体指标包括：土壤饱和导水率、土壤非饱和导水率、土壤水分特征曲线、土壤水分扩散率等[41]。其中，土壤饱和导水率表示饱和土壤在单位水势梯度下，单位时间内通过的水量，其数值大小反映了土壤水分入渗速率和土壤水分分布情况[42]。土壤的导水性受自身结构的影响，其中，孔隙结构是影响土壤导水性的主要因素，土壤孔隙度越大，水分入渗速率越高，导水性越强[43]。另外，土壤导水性还受多种外界条件的影响，即使是同一土壤类型，也会因利用方式、地貌和环境的不同而发生改变。例如，林地土壤的导水性要显著高于裸地[44]，乔木林＞灌木林＞草地＞农田[45]。坡度和降水对土壤导水性能也有较大影响，地面坡度增加时，水分在坡面方向的作用力增大，促使地表形成坡面径流，土壤水分入渗能力减弱[46]。降水对土壤导水性的影响更加复杂，土壤导水性主要受降水强度、降水时间和降水总量等多因素交互作用影响[47]。He 等[48]研究发现，降水强度能够显著影响土壤水分的渗透速率，但随着降水时间的增加，降水强度对土壤导水性的影响逐渐降低。

寒区春季冻融循环往往伴随着积雪融化过程，土壤在冻融过程中形成的冰夹层阻隔了融雪水向下层的迁移，使土壤导水性能降低，增大了土壤水蚀的风险，且易造成涝渍灾害，危害农业生产[49, 50]。樊贵盛等[51]研究发现，当冻层温度逐渐降低、冻层厚度增加时，土壤中形成的冰晶体与低温会改变水分的黏滞性，导致土壤导水率大幅度减小。Watanabe 和 Osada[52]通过试验发现，土壤冻结后，温度下降对冻土的水力传导率影响较小，而融化时土壤含水量对土壤水分运动参数影响较大。赵春雷等[53]研究了冻融循环前后不同深度土壤饱和导水率的变化特征，发现冻融循环可以将土壤大团聚体破碎成小颗粒，堵塞土壤孔隙，进而降低土壤饱和导水率。Mccauley 等[54]研究了不同温度条件下冻土的水力特征参数，发现土壤水力传导度和水分扩散度随着含冰量的增加而减小。Cheng

等[55]同样证实了冻土水分导水性与含冰量具有负相关关系，并受冻结速率、土壤质地和孔隙大小的影响。

第三节 冻融土壤水热盐迁移过程

农田土壤冻融过程所引起的水分变化具有调节春季土壤墒情的潜力，水分变化不仅影响土壤与大气之间的能量交换，还极易对土壤溶质运移产生影响，使季节性冻土区土壤水循环和生态环境发生改变[56]。因此，探究冻融条件下土壤水热的迁移转化规律，对揭示季节性冻土区土壤能量传递机理，改善春季融雪期土壤水分条件具有重要意义。

一、冻融土壤与外界环境的能量交换过程

大气近地面与陆地下垫面之间水分、温度和动量的交换过程及土壤内部水热传导过程统称为陆面过程[57]。地表能量的收支平衡在一定程度上决定了土体内部的温度状态，是土壤水热盐协同运移的核心驱动力[58]。

土体内部与外界环境的能量收支平衡可以表述为各种能量分量的代数和，其表达式如下：

$$E_N = E_R + E_H + E_L + E_G + E_P \qquad (1\text{-}1)$$

式中，E_N 为净能量平衡；E_R 为净辐射通量；E_H 为感热通量；E_L 为相变潜热通量；E_G 为地表以下热通量；E_P 为降水带来的热通量。

陆地生态系统的地-气能量交换过程受地理位置、土壤状况和植被类型的影响。Amiro 等[59]对加拿大森林生态系统的研究发现，森林类型决定土壤与环境之间能量传输过程，并且落叶林土壤的潜热通量要高于针叶林。陈军锋等[60]、邢述彦等[61]分别对稻秆、玉米秸秆等作物残茬及植被覆盖条件下土壤水分迁移特征进行了深入分析，发现外源介质覆盖能够有效降低冬季土壤热量的散失。另外，外界环境变化也能使土壤能量发生改变，且浅层土壤的热量传递与气象因子密切相关[62]。在季节性冻土区，随着冬季降雪量的增加，积雪在土壤表面形成了新的覆盖层，由于积雪具有较高的反照率和热容量，阻碍了土壤与大气之间的能量交换，土表的能量传输过程发生改变[63]。李丹华等[64]对比分析了降雪前后土壤与大气之间的能量平衡特征，发现积雪覆盖降低了地-气能量传输通量，并且在融雪后感热通量和潜热通量很快恢复到降雪前的水平。此外，积雪深度、雪层密度和积雪时间对土壤能量变化也具有显著影响[65]。Shanley 和 Chalmers[66]研究发现积雪覆盖厚度增加，降低了地面热量的散失，土壤冻结深度减小。季节性冻融土壤水热传输示意图如图 1-1 所示。

二、土壤水分传输及融雪水入渗

冻融土壤水分传输不仅参与了自然界水分循环和能量交换过程，还显著影响了土壤溶质运移、气体循环和土壤生态环境[67]。外界气候环境变化显著影响了冻融土壤水分传

图 1-1　季节性冻融土壤水热传输示意图

输[68]，温度升高时，土壤表层水分蒸发量增大，下层水分通过毛细管作用向上层移动。但蒸发量过大时，土壤内部水分直接汽化，通过土壤孔隙向大气传输，导致干土层厚度增加，不利于春季作物生长[69]。地膜和秸秆覆盖能有效阻止水分蒸发，改善土壤水分状况。Dong 等[70]研究发现，覆膜能改善土壤表层微环境，降低土壤水分的无效蒸发，有利于土壤保水。白永会等[71]研究发现，适度的秸秆覆盖不仅能够抑制土壤水分蒸发，还可增强土壤入渗能力。冬季温度降低到 0℃ 以下时，表层冻结的土壤基质势降低，深层土壤水分在基质势梯度的作用下向表层汇集并形成冰晶，导致土壤水分入渗和传输能力减弱。另外，冻结过程中，土壤结构的改变对融化期土壤水分运输也具有重要的影响。刘红希等[72]研究发现，冻融作用促进了土壤水分垂直迁移，且降温幅度达到 15℃ 时，土壤水分迁移量最大。Fouli 等[73]研究证实，当土壤初始含水量较低时，冻土中水分传输更加活跃。

　　融雪水不仅是春季土壤水分的重要来源，也是造成春季涝渍灾害的主要原因。融雪初期，下层积雪能够储存上层融雪水，但随着积雪进一步融化，融雪水下渗补给土壤。融雪水在土壤中的入渗速率受融雪速率、土壤导水率、孔隙度和初始含水量等因素共同影响。当融雪速率大于土壤饱和导水率时，融雪水会在雪层和土壤表面之间形成水层或径流，温度降低后又形成冰层堵塞土壤孔隙，从而影响融雪水入渗。Iwata 等[74]研究证实，土壤表面形成冰层后，融雪水的入渗能力大幅降低。钱晓慧等[75]研究发现温度越高，融雪水的入渗深度越大，且随着坡度的增加，融雪水入渗速率减小。在季节性冻土区，冻土中的冰夹层也会阻隔融雪水的入渗，增加了春季土壤涝渍灾害风险。Lin 和 Mccool[76]研究证实，冻土对融雪水入渗具有阻隔作用，且入渗能力受土壤冻融状况的影响。Niu 和 Yang[77]研究表明，冻土中的冰显著影响了季节性冻土的水热特性，使融雪水入渗能力降低。

三、冻融土壤盐分协同运移过程

土壤盐分主要指土壤中的氯盐、硫酸盐和碳酸盐，土壤含盐量过多会对作物产生渗透胁迫和离子毒害，严重制约了农业生产。季节性冻土区土壤水分是可溶性盐运移的载体，盐分在垂直方向上的迁移受水分蒸发、入渗和冻融作用的影响[78]。北方寒区农业生产大量施加肥料，导致盐分随水分向土壤表层聚集，使土壤出现盐渍化，危害作物生长[79]。

冻融作用引起的土壤水盐运移是寒区土壤盐渍化的主要原因之一[80, 81]。土壤在经历冻融作用时，土壤盐分在外界自然环境驱动和地表水-地下水连通作用下，表现出复杂的迁移规律（图1-2）。在冻结期，随着温度的下降，表层土壤冻结，在势能差的驱动下，土壤盐分随水分向冻结区迁移并富集[82-84]；随着水分相态的转变，部分盐分从冰晶体中分离，使冻结区中未冻水的盐分含量上升，在浓度差的作用下，盐分又向未冻结土壤迁移。同时，冻结作用导致的土壤结构变化对溶质运移也具有一定的阻隔作用，使盐分在冻结层积累[85]。在融化期，随着气温回升，冻结土壤表层和深层出现双向融解现象[86]。冻层中的盐分，一部分随融水向下层迁移，导致地下水含盐量增加；另一部分盐分随水分蒸发向土壤表层聚集，造成春季返盐现象[22]。Wu 等[87]研究发现，盐分在冻结期向土壤表层的迁移量大于融化期向下层的迁移量，使土壤表层含盐量增加，导致土壤盐渍化。Zhang 和 Wang[88]研究证实，春季土壤水分的强烈蒸发及土壤未融解层的阻隔，减少了盐分向土壤深层的迁移量，出现返盐现象。秸秆还田能够有效缓解春季返盐对耕作层土壤

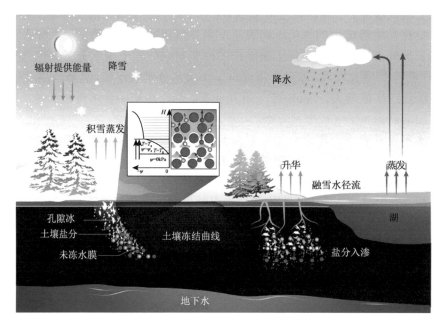

图 1-2　冻融土壤水热盐协同运移

$T = T_s$ 为土壤中液态水全部转化为固态冰的时间；Ψ_s 为该条件下的基质势。$T = T_0$ 为土壤中液态水开始转化为固态冰的时间；0kPa 为该条件下的基质势为 0

造成的危害。付强等[4]研究发现秸秆覆盖不仅能显著降低无效水分蒸发，提高播种期的土壤储水量，还能减弱水分迁移与盐分扩散效果。毕远杰等[89]研究发现，秸秆深埋有利于水分的入渗，提高土壤持水能力，改善土壤水盐分布状况。李慧琴等[90]研究指出，秸秆隔层处理有效抑制了盐分随土壤水向上层移动，增强了盐分淋洗效果。

第四节　冻融土壤碳氮循环协同效应

冻融作用是寒区生态系统土壤碳氮循环过程的重要驱动力，通过影响土壤的理化性质，进而对土壤微生物分解和温室气体排放产生重要影响（图 1-3）。长期的生态系统监测表明，冻融作用产生的影响会延续到作物生长期。碳氮元素作为土壤肥力的基础，是影响作物生长发育及产量品质的关键因子。因此，研究冻融土壤碳氮循环协同效应对农田生态环境及粮食安全具有重要意义。

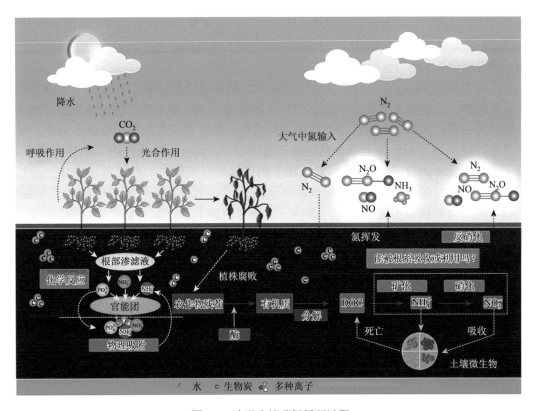

图 1-3　冻融土壤碳氮循环过程

一、土壤碳素循环

植被、土壤和大气之间的碳循环与陆地生态系统息息相关，土壤作为陆地生态系统中最大的碳库，通过有机碳分解向空气中释放了大量的 CO_2，对大气 CO_2 含量和气候变化造成显著影响[91]。在碳固定过程中，土壤可直接通过化学反应将大气中的 CO_2 转化为碳酸盐[92]。另外，植物通过光合作用将大气中的 CO_2 转化为碳水化合物储存在植物体内，并随植物凋落物和残体向土壤中迁移，在微生物的分解作用下转化成有机碳，为土壤中动植物的生命活动提供能量补给[93]。

土壤有机碳作为土壤碳元素的主要组成部分，其含量和组分变化能够反映土壤结构和肥力状况，对土壤耕作质量和作物产量具有显著影响[94]，且土壤有机碳含量增加对缓解温室效应也有重要作用[95]。土壤活性有机碳是土壤碳素循环的关键因素，主要包括易氧化有机碳、可溶性有机碳和微生物量碳。其中，可溶性有机碳是土壤有机碳库最活跃的组分之一[96]，可被微生物直接利用，并在微生物的作用下，分解矿化为 CO_2 向大气中释放[97]。土壤有机碳的组分变化及其分解、矿化过程受气候变化、人类活动和土壤理化性质的影响。Davidson 和 Janssens[98]研究发现，增温能够加快土壤易氧化有机碳和可溶性有机碳的分解，促进土壤呼吸，使土壤有机碳含量降低。Zhou 等[99]研究发现降水能够提升土壤有机碳含量，且降水量增加能够显著增大微生物量碳含量。Tan 和 Lal[100]研究发现，与常规耕作相比，保护性耕作增大了土壤有机碳含量，有利于提升土壤固碳潜力。Wang 等[101]研究表明，土壤 pH 不仅可以直接影响土壤无机碳含量，还可以通过影响微生物活性间接调节土壤有机碳库。

在季节性冻土区，外界环境变化所引起的土壤冻融交替现象不仅改变了土壤结构，还显著影响了土壤微生物数量和酶活性，从而驱动土壤碳素循环过程发生变化[102]。在冻融循环初期，冰晶的冻胀作用导致团聚体破裂、微生物大量死亡，释放出小分子糖、氨基酸，使土壤可溶性有机碳含量迅速升高[103, 104]。同时，冻融作用会破坏土壤中大分子有机物质中的分子键，使其释放出更多的可溶性有机物[105]。随着冻融循环的进行，微生物适应能力增强，死亡微生物数量逐渐减少[106]，且土体颗粒的裂解增大了土壤微生物与可溶性有机碳的接触面积，促进了土壤有机碳的矿化和分解[107]。周旺明等[108]对三江平原土壤碳循环进行研究，证实了土壤可溶性有机碳含量随着冻融循环次数的增加呈先上升后降低趋势。此外，在冻融循环过程中，可溶性有机碳的释放速率还与土壤有机碳含量有关，Herrmann 和 Witter[109]研究也证实了当土壤有机碳含量较高时，土壤团聚体更加稳定，包裹在土壤团聚体中的有机碳在冻融作用下逐步释放。高宇[110]研究发现，冻融作用降低了土壤总有机碳含量，而适量施用生物炭能够提升土壤总有机碳和可溶性有机碳含量，对农田生态环境改良具有促进作用。李传松等[111]研究发现，添加秸秆能够有效提升土壤中有机碳含量，且外源有机物料的施用能够减小冻融作用对土壤碳素循环的影响。

二、土壤氮素循环

氮素是构成活体生物组织最基本的化学元素之一，对控制生态系统的动态平衡具有重要作用[112]，其主要通过固持、矿化、硝化与反硝化作用等内循环过程以及氮输入、氮输出等外循环过程进行迁移转化[113]。

氮素固持是指微生物对土壤无机氮的同化过程，通常根据土壤微生物量氮的变化量来衡量氮素固持作用的强弱[114]。在冻融循环条件下，低温环境会改变土壤微生物丰度与活性，影响土壤氮素固持效应。短期冻融循环过程可以促进微生物群落从真菌群落转变为细菌群落，增强微生物对无机氮的固持能力[115, 116]。然而，在长期冻融循环驱动下，土壤微生物群落结构逐渐趋向真菌群落发展，不利于微生物对氮素的固持[117-119]。氮素矿化是影响植物生长的关键过程，土壤中的氮素主要以有机氮的形式存在，需通过微生物矿化作用转变为无机氮才能为植物吸收利用[120]。冻融初期土壤氮矿化速率显著增大[108]，但随着冻融循环频次的增加，土壤氮矿化速率表现出下降趋势并逐步稳定[121, 122]。冻融作用会使土壤团聚体被破坏和微生物细胞裂解并释放出其中的营养物质，这些营养物质可以作为反应底物增强矿化作用[123]。随着冻融过程的进行，土壤微生物逐渐适应环境变化，死亡数量随冻融次数的增加而减少，土壤内部可以释放的氮素处于稳定状态[124]。

　　硝化作用是指氨在有氧条件下被亚硝酸细菌和硝酸细菌逐步氧化为亚硝酸和硝酸的过程，主要根据土壤中硝酸盐的变化量确定硝化强度[125]。反硝化作用指 NO_2^- 或 NO_3^- 转化为气态 NO、N_2O 和 N_2 的过程，土壤气态氮的排放不仅降低了土壤氮肥利用率[126]，也造成了全球气候变暖和大气污染等环境问题，其排放比例取决于土壤特性、气候因素和管理措施等因素的相互作用。频繁的冻融交替使土壤形成"有氧""无氧"或者介于二者之间的环境，这为硝化和反硝化作用创造了各自有利的条件[127]。尽管硝化和反硝化过程对 N_2O 产生的贡献难以量化，但有研究表明冻融循环过程中反硝化作用是导致 N_2O 排放量增加的主要原因[128]。由于季节性冻土区冬季冰封表面和上层雪被的存在，土壤冻结时的通气性能较差，土层中就会形成一定的厌氧条件，土壤反硝化过程加剧。在土壤解冻和排水开始之前，冰层隔绝了土壤中气体的逸出；土壤融化和排水开始之后，空气进入土壤内部，使得土壤中积聚的气体大量逸出土壤，这是土壤中聚积的气体在融化期达到排放峰值的主要原因[129]。

　　频繁的冻融循环会改变土壤氮素格局，加速有机氮素转化，提高有效氮素水平，满足生长季节初期作物对养分的需求[130]。但是，冻融循环多发生在作物非生长季，使得土壤氮素供应与作物氮素利用存在时间上的错位[131]。冻融循环在弥补寒区生态系统有效氮素缺乏短板的同时也增加了氮素损失风险，甚至导致负面环境效应[132]。因此，加强冻融循环对土壤氮素有效性和氮素损失的影响研究，将有助于寒区农田土壤氮素健康调控及长效可持续利用。

第五节　冻融土壤外源调控技术

　　农田土壤退化是影响区域农业生产和生态环境建设的主导因素，如何以适宜的管理措施保护和利用农业资源，改善农田土壤质量状况，发展区域可持续农业是国内外关注和研究的重点。在季节性冻土区，冻融循环作用改变了农田土壤结构和水热传输过程，引发农田土壤春季涝渍灾害，影响土壤生物化学过程。在非生育期土壤冻结条件下，将农业生物质材料还田，进而调节土壤水热环境演变过程，成为寒区农田土壤健康可持续利用的有效途径。目前，季节性冻土区农田土壤水热环境调控的外源介质以生物炭和秸秆为主，具体实践成果如下。

一、生物炭对农田冻融土壤环境的影响

生物炭（biocarbon）是生物质残骸经过高温处理形成的一种富含碳的有机物[133]。由于其取材广泛，并且功能丰富，逐渐被应用于土壤科学、农林科学以及环境科学的研究之中[134]。在土壤物理特性方面，由于生物炭疏松多孔，其施入土壤后一部分与土壤颗粒形成炭-土复合体的基本骨架，另一部分填充土壤空隙，改变了土壤孔隙结构，进而调节土壤水热状况[135]。此外，生物炭中富含大量的有机质和矿质离子，能够显著促进土壤黏粒的团聚，有利于土壤稳定性团聚体的形成[136]。Zhao 等[137]通过野外田间试验发现生物炭显著增大了冻融土壤总孔隙度和直径＞0.25 mm 的团聚体比重，减小了土壤中粉粒、黏粒部分的比重，显著降低了土壤极微孔径所占比例，进而提高了土壤的保水性能。Jien和 Wang[138]发现生物炭改善了冻融土壤结构，增强了冻融土壤团聚体稳定性，降低了土壤侵蚀率，并且提出大团聚体的增加是减少土壤流失的主要因素。Ouyang 等[139]探究了生物炭对土壤团聚体稳定性和土壤水力特性的影响，发现了生物炭的添加促进了冻融土壤大团聚体的形成，增大了冻融土壤饱和导水率，降低了土壤残余含水量。Gao 等[140]发现生物炭可以降低冻融土壤的导热系数，从而提高土壤的保温效果，使冻融期间土壤温度提升幅度达 5.7℃。Li 等[141]研究发现生物炭能够为作物出苗提供良好的生长温度，并有效改善土壤墒情，为作物出苗提供保障。

在土壤环境方面，首先，生物炭自身含有经过高温裂解产生的无机盐离子，可以提高土壤阳离子交换量，从而增加土壤速效养分，进而改变土壤的养分循环[142]。其次，生物炭特有的官能团结构，可为微生物提供丰富的碳源，增强微生物代谢活动，促进酶的合成[143]。最后，生物炭自身呈碱性，能够提高土壤 pH，进而影响土壤化学性质，使土壤微生物群落组成和多样性受到干扰[144]。周丽丽等[145]发现冻融循环作用提高了土壤速效磷含量，而生物炭增强了土壤对于磷元素的吸附和固持能力，从而降低了土壤磷随融雪水流失的风险。Kavitha 等[146]认为生物炭本身含有大量有机质和无机离子，在一定程度上补给土壤肥料，为植物生长提供所需营养元素。雷海迪等[147]通过研究生物炭对土壤微生物群落结构的影响，发现生物炭显著增大了革兰氏阳性细菌/革兰氏阴性细菌的比值，并提出土壤 pH、全碳、全氮、C/N 是影响土壤微生物群落的主要因子。卜晓莉和薛建辉[148]认为生物炭提高了土壤微生物多样性和酶活性，从而促进了土壤氮元素的固定，抑制了土壤氮素流失。Giuntini[149]发现生物炭可以提高土壤固碳能力，减少土壤 CO_2 排放，并证实微生物可利用碳源是影响土壤碳排放通量的主要因素。

二、秸秆对农田冻融土壤环境的影响

东北地区秸秆资源丰富，但由于处理方式不当和技术缺乏等，秸秆资源利用程度较

低，大多在田间焚烧，加重了温室气体排放，对全球气候变暖产生一定影响[150]。近年来，秸秆还田作为改良土壤的农艺措施得到了广泛的应用。

在土壤物理性质方面，首先，秸秆还田可以提高土壤有机质含量，而土壤有机质是团聚体形成的重要胶结物质，可促进土壤中矿物和黏粒胶结形成大团聚体[151]。其次，秸秆还田提高了土壤孔隙度，改善了土壤保水通气性能[152]。最后，秸秆还田后秸秆与土体之间存在孔隙，使土壤和秸秆界面水势产生逆向差，延缓湿润锋推进速度，秸秆隔层表现出阻水减渗的效果，影响土壤入渗性能，从而改变土壤水分运动规律[153]。殷程程[154]研究表明秸秆还田促进了大粒径（＞0.05 mm）团聚体的生成，而对粒径＜0.05 mm 的团聚体影响不大。武际等[155]发现秸秆覆盖显著降低了表层土壤容重，增加了表层土壤的孔隙度和大团聚体占比，提高了土壤团聚体的稳定性。Hou 等[156]发现生物炭和秸秆搭配有效地改善了土壤水热状况，降低了土壤的全球增温潜势。孙开等[157]探究了秸秆覆盖对季节性冻融土壤水热环境的影响，证实了秸秆覆盖有效保持了土壤水分和温度，有利于改善季节性冻融期间土壤的水热状况。Chen 等[158]探究了秸秆覆盖对土壤水热变化特征的影响，提出玉米秸秆覆盖厚度为 5 cm 时土壤保水保温效果最好。

在土壤环境方面，秸秆富含大量有机质和其他营养元素，可以活化土壤养分，补充土壤氮、磷、钾等生源要素。秸秆还田为土壤微生物提供了大量的能量物质，促进了土壤微生物的大量繁殖，加速土壤生物化学过程循环效应，特别是对土壤有机质的分解具有明显的激发作用[159]。庞党伟等[160]研究证实了秸秆腐解过程中产生的有机质和营养元素可以促进土壤微生物的生长，提高土壤微生物的数量和多样性，从而调节土壤微环境。张前兵等[161]发现秸秆还田提高了土壤微生物对碳的利用效率，增加了土壤有机碳含量，使农田土壤质量得到进一步改善。李硕[162]发现玉米秸秆还田能有效提高土壤速效养分的储量，有利于土壤肥力和碳利用效率的提升。刘建国等[163]发现秸秆还田增加了冻融土壤真菌数量，降低了土壤微生物总量和多样性，并提出碳氮比是影响土壤微生物的主要因素。

第六节　技　术　路　线

作者团队长期致力于东北黑土区农业水土资源保护与高效利用方面的研究，积极开展了东北黑土地健康调控模式探究，通过部署野外试验站点，定点观测了东北黑土区土壤水、热、养分变化情况，提炼了关于寒区黑土保护的基础理论。本书主要以松嫩平原典型黑土为研究对象，通过近 10 年的野外田间试验，并结合室内试验机理探索，开展了土壤结构演变、水热盐耦合运移、碳氮循环转化、能量跨介质传输、水热复杂性分析、植物生境调控等方面的理论和试验研究。目的在于阐明农田土壤理化性质对冻融循环的响应机制，明确土壤水热环境与气候变化的协同效应关系，揭示农田冻融土壤生境健康恢复机理，为东北黑土区农田资源可持续利用提供技术支撑。具体技术路线如图 1-4 所示。

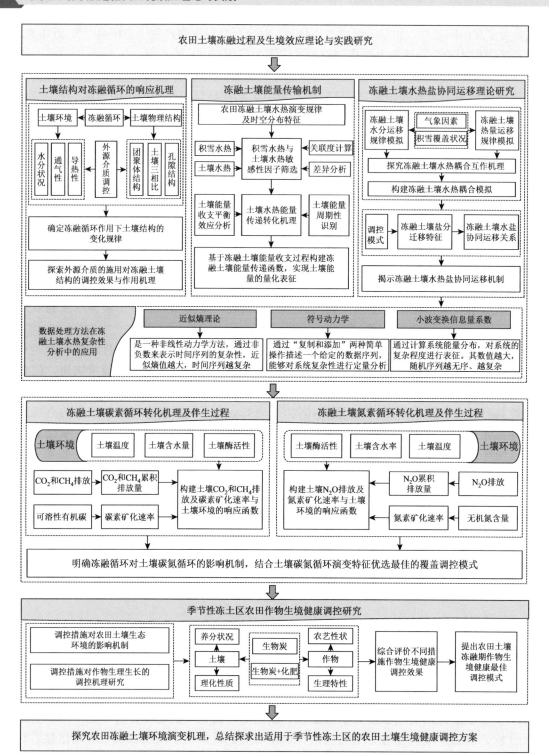

图 1-4　技术路线

参 考 文 献

[1]　王晓巍，付强，丁辉，等. 季节性冻土区水文特性及模型研究进展[J]. 冰川冻土，2009，31（5）：953-959.

[2]　Song Y，Zou Y C，Wang G P，et al. Altered soil carbon and nitrogen cycles due to the freeze-thaw effect：A meta-analysis[J]. Soil Biology and Biochemistry，2017，109：35-49.

[3]　岳书平，闫业超，张树文，等. 基于 ERA5-LAND 的中国东北地区近地表土壤冻融状态时空变化特征[J]. 地理学报，2021，76（11）：2765-2779.

[4]　付强，侯仁杰，马梓奡，等. 季节性冻土区不同调控模式对土壤水盐迁移协同效应的影响[J]. 黑龙江大学工程学报，2019，10（1）：1-10，33.

[5]　Ala M S，Liu Y，Wang A Z，et al. Characteristics of soil freeze-thaw cycles and their effects on water enrichment in the rhizosphere[J]. Geoderma，2016，264：132-139.

[6]　Kurylyk B L，Hayashi M. Improved Stefan equation correction factors to accommodate sensible heat storage during soil freezing or thawing[J]. Permafrost and Periglacial Processes，2016，27（2）：189-203.

[7]　吴谋松，王康，谭霄，等. 土壤冻融过程中水流迁移特性及通量模拟[J]. 水科学进展，2013，24（4）：543-550.

[8]　Chai Y J，Zeng X B，E S Z，et al. Effects of freeze-thaw on aggregate stability and the organic carbon and nitrogen enrichment ratios in aggregate fractions[J]. Soil Use and Management，2014，30（4）：507-516.

[9]　Huang L，Wang C Y，Tan W F，et al. Distribution of organic matter in aggregates of eroded Ultisols，Central China[J]. Soil & Tillage Research，2010，108（1-2）：59-67.

[10]　王清奎，汪思龙. 土壤团聚体形成与稳定机制及影响因素[J]. 土壤通报，2005，（3）：415-421.

[11]　Caesar-Tonthat T C，Stevens W B，Sainju U M，et al. Soil-aggregating bacterial community as affected by irrigation，tillage，and cropping system in the Northern Great Plains[J]. Soil Science，2014，179（1）：11-20.

[12]　龚鑫. 不同生境下蚯蚓对土壤微生物群落影响的机理研究[D]. 南京：南京农业大学，2018.

[13]　Tisdall J M，Oades J M. Landmark Papers：No. 1. Organic matter and water-stable aggregates in soils[J]. Journal of Soil Science，1982，33：141-163.

[14]　Boix-Fayos C，Calvo-Cases A，Imeson A C，et al. Influence of soil properties on the aggregation of some Mediterranean soils and the use of aggregate size and stability as land degradation indicators[J]. Catena，2001，44（1）：47-67.

[15]　Filho C C，Lourenço A，Guimarães M D F，et al. Aggregate stability under different soil management systems in a red latosol in the state of Parana，Brazil[J]. Soil and Tillage Research，2002，65（1）：45-51.

[16]　Nath A J，Lal R. Effects of tillage practices and land use management on soil aggregates and soil organic carbon in the North Appalachian Region，USA[J]. Pedosphere，2017，27（1）：172-176.

[17]　Abiven S，Menasseri S，Chenu C. The effects of organic inputs over time on soil aggregate stability：A literature analysis[J]. Soil Biology and Biochemistry，2009，41（1）：1-12.

[18]　Zhang J J，Wei Y X，Liu J Z，et al. Effects of maize straw and its biochar application on organic and humic carbon in water-stable aggregates of a Mollisol in Northeast China：A five-year field experiment[J]. Soil and Tillage Research，2019，190：1-9.

[19]　Singer M J，Southard R J，Warrington D N，et al. Stability of synthetic sand clay aggregates after wetting and drying cycles[J]. Soil Science Society of America Journal，1992，56：1843-1848.

[20]　刘昌鑫，潘健，邓羽松，等. 干湿循环对崩岗土体稳定性的影响[J]. 水土保持学报，2016，30（6）：253-258.

[21]　Utomo W H，Dexter A R. Soil friability[J]. Journal of Soil Science，1981，32（2）：203-213.

[22]　Wang E，Cruse R M，Chen X，et al. Effects of moisture condition and freeze/thaw cycles on surface soil aggregate size distribution and stability[J]. Canadian Journal of Soil Science，2012，92（3）：529-536.

[23]　Oztas T，Fayetorbay F. Effect of freezing and thawing processes on soil aggregate stability[J]. Catena，2003，52（1）：1-8.

[24]　Kvaerno S H，Oygarden L. The influence of freeze-thaw cycles and soil moisture on aggregate stability of three soils in Norway[J]. Catena，2006，67（3）：175-182.

[25] Froese J C，Cruse R M，Ghaffarzadeh M. Erosion mechanics of soils with an impermeable subsurface layer[J]. Soil Science Society of America Journal，1999，63（6）：1836-1841.

[26] Li G Y，Fan H M. Effect of freeze-thaw on water stability of aggregates in a black soil of Northeast China[J]. Pedosphere，2014，24（2）：285-290.

[27] Ma R M，Jiang Y，Liu B，et al. Effects of pore structure characterized by synchrotron-based micro-computed tomography on aggregate stability of black soil under freeze-thaw cycles[J]. Soil and Tillage Research，2021，207（3）：104855.

[28] Zhou H，Peng X H，Perfect E，et al. Effects of organic and inorganic fertilization on soil aggregation in an Ultisol as characterized by synchrotron based X-ray micro-computed tomography[J]. Geoderma，2013，195：23-30.

[29] Beven K，Germann P. Macropores and water flow in soils[J]. Water Resources Research，1982，18：1311-1325.

[30] Batey T. Soil compaction and soil management：A review[J]. Soil Use and Management，2009，25（4）：335-345.

[31] 王玥凯，郭自春，张中彬，等. 不同耕作方式对砂姜黑土物理性质和玉米生长的影响[J]. 土壤学报，2019，56（6）：1370-1380.

[32] Zhou H，Fang H，Mooney S J，et al. Effects of long-term inorganic and organic fertilizations on the soil micro and macro structures of rice paddies[J]. Geoderma，2016，266：66-74.

[33] 冀保毅，程琴，卫云飞，等. 不同灌溉方式对农田土壤性状和花生落果率的影响[J]. 灌溉排水学报，2017，36（6）：8-12.

[34] 李泽霞，陈爱华，董彦丽. 灌溉方式对半干旱区侧柏人工林土壤理化性质的影响[J]. 节水灌溉，2022，（3）：61-66，74.

[35] 孙宝洋. 季节性冻融对黄土高原风水蚀交错区土壤可蚀性作用机理研究[D]. 咸阳：西北农林科技大学，2018.

[36] 王风，韩晓增，李良皓，等. 冻融过程对黑土水稳性团聚体含量影响[J]. 冰川冻土，2009，31（5）：915-919.

[37] 王大雁，马巍，常小晓，等. 冻融循环作用对青藏粘土物理力学性质的影响[J]. 岩石力学与工程学报，2005（23）：4313-4319.

[38] Starkloff T，Larsbo M，Stolte J，et al. Quantifying the impact of a succession of freezing-thawing cycles on the pore network of a silty clay loam and a loamy sand topsoil using X-ray tomography[J]. Catena，2017，156：365-374.

[39] 肖俊波，孙宝洋，李占斌，等. 冻融循环对风沙土物理性质及抗冲性的影响试验[J]. 水土保持学报，2017，31（2）：67-71.

[40] 刘佳，范昊明，周丽丽，等. 冻融循环对黑土容重和孔隙度影响的试验研究[J]. 水土保持学报，2009，23（6）：186-189.

[41] 周健民，沈仁芳. 土壤学大辞典[M]. 北京：科学出版社，2013.

[42] 蒋太明，刘海隆，刘洪斌，等. 黄壤坡地土壤水分垂直变异特征分析[J]. 农业工程学报，2005（3）：6-11.

[43] Helalia A M. The relation between soil infiltration and effective porosity in different soils[J]. Agricultural Water Management，1993，24（1）：39-47.

[44] 许景伟，李传荣，夏江宝，等. 黄河三角洲滩地不同林分类型的土壤水文特性[J]. 水土保持学报，2009，23（1）：173-176.

[45] 夏江宝，陆兆华，高鹏，等. 黄河三角洲滩地不同植被类型的土壤贮水功能[J]. 水土保持学报，2009，23（5）：72-75，95.

[46] Essig E T，Corradini C，Morbidelli R，et al. Infiltration and deep flow over sloping surfaces：Comparison of numerical and experimental results[J]. Journal of Hydrology，2009，374（1-2）：30-42.

[47] 刘贤赵，康绍忠. 降雨入渗和产流问题研究的若干进展及评述[J]. 水土保持通报，1999（2）：60-65.

[48] He Z M，Jia G D，Liu Z Q，et al. Field studies on the influence of rainfall intensity，vegetation cover and slope length on soil moisture infiltration on typical watersheds of the Loess Plateau, China[J]. Hydrological Processes，2020，34（25）：4904-4919.

[49] 杨针娘，杨志怀，梁凤仙，等. 祁连山冰沟流域冻土水文过程[J]. 冰川冻土，1993（2）：235-241.

[50] Reynolds W D，Elrick D E. A method for simultaneous in situ measurement in the vadose zone of field saturated hydraulic conductivity，sorptivity and the conductivity pressure head relationship[J]. Ground Water Monit，2010，6（1）：84-95.

[51] 樊贵盛，郑秀清，贾宏骥. 季节性冻融土壤的冻融特点和减渗特性的研究[J]. 土壤学报，2000（1）：24-32.

[52] Watanabe K，Osada Y. Comparison of hydraulic conductivity in frozen saturated and unfrozen unsaturated soils[J]. Vadose Zone Journal，2016，15（5）：1-7.

[53] 赵春雷，邵明安，贾小旭. 冻融循环对黄土区土壤饱和导水率影响的试验研究[J]. 土壤通报，2015，46（1）：68-73.

[54] Mccauley C A, White D M, Lilly M R, et al. A comparison of hydraulic conductivities, permeabilities and infiltration rates in frozen and unfrozen soils[J]. Cold Regions Science and Technology, 2002, 34（2）：117-125.

[55] Cheng Q, Xu Q, Cheng X L, et al. In-situ estimation of unsaturated hydraulic conductivity in freezing soil using improved field data and inverse numerical modeling[J]. Agricultural and Forest Meteorology, 2019, 279（12）：107746.

[56] Wang J W, Luo S Q, Li Z G, et al. The freeze/thaw process and the surface energy budget of the seasonally frozen ground in the source region of the Yellow River[J]. Theoretical and Applied Climatology, 2019, 138（3-4）：1631-1646.

[57] 王介民. 陆面过程实验和地气相互作用研究[J]. 高原气象, 1999（3）：280-294.

[58] 任贾文, 盛煜, 李忠勤. 冰冻圈物理学[M]. 北京：科学出版社, 2020.

[59] Amiro B D, Barr A G, Black T A, et al. Carbon, energy and water fluxes at mature and disturbed forest sites, Saskatchewan, Canada[J]. Agricultural and Forest Meteorology, 2006, 136（3-4）：237-251.

[60] 陈军锋, 郑秀清, 秦作栋, 等. 冻融期秸秆覆盖量对土壤剖面水热时空变化的影响[J]. 农业工程学报, 2013, 29（20）：102-110.

[61] 邢述彦, 郑秀清, 陈军锋. 秸秆覆盖对冻融期土壤墒情影响试验[J]. 农业工程学报, 2012, 28（2）：90-94.

[62] Jacobs A F G, Heusinkveld B G, Holtslag A A M. Long-term record and analysis of soil temperatures and soil heat fluxes in a grassland area, The Netherlands[J]. Agricultural and Forest Meteorology, 2011, 151（7）：774-780.

[63] Lunardini V J. Climatic warming and the degradation of warm permafrost[J]. Permafrost and Periglacial Processes, 1996, 7（4）：311-320.

[64] 李丹华, 文莉娟, 隆霄, 等. 黄河源区玛曲3次积雪过程能量平衡特征[J]. 干旱区研究, 2018, 35（6）：1327-1335.

[65] Mellander P E, Laudon H, Bishop K. Modelling variability of snow depths and soil temperatures in Scots pine stands[J]. Agricultural and Forest Meteorology, 2005, 133（1-4）：109-118.

[66] Shanley J B, Chalmers A. The effect of frozen soil on snowmelt runoff at Sleepers River, Vermont[J]. Hydrological Processes, 1999, 13：12-13.

[67] 王子龙, 付强, 姜秋香, 等. 季节性冻土区不同时期土壤剖面水分空间变异特征研究[J]. 地理科学, 2010, 30（5）：772-776.

[68] 郑博艺. 东北黑土区寒季表土水分变化特征[D]. 沈阳：沈阳农业大学, 2016.

[69] 张兴娟, 王志敏, 郭文忠, 等. 灌溉后不同处理方式对土壤水分蒸发过程的影响[J]. 水土保持通报, 2014, 34（1）：74-78.

[70] Dong S D, Wan S Q, Kang Y H, et al. Different mulching materials influence the reclamation of saline soil and growth of the *Lycium barbarum* L. under drip-irrigation in saline wasteland in northwest China[J]. Agricultural Water Management, 2021, 247：106730.

[71] 白永会, 查轩, 查瑞波, 等. 秸秆覆盖红壤径流养分流失效益及径流剪切力影响研究[J]. 水土保持学报, 2017, 31（6）：94-99.

[72] 刘红希, 范昊明, 许秀泉. 黑土冻融过程中水分垂直迁移模拟研究[J]. 水土保持学报, 2021, 35（1）：169-173.

[73] Fouli Y, Cade-Menun B J, Cutforth H W. Freeze-thaw cycles and soil water content effects on infiltration rate of three Saskatchewan soils[J]. Canadian Journal of Soil Science, 2013, 93（4）：485-496.

[74] Iwata Y, Nemoto M, Hasegawa S, et al. Influence of rain, air temperature, and snow cover on subsequent spring-snowmelt infiltration into thin frozen soil layer in northern Japan[J]. Journal of Hydrology, 2011, 401（3-4）：165-176.

[75] 钱晓慧, 荣冠, 黄凯. 融雪入渗条件下边坡渗流计算及稳定性分析[J]. 中国地质灾害与防治学报, 2010, 21（4）：27-33.

[76] Lin C, Mccool D L. Simulating snowmelt and soil frost depth by an energy budget approach[J]. Transactions of the Asabe, 2006, 49（5）：1383-1394.

[77] Niu G Y, Yang Z L. Effects of frozen soil on snowmelt runoff and soil water storage at a continental scale[J]. Journal of Hydrometeorology, 2006, 7（5）：937-952.

[78] 刘福汉, 王遵亲. 潜水蒸发条件下不同质地剖面的土壤水盐运动[J]. 土壤学报, 1993（2）：173-181.

[79] 樊自立, 陈亚宁, 李和平, 等. 中国西北干旱区生态地下水埋深适宜深度的确定[J]. 干旱区资源与环境, 2008（2）：

1-5.

[80] Chu L L, Kang Y H, Wan S Q. Effect of different water application intensity and irrigation amount treatments of microirrigation on soil-leaching coastal saline soils of North China[J]. Journal of Integrative Agriculture, 2016, 15 (9): 2123-2131.

[81] 成厚亮. 土壤基质势调控对南疆棉花生长和土壤水盐运移的影响[D]. 咸阳: 西北农林科技大学, 2021.

[82] Ma W J, Mao Z Q, Yu Z R, et al. Effects of saline water irrigation on soil salinity and yield of winter wheat - maize in North China Plain[J]. Irrigation and Drainage Systems, 2008, 22: 3-18.

[83] Bing H, He P, Zhang Y. Cyclic freeze-thaw as a mechanism for water and salt migration in soil[J]. Environmental Earth Sciences, 2015, 74 (1): 675-681.

[84] 姚宝林, 李光永, 王峰. 冻融期灌水和覆盖对南疆棉田水热盐的影响[J]. 农业工程学报, 2016, 32 (7): 114-120.

[85] 郭成. 冻结作用下含氯化钠黏土水、盐运移试验研究[D]. 焦作: 河南理工大学, 2018.

[86] 富广强, 李志华, 王建永, 等. 季节性冻融对盐荒地水盐运移的影响及调控[J]. 干旱区地理, 2013, 36 (4): 645-654.

[87] Wu D Y, Zhou X Y, Jiang X Y. Water and salt migration with phase change in saline soil during freezing and thawing processes[J]. Groundwater, 2018, 56 (5): 742-752.

[88] Zhang D F, Wang S J. Mechanism of freeze-thaw action in the process of soil salinization in northeast China[J]. Environmental Geology, 2001, 41: 96-100.

[89] 毕远杰, 王全九, 雪静. 覆盖及水质对土壤水盐状况及油葵产量的影响[J]. 农业工程学报, 2010, 26 (S1): 83-89.

[90] 李慧琴, 王胜利, 郭美霞, 等. 不同秸秆隔层材料对河套灌区土壤水盐运移及玉米产量的影响[J]. 灌溉排水学报, 2012, 31 (4): 91-94.

[91] Zhong Z K, Han X H, Xu Y D, et al. Effects of land use change on organic carbon dynamics associated with soil aggregate fractions on the Loess Plateau, China[J]. Land Degradation and Development, 2019, 30 (9): 1070-1082.

[92] Wang K B, Ren Z P, Deng L, et al. Profile distributions and controls of soil inorganic carbon along a 150-year natural vegetation restoration chronosequence[J]. Soil Science Society of America Journal, 2016, 80 (1): 193-202.

[93] 李强, 周道玮, 陈笑莹. 地上枯落物的累积、分解及其在陆地生态系统中的作用[J]. 生态学报, 2014, 34 (14): 3807-3819.

[94] Zotarelli L, Zatorre N P, Boddey R M, et al. Influence of no-tillage and frequency of a green manure legume in crop rotations for balancing N outputs and preserving soil organic C stocks[J]. Field Crops Research, 2012, 132: 185-195.

[95] Lou Y L, Xu M G, Chen X N, et al. Stratification of soil organic C, N and C∶N ratio as affected by conservation tillage in two maize fields of China[J]. Catena, 2012, 95: 124-130.

[96] 安龙龙, 郑子成, 王永东, 等. 耕作措施对玉米生长期黄壤坡耕地径流及可溶性有机碳流失的影响[J]. 水土保持学报, 2022, 36 (5): 75-81, 89.

[97] 秦赛赛, 翟秋敏, 杜睿, 等. 冻融对内蒙古温带贝加尔针茅草甸草原 N_2O 通量的影响[J]. 中国环境科学, 2014, 34 (9): 2334-2341.

[98] Davidson E A, Janssens I A. Temperature sensitivity of soil carbon decomposition and feedbacks to climate change[J]. Nature, 2006, 440 (7081): 165-173.

[99] Zhou X H, Zhou L Y, Nie Y Y, et al. Similar responses of soil carbon storage to drought and irrigation in terrestrial ecosystems but with contrasting mechanisms: A meta-analysis[J]. Agriculture Ecosystems and Environment, 2016, 228: 70-81.

[100] Tan Z X, Lal R. Carbon sequestration potential estimates with changes in land use and tillage practice in Ohio, USA[J]. Agriculture Ecosystems and Environment, 2005, 111 (1-4): 140-152.

[101] Wang X Y, Yu D S, Xu Z C, et al. Regional patterns and controls of soil organic carbon pools of croplands in China[J]. Plant and Soil, 2017, 421 (1-2): 525-539.

[102] 韩露, 万忠梅, 孙赫阳. 冻融作用对土壤物理、化学和生物学性质影响的研究进展[J]. 土壤通报, 2018, 49 (3): 736-742.

[103] Skogland T, Lomeland S, Goksøyr J. Respiratory burst after freezing and thawing of soil: Experiments with soil bacteria[J]. Soil Biology and Biochemistry, 1988, 20 (6): 851-856.

[104] Bullock M S, Nelson S D, Kemper W D. Soil cohesion as affected by freezing, water content, time and tillage[J]. Soil Science

Society of America Journal，1988，52（3）：770-776.

[105] Larsen K S，Jonasson S，Michelsen A. Repeated freeze-thaw cycles and their effects on biological processes in two arctic ecosystem types[J]. Applied Soil Ecology，2002，21（3）：187-195.

[106] 王娇月，宋长春，王宪伟，等. 冻融作用对土壤有机碳库及微生物的影响研究进展[J]. 冰川冻土，2011，33（2）：442-452.

[107] Yu X F，Zhang Y X，Zhao H M，et al. Freeze-thaw effects on sorption/desorption of dissolved organic carbon in wetland soils[J]. Chinese Geographical Science，2010，20（3）：209-217.

[108] 周旺明，王金达，刘景双，等. 冻融对湿地土壤可溶性碳、氮和氮矿化的影响[J]. 生态与农村环境学报，2008（3）：1-6.

[109] Herrmann A，Witter E. Sources of C and N contributing to the flush in mineralization upon freeze-thaw cycles in soils[J]. Soil Biology and Biochemistry，2002，34（10）：1495-1505.

[110] 高宇. 季节性冻土区施加生物炭对农田土壤水热及碳氮过程的调控机理研究[D]. 哈尔滨：东北农业大学，2021.

[111] 李传松，张亦婷，赵兴敏，等. 冻融及有机物料添加对黑钙土有机、无机碳的影响[J]. 江苏农业科学，2019，47（10）：272-277.

[112] Ciarlo E，Conti M，Bartoloni N，et al. Soil N$_2$O emissions and N$_2$O/(N$_2$O + N$_2$) ratio as affected by different fertilization practices and soil moisture[J]. Biology and Fertility of Soils，2008，44：991-995.

[113] 杜子银，蔡延江，张斌，等. 牲畜排泄物返还对草地土壤氮转化和氧化亚氮（N$_2$O）排放的影响研究进展[J]. 生态学报，2022，42（1）：45-57.

[114] 隽英华，刘艳，田路路，等. 冻融交替对农田棕壤氮素转化过程的调控效应[J]. 土壤，2015，47（4）：647-652.

[115] Christensen S，Christensen B T. Organic matter available for denitrification in different soil fractions：Effect of freeze/thaw cycles and straw disposal[J]. Journal of Soil Science，1991，42（4）：637-647.

[116] 王丽芹，齐玉春，董云社，等. 冻融作用对陆地生态系统氮循环关键过程的影响效应及其机制[J]. 应用生态学报，2015，26（11）：3532-3544.

[117] 任伊滨，任南琪，李志强. 冻融对小兴安岭湿地土壤微生物碳、氮和氮转换的影响[J]. 哈尔滨工程大学学报，2013，34（4）：530-535.

[118] 魏丽红. 冻融交替对黑土土壤有机质及氮钾养分的影响[D]. 长春：吉林农业大学，2004.

[119] 周晓庆，吴福忠，杨万勤，等. 高山森林凋落物分解过程中的微生物生物量动态[J]. 生态学报，2011，31（14）：4144-4152.

[120] 陈升龙，梁爱珍，张晓平，等. 土壤团聚体结构与有机碳的关系、定量研究方法与展望[J]. 土壤与作物，2015，4（1）：34-41.

[121] Burton D L，Beauchamp E G. Profile nitrous oxide and carbon dioxide concentrations in a soil subject to freezing[J]. Soil Science Society of America Journal，1994，58（1）：115-122.

[122] Sulkava P，Huhta V. Effects of hard frost and freeze-thaw cycles on decomposer communities and N mineralisation in boreal forest soil[J]. Applied Soil Ecology，2003，22（3）：225-239.

[123] Koponen H T，Jaakkola T，Keinänen-Toivola M M，et al. Microbial communities，biomass，and activities in soils as affected by freeze thaw cycles[J]. Soil Biology and Biochemistry，2005，38（7）：1861-1871.

[124] Han C L，Gu Y J，Kong M，et al. Responses of soil microorganisms，carbon and nitrogen to freeze thaw cycles in diverse land-use types[J]. Applied Soil Ecology，2018，124：211-217.

[125] 蔡延江，王小丹，丁维新，等. 冻融对土壤氮素转化和 N$_2$O 排放的影响研究进展[J]. 土壤学报，2013，50（5）：1032-1042.

[126] Davidson E A，Janssens I A. Temperature sensitivity of soil carbon decomposition and feedbacks to climate change[J]. Nature，2006，440（7081）：165-173.

[127] 陈哲，杨世琦，张晴雯，等. 冻融对土壤氮素损失及有效性的影响[J]. 生态学报，2016，36（4）：1083-1094.

[128] Ludwig B，Wolf I，Teepe R. Contribution of nitrification and denitrification to the emission of N$_2$O in a freeze-thaw event in an agricultural soil[J]. Journal of Plant Nutrition and Soil Science，2004，167（6）：678-684.

[129] Philippot L，Hallin S，Schloter M. Ecology of denitrifying prokaryotes in agricultural soil[J]. Advances in Agronomy，2007，96：249-305.

[130] Larsen K S，Jonasson S，Michelsen A. Repeated freeze-thaw cycles and their effects on biological processes in two arctic

ecosystem types[J]. Applied Soil Ecology，2002，21（3）：187-195.

[131] Vestgarden L S，Austnes K. Effects of freeze-thaw on C and N release from soils below different vegetation in a montane system：A laboratory experiment[J]. Global Change Biology，2009，15（4）：876-887.

[132] Matzner E，Borken W. Do freeze-thaw events enhance C and N losses from soils of different ecosystems？ A review[J]. European Journal of Soil Science，2008，59（2）：274-284.

[133] 胡雅君. 利用麦芽根制备的生物炭修复汞污染土壤研究[D]. 杭州：浙江大学，2018.

[134] Lehmann J，Rillig M C，Thies J，et al. Biochar effects on soil biota-A review[J]. Soil Biology and Biochemistry，2011，43（9）：1812-1836.

[135] 刘阳. 生物炭添加对矿区土壤团聚体稳定性，碳氮分布及酶活性的影响[D]. 太原：太原理工大学，2020.

[136] 侯晓娜. 生物炭与有机物料配施对砂姜黑土团聚体理化特征的影响[D]. 郑州：河南农业大学，2015.

[137] Zhao J K，Ren T S，Zhang Q Z，et al. Effects of biochar amendment on soil thermal properties in the North China Plain[J]. Soil Science Society of America Journal，2016，80（5）：1157-1166.

[138] Jien S H，Wang C S. Effects of biochar on soil properties and erosion potential in a highly weathered soil[J]. Catena，2013，110：225-233.

[139] Ouyang L，Wang F，Tang J，et al. Effects of biochar amendment on soil aggregates and hydraulic properties[J]. Journal of soil science and plant nutrition，2013，13（4）：991-1002.

[140] Gao Y，Li T X，Fu Q，et al. Biochar application for the improvement of water-soil environments and carbon emissions under freeze-thaw conditions：An in-situ field trial[J]. Science of the Total Environment，2020，723（3）：138007.

[141] Li Q L，Li H，Fu Q，et al. Effects of different biochar application methods on soybean growth indicator variability in a seasonally frozen soil area[J]. Catena，2020，185（1-2）：104307.

[142] Hou R J，Li T X，Fu Q，et al. The effect on soil nitrogen mineralization resulting from biochar and straw regulation in seasonally frozen agricultural ecosystem[J]. Journal of Cleaner Production，2020，255：120302.

[143] Cheng Q D，Cheng H G，Lu L，et al. Fate of nitrogen in overlying water with biochar addition to sediment in planted ditches[J]. Environmental Science Processes and Impacts，2018，20（2）：384-394.

[144] 陈伟，周波，束怀瑞. 生物炭和有机肥处理对平邑甜茶根系和土壤微生物群落功能多样性的影响[J]. 中国农业科学，2013，46（18）：3850-3856.

[145] 周丽丽，李婧楠，米彩红，等. 秸秆生物炭输入对冻融期棕壤磷有效性的影响[J]. 土壤学报，2017，54（1）：171-179.

[146] Kavitha B，Reddy P V L，Kim B，et al. Benefits and limitations of biochar amendment in agricultural soils：A review[J]. Journal of Environmental Management，2018，227：146-154.

[147] 雷海迪，尹云锋，刘岩，等. 杉木凋落物及其生物炭对土壤微生物群落结构的影响[J]. 土壤学报，2016，53（3）：790-799.

[148] 卜晓莉，薛建辉. 生物炭对土壤生境及植物生长影响的研究进展[J]. 生态环境学报，2014，23（3）：535-540.

[149] Giuntini R. An introduction to reverse logistics for environmental management：A new system to support sustainability and profitability[J]. Environmental Quality Management，1996，5（3）：81-87.

[150] 李如来，牛忠林，邱磊，等. 黑龙江玉米秸秆还田处理方式及对土壤环境的影响[J]. 现代化农业，2021（2）：24-26.

[151] 窦森，李凯，关松. 土壤团聚体中有机质研究进展[J]. 土壤学报，2011，48（2）：412-418.

[152] 徐国伟，李帅，赵永芳，等. 秸秆还田与施氮对水稻根系分泌物及氮素利用的影响研究[J]. 草业学报，2014，23（2）：140-146.

[153] Børresen T. The effect of straw management and reduced tillage on soil properties and crop yields of spring-sown cereals on two loam soils in Norway[J]. Soil and Tillage Research，1999，51（1）：91-102.

[154] 殷程程. 深层秸秆还田对土壤物理性质的影响[D]. 长春：吉林农业大学，2014.

[155] 武际，郭熙盛，鲁剑巍，等. 水旱轮作制下连续秸秆覆盖对土壤理化性质和作物产量的影响[J]. 植物营养与肥料学报，2012，18（3）：587-594.

[156] Hou R J，Li T X，Fu Q，et al. Effects of biochar and straw on greenhouse gas emission and its response mechanism in seasonally frozen farmland ecosystems[J]. Catena，2020，194：104735.

[157] 孙开，王春霞，蓝明菊，等. 秋耕对北疆季节性冻融期土壤热状况的影响[J]. 水土保持学报，2021，35（5）：63-71.

[158] Chen J F，Wei Y Z，Zhao X P，et al. Simulation of soil water evaporation during freeze-thaw periods under different straw mulch thickness conditions[J]. Water，2020，12（7）：2003.

[159] 李晓莎，武宁，刘玲，等. 不同秸秆还田和耕作方式对夏玉米农田土壤呼吸及微生物活性的影响[J]. 应用生态学报，2015，26（6）：1765-1771.

[160] 庞党伟，陈金，唐玉海，等. 玉米秸秆还田方式和氮肥处理对土壤理化性质及冬小麦产量的影响[J]. 作物学报，2016，42（11）：1689-1699.

[161] 张前兵，杨玲，张旺锋，等. 农艺措施对干旱区棉田土壤有机碳及微生物量碳含量的影响[J]. 中国农业科学，2014，47（22）：4463-4474.

[162] 李硕. 秸秆还田与减量施氮对土壤固碳，培肥和农田可持续生产的影响[D]. 咸阳：西北农林科技大学，2017.

[163] 刘建国，卞新民，李彦斌，等. 长期连作和秸秆还田对棉田土壤生物活性的影响[J]. 应用生态学报，2008（5）：1027-1032.

第二章 研究区概况

第一节 区域黑土概况

黑土是指以黑色或暗黑色腐殖质为表土层的土壤[1]，由大量地表植物死亡后腐殖质经过漫长时间的积累演化而来，是不可再生资源，是大自然赋予人类得天独厚的宝贵财富[2]。作为"耕地中的大熊猫"，黑土由于具有土质疏松、透气性好、保水保肥性强以及适宜耕作等特点，被誉为植物根系"肥料库"，是我国粮食生产的"稳压器"和"压舱石"，为国家粮食生产提供了重要保障[3]。

松嫩平原作为黑土区的典型核心区，是我国重要的商品粮基地[4]，粮食商品率占30%以上，在黑龙江省境内的面积约为10.32万km^2，耕地面积约为5.59万km^2，占全省总耕地面积的21.61%[5]。松嫩平原土壤以黑土、黑钙土、草甸土为主，有机质浓度在3.5%～8.6%，pH在6.0～8.5，质地适中，结构良好。粮食作物以大豆、小麦、玉米、高粱、谷子为主，经济作物以甜菜、亚麻、马铃薯为主[6, 7]。近年来，随着农业资源开发程度的加大，且缺乏保护性措施，水土流失现象严重，引发农田生态结构失调[8]。同时，生态环境逐步恶化，土壤的生产能力逐渐降低，使黑土出现"变瘦、变薄、变硬"现象，严重影响了我国农业可持续发展和粮食安全[8, 9]。

长期以来，我国高度重视黑土保护与利用问题，通过技术示范和法律法规等方式开展了一系列黑土保护工作。"十二五"以来，我国在黑土地保护方面取得了一系列实际成效，包括：建设黑土区高标准农田达到了582.3万km^2，水土流失治理面积超过了1.5万km^2，保护性耕作面积多达307.1万km^2等[10]。"十三五"期间，《黑龙江省黑土耕地保护三年行动计划（2018—2020年）》和《东北黑土地保护规划纲要（2017—2030年）》等系列文件发布，《黑龙江省耕地保护条例》和《黑龙江省水土保持条例》等地方性法规出台，提出了黑土耕地保护利用面积1亿亩（1亩≈666.67m^2）、治理侵蚀沟7000条、保护性耕作5亿亩等目标[11, 12]。此外，农业农村部、国家发展改革委、财政部、水利部、科技部、中国科学院和国家林草局联合印发的《国家黑土地保护工程实施方案（2021—2025年）》中指出到"十四五"末，黑土地保护区耕地质量明显提升，旱地耕作层达30 cm、水田耕作层达20～25 cm，有机质含量平均提高10%以上，为黑土地保护和利用指明了方向，有利于遏制黑土地退化，进一步提升黑土区粮食生产能力，让"中国饭碗"端得更牢。

第二节 自然地理概况

一、地理位置

本研究于2013年5月至2022年5月在黑龙江省哈尔滨市东北农业大学水利综合试

验场进行。试验区位于亚欧大陆东部，南临张广才岭山脉，北临大兴安岭林区，地处松花江中上游，属于松花江台地漫滩地带，松嫩平原东南部，地理位置为 126°43′7″E、45°44′24″N，平均海拔为 143 m。

试验场主要设有农田水土环境与土壤改良试验区、旱作综合试验区、人工降雨径流模拟试验区、田间小气候观测试验区四大功能分区。其中，农田水土环境与土壤改良试验区主要针对黑土退化与粮食产能低下等问题，开展外源介质对土壤碳氮循环、水热迁移、作物生长、融雪水蒸发入渗等过程影响的试验研究。旱作综合试验区主要针对作物水分利用效率低下、农田土壤涝渍灾害频发等问题，开展控制灌溉、节水灌溉、调亏灌溉等方面的试验研究。人工降雨径流模拟试验区主要针对坡耕地水土流失引发的土壤养分流失严重、土地生产力退化显著等问题，开展寒区农田土壤产汇流规律、水土流失治理、坡耕地土壤改良等方面的试验研究。田间小气候观测试验区主要用于试验场内田间气候监测，为科学试验研究提供气象数据。

二、气候类型

试验场属于中温带大陆性季风气候，半干旱地区，夏热冬寒，四季分明，多年平均气温为 3.6℃[13]。春季升温较快，土壤解冻，积雪消融，易产生涝渍灾害，同时，春播前降水稀少，风速较大，又易引发干旱现象[14]；夏季高温多雨，多年平均降水量为 529 mm，并且蒸发强度大，多年平均蒸发量为 1326 mm，空气湿度平均值为 66%；秋季温度变化波动强，昼夜温差较大，易产生霜冻现象；冬季寒冷干燥，降水主要以降雪形式出现，多年平均降雪量约为 109 mm，积雪覆盖期约为 110 d。根据试验区内气象生态环境监测系统的监测数据，分别对试验区（2013 年 5 月至 2022 年 5 月）内温度、降水、气压、风速等气象指标进行分析，具体如下。

（一）最高温度与最低温度

由图 2-1 可知，试验区各年份最高温度和最低温度变化波动较大，但整体变化趋势相似。为便于分析，将各年最高温度和最低温度变化分为四个阶段。第一阶段从 2 月末到 7 月中旬，此时温度变化幅度较大，整体呈现逐步升高趋势，在 3 月中旬左右温度达到 0℃；第二阶段从 7 月中旬到 8 月中旬，此阶段温度变化相对平稳，温度属于全年中最高阶段，平均最高温度为 28.3℃；第三阶段从 8 月中旬到次年 1 月中旬，此阶段温度逐步下降，在 11 月中旬温度降低至 0℃左右；第四阶段从 1 月中旬到 2 月中旬，属于全年温度最低阶段，平均最低温度为−23.4℃。此外，通过对比各年温度变化可以发现，近 10 年最高温度呈逐年提升趋势，最低温度呈逐年降低趋势，两极分化现象凸显，截至 2021 年，区域大气环境最大温差为 19.9℃。

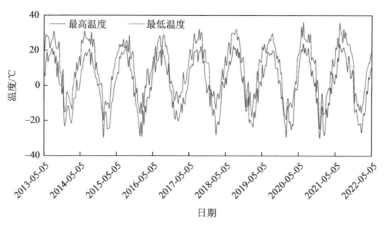

图 2-1　最高温度与最低温度

（二）相对湿度和降水

由图 2-2 可知，从 7 月中旬到次年 2 月中旬，相对湿度变化相对平稳。从 2 月中旬到 4 月末，试验区环境相对湿度表现出大幅度下降趋势，并且在 4 月末达到最小值，平均最小相对湿度为 36.8%。从 4 月末到 7 月中旬，降水增多，相对湿度呈现大幅度增大趋势，在 7 月中旬达到最大值，平均最大相对湿度为 86.8%。此外，统计试验期降水情况可知，其整体趋势表现为先升高后降低，呈"山峰"状特点，降水主要集中在 6～9 月，降水量约占全年的 75%，春季降水量仅占全年 10% 左右，而冬季降水量相对较少。

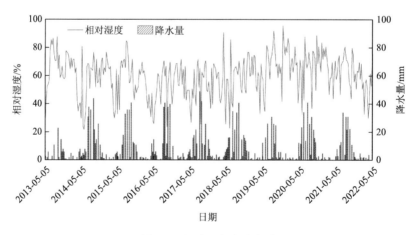

图 2-2　相对湿度和降水量

（三）最高气压与最低气压

如图 2-3 所示，试验区各年份内气压状况呈周期性变化规律。为便于分析，同样将各年气压变化分为四个阶段。第一阶段从 2 月末到 7 月中旬，此阶段气压整体呈波动下降趋势；第二阶段从 7 月中旬到 8 月中旬，此阶段气压变化相对平稳，气压属于全年中最低阶段，平均最低气压为 982.4 hPa；第三阶段从 8 月中旬到次年 1 月中旬，此阶段气压呈波动上升趋势；第四阶段从 1 月中旬到 2 月末，此阶段气压属于全年中最高阶段，平均最高气压为 1018.6 hPa。此外，通过对比各年气压变化可以发现，近 10 年最高气压逐渐降低，最低气压整体处于稳定状态，气压差逐渐变小，试验期内大气压差变化范围为 1.4～17.7 hPa。

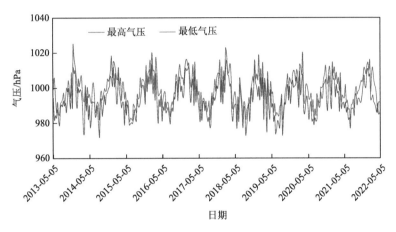

图 2-3　最高气压和最低气压

（四）风速与日照时数

如图 2-4 所示，试验区各年份内平均风速变化幅度较大，风速变化受季节交替影响较大。其中，夏季（7～9 月）、秋季（9～11 月）和冬季（11 月至次年 3 月）风速变化较小，平均风速分别为 2.12 m/s、1.92 m/s 和 2.05 m/s，而春季（3～6 月中旬）风速变化幅度较大，平均风速为 3.04 m/s。从日照时数来看，其年际变化规律同样受季节交替影响，5～10 月

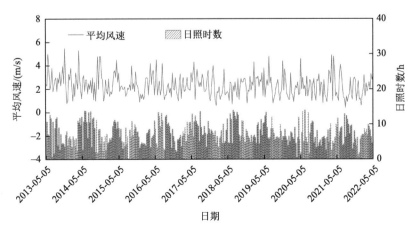

图 2-4　平均风速和日照时数

呈现昼长夜短现象，日照时数相对较长，最大日照时长达 14.2 h，而 11 月至次年 4 月呈现昼短夜长现象，日照时间相对较短，最短日照时数为 3.2 h。

（五）冻结深度

本研究对 2013～2014 年和 2021～2022 年两个典型冻融期土壤冻结深度变化趋势进行分析（图 2-5）。首先，在 2013～2014 年越冬期，土壤冻结深度变化大致呈现三个阶段，分别为快速冻结期、稳定冻结期和融化期。在快速冻结初期（11 月初），自然降雪量较小，温度略低于 0℃，冻结深度变化较为稳定。而后，随着气温降低，冻结深度快速增大，平均冻结速率达 1.23 cm/d，大约经历 40 d，达到稳定冻结期。在稳定冻结期（1 月初），随着气温的持续降低，冻结深度持续增大，但从曲线斜率可以发现，冻结速率减小，平均冻结速率为 0.58 cm/d，大约经历 70 d，冻结深度趋于稳定，最大冻结深度为 118 cm。在融化初期（3 月初），随着气温回升，土壤开始双向解冻，大约经历 50 d，土壤全部融通，融化速率为 2.18 cm/d。由图 2-5(b) 可知，2021～2022 年土壤冻结深度变化规律与 2013～2014 年相似，快速冻结期的冻结速率为 0.97 cm/d，稳定冻结期的冻结速率为 0.42 cm/d，融化期的融化速率为 2 cm/d，最大冻结深度为 110 cm。此外，通过对比图 2-5（a）和（b）发现，土壤冻结深度减小。结合近 10 年温度变化发现，环境温度升高是土壤冻结深度减小的主要原因。

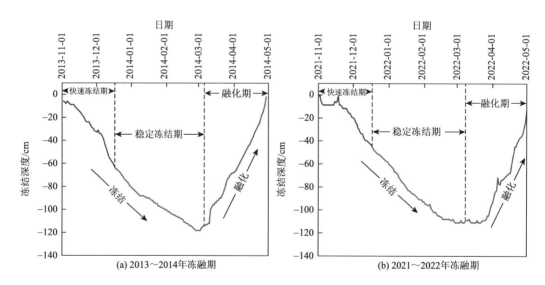

图 2-5　土壤冻结深度变化

三、场地布置

试验场共有 4 个试验区，如图 2-6 所示。其中，农田水土环境与土壤改良试验区以田间小区试验为主，由三部分组成，总面积 1210 m²。小区内布设了智墒土壤水热智能监测系统、蒸渗仪、冻土监测系统、土壤温室气体采集装置及土壤呼吸监测设备等试验装置。其中，智墒土壤水热智能监测系统埋深 100 cm，可以实时监测 0～100 cm 内土壤水分和温度，测量时间间隔设置为 1 h/次，所测数据自动记录并上传到云平台。土壤蒸渗仪埋深 2 m，称重系统精度为 100 g，可以实时监测土壤蒸发、入渗量以及测算作物蒸腾量等指标，测量时间间隔设置为 15 min/次。冻土器埋深 2 m，由双套管组成，外管为聚氯乙烯圆管（polyvinyl chloride，PVC），内管为有刻度的软橡胶管，内管中注入土壤浸渍液至 0 刻度线处，通过监测浸渍液冻结状况反映土壤冻结深度。土壤温室气体采集装置由直径为 20 cm 带水槽的圆形底座和一端无盖的密闭圆筒组成，底座埋深 20 cm，用来采集土壤呼吸气体，与此同时，借助土壤呼吸监测设备（二氧化碳通量系统 LI-8100A）测定土壤总呼吸速率和自养呼吸速率。

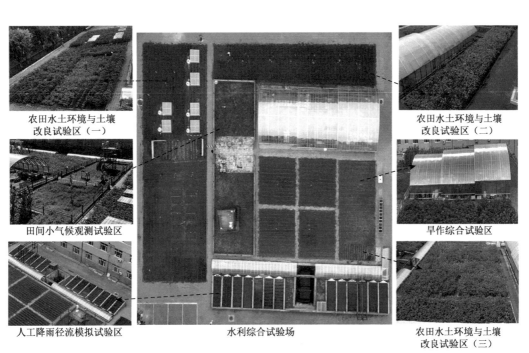

农田水土环境与土壤
改良试验区（一）

田间小气候观测试验区

人工降雨径流模拟试验区

水利综合试验场

农田水土环境与土壤
改良试验区（二）

旱作综合试验区

农田水土环境与土壤
改良试验区（三）

图 2-6　试验区布置图

旱作综合试验区主要由自动伸缩遮雨棚组成，遮雨棚长 30 m、宽 10 m、高 4.5 m，总面积 300 m²，可同时进行 500 组盆栽试验，可以开展土壤水热盐传输动力学机制、灌溉模式对作物水肥利用效率提升潜力、碳基材料对土壤理化特性的影响及作物生境改良和多环境复合因子对坡耕地土壤侵蚀效应等方面的研究。

人工降雨径流模拟试验区总长度 38.0 m，宽 8.0 m，总面积 304 m²，设有 14 个不同坡度的试验小区。其中，13 个小区为固定坡度土槽，1 个为液压控制变坡土槽，最大坡度可达 32°。径流小区上安装了室外降雨架和管道连接系统，降雨强度范围在 0～100 mm/h，可以监测土壤产流量、产沙量等基础指标，开展降雨调控对土壤养分流失、次降雨产流产沙、坡面水土流失影响等方面的试验研究。

田间小气候观测试验区南北长 18.0 m，东西宽 8.5 m，总面积 153 m²。试验区内配有 HOBO 自动气象站、TRM-ZS2 自动气象站、GH-200 型降雨降尘自动采集器、农业物联网信息采集器等设备，能够实时监测大气温度、压强、降水以及二氧化碳浓度等气象指标，同时兼顾大气环境中气态颗粒、气态污染物等样品的采集。

第三节　土壤质地类型及植物覆被状况

一、土壤质地类型

受自然气候以及人为因素的影响，松嫩平原土壤类型丰富，其中，黑土比重最高，占区域总面积的 60%以上[15]。本试验区的土壤类型为典型黑土，其机械组成和理化性质如表 2-1 所示。土壤表层（0～30 cm）质地为壤土，而 30 cm 土层以下的土壤质地为黏土。随着土层深度的增加，黏粒和粉粒比重逐渐增大，砂粒比重逐渐减小，其中，黏粒比重由 18.34%上升至 30.19%，而砂粒比重由 44.76%降低至 29.47%。另外，随着土层深度的增加，土壤密实度增大，土壤容重由 1.32 g/cm³ 增加到 1.56 g/cm³。相反，土壤孔隙度呈逐渐降低的趋势。伴随着植物凋落物和残体的逐年腐殖，表层土壤有机质含量相对较高，而深层土壤有机质含量有所降低，土壤垂直剖面 0～180 cm 土层处有机质含量的变化区间为 3.52%～4.68%。土壤 pH 变化幅度较小，整体变化幅度在 6.48～8.26。

表 2-1　试验区不同深度土壤机械组成和理化性质

| 土层深度/cm | 机械组成/% | | | 容重/(g/cm³) | 孔隙度/(cm³/cm³) | 有机质含量/% | pH | 质地类型 |
	黏粒（<0.002 mm）	粉粒（≥0.002～0.02 mm）	砂粒（>0.02 mm）					
0～30	18.34	36.9	44.76	1.32±0.013	0.47±0.005	4.68±0.08	6.48±0.24	壤土
30～60	25.15	40.64	34.21	1.38±0.036	0.44±0.006	4.43±0.03	7.23±0.18	黏土
60～90	26.41	43.93	29.66	1.44±0.021	0.42±0.011	4.12±0.06	7.64±0.22	黏土
90～120	27.19	45.34	27.47	1.49±0.022	0.37±0.013	3.88±0.07	8.26±0.16	黏土
120～150	29.41	42.93	27.66	1.52±0.042	0.35±0.009	3.69±0.11	7.76±0.14	黏土
150～180	30.19	40.34	29.47	1.56±0.019	0.33±0.016	3.52±0.08	7.56±0.08	黏土

此外，在试验场地布设时，记录土壤垂直剖面情况（图 2-7）。土壤共分为三层，上层土壤（0～35 cm）含有较多的腐殖质，颜色较深，质地为黑色壤土。中层土壤（35～65 cm）含有铁锰结核，土壤颜色呈现浊黄棕色，有明显的腐殖质舌状下伸现象，质地为黏质黄土。下层土壤（>65 cm）为淀积层和母质层，较上部黏重，颜色相对适中，为黏质土。

图 2-7　试验区土壤剖面

二、植物覆被状况

受气候变化和土壤类型的影响，研究区农作物种植制度为一年一熟。本书中种植作物选为大豆，如图 2-8 所示。大豆生育阶段为 5～10 月，共分为 5 个生育期，约为 150 天。其中，苗期约为 40 天，花芽分化期约为 27 天，开花结荚期约为 17 天，鼓粒期约为 22 天，成熟期约为 44 天。播种前，采用人工手扶拖拉机翻地，而后起垄静置 7 天，于 5 月初播种大豆，10 月初收获。试验所选取品种为'东农 69 号'，种植的行距为 60 cm，

图 2-8　试验区大豆生长状况

株距为 15 cm。各试验小区的作物品种的选择、植保措施、施肥方式以及田间管理条件均遵循当地种植惯例。试验期内，各小区选取长势相近的三株大豆进行挂牌定株，用于定点观测大豆的生长状况。在各生育时期定点定株监测株高、茎粗、叶片氮素含量、叶绿素相对含量等农艺性状。同时，在大豆生长过程中采集植株样品，测定作物总根长、总根表面积、根系体积、根系平均直径等作物生长指标。

第四节　河流水系及水文状况

一、河流水系状况

研究区位于松嫩平原核心区，区域水文特征主要受松花江流域调控影响。其中，主要河流包括松花江、呼兰河、阿什河等[16, 17]。松花江是黑龙江省内最大的河流，是松嫩平原地区农业灌溉、工业生产、城市供水的主要水源。松花江共有两个源头，北源发源于大兴安岭支脉的嫩江，南源发源于长白山天池的第二松花江，流经吉林和黑龙江两省，干流总长度约为 939 km，水系发达、支流众多，流域总面积达 56.12×10^4 km$^{2[18, 19]}$。

松花江流域是我国重要的农业生产基地，行政区涉及内蒙古、吉林、黑龙江和辽宁四省（自治区）的 24 个市，耕地面积 2.08×10^8 亩[20, 21]，粮食总产量 5.3×10^7 t[22]。流域水土资源匹配良好，节水灌溉技术成熟，作物种植结构合理，农业经济发展较快[23]。灌区配有先进的节水设备，农田有效灌溉面积 4.3×10^7 亩[24]。在流域缺水地区，现代化灌溉技术得到推广，灌溉效率较高[25]。《松花江流域综合规划》指出，截至 2030 年，全流域有效灌溉面积将提高到 7.8×10^7 亩，耕地灌溉率由现状的 21% 提高到 36%[26]。

二、水文状况

研究区水资源分布特点是自产水偏少，过境水较丰，时空分布不均，由东向西递减，人均水资源占有量为 1630 m$^{3[27]}$。松花江流域水能资源丰富，并以松花江干流、嫩江、牡丹江较为集中，地下水资源量为 300×10^8 m^3，地表水资源量为 734.7×10^8 m^3，地表水资源和地下水资源可开采量合计为 851.5×10^8 m$^{3[28, 29]}$。然而，随着耕作面积不断增加，水资源需求量也不断加大，缺水现象时有发生，农业灌溉供水不足将严重限制粮食作物产量的提高[30]。此外，区域连续多年过量开采地下水资源，导致地下水位下降，形成了大面积的地下漏斗。另外，地下水位线的降低使耕作层土壤含水量减小，导致耕层产生沙化和盐碱化现象，严重制约了农业可持续发展[31, 32]。

参 考 文 献

[1] 李骜, 段兴武. 利用黑土层厚度评价东北黑土区土壤生产力: 以鹤北小流域为例[J]. 水土保持通报, 2014, 34 (1): 154-159.

[2] 李锡锋, 许丽, 张守福, 等. 砂姜黑土麦玉农田土壤团聚体分布及碳氮含量对不同耕作方式的响应[J]. 山东农业科学, 2020, 52 (3): 52-59.

[3] 韩晓增, 邹文秀. 东北黑土地保护利用研究足迹与科技研发展望[J]. 土壤学报, 2021, 58 (6): 1341-1358.

[4] 曲国辉, 郭继勋. 松嫩平原不同演替阶段植物群落和土壤特性的关系[J]. 草业学报, 2003 (1): 18-22.

[5] 陈建龙, 狄春, 马龙泉, 等. 松嫩平原耕地等别空间分异特征研究[J]. 水土保持研究, 2015, 22 (3): 225-9.

[6] 刘爽. 松嫩平原土壤有机质和氮磷钾肥对玉米产量及土壤速效养分的影响[D]. 哈尔滨: 东北农业大学, 2021.

[7] 梁贞堂, 潘绍英, 龙显助. 黑龙江省松嫩平原三大作物品质与土壤理化指标的研究[J]. 黑龙江水利科技, 2016, 44 (6): 1-3.

[8] 曲咏, 许海波, 律其鑫. 东北典型黑土区水土流失成因及治理措施[J]. 长春师范大学学报, 2019, 38 (12): 111-114.

[9] 张中美. 黑龙江省黑土耕地保护对策研究[D]. 乌鲁木齐: 新疆农业大学, 2009.

[10] 魏丹, 李世润, 辛洪生, 等. 南美黑土保护措施解析与中国黑土可持续利用路径[J]. 黑龙江农业科学, 2017 (5): 1-5.

[11] 黑龙江省人民政府办公厅. 黑龙江省人民政府办公厅关于印发黑龙江省黑土耕地保护三年行动计划 (2018—2020 年) 的通知[J]. 黑龙江省人民政府公报, 2018 (17): 12-9.

[12] 陈薇. 黑龙江黑土环境保护研究[J]. 黑龙江环境通报, 2020, 33 (3): 6-7.

[13] 潘华盛, 张桂华, 徐南平. 20 世纪 80 年代以来黑龙江气候变暖的初步分析[J]. 气候与环境研究, 2003 (3): 348-355.

[14] 陈红, 张丽娟, 李文亮, 等. 黑龙江省农业干旱灾害风险评价与区划研究[J]. 中国农学通报, 2010, 26 (3): 245-8.

[15] 于洪艳, 王宏燕, 韩晓盈, 等. 培肥方式对松嫩平原黑土壤微生物的影响[J]. 中国生态农业学报, 2007 (5): 73-75.

[16] 戴长雷, 王思聪, 李治军, 等. 黑龙江流域水文地理研究综述[J]. 地理学报, 2015, 70 (11): 1823-1834.

[17] 方樟, 肖长来, 马喆, 等. 松嫩平原河流水位方程的确定及应用[J]. 东北水利水电, 2007 (9): 30-13.

[18] 张庆云, 陶诗言, 张顺利. 1998 年嫩江、松花江流域持续性暴雨的环流条件[J]. 大气科学, 2001 (4): 567-576.

[19] 曹慧明, 许东. 松花江流域土地利用格局时空变化分析[J]. 中国农学通报, 2014, 30 (8): 144-149.

[20] 朱巍. 松嫩平原浅层地下水水质状况发展趋势研究[D]. 长春: 吉林大学, 2011.

[21] 王美玉, 戴长雷, 王羽. 松花江流域地下水资源量评价区划与分析[J]. 水利科学与寒区工程, 2021, 4 (3): 62-67.

[22] 耿鸿江. 黑龙江省松花江流域旱涝情势与粮食产量关系的灰色模糊分析[J]. 黑龙江农业科学, 1989 (4): 25-28.

[23] 梁云凯. 松花江流域水污染防治策略[J]. 河南科技, 2013 (11): 175.

[24] 崔亚锋, 陈菁, 代小平. 基于灰色关联模型的松花江流域大型灌区现状评价[J]. 水利经济, 2013, 31 (4): 54-58.

[25] 李鹏. 基于 MIKE BASIN 的松花江流域哈尔滨断面以上区域水资源配置方案研究[D]. 长春: 吉林大学, 2013.

[26] 邵伟. 农田水利工程建设管理现存问题与对策[J]. 黑龙江水利科技, 2021, 49 (3): 246-249.

[27] 石代军, 黄绪海. 头道松花江流域水文特征浅析[J]. 吉林水利, 2010 (6): 70-71.

[28] 谢国辉, 孙小丹, 吴新广. 哈尔滨市城区地下水资源量的计算与评价[J]. 水利科技与经济, 2007 (4): 258-259.

[29] 宿青山, 张柏文. 松花江哈尔滨江段水质净化作用研究[J]. 长春地质学院学报, 1991 (4): 425-430.

[30] 王艳男. 加速第二松花江水资源的开发利用[J]. 东北水利水电, 1995 (12): 39-41.

[31] 何龙雪. 第二松花江流域典型灌区土壤-水稻系统中汞和砷含量特征与环境风险评估[D]. 长春: 中国科学院研究生院 (中国科学院东北地理与农业生态研究所), 2015.

[32] 魏春凤. 松花江干流河流健康评价研究[D]. 长春: 中国科学院大学 (中国科学院东北地理与农业生态研究所), 2018.

第三章 农田冻融土壤物理特征参数分析

第一节 概 述

土壤是复杂的多相体系，由固态、液态和气态三相组成，这些成分决定着土壤物理特性。冻融土壤性质除与常规土壤基本性质相同外，还与环境温度和含冰量密切相关。土壤在冻结与融化过程中伴随着一系列的物理、力学及能量演变过程，导致土壤物理结构、水热运移规律、化学循环过程发生明显变化。因此，季节性冻融土壤的演变过程对人类生存环境、农业生产活动和土壤可持续发展具有重要影响。

土壤冻融是指在环境温度达到水分凝固点时，土壤中液态水在低温作用下冻结凝固；而当温度回升时，土壤冻结水融化为液态水的过程。冻融土壤受冻融循环作用的影响程度与土壤自身的性质，如土壤质地、类型、环境等因素有关，还受到冻融过程中的温度梯度、冻结时长、冻结频率的影响[1]。土壤水分会在反复冻融的作用下重新分布，发生迁移，即土壤在冻结后存在的温度梯度导致土壤中部分毛细水和薄膜水不断向土壤深处迁移，最终形成冻结锋面。Dinulescu 和 Eckert[2]指出在土壤发生冻结的过程中，土壤中液态水分随温度的降低而发生相变，土壤中液态含水量的降低导致冻土中存在基质势梯度；而冻融土壤中未冻水含量与温度之间保持着动态平衡的关系，其温度越低土壤未冻水含量越少。Perfect 和 Williams[3]认为土壤基质势是土壤水分迁移的主要驱动力，而温度与土壤未冻水含量是制约基质势梯度的主要因素。

冻融作用不仅改变了土壤水分分布，而且还会改变土壤的机械组成，对土壤水热迁移、结构演变等产生一定的影响。冻融作用对土壤的影响首先表现在土壤物理特性的改变，冻融循环过程产生的冻胀力作用能改变土壤颗粒间的联结情况，使土壤团聚体的粒径级配发生变化[4]。刘绪军等[5]通过模拟冻融交替作用对表层土壤结构的影响发现，冻融作用破坏土壤物理性状，降低了表层土壤密度，同时使土壤大团聚体破碎，降低了土壤结构的稳定性，导致土壤在春季发生严重的侵蚀灾害。孙宝洋[6]在黄土高原季节性冻土区研究发现，冻融作用使土壤总孔隙度增加，降低了土壤水稳性团聚体占比，并认为冻融作用对土壤物理性质的改变与土壤质地、冻融频次和冻结前土壤初始含水量有显著的相关性。

土壤物理特征参数主要包括土壤团聚体分布、孔隙结构特征、土壤导水率、土壤导热率、土壤导气率等，是土壤内部水、热、气及其他物质循环的重要驱动因素。此外，探究土壤物理特征参数变化是国内外土壤科学的重点研究领域，也是解决实际农业问题的重要基础。本章主要分析土壤物理特征参数在冻融循环条件下的变化特征，并在此基础上阐述秸秆与生物炭等外源介质对土壤物理特征参数的调控效果与作用机理。

第二节　冻融土壤团聚体稳定性

土壤由不同粒级的土壤团聚体组成，其作为土壤结构的基本单元，体现着土壤的综合性质。土壤团聚体不仅关系植物生长所需水分和养分供应，而且影响着土壤中物质交换、能量平衡、微生物活动、根系发育等过程，对提高土壤肥力、增加作物产量、改善土壤环境具有重要作用。土壤基本结构由土壤团聚体在不同作用力下相互结合形成，因此，只有了解土壤团聚体的分布规律与稳定性特征，才能提出合理的指标对其进行评价，并根据实际情况采用合适的方法对土壤团聚体进行改良。尤其是在季节性冻土区，受冻融作用的影响，土壤水分相变产生的冻胀力挤压土壤团聚体，土壤结构产生失稳现象，严重影响了农业土壤生产力。同时，土壤团聚体的稳定性关系土壤侵蚀、机械强度、气体排放等过程。本节在室外试验的基础上，结合该地区典型气候因素，采用生物炭这一外源介质，分别测定不同调控模式对团聚体分布与稳定性的影响，探究生物炭对土壤团聚体的改良效果，并阐述生物炭对土壤结构的影响机制。

一、试验方案

（一）室外试验场地设置

田间试验共设置三种处理（A 区：冻结前期施加生物炭；B 区：融化中期施加生物炭；C 区：冻结前期与融化中期均施加一半的生物炭），每一处理设置 4 个生物炭施加水平（分别为 3 kg/m²、6 kg/m²、9 kg/m² 和 12 kg/m²），同时设置未施加生物炭作为对照处理（CK），每个小区为 5 m×6 m（30 m²）的相邻样地，每种处理设置三次重复，具体试验方案设置及如表 3-1 所示。

表 3-1　试验方案设置

处理	施加时期	施用次数	每次施加水平/(kg/m²)
对照	无	无	0
A 区	冻结前期施加生物炭	1 次	3、6、9、12
B 区	融化中期施加生物炭	1 次	3、6、9、12
C 区	冻结前期与融化中期均施加一半的生物炭	2 次	1.5、3、4.5、6

2017 年 10 月在土壤冻结前期将生物炭一次性均匀施撒在 A 区、C 区土壤表面（其中 C 区生物炭施加量为设置水平的一半，分别为 1.5 kg/m²、3 kg/m²、4.5 kg/m² 和 6 kg/m²），使用传统农业耕作机械和人工搅拌的方式，将生物炭与耕层土壤混合均匀以达到各处颜色一致，最终形成炭-土混合层（0~30 cm）；经换算在炭-土混合层中每平方米的生物炭

施加量质量分数分别为 0.38%、0.75%、1.12% 和 1.49%。根据 Hou 等[7]在 2016 年 11 月至 2017 年 5 月对试验区内累积日辐射量、土壤冻结深度和累积负温的观测结果进行分析，将冻融期进行了科学合理的划分，并定义 3 月初至 5 月初为土壤的融化期。基于此结论，在土壤融化中期（2018 年 4 月 10 日）再次将生物炭施加到 B 区以及 C 区（C 区生物炭施加量与冻结前相同），同样与土壤混合均匀形成炭-土混合层。在冻融期不同处理的试验小区均保留原始积雪不做任何干扰，所有处理积雪厚度视为一致，故在本次研究中不考虑积雪对炭-土混合层的影响。

（二）室外试验样品采集与处理

样品采集共分为两部分。首先，为了探究生物炭施加在冻融期对不同深度土壤物理特性的影响，将炭-土混合层划分为表层土壤 L1（0～7 cm）、亚表层土壤 L2（7～15 cm）和犁底层土壤 L3（15～30 cm）。在稳定冻结前期（2017 年 11 月中旬），在不同处理的试验小区内随机布点并挖掘深度为 30 cm 的土壤剖面，使用直径为 5 cm 环刀（体积为 100 cm³）在不同土层采集原状土，不同土层三次重复；在土壤全部融通之后（2018 年 5 月），重复冻结前期的土壤采集。

其次，在作物生长末期（2018 年 10 月），生物炭施用一年后对土壤进行采集。通过对田间观察了解情况后，在不同处理的试验小区内，按照 S 形采样路线和"随机"多点混合的原则进行土样采集。使用直径为 5 cm 环刀（体积为 100 cm³）在炭-土混合层内（0～30 cm）采集原状土样，每一处理五次重复，用于土壤结构及保水性测定。同时，在每个试验小区内的三个不同位置，用土铲在炭-土混合层中随机取样并混合形成一个较大样品（共 3 kg 左右）。为了避免土铲对土壤的扰动，将土铲与土壤接触部分去除后，使用铝制容器收集原状土样品，用于测定土壤水稳性团聚体分布。

在所有土壤采集和运输过程中尽量减少对土壤样品的扰动，以免破坏土壤结构。同时为了避开明显的压实区域，所有处理的取样都是在试验小区中心位置进行。在进行测定前，将取回的土样放置在 4℃ 左右的人工气候室保存。

二、数据指标测定

（一）供试材料基本理化指标测定

试验初期基础土壤数据确定如下：采用 Winner801 纳米激光粒度仪（中国，济南微纳颗粒仪器股份有限公司）检测土壤颗粒的机械组成；通过环刀法测定土壤干容重；用烘干法测定土壤自然含水量；采用重铬酸钾氧化外加热法测土壤有机质含量；通过雷磁 ZDJ-4A 型自动电位滴定仪（中国，上海仪电科学仪器股份有限公司）测定土壤电导率和 pH。本试验选用的生物炭来自中国辽宁金和福农业开发有限公司生产的生物炭，是在 500℃ 无氧条件下由玉米秸秆烧制而成；试验所用土壤、秸秆和生物炭的基本理化性质如表 3-2 所示。

表 3-2 试验材料理化参数

理化参数	土壤	生物炭
砂粒质量分数/%	49.84	—
粉粒质量分数/%	35.89	—
黏粒质量分数/%	14.27	—
土壤干容重/(g/cm³)	1.40±0.013	—
土壤自然含水量/%	29.64±0.97	—
土壤孔隙度/(cm³/cm³)	0.47±0.005	—
有机质含量/%	4.02±0.08	—
电导率/(μS/cm)	56.33±4.41	—
pH	6.48±0.24	9.14±0.1
粒径范围/mm	—	1.5～2
C 质量分数/%	—	68.60±3.12
N 质量分数/%	—	1.28±0.13
H 质量分数/%	—	2.13±0.18
S 质量分数/%	—	0.67±0.05
灰分含量/%	—	25.18±3.96

注：数据以平均值±标准差来表示。

（二）土壤冻结深度测定

在未处理小区内埋设冻土器（LQX-DT 型）3 根，用于监测冬季冻融期内土壤冻层厚度的变化。冻土器由外部 PVC 管和内部橡胶软管组成，在土壤冻结前向橡胶软管注满水，插入到垂直埋在土壤中的 PVC 管中。在土壤冻结过程中，橡胶软管内的水冻结成冰，通过观察橡胶软管中固态冰的深度来测量土壤的冻结深度。在试验进行期间，每日中午 12 时观测并记录土壤冻结深度，用于后续计算土壤冻层厚度变化。

（三）土壤结构组成测定

采用 Elliott[8]的湿筛法测定土壤水稳性团聚体。首先在温室下对未受干扰的土样进行空气干燥，其目的是使土壤样品熟化[9]，从而更有效地获得团聚体颗粒组。将风干状态下的土样轻轻地通过 10 mm 土筛，然后称取 200 g 风干土样在 2 mm、0.25 mm、0.053 mm 的套筛上进行筛分，记录筛上剩余团聚体的重量，并计算在松散土样中所占的百分比，根据上述百分比制备 50 g 土样置于套筛上准备进行湿筛。在开始湿筛前将土样润湿（在水桶中浸泡 5 min），然后将筛子上下振荡 2 min（振幅 3 cm，频率 30 次/min），按次序收集各筛上的团聚体并冲洗至铝盒中，在 60℃下烘干、称重。依次得到大团聚体（LA：粒径＞2 mm）、小团聚体（SA：粒径 0.25～2 mm）、微团聚体（MA：粒径 0.053～0.25 mm）和粉黏粒部分（S＋C：粒径＜0.053 mm）的比重（%），每一处理重复三次。

为了更好地探究生物炭对土壤团粒结构的影响，选取土壤团聚体稳定性指标进行评价，包括：平均重量直径 MWD（mm）、几何平均直径 GMD（mm）、粒径＞0.25 mm 水稳性团聚体占比 $WR_{0.25}$（%）、团聚体破坏百分比 PAD（%）以及分形维数 D[10]。计算公式如下：

$$MWD = \sum_{i=1}^{n} \overline{x}_i W_i \qquad (3-1)$$

$$GMD = \exp \sum_{i=1}^{n} W_i \ln \overline{x}_i \qquad (3-2)$$

$$WR_{0.25} = 1 - \frac{M_{x<0.25}}{M_T} \qquad (3-3)$$

$$PAD = \frac{DR_{0.25} - WR_{0.25}}{DR_{0.25}} \times 100\% \qquad (3-4)$$

$$\frac{M(r < \overline{x}_i)}{M_T} = \left(\frac{\overline{x}_i}{x_{max}} \right)^{3-D} \qquad (3-5)$$

式中，$\overline{x}_i$ 为第 i 粒级的平均直径，mm；W_i 为 $\overline{x}_i$ 相对应的粒级团聚体占总体积的百分比，%；$M_{x<0.25}$ 为＜0.25 mm 团聚体的重量，g；M_T 为团聚体总重量，g；$DR_{0.25}$ 为粒径＞0.25 mm 的机械稳定性团聚体含量，通过干筛法测，%；$M(r < \overline{x}_i)$ 为粒径（r）小于 $\overline{x}_i$ 的团聚体质量百分比；x_{max} 为团聚体的最大粒径，mm。

三、土壤团聚体粒径分布

土壤团聚体是土壤结构的基本组成部分，团聚体的分布影响着土壤圈内的基本理化过程，因此，探究生物炭对土壤团聚体分布的改变尤为主要。不同处理土壤水稳性团聚体的分布情况如图 3-1 所示。由图可知，施炭处理对各级团聚体分布表现出相同规律，即增加了 LA 与 SA 相对比例，降低了 MA 与 S＋C 所占比例。其中 LA 的变化最大，A3、C6、C9 和 C12 处理分别增加了 50.67%、99.78%、111.61%和 73.66%（CK 中 LA 占比为 8.96%）。而 B3、A6、A9 和 A12 处理分别使 S＋C 的占比显著降低了 14.56%、16.55%、29.31%和 19.09%（$P<0.05$）。并且发现，当生物炭施加量为 9 kg/m² 时，对土壤团聚体的影响效果最为显著。由图 3-1 可知，C 区对团聚体的整体影响高于 A 区和 B 区，尤其是 LA，占比增加高达 82.59%。

同时，土壤水稳性团聚体比重的增加可提高土壤的抗侵蚀能力及增加土壤养分。生物炭对土壤水稳性团聚体的影响主要体现在 LA 与 SA 比重增加（图 3-1），从而增加土壤孔径分布的连通性，间接影响土壤总孔隙度（TP）。生物炭制备材料、土壤质地和施用方式等的不同，对土壤团聚体分布的影响也不一致。例如，徐国鑫等[11]通过试验发现，施加油菜秸秆生物炭并未显著提高土壤大团聚体占比；Moragues-Saitua 等[12]观察到最高剂量的生物炭（20 Mg/hm²）使砂质壤土的大团聚体比重显著降低；而 Huang 等[13]采用秸秆与生物炭混合的施加方式发现，土壤中＞2 mm 团聚体比重显著增加，＜0.053 mm 团聚体

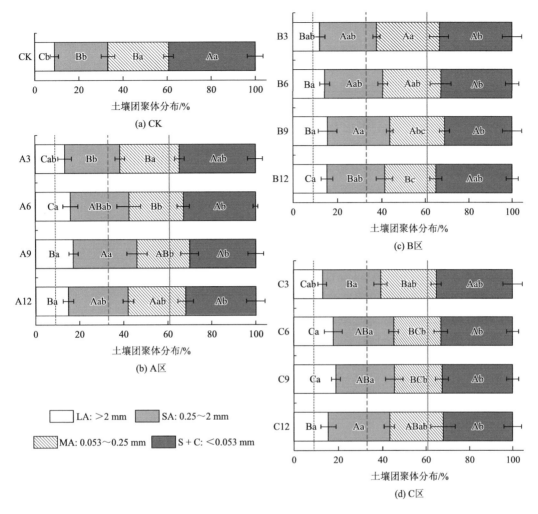

图 3-1　不同处理土壤水稳性团聚体分布

同一处理下不同大写字母表示不同团聚体粒级组分之间存在差异显著（$P<0.05$）；同一团聚体粒级组分下不同小写字母表示不同处理之间存在差异显著（$P<0.05$）。水平线表示平均值的标准差 S.D.。短点线表示 CK 中>2 mm 团聚体的占比，长点线表示 CK 中 0.25～2 mm 团聚体的占比，实线表示 CK 中 0.053～0.25 mm 团聚体的占比

占比降低了 20%，这与本书的研究结果非常相似。本书中施用的生物炭颗粒大小为 1.5～2 mm（表 3-2），与所研究的土壤团粒大小相当，甚至更大。由于生物炭具有丰富的羟基与羧基等官能团，具有较强的表面库仑力，以及较高的吸附作用和黏聚力，使其与土壤细小颗粒相结合形成了较大的团粒，从而改善土壤结构。另外，生物炭自身具有较大的比表面积，可促进土壤 S＋C 与生物炭胶结形成大的团粒。此外，生物炭施加可增加土壤有机碳（soil organic carbon，SOC）含量，而有机碳被视为土壤团聚体的胶结物质，其产生的有机分泌物也有助于土壤中较小团粒凝聚为较大团聚体，Wang 等[14]认为施加生物炭将有助于土壤有机质的形成，增强土壤团聚体的抗物理干扰程度，进而改善土壤团聚体。

　　此外，土壤结构的改善与生物炭的施用时期密切相关。在不同施用模式下，无论是

宏观土壤孔隙还是微观土壤结构组成，C 区对土壤结构的改善均优于 A 区和 B 区。产生这种差异的原因归纳为以下三点。首先，在季节性冻土区生物炭的施加并经历冻融作用是导致土壤结构改善的关键性因素。这种改善可以通过土壤中 TP 与 LA 比重来确定。先前研究表明生物炭的施加在冻融前后改变土壤孔径分布，增加了土壤孔隙结构[15]，而单独的冻融作用也会增加土壤 TP，使土壤中大颗粒团聚体发生破碎形成更小团粒。基于以上结论并结合本次试验，分析认为经历冻融作用的炭-土混合体将得到更大的 TP［平均为 0.5249 cm^3/cm^3（A 区）和 0.532 cm^3/cm^3（C 区）］。冻融作用导致土壤水分重新分布并随着表层积雪的融化增加了炭-土混合体的含水量，这可使生物炭更好地与细小颗粒相结合形成更多的较大团聚体，导致 A 区与 C 区的 LA 比重比 B 区分别高了 7.56% 和 14.05%。同样，冻融作用也会改变生物炭自身粒径大小，Liu 等[16]分别在两种排水条件下探究冻融循环对生物炭粒径的影响，均发现冻融作用会使生物炭中值粒径减小，这是由于在冻结期间生物炭内部有冰晶的形成，最终破坏了较大的生物炭颗粒，使细小生物炭的孔内尺寸轻微增加。并且他们发现粒径的降低与初始含水量呈正相关，这会增加土壤的储水性能；由于冻融作用将产生更细小的生物炭颗粒，从而影响生物炭-土系统中的颗粒堆积并改变土壤孔隙间体积。而 Cao 等[17]研究了环境温度对生物炭理化性质的影响，同样发现冻融破坏了生物炭的完整性，提高了生物炭的比表面积和孔隙体积。Josepf 等[18]认为生物炭对土壤的改良需要结合不同的土壤气候条件来进行适当的试验。上述结论表明，冻融作用改变生物炭颗粒尺寸是对季节性冻融土壤改良中不可忽略的一个重要因素。由于 A 区和 C 区一半的炭-土混合体经历了季节性冻融，也就是说，A 区生物炭粒径将整体小于 C 区。Obia 等[19]认为越大的生物炭粒径对土壤结构的改变越为显著，但施加量是结构改善的关键性因素。虽然这里不能明确指出生物炭粒径级别对土壤结构改变的驱动机制，但推测生物炭较小的粒径将小幅降低土壤结构的改良效果。其次，在冻结前期和融化期均在 C 区施加设计水平一半的生物炭，换种说法这属于连续施加生物炭。而 C 区对 TP 的影响平均比 A 区高了 1.35%，LA 比重增加了 6.03%，这表明连续施加生物炭也有助于土壤结构的改良与稳定，这也是 C 区整体改善优于 A 区的根本原因。魏永霞等[20]发现连续两年施加 50 t/hm^2 生物炭处理的效果优于一次性施加 100 t/hm^2 生物炭处理。此外，生物炭的施用时长也是不可忽视的，经历冻融作用的炭-土混合体比未经冻融作用的 B 区多施加了 161 天。有学者认为，生物炭的性质随施入时间发生改变，并逐渐老化。例如，Mia 等[21]发现生物炭在老化过程中发生了物理结构的变化，并认为老化生物炭对土壤的改良可能比新鲜生物炭更有效。结果显示，生物炭施加时间越长对土壤结构改良程度越明显。

四、土壤团聚体稳定性分析

各处理的团聚体稳定性指标如表 3-3 所示。不同时期施用生物炭均不同程度地增加了 MWD，具体来说 A、B 和 C 区所有处理的平均值分别比 CK 增加了 48.84%、40.70% 和 54.65%，但三者间无统计学意义。同样，在 GMD 中也观察到这种结果，增加的主要原因是 LA 与 SA 比重的增加（图 3-1）。>0.25 mm 水稳性团聚体占比（$WR_{0.25}$）被认为是土壤团粒的主要稳定性指标，由图 3-1 和表 3-3 知，与 CK 相比，施加生物炭使 $WR_{0.25}$ 平均增加了 26.98%，并且 C 区对 $WR_{0.25}$ 的影响高达 30.27%。与前三个指标不同，较高的施加量则使 PAD 降低了 20.96%。不同施加量也降低了 D 值，但没有达到显著水平（$P>0.05$）。总之，无论是不同施用时期还是不同施加量，施炭处理的团聚体都比 CK 处理具有更高的稳定性。当施加量为 9 kg/m² 时均体现出最优的稳定性指标，与 CK 处理相比，土壤 MWD、GMD 和 $WR_{0.25}$ 分别增加了 62.79%、70.59% 和 35.90%，而 PAD 和 D 则分别降低了 29.13% 和 1.28%。

表 3-3　团聚体稳定性指标

处理	生物炭施加量/（kg/m²）	MWD/mm	GMD/mm	$WR_{0.25}$/%	PAD/%	D
A 区	3	1.14±0.2c	0.23±0.05cd	38.6±5.16de	55.9±5.9abc	2.6983±0.0141ns
	6	1.3±0.16abc	0.26±0.02abcd	42.6±3.61abcde	48.58±4.36 cde	2.6922±0.0102
	9	1.41±0.11ab	0.3±0.03a	46.18±4.05a	44.91±4.83 de	2.6751±0.0236
	12	1.25±0.15abc	0.26±0.05abcd	42.2±3.54abcde	49.9±4.21bcde	2.6837±0.023
	均值	1.28±0.1ns	0.26±0.02ns	42.40±2.68ns	49.82±3.96ns	2.6873±0.0088ns
B 区	3	1.07±0.15c	0.22±0.03 d	37.78±2.88e	59.46±3.09a	2.6912±0.0228
	6	1.2±0.14bc	0.25±0.03bcd	40.44±3.97bcde	53.04±4.61abcd	2.6904±0.0189
	9	1.3±0.23abc	0.28±0.05abc	43.76±2.6abc	48.91±3.04 cde	2.6804±0.0212
	12	1.25±0.12abc	0.24±0.00bcd	41.3±1.13abcde	48.55±1.41 cde	2.7043±0.0183
	均值	1.21±0.09	0.25±0.02	40.82±2.14	52.49±4.39	2.6916±0.0085
C 区	3	1.12±0.1c	0.23±0.03d	39.24±2.71cde	57.84±2.91ab	2.7008±0.0249
	6	1.42±0.25a	0.29±0.07ab	45.18±5.85ab	50.89±6.36abcde	2.6956±0.0125
	9	1.48±0.08ab	0.29±0.02ab	45.42±1.97ab	43.14±2.47e	2.6942±0.0178
	12	1.29±0.2abc	0.27±0.05abcd	43.14±4.26abcd	49.79±4.95bcde	2.6868±0.0212
	均值	1.33±0.14	0.27±0.02	43.25±2.48	50.42±5.21	2.6944±0.005
CK		0.86±0.08**	0.17±0.01**	33.2±1.7**	64.41±1.82**	2.718±0.0193*
不同施加量三个处理区的平均值	3	1.11±0.03b	0.23±0.00 c	38.54±0.6 c	57.73±1.46a	2.6968±0.0041ns
	6	1.31±0.09a	0.27±0.02ab	42.74±1.94ab	50.84±1.82b	2.6927±0.0022
	9	1.40±0.07a	0.29±0.01a	45.12±1.01a	45.65±2.41 c	2.6832±0.0081
	12	1.26±0.02ab	0.26±0.01b	42.21±0.75b	49.41±0.61bc	2.6916±0.0091

注：数据以平均值±S.D.来表示。同一列不同小写字母表示参数平均值的差异显著（$P<0.05$），具有相同字母的参数没有显著差异，ns 表示差异无显著性。星号表示未经修正的对照土壤与施炭处理的土壤之间存在显著差异；*$P<0.05$，**$P<0.01$。

本书中并未观察到生物炭的不同施用时期对土壤结构稳定性有显著影响。通常情况下，MWD、GMD 和 $WR_{0.25}$ 越大表示团聚体平均粒径越大，而 PAD 和 D 则正好相反，数值越小表明团聚体分布结构和稳定性越好。结合表 3-3 可知，施加生物炭将显著增强土壤团聚体的稳定性，当施加量为 9 kg/m² 时均得到了最佳的稳定性指标。这是因为生物炭具有稳定的芳香化结构和较高的阴离子交换量（CEC），并主要为惰性炭，难以被土壤中微生物分解利用。然而，有机碳含量的提升会增加土壤中微生物群落的活性，这会导致生物炭稳定性减弱从而抑制土壤水稳性团聚体的形成。但也有研究表明生物炭的施加并不能提高土壤团聚体的稳定性，Hardie 等[22]发现生物炭的施加对团聚体的稳定性没有显著影响，并认为影响效果取决于土壤类型和生物炭的施加量；Soinne 等[23]认为重复施用生物炭可以减少耕作对团聚体的劣化效应，甚至提高耕作土壤结构的稳定性。但本节取得的结果并未发现生物炭的连续施加有利于土壤结构指标的稳定，我们认为生物炭对土壤结构稳定性的影响与施用地区的环境因素也有较大关系。因此，生物炭诱导土壤发生团聚而提高土壤的稳定性可能有助于根系的生长，并且有利于土壤含水量稳定增加，可以促进作物的生长和产量的提高。

第三节　冻融土壤三相比例与孔隙结构

从广义角度分析，土壤三相通常是指土壤固相土颗粒、液态水和土中气体，土壤三相比例则是各相态占土体总容积的百分比，受土壤质地、气象条件、土壤管理等因素影响，土壤三相比例也是不断变化的。土体中，水和空气共同存在并填充土壤孔隙，土壤三相比和土壤孔隙结构都是反映土壤结构密实程度的重要指标，对土壤水分-溶质运移和作物根系延伸具有重要作用，也是农田管理方面较为常用的参数之一。施加生物炭会改变土壤机械结构组成，特别是对土壤孔隙结构的改变。然而，很少有研究关注生物炭施加对土壤孔隙结构与胀缩模式的影响，尤其是在考虑冻融作用影响下土壤收缩特征参数的变化。本节通过分析生物炭对土壤三相比例、孔隙结构和土壤胀缩性的影响，进一步揭示在环境因素的影响下生物炭对土壤结构的作用特点，为生物炭在季节性冻土区的应用提供理论指导与依据。

一、试验方案

本节试验方案参考前文试验方案。

二、数据指标测定

（一）土壤总孔隙度测定

通过环刀法测得不同处理的土壤容重 ρ_b 来计算土壤总孔隙度（total porosity，TP）（cm^3/cm^3）；并通过 Daiki-1130 土壤三相仪测定土壤三相比，计算广义土壤结构指数（generalized soil structure index，GSSI）和土壤三相结构距离（soil three-phase structure distance，STPSD）指数。公式如下：

$$TP = 1 - \frac{\rho_b}{\rho_s} \tag{3-6}$$

$$\mathrm{GSSI} = \left[(x_\mathrm{g} - 25) \cdot x_\mathrm{y} \cdot x_\mathrm{q} \right]^{0.4769} \tag{3-7}$$

$$\mathrm{STPSD} = (x_\mathrm{g} - 50)^2 + (x_\mathrm{g} - 50) \cdot (x_\mathrm{y} - 50) + (x_\mathrm{y} - 50)^2 \tag{3-8}$$

式中，ρ_s 为土壤颗粒密度，取 2.65 g/cm^3；x_g 为土壤固相体积百分比，>25%；x_y 为土壤液相体积百分比，>0；x_q 为土壤气相体积百分比，>0。

（二）土壤孔径测定

土壤水分特性曲线可以间接地反映土壤中的孔隙分布[24]，若将土壤中孔隙假设为各种孔径的圆形毛管，则吸力 h 和孔隙直径 d 的关系可表示为

$$h = \frac{4\sigma}{d} \tag{3-9}$$

式中，σ 为水表面张力系数，室温条件下一般为 75×10^{-5} N/cm。若吸力 h 和孔隙直径 d 的单位分别以 Pa 和 mm 表示，则 d 和 h 的关系转换为 $d = 300/h$。此时称 d 为当量孔径。结合本研究的吸力范围，将当量孔径分为 <0.3 μm（极微孔径）、[0.3, 5)μm（微孔径）、[5, 30)μm（小孔径）、[30, 75)μm（中等孔径）、[75, 100)μm（大孔径）、>100 μm（土壤空隙）6 个孔径段进行分析。

（三）土壤收缩测定

在土壤保水性分析过程中，土体内水分随离心机转速的提高而逐渐排出，并伴随着土体高度的下降和直径的减小发生土壤收缩。为了探究生物炭添加对田间原状土壤收缩变化的影响，在土体脱水结束后使用电子游标卡尺（精度为 0.01 mm）测量环刀内土壤表面上五个连续点处的沉降高度及收缩后土壤直径的变化。评价土壤收缩特征的指标主要包括土壤轴向收缩应变δ_s（%）、径向收缩应变δ_r（%）、体积收缩应变δ_v（%）以及无量纲几何因子 γ，γ 可以反映土壤在脱水过程中水平和垂直方向的形变。这些参数计算公式如下：

$$\delta_\mathrm{s} = \frac{h_\mathrm{o} - h}{h_\mathrm{o}} \times 100\% \tag{3-10}$$

$$\delta_\mathrm{r} = \frac{d_\mathrm{o} - d}{d_\mathrm{o}} \times 100\% \tag{3-11}$$

$$\delta_\mathrm{v} = \frac{V_\mathrm{o} - V}{V_\mathrm{o}} \times 100\% \tag{3-12}$$

$$\gamma = \frac{\lg(1 - \Delta V / V_\mathrm{o})}{\lg(1 - \Delta h / h_\mathrm{o})} \tag{3-13}$$

式中，h_o 为土体初始高度，mm；h 为土体脱水结束时高度，mm；d_o 为土体初始直径，mm；d 为土体脱水结束时直径，mm；V_o 为土体初始体积，mm^3；V 为土体脱水结束时体积，mm^3；ΔV 为土体体积变化量，mm^3；Δh 为土体高度变化量，mm。

在采用离心机法测定土壤收缩特征过程中，土壤容重也随着吸力的变化而发生改变。根据土壤达到平衡后的收缩量，采用下式计算土壤收缩后容重 γ_d（g/cm^3）：

$$\gamma_{\mathrm{d}} = \frac{M}{(1 - \Delta h / h_{\mathrm{a}}) \times V_{\mathrm{h}}} \qquad (3\text{-}14)$$

式中，M 为土壤质量，g；V_{h} 为环刀容积，g/cm^3；h_{a} 为环刀高度，cm。

（四）土壤线性膨胀系数测定

将土壤加水搅拌至稠状（土壤含水量在田间持水量和饱和含水量之间），用土刀将土样装满针筒，再将土样挤成长约 10 cm 的湿土条，采用电子游标卡尺（精度为 0.01 mm）测量湿土条的长度（L_{m}）。将湿土条放置在（25 ± 2）℃的室温下风干 48 h，之后测量干土条的长度（L_{d}），由下式计算出土壤线性膨胀系数 COLE（cm^3/cm^3）：

$$\mathrm{COLE} = \frac{L_{\mathrm{m}} - L_{\mathrm{d}}}{L_{\mathrm{d}}} \qquad (3\text{-}15)$$

三、宏观土壤结构变化

（一）土壤总孔隙度

不同处理土壤总孔隙度的变化如图 3-2 所示。与 CK 相比，施炭处理显著增加了土壤总孔隙度，并与施加量成正比。除 3 kg/m^2 施加量外，其余施加量均与 CK 呈极显著差异（$P < 0.001$）。不同施用时期比较发现，C 区对土壤总孔隙度的影响最大，平均值分别增加了 2%、6.74%、10.86% 和 19.13%，但 A3 的改良效果略高于 C3。相反，B 区

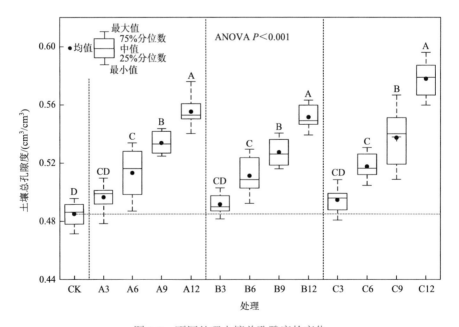

图 3-2　不同处理土壤总孔隙度的变化

不同大写字母表示在不同处理之间存在显著差异（$P < 0.05$），横虚线表示 CK 处理的平均值

对土壤总孔隙度的影响最低，B_3、B_6、B_9 和 B_{12} 相较于 CK 分别提高了 1.37%、5.34%、8.72% 和 13.66%。

从生物炭改良的角度分析发现，生物炭施加量越大土壤总孔隙度越高，平均增加了 1.92%、5.98%、9.89% 和 15.77%。这是因为生物炭分子结构的特殊分布使其容重远小于土壤容重，施入土壤后导致炭-土混合体的体积密度降低，改变了土壤中的孔隙状况，这必然会增加周围土壤的总孔隙度。从生物炭施加时期分析发现，三种处理下土壤总孔隙度平均值分别为 0.5249 cm³/cm³、0.5203 cm³/cm³ 和 0.5320 cm³/cm³，这比 CK 处理相对增加了 8.22%、7.27% 和 9.68%。由图 3-2 可知，生物炭施加并经历冻融作用可显著增加土壤总孔隙度，这也是 A 区和 C 区对土壤总孔隙度的增加效果高于 B 区的主要原因。从结果发现，C 区总孔隙度比 A 区相对增加了 1.35%，尤其是 C12 处理的增加效果最显著，这表明生物炭的连续施加有利于土壤总孔隙度的增加。考虑作物（大豆）生长环境，将土壤容重控制在 1.15～1.30 g/cm³ 范围内为宜[25]，而此时对应土壤总孔隙度在 0.51～0.56 cm³/cm³，由图 3-2 发现施用 3 kg/m² 生物炭虽然增加土壤总孔隙度，但并未达到大豆最佳生长环境，而施加量大（本书指 12 kg/m²）会使作物难以稳定扎根于土壤中，造成作物产量的降低。

（二）土壤结构评价指标

广义土壤结构指数是以土壤三相比为研究对象，来客观表达土壤结构功能的差异变化。由土壤三相比计算得到各处理的 GSSI，如图 3-3（a）所示。GSSI 越接近 100，表明土壤结构越接近理想状态。总的来说，在每个应用模式下生物炭的增加显著改善土壤结构，这种增加并非与施加量成正比。整体来看，当施加量为 6 kg/m² 时增加效果最好，与 CK 相比平均增加了 6.23%。不同施用时期之间比较发现，A6、B6 和 C9 处理的增加效果最好，分别为 6.15%、5.6% 和 8.28%。相反，B12 处理则导致 GSSI 低于 CK，但与 CK 没有显著差异。同时，C 区对 GSSI 的影响比 A 区及 B 区更为显著（$P < 0.001$）。

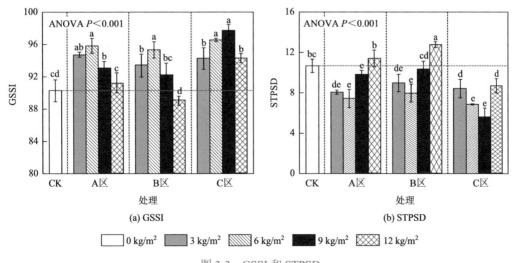

图 3-3　GSSI 和 STPSD

不同小写字母表示在不同处理之间存在显著差异（$P < 0.05$），垂直线表示平均值的 S.D.，水平虚线表示 CK 处理的平均值

GSSI 是以土壤三相比为研究对象来评价土壤结构的指标，理想状态下土壤三相比为 50：25：25。由图 3-3 可知，并非施炭量越高土壤结构越接近理想状态，这表明生物炭虽改善了土壤的整体结构，但高施加量导致土壤三相比不均衡，土壤固态所占比例降低，土壤液态和气态比例相对增大，虽然这可能会改善土壤的保水效果及土壤通透性，但也会导致土壤的三相比偏离理想状态，结合土壤总孔隙度分析，施加量为 12 kg/m² 则会使土壤结构过于松散。从结果可以发现，C9 处理的 GSSI 值最大（为 97.74），对季节性冻土区土壤结构的改善效果优于其余处理。

STPSD 可更直观地判别土壤三相比结构的趋势变化，STPSD 越小土壤结构越接近最佳。由图 3-3（b）可知，A6、B6、C6 和 C9 处理的降低效果极为显著（$P<0.001$），分别比 CK 处理降低了 30.21%、25.27%、35.70% 和 47.39%；而 A12 和 B12 处理对土壤结构产生了负反馈作用，STPSD 相对增加了 7.16% 和 19.75%；这表明生物炭施加可通过降低土壤固态所占比例来改善土壤结构，但施加量过大会使土壤固态比例过低，不利于土壤结构的组成。此外，C 区对 STPSD 的影响最明显，所有施炭处理平均降低了 30.57%，这与 GSSI 分析结果一致。

四、土壤孔径分布特征

（一）不同处理间孔径分布变化特征

由上述可知生物炭施加改善了土壤的结构组成，增加了土壤总孔隙度，这必然会影响土壤孔径分布的所占比例。不同处理下土壤孔径分布如图 3-4 所示。

从图 3-4 中可以明显发现，与 CK 处理相比生物炭的施加可显著降低土壤极微孔径（<0.3 μm）所占比例，随施加量的增加土壤极微孔径（<0.3 μm）所占比例分别减少了 5.05%、14.02%、20.99% 和 24.29%；土壤微孔径（[0.3, 5)μm）和土壤小孔径（[5, 30)μm）

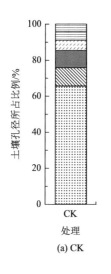

(a) CK

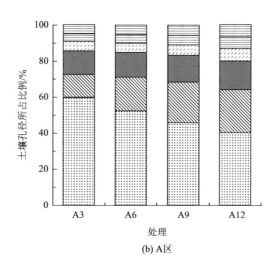

(b) A区

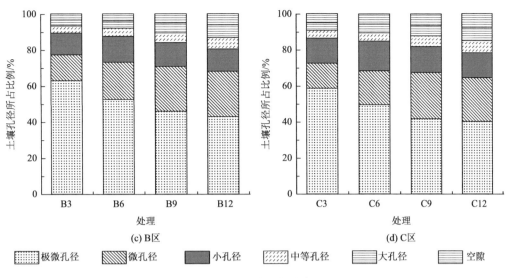

图 3-4 土壤孔径分布

所占比例随施加量的增加而增大；而低生物炭施加量（3 kg/m² 和 6 kg/m²）并未增大土壤中等孔径（[30, 75)μm）和土壤大孔径（[75～100)μm）所占比例。所有施炭处理均增加了土壤空隙（＞100 μm）所占比例，但增加效果较弱。

由上述结果发现，生物炭施加均会降低土壤极微孔径所占比例，而增加其余孔径所占比例，这与冻融前后土壤孔径分布结果一致。这表明生物炭施加对土壤孔径分布的影响主要受生物炭自身性质的影响。众所周知，生物炭比表面积较大，孔径结构发育完善，且生物炭的比表面积决定了其吸附性能，其可与土壤细小颗粒形成一定大小的团粒结构，从而形成更大的孔径。另外，部分生物炭细小颗粒也会填充土壤中较大的孔径，这就是在较大的孔径中并未观察到明显变化的原因。赵迪等[26]通过施加不同粒径生物炭发现细炭对土壤中等孔径和大孔径比例的降低效果较粗炭更为显著，但认为生物炭施加量的增加对土壤孔径并无明显影响；李金文等[27]同样认为由于生物炭易破碎成细小颗粒，其施加量较低时会填充土壤中孔隙，导致孔径降低。Sun 和 Lu[28]发现施加生物炭可显著增加黏性土的大孔径和中等孔径数量；这与本书结果有明显差异，从图 3-4 发现生物炭对土壤微孔径和土壤小孔径的增加效果较明显，由此认为生物炭对土壤孔径分布的影响受土壤质地的影响较大。而土壤微孔径和小孔径的增加也有益于植物可用含水量的储存，Lu 等[29]认为土壤储水性主要受孔径分布和孔隙率的影响；这表明生物炭对土壤孔径分布的影响有益于土壤保墒作用及土壤环境的改善。

在不同处理间发现，生物炭对土壤孔径分布的影响不仅取决于生物炭的施加量，还与生物炭的施用时期及环境因素有关。C 区对土壤孔径分布的影响略高于 A 区与 B 区，这不仅体现在土壤极微孔径所占比例的降低，而且对土壤微孔径和小孔径比例的增加也有不同影响，但增加效果较弱，仅为 7.74% 和 5.42%。经历冻融作用的生物炭产生更细小粒径生物炭的同时，生物炭的颗粒形状和内部孔隙还会发生改变，而生物炭内部孔径的增加将会影响炭-土混合体系中的颗粒堆积，改变颗粒间和颗粒内的孔隙结构，降低土壤极微孔径数量；而 C 区在融化中期再次施加生物炭也改变了冻融前后炭-土混合体系的孔径分布，预测这种改变有助于土壤孔径分布的改善。

（二）孔径分布的相对变化

为了更加清晰、明显地分析不同时期施加生物炭对土壤孔径的影响，将施炭处理与 CK 处理进行比较，结果如图 3-5 所示。生物炭施加降低了土壤极微孔径所占比例，随生物炭施加量的增加，土壤极微孔径所占比例分别降低了 7.69%、21.36%、31.99% 和 37.01%；而其余孔径则相反，除土壤小孔径外其余孔径数量均与生物炭施加量成正比。此外，生物炭的施加对土壤微孔径的影响效果最大，不同施炭量土壤微孔径所占比例分别增加了 38.02%、91.42%、140.83% 和 141.73%。同时，仅有生物炭高施加量（9 kg/m² 和 12 kg/m²）对 ≥30 μm 的孔径所占比例有显著的增加效果 ［图 3-5（d）～（f）］。

由不同施加时期分析发现，与 CK 处理相比，A 区、B 区和 C 区所有施炭处理均降低了土壤极微孔径所占比例，分别下降了 24.57%、21.89% 和 27.08%，可以看出不同处理间对

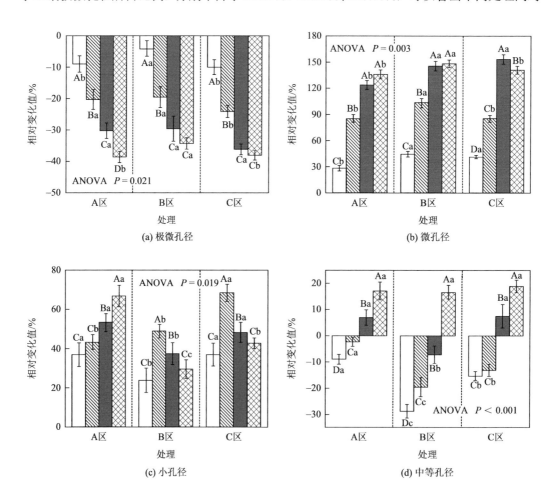

(a) 极微孔径　　　　　　　　　　(b) 微孔径

(c) 小孔径　　　　　　　　　　(d) 中等孔径

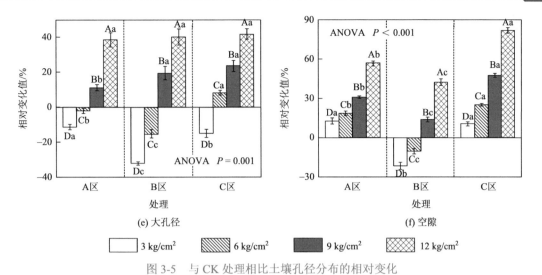

图 3-5　与 CK 处理相比土壤孔径分布的相对变化

同一施炭处理下不同大写字母表示不同生物炭施加量之间存在差异显著（$P<0.05$）；同一生物炭施加量下不同小写字母表示不同施炭处理之间存在差异显著（$P<0.05$）。垂直线表示平均值的 S.D.

土壤极微孔径的减少效果相近。而 B 区对土壤微孔径的增加效果略大于 A 区和 C 区。C 区对土壤大孔径和土壤空隙的影响效果较为显著，分别增加了 14.73% 和 41.40%。综上所述，生物炭有利于土壤孔径分布的改善，并且改善效果随生物炭施加量的增加而增加。由不同施用时期发现，对土壤孔径的改变程度依次为 C 区＞A 区＞B 区，但三者间的变化差异并无明显的显著关系。

五、冻融对土壤收缩特征的影响

（一）冻融前后土壤收缩特征参数变化

生物炭施加在冻融前后对原状土样的收缩特征参数的影响如表 3-4 所示。由 CK 处理发现，融化期不同土层的 δ_s 比冻结前期降低了 2.10%（平均值），这表明冻融作用会抑制土壤在垂直方向的收缩；生物炭的施加使这种抑制效果越来越明显，尤其在 L2 层抑制效果最大，分别为 4.74%、5.71%、5.19% 和 4.40%。相反，季节性冻融作用增加土壤 δ_s，而生物炭的施加也抑制了冻融前后土壤水平方向的变化，并随生物炭施加量的增加 δ_s 分别降低了 0.56%、4.14%、8.59% 和 18.30%，土壤轴向收缩与径向收缩最终均会影响收缩后土壤体积的变化。本研究发现季节性冻融作用抑制土壤 δ_V 与土壤 δ_s 的作用十分相似，随生物炭施加量的增加抑制效果越明显，在冻融前后抑制效果分别增加了 3.24%、5.21%、5.41% 和 4.84%（CK 处理仅为 1.56%），且与 CK 处理有显著差异（$P<0.05$）。γ 是体现土壤主要收缩方向的指标，当其大于 3 时则表明土壤以水平方向的变形为主，γ 在 1～3 时则表明土壤以垂直方向的变形为主。由表 3-4 可知，在冻融前后所有处理的 γ 在 1.0530～1.1452，表明所有土壤的收缩变化均以垂直方向的轴向收缩变形为主。

表 3-4　冻融前后土壤收缩特征参数

土层	处理	δ_z/% 冻结前期	δ_z/% 融化期	δ_r/% 冻结前期	δ_r/% 融化期	δ_V/% 冻结前期	δ_V/% 融化期	γd/(g/cm³) 冻结前期	γd/(g/cm³) 融化期	γ 冻结前期	γ 融化期
L1	CK	25.49±0.56a	25.13±0.14a	2.00±0.10a	2.08±0.03a	28.44±0.40a	28.21±0.19a	2.1144±0.0159a	2.0956±0.0040a	1.1376±0.0103a	1.1452±0.0013a
L1	A3	25.00±0.42a	24.33±0.22b	1.82±0.15ab	1.84±0.05b	27.70±0.19a	27.09±0.29b	2.0078±0.0112b	1.9261±0.0057b	1.1280±0.0129a	1.1332±0.0022b
L1	A6	22.87±0.66b	21.46±0.18c	1.52±0.08bc	1.44±0.07c	25.20±0.51b	23.71±0.27c	1.9129±0.0163c	1.8025±0.0040d	1.1183±0.0103a	1.1200±0.0044c
L1	A9	19.67±0.48c	18.57±0.35e	1.36±0.21c	1.24±0.05d	21.85±0.13d	20.58±0.42e	1.8529±0.0111d	1.7618±0.0076e	1.1257±0.0231a	1.1214±0.0023c
L1	A12	21.62±0.77b	20.62±0.19d	0.98±0.13d	0.76±0.07e	23.15±0.55c	21.82±0.29d	1.9028±0.0187c	1.8606±0.0045c	1.0814±0.0141b	1.0660±0.0050d
L2	CK	24.82±0.32a	24.05±0.06a	1.90±0.13a	1.94±0.05a	27.65±0.12a	26.97±0.13a	2.1406±0.0091a	2.1344±0.0018a	1.1347±0.0114a	1.1424±0.0032a
L2	A3	24.45±0.63a	23.29±0.27b	1.80±0.20ab	1.76±0.03b	27.14±0.31a	25.96±0.31b	2.0191±0.0167b	1.9512±0.0069b	1.1301±0.0181a	1.1340±0.0007a
L2	A6	21.91±0.57b	20.66±0.21c	1.44±0.10bc	1.36±0.07c	24.15±0.30b	22.80±0.31c	1.9315±0.0115c	1.8755±0.0049c	1.1175±0.0109a	1.1183±0.0044b
L2	A9	19.09±0.67c	18.10±0.14e	1.28±0.08c	1.18±0.05d	21.14±0.53d	20.02±0.22e	1.8894±0.0157d	1.8078±0.0032d	1.1221±0.0126a	1.1188±0.0039b
L2	A12	21.15±0.53b	20.22±0.14d	0.80±0.24d	0.66±0.05e	22.41±0.14c	21.27±0.22d	1.9353±0.0130c	1.8832±0.0034c	1.0683±0.0227b	1.0586±0.0039c
L3	CK	23.92±0.71a	23.48±0.32a	1.88±0.05a	1.90±0.05a	26.75±0.61a	26.36±0.38a	2.1532±0.0200a	2.1234±0.0089a	1.1391±0.0084a	1.1433±0.0015a
L3	A3	23.88±0.34a	23.01±0.22a	1.76±0.13a	1.74±0.05a	26.53±0.13a	25.67±0.29a	2.0660±0.0091b	2.0297±0.0059b	1.1304±0.0119a	1.1342±0.0023ab
L3	A6	20.64±0.59b	19.75±0.26b	1.40±0.21b	1.36±0.07b	22.84±0.24b	21.92±0.35b	1.9922±0.0149c	1.9337±0.0062c	1.1227±0.0226a	1.1244±0.0042b
L3	A9	18.89±0.43c	17.97±0.13c	1.20±0.16b	1.10±0.07b	20.82±0.16c	19.76±0.23d	1.9364±0.0103d	1.8763±0.0029e	1.1158±0.0188a	1.1117±0.0058c
L3	A12	20.30±0.69b	19.67±0.16b	0.68±0.15c	0.58±0.08c	21.38±0.45c	20.60±0.29c	1.9500±0.0169d	1.9038±0.0038d	1.0607±0.0154b	1.0530±0.0070c
各处理平均值	CK	24.74±0.85a	24.22±0.71a	1.93±0.11a	1.97±0.09a	27.61±0.81a	27.18±0.81a	2.1361±0.0225a	2.1178±0.0173a	1.1371±0.0103a	1.1436±0.0025a
各处理平均值	A3	24.44±0.66a	23.54±0.62b	1.79±0.16a	1.78±0.06b	27.12±0.53a	26.24±0.68b	2.0310±0.0282b	1.9690±0.0446b	1.1295±0.0146ab	1.1338±0.0019b
各处理平均值	A6	21.81±1.15b	20.62±0.73c	1.45±0.15b	1.39±0.08c	24.06±1.03b	22.81±0.79c	1.9455±0.0368c	1.8706±0.0539c	1.1195±0.0158b	1.1209±0.0050c
各处理平均值	A9	19.22±0.63c	18.21±0.35d	1.28±0.17c	1.17±0.08d	21.27±0.54d	20.12±0.46e	1.8929±0.0364d	1.8153±0.0473d	1.1212±0.0191ab	1.1173±0.0059c
各处理平均值	A12	21.02±0.86b	20.17±0.42d	0.82±0.22d	0.67±0.10e	22.31±0.84c	21.23±0.57d	1.9294±0.0256c	1.8825±0.0181c	1.0701±0.0198c	1.0592±0.0076d

注：数据以平均值±S.D.来表示。同一列不同小写字母表示在给定深度下不同生物炭施加量时参数平均值存在显著差异（P<0.05），具有相同字母的参数没有显著差异。

由冻融前后土壤收缩特征参数可知，冻融作用抑制土壤在垂直方向发生轴向收缩，但会促使土壤发生水平方向的径向收缩，表明冻融作用会导致土壤发生水平张拉产生裂缝，这会降低土体强度，并为融雪水分的入渗提供通道，易发生土壤侵蚀作用。其原因概括为两点：一方面，季节性冻融作用增加了土壤总孔隙度，使融化期土壤失水收缩的空间增加，有利于抑制土壤垂直方向的变化；另一方面，冻融作用破坏土壤团聚体结构，使土壤稳定性降低，土壤颗粒与颗粒间的咬合力较低，使土壤在失水过程中发生了水平方向的变化。魏玉杰等[30]采用相关性分析来证实土体的收缩受土壤质地和基质吸力的综合影响，而在本书研究过程中炭-土混合层土壤质地一致，均为壤土，且在土样脱水过程中所有基质吸力均达到平衡后再进行收缩测定，因此本书不考虑两者的影响。而生物炭施加则显著抑制土壤在垂直方向与水平方向的收缩变化，由此证实生物炭施加并结合冻融作用会减弱土壤整体收缩变化；从土壤δ_V也可发现，所有施炭处理在冻融前后的抑制收缩效果均大于 CK 处理。这是冻融作用对生物炭自身结构的影响所致，之前介绍冻融作用提高了生物炭的比表面积和内部孔隙体积，并且生物炭的施加降低了土壤极微孔径所占比例，增加土壤总孔隙度和大孔隙比例，这会使土壤垂直方向变化减小；生物炭自身性质的变化对抵抗土壤水平方向变化有积极效果，由此也抑制土壤径向变化。此外，土壤收缩变化不仅与土壤结构组成和土壤孔径分布有关，而且受土壤结构稳定性的影响。从图 3-1 和表 3-3 均可以发现生物炭施加对土壤结构也表现出积极效果，因此认为生物炭对土壤结构稳定性的改善也是降低土壤水平方向变化的因素之一；并且生物炭施加量越大抑制效果越好，影响土壤轴向收缩和体积收缩效果也越显著（$P<0.05$）。

土壤初始容重是影响土壤收缩的主要因子。在土壤收缩试验开始前各处理间的土壤容重并不统一，尤其在不同土层中生物炭施加量越大会导致土壤容重越小。有研究表明，土壤容重越小就越容易被压缩[31]，但从土壤收缩特征参数发现土壤失水收缩变化与前人研究结果不一致，这主要受生物炭施加的影响，生物炭自身的多孔结构有利于阻止随吸力的变化土壤发生的收缩。此外，土壤失水收缩后土壤容重的变化不可忽视，这种变化与土壤结构组成密切相关。由表 3-4 可知，季节性冻融作用使土壤 γ_d 稍微降低（相对变化值仅为 0.86%），而随着生物炭的施加其变化逐渐显著（$P<0.05$）。与 CK 处理相比，冻融前后的施炭处理使 γ_d 平均降低了 4.92%、8.92%、11.38%和 11.02%。Obia 等[19]在土壤保水性分析中发现，土壤的收缩率受基质吸力大于–10 hPa 的水填充孔隙的影响最大，即由半径>150 mm 的大孔构成的孔隙对收缩效果影响最大。此外，在冻融前后施加生物炭使土壤 γ_d 降低，有利于减轻在失水收缩后冻融对土壤造成的负面危害。

（二）融化期土壤收缩特征参数变化

选取土壤δ_s、δ_r、δ_V及γ_d四个主要收缩指标，在融化期进行施炭处理与CK 处理的相对变化分析，结果如图 3-6 所示。可以发现，收缩指标的相对变化均小于 0，这表明生物炭的施加均改善了土壤收缩指标，这主要体现在抑制土壤高度的降低及直径的减小。在不同土层中，土壤δ_s随施加量的增加平均降低了 2.81%、14.86%、24.81%和16.72%；尤其在 L1 层中 A9 处理的抑制效果最为显著（$P<0.001$）；与 CK 相比，生物炭对土壤δ_s的

影响较大，并随施炭量的增加各土层平均下降了 9.64%、29.44%、40.61% 和 65.99%；与土壤 δ_s 相近，施加量为 9 kg/m² 的处理对土壤 δ_V 的抑制效果极为显著（$P<0.001$）；施炭处理使土壤 γ_d 平均降低了 11.03%。

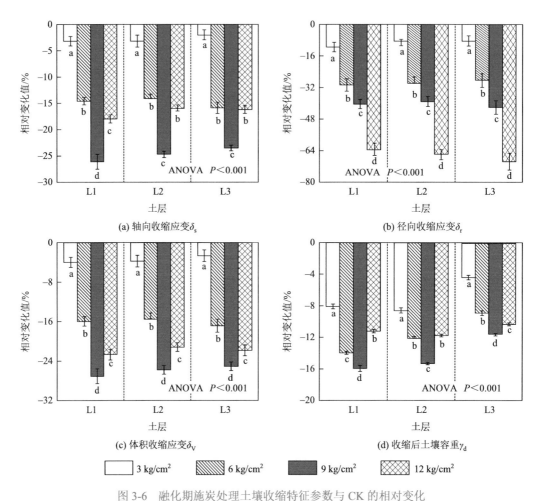

图 3-6　融化期施炭处理土壤收缩特征参数与 CK 的相对变化

不同小写字母表示不同生物炭施加量下参数相对变化存在显著差异（$P<0.05$）。垂直线表示平均值的 S.D.

由图 3-6 发现，生物炭的施加对土壤 δ_s 的变化幅度影响较大，但在融化期随生物炭施加量的增加土壤 δ_s 仅降低了 2.81%、14.86%、24.81% 和 16.72%（表 3-4）。由土壤 δ_V 的变化可知，生物炭对土壤的整体收缩还是以垂直方向的变形为主要变化。这是由于在采用离心机法测定土壤收缩前土壤处于饱和状态，易发生水平横向的收缩变化，但试验土壤是置于环刀中的，受环刀外部限制的影响，土壤失水收缩以一维收缩变形为主，即土壤发生垂直方向的压缩。从土壤 γ_d 变化发现，较大施加量（12 kg/m²）降低了土壤收缩后容重的相对变化，这是由于施加量越大土壤总孔隙度越大，土壤可收缩的孔隙就越大，尽管生物炭的施加有抑制作用，但土壤收缩还是主要取决于土壤孔隙大小。土壤压缩变化的原因包括土壤固态颗粒自身的压缩、土壤中液态水分的排出以及土壤中孔隙的压缩，其中土壤固态与液态的变化可忽略不计，所以认为土体的压缩变形主要是孔隙减小引起的。这也说明高生物炭施加量不利于抵抗土壤收缩变化。由融化期所有施炭处理之间的变化发现，生物炭施加量为 9 kg/m² 的处理对土壤收缩指标的影响最大。但需要声明的是，本书只是考虑生物炭施加对土壤收缩特征参数影响的初步报道，而生物炭对土壤化学性质的影响在很大程度上同样影响土壤结构的组成，如土壤有机碳的提升会影响土壤团粒间的胶结状态[32]。因此，为了深入阐明生物炭施加在冻融前后对土壤收缩特征的作用机理，还需进一步考虑土壤物理化学伴生过程中的综合影响。

六、土壤胀缩特性

（一）不同时期施加生物炭对土壤收缩特征的影响

1. 土壤轴向收缩变化

不同时期施加生物炭原状土壤 δ_s 的变化如图 3-7（a）所示。生物炭的施加降低了土壤 δ_s（平均值），也就是说，生物炭的施加抑制了土壤在垂直方向的收缩，但 C12 处理的 δ_s 显著大于 CK 处理，初步分析认为这是 C12 处理的土壤总孔隙度（0.5778 cm³/cm³）较大所导致。与 CK 相比，采用 A、B 和 C 区处理施用时期的 3 kg/m² 炭施加量抑制土壤收缩效果最明显，分别降低了 18.73%、17.31%和 18.60%（$P<0.001$）。

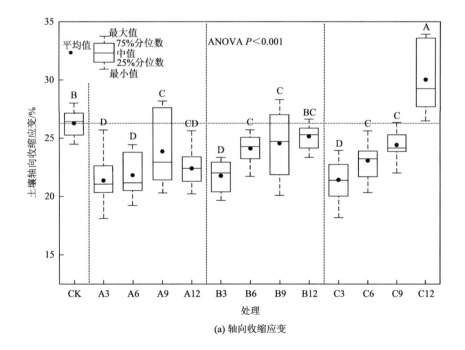

(a) 轴向收缩应变

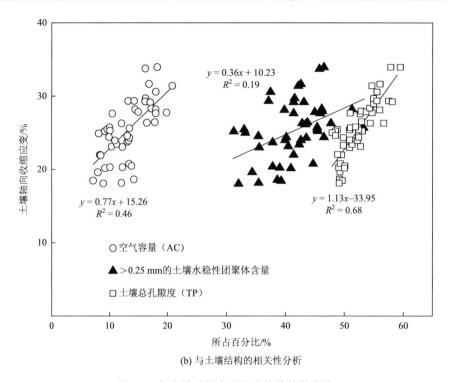

(b) 与土壤结构的相关性分析

图 3-7　保水性分析中原状土壤收缩的变化

不同大写字母表示在不同处理之间 δ_s 存在显著差异（$P<0.05$）

　　为了进一步分析每个应用模式下原状土壤轴向收缩变化的驱动因素，选取土壤孔径、结构与 δ_s 进行相关分析，结果如图 3-7（b）所示。土壤 δ_s 与土壤总孔隙度和土壤空气容量（AC）关联较大，呈显著正相关（Pearson（皮尔逊）相关系数分别为 0.824 和 0.629，$P<0.01$），虽然粒径＞0.25 mm 的土壤水稳性团聚体与 δ_s 的相关系数较小（R^2 仅为 0.19），但达到显著性水平（Pearson 相关系数为 0.435，$P<0.01$），由此可知，所有处理的土壤在垂直方向的收缩主要受孔隙大小的影响，尤其是土壤 AC 所占比例的大小，即土壤受初始吸力的影响较大。

　　观察到施加生物炭会抑制原状土壤失水收缩，这种抑制效果主要取决于生物炭的施加量。随施加量的增加，土壤收缩的效果分别降低了 18.21%、12.52%、7.53% 和 1.59%，施炭量越大抑制收缩效果越不明显。由于生物炭自身为多孔性介质并且较为稳定，不易在外力的影响下减小自身孔隙，施炭土壤不易压缩。但并不否认土壤收缩还是依赖于土壤中大孔隙的形成，如前文所述生物炭施加量越高土壤总孔隙度越大，这就是施炭量的增加抑制土壤收缩效果降低的主要原因。由图 3-7（b）发现，土壤收缩量的大小与 TP 和 AC 的关联较大，分析认为在土壤失水过程中，土壤收缩量受低吸力段孔隙（$h\leqslant330$ cm）影响较大，即土壤初始收缩量是随 AC 的变化而变化的，但并不是说 AC 越大土壤收缩量就越大。综上所述，生物炭施加抑制土壤垂直方向的收缩可视为生物炭施加提高了土壤抗压实能力，使土壤不易在自然因素等外力作用下被压实。

　　从生物炭施加时期发现，与 CK 相比，A、B 和 C 区处理分别使土壤 δ_s 平均降低了

14.88%、9.11%和5.90%。产生这种差异的原因是A区炭-土混合体和C区一半的炭-土混合体经历了季节性冻融，一方面冻融作用使三种处理间的生物炭粒径大小有显著区别，另一方面使生物炭的内部孔径的丰富程度大于B区所有处理。随着离心吸力的增加土壤进一步紧实，生物炭粒径及自身孔径的抗压实作用使得A区抗轴向收缩效果最佳；除去C12处理，C区所有处理土壤轴向收缩应变平均降低了12.64%。然而也有研究表明，生物炭粒径对土壤收缩没有影响，文曼和郑纪勇[33]测定不同粒径生物炭对土壤收缩特征的影响，虽然生物炭能有效降低土壤失水过程中的收缩量，但生物炭粒径对土壤收缩特征值的改变并不显著。这也表明不同处理产生差异的主要原因是冻融作用改变生物炭内部孔径。而冻融结束后土壤受到耕作、种植及田间管理等一系列人为活动的影响，使得生物炭施加在作物生长期对土壤垂直收缩的影响与冻融前后取得的结果有一定的差异。

2. 土壤收缩特征参数变化

不同时期施加生物炭对土壤其他收缩特征参数的影响如表3-5所示。生物炭的施加抑制了土壤水平方向的径向收缩变化，与冻融前后取得的结果一样，随生物炭施加量的增加径向收缩δ_r平均降低了11.71%、27.32%、40.49%和58.54%，且变化显著（$P<0.01$）。而δ_V则不同，随施加量的增加，抑制效果逐渐减弱，所有处理的γ均在1~3，表明土壤收缩变形以垂直方向的收缩为主。从施加时期分析发现，A区所有施炭处理对土壤径向收缩和体积收缩的影响最大，二者平均降低了36.10%和16.69%。有研究指出，土壤中颗粒的机械组成是影响土壤收缩特征的关键因素，尤其是壤土的δ_s和δ_r与其黏粒和粉粒的比重显著相关，而δ_V与砂粒比重显著相关[34]。在本研究中所有处理均为相邻地块，所有处理的土壤颗粒质量分数基本接近，故本研究中不考虑机械组成间的差异。由此认为，产生差异的主要原因还是冻融作用对生物炭的改变，但不同处理间无显著差异（$P>0.05$）。

表3-5　不同处理土壤的收缩特征参数

处理	生物炭施加量/(kg/m²)	δ_r/%	δ_V/%	γ	γ_d/(g/cm³)	收缩前后土壤容重相对变化/%
A区	3	1.76±0.10a	24.11±1.91de	1.1487±0.0172a	1.8095±0.0441h	35.66±2.13e
	6	1.50±0.08b	24.14±1.70cde	1.1234±0.0124b	1.8744±0.0470efg	45.40±1.45d
	9	1.18±0.09c	25.71±2.96bc	1.0877±0.0114d	1.9006±0.0391de	53.91±2.00bc
	12	0.79±0.07d	23.67±1.40e	1.0632±0.0089e	1.8560±0.0228fg	57.59±1.47b
	均值	1.31±0.36ns	24.41±0.77ns	1.1058±0.0328ns	1.8601±0.0332ns	48.14±8.45ns
B区	3	1.85±0.04a	24.62±1.27cde	1.1537±0.0268a	1.8744±0.0453efg	39.14±2.11e
	6	1.48±0.06b	26.38±1.11b	1.1084±0.0083c	1.9411±0.0298bc	49.82±2.28cd
	9	1.26±0.07c	26.47±2.64b	1.0911±0.0141d	1.9709±0.0388b	57.48±4.74b
	12	0.92±0.05d	26.53±1.03b	1.0642±0.0050e	2.0172±0.0536a	69.62±1.76a
	均值	1.38±0.34	26.00±0.80	1.1044±0.0326	1.9509±0.0518	54.02±11.12
C区	3	1.82±0.05a	24.25±1.79cde	1.1541±0.0168a	1.8497±0.0481g	38.14±1.26e
	6	1.50±0.07b	25.37±1.53bcd	1.1159±0.0086bc	1.8931±0.0267def	48.13±1.73cd

处理	施加量/ (kg/m²)	δ_r/%	δ_v/%	γ	γ_d/(g/cm³)	收缩前后土壤容 重相对变化/%
C区	9	1.21±0.04 c	26.28±1.11b	1.0873±0.0063 d	1.9217±0.0485 cd	57.12±5.21b
	12	0.84±0.05 d	31.24±2.70a	1.0476±0.0064f	1.9604±0.0834bc	75.25±4.28a
	均值	1.34±0.36	26.79±2.67	1.1012±0.0390	1.9062±0.0404	54.66±13.65
CK		2.05±0.11**	29.30±1.39*	1.1360±0.0376**	2.1477±0.0330**	57.38±1.12**
不同施加 量三个处 理区的平 均值	3	1.81±0.04a	24.33±0.21ns	1.1522±0.0025a	1.8445±0.0268ns	37.65±1.47 c
	6	1.49±0.01b	25.30±0.91	1.1159±0.0061b	1.9029±0.0281	47.78±1.82b
	9	1.22±0.03 c	26.15±0.32	1.0887±0.0017 c	1.9311±0.0295	56.17±1.60b
	12	0.85±0.05 d	27.15±3.12	1.0583±0.0076 d	1.9446±0.0667	67.48±7.37a

注：数据以平均值±S.D.来表示。同一列不同小写字母表示参数平均值的差异显著（$P<0.05$），具有相同字母的参数没有显著差异，ns 表示差异无显著性。星号表示未经修正的对照土壤与施炭处理的土壤之间存在显著差异；*$P<0.05$，**$P<0.01$。

　　由表 3-5 可知，与 CK 相比生物炭的施加显著降低了土壤 γ_d（$P<0.01$），不同施加量 γ_d 分别降低了 14.12%、11.40%、10.09% 和 9.46%，但随生物炭施加量的增加 γ_d 逐渐增大，这是因为施炭量越大土壤轴向收缩变化越明显。聂坤堃等[35]发现在相同土壤质地条件下，土壤的初始容重越低，在失水收缩后容重的变化幅度越大。然而，在大部分试验中均设置相同的填土容重来研究土壤收缩的变化，但不能代表田间的实际情况。为了更清晰地体现出收缩对土壤容重的改变，计算了收缩前后土壤容重的相对变化（表 3-5），发现施炭量越低，收缩后容重变化量越低，A3、B3 和 C3 处理的变化幅度分别比 CK 减少了 21.72 个百分点、18.24 个百分点和 19.24 个百分点；而施加 12 kg/m² 的生物炭处理中 γ_d 的变幅最大，这是由于高施炭量对增加土壤总孔隙度的作用较大。此时，土壤体积内的孔隙随吸力增加逐渐减少，土壤颗粒的骨架结构进一步收缩使土壤达到最大密度，导致土壤收缩幅度增大。从施用时期分析发现，A 区 γ_d 的变幅较小。

（二）冻融土壤线性膨胀系数变化

　　冻融前后土壤 COLE 的相对变化如图 3-8 所示。由 CK 处理可知，季节性冻融作用促进了土壤发生膨胀现象，炭-土混合层 COLE 平均增加了 16.03%，这是由于冻融作用破坏了土壤机械组成及土壤结构的稳定性；土壤颗粒的空间排列状况是影响土壤膨胀量的因素之一，颗粒结构越不稳定土壤越容易发生吸水膨胀现象，这种现象随土壤深度的增加变化幅度逐渐降低[36]。生物炭的施加使冻融前后的土壤 COLE 发生显著变化，生物炭处理在不同土层中均表现出抑制增加的趋势，不同生物炭施加量炭-土混合层 COLE 相对变化的平均值分别为 8.15%、–1.65%、–9.96% 和 –10.36%，且不同施炭处理间均有显著差异（$P<0.05$）。原因有两方面：一是冻融作用对生物炭结构的改变，增大了自身孔径，以及生物炭丰富的比表面积均可抑制土壤发生膨胀；二是季节性冻融与生物炭施加双重作用对土壤总孔隙度的增加以及对土壤孔径分布的改善。

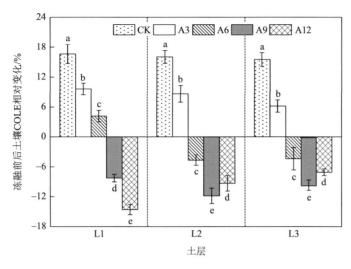

图 3-8 冻融前后土壤 COLE 的相对变化

不同小写字母表示在给定深度下生物炭施加量对土壤 COLE 相对变化存在显著差异（$P<0.05$）。垂直线表示平均值的 S.D.

但低生物炭施加量（$3\,kg/m^2$）并未完全改善因季节性冻融作用而引起的膨胀现象，这是生物炭施加与冻融作用的双重影响对土壤结构的改善效果不显著，且冻融前后土壤总孔隙度的改变并未解决土壤膨胀所需要的空间所导致。已有研究表明，松嫩平原土壤易发生分散和膨胀效应[37]，而反复的季节性冻融作用会加剧这种负面效应。因此，生物炭施加可改善土壤结构，尤其在 L1 层 COLE 的变化与生物炭施加量成正比。然而，在融化期不同施炭处理之间对土壤 COLE 的抑制效果更明显。

融化期不同处理间土壤 COLE 如图 3-9（a）所示，土壤 COLE 越大表明土壤膨胀量越大。发现 CK 处理的土壤 COLE 较大，在炭-土混合层的平均值高达 $0.1530\,cm^3/cm^3$。然而，随生物炭施加量的增加，土壤 COLE 的平均值显著降低（$P<0.001$），不同施加量土壤 COLE 分别下降了 6.26%、12.28%、16.19% 和 7.89%；这表明生物炭施加抑制土壤膨胀的变化，尤其是 A9 处理在 L1 层的抑制效果高达 20.01%。吴珺华等[38]认为土壤的初始容重越大，土壤发生膨胀变形就越大，这与本研究结果一致。生物炭施加导致土壤孔径变大，土壤可吸收的水分含量也变大；在相同吸水条件下，孔径越大的土壤在发生膨胀变形的过程中需要的稳定时间就越长，因此生物炭的施加会抑制土壤变形。另外，生物炭自身结构丰富且非常稳定，不易在吸水条件下发生膨胀变形，而季节性冻融作用会增加生物炭结构的丰富度，在两种作用的综合影响下土壤的膨胀活动显著降低。

上述介绍指出，土壤孔隙越大抑制膨胀效果越强，因此将融化期所有处理的土壤孔径分布与土壤 COLE 进行相关性分析，来进一步探究不同孔径大小对土壤膨胀的影响，结果如图 3-9（b）所示。我们发现 $<0.3\,\mu m$ 孔径所占比例与土壤 COLE 显著正相关（Pearson 相关系数为 0.65，$P<0.01$），而 $[0.3, 30)\mu m$ 孔径所占比例、$>30\,\mu m$ 孔径所占比例和土壤总孔隙度与土壤 COLE 显著负相关（Pearson 相关系数分别为 –0.526、–0.558 和 –0.449，$P<0.01$），但拟合相关系数较小（R^2 分别为 0.32、0.31 和 0.20），这表明 $\geqslant0.3\,\mu m$ 孔径所占

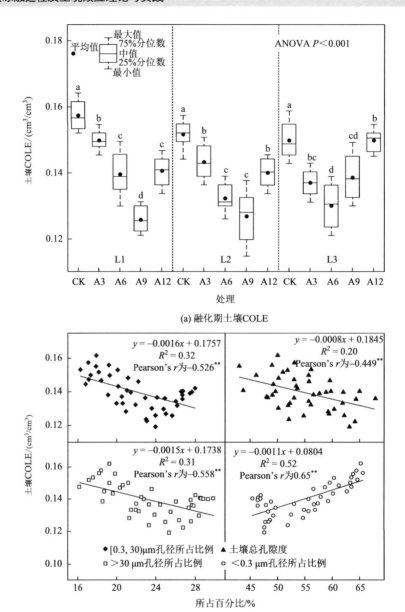

(a) 融化期土壤COLE

(b) 与土壤结构的相关性分析

图 3-9 融化期土壤 COLE 变化趋势及其与土壤孔径的相关性分析

不同小写字母表示在给定深度下不同生物炭施加量时土壤 COLE 存在显著差异（$P<0.05$）。星号表示土壤结构与土壤 COLE 之间存在显著相关性；$**P<0.01$

比例及土壤总孔隙度的占比越大，土壤发生膨胀变形就越小。生物炭施加在融化期显著降低了土壤极微孔径（$<0.3~\mu m$）所占比例，而其余孔径所占比例及土壤总孔隙度显著增加，因此证实了生物炭施加对土壤结构的改变有利于抑制土壤发生吸水膨胀。同样冻融作用也会增加土壤总孔隙度，但从 CK 处理发现冻融前后土壤总孔隙度相对变化仅为 0.37%，所以认为生物炭是抑制土壤膨胀的主要因素。

（三）不同时期施加生物炭对土壤线性膨胀系数的影响

不同时期施加生物炭对土壤 COLE 的影响如图 3-10 所示。生物炭施加降低土壤 COLE，使土壤 COLE 平均值（CK）从 0.1624 cm^3/cm^3 降低到 0.1548～0.1266 cm^3/cm^3；而对比施加时期，B 区对土壤 COLE 的影响最大，平均降低了 17.93%。

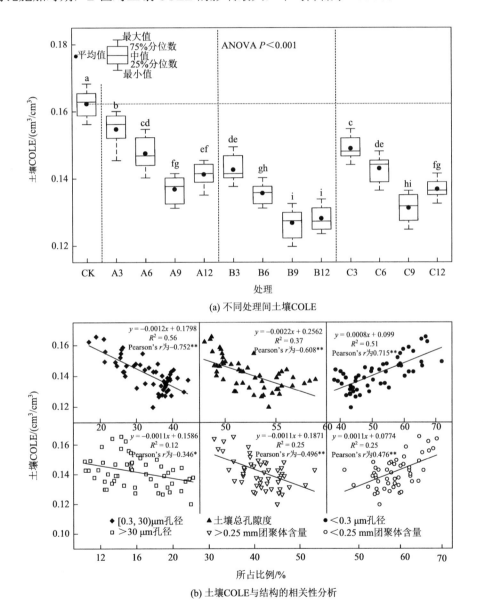

(a) 不同处理间土壤COLE

(b) 土壤COLE与结构的相关性分析

图 3-10　不同时期施加生物炭对土壤 COLE 的影响

不同小写字母表示在不同处理之间存在显著差异（P＜0.05）。横虚线表示 CK 处理的平均值。星号表示土壤结构与土壤 COLE 之间存在显著相关性：*P＜0.05，**P＜0.01

由图 3-10（a）可知，生物炭施加抑制土壤发生膨胀，并随生物炭施加量的增加土壤 COLE 平均降低了 8.30%、12.57%、18.98%和 16.65%。其原因总结为以下几点：一是生物炭施加改善土壤结构，土壤中大孔隙比例增加，而土壤发生膨胀时首先要填充土壤内部的孔隙，之后才会使土体发生膨胀。本书同样将不同时期施加生物炭对土壤结构的改变与土壤 COLE 进行相关性分析，结果如图 3-10（b）所示。可以发现，$<0.3\ \mu m$ 孔径和$<0.25\ mm$ 团聚体比重与土壤 COLE 显著正相关（Pearson 相关系数分别为 0.715 和 0.476，$P<0.01$），这均有助于土壤发生膨胀，而$[0.3, 30)\mu m$ 孔径、土壤总孔隙度及$>0.25\ mm$ 团聚体比重与土壤 COLE 显著负相关（Pearson 相关系数分别为–0.752、–0.608 和–0.496，$P<0.01$）。生物炭降低了土壤极微孔径（$<0.3\ \mu m$）所占比例，增加了土壤大孔径和$>0.25\ mm$ 团聚体比重。同样，生物炭增加了土壤大孔径和$>0.25\ mm$ 团聚体比重，由此导致随生物炭施加量的增加土壤膨胀变化减弱，这是抑制土壤膨胀的主要原因。二是生物炭具有较高的阳离子交换容量，而吸附在胶体表面的阳离子也是抑制膨胀的原因之一，由于较高的库仑吸力，土壤颗粒之间得不到充足的水分，颗粒的扩张被阻止。三是生物炭施加增加土壤有机质含量并提高了土壤结构的稳定性，土壤有机质含量的增加有益于土壤中大团聚体的形成，而结构越稳定越不易在吸水条件下发生膨胀变形。这些指标均与土壤孔径分布及大团聚体的比重有关，因此也与土壤膨胀变化有关，这也是间接影响土壤膨胀的原因。同样，有研究指出影响土壤膨胀的因素主要是土壤中黏粒质量分数及其矿物的类别，土壤黏粒的质量分数越大，土壤越易发生吸水膨胀[39]。本研究区域较集中且土壤性质差异不大，因此忽略初始土壤中黏粒比重及矿物组成的影响。不同处理对土壤膨胀的抑制效果为 B 区>C 区>A 区，这是冻融作用对生物炭粒径的影响所致；B 区所有施炭处理并未经历季节性冻融，因此整体粒径大于其余两种处理，其抑制膨胀效果最佳。而 C 区的一半炭-土混合体未经历季节性冻融，因此生物炭粒径的大小略大于 A 区，其抑制效果也就略高于 A 区。

第四节　冻融土壤水分特征变化

土壤水分特征是决定作物生长及粮食产量的重要因素，改善农田土壤的保水、持水、导水性能对于保障粮食生产和土壤生态系统的可持续性有重要意义。目前，使用生物炭改良土壤受到了研究者的广泛关注，关于生物炭修复土壤的研究越来越多，然而生物炭在季节性冻土区的应用仍然有许多不足。受冻融作用的影响，土壤水分特征会发生巨大变化，土壤在耕种时期易发生"春旱"，对农业生产造成严重影响。因此，本节在野外田间试验的基础上，通过测定冻融前后土壤水分特征曲线（soil water characteristic curve，SWCC）、水分特征参数及土壤饱和导水率（K_{sat}），并结合土壤孔隙结构，对比冻融前后土壤水分特征的变化，探究生物炭对土壤水分固持能力的影响，并结合生物炭对土壤结构的改善效果，阐述改变土壤水分固持能力的主要驱动因素。

一、试验方案

本节试验方案参考前文室外试验方案。

二、数据指标测定

（一）土壤水分特征曲线测定

土壤水分特征曲线常用来分析土壤的保水性能。将原状土壤放入储水容器中浸泡 12 h 使之饱和，在室温 25℃条件下使用高速冷冻离心机（CR21GⅢ，日本）获取不同处理的土壤水分特征曲线。共设置 12 个基质吸力（0 cm、10 cm、30 cm、50 cm、100 cm、330 cm、500 cm、1000 cm、3000 cm、5000 cm、10000 cm、15000 cm），在达到设定的平衡时间后使用电子天平（精度为 0.01 g）给土壤称重，将土壤放置烘箱中在 105℃干燥 24 h，最后计算每个吸力值对应的体积含水量。

van Genuchten 模型（V-G 模型）[40]能够精准地反映基质吸力与体积含水量之间的关系，是进一步研究土壤水分特征的基础。表达形式如下：

$$\frac{\theta(h) - \theta_r}{\theta_s - \theta_r} = \left[1 + |\alpha \cdot h|^n \right]^{-m} \tag{3-16}$$

式中，h 为土壤负压，cm，以 H_2O 高度计；$\theta(h)$ 为对应吸力下的土壤体积含水量，%；θ_r 为残余体积含水量，%；θ_s 为饱和体积含水量，%；α 为进气值倒数，cm^{-1}；n、m 为表征形状的参数，$m = 1-1/n$。根据实测数据，使用 RETC 软件拟合得到上述参数。

（二）土壤水分特征参数测定

土壤水分特征参数来源于 SWCC，包括田间持水量 FC（$h = 330$ cm 的体积含水量[29]，cm^3/cm^3）、永久凋萎系数 PWP（$h = 15000$ cm 的体积含水量[41]，cm^3/cm^3）和植物可用含水量 PAWC（PAWC = FC–PWP，cm^3/cm^3）三个重要的农业保水性参数。

此外，为了更好地评价生物炭对土壤水分参数变化的影响，选取了四个土壤物理指标，包括：相对田间持水量 RFC、大孔隙度 P_{mac}（cm^3/cm^3）、空气容量 AC[42]（cm^3/cm^3）（作为原状农田土壤中空气占比的标准，能很好地体现土壤通气情况）、SWCC 拐点处斜率 S_{inf}[43]（SWCC 具有一个独特的拐点，S_{inf} 可以用来衡量土壤微结构，表示土壤孔隙度集中在狭窄孔径范围内的程度）。这些参数计算公式如下：

$$RFC = \frac{\theta_{FC}}{\theta_{MS}} \tag{3-17}$$

$$P_{mac} = \theta_{MS} - \theta_m \tag{3-18}$$

$$AC = \theta_{MS} - \theta_{FC} \tag{3-19}$$

$$S_{\text{inf}} = \left| -n\left(\theta_s - \theta_r\right)\left(\frac{2n-1}{n-1}\right)^{\frac{1}{n}-2} \right| \tag{3-20}$$

式中，θ_{FC} 为测定的田间持水量；θ_m 为基质吸力在 10 cm 时体积含水量；θ_{MS} 为实测饱和含水量；θ_s、θ_r 和 n 分别为 V-G 模型拟合得到的参数。

（三）土壤饱和导水率测定

使用 SW080B 张力土壤入渗仪测定土壤饱和导水率 K_{sat}。在测定表层土壤时，先用尖铲移除直径 40 cm、厚 2～3 cm 的土壤；在测定亚表层和犁底层土壤 K_{sat} 时，先挖掘 60 cm×60 cm 的土壤平面，再进行导水率测量。每次入渗前将湿润的硅质沙子均匀地平铺在入渗盘下以保证测量时接触良好。

三、土壤保水性变化特征

（一）冻融前后土壤保水性变化特征

1. 冻融前后土壤水分特征曲线变化

同一处理在冻融前后的 SWCC 如图 3-11（a）～（e）所示。由图可知，虽然 CK 在融化期比冻结前期 $\theta(h)$ 增大了，但施加生物炭在冻融前后使 $\theta(h)$ 的增加更为明显。随着施炭量的增加，各土层之间 $\theta(h)$ 的差异逐渐减小，尽管如此，这一变化表明生物炭增加了土壤持水能力。虽然 A12 处理在冻融前后与 CK 的变化趋势相似，但两者斜率差异明显，如图 3-11（a）和（e）所示。从图中能明显地看出，随生物炭施加量的增加土壤饱和含水量不断增大，CK 处理在冻融前后土壤饱和含水量在 0.5251～0.5852 cm³/cm³，而施炭处理使土壤饱和含水量范围增加到 0.532～0.7051 cm³/cm³，这说明在冻融条件下施加生物炭可显著提高土壤的储水能力。

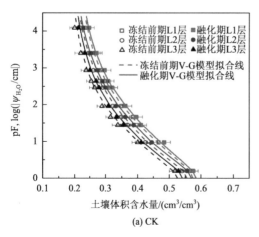

(a) CK

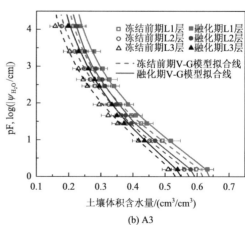

(b) A3

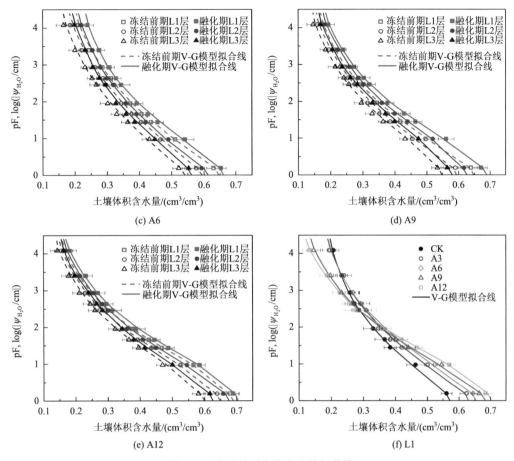

图 3-11　冻融前后土壤水分特征曲线

PF 表示基质势；水平线表示不同吸力下土壤体积含水量平均值的 S.D.

　　研究结果表明，所有处理在融化期的保水效果均比冻结前期好，而且随生物炭施加量的增加 SWCC 斜率增大，初始吸力与最终吸力的 $\theta(h)$ 差值逐渐增大，说明在寒冷干燥气候条件下，土壤保水性取决于土壤孔隙的改变和生物炭的施加量。Liu 等[44]也有类似的结果，通过比较对照和生物炭地块（16 t/hm²）之间的 SWCC 发现，生物炭处理增强了土壤持水能力；Amoakwah 等[45]认为施加生物炭能使土壤保水性增强，原因是土壤小孔径的增加；而 Lima 等[46]通过施加四种剂量生物炭的研究发现，随着生物炭剂量的增加土壤保水性得到显著改善。但也有研究表明，生物炭的应用未能改善原地土壤水分的保持效果；如 Jeffery 等[47]考虑不同温度制备的生物炭与不同生物炭施加量，在砂质土壤上进行了两组独立的田间试验，均发现生物炭对土壤保水性无显著影响；这与本书的结果有很大的差异，这归因于冻融作用和生物炭的施加使土壤孔径分布发生改变，土壤总孔隙度增加导致土壤孔隙中的储水量相应增加，从而使同一处理在冻融前后土壤的保水性增强。应用孔径分布来推断生物炭施加引起的土壤水分改变在土壤科学中已经很常见，并且有研究人员将保水性增强归因于土壤孔径的增加；例如，王红兰等[48]认为生物炭的施加使土壤孔隙度增加，从而增强土壤的保水性。

2. 冻融前后土壤 V-G 模型参数拟合

通过 RETC 软件对土壤水分特征曲线进行拟合，结果如表 3-6 所示。从拟合结果来看，同一处理的土壤在冻融前后 θ_s 和 θ_r 值增加了。生物炭施加在冻融前后 θ_s 的增加量分别为 5.26%、3.29%、5.74% 和 6.20%（CK 仅为 2.96%）。而 θ_r 相对变化最为明显，其中 A6 处理在 L1、L2 和 L3 层相对增加 28.10%、25.21% 和 19.64%，而 CK 处理在冻融前后的相对变化仅为 1.80%、2.87% 和 1.58%。

表 3-6　冻融前后 V-G 模型拟合参数

土层	处理	冻结前期					融化期				
		θ_s/%	θ_r/%	α	n	R^2	θ_s/%	θ_r/%	α	n	R^2
L1	CK	56.51	18.91	0.3115	1.26	0.993	57.39	19.25	0.3225	1.24	0.993
	A3	59.76	14.84	0.2671	1.23	0.997	63.80	16.54	0.3790	1.21	0.996
	A6	63.28	10.39	0.3786	1.19	0.997	64.80	13.31	0.3004	1.20	0.996
	A9	63.40	8.12	0.3177	1.21	0.998	67.45	10.15	0.2330	1.23	0.998
	A12	67.40	8.77	0.1608	1.26	0.999	69.47	9.94	0.1757	1.24	0.999
L2	CK	53.01	17.07	0.3543	1.24	0.993	55.78	17.56	0.4171	1.23	0.994
	A3	56.34	10.09	0.3550	1.19	0.998	56.95	11.09	0.5302	1.15	0.995
	A6	57.73	9.72	0.3559	1.17	0.998	58.14	12.17	0.3091	1.18	0.996
	A9	58.16	8.64	0.3412	1.20	0.998	61.13	10.08	0.1859	1.24	0.997
	A12	61.87	8.00	0.1587	1.25	0.999	66.28	8.93	0.2194	1.23	0.999
L3	CK	51.75	17.72	0.3869	1.28	0.994	52.83	18.00	0.3978	1.26	0.994
	A3	51.83	10.16	0.3153	1.20	0.997	55.95	10.75	0.6354	1.16	0.995
	A6	52.64	8.30	0.3563	1.19	0.997	56.20	9.93	0.4084	1.18	0.995
	A9	54.55	7.19	0.2771	1.22	0.998	57.68	7.97	0.2369	1.22	0.997
	A12	58.47	7.15	0.1905	1.24	0.999	63.38	7.56	0.2988	1.22	0.999

注：L1 为表层（0～7 cm）土壤，L2 为亚表层（7～15 cm）土壤，L3 为犁底层（15～30 cm）土壤。

融化期，不同处理之间 θ_s 的改变明显。L1 层与 CK 相比，各施炭处理 θ_s 相对增加 11.17%、12.91%、17.53% 和 21.05%；而 θ_r 则正好相反，呈下降趋势，施炭处理与 CK 的相对变化为 –14.08%、–30.86%、–47.27% 和 –48.36%。若将 θ_s 与 θ_r 之间的差值视为土壤的储水量，则不同处理在不同土层的储水量均与生物炭施加量成正比，与 CK 处理相比储水量分别增加了 23.91%、35.00%、50.23% 和 57.13%。这与在图 3-11（f）中的结果一样，但这并不能视为判断土壤保水性能的一种方法。需考虑土壤水分特征参数来分析生物炭对土壤保水性能的影响。生物炭的施加对参数 α 和 n 并无明显影响。

由表 3-6 发现，施加生物炭后 θ_s 值略高。分析其原因有以下几点：一是在施加生物炭时使用传统农业耕作机械将生物炭与土壤混合，对土壤结构进行了扰动；二是在冻融期土壤内储存的液态水冻结成冰，增加了土壤孔隙度；三是生物炭高吸水能力导致 θ_s 随生物炭施加量的增加而增加，与 CK 处理相比生物炭的施加使 θ_s 分别增加了 11.16%、12.91%、17.53% 和 21.05%。吴昱等[49]在田间分别施加 25 t/hm²、50 t/hm²、75 t/hm² 和 100 t/hm² 生物炭，发现土壤饱和含水量的增幅为 11.16%~29.01%；刘小宁等[50]在田间试验小区分别施加 10 t/hm²、20 t/hm²、30 t/hm²、40 t/hm² 和 50 t/hm² 的生物炭，发现土壤饱和含水量分别增加了 2.70%、12.34%、19.09%、21.70% 和 20.67%，这均与本书取得的结果类似。

3. 冻融前后土壤水分特征参数变化

冻融前后的土壤水分特征参数如表 3-7 所示。与 CK 相比，生物炭施加在冻融前后明显改善土壤水分特征参数，施炭条件下土壤 FC、PWP 和 PAWC 平均增加了 14.59%、13.01% 和 17.20%，而 CK 处理三者增加的百分比仅为 4.47%、4.05% 和 6.95%。在 A6 处理中观察到冻融前后 FC、PWP 和 PAWC 相对变化最大（RC = 16.43%、15.05% 和 19.32%）。在不同土层不同处理对各参数影响的显著性存在差异，尤其在 L2 层 A6 处理对土壤 FC、PWP 和 PAWC 影响均大于其余处理。土壤中 PAWC 为植物可利用的水资源，能较好地体现土壤的持水性能，各施炭处理在冻融前后 PAWC 变化值均大于 CK 处理，冻融前后 PAWC 平均增加了 0.0103 cm³/cm³、0.0182 cm³/cm³、0.0206 cm³/cm³ 和 0.0224 cm³/cm³（CK 处理仅为 0.0048 cm³/cm³）。这主要是生物炭施加并结合季节性冻融作用导致土壤孔隙（＞100 μm）和土壤总孔隙度增加，使土壤 FC、PWP 和 PAWC 的变化显著。

土壤 RFC 是指土壤总孔隙储存水和空气的能力。在冻融前后 CK 处理的 RFC 降低，而施炭处理则恰好相反，RFC 分别增加了 7.23%、11.68%、9.17% 和 10.96%，在冻结前期随生物炭施加量的增加土壤 RFC 逐渐降低，这主要是生物炭的施加导致在冻结前期土壤过量通气，在经历季节性冻融后，施炭处理均能改善土壤过量通气状况。从统计学的角度进行显著性检验发现，施加生物炭对 FC 无显著性影响，各处理对 RFC 均有显著影响。

不同施炭处理在冻融前后也对土壤物理指标有不同影响。施加生物炭使 S_{inf} 发生改变，但改变程度与施炭量无显著关系。而 P_{mac} 在冻融前后受生物炭影响显著，CK 处理在冻融前后 RC＞0，随着施炭量增加，RC 值逐渐降低并最终小于 0，A12 处理在冻融前后比 CK 处理相对降低了 60 个百分点。有研究指出，土壤 P_{mac} 的最佳范围在 0.05~0.10 cm³/cm³，基于此结论并结合本研究发现，生物炭施加在冻融前后可改善土壤结构，使土壤能够快速排出多余的水分并促进作物根系发育。在土壤 AC 方面也观察到类似的关系，CK 处理在冻融前后相对增加了 8.76%，但施炭处理平均降低了 4.70%，其中 A6 处理对 AC 影响最明显，在冻融前后比 CK 处理相对降低了 16.22 个百分点。

表 3-7　冻融前后土壤水分特征参数

土层	处理	FC/(cm³/cm³)		PWP/(cm³/cm³)		PAWC/(cm³/cm³)		RFC		S_{inf}		P_{mac}/(cm³/cm³)		AC/(cm³/cm³)	
		F	T	F	T	F	T	F	T	F	T	F	T	F	T
L1	CK	0.313±0.017a	0.321±0.017d	0.241±0.018a	0.249±0.016a	0.0714±0.0077c	0.0723±0.0085d	0.551±0.013a	0.514±0.012ab	−0.056	−0.054	0.101±0.001b	0.141±0.003ns	0.255±0.002d	0.304±0.001b
	A3	0.312±0.019a	0.342±0.018ac	0.215±0.017b	0.237±0.019b	0.0972±0.0094b	0.1047±0.008b	0.523±0.012b	0.540±0.009a	−0.062	−0.061	0.105±0.002b	0.114±0.008	0.285±0.001c	0.291±0.002b
	A6	0.308±0.021ab	0.348±0.027a	0.208±0.023b	0.228±0.018b	0.0999±0.0091b	0.1205±0.0155bc	0.490±0.013c	0.534±0.023a	−0.062	−0.064	0.119±0.00ab	0.111±0.009	0.321±0.001b	0.304±0.008b
	A9	0.297±0.021bc	0.337±0.019bc	0.176±0.023c	0.193±0.019c	0.1215±0.0092a	0.1434±0.0091ac	0.466±0.014c	0.502±0.012bc	−0.072	−0.078	0.132±0.001a	0.109±0.003	0.341±0.000b	0.334±0.001a
	A12	0.291±0.026c	0.330±0.03bd	0.166±0.026d	0.182±0.021d	0.1252±0.0122a	0.1478±0.0163a	0.429±0.017d	0.479±0.025c	−0.088	−0.085	0.144±0.001a	0.105±0.002	0.388±0.001a	0.359±0.008a
L2	CK	0.293±0.018a	0.311±0.018d	0.223±0.018a	0.230±0.017a	0.0700±0.0083d	0.0817±0.0087d	0.543±0.015a	0.539±0.017b	−0.051	−0.052	0.105±0.001c	0.133±0.005a	0.247±0.00e	0.267±0.005c
	A3	0.283±0.016b	0.326±0.016ab	0.196±0.018b	0.222±0.027b	0.0864±0.0072c	0.1041±0.0068c	0.505±0.011b	0.562±0.012a	−0.055	−0.045	0.107±0.000c	0.110±0.001b	0.278±0.001d	0.254±0.001d
	A6	0.280±0.021bc	0.332±0.024a	0.186±0.02c	0.214±0.009c	0.0947±0.0105b	0.1176±0.0163b	0.487±0.016c	0.561±0.027a	−0.054	−0.053	0.111±0.001c	0.102±0.007c	0.295±0.001c	0.260±0.012cd
	A9	0.277±0.019bc	0.322±0.022bc	0.159±0.017d	0.180±0.018d	0.1187±0.0097a	0.1422±0.0113a	0.471±0.016d	0.523±0.0171c	−0.061	−0.072	0.126±0.001b	0.098±0.000cd	0.312±0.002b	0.294±0.003b
	A12	0.274±0.019c	0.318±0.021cd	0.156±0.021d	0.170±0.021e	0.1184±0.0087a	0.1483±0.0101a	0.429±0.014e	0.484±0.013d	−0.079	−0.079	0.135±0.000a	0.093±0.005d	0.365±0.001a	0.339±0.003a
L3	CK	0.267±0.017a	0.281±0.018d	0.201±0.015a	0.213±0.02a	0.0659±0.0088d	0.0677±0.0083d	0.516±0.013a	0.531±0.013b	−0.054	−0.052	0.087±0.001c	0.117±0.001a	0.251±0.001d	0.248±0.000cd
	A3	0.259±0.017b	0.294±0.019ab	0.179±0.017b	0.208±0.02a	0.0799±0.0082c	0.0855±0.0091c	0.508±0.013b	0.544±0.014a	−0.052	−0.048	0.090±0.001c	0.103±0.001b	0.251±0.001d	0.246±0.000d
	A6	0.253±0.02bc	0.298±0.017a	0.165±0.023c	0.199±0.019b	0.0879±0.0092b	0.0991±0.0078b	0.486±0.017c	0.540±0.011a	−0.053	−0.053	0.091±0.003c	0.095±0.000c	0.268±0.001c	0.254±0.002c
	A9	0.251±0.017c	0.289±0.021bc	0.146±0.019d	0.169±0.02c	0.1043±0.0078a	0.1206±0.0098a	0.470±0.013d	0.512±0.016c	−0.062	−0.067	0.099±0.002b	0.091±0.001cd	0.283±0.001b	0.275±0.001b

续表

土层	处理	FC/(cm³/cm³)		PWP/(cm³/cm³)		PAWC/(cm³/cm³)		RFC		S_{inf}		P_{mac}/(cm³/cm³)		AC/(cm³/cm³)	
		F	T	F	T	F	T	F	T	F	T	F	T	F	T
L3	A12	0.248±0.021c	0.286±0.021cd	0.144±0.02d	0.164±0.02c	0.1045±0.01d	0.1221±0.0103a	0.427±0.017e	0.464±0.017d	-0.073	-0.074	0.111±0.000a	0.086±0.002d	0.333±0.001a	0.330±0.002a
处理平均值	CK	0.291±0.019ns	0.304±0.017ns	0.222±0.017a	0.231±0.015a	0.0691±0.0023c	0.0739±0.0058d	0.536±0.015a	0.528±0.011b	-0.054	-0.053	0.098±0.009c	0.130±0.010a	0.251±0.003e	0.273±0.024d
	A3	0.285±0.022	0.321±0.02	0.197±0.015b	0.222±0.012ab	0.0878±0.0071b	0.0981±0.0089c	0.512±0.008b	0.549±0.010a	-0.056	-0.051	0.101±0.007c	0.109±0.005b	0.271±0.015d	0.264±0.020d
	A6	0.280±0.022	0.326±0.021	0.186±0.018b	0.214±0.012b	0.0942±0.0049b	0.1124±0.0095b	0.488±0.002c	0.545±0.011a	-0.056	-0.057	0.107±0.012bc	0.103±0.007bc	0.295±0.021c	0.273±0.022c
	A9	0.275±0.019	0.316±0.02	0.160±0.012c	0.181±0.01c	0.1148±0.0075a	0.1354±0.0105a	0.469±0.002d	0.512±0.008c	-0.065	-0.072	0.119±0.015ab	0.099±0.007bc	0.312±0.024b	0.301±0.024b
	A12	0.271±0.018	0.311±0.019	0.155±0.009c	0.172±0.008c	0.1160±0.0086a	0.1394±0.0123a	0.428±0.001e	0.476±0.008c	-0.080	-0.079	0.130±0.0138a	0.095±0.008c	0.362±0.023a	0.343±0.012a

注：数据以平均值±S.D.来表示。F 表示冻结前期，T 表示融化期。同一列不同小写字母表示在给定深度下对参数数平均值有显著差异（$P<0.05$），具有相同字母的参数没有显著差异，ns 表示无显著性。

4. 融化期土壤水分特征参数变化

通过选取表 3-7 中四个典型水分特征参数，在融化期进行施炭处理与 CK 的相对变化分析，结果如图 3-12 所示。施炭处理与 CK 相比 FC 值均增加了 [图 3-12（a）]，但 A9 和 A12 与 A6 相比下降了 3.50 个百分点和 5.66 个百分点。而与 CK 相比，土壤 PWP 显著降低 [图 3-12（b）]，在不同土层施炭量 PWP 相对降低了 3.45、7.32、21.58 和 25.30 个百分点。FC 与 PWP 的变化反映在土壤 PAWC 中 [图 3-12（c）]，虽然本研究中发现 FC 并不与施炭量呈比例关系，但 PAWC 仍然受施炭量的强烈影响，较高的施炭量导致 PAWC 在不同土层平均增加了 64.37%。从图 3-12（d）中发现，与 CK 相比高施炭量（A9 和 A12 处理）对 RFC 起到了反作用。

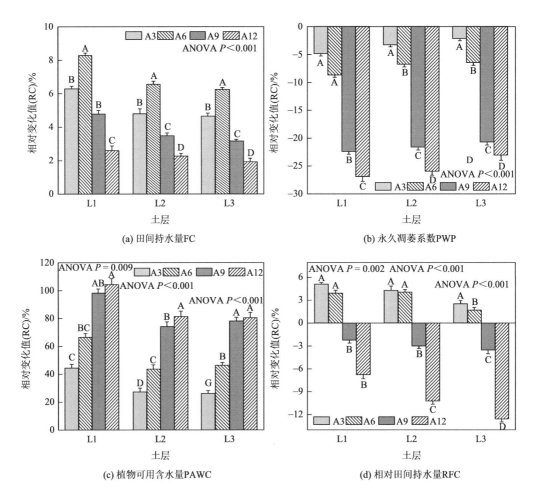

图 3-12　融化期施炭处理土壤水分特征参数与 CK 的相对变化量

不同大写字母表示生物炭施加参数相对变化存在显著差异（$P < 0.05$）。垂直线表示相对变化平均值的 S.D.

对比融化期不同处理发现，生物炭施用 6 kg/m² 时 FC 最大，但施用量大于 6 kg/m²

时 FC 呈现下降趋势。从农业角度分析，6 kg/m² 的生物炭是提高农业产量的最佳施加量。而 RFC 在 0.6~0.7 是土壤液相和气相之间的最佳平衡范围[51]，由表 3-7 和图 3-12 可知，A3 和 A6 处理与 CK 相比 RFC 提高了（分别为 0.5487 和 0.5449），但还是远低于最佳平衡范围（0.6）。这表明生物炭对冻融土壤结构的改善程度并没有完全修复土壤中水汽平衡状况。而高施炭处理（A9 和 A12 处理）的 RFC 低于 CK 处理，导致冻融土壤过量通气。Jeffery 等[47] 和 Gray 等[52] 认为生物炭具有疏水性，然而从表 3-7 和图 3-12（c）中 PAWC 的变化均可以看出，这并未对 PAWC 产生负面影响。在不同处理下，土壤 PAWC 从 0.0739 cm³/cm³ 增加到 0.0981~0.1394 cm³/cm³。分析认为，生物炭施加量越高，生物炭自身孔隙和土壤孔隙间的储水量就越高，炭-土混合体在 $h=15000$ cm 吸力下对应含水量（PWP）越低，而通过 V-G 模型拟合结果也可以发现，施炭量越高拟合出的 θ_r 值越低，导致土壤中容纳植物可用水的能力增强，从而增强其抗旱能力。该结果与之前一些研究结果一致：Lima 等[46] 发现 PWP 随生物炭的增加而降低，这有助于在土壤水分特征曲线的末端储存更多水分；Liu 等[53] 认为生物炭孔径大小会影响土壤保水性。

（二）不同时期施加生物炭对土壤保水性影响

在砂粒质量分数较高的地区，土壤水分和养分的保持能力相对较弱，使得该地区易出现严重的干旱风险。在田间施加生物炭可能会缓解此情况甚至增强土壤性能，如增加土壤蓄水量、减少土壤养分淋失、促进土壤中碳的固存以及提高土壤中水资源的利用，尤其是对土壤保水性的改善至关重要。因此，通过分析 SWCC、V-G 模型拟合参数以及土壤水分特征参数来探究不同时期施用生物炭对土壤保水性的影响。

1. 土壤水分特征曲线

图 3-13 显示了所有施炭处理的 SWCC，发现生物炭显著改变了 SWCC 的形状，从而改变土壤保水性能。为了更直观地体现出土壤储水性能的变化，将土壤吸力分为两部分：在低吸力段内 $\log(|\psi_{H_2O}$ cm$|)\leqslant2.52$（即 $h\leqslant330$ cm），B 区对 SWCC 的影响最明显，随着施炭量的增加排水量逐渐增大；相反，A 区与 C 区对 SWCC 变化的影响主要集中在高吸力段 $2.52<\log(|\psi_{H_2O}$ cm$|)\leqslant4.18$（即 $330<h\leqslant15000$ cm），并且变化相似，这受生物炭的施用时期影响，A 区与 C 区一半的炭-土混合体经历了冻融作用。随施炭量的增加土壤体积排水量的平均值分别为 0.1972 cm³/cm³、0.2599 cm³/cm³、0.3083 cm³/cm³ 和 0.3471 cm³/cm³，CK 仅为 0.1641 cm³/cm³，排水量越大，意味着土壤储蓄水能力越强，这表明生物炭增强了土壤保水性能。有研究指出，生物炭对保水性的影响因素包括：土壤类型与生物炭类型的相互作用、土壤类型与生物炭施加量的相互作用、生物炭与施肥量的相互作用以及生物炭类型与生物炭施加量的相互作用。本书中并未向土壤中施用任何化肥原料，此外试验区土壤类型以及生物炭施用类型均一致，因此，认为产生这种差异的原因是生物炭施加量与生物炭施用时期的相互作用。

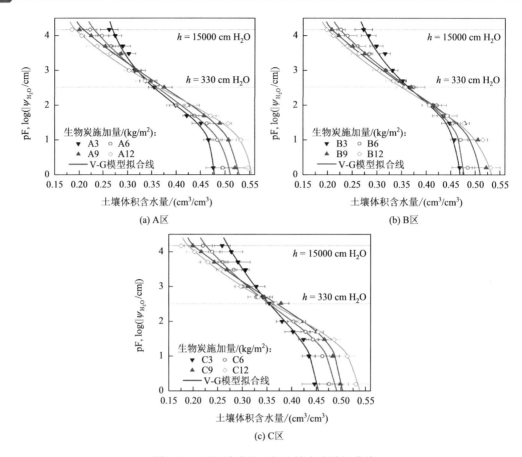

图 3-13　不同施炭处理间土壤水分特征曲线

水平线表示不同吸力下土壤体积含水量平均值的 S.D.

　　土壤的保水能力对于维持土壤生态系统平衡和确保粮食产量至关重要。在不同施用模式下，生物炭改变了 SWCC 的形状，随着施炭量的增加，初始吸力与最终吸力下 $\theta(h)$ 差值逐渐增大。作者认为土壤保水性的增强归因于土壤总孔隙度的增加以及团聚体分布的改变，土壤孔隙储水能力增强；而施加量越大，土壤结构的改变越明显，使得 SWCC 斜率变化越大。同时，生物炭自身结构也是影响土壤保水性的因素之一，由土壤收缩变化发现生物炭自身孔隙不易在外力的所用下减小，水分通过进入生物炭内部孔隙间接增强了土壤保水效果。

2. V-G 模型拟合参数

　　通过 V-G 模型得到的拟合参数如表 3-8 所示。所有处理的拟合效果均较好，拟合系数 R^2 均在98%以上。显然生物炭的施加对拟合参数的影响较大，生物炭的施加使土壤拟合 θ_s 值从 CK 处理的43.48%增加至45.05%～55.08%，随生物炭施加量的增加分别增加了6.89%、12.63%、17.40%和23.67%。生物炭施加量的增加使拟合 θ_r 值的降低幅度较大，分别降低了13.14%、42.02%、54.36%和66.29%。生物炭对土壤 θ_s 和 θ_r 值的改变加大了两者的差值，体现出在吸力的驱动下土壤释放水分含量增加，这也说明生物炭的施加对保水效果有促进作用。从不同施用时期发现，A、B 和 C 区所有施炭处理均比 CK 有更大的 θ_s 值；而 θ_r 值则正好相反，所有处理的平均值分别降低了 42.88%、40.59% 和 48.39%。此外，生物炭的施加改变了拟合曲线形状参数 α 和 n，但与施加量无明显比例关系。

表 3-8　不同处理间 V-G 模型拟合参数

处理	生物炭施加量 /(kg/m²)	θ_s/%	θ_r/%	α	n	R^2/%
CK	0	43.48	16.74	0.091	1.1229	98.44
A 区	3	47.65	17.11	0.0594	1.1655	98.94
	6	50.72	8.72	0.0777	1.127	98.7
	9	52.43	7.25	0.0406	1.1272	99.61
	12	55.08	5.17	0.0387	1.1461	99.73
B 区	3	46.73	15.39	0.0493	1.1409	99.1
	6	47.47	10.48	0.0363	1.117	99.35
	9	50.74	8.41	0.0522	1.1247	99.68
	12	52.86	5.50	0.0581	1.1259	99.74
C 区	3	45.05	11.12	0.0795	1.1028	99.37
	6	48.72	9.92	0.0617	1.1344	98.85
	9	49.97	7.26	0.0267	1.12	99.86
	12	53.38	6.26	0.0389	1.135	99.82

3. 土壤水分特征参数

不同时期施加生物炭对土壤水分特征参数的影响如表 3-9 所示。生物炭施加对土壤 FC、PWP 和 PAWC 均有显著影响（$P<0.01$），与 CK 相比，不同施用时期的所有处理分别使 FC 增加了 8.83%、7.73% 和 9.10%，但无显著差异（$P>0.05$）。当施加量为 9 kg/m² 时，观察到了 FC 的最高值，这比 CK 处理增加了 11.04%。而不同施用时期分别使 PWP 降低了 19.83%、17.36% 和 21.42%，并且随着施炭量的增加，PWP 呈现显著降低趋势（$P<0.05$）。FC 与 PWP 的变化反映在 PAWC 中，由上所述可知，FC 并非与施加量成正比，但并不影响 PAWC 受施炭量的强烈影响，更高的施炭量使 PAWC 的增加量分别为 0.0289 cm³/cm³、0.0786 cm³/cm³、0.1063 cm³/cm³ 和 0.1129 cm³/cm³。同时，发现 C 区对 PAWC 的改善效果最佳。每个应用模式对土壤物理指标有不同影响。与 CK 相比，生物炭施加使 P_{mac} 由 0.0071 cm³/cm³ 增加至 0.0098～0.0172 cm³/cm³。不同时期施加生物炭显著增加土壤 AC（$P<0.05$），最高施加量使 AC 相对增加了 69.82%，导致土壤中空气容量显著增加。在不同处理的影响下得到了更小的 S_{inf} 值，这表明生物炭对土壤微观结构也有影响。

表 3-9　不同处理间土壤水分特征参数

处理	生物炭施加量/(kg/m²)	FC/(cm³/cm³)	PWP/(cm³/cm³)	PAWC/(cm³/cm³)	P_{mac}/(cm³/cm³)	AC/(cm³/cm³)	S_{inf}
A 区	3	0.3547± 0.0117 cd	0.2625± 0.018a	0.0922± 0.0121e	0.0098± 0.0045ns	0.1214± 0.0168 cde	−0.0329
	6	0.3627± 0.0126bcd	0.2226± 0.0145b	0.14± 0.0115 d	0.0115± 0.0037	0.1323± 0.017 cd	−0.037
	9	0.3748± 0.0163ab	0.2001± 0.0155bcde	0.1747± 0.0138abc	0.013± 0.009	0.1445± 0.0222bc	−0.0399
	12	0.3668± 0.0115abcd	0.1849± 0.0137 de	0.182± 0.0222a	0.0153± 0.0074	0.1794± 0.0219a	−0.049
	均值	0.3647± 0.0073ns	0.2175± 0.0292ab	0.1472± 0.0355ab	0.0124± 0.002ns	0.1444± 0.0218a	−0.0397± 0.0059b
B 区	3	0.3601± 0.0095bcd	0.2693± 0.0175a	0.0908± 0.0134e	0.0109± 0.0036	0.1005± 0.022ef	−0.0299
	6	0.3684± 0.0225abc	0.2245± 0.0085b	0.1439± 0.016 d	0.0142± 0.0065	0.1081± 0.0118 def	−0.0306
	9	0.3636± 0.0118abcd	0.2066± 0.0122bcd	0.157± 0.016bcd	0.0163± 0.0038	0.1495± 0.0139bc	−0.0368
	12	0.352± 0.0172 d	0.1965± 0.011 cde	0.1555± 0.0083 cd	0.0154± 0.005	0.1699± 0.017ab	−0.0415
	均值	0.361± 0.006	0.2242± 0.0279a	0.1368± 0.027b	0.0142± 0.0021	0.132± 0.0288b	−0.0347± 0.0047a
C 区	3	0.3541± 0.0072 cd	0.2589± 0.016a	0.0952± 0.0078e	0.0114± 0.0054	0.0916± 0.0091f	−0.0254
	6	0.3631± 0.0142abcd	0.2199± 0.0193bc	0.1432± 0.0105 d	0.0138± 0.0042	0.1124± 0.0134 def	−0.0357
	9	0.3779± 0.016a	0.1992± 0.0179bcde	0.1787± 0.0134ab	0.0153± 0.0076	0.1204± 0.02 cdef	−0.036
	12	0.3673± 0.0149abc	0.1748± 0.015e	0.1925± 0.0088a	0.0172± 0.0099	0.1622± 0.0197ab	−0.0435
	均值	0.3656± 0.0086	0.2132± 0.0309b	0.1524± 0.0376a	0.0144± 0.0021	0.1216± 0.0256 c	−0.0352± 0.0065a
CK		0.3351± 0.0149**	0.2713± 0.0105**	0.0638± 0.0156**	0.0071± 0.0055*	0.1004± 0.0198**	−0.023**
不同施加量三个处理区的平均值	3	0.3563± 0.0027b	0.2636± 0.0043a	0.0927± 0.0018 c	0.0107± 0.0007 c	0.1045± 0.0125 c	−0.0294± 0.0031a
	6	0.3647± 0.0026ab	0.2223± 0.0019b	0.1424± 0.0017b	0.0132± 0.0012b	0.1176± 0.0105bc	−0.0344± 0.0028ab
	9	0.3721± 0.0062a	0.202± 0.0033 c	0.1701± 0.0094a	0.0149± 0.0014ab	0.1381± 0.0127b	−0.0376± 0.0017b
	12	0.362± 0.0071ab	0.1854± 0.0089 d	0.1767± 0.0156a	0.016± 0.0009a	0.1705± 0.0071a	−0.0447± 0.0032 c

注：数据以平均值±S.D.来表示。同一列不同小写字母表示参数平均值的差异显著（$P<0.05$），具有相同字母的参数没有显著差异，ns 表示无显著性。星号表示未经修正的对照土壤与施炭处理的土壤之间存在显著差异；*$P<0.05$，**$P<0.01$。

从农业角度看，生物炭的施加显著增加 FC，这表明农业土壤中可稳定保持的含水量得到改善，并且发现施加量为 9 kg/cm² 时，最有益于土壤水分的储存。计算的 PAWC 从 0.0638 cm³/cm³ 增加到 0.0927～0.1767 cm³/cm³，这是由于生物炭施加量越大，其内部孔隙的储水量就越多，只有在较高吸力下生物炭孔隙内部的水分才能被排出。同时，生物炭的施加使土壤总孔隙度增大，在 $h = 15000$ cm 吸力下对应的含水量（PWP）降低。Fu 等[54]研究证实土壤结构的改善对土壤水分特征参数有显著的影响，并主要取决于土壤总孔隙度和大团聚体比重的增加。此外，本书中生物炭不仅增加了土壤总孔隙度和大团聚体比重，而且改变了土壤孔径分布，降低了土壤极微孔径（<0.3 μm）所占比例，这均对土壤 PAWC 有积极的影响。同时，生物炭在田间条件下增加 PAWC 的作用也有助于解决降水分布不均匀而可能造成的干旱问题。对比三种生物炭施用模式发现，C 区的水分特征参数优于 A 区和 B 区，特别是 PAWC，C 区比 A 区和 B 区分别高了 3.53% 和 11.40%，这是土壤结构的改善程度以及生物炭施加到土壤中的时间所导致。Aller 等[55]发现老化生物炭对土壤水分关系的影响并不等同于新鲜生物炭，老化生物炭在土壤中的存在可能比新鲜生物炭更有益；也有研究表明，老化的生物炭比新鲜生物炭具有更强的亲水性，因为在生物炭老化过程中发生了物理化学性质的变化，会增强土壤保水能力[21]；A 区与 C 区一半的炭-土混合体比 B 区多施加 161 d，认为生物炭的"老化效应"使不同模式间的水分参数有明显差异。而生物炭的颗粒大小、形状和孔径结构等特征在很大程度上决定了土壤的保水特性，经历冻融作用的生物炭改变了自身结构，间接影响土壤水分参数的变化。

通常土壤 P_{mac}、AC 和 S_{inf} 值直接取决于土壤孔隙和土壤水分释放特性[43]。随生物炭施加量的增加，土壤 P_{mac} 比 CK 处理相对增加了 0.0036 cm³/cm³、0.0061 cm³/cm³、0.0078 cm³/cm³ 和 0.0089 cm³/cm³，而 P_{mac} 代表了 >0.3 mm 的等效孔径，施用生物炭会增加 P_{mac} 表明土壤能够快速排出多余的水分。最新研究表明，当土壤 AC>0.14 cm³/cm³ 时，表示土壤通气状况良好并对作物根系的损害最小[51]。由表 3-9 可以明显地看出，随生物炭施加量的增加，土壤 AC 分别增加了 4.08%、17.13%、37.55% 和 69.82%，这略微改善了土壤的空气容量，但少量的生物炭（施加量为 3 kg/cm² 和 6 kg/cm²）并未解决土壤通气不良状况。然而，也有生物炭的施加可降低土壤 AC 的结论。例如，Villagra-Mendoza 和 Horn[56]认为施加生物炭使新形成的孔隙变小导致 AC 降低；但 Castellini 等[57]发现高施加量显著增加了土壤 AC，这与本研究的结果一致。微观结构良好和较差土壤之间的边界为 $S_{inf} = -0.035$[43]。与 CK 相比，随生物炭施加量的增加，土壤 S_{inf} 值呈现逐渐降低的趋势，这显示出施加生物炭改善了土壤物理微结构，但与 AC 变化相同的是仅高施炭处理的结果高于指标的最佳值。同时，微观结构孔隙受耕作、冻融活动、改良剂的添加、作物轮作、根系发育等因素的影响。

四、土壤导水性变化特征

（一）冻融前后土壤导水性变化特征

1. 冻融前后土壤饱和导水率变化

由于冻结前期 L2 和 L3 层饱和导水率极其不稳定，故在冻融前后仅对表层 K_{sat} 平均

值变化进行相对分析，如图 3-14 所示。CK 处理下融化期的 K_{sat} 比冻结期前期相对增加了
1.91%；而施加生物炭 K_{sat} 增加效果更为显著，平均增加了 7.13%，但并非与施炭量呈正
比关系。各施炭处理之间的 K_{sat} 并无显著差异。

从本质上来说，土壤饱和导水率的变化是土壤结构改变引起的。Chamberlain 和
Gow[58]通过试验发现冻结和融化作用会使 K_{sat} 增加；Tang 和 Yan[59]发现冻融作用会使
孔径发生改变导致 K_{sat} 增加。从这些结果可以看出，冻融作用对 K_{sat} 有促进作用。由
图 3-14 可以发现，在冻融与生物炭双重作用的影响下 K_{sat} 分别增加 7.89%、7.52%、7.20%
和 5.91%（CK 仅增加 1.91%）。施加生物炭使冻融前后同一处理土壤空隙（>100 μm）和
土壤总孔隙度增大，导致施炭处理的 K_{sat} 在冻融前后的相对变化高于 CK 处理。冻融前后
K_{sat} 的相对变化随着生物炭施加量的增加开始减小，其主要原因是生物炭部分细小颗
粒随着冻结、融化过程中液态水分的迁移进入土壤孔径中，堵塞土壤孔径，导致冻融
前后 K_{sat} 的相对变化有减小趋势。尽管施加生物炭冻融前后 K_{sat} 的相对变化无显著差
异，但在不同处理之间随着施炭量的增加这种趋势更加明显。

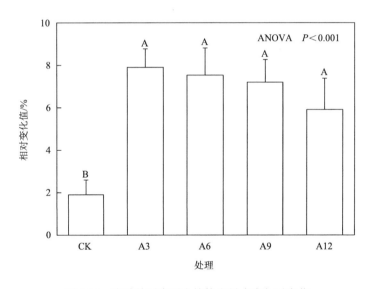

图 3-14　冻融前后表层土壤饱和导水率相对变化

不同大写字母表示在给定深度下生物炭施加量对 K_{sat} 相对变化存在显著差异（$P<0.05$）。垂直线表示平均值的 S.D.

2. 融化期土壤饱和导水率变化

图 3-15 表示融化期不同处理之间土壤 K_{sat} 的变化。不同土层生物炭施加量越高土壤
K_{sat}（平均值）越低，各处理之间差异性极显著。在炭-土混合层中，K_{sat}（平均值）随生
物炭施加量的增加分别下降了 3.69%、7.96%、12.75%和 18.01%。而 K_{sat} 在 L1 层的变化
最为明显，所有施炭处理下 K_{sat}（平均值）平均下降了 12.26%。但施加量的增加使土
层之间 K_{sat} 的差异逐渐趋于平缓，不同土层施炭量对 K_{sat} 变化的斜率依次为 CK>A6>
A3>A9>A12。

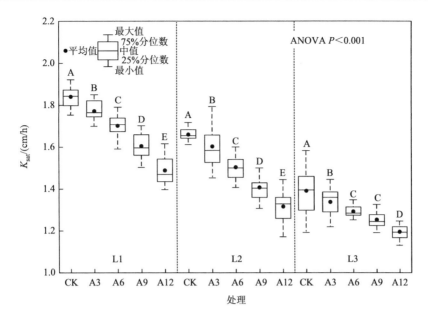

图 3-15　融化期土壤饱和导水率变化

不同大写字母表示在给定深度下生物炭施加量对 K_{sat} 存在显著差异（$P<0.05$）

观察融化期不同处理之间 K_{sat} 的平均值（图 3-15）可知，不同施炭处理在各土层 K_{sat} 均显著降低。Obia 等[60]证实不同施加量对 K_{sat} 的降低不能归因于生物炭的拒水性，在前文叙述中并没有任何迹象表明生物炭具有拒水性，由此原因里排除生物炭拒水性。并且观察到 K_{sat} 中位数与施炭量之间有较明显的线性关系（L1，$y=-0.0871x+1.943$；L2，$y=-0.0881x+1.7613$；L3，$y=-0.0485x+1.4394$）。生物炭虽然使不同处理之间的土壤孔径和土壤总孔隙度增加，但生物炭细小颗粒阻塞土壤中的孔隙导致 K_{sat} 显著降低，这与Amoakwah 等[45]的试验结果一致。而土壤孔径的堵塞同样会导致土壤蒸发量与施加量成反比，但具体响应关系有待试验研究。目前，针对生物炭施加对土壤导水性影响的研究还没有一致的结论。尽管一些研究人员的研究显示 K_{sat} 随着施加量的增加而增加[57]，但也有研究人员发现生物炭对 K_{sat} 有降低效果，甚至对 K_{sat} 并无显著影响[60, 61]。王红兰等[48]的研究表明生物炭施加使 K_{sat} 增加与土壤较大孔隙度有关；Wong 等[62]通过施加生物炭改良黏质土壤也同样发现，土壤结构的改变使 K_{sat} 增加；但是赵迪等[26]的研究结果显示生物炭的施加降低粉黏壤土的 K_{sat}；Villagra-Mendoza 和 Horn[56]将生物炭施加到不同质地的土壤中，发现在干湿循环条件下增加了 K_{sat}。这表明生物炭对 K_{sat} 的影响不仅取决于土壤结构和土壤质地，而且与区域环境条件有很大的关联，故在寒旱区施加生物炭后黑壤土 K_{sat} 的物理响应机制有待长时间的观测研究。

（二）不同时期施加生物炭对土壤饱和导水率影响

土壤导水性决定了土壤中水的流动速率，由此影响土壤表层径流的发生概率。如果未来出现强降水，则高导水率的土壤能够减少径流侵蚀和田间积水。不同时期施加生物炭对土壤饱和导水率（K_{sat}）的影响如图 3-16 所示。

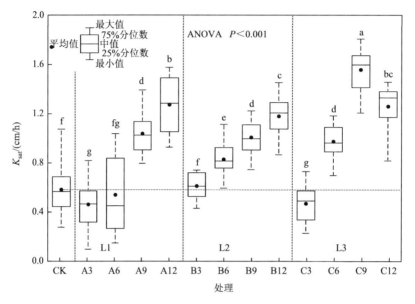

图 3-16　不同处理间土壤饱和导水率

不同小写字母表示在不同处理之间存在差异显著（$P<0.05$）。横虚线表示 CK 处理的平均值

　　由图 3-16 可知，不同时期施加不同的生物炭对 K_{sat} 有不同影响，且与融化期 K_{sat} 的结果有较大差异。在 A 区，低生物炭施加量（A3 和 A6 处理）并未改善 K_{sat}，与 CK 处理相比 K_{sat} 分别降低了 21.58% 和 7.45%，但高生物炭施加量则相反，K_{sat} 分别增加了 78.95%和 117.74%，且增加效果显著（$P<0.001$）；而 B 区所有施炭处理均改善了 K_{sat}，并与生物炭的施加量成正比，K_{sat} 分别增加了 4.66%、42.03%、72.23%和 102.67%；在 C 区，仅 C3 处理降低了 K_{sat}，与 CK 处理相比 K_{sat} 下降了 19.22%，且有显著差异（$P<0.001$），其余施炭处理 K_{sat} 分别增加了 67.41%、166.98%和 116.17%。从不同施用模式间发现，尽管 B 区所有施炭处理均改善了 K_{sat}，但从整体来看，C 区对 K_{sat} 的改善效果最佳，与 CK 处理相比 K_{sat} 平均值相对增加了 82.83%；而 A 区与 B 区的 K_{sat} 平均值相对增加了 41.92%和 55.40%。同时，C9 处理下土壤 K_{sat} 的平均值最大。

　　总体而言，生物炭的施加增加了 K_{sat}，引起土壤导水性发生改变的因素是施用生物炭增加了土壤总孔隙度，降低了土壤极微孔径（<0.3 μm）所占比例，增加了土壤大孔径比例。此外，生物炭施加还会改变土壤孔隙间的连通性及孔隙的弯曲度，而土壤孔隙形状、曲折度和连通性已被认为是影响 K_{sat} 的主要因素。因此认为，生物炭施加对 K_{sat} 有积极影响。Ajayi 等[63]发现生物炭增加了砂质壤土中的 K_{sat}，并把这归因于生物炭施加形成了大团聚体颗粒和团聚体之间的裂缝。在本研究中同样发现，生物炭施加增加了土壤 >0.25 mm 团聚体比重，这也有益于 K_{sat} 的增加。但从图 3-16 也发现，A3、A6 和 C3 处理降低了 K_{sat}，初步分析认为，A 区所有生物炭与 C 区一半的生物炭经历了季节性冻融作用，使得生物炭的粒径变小，而较小的生物炭颗粒堵塞土壤导水孔隙形成天然屏障，导致 K_{sat} 的降低；而高生物炭施加量对土壤结构改善效果更为显著，尤其是对土壤大孔隙的增加，K_{sat} 并未降低。也有研究表明，细小的生物炭颗粒将土壤大孔径转化为中孔径或细孔径，同时细小的生物炭颗粒会形成更窄的孔径而降低 K_{sat}[64]。这表明关于生物炭施加对土壤导水性影响的认识尚不明确，生物炭对 K_{sat} 的影响也随生物炭类型、生物炭施加量、生物炭施用方式、土壤质地和环境条件而变化。此外，有研究指出，土壤导水特性的改变是土壤孔隙尺寸和孔隙分布在空间上的高度变化所导致，如冻融作用、生物扰动、微生物活动和收缩膨胀等过程影响土壤结构，而不是施加生物炭所导致。综上所述，土壤导水性主要受生物炭的施用时期以及生物炭对土壤结构改善效果的影响。

第五节　冻融土壤通气性

土壤气体环境是影响土壤结构与土壤肥力的主要因素之一，关系作物出苗、生长与成熟过程。土壤气体主要存在于土壤孔隙中，不断在土壤孔隙中运动，并与大气间进行气体交换。同时，土壤中的物理、化学与生物过程都和土壤气体环境密切相关。因此，土壤气体循环状况对维持健康的土壤环境具有重要作用。冻融循环作为非生物应力，会影响土壤原有的能量循环过程，对土壤中碳氮元素的固持产生负面影响，增加土壤温室气体的排放，造成土壤养分的流失。本章在室内试验的基础上，以松嫩平原地区典型的黑土、白浆土和草甸土为代表，以冻融循环为边界条件，以生物炭与秸秆为外源添加介质，分析土壤可溶性有机碳（dissolved organic carbon，DOC）、土壤呼吸强度（R_s）和土壤通气性（PL）的变化特征，并探究不同施加模式的调控效果与作用机理。

一、试验方案

依据松嫩平原的气候特征，结合松嫩平原实际农业生产和土壤可持续发展的需求，参考秸秆与生物炭应用于土壤改良的相关文献，选择适宜的秸秆与生物炭施加量并设计合理的冻融循环温度与次数。试验装置由有机玻璃材料聚氯乙烯（PVC）制作而成，为高 35 cm，直径 30 cm 的圆柱，底部封口，且四周与底部包裹有保温材料保证其自上而下单向冻结（图 3-17）。

选取松嫩平原典型土壤：黑土、白浆土和草甸土。黑土采集于东北农业大学水利综合试验场（126°43′3″E，45°44′22″N）；白浆土采集于黑龙江省庆安县（127°39′14″E，47°03′36″N）；草甸土采集于黑龙江省大庆市（124°46′51″E，46°29′17″N）。采集 0~30 cm 土壤，风干土壤样品并去除残留杂质。试验采用玉米秸秆，将其置于通风且不受阳光直射处风干，并且粉碎成细颗粒。将土壤、秸秆和生物炭过 2 mm 细筛，其理化性质如表 3-10 所示。

图 3-17　室内试验装置图

表 3-10　试验材料理化参数

理化参数	黑土	白浆土	草甸土	生物炭	秸秆
砂粒质量分数/%	47.54	46.70	43.26	—	—
粉粒质量分数/%	34.27	32.02	31.89	—	—
黏粒质量分数/%	18.19	21.28	24.85	—	—
土壤干容重/(g/cm³)	1.33	1.25	1.26	—	—
土壤自然含水量/%	26.36	24.13	23.52	—	—
有机质含量/(g/kg)	29.93	26.23	28.11	—	—
pH	5.93±0.14	6.32±0.13	5.74±0.21	8.91±0.10	7.55±0.13
C 质量分数/%	—	—	—	71.62±3.71	44.52±1.57
N 质量分数/%	—	—	—	1.41±0.13	1.15±0.19
H 质量分数/%	—	—	—	2.11±0.15	5.11±0.47
O 质量分数/%	—	—	—	25.11±1.56	40.97±2.43
灰分含量/%	—	—	—	26.55±3.88	7.35±1.29

注：数据以平均值±标准差来表示。

选取秸秆和生物炭作为外源介质，共设置四种处理，分别为：施加秸秆（S1，秸秆施加量为土壤总重量的 1.0%）、施加生物炭（B1，生物炭施加量为土壤总重量的 1.0%）、生物炭与秸秆联合施加（B1S1，生物炭与秸秆的施加量分别为土壤总重量的 0.5%和 0.5%）、未添加生物炭和秸秆（作为对照处理，CK）。在试验开始前，使用去离子水配制土壤质量含水量为 20%，均匀搅拌，使水分、生物炭、秸秆与土样充分混合。将处理过的土样置于适宜温度条件下的恒温培养箱内养护。采用分层装填并夯实的方式将不同处理的土壤样品装填进试验用装置内，并在装填时保证土样密度统一（图 3-18）。

田间采集土壤　　　　　　风干粉碎土壤　　　　　　养护土壤样品

测定土壤样品　　　　　　试验指标测定　　　　　　移入人工气候室

图 3-18　室内试验流程图

模拟冻融循环的过程在人工气候室中（室内温度调节范围为 –30～40℃）进行。本试验中，土壤冻结温度设置为 –20℃，冻结时长设定为 48 h，土壤的融化温度设置为 10℃，融化时长设定为 48 h，每个循环时长共计 96 h。在试验开始前以及土样经历目标次（2 次、4 次、6 次、8 次、10 次）冻融循环后（表 3-11），利用取土器进行土样采集，测量土壤气体传输特征。

表 3-11　室内试验方案

冻融周期	试验进程	取样时间/d
F0	未经过冻融循环	0
F2	经过 2 次冻融循环	8
F4	经过 4 次冻融循环	16
F6	经过 6 次冻融循环	24
F8	经过 8 次冻融循环	32
F10	经过 10 次冻融循环	40

二、数据指标测定

土壤导气率（PL，cm/s）通过 PL-300 土壤气体渗透性测定仪测定；PL 值被定义为土壤孔隙系统中的空气流速与流动距离上的压力梯度间的比例系数。利用 LI-8100A 自动化土壤呼吸测定仪测定土壤呼吸强度[R_S，μmol/(m^2·s)]。

三、土壤呼吸强度

如图 3-19 所示，伴随着冻融循环作用，土壤 DOC 浓度呈现出上下波动的变化趋势，我们认为造成这种现象的原因有以下几点：①冻融循环会破坏土壤团聚体结构，有机质间的联结随着大团聚体破碎而被打破，导致小分子物质释放，提升了土壤 DOC 浓度。②有机质浓度的提高会刺激土壤微生物反应，加速土壤内部循环过程，导致 DOC 浓度下降。③生物炭与秸秆在冻融循环的过程中也会不断破碎，更有利于其与土壤团粒结合，直接提高了土壤微生物对秸秆与生物炭的利用率，从而提高了 DOC 浓度。④土壤团聚体在反复冻融循环过程中，不断地重复破碎—聚集—再破碎的循环过程，减弱了土壤微生物活性，甚至导致土壤微生物死亡，死亡微生物的分解也会提升土壤有机物质浓度。但随着冻融次数的增加，土壤微生物逐渐适应环境变化，死亡数量减少，降低了 DOC 的释放量。⑤土壤自身的差异导致其受到冻融循环的影响程度不同，呈现出不同的波动趋势。

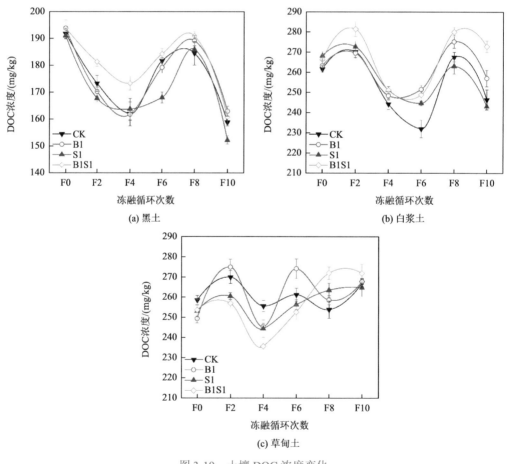

(a) 黑土   (b) 白浆土

(c) 草甸土

图 3-19　土壤 DOC 浓度变化

垂直线代表平均值的标准差

不同处理模式对草甸土 DOC 的提升较大,所有处理 DOC 浓度均高于初始值;黑土则呈现出相反趋势。生物炭显示出较强的固碳能力,B1 与 B1S1 处理在三种土壤中 DOC 浓度均高于 CK;而秸秆的固碳能力较弱,三种土壤 S1 处理均为最低值(DOC 浓度分别为 152.3 mg/kg、243.14 mg/kg 和 264.8 mg/kg)。

土壤呼吸(R_S)强度如图 3-20 所示。整体上看,不同类型土壤的呼吸强度在各处理条件下表现出相似的变化规律,秸秆提升了土壤呼吸强度,在未经历冻融循环时,S1 和 B1S1 处理条件下土壤呼吸强度明显高于其他处理。但随着冻融次数的增加,土壤呼吸强度差异逐渐减小;在冻融循环末期,不同土壤的 R_S 值基本稳定在(0.4±0.2)μmol/(m²·s)。

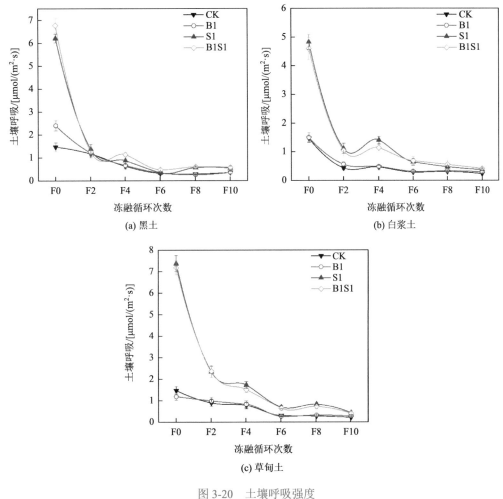

图 3-20 土壤呼吸强度

垂直线代表平均值的标准差

土壤水分、温度和气体循环状态是影响土壤呼吸强度的主要因素[65]。试验初期,秸秆添加条件下土壤初始呼吸强度较高(图 3-20),主要是由于秸秆含有大量多糖物质可以被土壤微生物直接利用,为微生物活动提供了能量补给[66],同时前期养护过程中适宜的温度与水分环境也促进了土壤微生物大量繁殖,推进土壤团粒与秸秆或生物炭的结合,形成相对稳定的团粒结构,土壤养分也维持在一个较高的水平。三种土壤中 B1 处理土壤呼吸强度低于 S1 与 B1S1 处理,这是由于生物炭作为高温、绝氧条件下的高分子产物,具有较强的化学稳定性,相对减弱了土壤碳源被氧化分解的强度。随着冻融次数的增加,低温环境导致土壤微生物大量死亡,降低了土壤呼吸强度;但土壤团聚体因冻融循环而破碎,直接提高了土壤底物浓度,刺激存活的微生物活动,继续分解碳源,导致三种土壤 DOC 浓度反复波动。试验末期,残余的土壤微生物逐渐适应反复的低温环境,维持相对较低的土壤呼吸强度。Shahzad 等[67]通过室内试验发现,CO_2 排放通量在开始时最高,随时间推移逐渐下降,最终稳定在 $0.16\sim0.78$ g $CO_2/(m^2\cdot h)$,与本书结果相似。而对于田间试验,La Scala 等[68]对比了农田和林地不同耕作措施的效果,发现 CO_2 排放通量波动范围在 $1.11\sim2.17$ g $CO_2/(m^2\cdot h)$。

四、土壤气体传输性能

土壤通气性如图 3-21 所示。随着冻融循环次数的增加,土壤通气性呈现出先上升后下降的趋势,在第四次循环达到峰值,这可能与冻融循环对土壤结构的破坏有关。针

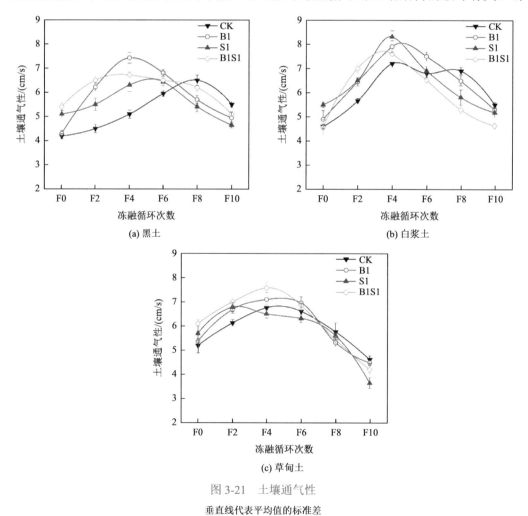

(a) 黑土

(b) 白浆土

(c) 草甸土

图 3-21　土壤通气性

垂直线代表平均值的标准差

对黑土与白浆土，对照组经过 10 次循环后的通气性相对于初始值分别提高了 31.26%和 19.56%，B1 调控模式下土壤通气性波动较大，最大值分别为 7.42 cm/s 和 7.9 cm/s。草甸土 [图 3-20（c）] 中不同调控模式变化趋势相似，只是变化幅度有所差异，不同调控模式广义土壤结构指数也印证了其变化规律，表明土体本身有较强的抵抗外界影响的能力。对比各种处理，B1S1 处理在三种土壤中通气性波动较小，调控效果较为稳定。

另外，导气率作为衡量土壤气体循环速率的综合指标，对植物体的正常生长有直接影响。不良通气条件会限制作物根系和微生物呼吸、水分与养分的吸收过程、增加温室气体的排放。同时，土壤导气率也可间接表征土壤结构、土壤孔隙和土壤稳定性。三种土壤 B1S1 处理下，土壤通气性波动较小，表明秸秆与生物炭混合使用有效地提高了土壤结构的稳定性，能够抵抗外界因素对土壤环境的负效应。我们认为，土壤通气性的变化是冻融循环对土壤结构的破坏效应所致。试验前期，冻融循环打破土壤团粒结构，土壤孔隙度增加，土壤通气性呈现上升趋势；随着冻融次数增加，秸秆与生物炭结合更加紧密，土壤结构稳定性逐渐增强，土壤通气性逐渐下降。正如 Bottinelli 等[69]提出，季节性冻融导致土壤收缩与膨胀，增加了孔隙度及连通性。结合本书研究，作者认为土壤气体扩散不仅受土壤总孔隙度的影响，还受孔隙特征，如孔径分布、孔隙连通性的影响。

第六节　冻融土壤导热性

土壤热量主要来源于太阳辐射，土壤与大气间的热量交换直接影响土壤温度，进而影响土壤内部水养循环过程。由于土壤中的水养循环过程以及作物生长发育均是在一定温度范围内进行，因此，对土壤热环境与热循环状况进行研究是合理调节土壤状况、提高土壤水养利用效率的基础，也是提高土壤肥力的重要方向。本节通过室内试验测定不同初始含水量、不同生物炭施加量、不同冻结温度条件下的土壤导热率、土壤体积热容量、土壤热扩散率，探究生物炭对冻结土壤与非冻结土壤热特性参数的影响规律，揭示其对土壤热特性参数演变过程的作用机理。

一、试验方案

土壤热特性试验中设置四个生物炭施加水平：BC0（0 t/hm²）、BC1（10 t/hm²）、BC2（20 t/hm²）、BC3（30 t/hm²），共计四个试验小区。在 BC0、BC1、BC2、BC3 四个试验小区取土样，风干过 2 mm 筛，并将每种生物炭水平土样分别配制成体积含水量为 0（烘干土）、8%、16%、24%、32%、40%的土样。如图 3-22 所示，测量时为防止土样水分挥发，用不透水塑料进行封盖。在人工气候室内，分别在 15℃、12℃、9℃、6℃、3℃、0℃、−3℃、−6℃、−9℃、−12℃、−15℃条件下测定土壤导热率、土壤体积热容量、土壤热扩散率。

图 3-22　不同含水量土壤样品

二、数据指标测定

利用 ISOMET2114 热性能分析仪测定土壤的导热率、体积热容量和热扩散率。该仪器由测量探头、测量表、电源组成。测量土壤热特性参数时，将表面探头放置在土样上保证充分接触，首先点击测量表开机键，其次点击 F1 键开始测量（测定非冻结土壤需要时长 20 min，测定冻土需要时长 30 min），测量结束后点击 F4 键读取测量结果（仪器读数自动保留四位小数），并做好记录。

三、土壤热特性参数变化分析

（一）生物炭对土壤热特性参数的影响

1. 未冻结土壤热特性参数分析

当土壤温度大于 3℃后其热性能参数几乎不发生变化[70]，本书中，选取 3℃作为典型温度，将不同生物炭、不同含水量处理条件下土壤热特性参数变化特征绘制成图 3-23。未冻结土壤导热率随体积含水量增加而递增［图 3-23（a）］，并且体积含水量在 0%～32%时，导热率增加速度较快；且体积含水量在 24%～32%时，导热率提升幅度值最大。而体积含水量在 32%～40%时，导热率增加速度缓慢，此阶段土壤含水量接近饱和，水分对土壤导热率影响减弱，当施加生物炭为 0 t/hm², 含水量为 8%、16%、24%、32%、40%时，土壤导热率相对于含水量为 0（烘干土）时分别增大 0.3047 W/(m·K)、0.6161 W/(m·K)、0.7575 W/(m·K)、1.1966 W/(m·K)、1.2780 W/(m·K)。同时，随生物炭施用量增加，土壤导热率整体水平呈现降低趋势。具体比较可知，在 BC2 处理条件下，土壤在体积含水量为 0、8%、16%、24%、32%、40%水平时，其导热率分别相对于 BC0 处理降低了 0.0511 W/(m·K)、0.2102 W/(m·K)、0.2211 W/(m·K)、0.2309 W/(m·K)、0.3016 W/(m·K)、0.2063 W/(m·K)。与 BC2 处理对比，土壤在体积含水量为 0、8%、16%、24%、32%、40%水平时，BC3 处理土壤导热率相对于其降低了 0.0163 W/(m·K)、0.0440 W/(m·K)、0.0654 W/(m·K)、0.0661 W/(m·K)、0.0754 W/(m·K)、0.0812 W/(m·K)。在各个含水量水平下 BC1 处理和 BC3 处理土壤导热率相对于 BC0 处理减小。

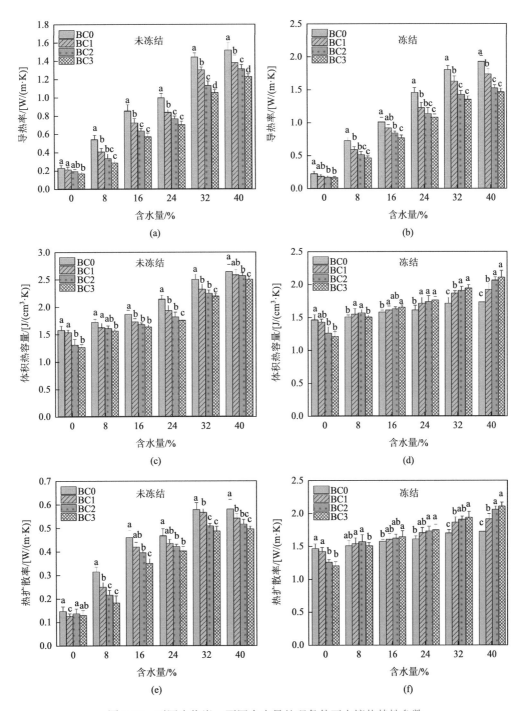

图 3-23　不同生物炭、不同含水量处理条件下土壤热特性参数

由图 3-23（c）可知，土壤体积热容量随体积含水量增加同样表现出增加趋势，在体积含水量为 24%～32%时，土壤体积热容量同样提升幅度最大。同理，在体积含水量相同条件下，随着生物炭施用量增加，体积热容量呈现下降趋势，在 BC2 处理条件下，土壤体积含水量为 0、8%、16%、24%、32%、40%时，体积热容量分别相对于 BC0 处理降低了 0.2623 J/(cm^3·K)、0.1100 J/(cm^3·K)、0.1900 J/(cm^3·K)、0.3220 J/(cm^3·K)、0.2555 J/(cm^3·K)、0.0723 J/(cm^3·K)；并且在 BC3 处理条件下，土壤体积含水量为 0、8%、16%、24%、32%、40%时，体积热容量分别相对于 BC2 处理降低了 0.0510 J/(cm^3·K)、0.0490 J/(cm^3·K)、0.0500 J/(cm^3·K)、0.0700 J/(cm^3·K)、0.0545 J/(cm^3·K)、0.0600 J/(cm^3·K)，这表明在相同含水量条件下，施加生物炭会使土壤体积热容量呈降低趋势。

同理，分析土壤热扩散率和体积含水量之间关系可知 [图 3-23（e）]，随土壤含水量提升，土壤热扩散效果表现出逐渐提升的趋势。同样，生物炭施加量增大减弱了土壤热扩散效应。综上所述，含水量与非冻结土壤热特性参数呈正相关关系，生物炭施加量与其呈负相关关系。

2. 冻结土壤热特性参数分析

当土壤温度介于 0～-3℃时，冻结土壤中水分相变最强烈[71]，因此，进一步探究-3℃条件下土壤热特性参数变化规律，如图 3-23（b）所示。整体分析可知，冻结条件下土壤导热率随体积含水量增加而递增，其变化趋势与非冻结状态下一致，导热率水平整体提升。在含水量为 0、8%、16%、24%、32%、40%时，BC1 处理在冻结状态下与非冻结状况相比土壤导热率增加-0.0054 W/(m·K)、0.1889 W/(m·K)、0.1998 W/(m·K)、0.3817 W/(m·K)、0.3187 W/(m·K)、0.3542 W/(m·K)。BC2 处理在冻结状态下与非冻结状况相比土壤导热率增加-0.0080 W/(m·K)、0.1883 W/(m·K)、0.2067 W/(m·K)、0.3695 W/(m·K)、0.2878 W/(m·K)、0.2111 W/(m·K)。同理，在含水量为 8%～40%时，BC3 处理与 BC0 处理也随土壤冻结导热率显著增大，这主要是由于冰与水热性能差别较大。此外，随生物炭施用量增加，冻结土壤导热率整体水平也呈现出下降趋势。当含水量为 0、8%、16%、24%、32%、40%时，BC2 处理条件下土壤导热率相对于 BC0 处理分别降低 0.0536 W/(m·K)、0.2122 W/(m·K)、0.1688 W/(m·K)、0.3264 W/(m·K)、0.3777 W/(m·K)、0.4002 W/(m·K)，BC3 处理条件下土壤导热率相对于 BC2 分别降低 0.0104 W/(m·K)、0.0523 W/(m·K)、0.0712 W/(m·K)、0.0556 W/(m·K)、0.0723 W/(m·K)、0.0623 W/(m·K)。

分析图 3-23（d）土壤体积热容量变化特征可知，不同处理条件下土壤体积热容量随体积含水量增加而递增，在含水量为 24%～32%时，土壤体积热容量提升幅度最大。并且不同生物炭处理条件下冻结土壤体积热容量相对于未冻结情况变小。其中，在含水量为 0、8%、16%、24%、32%、40%水平时，BC1 处理在冻结状态下与非冻结状况相比，土壤体积热容量降低 0.0990 J/(cm^3·K)、0.0700 J/(cm^3·K)、0.1100 J/(cm^3·K)、0.2200 J/(cm^3·K)、0.4400 J/(cm^3·K)、0.6380 J/(cm^3·K)，BC2 处理在冻结状态下与非冻结状况相比，土壤体积热容量降低 0.0500 J/(cm^3·K)、0.0300 J/(cm^3·K)、0.0400 J/(cm^3·K)、0.0700 J/(cm^3·K)、0.3245 J/(cm^3·K)、0.4900 J/(cm^3·K)。同理，在冻结状态下 BC0 处理、BC3 处理土壤体积热容量同样相对于未冻结状态减小。然而，当含水量为 0 时，随生物炭施加量增加，冻结土壤体积热容量呈下降趋势；在含水量为 8%、16%、24%、32%、40%水平时，随生物炭施加量增加，体积热容量呈递增趋势，BC2 处理条件下土壤体积热容量相对于 BC0 处理分别增加了 0.0600 J/(cm³·K)、0.0520 J/(cm³·K)、0.1300 J/(cm³·K)、0.2000 J/(cm³·K)、0.3300 J/(cm³·K)，BC3 处理条件下土壤体积热容量相对于 BC0 分别增加了 0.0100 J/(cm³·K)、0.0720 J/(cm³·K)、0.1500 J/(cm³·K)、0.2300 J/(cm³·K)、0.3800 J/(cm³·K)，与未冻结土壤表现出相反变化规律。同理，分析图 3-23（f）可知，土壤热扩散率变化趋势与土壤导热率相似，同样表现出随含水量提升，热扩散能力显著提升，并且随生物炭施加量增加，热扩散效果有所减弱。此外，在冻结情况下，不同处理条件的土壤热扩散能力相对于未冻结状态大幅度提升。

（二）不同温度条件下生物炭对热特性参数的影响分析

生物炭对冻结与非冻结土壤热特性参数具有显著调控效果。因此，进一步分析不同生物炭处理条件下土壤导热率、体积热容量、热扩散率随温度的变化规律。

1. 土壤导热率

当土壤含水量为 0 时，土壤导热率受温度提升的影响较小。在温度为–15～15℃时，随生物炭施加量增加，土壤导热率整体呈现降低趋势。由图［3-24（b）］可知，当土壤含水量为 8%时，随温度降低，土壤导热率呈递增趋势。BC0、BC1、BC2、BC3 处理条件下，导热率显著升高的温度区间为–6～3℃。但随土壤生物炭施加量增加，土壤导热率整体水平有所降低。同理，当土壤含水量在 16%、24%、32%、40%水平时，随温度降低，土壤导热率呈现增加趋势，并且在含水量为 40%时，其提升幅度最大。随含水量增加，导热率变化显著的温度区间不断扩大，由图 3-24（f）可知，在含水量为 40%水平时，导热率变化显著的温度区间最大为–15～3℃。同样，随土壤生物炭施加量增加，导热率整体水平有所降低。

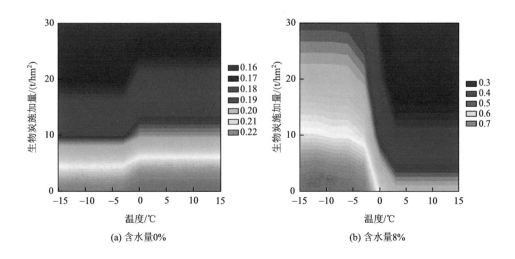

(a) 含水量0%　　　　(b) 含水量8%

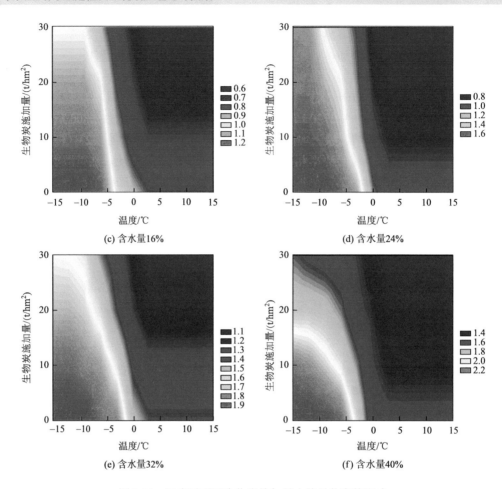

图 3-24　温度对不同生物炭施加量土壤导热率的影响

2. 土壤体积热容量

土壤体积热容量随温度变化规律如图 3-25 所示。当土壤含水量为 0 时，土壤体积热容量受温度提升的影响较小；并且在环境温度为–15～15℃，随生物炭施加量增加，土壤体积热容量整体水平均呈现降低趋势。由图 3-25（b）可知，当土壤含水量为 8% 时，随土壤生物炭施加量增加，土壤体积热容量在 0℃ 以上时，整体水平呈现出降低趋势，然而，在 0℃ 以下时，其整体水平则表现出升高的趋势。此外，在 BC0、BC1、BC2、BC3 处理条件下，土壤体积热容量显著降低的温度区间均为–6～3℃。

同理，当土壤含水量在 16%、24%、32%、40% 水平下时，随温度降低，土壤体积热容量呈现出降低趋势，在含水量为 40% 时，其降低幅度值最大。随含水量增加，体积热容量变化显著的温度区间不断扩大。同样，在含水量为 40% 时，体积热容量变化显著的温度区间为–15～3℃。此外，随生物炭施加量增大，土壤体积热容量在 0℃ 以上时，整体水平呈降低趋势，在 0℃ 以下时，整体水平则表现为升高的趋势。

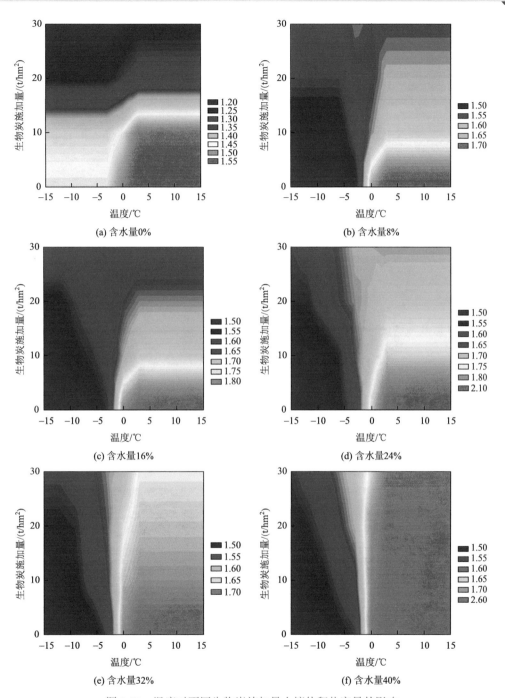

(a) 含水量0% (b) 含水量8%

(c) 含水量16% (d) 含水量24%

(e) 含水量32% (f) 含水量40%

图 3-25　温度对不同生物炭施加量土壤体积热容量的影响

3. 土壤热扩散率

当土壤含水量为 0 时，土壤导热率受温度提升的影响较小；并且在环境温度为–15～15℃时，土壤热扩散率整体水平均随生物炭施加量增加呈现降低趋势。由图 3-26（b）可知，当土壤含水量为 8%时，土壤热扩散率随环境温度降低呈相反递增趋势。BC0、BC1、BC2、

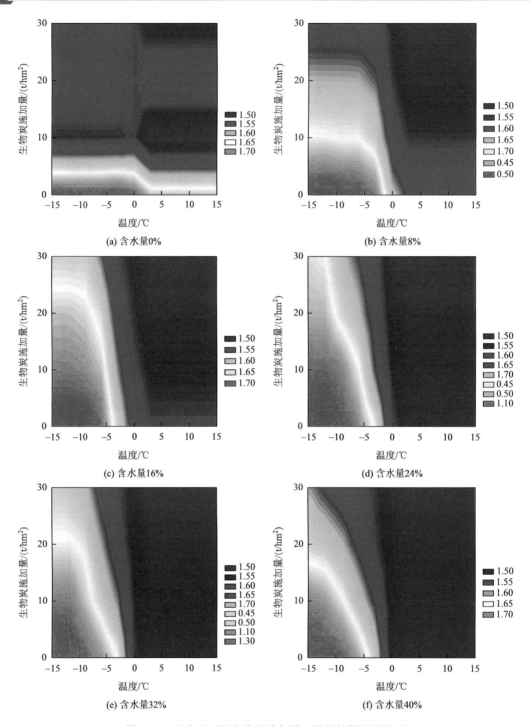

图 3-26　温度对不同生物炭施加量土壤热扩散率的影响

BC3 处理条件下，土壤热扩散率显著升高的温度区间为-6~3℃，且随土壤生物炭施加量增大，土壤热扩散率整体水平逐步降低。

综上所述，温度对于土壤热特性参数具有显著的调节作用，当土壤发生冻结时，土壤导热率、土壤热扩散率增大，土壤体积热容量降低。在不同温度条件下，生物炭对于土壤热特性参数的调节作用明显，在–15～15℃条件下施加生物炭会降低土壤导热率和热扩散率。此外，体积热容量在 0～15℃下随着生物炭施加量的增大而降低，在–15～0℃条件下随着生物炭施加量的增大而增大。

四、土壤热性能影响因素分析

（一）非冻结土壤热性能影响因素分析

土壤热特性参数随含水量增加而递增。土壤由固、液、气三相组成，而空气导热率极低[0.024 W/(m·K)]，土壤水分增加会填充空气占据的孔隙空间，有助于土壤颗粒之间形成水桥，从而提高颗粒之间接触面积，进而提高导热率。然而，由于水体积热容量较大[4.2 J/(cm³·K)]，是土壤颗粒体积热容量的 4 倍，所以土壤含水量增加，体积热容量显著增大。此研究结论与以往研究文献[70-72]一致，但本研究通过试验发现，土壤热特性参数在含水量为 24%～32%时增加幅度较大，可知土壤热特性参数在接近塑限含水量和液限含水量之间提升幅度显著。

施加生物炭后，非冻结土壤热特性参数呈降低趋势。由于生物炭导热率较小[0.137 W/(m·K)]，且具有较高的比表面积和孔隙度，其施加到土壤中会增大土壤总孔隙度，增加机械稳定性团聚体和水稳性团聚体比重。因此，土壤单位体积内孔隙直径增大、气体增多，阻碍热量传递，进而降低土壤导热率。然而，生物炭施加会降低土壤干密度，而非冻结土壤体积热容量是关于土壤干密度的递增函数，因此体积热容量呈降低趋势。此外，生物炭能够增强土壤斥水性，通过增大土壤水分与固相物质接触角，从而阻碍热量在土壤水分和固态物质间传导；并且生物炭能够减弱土壤温度波动性，导致土壤热扩散率降低。

（二）冻结土壤热性能影响因素分析

不同处理条件下，冻结土壤热性能变化显著。水与冰热性能差别较大，以及温度变化影响土壤颗粒中原子振动能变化[73]，导致离子储存或传递能量的能力也发生变化。冻结土壤热特性参数随含水量增加而递增，在含水量为 0 时（干土），冻结状况下导热率低于未冻结土壤。由于热量传递是分子运动，温度降低导致土壤颗粒中分子振动频率降低，因此导热率降低。此外，在含水量 8%～40%范围内，冻结土壤导热率显著大于未冻结土壤，主要是由于温度降低，土壤中液态水转化为固态冰，冰导热率[2.16 W/(m·K)]较高，是水的 4 倍，所以冻结土壤导热率增大。然而冰的热扩散率是水的 9 倍，所以土壤冻结会导致热扩散率增大。此外，由于冰体积热容量[2.14 J/(cm³·K)]小于水，在冻结过程中土壤体积热容量降低。Tian 等[74]及 Aleksyutina 和 Motenko[75]在研究冻结土壤热特性参数时也得出类似结论。

　　而本书在上述研究基础上，考虑施加生物炭对土壤冻结过程中热性能参数的影响。随生物炭施加量增加，土壤导热率和热扩散率呈降低趋势，与未冻结土壤一致。施加生物炭后，在冻融期土壤温度变化速度降低，其波动性较小，这也验证了施加生物炭降低冻结土壤热扩散率的结论。然而，冻结土壤体积热容量随生物炭施加量增加呈现提升趋势，由土壤冻结特征曲线可知，生物炭施加可以显著增加土壤中未冻水含量，并且水体积热容量约是冰的 2 倍，因此在冻结条件下生物炭可以增大土壤体积热容量。

参 考 文 献

[1]　郭利娜. 冻土理论研究进展[J]. 水利水电技术，2019，50（3）：145-154.

[2]　Dinulescu H A，Eckert E R G. Analysis of the one-dimensional moisture migration caused by temperature gradients in a porous medium[J]. International Journal of Heat and Mass Transfer，1980，23（8）：1069-1078.

[3]　Perfect E，Williams P J.Thermally induced water migration in frozen soils[J]. Cold Regions Science and Technology，1980，3（2-3）：101-109.

[4]　Hall K，Andre M. Rock thermal data at the grain scale: Applicability to granular disintegration in cold environments[J]. Earth Surface Processes and Landforms，2003，28（8）：823-836.

[5]　刘绪军，景国臣，杨亚娟，等. 冻融交替作用对表层黑土结构的影响[J]. 中国水土保持科学，2015，13（1）：42-46.

[6]　孙宝洋. 季节性冻融对黄土高原风水蚀交错区土壤可蚀性作用机理研究[D]. 西安：西北农林科技大学，2018.

[7]　Hou R J，Li T X，Fu Q，et al. Effect of snow-straw collocation on the complexity of soil water and heat variation in the Songnen Plain，China[J]. Catena，2019，172：190-202.

[8]　Elliott E T. Aggregate structure and carbon，nitrogen，and phosphorus in native and cultivated soils[J]. Science Society of America Journal，1986，50（3）：627-633.

[9]　Kemper W D，Rosenau R C. Aggregate stability and size Distribution[J]. Methods of Soil Analysis：Part 1 Physical and Mineralogical Methods，1986，5：425-442.

[10]　杨培岭，罗远培，石元春. 用粒径的重量分布表征的土壤分形特征[J]. 科学通报，1993，38（20）：1896-1899.

[11]　徐国鑫，王子芳，高明，等. 秸秆与生物炭还田对土壤团聚体及固碳特征的影响[J]. 环境科学，2018，39（1）：355-362.

[12]　Moragues-Saitua L，Arias-Gonzalez A，Gartzia-Bengoetxea N. Effects of biochar and wood ash on soil hydraulic properties：A field experiment involving contrasting temperate soils[J]. Geoderma，2017，305：144-152.

[13]　Huang R，Tian D，Liu J，et al. Responses of soil carbon pool and soil aggregates associated organic carbon to straw and straw-derived biochar addition in a dryland cropping mesocosm system[J]. Agriculture，Ecosystems and Environment，2018，265：576-586.

[14]　Wang D，Fonte S J，Parikh S J，et al. Biochar additions can enhance soil structure and the physical stabilization of C in aggregates[J]. Geoderma，2017，303：110-117.

[15]　Fu Q，Zhao H，Li T X，et al. Effects of biochar addition on soil hydraulic properties before and after freezing-thawing[J]. Catena，2019，176：112-124.

[16]　Liu Z，Dugan B，Masiello C A，et al. Effect of freeze-thaw cycling on grain size of biochar[J]. PloS One，2018，13（1）：e0191246.

[17]　Cao Y Q，Jing Y D，Hao H，et al. Changes in the physicochemical characteristics of peanut straw biochar after freeze-thaw and dry-wet aging treatments of the biomass[J]. Bioresources，2019，14（2）：4329-4343.

[18]　Josepf S D，Camps-Arbestain M，Lin Y，et al. An investigation into the reactions of biochar in soil[J]. Australian Journal of Soil Research，2010，48（6-7）：501-515.

[19]　Obia A，Mulder J，Martinsen V，et al. In situ effects of biochar on aggregation，water retention and porosity in light-textured tropical soils[J]. Soil & Tillage Research，2016，155：35-44.

[20]　魏永霞，张翼鹏，张雨凤，等. 黑土坡耕地连续施加生物炭的土壤改良和节水增产效应[J]. 农业机械学报，2018，49（2）：

284-312.

[21] Mia S，Dijkstra F A，Singh B. Long-term aging of biochar：A molecular understanding with agricultural and environmental implications[J]. Advances in Agronomy，2017，141：1-51.

[22] Hardie M，Clothier B，Bound S，et al. Does biochar influence soil physical properties and soil water availability？[J]. Plant and Soil，2014，376（1-2）：347-361.

[23] Soinne H，Hovi J，Tammeorg P，et al. Effect of biochar on phosphorus sorption and clay soil aggregate stability[J]. Geoderma，2014，219：162-167.

[24] 雷志栋，杨诗秀，谢森传. 土壤水动力学[M]. 北京：清华大学出版社，1988.

[25] 张喜亭. 黑土容重及耕层深度对大豆生长和产量影响的研究[D]. 哈尔滨：东北农业大学，2017.

[26] 赵迪，黄爽，黄介生. 生物炭对粉黏壤土水力参数及胀缩性的影响[J]. 农业工程学报，2015，31（17）：136-143.

[27] 李金文，顾凯，唐朝生，等. 生物炭对土体物理化学性质影响的研究进展[J]. 浙江大学学报（工学版），2018，52（1）：192-206.

[28] Sun F F，Lu S G. Biochars improve aggregate stability，water retention，and pore- space properties of clayey soil[J]. Journal of Plant Nutrition and Soil Science，2014，177（1）：26-33.

[29] Lu S G，Sun F F，Zong Y T. Effect of rice husk biochar and coal fly ash on some physical properties of expansive clayey soil （Vertisol）[J]. Catena，2014，114：37-44.

[30] 魏玉杰，吴新亮，蔡崇法. 崩岗体剖面土壤收缩特性的空间变异性[J]. 农业机械学报，2015，46（6）：153-159.

[31] 吕殿青，王宏，王玲. 离心机法测定持水特征中的土壤收缩变化研究[J]. 水土保持学报，2010，24（3）：209-216.

[32] 窦森，李凯，关松. 土壤团聚体中有机质研究进展[J]. 土壤学报，2011，48（2）：412-418.

[33] 文曼，郑纪勇. 生物炭不同粒径及不同添加量对土壤收缩特征的影响[J]. 水土保持研究，2012，19（1）：46-55.

[34] Yule D F，Ritchie J T. Soil shrinkage relationships of Texas vertisols：I. small cores[J]. Soil Science Society of America Journal，1980，44（6）：1285-1291.

[35] 聂坤堃，聂卫波，马孝义. 离心机法测定土壤水分特征曲线中的收缩特性[J]. 排灌机械工程学报，2019，37（11）：978-985.

[36] Ranardjo H，Satyanaga A，D'Amore G A R，et al. Soil-water characteristic curves of gap-graded soils[J]. Engineering Geology，2012，125：102-107.

[37] 王国良，付建和. 松嫩平原土壤线性膨胀系数的研究初探[J]. 土壤学报，2014，51（2）：407-409.

[38] 吴珺华，袁俊平，杨松，等. 膨胀土湿胀干缩特性试验[J]. 水利水电科技进展，2012，32（3）：28-31.

[39] 张佩佩，张文太，贾宏涛，等. 新疆北部地区与其他地区变性土壤线性膨胀系数的差异及矿物学机制[J]. 南京农业大学学报，2017，40（6）：1074-1080.

[40] van Genuchten M T. A closed-form equation for predicting the hydraulic conductivity of unsaturated soils[J]. Soil Science Society of America Journal，1980，44（5）：892-898.

[41] Marshall T J，Holmes J W，Rose C W. Soil Physics[M]. Cambridge：Cambridge University Press，1996.

[42] Reynolds W D，Drury C F，Tan C S, et al. Use of indicators and pore volume-function characteristics to quantify soil physical quality[J]. Geoderma，2009，152（3-4）：252-263.

[43] Dexter A R. Soil physical quality - Part I. Theory，effects of soil texture，density，and organic matter，and effects on root growth[J]. Geoderma，2004，120（3-4）：201-214.

[44] Liu C，Wang H L，Tang X Y，et al. Biochar increased water holding capacity but accelerated organic carbon leaching from a sloping farmland soil in China[J]. Environmental Science and Pollution Research，2016，23（2）：995-1006.

[45] Amoakwah E，Frimpong K A，Okae-Anti D，et al. Soil water retention，air flow and pore structure characteristics after corn cob biochar application to a tropical sandy loam[J]. Geoderma，2017，307：189-197.

[46] Lima J R D，Silva W D，de Medeiros E V，et al. Effect of biochar on physicochemical properties of a sandy soil and maize growth in a greenhouse experiment[J]. Geoderma，2018，319：14-23.

[47] Jeffery S，Meinders M，Stoof C R, et al. Biochar application does not improve the soil hydrological function of a sandy soil[J]. Geoderma，2015，251-252：47-54.

[48] 王红兰，唐翔宇，张维，等. 施用生物炭对紫色土坡耕地耕层土壤水力学性质的影响[J]. 农业工程学报，2015，31（4）：107-112.

[49] 吴昱，刘慧，杨爱峥，等. 黑土区坡耕地施加生物炭对水土流失的影响[J]. 农业机械学报，2018，49（5）：287-294.

[50] 刘小宁，蔡立群，黄益宗，等. 生物质炭对旱作农田土壤持水特性的影响[J]. 水土保持学报，2017，31（4）：112-117.

[51] Singh A，Phogat V K，Dahiya R，et al. Impact of long-term zero till wheat on soil physical properties and wheat productivity under rice-wheat cropping system[J]. Soil and Tillage Research，2014，140：98-105.

[52] Gray M，Johnson M G，Dragila M I，et al. Water uptake in biochars：The roles of porosity and hydrophobicity[J]. Biomass and Bioenergy，2014，61：196-205.

[53] Liu Z L，Dugan B，Masiello C A，et al. Biochar particle size，shape，and porosity act together to influence soil water properties[J]. PloS One，2017，12（6）：e0179079.

[54] Fu Q，Zhao H，Li H，et al. Effects of biochar application during different periods on soil structures and water retention in seasonally frozen soil areas[J]. Science of the Total Environment，2019，694：133732.

[55] Aller D，Rathke S，Laird D，et al. Impacts of fresh and aged biochars on plant available water and water use efficiency[J]. Geoderma，2017，307：114-121.

[56] Villagra-Mendoza K，Horn R. Effect of biochar addition on hydraulic functions of two textural soils[J]. Geoderma，2018，326：88-95.

[57] Castellini M，Giglio L，Niedda M，et al. Impact of biochar addition on the physical and hydraulic properties of a clay soil[J]. Soil & Tillage Research，2015，154：1-13.

[58] Chamberlain E J，Gow A J. Effect of freezing and thawing on the permeability and structure of soils[J]. Engineering Geology，1979，13（1）：73-92.

[59] Tang Y Q，Yan J J. Effect of freeze-thaw on hydraulic conductivity and microstructure of soft soil in Shanghai area[J]. Environmental Earth Sciences，2015，73（11）：7679-7690.

[60] Obia A，Borresen T，Martinsen V，et al. Effect of biochar on crust formation，penetration resistance and hydraulic properties of two coarse-textured tropical soils[J]. Soil & Tillage Research，2017，170：114-121.

[61] Laird D A，Fleming P，Davis D D，et al. Impact of biochar amendments on the quality of a typical Midwestern agricultural soil[J]. Geoderma，2010，158（3-4）：443-449.

[62] Wong J T F，Chen Z，Wong A Y Y，et al. Effects of biochar on hydraulic conductivity of compacted kaolin clay[J]. Environmental Pollution，2018，234：468-472.

[63] Ajayi A E，Holthusen D，Horn R. Changes in microstructural behaviour and hydraulic functions of biochar amended soils[J]. Soil and Tillage Research，2016，155：166-175.

[64] Yargicoglu E N，Sadasivam B Y，Reddy K R，et al. Physical and chemical characterization of waste wood derived biochars[J]. Waste Management，2015，36：256-268.

[65] Hursh A，Ballantyne A，Cooper L，et al. The sensitivity of soil respiration to soil temperature，moisture，and carbon supply at the global scale[J]. Global Change Biology，2017，23（5）：2090-2103.

[66] Shirazi M A，Boersma L. A unifying quantitative analysis of soil texture[J]. Soil Science Society of America Journal，1984，48（1）：142-147.

[67] Shahzad K，Bary A I，Collins D P，et al. Carbon dioxide and oxygen exchange at the soil-atmosphere boundary as affected by various mulch materials[J]. Soil and Tillage Research，2019，194：104335.

[68] La Scala N，Bolonhezi D，Pereira G T，et al. Short-term soil CO_2 emission after conventional and reduced tillage of a no-till sugar cane area in southern Brazil[J]. Soil and Tillage Research，2006，91（1-2）：244-248.

[69] Bottinelli N，Zhou H，Boivin P，et al. Macropores generated during shrinkage in two paddy soils using X-ray micro-computed tomography[J]. Geoderma，2016，265：78-86.

[70] Kurz D，Alfaro M，Graham J. Thermal conductivities of frozen and unfrozen soils at three project sites in northern Manitoba[J]. Cold Regions Science and Technology，2017，140：30-38.

[71] Kurylyk B L, Watanabe K. The mathematical representation of freezing and thawing processes in variably-saturated, non-deformable soils[J]. Advances in Water Resources, 2013, 60: 160-177.

[72] Mengistu A G, van Rensburg L D, Mavimbela S S W. The effect of soil water and temperature on thermal properties of two soils developed from aeolian sands in South Africa[J]. Catena, 2017, 158: 184-193.

[73] Bovesecchi G, Coppa P. Basic problems in thermal-conductivity measurements of soils[J]. International Journal of Thermophysics, 2013, 34 (10): 1962-1974.

[74] Tian Z, Lu Y, Horton R, et al. A simplified de Vries-based model to estimate thermal conductivity of unfrozen and frozen soil[J]. European Journal of Soil Science, 2016, 67 (5): 564-572.

[75] Aleksyutina D, Motenko R G. The effect of soil salinity and the organic matter content on the thermal properties and unfrozen water content of frozen soils at the west coast of Baydarata Bay[J]. Moscow University Geology Bulletin, 2016, 71 (3): 275-279.

第四章　农田冻融土壤水热状况及能量传输机制

第一节　概　　述

土壤作为陆地下垫面的重要组成部分[1]，对陆地与大气之间的能量交换具有极为重要的作用，尤其是耕层土壤。当土壤温度达到0℃以下时可称之为冻土，除常规土壤中所含有的水、土壤、空气等成分外，固态冰也赋存其中[2]。冻土按冻融状态与冻结时长可划分为三类：短时冻土、季节性冻土、多年冻土[3,4]。冻土中水分以三态形式存在并互相转化，导致冻土内部水分与热量的运移规律与时空分布具有一定的独特性[5]。冻土中水分受到土壤温度影响冻结成固态冰，原有孔隙被固态水分占据，使得土壤内部的基质势与毛管力发生变化，进而干扰土壤内部的水分入渗与热量传递[6]。同时，土壤内部水分与热量的变化规律和时空分布特征也是冻土对气象环境变化响应的重要部分，对冻土区水资源高效利用以及农业生产具有重要的作用。土壤冻融状况受到覆被状况与大气变化等过程影响，且水分迁移运动、能量传递过程在大气、覆被、土壤各层次之间存在着协同效应与互馈机制关系。

在土壤冻结过程中，环境温度逐渐降低，土壤的导热性导致土体中的热量逐渐向大气扩散；此时大气环境中的辐射降低，导致土壤中的能量支出值大于吸收值。因此，土壤能量逐渐呈现出降低的趋势。具体表现为土壤中的水分由液态转变为固态，表层土壤开始冻结。而深层土壤的温度相对较高，在土壤势能差的驱动作用下，深层土壤的水分逐渐向冻结锋面位置迁移[7,8]。而在土壤融化过程中，环境温度逐渐提升，大气辐射强度逐渐增大，冻结土壤吸收大气辐射能量而逐渐溶解，冻融土壤中固态冰转化为液态水，并且在重力作用的驱动作用下向土壤深层迁移[9]。

雪被作为一种特殊的覆盖介质层，其物理积累-消融过程及特征性参数变异伴随着土壤的冻融循环过程[10,11]。在大气-雪被-冻融土壤系统中，雪被与大气之间存在着感热和潜热交换过程，雪被的积累-消融过程不仅受到气象因子的影响，而且其特征参数的动态变化对气象因子也起到一定的反馈作用。一方面，由于积雪的高反照率和积雪消融时消耗大量潜热，雪被在隔绝大气辐射能量的同时也在影响着区域气温的变化；另一方面，积雪的大热容量性和低导热率，促使雪被中积蓄着一定的能量，改变着雪被中雪粒直径、雪密度、液态含水量等特征性参数，进而也影响着雪被中的水热迁移演变规律[12,13]。从区域尺度来说，雪被作为冰冻圈水的主要存在形式之一，低导热性降低了地表向空气中进行感热传递，高潜热性在融雪时增加对地表能量的吸收，影响着地面和大气能量交换和辐射平衡[14]。因此，探究大气-雪被-冻融土壤间能量传输机理将为寒区水热资源高效利用提供重要的参考。

第二节　冻融土壤水热时空演变规律

在土壤冻融循环过程中，受环境气象因子的驱动影响，土壤水分与热量呈现出重分布状态[15]。在冻结过程中，土壤中的固态冰比重增加，液态水含量降低，导致表层土壤势能降低，土壤中液态水向地表迁移聚集。而在融化过程中，表层土壤呈现能量正向吸收状态，表层土壤势能快速提升，液态水逐渐向下迁移。冻融土壤的势能变化改变着土壤的水分迁移路径与方向，与此同时，水分的迁移同样影响着热量的传递。此外，地表的积雪和秸秆的覆盖作用在一定程度上影响了大气环境与土壤之间的能量交换效果，进而改变了土壤水热的变化趋势[16, 17]。本节将对环境气象因子、积雪水热和土壤水热的变化特征进行系统分析，探究环境气象因子与土壤水热、积雪水热的响应关系，进而筛选出关键性影响因子，明确不同覆被处理对于土壤能量传递的影响机制。

一、试验方案

本试验于前文描述东北农业大学水利综合试验场进行，分别设置裸地（BL）、自然降雪（FB0）、自然降雪 + 5 cm 秸秆（FB5）、自然降雪 + 10 cm 秸秆（FB10）4 种处理，其中，FB5、FB10 的秸秆覆盖量分别为 6000 kg/hm²、12000 kg/hm²。各区域秸秆均匀铺设。自然降雪 + 5 cm 秸秆处理采用平行铺设方式，自然降雪 + 10 cm 秸秆处理采用纵横交错铺设方式，裸地处理采用人工清理每次降雪。试验过程中，每个试验小区埋设冻土器 1 根、土壤水热环境监测设备 1 套，用以实时监测土壤的冻深、土壤温度和液态含水量等数据。此外，每套监测设备附近埋设 1 根中子仪测管，用以测量冻融土壤的总含水量，试验区域内地下水位较深可不考虑地下水对土壤内部水热状况的影响[18, 19]。试验场仪器布置如图 4-1 所示。

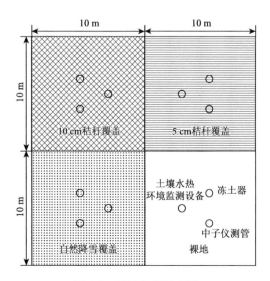

图 4-1　试验场仪器布置

二、测定内容及方法

（一）土壤基本物理指标测定

为更加精确地分析大气-雪被-冻融土壤系统能量变化规律及传递机制，确定土壤水热传递过程，试验过程中对土壤水分特征曲线、土壤水分扩散率、土壤干容重、颗粒组成、土壤孔隙度、饱和含水量、田间持水量、凋萎含水量、有机质和矿物等土壤物理指标进行测定。参照第三章第四节数据指标测定。

（二）试验区气象数据观测

试验期内气象数据通过试验场地内部的 TRM-ZS1 型自动气象站获取，各气象数据观测间隔为 1 h，气象站可监测环境温度、环境湿度、风向、风速、总辐射、散射辐射、净辐射、长波辐射等。

三、土壤冻结过程差异性分析

（一）土壤冻结时段划分

研究中，为了有效地分析不同处理条件下土壤冻融时段的土壤水分和温度的变异规律，将整个冻融循环过程中自然降雪覆盖处理条件下土壤的冻深过程绘制成曲线，具体如图 4-2 所示。在 3 月 1 日，土壤冻结深度达到最大值，最大值为 113 cm。之后，随着大气温度的回升以及土壤的热传导作用，土壤的表层和深层同时出现融化现象，整

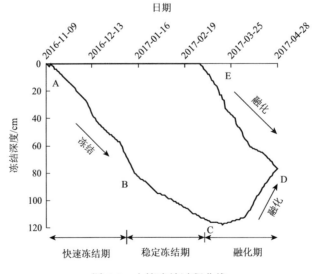

图 4-2　土壤冻结过程曲线

个冻土区域呈现出表层自上而下以及深层自下而上的"双向"融解状态。其中，在 A—B 时段（2016 年 11 月 9 日～2016 年 12 月 28 日），土壤冻结速率相对较快，其冻结速率大小为 1.35 cm/d；而在 B—C 时段，土壤的冻结速率有所降低，其具体数值为 0.61 cm/d；而在 C—D—E 时段土壤呈现双向融通的变化趋势，此时的融化速率较大，其数值为 2.23 cm/d。因此，研究中定义 A—B 时段为快速冻结期，B—C 时段为稳定冻结期，C—D—E 时段为融化期，进而深入探究各个时期土壤水分温度的变异特征以及耦合传递关系。

（二）土壤冻结速率差异

在分析土壤冻深变化曲线的基础之上，统计 4 种不同覆盖处理条件下各个土层深度土壤冻结速率（表 4-1）。在裸地处理条件下，由于初始环境温度降低，在 0～10 cm 土层处，土壤的冻结速率为 0.91 cm/d，相对较为平稳，随着冻结锋面的不断迁移，在 10～60 cm 土层之前，其冻结速率急速增大，平均冻结速率为 1.49 cm/d，尤其是在 50～60 cm 土层，其冻结速率达到峰值，而随后又呈现逐渐减弱的趋势，当冻深达到 110～120 cm 时，冻结速率仅为 0.67 cm/d，在整个冻结期，土壤垂直剖面的冻结速率经历了先增大后减小的过程。而在自然降雪处理条件下，除了 50～80 cm 土层外，其余土层深度冻结趋势与裸地处理保持一致，但是在相同土层处，其冻结速率相对于裸地处理条件呈现出不同程度的减弱趋势。同理，在 40～50 cm 土层处其冻结速率达到 1.67 cm/d，表现为该覆盖处理条件下的冻结速率峰值，在 90 cm 以下的土层冻结速率逐渐降低，最终在 100～110 cm 土层达到稳定效果。另外，在自然降雪 + 5 cm 秸秆和自然降雪 + 10 cm 秸秆处理条件下，相同土层处的冻结速率均显著低于裸地处理，且均在 90～100 cm 土层处达到冻结稳定状态。

表 4-1　土壤冻结速率变化表

冻结深度/cm	土壤冻结速率/(cm/d)			
	裸地（BL）	自然降雪（FB0）	自然降雪 + 5 cm 秸秆（FB5）	自然降雪 + 10 cm 秸秆（FB10）
0～10	0.91	0.71	0.67	0.63
10～20	1.11	1.43	1.43	0.67
20～30	1.25	1.25	1.25	0.91
30～40	1.43	1.43	1.11	0.77
40～50	1.67	1.67	1.43	0.91
50～60	2.00	1.25	1.25	1.25
60～70	1.67	1.11	1.00	1.11
70～80	1.43	1.00	1.11	0.67
80～90	1.11	1.25	0.71	0.40
90～100	1.11	0.91	0.50	0.33
100～110	0.71	0.67	—	—
110～120	0.67	0.45	—	—
120～130	0.45	—	—	—

研究过程中,定义土壤冻结稳定层面为土壤冻深临界层。在冻结期内,由于积雪的低导热性和大热容量性,阻碍了环境因子与土壤之间的热传递效果,减弱了土壤冻结锋面的迁移驱动力。另外,秸秆的保温、吸湿性减弱了土壤能量的收支效果,并且在 FB5 和 FB10 处理条件下,这种阻碍抑制效果表现得更加明显。因此,4 种不同覆盖处理中,在积雪覆盖处理条件下,随着秸秆覆盖量的增大,土壤冻深临界层也在不断上升。

(三)土壤冻深对负积温的响应

为了深入探究环境温度对土壤冻结深度的影响,本节测算了试验期内日环境温度的平均值,并且将其进行累加,得到大气环境的累积负积温[20],绘制大气环境负积温与土壤冻结过程曲线,如图 4-3 所示。分析曲线的变化趋势可知,冻结期内,随着大气温度的不断降低,环境的累积负积温曲线在逐渐上升;截至 2 月 26 日,大气温度回升,环境负积温曲线下降,冻结土壤逐渐消融。在融化过程中,由于地表温度与地下温度同时回升,冻结土壤出现了双向融解的现象。通过计算相关系数,发现环境累积负积温与裸地处理条件下土壤冻深数值之间的 R^2 值为 0.9214,表明土壤的冻结与融化过程受大气环境负积温的影响显著,二者呈现出较高的相关性。

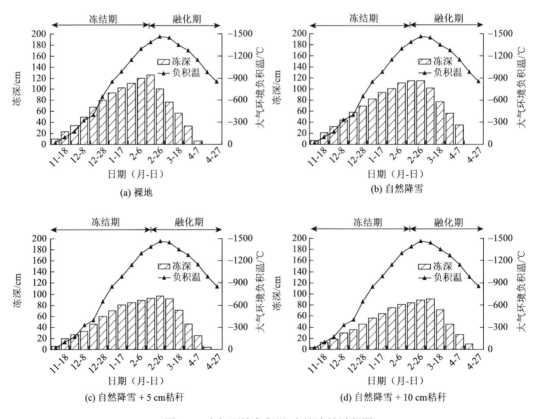

图 4-3 大气环境负积温-土壤冻结过程图

不同积雪覆盖处理使土壤的冻结融化过程存在一定的差异。随着大气环境负积温的增加,土壤冻层厚度也在不断增大,截至1月28日,裸地处理条件下,土壤的冻深为98 cm,自然降雪条件下的冻深为94 cm,积雪覆盖阻碍了环境负积温对于土壤水分相变的影响,在自然降雪+5 cm秸秆和自然降雪+10 cm秸秆处理条件下,其冻结深度分别相对于裸地处理减小19 cm和35 cm。另外,积雪的覆盖也延时了土壤冻结锋面的向下迁移。对比不同处理条件下区域最大冻深出现日期可知,裸地处理条件下的土层冻结深度最大值出现在2月27日,与大气负积温的最大值出现日期几乎吻合;而FB0、FB5和FB10处理条件下,其最大冻层出现的日期分别相对于BL处理延时8 d、13 d、19 d。对比可知,积雪和秸秆的覆盖处理抑制了土壤的冻结,并且随着秸秆覆盖量的增加,这种延时效果表现更明显。

此外,秸秆与积雪的协同覆盖处理影响了春季积雪的融化速率,雪被消失时间存在先后顺序,对于环境能量的吸收存在差异,致使土壤冻层的融通时间也不尽相同。其中,裸地处理区域作为自然状态参照,几乎不受地表覆被的影响,其融通日期为4月19日,自然降雪处理条件下的融通日期为4月28日,4种不同覆盖处理条件下的土壤冻层融通的时间先后表现为BL>FB0>FB5>FB10。同时,对比不同处理条件下土壤冻深值与环境累积负积温之间的关系可以发现,积雪和秸秆的存在导致二者的吻合度降低,相关性减弱,并且随着秸秆的覆盖量增加,其作用程度更加明显。

四、土壤冻结过程水热变异特征

(一)土壤温度变化规律

在探究冻深变化过程的基础之上,进一步分析不同覆盖处理下土壤温度随时间的变化规律。鉴于上述分析土壤冻深变化速率的结果,由于土壤的初始冻结速率较大,而后逐渐降低,因此定义冻结速率较大的区域0～50 cm为浅层土壤,而定义50～100 cm区域为深层土壤。具体分析图4-4可知,在土壤冻融循环过程中,土壤温度表现为先减小后增大的变化趋势。裸地处理条件下[图4-4(a)],快速冻结期内土壤温度快速下降,表层10 cm土层处土壤的温差(ΔT)为16.54℃,而在20 cm土层处,其土壤温差为14.56℃,并且随着土壤深度的增加,其土壤温度的变化幅度依次降低,30 cm、40 cm、50 cm土层处的土壤温差分别相对于10 cm土层处降低了3.62℃、4.67℃、5.49℃,表明土壤温度的波动性逐渐减弱,趋于稳定。在稳定冻结期,土壤温度变化趋势整体比较稳定,表层10 cm土层处土壤温度的变化幅度为1.25℃,20 cm、30 cm、40 cm和50 cm处土层温度的变化幅度依次为1.12℃、0.95℃、0.84℃和0.64℃,各个土层之间的土壤温度变异幅度的差异较小,并且仍然表现出依次降低的趋势。而在融化期,土壤温度逐渐提升,并且不同土层间的土壤温度变化差异较大。其中,表层10 cm土层处的土壤温度变化幅度为21.74℃;而在20 cm土层处,土壤温度的变化幅度为19.86℃。同时,随着土壤土层深度的增加,30 cm、40 cm、50 cm土层处土壤温度的变化幅度依次降低,并且土壤温度的变化趋势较为稳定,表现为逐步提升的效果。

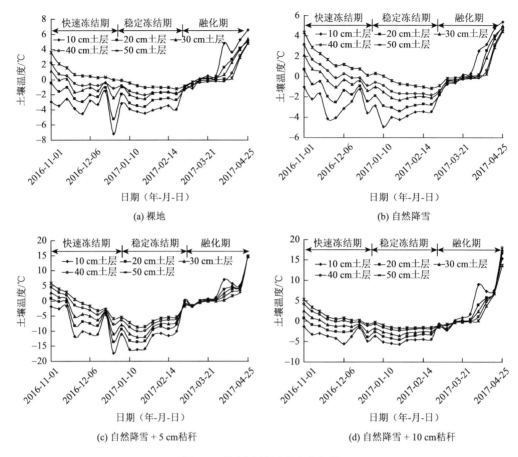

图 4-4　浅层土壤温度变化规律

而在自然降雪覆盖处理条件下［图 4-4（b）］，积雪的大热容量性以及低导热性在一定程度上阻碍了土壤温度的变异。在快速冻结期，表层 10 cm 土层处的土壤温度变化幅度为 10.85℃；而在 20 cm 土层处，土壤温度的变化幅度有所降低，其差值变为 8.45℃；随着土层深度的增加，土壤温度的变化幅度依次减弱，在 30 cm、40 cm、50 cm 土层处，土壤温度的变化幅度依次降低，为 7.37℃、6.88℃和 6.21℃。同理，该处理条件下快速冻结期土壤温度的变化幅度分别相对于裸地处理条件下相同土层处土壤温度的变化幅度有所降低。而在稳定冻结期，土壤温度的变化幅度较为微弱，在表层 10 cm 土层处，土壤温度的变化幅度为 1.34℃，而随着土层深度的增加，达到 100 cm 土层时，土壤温度的变化差值为 0.84℃，并且其他各个土层的土壤温度均保持在 0.84～1.34℃。而在土壤的融化期，其温度出现提升现象，但是由于地块有积雪覆盖处理，导致积雪的融化在一定程度上抑制了土壤温度提升的趋势，其土壤温度的变化幅度要弱于裸地处理。在表层 10 cm 土层处，土壤温度的变化幅度为 17.84℃；随着土壤深度的增加，土壤温度的提升幅度依次减弱，并且相对于裸地处理的变化趋势降低。

同理，在自然降雪 + 5 cm 秸秆处理条件下［图 4-4（c）］，秸秆具有较强的保温绝热效果，加之积雪的低导热性，该处理条件下的土壤温度变化幅度相对于裸地和自然降雪覆盖处理出现了更为显著的保温效果。在快速冻结阶段，表层 10 cm 土层处土壤温度的变化幅度为 9.46℃；而在 20 cm 土层处，土壤温度的变化幅度缩小为 7.15℃；而在 30 cm、40 cm、50 cm 土层处，土壤温度的变化幅度依次减弱。而在稳定冻结期，由于积雪和秸秆的协同覆盖保温作用，土壤各个土层处土壤温度的变化幅度分别相对于裸地、自然降雪覆盖处理有所降低。此外，自然降雪 + 10 cm 秸秆处理条件下［图 4-4 (d)］，各个时期土壤温度的变化趋势依次降低。由此可知，试验中 4 种覆盖处理条件下的土壤温度变化幅度依次表现为裸地＞自然降雪＞自然降雪 + 5 cm 秸秆＞自然降雪 + 10 cm 秸秆。

在此基础之上，探究不同覆盖处理条件下深层土壤温度的变化趋势。由图 4-5 可知，快速冻结期，裸地处理条件下［图 4-5 (a)］60 cm 土层处土壤温度变化幅度为 8.84℃；而在 70 cm、80 cm、90 cm 和 100 cm 土层处，土壤温度的变化范围分别为 7.84℃、7.12℃、6.54℃ 和 6.22℃，其变化趋势与浅层土壤温度的变化趋势一致；但是土壤温度的变化幅度相对于浅层土壤有所减弱。在稳定冻结期，土壤温度的变化趋势相对于快速冻结期有所降低，经统计可知，60 cm、70 cm、80 cm、90 cm、100 cm 土层处的土壤温度变化幅度分别相对于快速冻结期降低了 2.21℃、1.89℃、1.56℃、1.23℃、0.94℃；并且该区域的土壤温度的变

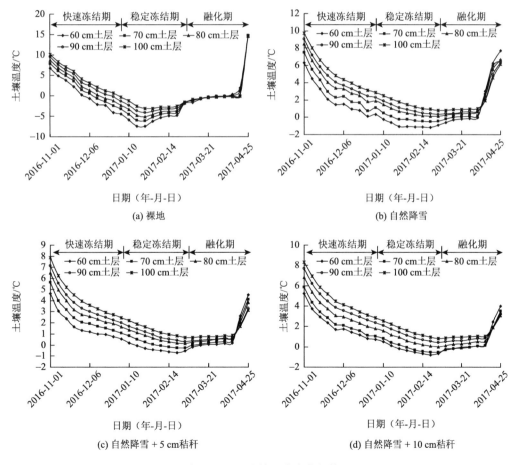

图 4-5　深层土壤温度变化规律

化幅度相对于浅层土壤区域同样显现出降低的趋势。而融化期,由于土壤的层位距离外界环境相对较远,土壤的热传导过程会出现热量大量散失的现象。因此,该区域土壤温度的变化幅度相对于浅层土壤区域呈现出减小的趋势,并且呈现出一定的延时现象。

在自然降雪覆盖处理条件下 [图 4-5(b)],深层区域的土壤温度变化趋势逐步减弱。快速冻结期,深层 60 cm、70 cm、80 cm、90 cm、100 cm 土层处土壤的温度变化幅度分别降低为 6.54℃、5.51℃、5.13℃、4.89℃、4.67℃。而在稳定冻结期时,深层土壤温度的变化趋势与浅层土壤温度的变化趋势一致;但是由于其冻结程度减弱,土壤的温度变化幅度有所减弱。融化期内,其温度变化幅度同样相对于浅层有所降低,并且自然降雪覆盖处理条件下土壤温度的变化幅度相对于裸地处理整体表现出减弱趋势。同理,在自然降雪 + 5 cm 秸秆覆盖 [图 4-5(c)]、自然降雪 + 10 cm 秸秆 [图 4-5(d)] 覆盖处理条件下,其深层土壤温度的变化趋势在相对于浅层土壤温度降低的同时,在覆盖处理方式上其分别相对于裸地、自然降雪覆盖处理条件有所减弱。

综上分析可知,在土壤快速冻结期、稳定冻结期和融化期,土壤温度经历了快速降低、稳定波动和大幅度提升的阶段。在浅层土壤区域,随着土层深度的增加,土壤温度的变化幅度逐渐减弱;并且在 4 种覆盖处理条件下,积雪覆盖处理的土壤保温效果要优于裸地处理;而伴随着秸秆的覆盖以及覆盖量的增加,土壤温度的变化幅度逐渐减弱。同理,深层土壤温度的变化趋势与浅层土壤温度的变化趋势相一致,并且其变化幅度相对于浅层有所减弱。

(二)土壤温度空间变异特征

在分析土壤温度随时间变化规律的基础上,进一步探究不同冻融时期土壤温度的空间变异特征。本书中,选取 11 月 8 日、11 月 29 日和 12 月 20 日作为快速冻结期的典型代表;选取 1 月 10 日、1 月 31 日和 2 月 21 日作为稳定冻结期的典型代表;选取 3 月 14 日、4 月 4 日和 4 月 25 日作为融化期的典型代表。不同冻结时期土壤温度空间变异特征如图 4-6 所示。

在裸地处理条件下,快速冻结期 [图 4-6(a)] 土壤温度的空间变异中,11 月 8 日,土壤表层 10 cm 处温度与深层 100 cm 土层处温度之间的温差为 10.92℃,并且土壤温度在垂直剖面的变异系数为 12.65%;而随着时间的推移,在 11 月 29 日和 12 月 20 日时,

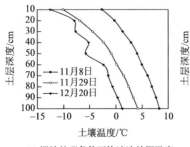
(a) 裸地处理条件下快速冻结期温度

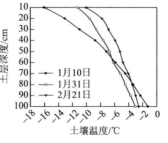
(b) 裸地处理条件下稳定冻结期温度

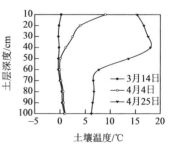
(c) 裸地处理条件下融化期温度

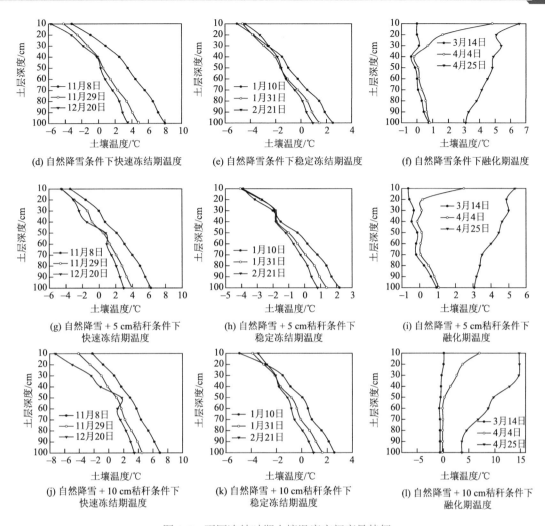

(d) 自然降雪条件下快速冻结期温度

(e) 自然降雪条件下稳定冻结期温度

(f) 自然降雪条件下融化期温度

(g) 自然降雪 + 5 cm秸秆条件下
快速冻结期温度

(h) 自然降雪 + 5 cm秸秆条件下
稳定冻结期温度

(i) 自然降雪 + 5 cm秸秆条件下
融化期温度

(j) 自然降雪 + 10 cm秸秆条件下
快速冻结期温度

(k) 自然降雪 + 10 cm秸秆条件下
稳定冻结期温度

(l) 自然降雪 + 10 cm秸秆条件下
融化期温度

图 4-6　不同冻结时期土壤温度空间变异特征

土壤表层 10 cm 与深层 100 cm 土层处的温度差值为 14.12℃与 15.87℃，土壤温度在垂直剖面上的变异系数分别为 16.34%和 22.56%。由此可知，土壤温度在垂直剖面上的变异程度在逐渐增加，各个土层之间的土壤温度差异依次增强。在稳定冻结期[图 4-6（b）]，1 月 10 日、1 月 31 日和 2 月 21 日时间节点上，土壤温度在垂直剖面的变异系数依次为 23.57%、25.64%和 22.58%，其垂直剖面上的温度变异系数差异较小，并且在变化趋势上显示出先增大再减小的趋势；表明其温度在垂直剖面上的变化趋势中，冻结程度达到了最大幅度，而后温度又逐渐回升的趋势。在融化期内 [图 4-6（c）]，由于该时期土壤温度由地表向深层逐渐回升，各个土层之间的土壤温度变化差异减小。具体分析 3 月 14 日、4 月 4 日和 4 月 25 日土壤温度在垂直剖面上的变异系数可知，其数值分别为 5.21%、8.64%和 12.37%，表现出依次升高的趋势。具体分析可知，在融化初期，由于环境温度的提升，在土壤垂直剖面上表现出 "双向融解" 的现象；由图 4-6（c）可知，3 月 14 日，10～100 cm 土层处土壤温度的变化范围为-0.65～0.25℃，土壤温度在垂直剖面处的变异系数较小，同时土壤温度也处于较低的水平；而随着时间的推移，4 月 4 日，表层土壤温度出现了一定的提升现象，而深层土壤的温度变化相对缓慢，因此导致浅层土壤与深层土壤之间的温度差异增大，并且在 4 月 25 日这种差异性效果更加明显，其在垂直剖面上的变异系数逐渐增大。

在自然降雪覆盖处理条件下，尽管各个土层土壤温度在垂直剖面上呈现出一定的变异特性，但是其相对于裸地处理有所减弱。具体分析图 4-6（d）、（e）、（f）可知，在快速冻结期，11 月 8 日，表层 10 cm 与深层 100 cm 土层之间的温差为 11.17℃，土壤温度在垂直剖面上的变异系数为 10.54%；而随着间的推移，11 月 29 日和 12 月 20 日，表层土壤与深层土壤之间的温度差为 8.83℃和 9.13℃，土壤温度在垂直剖面上的变异系数为 14.87%和 16.74%。与裸地处理条件相似，其同样表现出变异系数依次增加，但是其整体变化趋势和变化幅度相对于裸地处理有所减弱。在稳定冻结期，1 月 10 日、1 月 31 日和 2 月 21 日，表层 10 cm 与深层 100 cm 处土壤温度的温差分别为 7.43℃、6.36℃、5.32℃，土壤温度在垂直剖面上的变异系数依次为 17.97%、16.85%和 15.42%，在该时段，土壤温度变异系数之间的差异较低。而在融化期，随着环境温度的提升，土壤温度在垂直剖面上的变化幅度依次降低，其中，在 3 月 14 日、4 月 4 日和 4 月 25 日时，土壤温度在垂直剖面上的变异系数依次为 4.56%、7.98%和 10.21%，其同样表现出依次减弱的趋势。但是由于该地块为自然降雪覆盖处理，在融化期，积雪会产生一定量的融雪水，导致土壤温度的上升趋势减弱，各个土层之间的温度差异性降低，因此，该处理条件下土壤温度在垂直剖面上的变异系数相对于裸地处理有所降低。

而在自然降雪 + 5 cm 秸秆处理条件下 [图 4-6（g）、（h）、（i）]，由于秸秆的协同覆盖处理，积雪和秸秆的共同调节作用导致土壤温度空间变异程度逐渐减弱。首先，在快速冻结阶段，11 月 8 日时，土壤表层 10 cm 土层与深层 100 cm 土层之间的温度差为 9.63℃，土壤温度在垂直剖面上的变异系数 9.51%；随着冻结程度的加大，在 11 月 29 日和 12 月 20 日时，土壤表层温度与深层温度的差异较小，并且其在垂直剖面上的变异系数依次减小。同理，在稳定冻结期和融化期内，其土壤温度在垂直剖面上的变异效果与裸地处理和自然降雪处理条件下变化趋势相似，但是分别相对于上述两种覆盖处理的变化幅度有所减弱。此外，在自然降雪 + 10 cm 秸秆处理条件下 [图 4-6（j）、（k）、（l）]，随着秸秆覆盖量的增加，其保温效果逐渐增强。

（三）土壤含水量变化规律

土壤是由大小和形状各异的土壤颗粒组成的疏松多孔体。在冻融循环过程中，土壤与环境发生着频繁的能量交换作用，随着环境温度的降低，土壤中的水分由液态转为固态。因此，冻结区域内的各个土层土壤的含水量经历了降低—稳定—升高的变化过程。统计了 4 种不同覆盖处理条件下各个时期不同土层处的土壤液态含水量的变化趋势，具体情况如图 4-7 所示。

其中，在裸地处理条件下 [图 4-7（a）]，快速冻结期内土壤的含水量逐渐降低，表层 10 cm 土层处土壤含水量的变化区间为 7.26%~15.38%；而在 20 cm 土层处，土壤含水量的变化区间则为 13.21%~31.15%；而随着土层深度的增加，30 cm、40 cm、50 cm

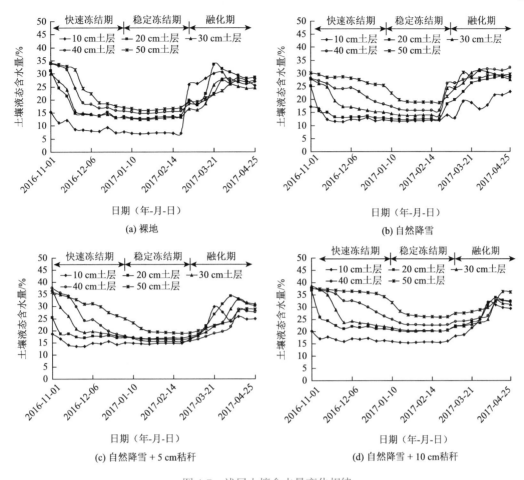

图 4-7　浅层土壤含水量变化规律

土层处土壤温度的变化区间分别为 14.51%～30.09%、16.78%～31.21%、18.64%～31.08%。比较分析各个土层含水量的变化区间可知，20～50 cm 区域内各个土层的含水量变化幅度呈现出逐渐减小的趋势。尽管表层 10 cm 土层处的土壤含水量变化差值较低，但是其在快速冻结末期，土壤含水量仅为 7.26%，其变化差异较小的原因是受外界干燥环境的影响，土壤表层初始含水量较低。而在稳定冻结期，土壤各层含水量较为稳定，并且均处于较低的水平。其中，表层 10 cm 土层处土壤含水量的变化区间为 7.07%～7.67%，土壤含水量的变化较为稳定，并且处于较低水平；而在 20 cm 土层处，土壤含水量的变化区间变为 13.06%～13.85%，其含水量的变化幅度与 10 cm 土层处相近。同样，随着土层深度的增加，在 50 cm 土层处，土壤含水量的变化幅度与表层 10 cm 和 20 cm 土层的变化幅度差异不明显，而土壤含水量整体处于较高水平，土壤水分相变程度较低。在土壤融化期，随着环境温度的提升，土壤水分由固态转变为液态，土壤含水量呈现出逐渐提升的趋势。其中，10 cm 土层处，土壤含水量的变化区间为 7.65%～29.46%，其数值出现了大幅度的提升现象；而在 20 cm 土层处，土壤含水量的变化幅度为 13.24%～34.52%，其变化区间出现了一定幅度的缩减；随着土层深度的增加，在 30 cm、40 cm、50 cm 土层处，土壤温度的变化区间依次缩减。

在自然降雪覆盖处理条件下［图 4-7（b）］，快速冻结期内，表层 10 cm 土层处土壤含水量的变化范围为 12.84%～17.29%，土壤含水量的波动较大；而在 20 cm 土层处，土壤含水量的变化幅度为 13.57%～25.18%；而随土层深度的增加，在 30 cm、40 cm、50 cm 土层处，土壤含水量的变化幅度依次为 15.89%～27.93%、20.18%～28.05% 和 26.62%～30.18%。对比可知，土壤含水量的变化范围依次缩减，其含水量的水平也在逐渐提升。同时，其各个土层含水量的变化趋势要弱于裸地处理条件下各个土层的含水量水平。在稳定冻结期，与裸地处理条件相似，各个土层处的含水量水平均较为稳定。其中，在 10 cm 土层处，土壤含水量的变化范围为 11.54%～11.81%；而在 20 cm、30 cm、40 cm 土层处，土壤含水量的变化幅度依次为 12.15%～12.84%、13.25%～14.61%、15.72%～16.17%；各个土层处的土壤温度变化幅度相差不大，但是其各个土层处含水量的水平要大于裸地处理条件。在快速冻结期和稳定冻结期，积雪覆盖抑制了土壤水分的迁移及相变过程；而在融化期，随着环境温度的提升，积雪融化导致大量的融雪水入渗，很大程度上影响了土壤含水量的变化过程。其中，表层 10 cm 土层处土壤含水量的变化范围为 12.58%～22.91%，而在 20 cm 土层处，土壤含水量变化范围为 18.25%～31.59%，而随着土层深度的增加，土壤含水量的变化范围依次缩减，但是该处理条件下各个土层处土壤含水量的变化幅度分别相对于裸地处理有所提升。

而在自然降雪＋5 cm 秸秆处理条件下［图 4-7（c）］，由于秸秆具有一定的绝热性与吸湿性，其在保持土壤温度效果的同时，也阻碍了土壤水分与环境的交流扩散。在快速冻结期，表层 10 cm 土层处土壤含水量的变化范围为 13.43%～18.66%；随着土层深度的增加，土壤含水量的变化范围在 20 cm、30 cm、40 cm 土层处的土壤含水量变化范围分别为 17.84%～25.11%、18.76%～36.83%、19.81%～37.13%。与上述裸地处理和自然降雪覆盖处理条件下土壤含水量变化趋势相似，随着土层深度的增加，土壤含水量的变化幅度逐渐减弱。同时，其整体的变化趋势要弱于裸地处理和自然降雪覆盖处理。同样，在稳定冻结期，土壤含水量的变化趋势较为稳定，并且变化幅度较小，随着土层深度的增加，土壤含水量水平逐渐提升。而在融化期内，积雪与秸秆协同覆盖处理，一部分融雪水被秸秆吸收，因此，其含水量变化幅度相对于自然降雪覆盖处理有所降低。具体分析可知，在 10 cm 土层处，土壤含水量的变化范围为 14.74%～29.85%；而在 20 cm 土层处，土壤含水量的变化范围为 16.81%～30.64%；随着土层深度的增加，其含水量的变化范围逐渐缩减，并且其整体的变化趋势要弱于自然降雪覆盖处理。同理，在自然降雪＋10 cm 秸秆处理条件下［图 4-7（d）］，由于秸秆覆盖量的增加，其对于融雪水的吸收能力增强，土壤含水量的变化范围相对于自然降雪＋5 cm 秸秆处理条件有所降低。比较 4 种不同处理条件下土壤含水量的变化趋势可知，快速冻结期，含水量的变化幅度为：裸地＞自然降雪＞自然降雪＋5 cm 秸秆＞自然降雪＋10 cm 秸秆；稳定冻结期内，各种处理条件下土壤含水量变化幅度差异较小；而在融化期内，土壤含水量的变化幅度从大到小依次为裸地＞自然降雪＞自然降雪＋5 cm 秸秆＞自然降雪＋10 cm 秸秆。

在上述分析的基础之上，进一步探究深层土壤含水量的变化规律，具体情况如图 4-8 所示。在裸地处理条件下［图 4-8（a）］，整个试验周期内 60 cm 土层处土壤含水量的变

化范围为 19.61%～35.02%，土壤含水量的变化水平相对于浅层土壤含水量的变化幅度有
所降低；而随着土层深度的增加，在 70 cm、80 cm、90 cm 土层处土壤含水量的变化范
围分别为 16.56%～35.01%、17.23%～35.11%、18.92%～35.87%，土壤含水量的变化幅度
同样表现出逐渐缩小的趋势。稳定冻结期和融化期，土壤含水量的变化趋势与浅层土壤
含水量的变化趋势一致，但是深层区域土壤含水量的变化趋势有所减弱。

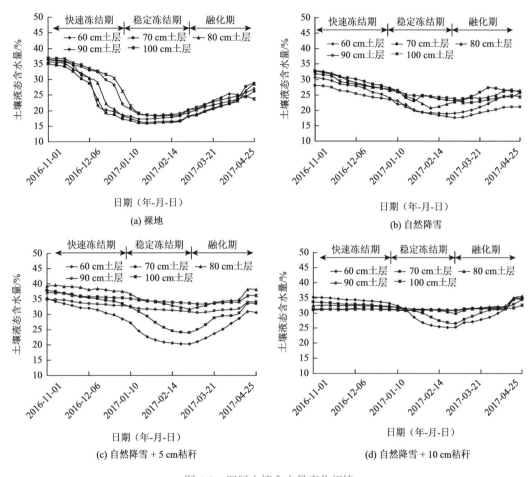

图 4-8　深层土壤含水量变化规律

　　而在自然降雪覆盖处理条件下 [图 4-8（b）]，由于该区域土壤距离地表相对较远，
因此其土壤含水量受融雪水入渗的影响程度较低。具体分析可知，快速冻结期，60 cm 土
层处土壤含水量的变化范围为 24.68%～30.97%；而随着土层深度的增加，在 70 cm、
80 cm、90 cm 土层处，土壤含水量的变化幅度依次减弱。其整体变化趋势相对于裸地
处理有所减弱，其含水量变化趋势几乎不受融雪水入渗的影响。而在自然降雪 + 5 cm
秸秆 [图 4-8（c）]、自然降雪 + 10 cm 秸秆 [图 4-8（d）] 覆盖处理条件下，深层区域内，
土壤含水量的变化范围分别相对于裸地处理条件表现出不同程度的降低。同理，在稳定
冻结期和融化期内，其均表现出随着秸秆覆盖量的增加，其变化幅度减小的趋势。

综合上述分析可知，在冻融循环过程中，土壤含水量在不同冻融时期不同覆盖处理条件下会呈现出不同的变化差异。在浅层土壤区域内，快速冻结期和稳定冻结期，土壤含水量随着土层深度的增加，其变化幅度逐渐降低；并且在裸地、自然降雪、自然降雪＋5 cm 秸秆、自然降雪＋10 cm 秸秆条件下表现出依次减弱的趋势。而在融化期，融雪水的入渗补给了浅层土壤水分，导致 3 种覆盖处理条件下土壤含水量变化幅度要大于裸地处理，并且随着秸秆覆盖量的增加，变化趋势减弱；4 种处理条下的土壤含水量变化幅度从大到小表现为：自然降雪＞自然降雪＋5 cm 秸秆＞自然降雪＋10 cm 秸秆＞裸地处理。而在深层土壤区域内，融雪水入渗对于湿度的影响较弱，因此，在快速冻结期、稳定冻结期和融化期内土壤含水量变化幅度在裸地、自然降雪、自然降雪＋5 cm 秸秆、自然降雪＋10 cm 秸秆处理中表现出逐渐减弱的趋势。

（四）土壤含水量空间变异特征

在冻融循环过程中，冻融土壤中水分的迁移与扩散受到外界气象环境与地表覆盖作用的影响。同样选取不同冻融时段内各个典型日期土壤水分的变异状况进行探讨，其具体情况如图 4-9 所示。

在裸地处理条件下，11 月 8 日土壤含水量在垂直剖面上的变异系数为 16.58%；而随着冻结时间的推移，在 11 月 29 日和 12 月 20 日，土壤含水量在垂直剖面上的变异系数为 24.32%和 29.57%；土壤含水量表层 10 cm 与深层 100 cm 土层的差异在不断增大，其变异系数也在不断增强。而在稳定冻结期，与上述分析的土壤温度变异过程相同，土壤

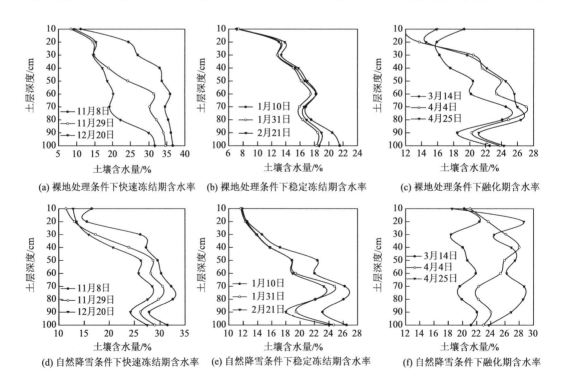

(a) 裸地处理条件下快速冻结期含水率　(b) 裸地处理条件下稳定冻结期含水率　(c) 裸地处理条件下融化期含水率

(d) 自然降雪条件下快速冻结期含水率　(e) 自然降雪条件下稳定冻结期含水率　(f) 自然降雪条件下融化期含水率

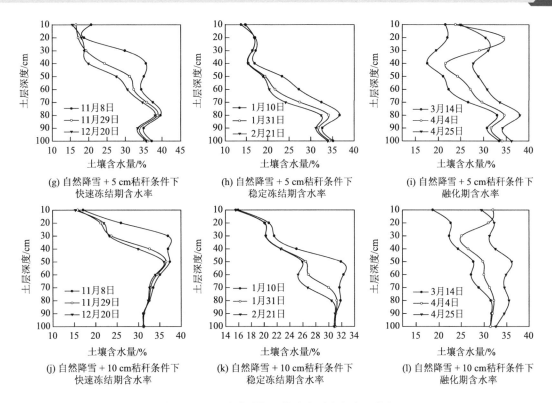

(g) 自然降雪 + 5 cm秸秆条件下
快速冻结期含水率

(h) 自然降雪 + 5 cm秸秆条件下
稳定冻结期含水率

(i) 自然降雪 + 5 cm秸秆条件下
融化期含水率

(j) 自然降雪 + 10 cm秸秆条件下
快速冻结期含水率

(k) 自然降雪 + 10 cm秸秆条件下
稳定冻结期含水率

(l) 自然降雪 + 10 cm秸秆条件下
融化期含水率

图 4-9 不同冻结时期土壤含水量空间变异特征

表层含水量与深层含水量的差异增大；其中，1 月 10 日、1 月 31 日和 2 月 21 日，土壤含水量在垂直剖面上的变异系数分别为 28.97%、27.64% 和 18.52%，土壤含水量在各个典型日期上的变化差异不显著，处于较为稳定的水平。而在融化期内，环境温度的提升，从土壤表层开始，各个层位的固态冰逐渐转化为液态水，3 月 14 日、4 月 4 日和 4 月 25 日，土壤含水量在垂直剖面上的变异系数分别为 6.89%、7.84% 和 11.28%，在该时期，随着时间的推移，土壤表层含水量与深层含水的变异逐渐增大，并且其变异性也呈现出逐渐增大的趋势。

在自然降雪覆盖处理条件下，在快速冻结期，随着冻结程度的增大，土壤含水量的在垂直剖面上的变化差异也在逐渐增大。11 月 8 日，其含水量的变异系数为 14.34%；而在 11 月 29 日和 12 月 20 日，土壤含水量在垂直剖面上的变异系数依次为 21.58% 和 24.65%，其变异系数在逐渐增加的同时，整体的变化趋势相对于裸地处理有所降低。在稳定冻结期，其在垂直剖面上的变异系数同样表现出较小的差异，并且其数值处于较高水平，土壤表层含水量与深层含水量的差异较大。而在融化期，3 月 14 日初始解冻期时，土壤含水量在垂直剖面上的变异系数为 9.64%；而随着积雪的融化，融雪水逐渐产生径流并且入渗到试验地块中，在 4 月 4 日，土壤含水量在垂直剖面上的变异系数出现了大幅度增加的现象，其数值为 19.54%；而在融化末期，土壤含水量在各个土层的差异有所减弱，其变异系数降低为 13.64%。在融化期，土壤含水量在垂直剖面上的变化趋势表现为先增大，后减小的趋势。

　　而在自然降雪＋5 cm 秸秆处理条件下，快速冻结期内，积雪和秸秆对土壤呈现出保温效果，其抑制了土壤水分的迁移、扩散以及转化过程；11 月 8 日，土壤含水量在垂直剖面上的变异系数为 11.57%；而随着时间的推移，11 月 29 日和 12 月 20 日，土壤含水量在垂直剖面上的变异系数分别为 17.54% 和 20.11%，土壤含水量在整体变化幅度上要弱于裸地和自然降雪覆盖处理。同理，在稳定冻结期，各个典型日期的土壤含水量变异系数差异性不显著，并且变异系数同样保持较高的水平。而在融化期时，积雪表现出融水产流特征，而此时秸秆则表现出一定的吸湿性，一部分融雪水被秸秆所截留，土壤含水量在垂直剖面上的波动性有所减弱。具体比较可知，3 月 14 日时，其含水量的变异系数大小为 7.31%；而在 4 月 4 日和 4 月 25 日，尽管土壤含水量在垂直剖面上的变异系数仍然表现出先增加后减小的趋势，但是其整体变化趋势相对于自然降雪处理有所降低。同理，在自然降雪＋10 cm 秸秆处理条件下，由于秸秆覆盖量的增加，其对于融雪水的截留效果更为明显，因此，其在不同冻融时期土壤含水量变异系数与自然降雪＋5 cm 秸秆处理条件下趋势相似，并且相对于自然降雪＋5 cm 秸秆处理均有所降低。

　　综上分析可知，在快速冻结期和稳定冻结期内，土壤含水量的变化趋势相似，均随着冻结程度的加大，土壤含水量在垂直剖面上的变异系数逐渐增大，并且在 4 种处理中，裸地处理、自然降雪、自然降雪＋5 cm 秸秆、自然降雪＋10 cm 秸秆条件下的土壤含水量变异系数整体呈现逐渐减弱的趋势。而在融化期，3 种积雪覆盖处理条件下的土壤含水量的变异系数均大于裸地处理，并且随着积雪中秸秆覆盖量的增加，其变异幅度有所减弱。

五、覆被-土壤水热变异敏感性因子识别

（一）积雪水热变异环境因子响应研究

　　为了揭示大气-覆盖-土壤之间的响应互作机理，采用灰色关联度分析方法，探究了气象因子与积雪温度之间的关联度。其中，取上层、中层和下层积雪温度的平均值作为研究对象，具体关联情况如表 4-2 所示。在众多环境因子中，环境温度和总辐射与积雪温度的关联性较强。首先，在自然降雪覆盖处理条件下环境温度与积雪温度之间的关联度为0.9671，而随着秸秆覆盖量的增加，在自然降雪＋5 cm 秸秆、自然降雪＋10 cm 秸秆处理条件下，二者之间的关联度分别为 0.9467 和 0.9334，表现出降低的趋势，表明秸秆在一定程度上影响了环境与积雪之间的能量传递。而据总辐射与积雪温度之间的关联度分析结果可知，其相关性要弱于环境温度与积雪温度之间的关联性，并且在自然降雪、自然降雪＋5 cm 秸秆、自然降雪＋10 cm 秸秆处理条件下，其关联度系数依次表现为降低的趋势。此外，露点温度、环境湿度、CO_2 浓度、蒸发量、风速和日照总时数等指标与积雪温度之间同样具有一定的关联性，但是其关联效果相对于环境温度与积雪温度之间的关联度有所降低，并且随着积雪秸秆覆盖量的增加，其相关性也呈现出减弱的趋势。

表 4-2　积雪温度与气象因子的关联度分析

处理条件	环境温度	露点温度	环境湿度	CO_2 浓度	蒸发量
自然降雪	0.9671	0.8452	0.6329	0.5264	0.6136
自然降雪 + 5 cm 秸秆	0.9467	0.8214	0.6156	0.5468	0.5978
自然降雪 + 10 cm 秸秆	0.9334	0.7853	0.6215	0.5167	0.5915
处理条件	饱和水汽压	风速	总辐射	净辐射	日照总时数
自然降雪	0.7132	0.5452	0.9029	0.6264	0.6136
自然降雪 + 5 cm 秸秆	0.6954	0.4967	0.8864	0.5876	0.5476
自然降雪 + 10 cm 秸秆	0.6753	0.4715	0.8573	0.5713	0.5219

同时，分析各种气象因子与积雪中含水量变化的关联度，同样，选中上层、中层、下层积雪中含水量的平均值作为研究对象，具体结果如表 4-3 所示。其中，关联性较为显著的气象因子为环境湿度，自然降雪处理条件下环境湿度与积雪含水量的关联度为 0.8629；而在自然降雪 + 5 cm 秸秆处理和自然降雪 + 10 cm 秸秆处理条件下，积雪含水量与环境湿度之间的关联度分别相对于自然降雪条件下降低了 0.0476 和 0.0812，表明秸秆的吸湿性在一定程度上影响了积雪的含水量变异水平。同时，分析饱和水汽压与积雪含水量的关联度可知，在自然降雪覆盖处理条件下，二者之间的关联度为 0.7641；而随着秸秆覆盖量的增加，在自然降雪 + 5 cm 秸秆处理和自然降雪 + 10 cm 秸秆处理条件下，二者的关联度同样表现出降低的趋势。此外，环境温度与积雪含水量的关联度也相对较高，当环境温度降低时，积雪中的含水量逐渐转变为固态冰，含水量水平降低；而当环境温度升高时，一部分积雪转变为液态水，含水量水平提升；因此，环境温度与积雪含水量之间的关联度相对较高。而露点温度、CO_2 浓度、蒸发量、风速等气象指标与积雪含水量之间的关联度相对于环境湿度、饱和水汽压和环境温度有所降低。

表 4-3　积雪含水量与气象因子的关联度分析

处理条件	环境温度	露点温度	环境湿度	CO_2 浓度	蒸发量
自然降雪	0.7132	0.5957	0.8629	0.4651	0.6576
自然降雪 + 5 cm 秸秆	0.6813	0.5818	0.8153	0.4437	0.5931
自然降雪 + 10 cm 秸秆	0.6734	0.5653	0.7817	0.4157	0.5337
处理条件	饱和水汽压	风速	总辐射	净辐射	日照总时数
自然降雪	0.7641	0.4972	0.6745	0.6832	0.5964
自然降雪 + 5 cm 秸秆	0.7319	0.4711	0.6529	0.6578	0.5134
自然降雪 + 10 cm 秸秆	0.7051	0.4631	0.6118	0.6245	0.4431

（二）土壤水热变异环境因子响应研究

在分析大气-覆被-土壤复合系统中大气与积雪间关联响应效果的基础上，进一步探究气象因子与土壤水热之间的关联度。以表层 10 cm 土层处的土壤温度和液态含水量作为研究对象，具体的研究结果如表 4-4 所示。综合分析各种气象因子与土壤温度之间的关联度可知，环境温度、露点温度和总辐射与土壤温度之间的关联度较高。首先，分析环境温度与土壤温度之间的相关性可知，在裸地处理条件下，土壤温度与环境温度之间的关联度为 0.9554；而积雪和秸秆的协同覆盖作用影响气象因子与土壤温度之间的关联效果，在自然降雪覆盖处理条件下，二者之间的关联度降低为 0.9232；在自然降雪 + 5 cm 秸秆和自然降雪 + 10 cm 秸秆处理条件下，二者的关联度依次降低，其分别相对于裸地处理减小了 0.052 和 0.072。同时，对于露点温度和土壤温度之间的关联度效果，裸地处理条件下，二者之间的关联度为 0.8351；而在自然降雪、自然降雪 + 5 cm 秸秆覆盖、自然降雪 + 10 cm 秸秆处理条件下，二者关联度呈现出依次降低的趋势，并且其整体变化趋势相对环境温度与土壤温度之间的关联度有所降低。同理，由总辐射与土壤温度之间关联度的变化趋势可知，在各种覆盖处理条件下，随着积雪以及秸秆覆盖量的增加，二者的关联度同样表现出依次降低的趋势。

表 4-4　土壤温度与气象因子的关联度分析

处理条件	环境温度	露点温度	环境湿度	CO_2 浓度	蒸发量
裸地	0.9554	0.8351	0.6123	0.5128	0.5964
自然降雪	0.9232	0.8252	0.6029	0.5264	0.5836
自然降雪 + 5 cm 秸秆	0.9034	0.8014	0.6156	0.5068	0.5678
自然降雪 + 10 cm 秸秆	0.8834	0.7953	0.5715	0.4967	0.5215
处理条件	饱和水汽压	风速	总辐射	净辐射	日照总时数
裸地	0.6355	0.5487	0.8165	0.6642	0.5219
自然降雪	0.6153	0.5152	0.8029	0.6264	0.5136
自然降雪 + 5 cm 秸秆	0.5964	0.4841	0.7915	0.5964	0.4864
自然降雪 + 10 cm 秸秆	0.5713	0.4561	0.7764	0.5721	0.4721

同理，通过分析气象因子与土壤含水量之间的关联度可知，除环境湿度、饱和水汽压和净辐射外，其他气象因子与土壤含水量之间的关联度整体均低于土壤温度与气象因子之间的关联度（表 4-5）。经比较分析可知，环境湿度、饱和水汽压与土壤含水量之间的关联效果较强。在裸地处理条件下，环境湿度与土壤含水量之间的关联度为 0.8541；而在自然降雪覆盖处理条件下，二者之间的关联度为 0.8356；随着秸秆覆盖的增加，土壤与环境之间的能量交换程度减弱，因此，在自然降雪 + 5 cm 秸秆处理以及自然降雪 + 10 cm 秸秆处理条件下，二者之间的关联度分别相对于裸地处理条件下的关联度减小了 0.031 和 0.059。而对于饱和水汽压与土壤含水量之间的关联度效果，相关性整体效果分别相对于环境湿度与土壤含水量之间的关联度有所降低。

表 4-5　土壤含水量与气象因子的关联度分析

处理条件	环境温度	露点温度	环境湿度	CO_2 浓度	蒸发量
裸地	0.6921	0.6124	0.8541	0.4413	0.5691
自然降雪	0.6894	0.5751	0.8356	0.4321	0.5487
自然降雪 + 5 cm 秸秆	0.6614	0.5465	0.8231	0.4628	0.5213
自然降雪 + 10 cm 秸秆	0.6578	0.5132	0.7951	0.4479	0.4997
处理条件	饱和水汽压	风速	总辐射	净辐射	日照总时数
裸地	0.7215	0.5127	0.6741	0.6321	0.5784
自然降雪	0.7125	0.4754	0.6538	0.6219	0.5337
自然降雪 + 5 cm 秸秆	0.6987	0.4521	0.6442	0.6182	0.5198
自然降雪 + 10 cm 秸秆	0.6734	0.4134	0.6371	0.5907	0.4875

综上分析可知，气象因子对积雪水热以及土壤水热均产生一定的影响。其中，积雪温度与环境温度和总辐射之间的作用效果较为明显；而环境湿度、饱和水汽压和环境温度与积雪含水量之间的关系较为显著，秸秆的覆盖阻碍了积雪与大气之间的水热传输。而在土壤水热与气象因子的关系分析中，环境温度、露点温度、总辐射与土壤温度之间的关联度较强；环境湿度、饱和水汽压与土壤含水量的关系较为明显，但是其整体的水平要弱于积雪与大气之间的关联效果。表明积雪与秸秆作为大气与土壤之间的覆盖介质层，在一定程度上抑制了土壤水热能量的波动。

第三节　冻融土壤水热变异特征识别

根据前文研究结果可知，在土壤冻融循环过程中，不同土层之间的温度差异驱动土壤水分迁移扩散，而水分的运动同样反馈于温度的变化过程，二者之间存在着一定的耦合互作关系[21, 22]。本节在分析土壤水热变化规律以及能量传递关系的基础之上，借助分形理论与方差分析理论，进一步探究土壤水热环境的波动性，对土壤水热活动的临界范围进行界定。

一、分形理论概述

欧几里得几何中假设物体是光连续的，其欧几里得几何维数只有整数维，然而自然界物体通常是不规则、粗糙并且不连续的，因此，它具有分数或分形维。从数学角度来看，分形测度 M 常用其度量尺度 δ 的幂律函数来表征，即

$$M \propto \delta^{E-D} \tag{4-1}$$

式中，$\propto$ 表示正比例关系，E、D 和 $E-D$ 分别为欧几里得几何维数、分维数和余维数。分维数是对非光滑、非规则、破碎等极其复杂的分体进行定量表征的重要参数，它是对事物的复杂程度、粗糙程度、不规则程度、对空间的有效占用程度等性质描述的一种测度。

分维数越大，分形体就越复杂、越粗糙，反之则越规则、越光滑。

分形维数的确定非常简单，可以通过分形测度和尺度的双对数关系，两边经过双对数变换后的线性关系，利用最小二乘线性回归拟合得到的斜率来估计。由于研究对象的不同，可以衍生出多种分形模型，包括面积-周长、长度-步长、功率谱-频率等，具体如下[23-25]。

（1）取 $M=A$（面积），$\delta=P$（周长），$F(D)=2/D$，得面积和周长的关系：

$$A \propto P^{F(D)} \quad M \propto \delta^{E-D} \tag{4-2}$$

（2）取 $M=N$（覆盖的盒子数目），$\delta=b$（盒子的大小和尺寸），$F(D)=-D$，得到盒子数目和盒子大小（尺寸）关系：

$$N \propto b^{-D} \quad M \propto \delta^{E-D} \tag{4-3}$$

（3）取 $M=L(\tau)$（轨迹的长度，length of trail），$\delta=\tau$（步长大小），$F(D)=1-D$，得到的划分关系：

$$L(\tau) \propto \tau^{1-D} \quad M \propto \delta^{E-D} \tag{4-4}$$

（4）取 $M=N(A>a)$（大于 a 的面积或者区域数目），$\delta=b$（尺寸大小），$F(D)=-D/2$，得到如下关系：

$$N(A>a) \propto a^{-D/2} \quad M \propto \delta^{E-D} \tag{4-5}$$

（5）取 $M=P(f)$（功率谱），$\delta=f$（频率），$F(D)=-(5-2D)$，得到功率谱与频率关系：

$$P(f) \propto f^{-(5-2D)} \quad M \propto \delta^{E-D} \tag{4-6}$$

（6）取 $M=<(Z_p-Z_q)^2>$，$\delta=d_{pq}$（p 和 q 的距离），$F(D)=4-2D$，Z_p 和 Z_q 代表点 p 和 q 处的高程，$<>$ 代表统计意义上的数学期望，得到的变差图关系：

$$<(Z_p-Z_q)^2> \propto (d_{pq})^{4-2D} \quad M \propto \delta^{E-D} \tag{4-7}$$

（7）取 $M=N(R)$（像元数目），$x=R$（回转半径），$F(D)=D$，得到的扩散凝聚模型：

$$N(R) \propto R^{-D} \quad M \propto \delta^{E-D} \tag{4-8}$$

此外，由于计算方法不一样，分形维数的定义也包括几种，如 Hausdorff 维数、相似维数、盒子维数、信息维数以及关联维数。具体如下。

（1）Hausdorff 维数。从测度理论来看，Hausdorff 维数的含义是：用低于测量对象维数的尺子测量它时，得到的结果为无穷大；用高于其维数的尺子测量时，得到的结果为零；只有用与本身维数相同的尺子测量时，可得到确定的数值 N。数学表达式为

$$N(\delta) \sim \delta^{-D_H} \quad M \propto \delta^{E-D} \tag{4-9}$$

式中，δ 为尺子的标度；D_H 为 Hausdorff 维数，它可以是整数，也可以是分数。通常将 Hausdorff 维数是分数的物体称为分形。Hausdorff 维数是最重要、最古老的一种维数，它

对任何集都有定义。但是，对于一个分形集合，计算其 Hausdorff 维数一般相当困难。

（2）相似维数。如果在 d 维空间中考虑 d 维的几何对象，把各方面的尺寸都放大 l 倍，就得到一个体积是原来的 l^d 倍的几何体。对 $N = l^d$ 取对数，可得到相似维的定义：

$$D_0 = \frac{\log N}{\log l} \quad M \propto \delta^{E\text{-}D} \tag{4-10}$$

它要求所测度的分形体并非严格相似，而是近似相似或者统计意义上相似的分形体。

（3）盒子维数。由于盒子维的数学近似计算以及经验估计相对容易一些，因此盒子维数的应用较为普遍。设 A 是 R^n 空间的任意非空有界子集（$\delta > 0$），$N(A,\delta)$ 表示用来覆盖 A 的半径为 δ 的最小闭合球数，则盒子维数的定义如下：

$$D_c = \lim_{\varepsilon \to 0} \frac{\log N(A,\delta)}{\log(1/\delta)} \quad M \propto \delta^{E\text{-}D} \tag{4-11}$$

盒子维数有许多等价定义，主要是在盒子的选取上，上述定义中的盒子选取为闭球，可以根据实际情况选择线段、正方形、立方体，甚至是不规则形状盒子等。盒子维数是从几何意义上反映分形体的复杂程度。

（4）信息维数。与 Hausdorff 维数不同，这里考虑分形的元素属于每个覆盖球的概率为 P_i，则信息维数 D_i 的定义如下：

$$D_i = -\lim_{\sigma \to 0} \frac{\sum_{i-1}^{N} \log P_i}{\log(1/\delta)} \quad M \propto \delta^{E\text{-}D} \tag{4-12}$$

当 $P_i = 1/N(\delta)$ 时，信息维等于 Hausdorff 维数。其中，$\log P_i$ 是分形 E 的信息测度 $I(E)$。因此，信息测度 $I(E)$ 与事件 E 的发生概率 $P(E)$ 密切相关。

（5）关联维数。如果分形集中某两点之间的距离为 δ，其关联维数为 $C(\delta)$，关联维数的定义如下：

$$D_g = -\lim_{\sigma \to 0} \frac{\log C(\delta)}{\log \delta} \quad M \propto \delta^{E\text{-}D} \tag{4-13}$$

式中，$C(\delta) = \dfrac{1}{N} \sum_{i,j=1}^{N} H(\delta - |x_i - x_j|) = \sum_{i=1}^{N} P_i^2$。关联维在计算时间序列的维数时有着重要作用。

二、土壤水热环境变异特征分析

（一）快速冻结期土壤水热变异特征

在研究过程中，为了准确识别不同冻融时期土壤温度和含水量的变化波动特征，通过上述基于小波变换的分形理论对各个时期表层 10 cm 处的含水量和温度进行分维值（D）估计，分维值越大，表明其波动越强，以此判断各序列波动程度，具体情况如图 4-10 所示。

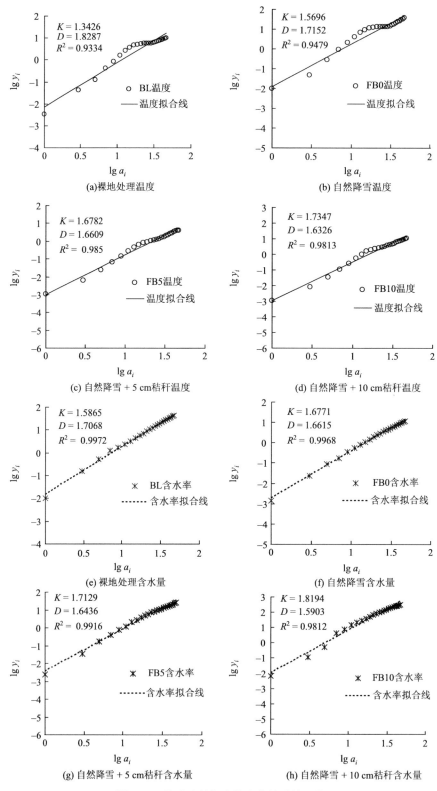

图 4-10　快速冻结期土壤水热波动性评价

快速冻结期，各组序列之间的决定系数均大于 0.9，并且通过 $P<0.05$ 的显著性检验，变量之间的显著性较高。在 BL 处理条件下，土壤温度的分维值为 1.8287；而在 FB0、FB5 和 FB10 处理条件下，其土壤温度的分维值分别相对于 BL 处理降低了 0.1135、0.1678 和 0.1961；在积雪和秸秆协同覆盖作用下，土壤温度序列的波动性在逐渐降低，并且这种作用效果伴随着秸秆的覆盖量增加而越明显。同理，对于土壤含水量的波动程度测度评价，其分维值从大到小依次表现为 BL＞FB0＞FB5＞FB10。

在上述分析基础之上，进一步探究土壤水热因素在空间尺度上的变化特征，具体分析如表 4-6 所示。在 BL 条件下 20 cm 土层处土壤含水量的分维值为 1.694；而随着土壤深度的增加，在 30 cm、40 cm、50 cm 土层处的土壤含水量的分维值分别为 1.659、1.594、1.556，表现出依次降低的趋势，并且随着土层深度的继续增加，其波动程度逐渐减弱。而在 FB0 覆盖处理条件下，表层 20 cm 土层处的土壤含水量的分维值为 1.673，其相对于裸地处理减小了 0.021，表明其复杂程度相对于裸地处理有所减弱；而随着土层深度的增加，在 30 cm、40 cm、50 cm 土层处，其土壤含水量的分维值分别相对于裸地处理呈现出不同程度的降低。同理，在 FB5 和 FB10 处理条件下，随着土壤土层深度的增加，其土壤含水量的分维值依次降低，其活跃程度同样相对于裸地处理呈现出减弱的趋势。同理，由土壤温度的复杂度变化趋势可知，其活跃程度与土壤含水量的变化趋势相似，在 4 种不同覆盖处理条件下大致表现出 BL＞FB0＞FB5＞FB10。

表 4-6　快速冻结期土壤水热空间变异规律

土层深度/cm	土壤含水量分维值				土壤温度分维值			
	BL	FB0	FB5	FB10	BL	FB0	FB5	FB10
10	1.829	1.715	1.661	1.633	1.707	1.662	1.644	1.590
20	1.694	1.673	1.648	1.568	1.797	1.685	1.639	1.611
30	1.659	1.628	1.614	1.538	1.749	1.646	1.554	1.521
40	1.594	1.588	1.565	1.506	1.697	1.609	1.537	1.481
50	1.556	1.534	1.430	1.401	1.581	1.596	1.493	1.359
60	1.468	1.429	1.408	1.394	1.536	1.523	1.413	1.305
70	1.417	1.405	1.385	1.345	1.475	1.477	1.363	1.295
80	1.389	1.377	1.345	1.332	1.411	1.357	1.309	1.256
90	1.378	1.351	1.325	1.318	1.403	1.353	1.346	1.259
100	1.370	1.349	1.316	1.301	1.400	1.390	1.346	1.261

（二）稳定冻结期土壤水热变异特征

稳定冻结期，随着冻结程度的增强，土壤温度和含水量的时间序列变化趋势相对稳定，此时其序列的分维值整体水平降低，波动性程度相对于快速冻结期降低，但是不同处理条件下评价结果仍存在一定的差异（图 4-11）。其中，在 BL 处理条件下，其土壤温度时间序列的分维值为 1.4436，而在 FB0、FB5、FB10 处理条件下，其分维值分别相对于 BL 处理降低了 4.17%、9.16%和 11.34%，各种覆盖处理条件下土壤温度序列的波动差异性较低，但同样表现出随着秸秆覆盖量的增加，活跃程度逐渐降低的效果。另外，该时期土壤含水量时间序列的波动性测定同样表现出相似的规律。

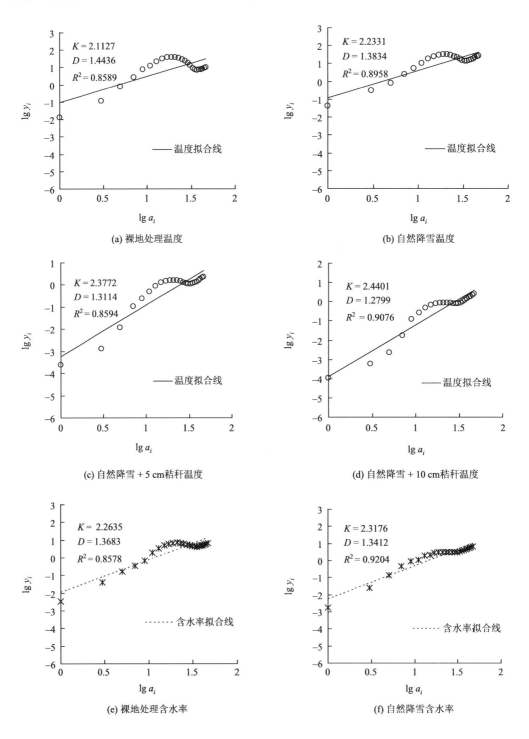

(a) 裸地处理温度

(b) 自然降雪温度

(c) 自然降雪 + 5 cm秸秆温度

(d) 自然降雪 + 10 cm秸秆温度

(e) 裸地处理含水率

(f) 自然降雪含水率

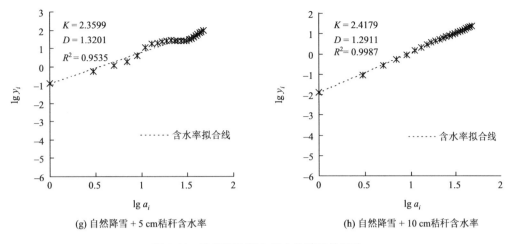

(g) 自然降雪＋5 cm秸秆含水率　　　　　　　　(h) 自然降雪＋10 cm秸秆含水率

图 4-11　稳定冻结期土壤水热波动性评价

在上述表层土壤水热波动性分析的基础之上，进一步研究土壤水热活跃度在空间尺度的变异特征。如表 4-7 所示，在 BL 处理条件下，表层 20 cm 土层处的土壤含水量的分维值为 1.375，其相对于快速冻结期逐渐趋于稳定；而随着土壤深度的增加，在 30 cm、40 cm、50 cm 土层处，其土壤含水量的分维值分别为 1.342、1.331、1.326，其仍然表现出随着土层深度的增加，其波动性逐渐减弱的趋势；而当土层深度达到 80 cm 时，其土壤含水量的变化趋势则表现出骤然增加的趋势，其时间序列的分维值变为 1.453。而在 FB0 处理条件下，20 cm 土层处，其土壤含水量的分维值为 1.364，其相对于裸地处理有所降低，并且其复杂度在土壤垂直剖面上的表现出逐渐减小的过程；而在该处理条件下，当土层深度达到 70 cm 时，土壤含水量时间序列的分维值达到最大。同理，在 FB5 和 FB10 处理条件下，其土壤含水量时间序列的分维值在空间尺度上表现出相同的变化趋势，并且随着秸秆覆盖量的增加，FB10 处理的分维值在空间上的峰值位置逐渐上升。分析其产生原因可知，在稳定冻结期内，随着土壤冻结程度的增大，土壤冻结锋面逐渐向下迁移，并且在最大冻深处趋于稳定；而在冻结锋面附近，受势能差的影响，土壤水分在冻结锋面附近处发生着复杂的交换作用。因此，冻结锋面附近的土壤含水量波动性程度增大。由于在 4 种处理条件下，随着积雪和秸秆覆盖量的增加，土壤最大冻深依次提升，因此，土壤含水量时间序列的分维值在垂直剖面上的峰值也在逐渐上升。同理，土壤温度时间序列的空间变化过程表现出相同的变化趋势。

表 4-7　稳定冻结期土壤水热空间变异规律

土层深度/cm	土壤含水量复杂度				土壤温度复杂度			
	BL	FB0	FB5	FB10	BL	FB0	FB5	FB10
10	1.444	1.383	1.311	1.280	1.368	1.341	1.320	1.291
20	1.375	1.364	1.352	1.315	1.426	1.337	1.295	1.229
30	1.342	1.339	1.326	1.294	1.414	1.318	1.298	1.207
40	1.331	1.327	1.301	1.273	1.374	1.280	1.224	1.161

续表

土层深度/cm	土壤含水量复杂度				土壤温度复杂度			
	BL	FB0	FB5	FB10	BL	FB0	FB5	FB10
50	1.326	1.311	1.295	1.282	1.357	1.210	1.247	1.178
60	1.305	1.262	1.322	1.391	1.285	1.219	1.282	1.421
70	1.254	1.406	1.432	1.332	1.328	1.482	1.456	1.316
80	1.453	1.394	1.364	1.247	1.495	1.423	1.447	1.252
90	1.431	1.384	1.286	1.194	1.372	1.317	1.274	1.262
100	1.297	1.250	1.286	1.193	1.345	1.265	1.263	1.208

（三）融化期土壤水热变异特征

融化期，融雪水的入渗改变着土壤温度和含水量的变化趋势，同时，秸秆的保温和吸水特性又减缓了土壤水热的波动影响，二者的协同效应影响着土壤水热的波动变异规律。如图 4-12 所示，具体分析可知，在 BL 处理条件下，土壤含水量时间序列的分维数

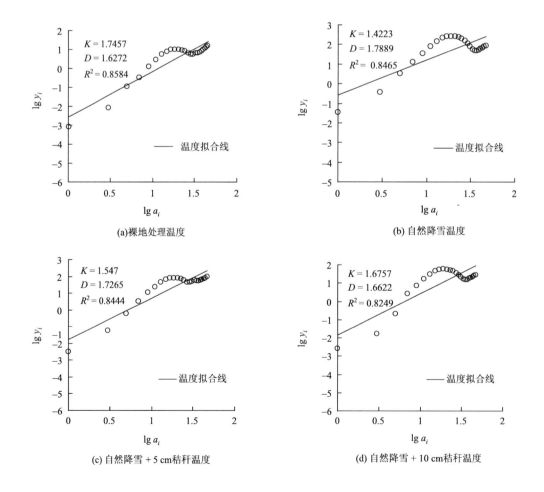

(a)裸地处理温度

(b) 自然降雪温度

(c) 自然降雪 + 5 cm秸秆温度

(d) 自然降雪 + 10 cm秸秆温度

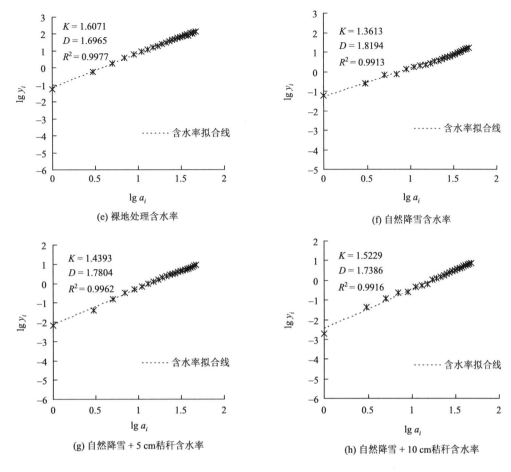

图 4-12　融化期土壤水热波动性评价

为 1.6965；而在 3 种积雪和秸秆协同覆盖作用中，FB0 处理条件下的分维数值为 1.8194，而 FB5、FB10 处理分别相对于 FB0 降低了 0.039 和 0.0808，表现出依次降低的趋势；3 种积雪和秸秆协同覆盖处理条件下的含水量序列分维值分别相对于 BL 处理有所增加。而对于土壤温度的波动性评价结果，FB0、FB5 和 FB10 处理条件下表现为依次降低的趋势，由于土壤水分补给的影响，3 种状况下土壤温度的波动性均大于 BL 处理。

在融化期内，土壤含水量和温度在空间尺度的变化趋势稳定性减弱，其逐渐表现出复杂的趋势（表 4-8）。首先，在 BL 处理条件下，20 cm 土层处土壤含水量时间序列的分维值为 1.662；随着土层深度的增加，在 30 cm、40 cm、50 cm 土层处，土壤含水量时间序列的分维值分别为 1.624、1.587 和 1.525，其同样表现出逐渐减小的趋势；并且在 100 cm 土层处，土壤含水量的分维值为 1.437。而在 FB0 处理条件下，融雪水入渗导致浅层土壤含水量时间序列的变化过程波动性显著增强，其中，在 20 cm 土层处，其含水量时间序列的分维值为 1.758；而随着土层深度的增加，其波动性逐渐降低，但是积雪的覆盖处理导致土壤含水量波动性变化趋势整体相对于裸地处理有所提升。而在 FB5 和 FB10 处理条件下，伴随着秸秆的覆盖处理，其在一定程度上吸收着融雪水，对土壤进行着稳定的水源补给，因此这两种覆盖处理条件下 20 cm 土层处土壤含水量的分维值相对于自然降雪覆盖处理条有所降低，并且这 3 种积雪覆盖处理条件下土壤含水量的活跃程度均相对于裸地处有所提升。4 种处理条件下土壤含水量波动性变化趋势由大到小表现为：FB0＞FB5＞FB10＞BL。

表 4-8　融化期土壤水热空间变异规律

土层深度/cm	土壤含水量复杂度				土壤温度复杂度			
	BL	FB0	FB5	FB10	BL	FB0	FB5	FB10
10	1.697	1.819	1.780	1.739	1.627	1.789	1.727	1.662
20	1.641	1.765	1.670	1.646	1.662	1.758	1.753	1.696
30	1.598	1.735	1.660	1.632	1.624	1.709	1.712	1.622
40	1.566	1.729	1.607	1.597	1.587	1.661	1.661	1.568
50	1.511	1.689	1.559	1.539	1.525	1.608	1.608	1.532
60	1.454	1.632	1.514	1.470	1.46	1.576	1.559	1.521
70	1.426	1.588	1.529	1.440	1.442	1.554	1.504	1.471
80	1.367	1.528	1.461	1.396	1.441	1.528	1.453	1.438
90	1.324	1.420	1.367	1.341	1.436	1.507	1.452	1.417
100	1.325	1.412	1.364	1.353	1.437	1.501	1.451	1.402

综上分析可知，快速冻结期，积雪-秸秆的协同效应抑制了外界环境对土壤水热变异的影响，确保土壤在冻结过程中水热变异平稳，同时减少了土壤能量散失。稳定冻结期，覆盖作用提升了土壤冻结锋面的位置，减小了冻融土壤的侵蚀范围。而融化期，积雪-秸秆的协同作用确保了融雪水稳定、有序的入渗过程。由此可知，积雪-秸秆的协同作用有效降低了土壤冻融循环过程中的复杂变异性情况，为春季土壤墒情的科学调控提供了基础保障。

三、土壤水热活动范围界定

（一）土壤温度方差变异特征

为了深入探究不同土层处土壤温度变异的波动性效果，在分析土壤水分在时间和空间变异规律的基础上，进一步探索不同处理条件下单位土层土壤温度的变异性，进而根据不同层面土壤水热的变异程度来确定土壤水热活动的临界范围。不同覆盖处理条件下各个区域单位土层土壤温度和含水量的极差、变异系数及方差结果如表 4-9 和表 4-10所示。分析不同覆盖处理条件下土壤温度的变异特征可知，在裸地处理条件下，0～10 cm土层，单位土层土壤温度的极差为 0.67℃；在 10～20 cm 土层处，单位土层的极差为0.58℃，其相对于表层 0～10 cm 土层处有所降低；而随着土层深度的增加，在 20～100 cm区域内，土壤温度的变化幅度逐渐减弱；并且在 90～100 cm 土层位置时，单位土层的土壤温差仅为 0.09℃。而由单位土层土壤温度的变异系数可知，表层 0～10 cm 土层，其温度的变异系数为 5.132%；而随着土层深度的增加，在 10～20 cm、20～30 cm、30～40 cm 区域内，单位土层土壤温度的变异系数分别为 4.142%、3.142% 和 3.534%。由此可知，其单位土层土壤温度的变异系数在垂直剖面上大致呈现出逐渐减小的趋势，且在 90～100 cm 土层处，其变异系数降低为 0.431%。同时，单位土层土壤温度的方差也表现出同样的变化趋势。

表 4-9　不同积雪覆盖条件下单位土层土壤温度变异性分析

土层/cm	裸地处理			自然降雪			自然降雪 + 5 cm 秸秆			自然降雪 + 10 cm 秸秆		
	极差 R/℃	变异系数 C_v/%	方差 D/℃	极差 R/℃	变异系数 C_v/%	方差 D/℃	极差 R/℃	变异系数 C_v/%	方差 D/℃	极差 R/℃	变异系数 C_v/%	方差 D/℃
0～10	0.67	5.132	0.252	0.64	4.919	0.228	0.55	4.364	0.207	0.49	4.297	0.184
10～20	0.58	4.142	0.248	0.55	4.089	0.173	0.51	4.175	0.168	0.44	3.290	0.157
20～30	0.49	3.142	0.198	0.46	3.786	0.156	0.42	3.690	0.147	0.32	3.667	0.132
30～40	0.42	3.534	0.162	0.35	3.243	0.148	0.31	2.240	0.105	0.29	3.513	0.094
40～50	0.35	2.782	0.153	0.23	2.234	0.097	0.20	2.803	0.089	0.17	2.167	0.061
50～60	0.21	1.934	0.128	0.18	2.108	0.058	0.16	1.978	0.056	0.12	1.950	0.047
60～70	0.18	1.645	0.094	0.13	1.687	0.048	0.12	1.240	0.041	0.11	0.876	0.035
70～80	0.15	0.891	0.057	0.12	0.798	0.039	0.08	0.634	0.035	0.07	0.542	0.031
80～90	0.12	0.561	0.044	0.08	0.487	0.031	0.07	0.321	0.028	0.05	0.264	0.026
90～100	0.09	0.431	0.031	0.06	0.396	0.024	0.05	0.305	0.019	0.04	0.231	0.017

表 4-10　不同积雪覆盖条件下单位土层土壤液态含水量变异性分析

土层/cm	裸地处理			自然降雪			自然降雪+ 5 cm 秸秆			自然降雪+ 10 cm 秸秆		
	极差 R/%	变异系数 C_v/%	方差 D/%	极差 R/%	变异系数 C_v/%	方差 D/%	极差 R/%	变异系数 C_v/%	方差 D/%	极差 R/%	变异系数 C_v/%	方差 D/%
0～10	0.35	4.832	0.463	0.54	5.919	0.620	0.46	5.364	0.520	0.39	5.297	0.490
10～20	0.28	4.142	0.387	0.41	5.089	0.504	0.38	4.675	0.473	0.33	4.290	0.451
20～30	0.24	3.542	0.352	0.33	4.786	0.486	0.31	4.690	0.425	0.28	3.667	0.375
30～40	0.23	3.134	0.333	0.26	4.243	0.387	0.24	3.240	0.335	0.22	2.513	0.321
40～50	0.21	2.682	0.292	0.23	3.234	0.280	0.21	2.803	0.247	0.19	2.167	0.211
50～60	0.20	2.534	0.241	0.20	3.108	0.203	0.18	2.478	0.181	0.17	1.850	0.157
60～70	0.19	2.445	0.198	0.17	1.987	0.168	0.15	1.864	0.147	0.14	1.317	0.121
70～80	0.17	1.591	0.174	0.14	1.298	0.143	0.12	0.934	0.115	0.10	1.242	0.081
80～90	0.15	1.141	0.151	0.12	0.994	0.132	0.10	0.812	0.097	0.08	0.741	0.068
90～100	0.14	0.951	0.142	0.09	0.812	0.118	0.07	0.755	0.085	0.06	0.511	0.059

在自然降雪覆盖处理条件下，由于雪被的覆盖阻碍了外界环境对土壤温度的扰动影响以及土壤热量的散失，导致土壤的变异性与波动性均有所降低。具体分析可知，在表层 0～10 cm 土层处，单位土层土壤温度的极差值为 0.64℃；而随着土层深度的增加，在 10～20 cm、20～30 cm、30～40 cm 土层处，单位土层土壤温度的极差依次为 0.55℃、0.46℃、0.35℃。由此可知，单位土层土壤温度变化极差在逐渐减小，其相对于裸地处理条件下的各个土层土壤温度的极差呈现出不同程度的降低。此外，对于变异系数、方差这两项指标，其表现出相同的变化趋势。

同理，在自然降雪＋5 cm 秸秆、自然降雪＋10 cm 秸秆处理条件下，随着秸秆覆盖量的增加，各个土层区域内单位土层土壤温度的极差、变异系数、方差等指标均呈现出一定的减弱趋势。并且在自然降雪＋10 cm 覆盖处理条件，在 90～100 cm 土层区域内，单位土层土壤温度变化极差仅为 0.04℃，进而也体现了积雪与秸秆协同覆盖作用的保温效果。

（二）土壤含水量方差变异特征

在上述分析土壤温度变异特征的基础之上，进一步分析土壤含水量的变异特征。在裸地处理条件下，0～10 cm 区域内单位土层含水量的极差为 0.35%；在 10～20 cm 土层处，其极差变为 0.28%；而随着土层深度的增加，在 20～30 cm、30～40 cm、40～50 cm 区域内，单位土层土壤含水量的极差分别相对于 0～10 cm 降低了 0.11 个百分点、0.12 个百分点和 0.14 个百分点，表明在该种处理条件下，土壤含水量的变化差异随着土层深度的增加而逐渐减小。并且在 50 cm 土层以下的区域，其同样表现出依次减小的趋势。而由单位土层土壤含水量的变异系数可知，在浅层 0～10 cm 土层处，其变异系数为 4.832%；而随着土层深度的增加，其同样表现出稳定减小的变化趋势。

而在自然降雪处理条件下，积雪的融化影响了土壤含水量的变异规律。其中，在表层 0～10 cm 土层处，单位土层土壤含水量的变化极差为 0.54%，其相对于裸地处理条件出现了显著增加的趋势；并且在 10～20 cm、20～30 cm 土层区域内，单位土层土壤含水量的变化极差分别相对于裸地处理呈现出不同程度的提升；随着土层深度的继续增加，在 60 cm 土层以下的区域内，单位土层土壤含水量的变化极差则相对于裸地处理有所降低，表明深层土壤含水量的变化过程受地表积雪融水作用的影响较小。而对于变异系数和方差的变化过程，其同样表现出表层变化幅度强于裸地处理，而深层变化要弱于裸地处理。

同理，在自然降雪＋5 cm 秸秆、自然降雪＋10 cm 秸秆处理条件下，伴随着秸秆与积雪的协同覆盖处理，由于秸秆吸收并且储存了一部分融雪水，导致表层土壤含水量变化幅度出现一定程度的降低。其中，在自然降雪＋5 cm 秸秆处理条件下，表层 0～10 cm 区域内，单位土层土壤含水量的变化极差为 0.46%，其相对于单纯的积雪覆盖处理有所降低，但同时相对于裸地处理条件仍表现出明显的提升趋势；并且随着土层深度的增加，当到达 50 cm 土层以下的区域时，单位土层土壤含水量的变化极差弱于裸地处理。同理，在自然降雪＋10 cm 秸秆处理条件下，其表现出同样的变化趋势，并且其变化程度相对于自然降雪＋5 cm 秸秆处理有所减弱。

（三）土壤水热活动分界层求解

在上述分析的基础之上，分别将 20 cm、30 cm、40 cm、50 cm、60 cm、70 cm、80 cm、90 cm、100 cm 土层土壤温度时间序列与表层 10 cm 处的土壤温度做差，并且计算温度差值序列的方差。由于方差反映了序列的离散程度，也反映了序列的稳定程度，10 cm 土层处温度序列的波动幅度较大，因此认为研究土层与表层 10 cm 土层处土壤温度差值序列的方差较小时，表明该研究层面的土壤温度离散程度也较大；而当研究土层与表层 10 cm 土层处土壤温度差值序列方差较大时，表明该研究土层的土壤温度离散程度较小，并且达到稳定状态。

由图 4-13 可知，4 种不同覆盖处理条件下土壤温度差值序列的方差变异曲线表现出"稳定—上升—稳定"的变化趋势。其中，20 cm、30 cm、40 cm 土层温度的变化趋势与 10 cm 土层温度的变化趋势相似，这些土层与 10 cm 土层温度的差值序列的方差值相对降低，而随着土层深度的增加，80 cm、90 cm、100 cm 土层温度序列与表层 10 cm 土层温度的差异性较大，并且二者差值序列的方差值处于较高的水平，并且趋于稳定。因此在研究中我们定义当方差曲线稳定地达到最高点时，认为该土层即为土壤温度受环境影响较低，并且达到土壤温度活动的临界层。

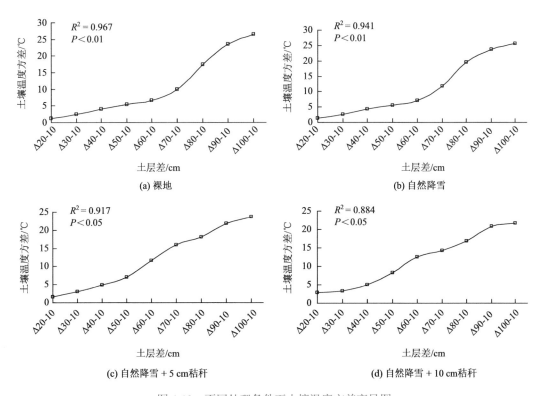

图 4-13　不同处理条件下土壤温度方差变异图

在研究中，将各个土层与表层 10 cm 土层温度差值序列的方差进行拟合，得到方差变化曲线，通过比较分析可知，4 种不同处理条件下方差的变化曲线符合逻辑斯蒂模型曲线。并且通过 MATLAB 拟合工具箱分析可知，裸地处理条件下曲线拟合的决定系数 R^2 的数值为 0.967，曲线的拟合度较高，并且拟合函数方程为 $y = 27.43 / [1 + 0.621\mathrm{e}^{-0.0485(x-90)}]$。基于此，在自然降雪、自然降雪 + 5 cm 秸秆、自然降雪 + 10 cm 秸秆处理条件下，曲线拟合的决定系数分别为 0.941、0.917、0.884。定义曲线趋于稳定的位置即为土壤温度活动的临界层深度。为了求解该临界层深度，采用 MATLAB 软件计算了曲线方程的一阶导数，并且定义当一阶导数小于 0.1 时，曲线的斜率趋于稳定，即达到了土壤温度活动的临界层深度。在裸地处理、自然降雪、自然降雪 + 5 cm 秸秆、自然降雪 + 10 cm 秸秆处理条件下，土壤温度活动的临界层深度分别为 121 cm、115 cm、95 cm、86 cm，并且不同处理条件下，土壤温度临界层深度与土壤冻深之间的误差在 5% 以内，符合实际情况。

同理，分别计算各个土层处土壤含水量与表层 10 cm 土层处土壤含水量的差值序列的方差，并且将方差值的数据点绘制成图 4-14。具体比较分析可知，其差值序列方差值的变化趋势与土壤温度差值序列的变化趋势相一致。在裸地处理条件下，土壤含水量差值序列的方差拟合曲线的决定系数为 0.927；而随着覆盖程度的增大，在自然降雪、自然降雪 + 5 cm 秸秆、自然降雪 + 10 cm 秸秆处理条件下，其拟合效果逐渐减弱。同时，计算不同处理条件下土壤含水量活动的临界层深度可知，在另外 3 种覆盖处理条件下，土壤水分活动的临界层深度在依次提升。

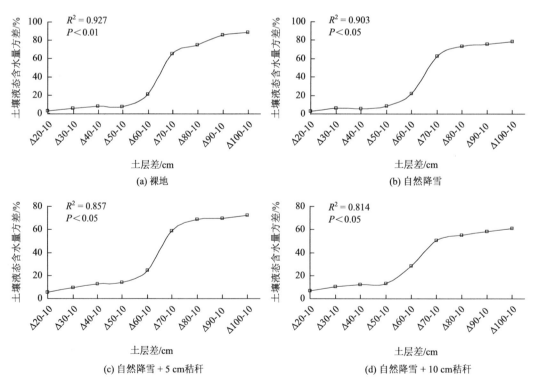

图 4-14　不同处理条件下土壤含水量方差变异图

综上分析可知，浅层土壤水分和温度变化较为剧烈，而深层土壤水分和温度的变化趋势较为稳定。积雪和秸秆的协同覆盖作用有效减少了水热的散失，从而影响了土壤水热活动的区域范围。同时，借助 Logistic 模型可以准确有效地求解土壤水热活动的临界深度，并且在 3 种积雪覆盖处理条件下，随着秸秆覆盖量的增加，土壤水热活动的临界层位置逐渐上升。

第四节　冻融土壤能量传输特征

在土壤冻融循环过程中，地表能量收支基本处于一个平衡的状态。然而，由于土壤水热变化的复杂性和非均匀性，地表能量收支过程表现出不平衡的现象[26, 27]。基于此，本节在分析土壤水分和温度变异过程的基础之上，根据冻融循环过程中土壤温度变异及水分相变效果，核算土壤水热能量的收支情况，进而分析各层土壤能量比重及变化幅度；借助小波分析理论，寻求各层土壤净能量时间序列的变化周期。最后，筛选出土壤能量变异的显著性因子，构建土壤能量传递响应函数，实现土壤能量的量化表征。

一、冻融土壤能量传递概述

土壤能量的交流与传递主要包括两种方式：一种为对流换热；另一种则为辐射换热[28-30]。其中，对流换热是指土壤中的流体和固体表面发生壁面接触时，由于温差作用而产生的换热过程。在这个过程中，既包括流体位移所产生的热对流作用，又包含流体分子间的导热作用，这种导热和对流的总作用被称为对流换热现象。对流换热是一个复杂的过程，其在能量传递过程中受到多种因素综合驱动。根据不同的角度和属性，对流换热有不同形式的类别划分[31]。其中，按照运动的驱动力来划分，流体的流动分为受迫运动和自由运动两大类，如外界环境对土壤进行冷冻或者高温处理所导致的流体流动称为受迫运动，并且这些受迫运动的强度与外界的压力强度、流体的种类以及流道的形状等因素有关。另外，由流体自身冷热不均匀而导致的流体之间的交错流动称为自由运动，自由运动的强度主要取决于流体冷热的均匀程度，其随流体的种类、过程以及所处的空间大小、位置的不同而差别各异。此外，根据对流的形成边界条件和发展状况不同，其主要分为内部流动和外部流动两种；根据流动状况的不同，其又有层流和紊流之分[32]。

而热辐射主要是物体内部微观粒子的热运动发展到一定程度导致物体本身向外界释放出能量的形式[33, 34]。首先，热辐射本质上是一种电磁波，并且这种电磁波的释放伴随着能量的传递。当微观粒子的运动状态发生改变时，粒子将会从高能量的轨道向低能量轨道发生变迁，这是物质能量收支平衡中固有的属性。物质内部的粒子处于一个高速的、无规则的运动状态，并且这种状态一旦受到外界环境的影响，便会引起粒子运动场的变化，进而形成电磁波向外发射[35]。电磁波运载的能力称为辐射能，由于温度的作用而导致物体向外发射辐射能的过程就称为热辐射。其中，热辐射包括以下特点：①热辐射与导热和对流的形式不同，热辐射不需要冷源或者热源的侵蚀、接触，也不需要中间介质的热传递作用，可以在真空中进行传播。②热辐射过程中不但有能量的转移，还伴随有能量的转化。也就是说，在粒子以辐射能的形式向外传播时，辐射能转化为热能，同理，在吸收时又由辐射能转化为热能。③导热和热对流是从高能量向低能量传递的过程，其传递方向是单向的；而热辐射的发射是双向的，其既包括从低能量向高能量发射，也包括从高能量向低能量传递，土壤热辐射过程是实时存在的。

二、冻融土壤能量计算理论方法

冻结期土壤中的质量含水量与体积含水量可采用下式转换：

$$W = \frac{(W_v - W_{vu})\rho_i + W_{vu}\rho_w}{\rho_d + (W_v + W_{vu})\rho_i + W_{vu}\rho_w} \quad \text{有冰条件下} \tag{4-14}$$

$$W = \frac{W_{vu}\rho_w}{\rho_d + (W_v - W_{vu})\rho_i + W_{vu}\rho_w} \quad \text{无冰条件下} \tag{4-15}$$

式中，W 为土壤中的质量总含水量，%；W_v 为土壤中的体积含水量，%；W_{vu} 为土壤中的液态体积含水量，%；ρ_d 为土的干密度，kg/m^3；ρ_i 为冰密度，kg/m^3；ρ_w 为液态水密度，kg/m^3。

融土的比热 C_{du} 和冻土的比热 C_{df} 分别为[36]

$$C_{du} = \frac{C_{su} + WC_w}{1 + W} \tag{4-16}$$

$$C_{df} = \frac{C_{sf} + (W - W_u)C_i + W_u C_w}{1 + W} \tag{4-17}$$

式中，C_{su}、C_{sf}、C_w、C_i 分别为融土骨架、冻土骨架、水、冰的比热，$kJ/(kg\cdot℃)$；W_u 为土壤中的液态质量含水率，%。

融土容积热容量 $C_u[kJ/(m^3\cdot℃)]$ 与冻土容积热容量 C_f 计算如下：

$$C_u = C_{du}\rho_u = (C_{su} + WC_w)\rho_d \tag{4-18}$$

$$C_f = C_{df}\rho_f = [C_{sf} + (W - W_u)C_i + W_u C_w]\rho_d \tag{4-19}$$

式中，ρ_u 和 ρ_f 分别为融土和冻土的天然容重（湿容重），kg/m^3。

冻土内水分相变吸收、释放大量热量，水分相变潜热变化过程使得冻土与融土热量变化具有显著的差别。相变热量 Q_w 可通过土层内含冰量的变化量来计算：

$$Q_w = L\rho_d\Delta(W - W_u) \tag{4-20}$$

式中，L 为水分相变热，取 334.56 kJ/kg；$\Delta(W - W_u)$ 为当前时刻含冰量与上一时刻的差值。

忽略土壤内水汽迁移，则冻土和融土在冻融期的热量变化量 ΔQ_d 和 ΔQ_r 可表示为

$$\Delta Q_d = [C_{sf} + (W - W_u)C_i + W_u C_w]\rho_d\Delta T_e + L\rho_d\Delta(W - W_u) \tag{4-21}$$

$$\Delta Q_r = (C_{su} + WC_w)\rho_d\Delta T_e + L\rho_d\Delta(W - W_u) \tag{4-22}$$

式中，ΔT_e 为当前时刻与上一时刻的温度差。当计算深度土层中 $W_i = W - W_u \neq 0$ 时即认为有固态水存在，采用式（4-21）计算；当计算深度土层中 $W_i = W - W_u = 0$ 时无固态水，采用式（4-22）计算，其中 W_i 为土壤中固态水含量。

根据式（4-21）和式（4-22），则冻融期不同处理条件下某土层深度处热量变化量 Q_{cdi} 为

$$Q_{cdi} = \begin{cases} \sum\limits_{t=1}^{T} \Delta Q_d & W_i \neq 0 \\ \sum\limits_{t=1}^{T} \Delta Q_r & W_i = 0 \end{cases} \tag{4-23}$$

式中，T 为数据序列长度；i 为土层深度，$i = 10 \text{ cm}$，20 cm，$\cdots$，100 cm。

试验期内不同处理地块热量变化总量 Q_{cd} 为

$$Q_{cd} = \sum_{i=10}^{100} Q_{cdi} \tag{4-24}$$

则某土层深度热量变化量占该处理地块热量变化总量的比值（简称土层热量变化量占比）Q_{cdpi} 为

$$Q_{cdpi} = \frac{Q_{cdi}}{Q_{cd}} \tag{4-25}$$

为了确定不同深度土层试验期内热量收支状况，对 24 h 各时间段内热量变化量进行计算和统计，分别计算土层日吸收热量值 ΔQ_x 和日释放热量值 ΔQ_s：

$$\Delta Q_x = \begin{cases} \sum\limits_{t=1}^{I} \Delta Q_d & W \neq 0(\Delta Q_d > 0) \\ \sum\limits_{t=1}^{I} \Delta Q_r & W = 0(\Delta Q_r > 0) \end{cases} \tag{4-26}$$

$$\Delta Q_s = \begin{cases} \sum\limits_{t=1}^{J} \Delta Q_d & W \neq 0(\Delta Q_d < 0) \\ \sum\limits_{t=1}^{J} \Delta Q_r & W = 0(\Delta Q_r < 0) \end{cases} \tag{4-27}$$

其中，

$$I + J = 24 \tag{4-28}$$

式中，I 为计算日内热量变化量为正值的个数；J 为计算日内热量变化量为负值的个数。

三、土壤热量时空分布特征

（一）土壤能量结构特征

在试验过程中，受环境因子的驱动，各土层与环境之间发生着热量交换。根据前述公式计算不同处理条件下土壤在不同冻结时期内各深度土层热量变化量占比，具体如图 4-15 所示。在快速冻结期，裸地、自然降雪、自然降雪 + 5 cm 秸秆、自然降雪 + 10 cm 秸秆 4 种处理条件下，表层 10 cm 土层热量变化量占比依次为 45.28%、37.27%、29.19%、27.91%；由此可知，表层土壤与环境之间的能量交换效果较为明显，并且所占比重较大。

同时比较不同覆盖处理下土壤能量的变化差异可知，伴随着积雪和秸秆的协同覆盖处理，表层 10 cm 土层的能量变化占比逐渐减弱。随着土层深度的增加，在 20 cm 土层处，其能量变化占比分别变为 18.78%、16.56%、17.11% 和 16.12%；其相对于表层 10 cm 土层处出现了大幅度的降低，并且随着积雪和秸秆覆盖量的增加，其能量占比逐渐减弱。而当土层深度达到 40 cm 时，在裸地、自然降雪、自然降雪 + 5 cm 秸秆、自然降雪 + 10 cm 秸秆处理条件下，其能量变化占比分别为 7.87%、7.23%、9.35% 和 9.82%，伴随着积雪和秸秆的协同覆盖，土壤能量的比重逐渐增大。并且随着土层深度的继续增加，随着覆盖程度的增加，这种比重提升的趋势更加明显。由此可知，在快速冻结期，裸地处理条件下表层和深层之间能量占比差异较大；而伴随着积雪和秸秆的覆盖处理，这种差异逐渐减弱，并且在自然降雪 + 10 cm 秸秆处理条件下，各个土层之间的能量占比差异较小。

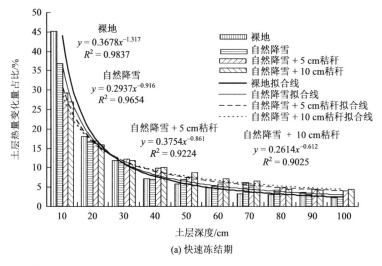

(a) 快速冻结期

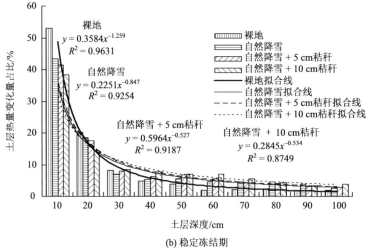

(b) 稳定冻结期

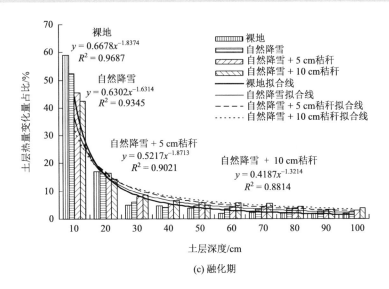

图 4-15　冻融过程中各土层热量变化量占比空间分布

　　而在稳定冻结期，随着环境温度的逐渐降低，土壤冻结程度加大。在表层 10 cm 土层处，各种处理条件下土壤能量变化占总能量的比例增大，在裸地处理条件下，其能量变异占总能量的比重为 52.7%；而在自然降雪、自然降雪 + 5 cm 秸秆、自然降雪 + 10 cm 秸秆处理条件下，该层位土壤能量的变化占总能量的比例分别为 43.96%、41.96% 和 38.72%，其变化幅度相对于快速冻结期 10 cm 土层处有所降低。随着土层深度的增加，在 20 cm 土层处，4 种覆盖处理条件下土壤能量的变化幅度分别相对于快速冻结期有所增加。而当土层深度达到 30 cm 时，土壤能量变化与总能量之间的占比分别为 9.04%、8.55%、8.97% 和 9.37%，其相对于快速冻结期 30 cm 土层处的能量占比有所降低。同时，随着积雪和秸秆的协同覆盖处理，土层能量变化与总能量之间的占比相对于快速冻结期变化较小，并且随着土层深度的积雪增加，这种现象更为明显。由此可知，在稳定冻结期内，表层土壤能量变异总能量的比重显著增加，深层的能量变异比重降低，伴随着积雪和秸秆的协同覆盖处理，这种差异逐渐减弱。

　　而在土壤融化期，随着环境温度的提升，积雪与冻结土壤逐渐消融，而在此过程中需要吸收大量的热量。同时，夜晚温度较低时，土壤又会出现冻结现象。因此，表层土壤与环境之间发生着频繁的能量交换作用。具体分析可知，在裸地、自然降雪、自然降雪 + 5 cm 秸秆、自然降雪 + 10 cm 秸秆处理条件下，表层 10 cm 土层热量变化量占比依次为 58.73%、52.41%、45.40%、42.26%；随着土层深度的增加，在 20 cm 和 30 cm 土层处分别减少为 18.58% 和 6.85%、15.65% 和 7.10%、16.58% 和 8.21%、14.4% 和 8.48%，表层 30 cm 区域内的土层热量变化量占比累计分别达到了 84.16%、75.16%、69.83% 和 65.14%。可见，土壤融化过程受环境因子的驱动效果较为显著，伴随着土壤的相变作用，浅层土壤与环境之间能量交换作用较为明显。并且在积雪覆盖条件下，伴随着秸秆覆盖量的增加，浅层土壤能量的活跃程度逐渐降低，比重逐渐减小。

　　综合上述分析可知，在快速冻结期、稳定冻结期和融化期时段内，随着冻结时间的推移，表层土壤与环境之间的能量交换过程越频繁，表层能量的比重与深层土壤能量之间的比重差异越大。同时，伴随着积雪和秸秆的协同覆盖处理，这种差异性逐渐减弱，覆盖作用在一定程度上抑制了土壤能量的收支效应。

（二）土壤能量收支平衡特征

为了深入探究冻融循环过程中土壤能量的收支变异状况，根据前述公式分别计算快速冻结期、稳定冻结期和融化期内各土层日热量的吸收值与释放值，绘制其随时间的变化曲线，并拟合变化曲线的线性函数，则函数斜率即表示土壤热量释放、吸收的变异幅度。本书仅给出 10 cm 土层土壤热量释放、吸收过程曲线，如图 4-16 所示，其余土层计算结果如表 4-11～表 4-13 所示。

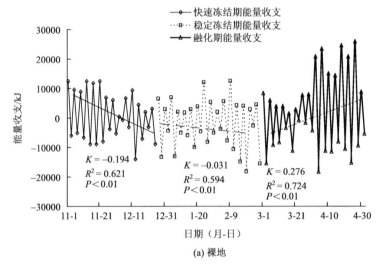

(a) 裸地

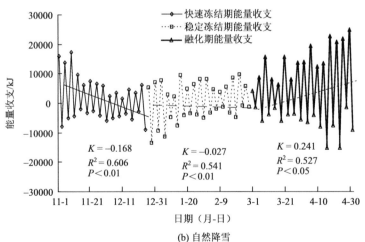

(b) 自然降雪

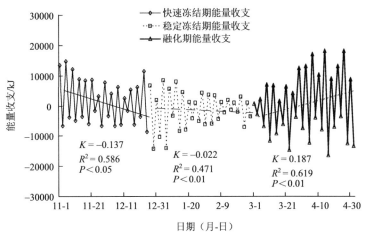

(c) 自然降雪+5 cm秸秆

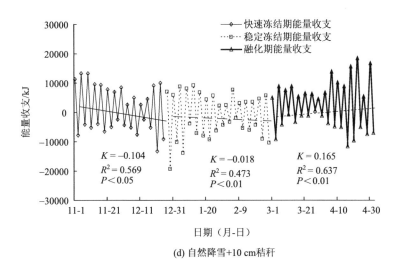

(d) 自然降雪+10 cm秸秆

图 4-16　试验期内土壤热量变异过程

表 4-11　快速冻结期土壤热量收支空间变异过程

土层深度/cm	参数	快速冻结期			
		裸地	自然降雪	自然降雪 + 5 cm 秸秆	自然降雪 + 10 cm 秸秆
10	日均热量差/kJ	12754.4	8572.7	4761.3	2431.5
	趋势线斜率 K	−0.194	−0.168	−0.137	−0.104
20	日均热量差/kJ	7564.8	3123.7	2978.4	1543.7
	趋势线斜率 K	−0.151	−0.136	−0.104	−0.087
30	日均热量差/kJ	4756.2	1989.5	2218.6	1086.2
	趋势线斜率 K	−0.141	−0.125	−0.086	−0.073
40	日均热量差/kJ	3126.7	1764.8	1554.2	1056.1
	趋势线斜率 K	−0.128	−0.115	−0.098	−0.075

土层深度/cm	参数	快速冻结期			
		裸地	自然降雪	自然降雪 + 5 cm 秸秆	自然降雪 + 10 cm 秸秆
50	日均热量差/kJ	2134.7	1564.2	1098.5	874.2
	趋势线斜率 K	−0.123	−0.107	−0.088	−0.071
60	日均热量差/kJ	1876.9	1254.3	911.5	813.6
	趋势线斜率 K	−0.097	−0.088	−0.071	−0.063
70	日均热量差/kJ	1546.8	1126.1	980.2.7	822.1
	趋势线斜率 K	−0.078	−0.073	−0.067	−0.052
80	日均热量差/kJ	1321.8	931.4	932.1	775.3
	趋势线斜率 K	−0.067	−0.062	−0.054	−0.043
90	日均热量差/kJ	1436.8	810.4	743.2	710.9
	趋势线斜率 K	−0.055	−0.044	−0.041	−0.035
100	日均热量差/kJ	1098.5	784.2	703.5	693.2
	趋势线斜率 K	−0.048	−0.032	−0.029	−0.026

表 4-12　稳定冻结期土壤热量收支空间变异过程

土层深度/cm	参数	稳定冻结期			
		裸地	自然降雪	自然降雪 + 5 cm 秸秆	自然降雪 + 10 cm 秸秆
10	日均热量差/kJ	18697.5	11254.3.7	7564.8	4968.5
	趋势线斜率 K	−0.031	−0.027	−0.022	−0.018
20	日均热量差/kJ	8463.2	4235.8	3357.9	2147.6
	趋势线斜率 K	−0.027	−0.024	−0.021	−0.017
30	日均热量差/kJ	3756.4	2987.4	2547.9	2118.6
	趋势线斜率 K	−0.019	−0.021	−0.016	−0.013
40	日均热量差/kJ	2967.8	1576.8	1447.9	1132.7
	趋势线斜率 K	−0.016	−0.015	−0.011	−0.007
50	日均热量差/kJ	2137.5	1446.3	1157.9	973.4
	趋势线斜率 K	−0.015	−0.008	0.017	0.021
60	日均热量差/kJ	1976.5	977.2	857.3	778.4
	趋势线斜率 K	−0.011	0.021	0.025	0.028
70	日均热量差/kJ	1447.2	951.2	811.4	752.1
	趋势线斜率 K	−0.008	0.034	0.038	0.047
80	日均热量差/kJ	1027.5	884.2	776.4	697.3
	趋势线斜率 K	0.027	0.057	0.063	0.067

续表

土层深度/cm	参数	稳定冻结期			
		裸地	自然降雪	自然降雪 + 5 cm 秸秆	自然降雪 + 10 cm 秸秆
90	日均热量差/kJ	996.3	817.4	711.5	672.1
	趋势线斜率 K	0.041	0.072	0.079	0.089
100	日均热量差/kJ	912.7	756.4	679.5	667.5
	趋势线斜率 K	0.056	0.098	0.104	0.124

表 4-13　融化期土壤热量收支空间变异过程

土层深度/cm	参数	融化期			
		裸地	自然降雪	自然降雪 + 5 cm 秸秆	自然降雪 + 10 cm 秸秆
10	日均热量差/kJ	31563.5	26078.5	17532.1	8857.1
	趋势线斜率 K	0.276	0.241	0.187	0.165
20	日均热量差/kJ	10056.7	8342.1	5641.5	3547.2
	趋势线斜率 K	0.247	0.207	0.131	0.098
30	日均热量差/kJ	4518.5	2865.4	1559.4	1098.5
	趋势线斜率 K	0.218	0.187	0.131	0.095
40	日均热量差/kJ	2098.4	1352.1	986.4	709.3
	趋势线斜率 K	0.207	0.187	0.122	0.085
50	日均热量差/kJ	1225.3	1098.4	859.2	731.2
	趋势线斜率 K	0.194	0.158	0.117	0.080
60	日均热量差/kJ	1154.2	986.4	732.8	645.2
	趋势线斜率 K	0.178	0.131	0.111	0.072
70	日均热量差/kJ	1005.1	876.5	743.4	603.6
	趋势线斜率 K	0.158	0.106	0.098	0.074
80	日均热量差/kJ	897.1	708.7	667.6	597.3
	趋势线斜率 K	0.151	0.102	0.086	0.063
90	日均热量差/kJ	721.1	711.5	657.9	603.5
	趋势线斜率 K	0.143	0.101	0.088	0.067
100	日均热量差/kJ	685.1	558.4	543.2	421.3
	趋势线斜率 K	0.131	0.084	0.071	0.061

　　在快速冻结期，随着环境温度的不断降低，土壤热量的散失强度要大于吸收强度。在表层 10 cm 土层处，4 种不同覆盖处理条件下的热量收支趋势线斜率均为负值。其中，在裸地处理条件下，其趋势线的斜率为–0.194；而在自然降雪覆盖处理条件下，其斜率变

为–0.168；而在自然降雪＋5 cm 秸秆和自然降雪＋10 cm 秸秆处理条件下，其斜率依次为–0.137 和–0.104，呈现出一定的减弱趋势。

在稳定冻结期，土壤的冻结程度增强，土壤的收支趋近于平衡状态，拟合线斜率显著减小，并且能量收支数值处于较高的水平。其中，在裸地处理条件下，表层 10 cm 土层处的斜率为–0.031；而随着积雪和秸秆覆盖程度的增大，拟合线斜率依次为–0.027、–0.022 和–0.018。同样表现出逐渐减弱的趋势，表明随着土壤表面覆盖物种类及厚度的增加，土壤与环境之间的热量交换程度逐渐减弱，土壤热量散失或吸收的速率也会逐渐降低。

同理，在融化期内，随着环境温度的提升，土壤中固态冰逐渐转化为液态水，从环境中吸收大量的热量，因此，土壤能量的收支平衡曲线逐渐呈现出上升的趋势。但是，不同覆盖处理在一定程度上影响着土壤能量的收支过程。其中，裸地处理条件下，表层 10 cm 土层处拟合线斜率为 0.276；而在自然降雪、自然降雪＋5 cm 秸秆、自然降雪＋10 cm 秸秆处理条件下，拟合线的斜率分别为 0.241、0.187 和 0.165，随着积雪和秸秆的协同覆盖处理，其阻碍了土壤吸收能量的过程，并且随着秸秆覆盖量的增加，这种抑制效果更为明显。

在上述的表层 10 cm 处土壤能量收支状态分析的基础之上，进一步探究不同冻融时段土壤热量的收支空间变异状况。由表 4-11 可知，在快速冻结期，裸地处理条件下 20 cm 土层处拟合线斜率为–0.151；随着土层深度的增加，在 30 cm、40 cm、50 cm 土层处，拟合线的斜率逐渐减小，而当土层深度达到 100 cm 时，拟合线的斜率变为–0.048。同时，表层 20 cm 土层处土壤日均热量差为 7564.8 kJ，而在 30 cm、40 cm、50 cm 土层处，土壤的日均热量差分别相对于 20 cm 土层处降低了 37.13%、58.67%和 71.78%；当土层深度达到 100 cm 时，土壤日均热量差仅为 1098.5 kJ，土壤热量的收支水平较为微弱。而在自然降雪覆盖处理条件下，积雪的大热容量性及低导热性阻碍了土壤与环境之间的热量交换，在 20 cm 土层处，拟合线的斜率为–0.136，与裸地处理条件的变化趋势相似，随着土层深度的增加，拟合线的斜率逐渐降低；当土层深度达到 100 cm 时，其斜率仅仅为–0.032。并且在 20 cm 土层处，其日均热量差为 3123.7 kJ，其相对于裸地处理条件下 20 cm 土层处出现了大幅度的降低趋势；而随着土层深度的增加，在 30 cm、40 cm、50 cm 土层处，其分别相对于 20 cm 土层处降低了 36.31%、43.50%和 49.92%，并且其整体的收支变化趋势相对于裸地处理有所降低。同理，在自然降雪＋5 cm 秸秆和自然降雪＋10 cm 秸秆处理条件下，积雪和秸秆的双重覆盖效果更抑制了热量的散失，因此，在这两种处理条件下，各个土层处的土壤日均热量变化差值以及拟合线斜率相对于裸地和自然降雪覆盖处理均有所降低。

分析表 4-12 稳定冻结期土壤热量收支空间变异过程可知，由于土壤的冻结程度增大，土壤与环境之间的能量交换过程更为活跃，但是，其能量的吸收与散失水平基本处于平衡状态，收支曲线的拟合线斜率出现了一定的降低。具体比较分析可知，在裸地处理条件下，表层 20 cm 土层处，其拟合线斜率为–0.027，其变化趋势较为微弱，并且整体呈现出能量散失的趋势；而随着土层深度的增加，30 cm、40 cm、50 cm 土层处，其拟合线的斜率分别为–0.019、–0.016、–0.015，其拟合线的斜率表现为依次降低的趋势；而当土层深度超过 80 cm

时，拟合线的斜率变为 0.027，此时，土壤能量表现为吸收的趋势。对于日均热量差的变化趋势，在 20 cm 土层处，土壤的日均热量差为 8463.2 kJ，其能量收支变化幅度相对于快速冻结期有所增强；同时，在土壤垂直剖面上，其日均热量差表现为逐渐减小的趋势，并且在 100 cm 土层处，其日均热量差仅为 912.7 kJ。而在自然降雪覆盖处理条件下，其积雪的覆盖处理同样抑制了土壤与环境之间的能量交换过程，在 20 cm 土层处，其拟合线的斜率为–0.024，土层能量接近于收支平衡的状态；而在 30 cm、40 cm、50 cm 土层处，其拟合线的斜率表现为逐渐减小的趋势，但是变化幅度较为微弱；而当土层深度达到 60 cm 时，拟合线的斜率变为 0.021，土层能量表现出微弱的吸收趋势，并且该层位相对于裸地处理有所提升。同样，在自然降雪 + 5 cm 秸秆和自然降雪 + 10 cm 秸秆处理条件下，其表层 20 cm 土层处的拟合线斜率分别为–0.021 和–0.017，其相对于裸地处理同样表现出不同程度的减弱趋势，并且土层能量散失与吸收的临界层位置不断上升。

与此同时，在融化期内，各土层处土壤的能量表现为吸收大于散失，能量收支曲线呈现上升趋势。具体分析表 4-13 可知，在裸地处理条件下，表层 20 cm 土层处拟合线的斜率为 0.247；随着土层深度的增加，在 30 cm、40 cm 和 50 cm 土层处，其拟合线的斜率依次为 0.218、0.207 和 0.194，表现出依次降低的趋势；当土层深度达到 100 cm 时，其拟合线斜率降低为 0.131。与此同时，日均热量差整体表现出一定的增长趋势，其中，在 20 cm 土层处，土壤日均热量差为 10056.7 kJ，其相对于快速冻结期和稳定冻结期均有所增加，表明融化期土壤能量的收支更为活跃；而随着土层深度的增加，在 30 cm、40 cm、50 cm 土层处，土壤的日均热量差分别相对于 20 cm 土层处降低了 5538.2 kJ、7958.3 kJ 和 8831.4 kJ，其与表层 20 cm 土层处的日均热量差之间的差异较大。而自然降雪条件阻碍了土壤对环境能量的吸收效果。因此，在 20 cm 土层处，土壤日均热量差为 8342.1 kJ，其相对于裸地处理 20 cm 土层处日均热量差有所降低。且在 30 cm、40 cm、50 cm 土层处，其分别相对于裸地处理出现了不同程度的降低。同时，积雪覆盖处理条件下，不同土层处拟合线的斜率也相对于裸地处理呈现出减弱的趋势。同理，在自然降雪 + 5 cm 秸秆和自然降雪 + 10 cm 秸秆处理条件下，秸秆的保温蓄能效应更大程度影响了土壤能量的吸收，其各个土层的拟合线斜率和日均热量差相对于裸地处理和自然降雪覆盖处理出现不同程度的降低。

综合上述分析可知，在整个冻融循环过程中，各个土层与其相邻土层进行着频繁的热量交换。随着土壤深度的不断增加，热量在土壤内传递的损耗逐渐增加，使得热量交换程度逐渐减弱。在快速冻结期，土壤热量传递的累积值为负，其整体趋势表现为散失的过程；在稳定冻结期，土壤的能量收支基本处于平衡状态；而在融化期随着环境温度的提升以及辐射能力的增强，土壤从环境中不断地汲取热量，由于积雪的大热容量性、低导热率以及秸秆的储水蓄能效应，自然降雪、自然降雪 + 5 cm 秸秆、自然降雪 + 10 cm 秸秆处理条件下的土壤与环境之间的热量交换效应逐渐降低。

（三）土壤热量双向传递比重特征

为了探索冻融期内土壤热量释放与吸收的平衡状况以及覆盖处理对土壤热量收支差

异的影响，统计 4 种不同覆盖处理条件下土壤热量的吸收值与释放值，并将裸地处理吸收与释放热量的绝对值相加作为标准值，与各地块吸收与释放的热量值做对比，具体结果如表 4-14～表 4-16 所示。各个处理在试验期内吸收与释放的热量大致相等，说明在整个冬季试验期土壤内部热量经历了释放—吸收的过程，并基本回到原点。

表 4-14 快速冻结期热量双向传递总量比值

处理	热量变化/kJ		热量变化占比/%	
	吸收	释放	吸收	释放
裸地	5.49×10^5	-6.69×10^5	45.07	54.93
自然降雪	3.51×10^5	-3.99×10^5	28.79	32.77
自然降雪 + 5 cm 秸秆	2.53×10^5	-3.31×10^5	20.79	27.16
自然降雪 + 10 cm 秸秆	1.41×10^5	-2.06×10^5	11.59	16.91

表 4-15 稳定冻结期热量双向传递总量比值

处理	热量变化/kJ		热量变化占比/%	
	吸收	释放	吸收	释放
裸地	8.64×10^5	-9.68×10^5	47.16	52.84
自然降雪	5.55×10^5	-5.92×10^5	30.29	32.67
自然降雪 + 5 cm 秸秆	4.27×10^5	-4.53×10^5	23.31	24.72
自然降雪 + 10 cm 秸秆	3.36×10^5	-3.12×10^5	18.34	17.03

表 4-16 融化期热量双向传递总量比值

处理	热量变化/kJ		热量变化占比/%	
	吸收	释放	吸收	释放
裸地	17.64×10^5	-11.33×10^5	60.89	39.11
自然降雪	12.31×10^5	-7.66×10^5	42.49	26.44
自然降雪 + 5 cm 秸秆	9.53×10^5	-6.67×10^5	32.89	23.02
自然降雪 + 10 cm 秸秆	6.41×10^5	-5.06×10^5	22.12	17.46

　　在快速冻结期内，分析比较不同覆盖处理条件下土壤能量的吸收值和释放值可知，在裸地处理条件下，土壤能量的吸收值为 5.49×10^5 kJ，而释放值为 6.69×10^5 kJ，释放值大于吸收值，土壤能量整体处于负值状态；而在自然降雪覆盖处理条件下，土壤能量的吸收值大幅降低，其相对于裸地处理降低 1.98×10^5 kJ。同理，土壤能量的释放值也出现了一定程度的衰减，但是仍然表现出释放大于吸收。随着秸秆覆盖量的增加，在自然降雪 + 5 cm 秸秆和自然降雪 + 10 cm 秸秆处理条件下，土壤能量的吸收值和释放值均呈现

出不同程度的降低。与此同时，比较不同覆盖处理条件下土壤能量吸收值和释放值的占比可知，裸地处理条件下，其热量吸收、释放值占比分别为45.07%、54.93%；而自然降雪覆盖处理条件下分别为28.79%、32.77%；自然降雪＋5 cm秸秆分别为20.79%、27.16%；自然降雪＋10 cm秸秆分别为11.59%、16.91%，可见覆盖物对土壤热量双向传递具有一定的阻碍作用，并且能量的吸收比重要弱于释放比重。

在上述分析的基础上，进一步探究稳定冻结期土壤能量的收支比重状况。在裸地处理条件下，土壤能量的吸收值为 $8.64 \times 10^5 \, \text{kJ}$，释放值为 $9.68 \times 10^5 \, \text{kJ}$，土壤能量的吸收值和释放值均呈现出较大幅度的提升；而在自然降雪覆盖处理条件下，其能量的吸收值和释放值均呈现出一定程度的降低，并且土壤能量的吸收值和释放值差异性逐渐减弱；而在自然降雪＋5 cm秸秆和自然降雪＋10 cm秸秆处理条件下，其能量的吸收值和释放值依次降低。同理，分析土壤能量的吸收值和释放值的占比情况可知，在裸地处理条件下，土壤能量吸收值的占比为47.16%，而土壤能量的释放值为52.84%，整体上土壤的释放值仍然大于吸收值。而随着积雪和秸秆的覆盖处理，在自然降雪覆盖处理条件下，土壤能量的吸收值占比为30.29%，其能量的释放值占比为32.67%，其能量的比重相对有所降低；而在自然降雪＋5 cm秸秆和自然降雪＋10 cm秸秆覆盖处理条件下，其能量的收支比重依次降低，但是由于土壤冻结程度的加大，能量收支比重相对于快速冻结期有所提升。

融化期内，随着环境温度的提升，土壤能量的吸收值比重增大。具体比较分析可知，在裸地处理条件下，土壤能量的吸收值为 $17.64 \times 10^5 \, \text{kJ}$，而土壤能量的释放值为 $11.33 \times 10^5 \, \text{kJ}$，土壤整体表现为正增长。在自然降雪覆盖处理条件下，融雪水的入渗在一定程度上影响了土壤能量的收支，具体分析可知，其能量的吸收值为 $12.31 \times 10^5 \, \text{kJ}$，而土壤能量的释放值为 $7.66 \times 10^5 \, \text{kJ}$，其土壤的收支能力受到了一定的阻碍。同时，随着积雪中秸秆覆盖量的增加，土壤能量的收支能力依次降低。同时，据土壤能量的收支状况占比可知，在裸地处理条件下，土壤能量吸收值的比重为60.89%，其释放值的比重为39.11%，表明土壤的吸收值比重较大；而在自然降雪覆盖处理条件下，土壤能量吸收值的比重为42.49%，而其能量释放值的比重为26.44%，其比重相对降低，并且吸收能力显著大于释放。同时，在自然降雪＋5 cm秸秆和自然降雪＋10 cm秸秆条件下，土壤能量的吸收值和释放值的比重依次降低，并且同样体现出其能量的吸收值大于释放值，积雪和秸秆的协同覆盖处理抑制了土壤热量的吸收，延迟了土壤的消融。

进一步统计不同处理条件各个冻融时段土壤能量变化时间节点比重，具体结果如图4-17所示，4种处理热量无变化时间占比较大。首先分析快速冻结期，在裸地处理条件下，土壤中热量无变化占比最小，其比重为29.17%；而在自然降雪、自然降雪＋5 cm秸秆、自然降雪＋10 cm秸秆处理条件下，随着覆盖物种类以及覆盖量的增加，其相对于裸地处理条件下无变化的时间节点分别增加了10.04个百分点、14.16个百分点、21.64个百分点。另外，比较分析土壤能量的释放时间节点和吸收时间节点可知，裸地处理条件下，能量释放时间相对于吸收时间占比高出26.78个百分点，土壤的热量散失状况较为明显，时间节点的差异较大。而随着积雪和秸秆的覆盖处理，这种差异性逐渐减弱，在自然降雪、自然降雪＋5 cm秸秆、自然降雪＋10 cm秸秆处理条件下，土壤能量释放时间相对于吸收时间高出的比重分别为 23.78%、22.2% 和 21.46%，表明随覆盖程度的增加，外界环境对土壤能量的影响降低。

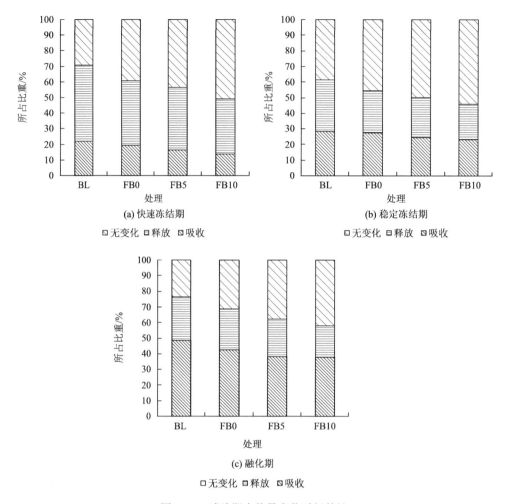

图 4-17　试验期内热量变化时间统计

而在稳定冻结期内，不同处理条件下土壤中能量无变化的时间节点个数依次增大，在裸地处理条件下，能量无变化的时间节点相对快速冻结期提升了 8.65 个百分点；而在自然降雪、自然降雪 + 5 cm 秸秆和自然降雪 + 10 cm 秸秆处理条件下，其分别相对于快速冻结期增加了 5.37 个百分点、4.26 个百分点和 3.17 个百分点。同时，对比不同处理条件下土壤能量释放的时间节点和能量吸收的时间节点可知，二者之间的差异性不显著。具体比较分析可知，在裸地处理条件下，土壤热量释放的时间节点相对于土壤能量吸收的时间节点增加了 4.27 个百分点；而随着积雪和秸秆的协同覆盖处理，在自然降雪、自然降雪 + 5 cm 秸秆、自然降雪 + 10 cm 秸秆处理条件下，二者之间的差异逐渐减小，表明随着覆盖程度的增大，土壤能量逐渐趋近于收支平衡的状态。

同理，在融化期内，土壤的能量吸收大于释放，土壤能量无变化的时间节点呈现出降低的趋势。首先，在裸地处理条件下，土壤能量吸收的时间节点占比为 48.84%，其相对于土壤能量释放的时间节点高出了 20.71 个百分点；而在自然降雪覆盖处理条件下，能量吸收和释放的时间节点差异为 15.56 个百分点，积雪的覆盖阻碍了土壤能量的吸收。伴随着秸秆覆盖量的增加，在自然降雪 + 5 cm 秸秆和自然降雪 + 10 cm 秸秆处理条件下，土壤热量吸收的时间节点分别相对于释放节点高出 6.31 个百分点和 5.58 个百分点，总体上土壤能量呈现出积累上升的趋势。

综合上述分析可知，快速冻结期和稳定冻结期内，土壤能量表现出散失负增长趋势，并且快速冻结期的能量释放趋势要高于稳定冻结期。而在融化期内，土壤能量的吸收能力显著增强。并且在 4 种不同处理条件下，随着积雪和秸秆覆盖量的增加，这种差异性效果均显著减小，土壤能量的收支状况逐渐趋于稳定。

第五节　冻融土壤热量周期性分析

一、土壤能量周期监测方法

为证实前文推测采用小波周期分析理论对土壤吸收、释放能量值进行周期提取。小波分析是一种窗口面积固定但形状可变的时频局部分析方法，它通过将信号分解成一系列小波函数并进行叠加，从而检验信号的突变情况。

$$\Psi(t) = e^{ict}e^{\frac{t^2}{2}} \tag{4-29}$$

小波系数定义为[37-39]

$$W_f(a,b) = |a|^{\frac{1}{2}} \int_{-\infty}^{+\infty} f(t)\overline{\Psi}\left(\frac{t-b}{a}\right)dt \tag{4-30}$$

式中，c 为常数，当 $c \geqslant 5$ 时，Morlet 小波就能近似满足允许条件，经验值为 6.2；i 为虚数；$W_f(a,b)$ 为小波系数，$\Psi(t)$ 为 $\overline{\Psi}$ 的复共轭函数。上述小波变换系数的模和实部是两个非常重要的变量，其模的大小表示特征时间尺度信号的强弱，实部表示不同特征时间尺度信号在不同时间上的分布和位相两个方面的信息。

将时间域上不同尺度 a 的所有小波系数的平方进行积分，即为小波方差（小波功率谱），它反映了水文序列中所包含的各种尺度的波动及其强弱随尺度变化的特征。对应峰值处的尺度即为该序列的主要时间尺度，用以反映时间序列变化的主要周期。其计算公式为[40-43]

$$\text{Var}(a) = \int_{-\infty}^{+\infty}|W_f(a,b)|^2 db \tag{4-31}$$

小波功率谱反映了水文序列中所包含的各种尺度的波动及其强弱随尺度变化的特征。对应峰值处的尺度即为该序列的主要时间尺度，用以反映时间序列变化的主要周期，但所反映出的主周期是否显著还需要进行显著性检验。小波理论整体功率谱为

$$P = \sigma^2 P_a \frac{\chi_v^2}{v} \tag{4-32}$$

式中，σ^2 为热量变化时间序列的方差；P_a 为红噪声或白噪声谱，其表达式为

$$P_a = \frac{1 - r(1)^2}{1 + r(1)^2 - 2r(1)\cos\left(\dfrac{2\pi\delta_t}{1.033a}\right)} \tag{4-33}$$

其中，$r(1)$ 为热量变化时间序列滞后 1 的自相关系数，当 $r(1) \leqslant 0.1$ 时，则取 $r(1) = 0$，用白噪声谱检验，反之用红噪声谱检验；χ_v^2 为自由度为 v 的 χ^2 在显著性 0.05 的值，v 的表达式为

$$v = \sqrt{1 + \left(\frac{N\delta_t}{2.32a}\right)^2} \tag{4-34}$$

其中，N 为热量变化时间序列样本个数；δ_t 为时间间隔，本书取 $\delta_t = 1$。如果 $\mathrm{Var}(a) > P$，说明小波功率谱对应的周期是显著的。

为明确土壤热能周期内变化中温度对应变化量，将试验期内任意时刻起土层周期时长内环温变化量累加，计算其平均值，定义为土层周期环温系数 W，计算方式如下：

$$W_n = \mathrm{average}\left\{ \begin{array}{l} \left[|T_2 - T_1| + |T_3 - T_2| + \cdots + |T_{n+1} - T_n|\right] \\ + \left[|T_3 - T_2| + |T_4 - T_3| + \cdots + |T_{n+2} - T_{n+1}|\right] \\ + \left[|T_{N-n+2} - T_{N-n+1}| + |T_{N-n+3} - T_{N-n+2}| + \cdots + |T_N - T_{N-1}|\right] \end{array} \right\} \tag{4-35}$$

式中，n 为不同土层相对周期；T 为环境温度；N 为试验期内时刻总量。

二、土壤能量变化趋势

试验过程中，由于外界大气环境呈现出一定的周期交替变化，在其驱动影响下，土壤的能量收支状况也呈现出一定的波动趋势。为明确不同处理条件下，不同土层在不同气象条件下的热量变化情况与波动性效果，对试验期内不同时期表层 10 cm 土层处土壤累计吸收热量值、累计释放热量值与净能量值进行计算，具体情况如图 4-18 所示。

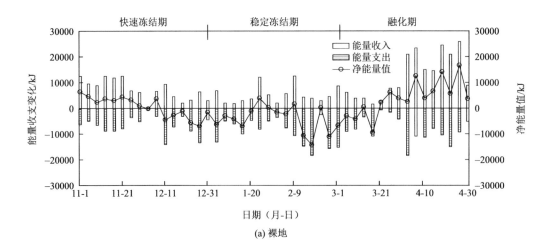

(a) 裸地

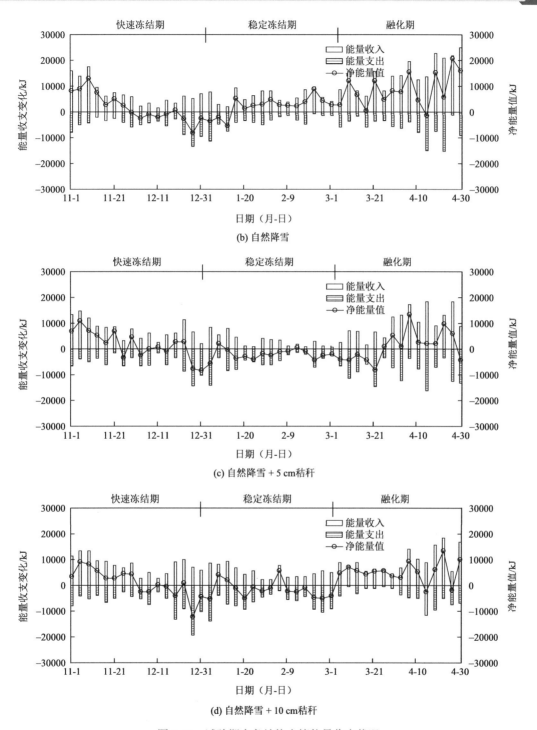

图 4-18 试验期内各地块土壤能量收支状况

在裸地处理条件下，由于土壤地表无覆盖处理，表层 10 cm 深度土壤与环境接触较为密切，其受环境的影响较为显著。首先，在快速冻结期，土壤能量的收支现象较为明显，在 11 月 1 日到 12 月 31 日，土壤能量的累计吸收值为 11.58 MJ，而土壤能量的累计释放值为–10.72 MJ，其净能量序列的变异系数为18.34%，土壤的净能量值表现为下降趋势，并且其时间序列的波动性较为显著。而稳定冻结期内，土壤能量的收支接近于平衡状态，土壤能量的累计吸收值为9.85 MJ，而土壤能量的累计释放值为–8.94 MJ，土壤能量的收支差异较低，此时土壤净能量序列的变异系数为6.74%，其相对于快速冻结期呈现出明显的降低趋势，波动性减弱。而在融化期内，土壤能量的累计吸收值为19.66MJ，而土壤能量的累计释放值为–12.59 MJ，土壤的净能量值表现为上升趋势，而此时其净能量序列的变异系数为23.58%，其能量的波动性增强，并且周期性显著。

在自然降雪覆盖处理条件下，积雪覆盖在一定程度上阻碍了土壤与环境的能量交换，其净能量值的波动效果减弱，进而也影响土壤净能量值的周期性效果。在快速冻结期，土壤能量的累计吸收值为11.12 MJ，而土壤能量的累计释放值为–8.83 MJ，土壤能量同样表现出收入大于支出，但是其释放效果弱于裸地处理，并且其净能量序列的变异系数为16.37%，其波动性同样相对于裸地处理条件有所减弱。而在稳定冻结期，土壤能量的累计吸收值为8.47 MJ，而其能量的累计释放值则为–8.13 MJ，土壤能量的波动相对降低，此时，其净能量序列的变异系数为5.86%。而在融化期内，土壤能量的累计吸收值为17.04 MJ，而土壤能量的累计释放值为–9.34 MJ，土壤能量的收支状况相对于裸地处理有所减弱，而此时净能量序列的变异系数则变为–31.28%，积雪的覆盖导致土壤能量的收支状况受到一定的影响，波动性显著增强。

同理，在自然降雪＋5 cm秸秆和自然降雪＋10 cm秸秆处理条件下，快速冻结期内土壤能量的累计吸收值分别相对于裸地处理降低了1.34 MJ和1.67 MJ，并且其净能量值蓄力的变异系数依次降低，而在稳定冻结期内，土壤能量的累计吸收值分别为7.51 MJ和6.89 MJ，而土壤能量的累计释放值分别为–7.67 MJ和–7.03 MJ，在这两种处理条件下，土壤能量的收支基本处于平衡状态。而在融化期时，土壤中能量的收支状况相对于裸地处理和自然降雪覆盖处理条件所有降低，土壤能量同样表现出累计增长趋势。而分析净能量序列的变异系数可知，其数值分别为28.64%和25.37%，表明随着秸秆覆盖量的增加，秸秆的吸湿性在一定程度上减缓了土壤能量的波动幅度，3种覆盖处理条件下，土壤能量的波动性逐渐降低。

由此可知，在土壤的不同冻融时期，随着积雪和秸秆覆盖量的增加，土壤能量的波动性逐渐减弱；并且在快速冻结期和融化期，这种波动性表现更为明显。而在稳定冻结期，土壤几乎处于收支平衡的状态，波动性减弱。

三、土壤能量周期性识别

由上文可知，不同深度土层能量吸收、释放与变化时间段均有很大差异，为了精确探究不同覆盖处理条件对于土壤能量变异的周期影响，采用小波分析的方式对其进行识别，具体情况如表4-17所示。在裸地处理条件下，表层10 cm土层处不同时期土壤能量的周期性与环境之间的同步性较强，其能量变化的周期均为24 h，而随着土层深度的增加，其周期性出现了一定的差异性效果。其中，在快速冻结期内，20 cm、30 cm、40 cm土层处土壤能量变化的周期分别为24 h、26 h、28 h，其变化幅度较低，由于土壤能量在传递过程中存在一定散失和消耗过程；当土层深度达到 100 cm 时，其能量的变化周期变为 84 h。而在稳定冻结期，通过上述关于能量收支平衡变化关系分析可知，该时段土壤能量收支趋于平衡状态。因此，土壤能量的变化周期也出现了一定的增大现象。具体分析可知，在 20 cm、30 cm、40 cm 土层处，其能量变化的周期分别相对于快速冻结期增加 8 h、20 h 和 20 h；并且随着土层深度的增加，当土层深度达到 100 cm 时，其能量的变化周期变为 144 h，周期延长的效果显著。而在融化期，与快速冻结期和稳冻结期一致，其土壤能量变化的周期随着土层深度的增加而呈现出延长的趋势。

表 4-17　不同覆盖处理条件下土壤能量的周期变化

土层深度/cm	裸地处理			自然降雪			自然降雪 + 5 cm 秸秆			自然降雪 + 10 cm 秸秆		
	快速冻结期/h	稳定冻结期/h	融化期/h	快速冻结期/h	稳定冻结期/h	融化期/h	快速冻结期/h	稳定冻结期/h	融化期/h	快速冻结期/h	稳定冻结期/h	融化期/h
10	24	24	24	24	32	54	28	32	42	32	48	28
20	24	32	28	26	42	48	36	36	46	48	68	36
30	26	46	36	28	64	62	58	54	48	68	94	48
40	28	48	44	36	72	68	84	84	64	102	164	52
50	32	56	68	54	98	142	96	116	92	128	198	92
60	36	64	98	76	84	226	118	126	148	136	246	112
70	48	78	124	98	128	297	132	148	176	158	288	148
80	48	82	156	152	172	324	168	198	246	192	324	164
90	67	112	188	174	196	412	186	264	368	248	368	224
100	84	144	212	224	274	462	226	396	412	264	428	312

　　自然降雪覆处理条件下，在快速冻结期，表层 10 cm 土层处土壤能量的变化周期为 24 h，由于其土层深度较浅，其与气象因子之间的变化周期较为同步。而随着土层深度的增加，在 20 cm、30 cm、40 cm 土层处，土壤能量的变化周期依次延长，并且其分别相对于裸地处理条件下相同土层处增加了 2 h、2 h、8 h，并且随着土层深度的继续增加，土壤能量收支现象出现了一定的流失现象；当土层深度达到 100 cm 时，土壤能量的变化周期相对于裸地处理延时了 140 h，积雪覆盖对于土壤能量周期变化的影响程度较大。在稳定冻结期，在土壤垂直剖面上，其能量变化的周期同样呈现出依次增大的趋势。而在融化期内，积雪融化大幅度增加了土壤含水量，融雪水的大比热容抑制了土壤热量的吸收与释放，导致土壤热量的变化周期大幅度增加。其中，表层 10 cm 土层处能量变化的周期为 54 h，其相对于裸地处理增加了 30 h；而随着土层深度的增加，在 20 cm、30 cm、40 cm 土层处，其能量变化的周期分别相对于裸地处理增加了 20 h、26 h 和 24 h，同样体现出一定的周期延长趋势。

　　在自然降雪 + 5 cm 秸秆和自然降雪 + 10 cm 秸秆处理条件下，快速冻结期内表层 10 cm 土层处能量变化的周期分别相对于自然降雪处理延时了 4 h 和 8 h；而随着土层深度的增加，其各个土层处土壤能量的周期分别相对于裸地处理出现不同程度的增加。同理，在稳定冻结期内，其各个土层处的能量变化周期分别相对于裸地处理呈现不同程度的增加。而在融化期内，秸秆的吸湿性减弱融雪水对于土壤含水量的影响，导致土壤的周期性相对于自然降雪处理有所缩减；而 3 种积雪和秸秆协同覆盖处理条件下，土壤能量的变化周期分别相对于裸地处理有所增加。

由此可知，在土壤垂直剖面上，土壤能量在传递过程中，一部分热量出现了消耗散失，随着土层深度的增加，土壤能量变化的周期逐渐延长。与此同时，积雪和秸秆的协同覆盖处理减弱并且延时了土壤能量的收支过程，在快速冻结期和稳定冻结期内，相同土层处，土壤能量的周期从大到小依次为：自然降雪 + 10 cm 秸秆＞自然降雪 + 5 cm 秸秆＞自然降雪＞裸地处理。而在融化期内，秸秆的储水蓄能作用减弱了融雪水对于土壤含水量影响，进而也减弱了其对土壤能量周期性的干扰，土壤能量的周期从大到小依次为：自然降雪＞自然降雪 + 5 cm 秸秆＞自然降雪 + 10 cm 秸秆＞裸地处理。

第六节　冻融土壤热量传递机理研究

一、土壤热量传递响应因子识别

在研究中，需有效地明确土壤能量的传递机理，以实现土壤能量的定量表征。冻融土壤能量的迁移转化受到多重因素影响。首先，土壤能量的吸收、释放与土壤温度的变异和水分的相变密切相关，而土壤温度又受到环境的制约，随着环境温度的降低而呈现出冻结现象；而冻结锋面的移动，驱使土壤中的液态水向冻结锋面移动。其次，土壤温度差异所产生的温度梯度，导致土壤形成水势差，也导致土壤中液态含水量由高水势区域向低水势区域移动。最后，地下潜水也会对冻融土壤的液态含水量提供一定的补给，因此影响土壤能量收支变化的因子错综复杂。这些因子与土壤能量传递转化存在着潜意识的耦合关系，过多的指标会影响冻融土壤水热变异规律。在本研究中，筛选出具有代表性的气象因子，结合试验方案以及实测试验结果，根据移动气象站中统计的参考结果，综合考虑冻融期土壤水热耦合迁移的基础理论，选取环境温度、露点温度、环境湿度、蒸发量、饱和水汽压等气象因素作为参考指标。

将试验统计的自然降雪覆盖处理条件下土壤净能量序列作为基础数据序列，将各个环境因素指标时间序列作为参考数据序列，分析其与土壤能量之间的关联度大小。在计算过程中，首先对土壤能量和各种环境因素时间序列进行无量纲化处理，然后通过灰色关联分析的理论方法求得其间的关联系数，将上述筛选的大气环境温度、露点温度、环境湿度、CO_2 浓度、蒸发量、饱和水汽压、总辐射、净辐射和日照总时数等指标作为外界影响因素，测算不同因素对土壤温度的影响状况，各气象因素与土壤能量之间的关联度如图 4-19 所示。

具体分析可知，土壤能量与环境温度之间的关联度为 0.917，二者之间的关系最为密切；露点温度、环境湿度、饱和水汽压、总辐射和净辐射与土壤能量之间的关联度分别为 0.813、0.793、0.832、0.886 和 0.837，其与土壤能量之间的关联度均大于 0.8。而 CO_2 浓度、蒸发量、风速、日照总时数等气象指标与土壤能量之间的关联度相对较低。因此，选取 x_1 为环境温度，x_2 为露点温度，x_3 为环境湿度，x_4 为饱和水汽压，x_5

为总辐射，x_6 为净辐射，这 6 个气象指标作为自变量，进而构建土壤能量与环境气象因子之间的传递函数。

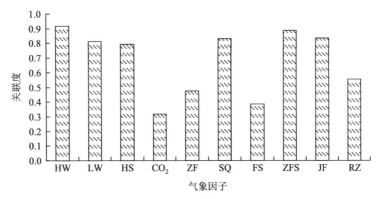

图 4-19　土壤能量的关键性环境气象因子分析

HW 为环境温度；LW 为露点温度；HS 为环境湿度；CO_2 为 CO_2 浓度；ZF 为蒸发量；SQ 为饱和水汽压；FS 为风速；ZFS 为总辐射；JF 为净辐射；RZ 为日照总时数

二、土壤热量传递函数构建

以不同土层土壤能量作为因变量，将上述筛选得出的各种环境气象因子作为自变量，建立裸地处理条件下土壤 10 cm、20 cm、30 cm、…、100 cm 土层处的多元回归模型，如表 4-18 所示。在裸地处理条件下，其各个土层处土壤回归模型的自变量与因变量之间的关系均通过 $P<0.05$ 的显著性检验。同时，验证模型的构建效果可知，表层 10 cm 土层处所构建的多元回归模型的决定系数 R^2 为 0.967，而随着土层深度的增加，其回归模型的决定系数也呈现出逐渐降低的趋势；在 20 cm、30 cm、40 cm 的土层处，其回归模型的决定系数分别相对 10 cm 减小了 0.033、0.060 和 0.103；而当土层深度达到 80 cm 时，模型的决定系数小于 0.75，显著性减弱，同时也表明随着土层深度的增加，多元回归模型的精度也降低。由此可知，在该处理条件下，当土层深度达到 80 cm 以下时，其土壤能量与环境气象因子之间的关联效果减弱。

表 4-18　裸地处理条件下土壤能量传递函数

土层深度/cm	能量传递函数	R^2	F	P
10	$Q_{10} = 0.38x_1 + 0.17x_2 - 0.0083x_3 + 0.41x_4 + 0.025x_5$ $- 0.014x_6 + 0.0043$	0.967	21.57	0.0041
20	$Q_{20} = 0.071x_1 + 0.083x_2 - 0.15x_3 + 0.49x_4 + 0.00015x_5$ $+ 0.13x_6 + 0.0026$	0.934	18.65	0.0067
30	$Q_{30} = 0.013x_1 - 0.047x_2 - 0.087x_3 + 0.15x_4 - 0.022x_5$ $+ 0.16x_6 + 0.0012$	0.907	20.87	0.0087
40	$Q_{40} = 0.12x_1 - 0.087x_2 + 0.011x_3 - 0.011x_4 - 0.037x_5$ $+ 0.17x_6 + 0.0017$	0.864	14.61	0.0094
50	$Q_{50} = 0.084x_1 - 0.024x_2 + 0.0017x_3 - 0.065x_4 - 0.016x_5$ $+ 0.091x_6 + 0.0011$	0.837	10.23	0.0164

续表

土层深度/cm	能量传递函数	R^2	F	P
60	$Q_{60}=0.084x_1+0.014x_2-0.018x_3-0.012x_4-0.0012x_5+0.054x_6+0.0015$	0.805	7.41	0.0284
70	$Q_{70}=0.081x_1+0.057x_2+0.015x_3+0.027x_4-0.016x_5+0.038x_6+0.0029$	0.774	8.25	0.0345
80	$Q_{80}=0.12x_1+0.067x_2-0.038x_3+0.054x_4-0.022x_5+0.01x_6+0.0029$	0.731	6.11	0.0481
90	$Q_{90}=0.059x_1+0.029x_2+0.03x_3+0.071x_4-0.022x_5-0.012x_6+0.0046$	0.521	3.42	0.0349
100	$Q_{100}=0.041x_1-0.017x_2-0.037x_3+0.016x_4+0.02x_5+0.025x_6+0.0017$	0.558	1.98	0.0411

注：R^2 为回归模型的决定系数；F 为统计量；P 为显著水平。

在自然降雪覆盖处理条件下（表 4-19），快速冻结期和稳定冻结期内，积雪的覆盖作用阻碍了土壤的水热散失，同时也阻挡了外界环境对土壤水热迁移的干扰；而在融化期内，融雪水的入渗大幅度增加了土壤的含水量，导致其水热能量传递过程出现了一定的波动。因此，积雪的覆盖作用在一定程度上影响了土壤能量与环境气象因子之间的交流传递效果。具体比较分析可知，经显著性分析可知，该处理条件下，除 90 cm、100 cm 土层外，其余各个土层处能量回归模型均通过了 $P<0.05$ 的显著性检验。另外，比较各个土层处模型的构建效果，在表层 10 cm 土层处，土壤能量回归模型的决定系数 R^2 为 0.835，其相对于裸地处理条件下表层 10 cm 土层处的构建效果出现了大幅度的降低。同样，在土层垂直剖面上，随着土层深度的增加，在 20 cm、30 cm 和 40 cm 土层处，其传递函数的决定系数分别为 0.812、0.794 和 0.776，其在逐渐减小的同时，相对于裸地处理条件下相同土层处的决定系数均呈现出不同程度的降低，表明积雪的覆盖影响了土壤能量传递函数的整体精度水平。

表 4-19　自然降雪覆盖处理条件下土壤能量传递函数

土层深度/cm	能量传递函数	R^2	F	P
10	$Q_{10}=0.34x_1+0.17x_2+0.029x_3+0.33x_4+0.053x_5-0.046x_6+0.071$	0.835	15.84	0.0058
20	$Q_{20}=0.11x_1+0.086x_2-0.15x_3+0.46x_4+0.076x_5+0.101x_6+0.079$	0.812	12.64	0.0084
30	$Q_{30}=0.031x_1-0.055x_2-0.074x_3+0.095x_4+0.0041x_5+0.074x_6+0.052$	0.794	14.87	0.0154
40	$Q_{40}=0.065x_1-0.092x_2-0.051x_3-0.062x_4-0.011x_5+0.079x_6+0.036$	0.776	16.32	0.0217
50	$Q_{50}=0.11x_1-0.09x_2+0.015x_3-0.077x_4-0.024x_5+0.065x_6+0.001$	0.754	10.28	0.0189

续表

土层深度/cm	能量传递函数	R^2	F	P
60	$Q_{60}=0.095x_1-0.088x_2-0.022x_3-0.048x_4-0.030x_5$ $+0.058x_6+0.0028$	0.684	9.65	0.0357
70	$Q_{70}=0.093x_1-0.0032x_2-0.084x_3+0.148x_4+0.0047x_5$ $+0.059x_6+0.0048$	0.672	8.44	0.0428
80	$Q_{80}=0.071x_1-0.082x_2-0.013x_3-0.012x_4+0.0084x_5$ $+0.069x_6+0.0038$	0.611	6.54	0.0449
90	$Q_{90}=0.052x_1-0.088x_2+0.0045x_3-0.025x_4-0.0015x_5$ $+0.051x_6+0.0025$	0.543	3.45	0.0513
100	$Q_{100}=0.021x_1-0.067x_2+0.0059x_3-0.047x_4-0.0011x_5$ $+0.037x_6+0.0026$	0.559	2.89	0.0715

在上述分析的基础上，进一步探究自然降雪＋5 cm 秸秆处理对于土壤能量的影响（表 4-20）。该处理条件下不同土层处土壤能量传递函数均通过显著性检验，说明各种环境气象因子与土壤能量之间的关系较为密切。并且在表层 10 cm 土层处，土壤能量的传递函数的决定系数 R^2 为 0.911，其相对于自然降雪覆盖处理条件有所提升；而随着土层深度的增加，在 20 cm、30 cm 和 40 cm 土层处，其决定系数分别相对于表层 10 cm 处减小了 0.016、0.036 和 0.047，其同样表现为降低趋势，并且在相同土层处，其决定系数的数值介于裸地处理和自然降雪覆盖处理之间；而当土层深度达到 80 cm 时，其能量传递函数的决定系数减小为 0.631，传递函数的精度效果大幅度降低。

表 4-20　自然降雪＋5 cm 秸秆处理条件下土壤能量传递函数

土层深度/cm	能量传递函数	R^2	F	P
10	$Q_{10}=0.302x_1+0.13x_2-0.041x_3+0.42x_4+0.095x_5$ $+0.016x_6+0.0071$	0.911	12.31	0.0067
20	$Q_{20}=0.12x_1+0.075x_2-0.15x_3+0.28x_4+0.041x_5$ $+0.12x_6+0.0061$	0.895	15.64	0.0054
30	$Q_{30}=0.13x_1-0.0012x_2-0.15x_3+0.027x_4-0.017x_5$ $+0.091x_6+0.0042$	0.875	11.49	0.0097
40	$Q_{40}=0.085x_1-0.0058x_2-0.11x_3-0.019x_4-0.012x_5$ $+0.104x_6+0.0031$	0.864	9.54	0.0131
50	$Q_{50}=0.094x_1+0.0058x_2-0.015x_3+0.015x_4-0.015x_5$ $+0.022x_6+0.0012$	0.821	8.85	0.0257
60	$Q_{60}=0.049x_1+0.029x_2-0.026x_3+0.028x_4-0.018x_5$ $+0.028x_6+0.0036$	0.808	8.12	0.0364
70	$Q_{70}=0.036x_1+0.047x_2+0.0085x_3+0.036x_4-0.0077x_5$ $-0.0031x_6+0.0018$	0.754	7.41	0.0297

土层深度/cm	能量传递函数	R^2	F	P
80	$Q_{80} = 0.065x_1 + 0.049x_2 + 0.035x_3 + 0.034x_4 - 0.0086x_5$ $+0.0032x_6 + 0.0032$	0.631	6.53	0.0371
90	$Q_{90} = 0.052x_1 - 0.023x_2 + 0.033x_3 - 0.013x_4 - 0.01x_5$ $+0.021x_6 + 0.0026$	0.721	4.51	0.0461
100	$Q_{100} = 0.0085x_1 - 0.031x_2 + 0.059x_3 - 0.0038x_4 - 0.0086x_5$ $+0.0073x_6 + 0.0024$	0.654	2.31	0.0448

同理，自然降雪 + 10 cm 秸秆处理条件下，伴随着秸秆覆盖量的增加，土壤能量与环境气象因子之间的关系减弱，具体比较分析传递函数的构建效果可知（表 4-21），在表层 10 cm 土层处，其传递函数的决定系数为 0.927，其在自然降雪 + 5 cm 秸秆处理的基础上又出现了一定程度的提升。由此可知，在 4 种不同覆盖处理条件下，其传递函数的精度效果依次表现为裸地处理＞自然降雪 + 10 cm 秸秆＞自然降雪 + 5 cm 秸秆＞自然降雪处理。同时，伴随着土层深度的增加，在不同土层深度处其均表现出相同的趋势效应。而当土层深度超过 80 cm 时，环境气象因子与土壤能量之间的关系逐渐减弱，传递函数的构建效果也呈现下降的趋势。

表 4-21　自然降雪 + 10 cm 秸秆处理条件下土壤能量传递函数

土层深度/cm	能量传递函数	R^2	F	P
10	$Q_{10} = 0.27x_1 + 0.17x_2 - 0.041x_3 + 0.45x_4 + 0.054x_5$ $+0.067x_6 + 0.0051$	0.927	17.68	0.0051
20	$Q_{20} = 0.105x_1 - 0.0052x_2 - 0.027x_3 + 0.17x_4 + 0.061x_5$ $+0.13x_6 + 0.0021$	0.916	16.74	0.0064
30	$Q_{30} = 0.073x_1 - 0.094x_2 + 0.042x_3 - 0.051x_4 - 0.012x_5$ $+0.081x_6 + 0.0022$	0.901	15.21	0.0087
40	$Q_{40} = 0.11x_1 - 0.077x_2 + 0.044x_3 - 0.056x_4 - 0.021x_5$ $+0.071x_6 + 0.0036$	0.886	12.37	0.0127
50	$Q_{50} = 0.067x_1 - 0.068x_2 + 0.061x_3 - 0.029x_4 - 0.0097x_5$ $+0.042x_6 + 0.0027$	0.854	10.86	0.0168
60	$Q_{60} = 0.069x_1 - 0.048x_2 + 0.052x_3 - 0.0017x_4 - 0.012x_5$ $-0.00031x_6 + 0.0034$	0.831	9.51	0.0431
70	$Q_{70} = 0.036x_1 - 0.017x_2 + 0.025x_3 + 0.014x_4 - 0.009x_5$ $+0.012x_6 + 0.0022$	0.819	8.11	0.0291
80	$Q_{80} = 0.076x_1 - 0.022x_2 + 0.043x_3 - 0.019x_4 - 0.012x_5$ $+0.019x_6 + 0.0047$	0.794	6.15	0.0376
90	$Q_{90} = 0.031x_1 - 0.028x_2 + 0.054x_3 + 0.0093x_4 - 0.015x_5$ $-0.0074x_6 + 0.0047$	0.775	4.21	0.0245
100	$Q_{100} = 0.014x_1 - 0.025x_2 + 0.061x_3 + 0.011x_4 - 0.0081x_5$ $-0.0064x_6 + 0.0048$	0.756	2.84	0.0627

三、土壤热量传递响应关系分析

结合上述传递函数的构建效果可知，环境气象因子与土壤能量之间具有显著的作用效果，由于地表的覆盖作用，其在一定程度上影响了土壤能量与环境之间传递作用效果。在冻融循环过程中，土壤中能量的收支主要依靠于土壤的热传导效应，土壤的低导热率和较大的热容量，使得能量在土层的传递过程中，一部分储存于土层原位，一部分则在传递中散失。因此，随着土层深度的增加，土壤能量与环境之间的交换作用出现了流失和延时效果。同时，积雪作为一种多孔的介质层，其具有较强的能量、光照调节能力，其显著改变着地表能量平衡和光照条件，对陆面生态系统及其土壤物理和化学过程产生较大的影响。此外，积雪作为一种固态水分，在冻结期具有较大的水分存储与调节能力，而在融化期对于土壤的水分循环过程具有较强的影响。与此同时，由于秸秆的绝热保温和吸湿储能效果，其在冻结过程中阻碍了外界环境气象因子对于土壤水热的驱动效果，在融化期时截留一部分融雪水，保证土壤含水量的稳定补给，减弱了融雪水对土壤能量收支平衡的侵蚀影响。裸地处理条件下，环境与土壤之间的能量传递过程免受覆被的阻碍干扰，因此，其传递响应关系显著。积雪和秸秆的协同覆盖处理对于土壤活动层的温度分布的影响影响着土壤水分的相变过程，抑制能量传递到冻土层。因此，在 3 种覆盖条件下，自然降雪覆盖处理条件下，土壤能量传递过程与环境因子之间的响应效果出现大幅度的减弱，并且随着秸秆覆盖量的增加，土壤能量收支过程与环境之间的响应关系有所增强，表明秸秆与积雪的协同覆盖处理在保墒储能的同时，也确保了环境与土壤之间的能量稳定平衡交换。

参 考 文 献

[1] 郭晓峰，康凌，蔡旭晖，等. 华南农田下垫面地气交换和能量收支的观测研究[J]. 大气科学，2006（3）：453-463.

[2] 徐学祖，王家澄，张立新. 冻土物理学[M]. 北京：科学出版社，2001.

[3] 郭金停，韩风林，布仁仓，等. 大兴安岭北坡多年冻土区植物群落分类及其物种多样性对冻土融深变化的响应[J]. 生态学报，2016，36（21）：6834-6841.

[4] 蒋复初，吴锡浩，王书兵，等. 中国大陆多年冻土线空间分布基本特征[J]. 地质力学学报，2003，9（4）：303-312.

[5] 张厚泉. 季节性冻融期土壤水热动态变化规律的数值模拟研究[D]. 太原：太原理工大学，2009.

[6] 王晓巍. 北方季节性冻土的冻融规律分析及水文特性模拟[D]. 哈尔滨：东北农业大学，2010.

[7] 焦永亮，李韧，赵林，等. 多年冻土区活动层冻融状况及土壤水分运移特征[J]. 冰川冻土，2014，36（2）：237-247.

[8] 原国红. 季节冻土水分迁移的机理及数值模拟[D]. 长春：吉林大学，2006.

[9] 白青波，李旭，田亚护，等. 冻土水热耦合方程及数值模拟研究[J]. 岩土工程学报，2015，37（S2）：131-136.

[10] 魏召才. 融雪过程模拟及积雪特性分析研究[D]. 乌鲁木齐：新疆大学，2010.

[11] 王子龙，王凯，姜秋香，等. 黑土表层有效养分含量和酶活性对雪被去除的季节性响应[J]. 农业工程学报，2022，38（2）：111-118.

[12] 曹志，范昊明. 我国东北低山区不同坡位积雪特性研究[J]. 冰川冻土，2017，39（5）：989-996.

[13] 马世伟，周丽丽，马仁明，等. 东北低山丘陵区季节性积雪特性研究[J]. 水土保持学报，2017，31（1）：332-336.

[14] 陆恒，魏文寿，刘明哲，等. 中国天山西部季节性森林积雪物理特性[J]. 地理科学进展，2011，30（11）：1403-1409.

[15] 赵显波. 黑土坡耕地冻融过程中水热及营养盐分布实验与分析[D]. 大连：大连理工大学，2019.

[16] 王子龙, 付强, 姜秋香, 等. 积雪水热迁移机理与模型研究进展[J]. 水文, 2016, 36 (3): 6-10, 55.

[17] 马俊杰, 李韧, 刘宏超, 等. 青藏高原多年冻土区活动层水热特性研究进展[J]. 冰川冻土, 2020, 42 (1): 195-204.

[18] 雷志栋, 杨诗秀, 谢森传. 土壤水动力学[M]. 北京: 清华大学出版社, 1988.

[19] 阮冬梅. 冻结过程中盐渍土水热盐运移规律及多场耦合模拟研究[D]. 长春: 吉林大学, 2003.

[20] 代立芹, 康西言, 姚树然, 等. 河北冬小麦冬季不同类型冻害气候指标及风险分析[J]. 生态学杂志, 2014, 33 (8): 2046-2052.

[21] 徐洪亮. 青藏高原多年冻土活动层水热特征及其对土壤渗透性影响分析[D]. 兰州: 兰州大学, 2021.

[22] 吕明侠. 冻融过程协同植被退化对活动层水热过程的影响机理[D]. 兰州: 兰州大学, 2021.

[23] 王文圣, 黄伟军, 丁晶. 基于小波消噪和符号动力学的径流变化复杂性研究[J]. 水科学进展, 2005 (3): 380-383.

[24] 解幸幸, 李舒, 张春利, 等. Lempel-Ziv 复杂度在非线性检测中的应用研究[J]. 复杂系统与复杂性科学, 2005 (3): 61-66.

[25] 刘娟. 基于分数阶 Fourier 变换的结构瞬时模态参数识别[D]. 合肥: 合肥工业大学, 2019.

[26] 付强, 马梓奡, 李天霄, 等. 覆盖物对冻融土壤热量空间分布与传递效率的影响[J]. 农业机械学报, 2018, 49 (2): 292-298.

[27] 岳平, 张强, 杨金虎, 等. 黄土高原半干旱草地地表能量通量及闭合率[J]. 生态学报, 2011, 31 (22): 6866-6876.

[28] 徐拴海, 李宁, 许刚刚, 等. 冻融环境中饱和岩石的热量传递与温度平衡规律[J]. 岩石力学与工程学报, 2016, 35 (11): 2225-2236.

[29] 聂鹏. 冻融损伤对砂岩力学特性影响的试验研究[D]. 武汉: 武汉大学, 2017.

[30] 李国平, 张泽铭, 刘晓冉. 青藏高原西部土壤热量的传输及其参数化方案[J]. 高原气象, 2008 (4): 719-726.

[31] 过增元. 对流换热的物理机制及其控制: 速度场与热流场的协同[J]. 科学通报, 2000 (19): 2118-2122.

[32] 王康, 张仁铎, 缪锡云. 多孔介质中非均匀流动特性的染色示踪试验研究[J]. 水科学进展, 2007 (5): 662-667.

[33] 刘昌明, 张丹. 中国地表潜在蒸散发敏感性的时空变化特征分析[J]. 地理学报, 2011, 66 (5): 579-588.

[34] 杨贵军, 柳钦火, 杜永明, 等. 农田辐射传输光学遥感成像模拟研究综述[J]. 北京大学学报 (自然科学版), 2013, 49 (3): 537-544.

[35] 潘小勇. 流体力学与传热学[M]. 南昌: 江西高校出版社, 2019.

[36] 徐学祖. 冻土分类现状及建议[J]. 冰川冻土, 1994 (3): 193-201.

[37] 王文圣, 丁晶, 向红莲. 小波分析在水文学中的应用研究及展望[J]. 水科学进展, 2002 (4): 515-520.

[38] 陈仁升, 康尔泗, 张济世. 小波变换在河西地区水文和气候周期变化分析中的应用[J]. 地球科学进展, 2001 (3): 339-345.

[39] 王文圣, 赵太想, 丁晶. 基于连续小波变换的水文序列变化特征研究[J]. 四川大学学报 (工程科学版), 2004 (4): 6-9.

[40] 王红瑞, 刘达通, 王成, 等. 基于季节调整和趋势分解的水文序列小波周期分析模型及其应用[J]. 应用基础与工程科学学报, 2013, 21 (5): 823-836.

[41] Chen G Y, Bui T D, Krzyzak A. Rotation invariant pattern recognition using ridgelets, wavelet cycle-spinning and Fourier features[J]. Pattern Recognition, 2005, 38 (12): 2314-2322.

[42] Aguiar-Conraria L S, Soares M J. Business cycle synchronization and the Euro: A wavelet analysis[J]. Journal of Macroeconomics, 2011, 33 (3): 477-489.

[43] Klevecz R J, Genomics I. Dynamic architecture of the yeast cell cycle uncovered by wavelet decomposition of expression microarray data[J]. Functional and Integrative Genomics, 2000, 1 (3): 186-192.

第五章　农田冻融土壤水热复杂性特征识别

第一节　概　　述

在农业生产中，随着人们对水土资源退化及作物生产力水平低下等问题研究的不断深入，人们意识到农田大量水分蒸发导致水分有效利用率低下等问题还需要进一步系统研究。而北方高寒地区，由于地处寒温带，每年 11 月初土壤开始冻结，5 月初土壤融通，整个冬季漫长而寒冷，且处于积雪覆盖状态，土壤内部水分迁移和能量交换较为复杂[1]。例如，在冻融循环的影响下农田土壤水分发生相变，增加了土壤水分运动的复杂性；土壤在冻融过程中与地表能量存在一定的交换过程，影响着土壤温度的变化[2, 3]；多种农艺措施也不同程度地改变了土壤内部的微环境，使土壤的水分和温度重新分布[4-7]。因此，有必要采用适当方法对冻融期土壤水热复杂性进行分析，定量描述冻融土壤水热变化的复杂性特征。

复合系统复杂性测度可以定量描述系统存在的复杂性特征，它通过系统分析与指标数据采集、可测度分析与测度方法选择、测度与评价等几个步骤实现对复杂性特征的测度。系统分析与指标数据采集就是在明确系统要素、目标、环境与边界、层次结构的基础上，依据客观、全面、科学及可量化原则，构建能够表达系统复杂性特征的指标体系，并进行全面数据采集；可测度分析与测度方法选择就是了解各种可能复杂性测度算法适宜何种复杂性测度、数据阈值要求、能否实现可比化度量、算法优缺点及是否可以改进等，分析系统具有或可能具有何种复杂性、哪些（种）算法可以测度此种复杂性、现有数据是否满足算法阈值要求，最后判断出系统复杂性是否可测度及选用何种测度方法；测度与评价就是运用所选择的方法对指标体系进行测度，并对测度结果进行评价分析，包括所测度系统的复杂性程度、测度结果的物理意义与管理学启示及测度算法可靠性分析等。农田冻融土壤水热复杂性测度过程如图 5-1 所示。

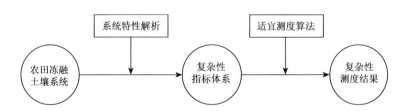

图 5-1　农田冻融土壤水热复杂性测度过程

寒区土壤冻融过程能够改变土壤水热状况，致使土壤水热传输过程呈现较强的复杂性特征。同时，寒区融雪水作为农业生产的重要水分补给，同样提升了土壤墒情演变的不确定性。因此，采用复杂性评价理论识别土壤水热时间序列变异波动性效果，进而采取有效的调控措施，降低土壤水热变异的复杂性，将有效提升寒区农田土壤水热资源利用率。本章将雪被与农田土壤视为一个复合系统，采用小波变换、近似熵、符号动力学等理论方法对冻融条件下土壤水分和温度的复杂变化特征展开分析。

第二节 冻融土壤系统复杂性特征识别理论

本节主要介绍小波变换信息量系数、近似熵理论、符号动力学的基本理论和计算过程。

一、小波变换信息量系数

（一）小波变换

1982 年，法国地球物理学家莫莱特（Morlet）等在地震波研究中首次提出小波变换（wavelet transform，WT）[8-10]。小波变换克服了傅里叶（Fourier）变换只能以一种分辨率来观察信号、不适用于非平稳信号的不足，其可以对非平稳信号进行多分辨分析，具有良好的时频局部化特征，被誉为"数学显微镜"[11-14]。因此，小波变换被应用在各个领域中。小波变换包括连续小波变换（continue wavelet transform，CWT）和离散小波变换（discrete wavelet transform，DWT）[15-17]。

（二）快速小波变换算法

当对水文时间序列进行连续小波变换或离散小波变换时，所获得的小波变换系数信息冗余[18-20]，计算量较大。因此，在实际应用中，多采用快速小波变换（fast wavelet transform，FWT）算法来计算小波变换系数。经常采用的快速小波变换算法包括马拉特（Mallat）算法和 A Trous 算法（也称多孔算法）[20, 21]。本节介绍简单、快捷、计算量小的 A Trous 算法。

对随机时间序列 $f(t)(t = 1, 2, \cdots, N)$进行小波分解，令 $C^0(t) = f(t)$，A Trous 算法的分解和重构过程如下：

$$\begin{cases} C^j(t) = \sum_{k=-\infty}^{+\infty} h(k)C^{j-1}(t + 2^j k) \\ W^j(t) = C^{j-1}(t) - C^j(t) \end{cases} \tag{5-1}$$

$$C^0(t) = C^J(t) + \sum_{j=1}^{J} W^j(t) \tag{5-2}$$

式中，$C^j(t)$和 $W^j(t)$分别为尺度 j 下的尺度系数（背景信号）和小波系数（细节信号），$j = 1, 2, \cdots, J$；J 为尺度数，一般认为最多有 $\lg N$[N 为序列 $f(t)$ 的长度]个尺度；$h(k)$ 为离散低通滤波器，滤波器一般选用对称紧支撑三阶 B 样条，即 $h(k) = (1/16, 1/4, 3/8, 1/4, 1/16)$。称 $\{W^1(t), W^2(t), \cdots, W^J(t), C^J(t)\}$ 为在尺度 J 下的小波变换序列。

（三）能量概率分布

利用小波系数 $W^j(t)$ 可以求得随机时间序列 $f(t)$ 在尺度 j 下的能量 E_j[22]：

$$E_j = \sum_{t=1}^{n} W^{j2}(t) \tag{5-3}$$

则随机时间序列 $f(t)$ 的总能量为

$$E = \sum_{j=1}^{J} E_j \tag{5-4}$$

随机时间序列 $f(t)$ 在各个尺度上的能量概率分布 P_j 为

$$P_j = E_j / E \tag{5-5}$$

（四）信息量系数

对于时间序列 $X = \{x_1, x_2, \cdots, x_n\}$，由 $\left|x_j\right|^2 / \left\|x\right\|^2$ 定义了序列 X 的能量概率分布。将能量概率分布的香农（Shannon）熵定义为信息量系数（information cost function，ICF）[23, 24]，即

$$\text{ICF} = -\sum_{j=1}^{J} P_j \lg P_j \tag{5-6}$$

ICF 计算出了与系统能量分布相应的信息，表征了被研究系统的复杂程度[25, 26]。随机序列越无序、越复杂，其 ICF 就越大；反之，能量分布集中于某一频带，随机序列有序性越强，复杂性越弱，序列 ICF 越小[27]。

二、近似熵理论

由 Pincus 于 1991 年提出的近似熵（approximate entropy，ApEn）是一种非线性动力学方法[28, 29]，它具有所需数据短、抗噪抗干扰能力强且确定或随机信号都可以使用等优点[30, 31]，已经广泛用于气象学[32]、建筑以及医学[33]等领域中，而将其应用于农田冻融土壤各要素序列复杂性的研究较少。

近似熵是用一个非负数来表示一个时间序列的复杂性，ApEn 值越大，表明时间序列越复杂[34-36]。近似熵的具体算法如下。

设某随机时间序列数据为 $x(1), x(2), \cdots, x(n)$，共 n 个数据。

（1）按序号连续顺序组成一组 m 维矢量：

$$X(i)=[x(i), x(i+1), \cdots, x(i+m-1)] \tag{5-7}$$

（2）计算矢量 $X(i)$ 与 $X(j)$ 的距离。定义 $X(i)$ 与 $X(j)$ 的距离 $d[X(i), X(j)]$ 为二者对应元素中差值最大的一个，即

$$d[X(i), X(j)] = \max_{k=0 \sim m-1} \left[\left| X(i+k) - X(j+k) \right| \right] \tag{5-8}$$

对于每一个 i 值，计算 $X(i)$ 与其余矢量 $X(j)$ $(j = 1, 2, \cdots, n-m+1$，但 $j \neq i)$ 的距离 $d[X(i), X(j)]$。

（3）给定阈值 r，对于每一个 i 值，统计 $d[X(i), X(j)]$ 小于 r 的数目及此数目与距离总数 $n-m$ 的比值，记为 $C_i^m(r)$，即

$$C_i^m(r) = \frac{1}{n-m} \{ d[X(i), X(j)] < r \text{的数目} \} \tag{5-9}$$

（4）对于所有的 i，求其 $C_i^m(r)$ 的自然对数，然后计算平均值，记为 $\varphi^m(r)$，即

$$\varphi^m(r) = \frac{1}{n-m+1} \sum_{i=1}^{n-m+1} \ln C_i^m(r) \tag{5-10}$$

（5）将维数增加 1，变为 $m+1$，重复步骤（1）～（4），得到 $C_i^{m+1}(r)$ 和 $\varphi^{m+1}(r)$。

（6）理论上此序列的近似熵为

$$\text{ApEn}(m, r) = \lim_{n \to \infty} [\varphi^m(r) - \varphi^{m+1}(r)] \tag{5-11}$$

一般来说，该极限以概率 1 存在。实际水文时间序列长度 n 不可能为 ∞。当 n 为有限值时按上述步骤得出的是序列 ApEn 的估计值[37-39]，记为

$$\text{ApEn}(m, r, n) = \varphi^m(r) - \varphi^{m+1}(r) \tag{5-12}$$

显然，ApEn 的大小与 m 和 r 的取值有关。实践中可取 $m = 2$，$r = k\sigma_x [k = 0.1 \sim 0.25\sigma_x]$，$\sigma_x$ 为原始随机时间序列 $x(i)(i = 1, 2, \cdots, n)$ 的标准差[40, 41]。

三、符号动力学

20 世纪 70 年代发展起来的 Lempel-Ziv 复杂度（Lempel-Ziv complexity，LZC）算法是一种简单易行的复杂性度量方法，该方法主要用于医学[42-45]、金融[46]、行星运动等[47]领域中，而在农业水文要素复杂度识别中的应用较少。1965 年，Kolmogorov 首先定义了符号序列复杂度的概念，认为复杂性是产生某给定{0, 1}序列所必需的最少的计算机程序的比特数，但描述很难通过一般的数学算法来实现[48]。1976 年，A. Lempel 和 J. Ziv 提出一种度量序列复杂性的符号动力学简单算法，该算法可以通过"复制和添加"两种简单操作来描述一个给定的数据序列[49, 50]，称为 Lempel-Ziv 复杂度（LZC）算法[51]。由于 LZC 算法适用于符号序列，所以应首先对数据序列进行符号化（粗粒化）处理[52]。目前有二值粗粒化和多值粗粒化等多种序列粗粒化 LZC 算法，最为常用的是二值粗粒化 LZC 算法。

（一）二值粗粒化 LZC 算法

对于某一给定的随机时间序列 $x_t(t = 1, 2, \cdots, n)$，采用式（5-13）对序列 x_t 进行重构，记为 $S_t(t = 1, 2, \cdots, n)$：

$$S_t = \begin{cases} 0 & x_t < \overline{x} \\ 1 & x_t \geqslant \overline{x} \end{cases} \qquad （5\text{-}13）$$

式中，$\overline{x}$ 为序列 x_t 的均值。

现对上述重构 $\{0, 1\}$ 序列 S_t 的 LZC 计算法则描述如下：①令 S、Q 分别代表两个字符串，SQ 表示把 S、Q 两个字符串接而成的总字符串，$SQ\pi$ 表示把 SQ 中最后一个字符删去所得的字符串，$V(SQ\pi)$ 表示 $SQ\pi$ 所有不同子串的集合；②将 S、Q 初始化为 $S = S_1$，$Q = S_2$，则 $SQ\pi = S_1$；③假定 $S = S_1S_2S_3\cdots S_r$，$Q = S_{r+1}$，则 $SQ\pi = S_1S_2S_3\cdots S_r$，若 Q 可以从 $SQ\pi$ 中某个子串用"复制"方法得到，则 $Q \in V(SQ\pi)$，为 $SQ\pi$ 的一个子串；④保持 S 不变，将 Q 更新为 $Q = S_{r+1}S_{r+2}$，继续观察 $Q = S_{r+1}S_{r+2}$ 能否从 $SQ\pi$ 中某个子串用"复制"方法得到（此时，$SQ\pi$ 更新为 $SQ\pi = S_1S_2S_3\cdots S_rS_{r+1}$）；⑤如此反复进行，直到 $Q \notin V(SQ\pi)$ 为止。设此时 $Q = S_{r+1}S_{r+2}\cdots S_{r+i}$ 不是 $SQ\pi = S_1S_2S_3\cdots S_{r+i-1}$ 的一个子串，则用"添加"方法加上 S_{r+i}，并加上一个"添加"记号"*"。

重复上述步骤，直到 Q 取到最后一位 S_n 为止。记号"*"的个数反映了添加操作的次数，若在上述分析结束时以"*"结束，则记号"*"的个数就定义为序列 x_t 的复杂度 $c(n)$，否则，将记号"*"的个数加 1 作为 $c(n)$。

例如，将某土壤含水量序列 H_t 粗化为下列字符串：

0000000000000000000000000000000000000010000000
0000011100000000011111110001111111111111111111111
1111111111111111111111111111111111

其中，"0"表示该土壤含水量值小于序列平均值；"1"表示该土壤含水量值大于等于序列平均值。按照二值粗粒化 LZC 算法，上述字符串可分割为

0*000000000000000000000000000000000000001*00000
0000011*10000000001*1111110*0011111111*111111111111
1111111111111111111111111111111111

即被分割为 7 个子字符串，则该土壤含水量序列的复杂度 $c(n) = 7$。

A. Lempel 和 J. Ziv 的研究结果表明：当 $n \to \infty$ 时，几乎所有 $\{0, 1\}$ 随机序列其复杂度 $c(n)$ 都会趋向于一个值 $b(n)$[53]：

$$\lim_{n \to \infty} c(n) = b(n) = n / \log_2 n \qquad （5\text{-}14）$$

式中，$b(n)$ 为随机序列的渐进行为，可以用它来对 $c(n)$ 进行归一化处理，称为"归一化复杂度"：

$$C_2 = c(n) / b(n) \qquad （5\text{-}15）$$

式中，C_2 或 $c(n)$ 反映了给定序列随其长度的增加出现新模式的速率及其与随机序列的接

近程度，可以捕捉序列的瞬时结构。n 一定时，C_2 或 $c(n)$ 越大，序列复杂性越强，反之，复杂性越弱。一般来说，当 $n \to \infty$ 时，完全随机序列的 $C_2 \to 1$，周期序列的 $C_2 \to 0$，介于两种情况之间的序列 $C_2 \in (0, 1)$。因此，可以用 LZC 对土壤含水量序列变化的复杂性进行定量分析。

（二）多值粗粒化 LZC 算法

由于二值粗粒化 LZC 算法可能会丢失动力学系统的某些有用信息，因此，可以考虑采用多值粗粒化方法来重构时间序列。对于前述的水文时间序列 x_t 采用式（5-16）对序列 x_t 进行重构，记为 $S_t(t = 1, 2, \cdots, n)$：

$$S_t = \begin{cases} S_j & x_{\min} + (j-1)d \leqslant x_t < x_{\min} + jd \\ S_l & x_t = x_{\max} \end{cases} \tag{5-16}$$

式中，S_t 为序列 x_t 经 l 段粗粒化后所生成的字符串；S_j 为两两互不相同的字符，$j = 1, 2, \cdots, l$；$x_{\max}$、$x_{\min}$ 为序列 x_t 的最大值、最小值；l 为将序列 x_t 中数据粗粒化的段数，$l > 2$（$l = 2$ 时仍然采用前述的二值粗粒化方法）；$d = (x_{\max} - x_{\min})/l$。

复杂度计算的前提是各符号在字符串中出现的概率 p_j（$j = 1, 2, \cdots, l$）应该相等，当 p_j 相差较大时，可以用归一化的信源熵 h_l 进行修正：

$$h_l = \left(-\sum_{j=1}^{l} p_j \log_2 p_j \right) / \log_2 l \tag{5-17}$$

根据前述的 LZC 计算法则确定粗粒化段数为 l 时序列 x_t 的复杂度 $c_l(n)$，即可按下式计算序列 x_t 的多分段归一化复杂度：

$$C_1 = [c_1(n)\log_l n]/(h_l n) \tag{5-18}$$

第三节　基于小波变换信息量系数的水热复杂性特征研究

采用小波变换信息量系数（WT-ICF）对农田冻融土壤各个要素的复杂性特征进行识别，主要包括不同深度土壤含水量的复杂性特征识别和不同深度土壤温度的复杂性特征识别。

一、基于 WT-ICF 的土壤含水量复杂性特征研究

（一）数据来源与预处理

本章中 3 种数据处理方法均采用 2011 年 11 月至 2012 年 5 月自然状态下的 5 cm、10 cm、15 cm、20 cm、40 cm、80 cm、100 cm 等七个深度的土壤含水量数据，规律曲线如图 5-2 所示。

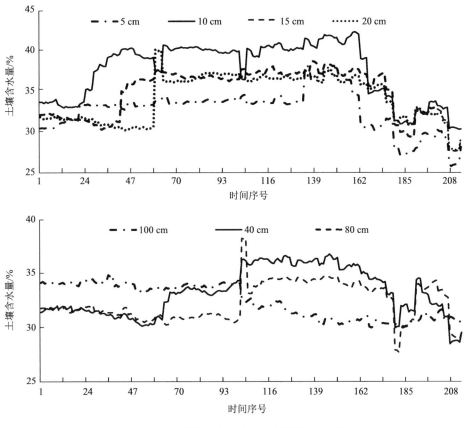

图 5-2　农田冻融土壤含水量序列变化曲线

从图 5-2 中可以看出，不同深度土壤含水量的波动均不同，由于其统计参数，如方差、均值、变差系数等的变化不稳定，属于非平稳随机序列，所以其动态变化还包含随机、非线性等复杂性特征。

（二）不同深度土壤含水量复杂性特征研究

采用前述小波变换信息量系数方法计算农田冻融土壤不同深度土壤含水量序列的信息量系数，结果见表 5-1。

表 5-1　农田冻融土壤不同深度土壤含水量序列能量概率分布及信息量系数

土壤含水量观测深度/cm	不同分解尺度下的能量概率分布 P_j/%				ICF	排序
	1	2	3	4		
5	9.74	16.11	27.47	46.68	0.5349	④
10	8.76	16.30	27.61	47.33	0.5291	⑤
15	10.07	17.01	28.17	44.75	0.5425	③

土壤含水量观测深度/cm	不同分解尺度下的能量概率分布 P_j/%				ICF	排序
	1	2	3	4		
20	12.61	15.52	27.04	44.83	0.5488	②
40	7.33	12.99	23.63	56.05	0.4873	⑥
80	20.46	22.16	21.96	35.42	0.5902	①
100	8.20	11.56	23.38	56.86	0.4844	⑦

由表 5-1 可知，农田冻融土壤不同深度土壤含水量序列的复杂性排序为：80 cm 土壤含水量＞20 cm 土壤含水量＞15 cm 土壤含水量＞5 cm 土壤含水量＞10 cm 土壤含水量＞40 cm 土壤含水量＞100 cm 土壤含水量。80 cm 土壤含水量的 ICF 值接近 0.6，熵值较高，说明该深度的土壤含水量受温度、气象、雪被等因素影响较多，土壤含水量的结构复杂性相对较强；20 cm 土壤含水量、15 cm 土壤含水量、5 cm 土壤含水量、10 cm 土壤含水量等的 ICF 值均接近于 0.55，说明这四个深度的土壤含水量受温度、气象、雪被等因素影响相对较弱；尤其是 40 cm 土壤含水量和 100 cm 土壤含水量的 ICF 值小于 0.5，熵值较低，说明该深度的土壤含水量受其他因素的影响最小，相关的土壤含水量结构复杂性也最弱。

根据不同深度土壤含水量之间特性的差异，将其分为表层土壤含水量和深层土壤含水量，分别计算各层次的平均信息量系数 $\overline{\text{ICF}}$，见表 5-2。由表 5-2 可以看出，表层土壤含水量的平均信息量系数略高于深层土壤的平均信息量系数。虽然表 5-1 中，80 cm 土壤含水量的熵值最大，与事实有些不符（可能是数据测量本身引起的），但总体上，与事实还是相符的。表层土壤含水量与大气接触密切，受各种因素影响较大，能量传递和交换也比较频繁，故其复杂性大；而深层土壤含水量与大气接触较少，仅通过与表层土壤含水量之间的迁移获取能量，实现能量的传递和交换，故其复杂性较小。

表 5-2　农田冻融土壤不同深度土壤含水量序列平均信息量系数

层次	土层深度	$\overline{\text{ICF}}$
表层	5 cm、10 cm、15 cm、20 cm	0.5388
深层	40 cm、80 cm、100 cm	0.5206

二、基于 WT-ICF 的土壤温度复杂性特征研究

（一）数据来源与预处理

本章中 3 种数据处理方法采用 2011 年 11 月至 2012 年 5 月自然状态下的 5 cm、10 cm、

15 cm、20 cm、40 cm、80 cm、100 cm 等七个深度的土壤温度数据，变化规律曲线如图 5-3 所示。

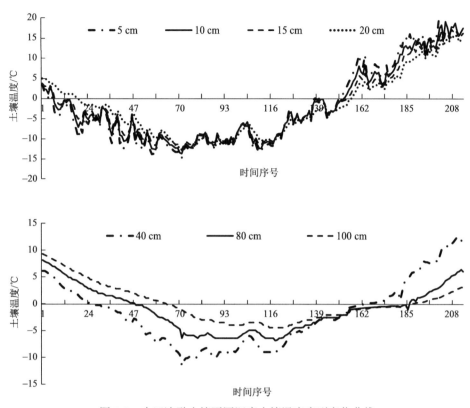

图 5-3 农田冻融土壤不同深度土壤温度序列变化曲线

从图 5-3 中可以看出，不同深度土壤温度的波动呈现出一定的相似性，由于其统计参数，如方差、均值、变差系数等的变化不稳定，属于非平稳随机序列，所以其动态变化还包含随机、非线性等复杂性特征。

（二）不同深度土壤温度复杂性特征研究

采用前述小波变换的信息量系数方法计算农田冻融土壤不同深度土壤温度序列的信息量系数，结果见表 5-3。

表 5-3 农田冻融土壤不同深度土壤温度序列能量概率分布及信息量系数

土壤温度观测深度/cm	不同分解尺度下的能量概率分布 P_j/%				ICF	排序
	1	2	3	4		
5	8.14	9.41	20.42	62.04	0.45475	③
10	6.64	8.93	21.13	63.30	0.44026	④

续表

土壤温度观测深度/cm	不同分解尺度下的能量概率分布 P_j/%				ICF	排序
	1	2	3	4		
15	5.70	8.68	21.78	63.83	0.43172	⑤
20	4.12	8.66	23.88	63.34	0.42324	⑦
40	3.74	9.20	26.02	61.04	0.43168	⑥
80	4.16	11.54	29.91	54.39	0.46631	②
100	4.28	12.54	31.76	51.42	0.47838	①

由表 5-3 可知，农田冻融土壤不同深度土壤温度序列的复杂性排序为：100 cm 土壤温度＞80 cm 土壤温度＞5 cm 土壤温度＞10 cm 土壤温度＞15 cm 土壤温度＞40 cm 土壤温度＞20 cm 土壤温度。各深度土壤含水量的 ICF 值在 0.42～0.48 变化，熵值相对较低，说明不同深度土壤温度受其他因子影响较小，且各深度之间的复杂性特征相类似，相关的土壤温度结构复杂性较弱。

根据表 5-3 中各深度的土壤温度信息量系数计算结果，计算农田冻融土壤各层次温度的平均信息量系数 $\overline{ICF}$，见表 5-4。由表 5-4 可以看出，表层土壤温度的 $\overline{ICF}$ 略小于深层土壤的 $\overline{ICF}$，二者相差仅为 0.0213，说明表层土壤温度和深层土壤温度的复杂性差异较小。与不同深度土壤含水量的复杂性特征有所不同，土壤温度系统和土壤含水量系统之间存在一定的差异性。

表 5-4　农田冻融土壤不同深度土壤温度序列平均信息量系数

层次	土层深度	$\overline{ICF}$
表层	5 cm、10 cm、15 cm、20 cm	0.4375
深层	40 cm、80 cm、100 cm	0.4588

第四节　基于近似熵理论的水热复杂性特征研究

一、基于 ApEn 的土壤含水量复杂性特征研究

（一）近似熵参数的选取

1）维数 m 的选择

结合自身经验和 Pincus 的建议，实践中一般取 $m=2$。取 $m=1$ 或 $m>2$ 都会导致原始序列数据所蕴含的信息难以被充分挖掘。因此，本节选择维数 $m=2$。

2）阈值 r 的选择

现取维数 $m = 2$，$k = 0.1$、$k = 0.12$、$k = 0.14$、$k = 0.16$、$k = 0.18$、$k = 0.2$、$k = 0.22$、$k = 0.24$、$k = 0.25$，计算 k 值对雪被农田土壤复合系统土壤含水量序列 ApEn 值的影响，见表 5-5 和图 5-4。

表 5-5 雪被农田土壤复合系统不同深度土壤含水量序列的 ApEn 值

土壤含水量观测深度/cm	ApEn（2, $k\sigma_x$）								
	$k=0.1$	$k=0.12$	$k=0.14$	$k=0.16$	$k=0.18$	$k=0.2$	$k=0.22$	$k=0.24$	$k=0.25$
5	0.5461	0.5046	0.4508	0.4081	0.3726	0.3403	0.3168	0.3035	0.3018
10	0.5554	0.4961	0.4612	0.4318	0.4064	0.3795	0.3465	0.3387	0.3359
15	0.5596	0.5383	0.4982	0.4418	0.4138	0.3726	0.3542	0.3251	0.3090
20	0.4668	0.4163	0.3590	0.3256	0.3017	0.2835	0.2554	0.2292	0.2201
40	0.6563	0.5910	0.5360	0.4976	0.4430	0.4186	0.4004	0.3671	0.3477
80	0.6190	0.5726	0.5408	0.5042	0.4331	0.3840	0.3445	0.3223	0.3119
100	0.7211	0.5733	0.5052	0.4966	0.4560	0.4222	0.3823	0.3465	0.3225

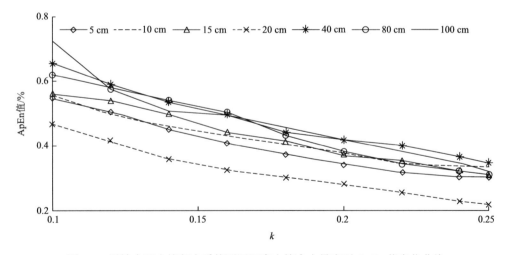

图 5-4 雪被农田土壤复合系统不同深度土壤含水量序列 ApEn 值变化曲线

由表 5-5 和图 5-4 可以看出，随着 k 值增加，5 cm 土壤含水量、10 cm 土壤含水量、15 cm 土壤含水量、20 cm 土壤含水量、40 cm 土壤含水量、80 cm 土壤含水量和 100 cm 土壤含水量的 ApEn 值均呈现出逐渐下降的趋势，进一步计算 k 值从 0.1 增加到 0.25 过程中，雪被农田土壤复合系统各深度土壤含水量序列的 ApEn 值变幅，如图 5-5 所示。

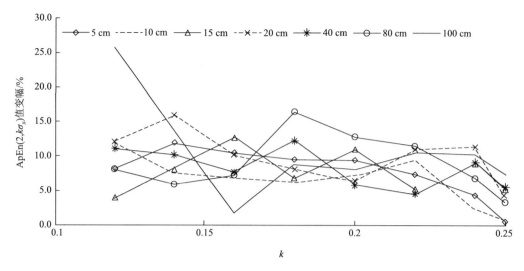

图 5-5　雪被农田土壤复合系统不同深度土壤含水量序列 ApEn 值变幅变化曲线

从图 5-5 可以看出，随着 k 值的增加，雪被农田土壤复合系统不同深度土壤含水量序列的 ApEn 值变幅总体上呈现出减小的趋势。当 k 值较小时，100 cm 深度的土壤含水量的 ApEn 值变幅最大。当 k 取值 0.25 时，各深度土壤含水量序列 ApEn 值与 k = 0.24 时的 ApEn 值相比，其变幅均小于 10%，平均变幅仅为 3.88%，可以认为此时计算结果已经趋于稳定。因此，取 k = 0.25，即 $r = 0.25\sigma_x$。

（二）不同深度土壤含水量复杂性特征识别

采用 ApEn（2, $0.25\sigma_x$）对雪被农田土壤复合系统不同深度土壤含水量序列的复杂性进行排序，见表 5-6。由表 5-6 可知，雪被农田土壤复合系统不同深度土壤含水量序列的复杂性排序为：40 cm 土壤含水量＞10 cm 土壤含水量＞100 cm 土壤含水量＞80 cm 土壤含水量＞15 cm 土壤含水量＞5 cm 土壤含水量＞20 cm 土壤含水量。40 cm 土壤含水量和 10 cm 土壤含水量的 ApEn 值接近 0.35，熵值较高，说明 40 cm 土壤含水量和 10 cm 土壤含水量受各种因子影响较大，相关的土壤含水量结构复杂性相对较强。其余几个深度（除 20 cm）的土壤含水量 ApEn 值均在 0.3 左右波动，熵值相对较低，说明这些深度的土壤含水量受各种因子影响较弱；20 cm 土壤含水量的 ApEn 值仅为 0.2201，熵值最低，说明该深度的土壤含水量受各种因子影响最弱，相关的土壤含水量结构复杂性最弱。

表 5-6　雪被农田土壤复合系统不同深度土壤含水量序列的 ApEn 值排序

	5 cm	10 cm	15 cm	20 cm	40 cm	80 cm	100 cm
ApEn（2, $0.25\sigma_x$）	0.3018	0.3359	0.3090	0.2201	0.3477	0.3119	0.3225
排序	⑥	②	⑤	⑦	①	④	③

根据表 5-6，计算雪被农田土壤复合系统不同层次的土壤含水量平均近似熵 $\overline{\text{ApEn}(2,0.25\sigma_x)}$，如表 5-7 所示。由表 5-7 可以看出，雪被农田土壤复合系统表层土壤的含水量复杂性较深层土壤含水量复杂性要小，但相差不大，$\overline{\text{ApEn}(2,0.25\sigma_x)}$ 差值仅为 0.0357。说明总体上雪被农田土壤复合系统不同深度的土壤含水量受各种因素影响均较小，相关的土壤含水量结构复杂性相对较弱。

表 5-7　雪被农田土壤复合系统不同深度土壤含水量序列平均近似熵

层次	土层深度	$\overline{\text{ApEn}(2,0.25\sigma_x)}$
表层	5 cm、10 cm、15 cm、20 cm	0.2917
深层	40 cm、80 cm、100 cm	0.3274

二、基于 ApEn 的土壤温度复杂性特征研究

（一）近似熵参数的选取

1）维数 m 的选择

结合上节内容，选择维数 $m = 2$。

2）阈值 r 的选择

现取维数 $m = 2$，$k = 0.1$、$k = 0.12$、$k = 0.14$、$k = 0.16$、$k = 0.18$、$k = 0.2$、$k = 0.22$、$k = 0.24$、$k = 0.25$，计算 k 值对雪被农田土壤复合系统土壤温度序列 ApEn 值的影响，见表 5-8 和图 5-6。

表 5-8　雪被农田土壤复合系统不同深度土壤温度序列的 ApEn 值

土壤温度观测深度/cm	ApEn（2, $k\sigma_x$）								
	$k=0.1$	$k=0.12$	$k=0.14$	$k=0.16$	$k=0.18$	$k=0.2$	$k=0.22$	$k=0.24$	$k=0.25$
5	0.7514	0.7732	0.7568	0.7268	0.6658	0.6542	0.6070	0.5284	0.5088
10	0.6975	0.7288	0.7302	0.6562	0.5797	0.5372	0.4864	0.4337	0.4099
15	0.7806	0.7260	0.6525	0.5668	0.5347	0.4906	0.4169	0.3677	0.3456
20	0.6062	0.5205	0.4466	0.3732	0.3096	0.2769	0.2327	0.2066	0.1870
40	0.4315	0.3928	0.3506	0.2925	0.2497	0.2251	0.2026	0.1724	0.1628
80	0.4651	0.3377	0.2767	0.2499	0.2274	0.2002	0.1809	0.1573	0.1397
100	0.3784	0.3316	0.1989	0.1287	0.1172	0.1025	0.0924	0.0867	0.0800

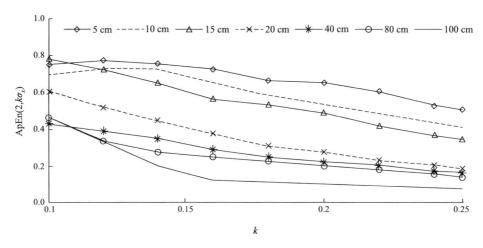

图 5-6　雪被农田土壤复合系统不同深度土壤温度序列 ApEn 值变化曲线

由表 5-8 和图 5-6 可以看出，随着 k 值的增加，5 cm 土壤温度和 10 cm 土壤温度的 ApEn 值呈现出了先增大后减小的波动趋势；15 cm 土壤温度、20 cm 土壤温度、40 cm 土壤温度、80 cm 土壤温度和 100 cm 土壤温度的 ApEn 值呈现出逐渐下降的波动趋势。

进一步计算 k 值从 0.1 增加到 0.25 过程中，雪被农田土壤复合系统各深度土壤温度序列的 ApEn 值变幅，如图 5-7 所示。

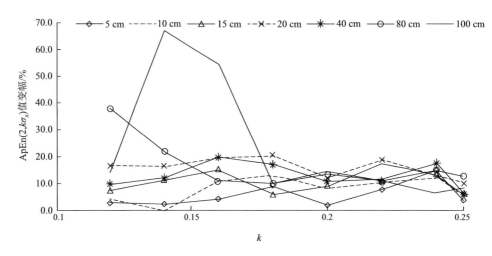

图 5-7　雪被农田土壤复合系统不同深度土壤温度序列 ApEn 值变幅变化曲线

从图 5-7 可以看出，随着 k 值的增加，雪被农田土壤复合系统各深度的土壤温度序列 ApEn 值变幅总体呈现出减小趋势，只有 100 cm 土壤温度序列的 ApEn 值变幅在 k 较小时出现了短暂的上升趋势，随后又逐渐降低。当 k 取值 0.25 时，各深度土壤温度序列 ApEn 值与 $k = 0.24$ 时的 ApEn 值相比，除 20 cm 土壤温度序列和 80 cm 土壤温度序列 ApEn 值变幅达到了 10.45% 和 12.63% 以外，其余各深度土壤温度 ApEn 值变幅均小于 10%，平均变幅仅为 6.07%，可以认为此时计算结果已经趋于稳定。因此，取 $k = 0.25$，即 $r = 0.25\sigma_x$。

（二）不同深度土壤温度复杂性特征识别

采用 ApEn（$2, 0.25\sigma_x$）对雪被农田土壤复合系统不同深度土壤温度序列的复杂性进行排序，见表 5-9。由表 5-9 可知，雪被农田土壤复合系统不同深度土壤温度序列的复杂性排序为：5 cm 土壤温度＞10 cm 土壤温度＞15 cm 土壤温度＞20 cm 土壤温度＞40 cm 土壤温度＞80 cm 土壤温度＞100 cm 土壤温度。5 cm 土壤温度的 ApEn 值接近 0.51，熵值较高，说明 5 cm 土壤温度受各种因子影响较大，相关的土壤温度结构复杂性相对较强。10 cm 土壤温度和 15 cm 土壤温度的 ApEn 值接在 0.3～0.4 变化，其熵值相对较小，说明该深度土壤温度受各种因子影响相对较弱。其他深度的土壤温度的熵值均小于 0.2，尤其是 100 cm 土壤温度的熵值仅为 0.08，熵值最低，说明这些深度土壤温度受各种因素影响最弱，相关土壤温度结构复杂性最弱。

表 5-9　雪被农田土壤复合系统不同深度土壤温度序列的 ApEn 值排序

	5 cm	10 cm	15 cm	20 cm	40 cm	80 cm	100 cm
ApEn（$2, 0.25\sigma_x$）	0.5088	0.4099	0.3456	0.1870	0.1628	0.1397	0.0800
排序	①	②	③	④	⑤	⑥	⑦

根据表 5-9，计算雪被农田土壤复合系统不同深度土壤温度平均近似熵 $\overline{ApEn(2, 0.25\sigma_x)}$，如表 5-10 所示。从表 5-10 可以看出，雪被农田土壤复合系统表层土壤的温度复杂性较深层土壤温度复杂性要大，且相差较大，$\overline{ApEn(2, 0.25\sigma_x)}$ 差值达到了 0.2353。说明总体上雪被农田土壤复合系统表层的土壤温度受各种因素影响较大，相关的土壤温度结构复杂性较强；深层的土壤温度受各种因素影响较小，相关的土壤温度结构复杂性较弱。

表 5-10　雪被农田土壤复合系统不同深度土壤温度序列平均近似熵

层次	土层深度	$\overline{ApEn(2, 0.25\sigma_x)}$
表层	5 cm、10 cm、15 cm、20 cm	0.3628
深层	40 cm、80 cm、100 cm	0.1275

第五节　基于符号动力学的水热复杂性特征研究

本节采用符号动力学对农田冻融土壤各个要素的复杂性特征进行识别，主要包括不同深度土壤含水量的复杂性特征识别和不同深度土壤温度的复杂性特征识别。

一、基于 LZC 的土壤含水量复杂性特征研究

取粗粒化段数 $l=2$、$l=3$、$l=4$、$l=5$、$l=6$、$l=7$、$l=8$，分别按照前述的二值粗粒化和多值粗粒化 LZC 算法计算农田冻融土壤不同深度土壤含水量序列的归一化复杂度，计算结果见表 5-11。各深度土壤含水量的归一化复杂度随粗粒化段数的变化见图 5-8。由表 5-11 和图 5-8 可以看出，随着粗粒化段数 l 的增加，农田冻融土壤各深度含水量序列的归一化复杂度均表现出增减交替变化的波动特征。

表 5-11　不同粗粒化段数下农田冻融土壤不同深度土壤含水量序列归一化复杂度

土壤水分观测深度/cm	C_2	C_3	C_4	C_5	C_6	C_7	C_8
5	0.1816	0.1982	0.0659	0.1469	0.1323	0.1203	0.1969
10	0.2179	0.2142	0.2239	0.2486	0.2494	0.2205	0.2203
15	0.1453	0.1690	0.1472	0.1563	0.2128	0.2303	0.0000
20	0.1089	0.1237	0.2010	0.1221	0.1147	0.1566	0.1607
40	0.2179	0.1682	0.1160	0.2201	0.1367	0.1706	0.2082
80	0.1089	0.3803	0.1567	0.2260	0.2160	0.0000	0.0000
100	0.2179	0.1037	0.2203	0.2484	0.2963	0.3022	0.2817

注：C 表示归一化复杂度，下标数值表示粗粒化段数。

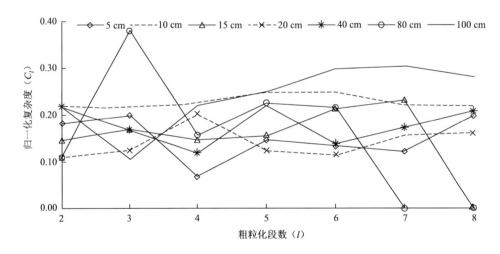

图 5-8　不同粗粒化段数下农田冻融土壤不同深度土壤含水量序列归一化复杂度变化曲线

为了评价不同粗粒化段数下计算结果的稳定性，对不同粗粒化段数所对应的复杂度序列之间的相关性进行分析，计算其对应的相关系数。显然，相关系数越大，其所对应的复杂度指标在反映序列复杂性时稳定性就越好。故计算不同分段数下 i、j（i、$j=2$、3、4、5、6、7、8，且 $i\neq j$）所得的归一化复杂度序列 C_i 和 C_j 的相关系数 $r\,(C_i,\ C_j)$，计算结果见表 5-12。

表 5-12　土壤含水量不同复杂度序列之间的相关系数矩阵

r (C_i, C_j)	C_2	C_3	C_4	C_5	C_6	C_7	C_8
C_2	1						
C_3	−0.4029	1					
C_4	0.0431	−0.2075	1				
C_5	0.5897	0.2551	0.4080	1			
C_6	0.3487	0.0619	0.6085	0.7346	1		
C_7	0.6205	−0.8297	0.4496	0.1838	0.4551	1	
C_8	0.7600	−0.6109	0.2152	0.2996	0.0927	0.5508	1

由表 5-12 可知，$r(C_i, C_j)_{max} = r(C_3, C_7) = 0.8297$，因此，复杂度序列 C_3 和 C_7 在反映农田冻融土壤不同深度土壤含水量序列复杂性时稳定性较好。取复杂度序列 C_3 和 C_7 的平均值 $\overline{C}$ 作为各不同深度土壤含水量序列复杂性排序指标，结果见表 5-13。

表 5-13　农田冻融土壤不同深度土壤含水量序列复杂性排序

土壤水分观测深度/cm	C_3	C_3复杂性排序	C_7	C_7复杂性排序	$\overline{C}$	复杂性综合排序
5	0.1982	③	0.1203	⑥	0.1593	⑥
10	0.2142	②	0.2205	②	0.2174	①
15	0.1690	④	0.2303	③	0.1997	③
20	0.1237	⑥	0.1566	⑤	0.1402	⑦
40	0.1682	⑤	0.1706	④	0.1694	⑤
80	0.3803	①	0.0000	⑦	0.1902	④
100	0.1037	⑦	0.3022	①	0.2030	②

由表 5-13 可知，农田冻融土壤不同深度土壤含水量序列的复杂性综合排序为：10 cm 土壤含水量>100 cm 土壤含水量>15 cm 土壤含水量>80 cm 土壤含水量>40 cm 土壤含水量>5 cm 土壤含水量>20 cm 土壤含水量。100 cm 土壤含水量和 10 cm 土壤含水量的 $\overline{C}$ 值处于 0.2 以上，熵值相对较高，说明这两个深度的土壤含水量受各种因子影响较大，相关土壤含水量结构复杂性较强。其他几个深度的土壤含水量均在 0.15~0.20，熵值相对较小，说明这五个深度的土壤含水量受各种因子影响较小，相关土壤含水量结构复杂性较弱。

根据表 5-13，计算农田冻融土壤不同层次的土壤含水量平均复杂度 $\overline{C}$，如表 5-14 所示。由表 5-14 可以看出，农田冻融土壤表层土壤的含水量复杂性较深层土壤含水量复杂性要小，但相差不大，$\overline{C}$ 差值仅为 0.0084。说明总体上农田冻融土壤不同深度的土壤含水量受各种因素影响均较小，相关的土壤含水量结构复杂性相对较弱。

表 5-14 农田冻融土壤不同深度土壤含水量序列平均复杂度

层次	土层深度	$\overline{C}$
表层	5 cm、10 cm、15 cm、20 cm	0.1791
深层	40 cm、80 cm、100 cm	0.1875

二、基于 LZC 的土壤温度复杂性特征研究

取粗粒化段数 $l = 2$、$l = 3$、$l = 4$、$l = 5$、$l = 6$、$l = 7$、$l = 8$，分别按照前述的二值粗粒化和多值粗粒化 LZC 算法计算农田冻融土壤不同深度土壤温度序列的归一化复杂度，计算结果见表 5-15。各深度土壤含水量的归一化复杂度随粗粒化段数的变化见图 5-9。由表 5-15 和图 5-9 可以看出，随着粗粒化段数 l 的增加，农田冻融土壤 40 cm、80 cm 和 100 cm 深度土壤温度序列的归一化复杂度均表现出相对平稳的波动特征，而 5 cm 土壤温度、10 cm 土壤温度、15 cm 土壤温度、20 cm 土壤温度列的归一化复杂度均表现出增减交替的缓慢上升波动特征。

表 5-15 不同粗粒化段数下农田冻融土壤不同深度土壤温度序列归一化复杂度

土壤水分观测深度/cm	C_2	C_3	C_4	C_5	C_6	C_7	C_8
5	0.2542	0.1882	0.2028	0.2083	0.2030	0.3271	0.3182
10	0.1816	0.1571	0.2584	0.2220	0.2299	0.2681	0.3281
15	0.1816	0.1818	0.2158	0.2081	0.2290	0.2397	0.3137
20	0.1816	0.1254	0.1542	0.1194	0.1944	0.1772	0.2076
40	0.1089	0.0977	0.1167	0.1495	0.1188	0.1225	0.1524
80	0.1089	0.0988	0.0962	0.1003	0.1197	0.1239	0.1423
100	0.1089	0.1098	0.1047	0.1071	0.1106	0.1164	0.1221

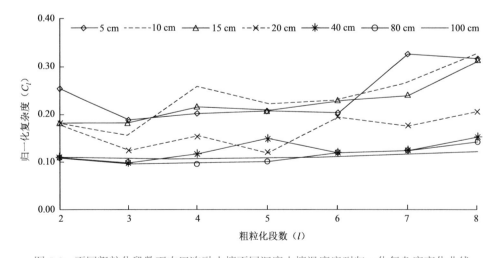

图 5-9 不同粗粒化段数下农田冻融土壤不同深度土壤温度序列归一化复杂度变化曲线

计算不同粗粒化段数下 i、j（i、$j = 2$、3、4、5、6、7、8，且 $i \neq j$）所得的归一化复杂度序列 C_i 和 C_j 的相关系数 $r(C_i, C_j)$，计算结果见表 5-16。

表 5-16　土壤温度不同复杂度序列之间的相关系数矩阵

$r(C_i, C_j)$	C_2	C_3	C_4	C_5	C_6	C_7	C_8
C_2	1						
C_3	0.8913	1					
C_4	0.7512	0.8546	1				
C_5	0.7118	0.8612	0.9252	1			
C_6	0.8119	0.8674	0.9437	0.8143	1		
C_7	0.9458	0.9425	0.8765	0.8734	0.8504	1	
C_8	0.8538	0.9379	0.9376	0.9358	0.9485	0.9489	1

由表 5-16 可知，$r(C_i, C_j)_{\max} = r(C_7, C_8) = 0.9489$，因此，复杂度序列 C_7 和 C_8 在反映农田冻融土壤不同深度土壤温度序列复杂性时稳定性较好。取复杂度序列 C_7 和 C_8 的平均值 $\overline{C}$ 作为各不同深度土壤温度序列复杂性排序指标，结果见表 5-17。

表 5-17　农田冻融土壤不同深度土壤温度序列复杂性排序

土壤水分观测深度/cm	C_7	C_7 复杂性排序	C_8	C_8 复杂性排序	$\overline{C}$	复杂性综合排序
5	0.3271	①	0.3182	②	0.3227	①
10	0.2681	②	0.3281	①	0.2981	②
15	0.2397	③	0.3137	③	0.2767	③
20	0.1772	④	0.2076	④	0.1924	④
40	0.1225	⑥	0.1524	⑤	0.1375	⑤
80	0.1239	⑤	0.1423	⑥	0.1331	⑥
100	0.1164	⑦	0.1221	⑦	0.1193	⑦

由表 5-17 可知，农田冻融土壤不同深度土壤温度序列的复杂性综合排序为：5 cm 土壤温度＞10 cm 土壤温度＞15 cm 土壤温度＞20 cm 土壤温度＞40 cm 土壤温度＞80 cm 土壤温度＞100 cm 土壤温度。5 cm 土壤温度、10 cm 土壤温度和 15 cm 土壤温度的 $\overline{C}$ 值相对较大，均在 0.25 以上，熵值较高，说明这三个深度的土壤温度受各种因子影响较大，相关土壤温度结构复杂性较强。其他几个深度的土壤温度均小于 0.2，熵值相对较小，说明这四个深度的土壤温度受各种因子影响较小，相关土壤温度结构复杂性较弱。

根据表 5-17，计算农田冻融土壤不同层次的土壤温度平均复杂度 $\overline{C}$，如表 5-18 所示。从表 5-18 中可以看出，农田冻融土壤表层土壤的温度复杂性较深层土壤温度复杂性要大，且相差较大，$\overline{C}$ 差值达到了 0.1426。说明总体上农田冻融土壤表层的土壤温度受各种因素影响较大，相关的土壤温度结构复杂性较强；深层土壤温度受各种因素影响较小，相关的土壤温度结构复杂性较弱。

表 5-18 农田冻融土壤不同深度土壤温度序列平均复杂度

层次	土层深度	$\bar{C}$
表层	5 cm、10 cm、15 cm、20 cm	0.2725
深层	40 cm、80 cm、100 cm	0.1299

第六节 冻融土壤水热复杂性特征对比分析

本节对比了 3 种数据处理方法在农田冻融土壤水热复杂性上的应用，主要包括不同深度土壤含水量和土壤温度的复杂性测度分析。

一、不同深度土壤含水量序列复杂性综合测度分析

根据上述分析，确定上述 3 种复杂性测度方法的权重 w_i（$i = 1$，2，3）（表 5-19）。将上述各种方法所得到的农田冻融土壤不同深度土壤含水量序列复杂性排序结果（①~⑦）分别赋以相应的分值 $s_j = 7 \sim 1$，即可得到不同深度土壤含水量序列综合复杂度指数计算公式：

$$C_{Ij} = \sum_{i=1}^{3} s_j w_i \tag{5-19}$$

式中，C_{Ij} 为第 j 个土壤深度含水量序列的综合复杂度指数，$j = 1, 2, \cdots, 7$。

表 5-19 农田冻融土壤不同深度土壤含水量序列综合复杂度指数

土壤含水量观测深度/cm	WT-ICF（0.33）		ApEn（0.33）		LZC（0.34）		C_{Ij}	复杂性排序
	排序	分值	排序	分值	排序	分值		
5	④	4	⑥	2	⑥	2	2.67	⑥
10	⑤	3	②	6	①	7	5.33	①
15	③	5	⑤	3	③	5	4.33	③
20	②	6	⑦	1	⑦	1	2.67	⑥
40	⑥	2	①	7	⑤	3	4.00	④
80	①	7	④	4	④	4	5.00	②
100	⑦	1	③	5	②	6	4.00	④

注：括号中为土壤含水量序列复杂性测度方法权重。

按式（5-19）计算农田冻融土壤不同深度土壤含水量序列综合复杂度指数，结果见表 5-19。

由表 5-19 可知，农田冻融土壤不同深度土壤含水量序列的复杂性综合排序为 10 cm 土壤含水量＞80 cm 土壤含水量＞15 cm 土壤含水量＞40 cm 土壤含水量＝100 cm 土壤含

水量＞5 cm 土壤含水量＝20 cm 土壤含水量。表层 10 cm 土壤含水量的综合复杂度指数 C_{Ij} 最大，达到了 5.33，说明表层 10 cm 土壤含水量受各种因子影响最大，其土壤含水量结构复杂性相对较强；80 cm 土壤含水量的综合复杂性指数 C_{Ij} 也较大，达到了 5.0，与事实不符，这可能是数据测量本身引起的。40 cm 土壤含水量和 100 cm 土壤含水量、5 cm 土壤含水量和 20 cm 土壤含水量的综合复杂性指数均相等，说明这些深度受到各种因子的影响程度相当。

二、不同深度土壤温度序列复杂性综合测度分析

结合前述不同方法农田冻融土壤不同深度土壤温度序列的复杂性测度结果，确定三种复杂性测度方法的权重（表 5-20）。具体的农田冻融土壤不同深度土壤温度序列综合复杂性指数计算结果见表 5-20。

表 5-20　农田冻融土壤不同深度土壤温度低序列综合复杂度指数

土壤温度观测深度/cm	WT-ICF（0.3）		ApEn（0.4）		LZC（0.4）		C_{Ij}	复杂性排序
	排序	分值	排序	分值	排序	分值		
5	③	5	①	7	①	7	6.6	①
10	④	4	②	6	②	6	5.6	②
15	⑤	3	③	5	③	5	4.6	③
20	⑦	1	④	4	④	4	3.4	④
40	⑥	2	⑤	3	⑤	3	2.8	⑤
80	②	6	⑥	2	⑥	2	2.8	⑤
100	①	7	⑦	1	⑦	1	2.2	⑦

注：括号中为土壤温度序列复杂性测度方法权重。

由表 5-20 可知，农田冻融土壤不同深度土壤温度序列的复杂性排序为：5 cm 土壤温度＞10 cm 土壤温度＞15 cm 土壤温度＞20 cm 土壤温度＞40 cm 土壤温度＝80 cm 土壤温度＞100 cm 土壤温度。5 cm 土壤温度、10 cm 土壤温度、15 cm 土壤温度和 20 cm 土壤温度的综合复杂性指数均处于 3～7，综合复杂性指数值较高，受各种因子影响较多，相关的土壤温度结构复杂性相对较强。40 cm 土壤温度、80 cm 土壤温度和 100 cm 土壤温度的综合复杂性指数均小于 3，综合复杂性指数值较小，说明该深度土壤温度受各种因子影响相对较弱，相关的土壤温度结构复杂性也相对较弱。进一步分析发现，该复杂性测度结果与实际相符，表层土壤温度与大气接触密切，受到较多太阳辐射的影响，能量交换和传递也比较剧烈，导致其具有较强的复杂性。而深层土壤由于仅能通过表层土壤获取能量，其复杂性相对就较弱。

参 考 文 献

[1]　李慕蓉，卞建民，聂思雨，等. 季冻区积雪覆盖下非饱和土壤水分运移规律研究[J]. 节水灌溉，2022（5）：20-25.

[2] 杜晨. 春季积雪融水对土壤水的贡献及其动态变化[D]. 哈尔滨：哈尔滨师范大学, 2021.

[3] 罗江鑫, 吕世华, 王婷, 等. 青藏高原积雪变化特征及其对土壤水热传输的影响[J]. 高原气象, 2020, 39（6）: 1144-1154.

[4] 张如鑫, 屈忠义, 王丽萍, 等. 生物炭对冻融期盐渍化土壤水热肥效应的影响[J]. 水土保持学报, 2022, 36（5）: 296-303.

[5] 杨志超, 李援农, 谷晓博, 等. 垄沟覆盖种植对晚播夏玉米生长和产量的补偿效应[J]. 干旱地区农业研究, 2022, 40（4）: 60-68.

[6] 崔文倩, 赵锦, 杨晓光. 基于 Meta 分析的 4 种保护性耕作措施对东北春玉米生长季农田土壤水热环境影响[J]. 中国农业大学学报, 2022, 27（8）: 24-34.

[7] 刘璐. 秸秆覆盖与耕作方式对黑土区土壤水热及玉米产量形成的影响研究[D]. 哈尔滨：东北农业大学, 2019.

[8] 史健芳, 张富军, 郝宝峰. 基于小波变换和数学形态学的图像分割算法[J]. 太原理工大学学报, 2009, 40（5）: 490-493.

[9] Musha T. Calculation of instantaneous radiation characteristics using the wavelet transform[J]. Applied Acoustics, 2004, 65（7）: 705-718.

[10] 耿杰, 陈安方, 潘双进. 用小波变换方法提取地下流体观测异常信息[J]. 地震研究, 2009, 32（1）: 12-17.

[11] 李文强. 基于小波变换的水文时间序列分析[J]. 地下水, 2022, 44（4）: 196-198.

[12] 王烁. 小波变换与 Fourier 变换的比较[J]. 河北理工大学学报（自然科学版）, 2008（2）: 23-26.

[13] 杨济源, 李晓平. 小波变换在试井数据处理中的应用[J]. 钻采工艺, 2009, 32（5）: 42-44.

[14] 夏振炎, 姜楠, 王玉春, 等. 基于小波变换的高超声速边界层动态图像分析[J]. 实验流体力学, 2009, 23（3）: 85-89.

[15] Subasi A, Kiymik M K, Akin M, et al. Automatic recognition of vigilance state by using a wavelet-based artificial neural network[J]. Neural Computing and Applications, 2005, 14（1）: 45-55.

[16] 肖勇, 李博, 尹家悦, 等. 基于小波变换和小波包变换的间谐波检测[J]. 智慧电力, 2022, 50（1）: 101-107.

[17] 张凯. 基于小波变换的时频分析方法研究及模块实现[D]. 成都：电子科技大学, 2022.

[18] 丁素英. 基于小波变换的 Laplacian 金字塔图像数据压缩[J]. 潍坊学院学报, 2009, 9（4）: 34-36.

[19] 陈增强, 任东, 袁著祉, 等. 基于多分辨率学习的正交基小波神经网络设计[J]. 系统工程学报, 2003（3）: 218-223.

[20] 周惠成, 彭勇. 基于小波分解的月径流预测校正模型研究[J]. 系统仿真学报, 2007（5）: 1104-1108.

[21] Salajegheh E, Heidari A. Time history dynamic analysis of structures using filter banks and wavelet transforms[J]. Computers and Structures, 2005, 83（1）: 53-68.

[22] 汪雪元, 何剑锋, 刘琳, 等. 小波变换导数法 X 射线荧光光谱自适应寻峰研究[J]. 光谱学与光谱分析, 2020, 40（12）: 3930-3935.

[23] 李贤彬, 丁晶, 李后强. 水文时间序列的子波分析法[J]. 水科学进展, 1999（2）: 45-50.

[24] Figliola A, Serrano E. Analysis of physiological time series using wavelet transforms[J]. IEEE Engineering in Medicine and Biology Magazine: The Quarterly Magazine of The Engineering in Medicine & Biology Society, 1997, 16（3）: 74-79.

[25] 孟凡香, 李天霄. 基于小波变换信息量系数法的区域年降水量复杂性识别研究[J]. 水利科技与经济, 2016, 22（9）: 25-26.

[26] 黄健. 基于小波理论的呼伦湖流域水文序列随机分析[D]. 呼和浩特：内蒙古农业大学, 2011.

[27] 张晓琳, 栾清华. 基于小波变换的信息量系数在水文序列复杂性分析中的应用[C]. 第七届中国水论坛, 2009.

[28] Jiang J, Tian S L, Tian Y, et al. Transient abnormal signal acquisition system based on approximate entropy and sample entropy[J]. Review of Scientific Instruments, 2022, 93（4）: 044702.

[29] 林丽, 赵德有. 近似熵在声发射信号处理中的应用[J]. 振动与冲击, 2008（2）: 99-102.

[30] 付强, 李铁男, 李天霄, 等. 基于近似熵理论的三江平原月降水量空间复杂性分析[J]. 水土保持研究, 2015, 22（2）: 113-116.

[31] 谢中凯. 信息熵理论在混凝土结构损伤动力识别中的应用研究[D]. 杭州：浙江大学, 2013.

[32] 刘纯. 基于多方法的变化环境下渭河水文气象要素变异诊断[D]. 邯郸：河北工程大学, 2021.

[33] 廖旺才, 杨福生, 胡广书. 心率变异性非线性信息处理的现状与展望[J]. 国外医学·生物医学工程分册, 1995（6）: 311-316.

[34] 唐敏. 黄土丘陵区坡地土壤水热特征及其耦合效应研究[D]. 杨凌：西北农林科技大学, 2019.

[35] 李雄. 基于二次分解和近似熵的水电机组振动信号降噪研究[D]. 宜昌：三峡大学，2019.

[36] 蒋俊. 基于信息熵的实时信号测量技术及其应用研究[D]. 成都：电子科技大学，2017.

[37] 佟春生，黄强，刘涵，等. 基于近似熵的径流序列复杂性研究[J]. 西北农林科技大学学报（自然科学版），2005（6）：121-126.

[38] 王启光，张增平. 近似熵检测气候突变的研究[J]. 物理学报，2008（3）：1976-1983.

[39] 何文平. 动力学结构突变检测方法的研究及其应用[D]. 兰州：兰州大学，2008.

[40] Pincus S M. Approximate entropy as a measure of system complexity[J]. Proceedings of the National Academy of Sciences of the United States of America，1991，88（6）：2297-2301.

[41] 金红梅. 近似熵对气候突变检测的适用性研究[D]. 兰州：兰州大学，2013.

[42] Hornero R，Aboy M，Abásolo D. Analysis of intracranial pressure during acute intracranial hypertension using Lempel-Ziv complexity：Further evidence[J]. Medical & Biological Engineering & Computing，2007，45（6）：617-620.

[43] Santamarta D，Hornero R，Abasold D，et al. Complexity analysis of the cerebrospinal fluid pulse waveform during infusion studies[J]. Childs Nervous System，2010，26（12）：1683-1689.

[44] Zhang X S，Roy R J. Predicting movement during anaesthesia by complexity analysis of electroencephalograms[J]. Medical & Biological Engineering & Computing，1999，37（3）：327-334.

[45] Abasolo D，Hornero R，Gomez C，et al. Analysis of EEG background activity in Alzheimer's disease patients with Lempel-Ziv complexity and central tendency measure[J]. Medical Engineering & Physics，2006，28（4）：315-322.

[46] 胡江和，张佃中. 心电 RR 间期序列的近似熵与 Lempel-Ziv 复杂度分析[J]. 中国医学物理学杂志，2007（6）：447-449.

[47] 肖辉，吴冲锋，吴文锋，等. 复杂性度量法在股票市场中的应用[J]. 系统工程理论方法应用，2002（3）：190-192.

[48] 周云龙，陈飞. 水平气液两相流流型空间图像信息复杂性测度分析[J]. 化工学报，2008（1）：64-69.

[49] 解幸幸，李舒，张春利，等. Lempel-Ziv 复杂度在非线性检测中的应用研究[J]. 复杂系统与复杂性科学，2005（3）：61-66.

[50] 丁闯，张兵志，冯辅周，等. 符号动力学信息熵参数优化方法研究[J]. 噪声与振动控制，2019，39（4）：179-183.

[51] 王文圣，黄伟军，丁晶. 基于小波消噪和符号动力学的径流变化复杂性研究[J]. 水科学进展，2005（3）：380-383.

[52] 张佃中. 非线性时间序列互信息与 Lempel-Ziv 复杂度的相关性研究[J]. 物理学报，2007（6）：3152-3157.

[53] 丁闯，冯辅周，张兵志，等. 改进多尺度符号动力学信息熵及其在行星变速箱特征提取中的应用[J]. 振动与冲击，2020，39（13）：97-102.

第六章　农田冻融土壤水热盐协同运移理论及过程模拟

第一节　概　　述

　　季节性冻土区土壤温度的改变促使土壤水分发生相变转化，土壤水分的传输反馈影响土壤热量的时空分布，土壤水分与温度之间存在着显著的动态平衡关系。土体冻结导致基质势降低，在势能差的驱动作用下，液态含水量从高势能区向低势能区迁移富集，土壤可溶性盐分伴随未冻水扩散发生共迁移现象。土壤季节性冻融作用是影响寒旱区农业发展的重要因素，尤其是冻融期土壤水盐向上运移将会导致越冬期农田地表积盐，从而影响春季播种。由于冻融土壤水热盐运移过程的复杂性，其演化机理及模拟一直是寒旱区土壤水热盐运移过程研究的瓶颈，开展这一问题的研究对于全面深入理解寒旱区水循环规律和土壤盐渍化形成机理，科学地进行水盐调控和土壤盐渍化的防治具有重要的现实意义和学术价值[1]。

　　近年来，我国北方寒区春季旱涝灾害时有发生，不同作物农田土壤水热资源调控与管理问题亟待解决，合理的水热调控须以准确的土壤水热迁移模型为理论基础。伴随着土壤冻融机理研究，关于定量描述冻融土壤水热盐运移的研究也得到发展，冻融土壤水热盐运移模型逐渐出现。Philip 和 Vries[2]于 1957 年考虑温度梯度条件下水分相变对水汽分布影响，基于热平衡及水分在多孔介质中黏性流动原理提出了土壤水热耦合运动模型。Harlan[3]借助数值模型结合非饱和土壤水分传输理论模拟了冻结土壤水分再分布过程，结果表明在土壤表层冻结区土壤水分重分布速率与土壤粗细程度成反比，从物理学角度解释并且模拟了土壤水分和温度的耦合过程。雷志栋等[4, 5]利用水热迁移模型对冻结期潜水蒸发过程及整个冻融期土壤水热运动进行了模拟，引入特征含水量概念来描述冻结期含水量的变化趋势，通过量纲分析和数学推导得到能用于任意时间空间尺度的水热耦合方程。郑秀清和樊贵盛[6]根据冻融土壤介质中水流和热流互相耦合的特点及田间能量平衡原理，建立了冻融条件下土壤系统一维垂向水热迁移数学模型，模拟了不同灌水定额下的土壤水热动态及季节性冻融过程中的水热迁移规律。

　　土壤的冻结与融化过程中所造成的土壤冻胀及融沉现象，会对植物的根系造成一定损伤，不利于作物的生长。同时，地下水位的变化会使土壤中的盐分随着土壤水分的迁移逐渐向表层土壤聚集，春季播种期土壤水分蒸发强度较大，而土壤中的盐渍化程度增强，导致作物由于脱水而出现凋萎死亡的现象[7]。冻融驱动的土壤中水盐运移是土壤盐渍化的主要原因之一，土壤冻结过程中盐分的运动非常复杂，受土壤类型、土壤初始含水量、土壤溶液浓度、盐分等多因素影响[8, 9]。在农业生产过程中，土壤的水热状况以及盐分的迁移与聚集都是陆生植物生长过程中的重要影响因素。在春季积雪消融及土壤解冻的时期，土壤温度直接影响种子的发芽、植物的返青以及作物的发育，特别是对根系吸收土壤中的水分与养分有较大影响。因此，开展冻结期土壤水热耦合迁移数值模拟研究，尤其是在稳定积雪覆盖条件下的相关研究，定量掌握季节性冻融过程中的土壤水热状况和变化规律，是合理确定冻融期土壤水热调控技术参数、保障作物生长发育水热条件的理论前提。这对于季节性冻土区春季合理安排播种期、预测作物生长发育、调整农业生产结构具有重要意义。

第二节　冻融土壤水热响应因素分析

土壤冻融循环是指因热量季节性交替变化，在表层土及以下一定深度土壤形成的反复冻结融化过程。土壤水热的迁移变化以及空间分布不仅改变着土壤的持水性，决定了土壤墒情状况和农田作物生境，同时也制约着地表活动层的能量平衡与水量分配，最终反馈于气候变化。随着土壤冻结融化作用的交替发生，土体中的含水量和温度也会出现周期性的迁移演变过程。另外，土壤液态含水量和温度之间也存在着一定的相互作用关系，由于水的比热容较大，降低了土壤温度的波动幅度，而土壤温度的变化也驱动着土壤水分的迁移，二者存在较强的影响与制约关系。冻融土壤的水热迁移变化是一个复杂的时间序列系统，其变化与区域气象因子和生态因素之间有着极强的非线性关系。环境因子作为土壤水热空间分布的主要驱动力，决定着土壤中热量的传导及水分的迁移与扩散。冻融土壤的水热监测及预报是合理安排春季种植与灌溉的前提，也是农业水土资源规划与管理、农业节水技术研究的重要基础。

一、试验方案

（一）试验总体布置

本试验于 2013 年 11 月～2014 年 4 月进行，共设置 4 块 10 m×10 m 的相邻代表性样地，做不同积雪覆盖处理，包括裸地、自然积雪、积雪压实、积雪加厚样地（依次编号 1～4）。其中裸地采用人工除雪，即每次降雪前在地面铺设帆布，降雪后将帆布上的积雪均匀抛洒到积雪加厚的样地上，积雪压实样地采用聚乙烯板（质量恒定）夯实。为保证相邻样地间水分互不影响，纵向铺设 100 cm 高的聚乙烯隔水膜。使用中子水分仪测量土壤总含水量，时域反射仪（time domain reflectometer，TDR）测定土壤液态水含量。记录数据时，含水量为同一测点测量 3 次的平均值。在样地中央呈三角形布置一根铝制中子测管及 2 根塑料 TDR 测管，积雪厚度用量雪尺测量，为在一定程度上减小局部地面不平整造成的积雪分布不均匀及边缘效应，在样地中央呈三角形树立 3 根雪尺测量积雪厚度，气象数据来源于样地西侧气象站。利用 Snow Fork 雪特性分析仪观测积雪液态含水量及密度，用便携式温度计观测雪层内部温度。为尽量减少对雪层的破坏，在样地中间开挖小道进行掘进式测量。另外，每个代表性样地分别设置土壤水分传感器（清胜 JL-01 六路湿度传感器）和温度传感器（清胜 JL-01 六路温度传感器）两套。在试验区西侧布置锦州阳光 PC-3 型自动气象站，在试验区中心设置冻土器。

（二）冻深观测

详见第三章第二节"二、数据指标测定"中"（二）土壤冻结深度测定"内容。

（三）积雪观测

每次降雪结束后清理试验场内必要交通道路，尽可能不扰动场内积雪。降雪结束后将裸地上的雪扬到 4 号地（积雪加厚样地），根据降雪情况将 4 号地雪深加厚至适当深度；将 3 号地（积雪压实样地）积雪压实至适当深度（根据地中直尺确定加厚、压实的雪层厚度）。注意：扬雪处理必须选择洁净的新雪，不能含有土壤等杂质，否则会改变雪层的反照率，使积雪表层反照率降低，太阳辐射会更多地进入雪层中，加快雪层的融化速率，新雪的反照率＞陈雪的反照率＞脏雪的反照率。

测定时间：自降雪结束之日起分别测定第 1、3、5、7 天数据。积雪分层：在积雪剖面划分上，当积雪覆盖深度较小，不足 2 cm 时，将降雪视为一个测定层即可；若积雪覆盖厚度为 2~4 cm，则将积雪分为两层，最下层 2 cm 厚积雪为一层，上部剩余的积雪定为表层积雪厚度；若积雪厚度为 4~6 cm，则将积雪分为上、中、下 3 层，下层和中层的厚度均取 2 cm，剩余的积雪作为上层积雪厚度；若积雪厚度超过 6 cm，上层取 2 cm，剩余的等分为中层和下层，但中层的厚度不超过 18 cm，超出的厚度计入下层。积雪厚度采用量雪尺测量（每块地测量三个重复），密度（平均密度、表层密度、底层密度）及液态含水量采用 Snow Fork 雪特性分析仪分层测定，雪层温度采用探针式温度计分层测定。在每层积雪的中间层面位置测量五组数据，最后取平均值。由于雪特性分析仪的测量半径为 2 cm 左右，五组平行测点相邻测点间距为 5 cm。雪层温度的观测：每次降雪雪停后 1、3、5、7 天用探针式温度计测量 2、3、4 号地上、中、下各雪层的温度，每层区三个重复，最后计算平均值。雪停后 1、3、5、7 天 8 时测量 2~4 号地中雪层深度（参照地面气象观测规范：每块地设置三个重复）：当降雪深度达到观测规范要求时，测量时间为每天上午 8 时，在观测地点将量雪尺垂直插入雪层中直至接触到地表，依据量雪尺上被积雪表面所遮盖的刻度线，读取积雪深度。整数以厘米计入，毫米四舍五入为厘米。若使用普通米尺，需要把零线至尺端距离的相当厘米数值计入观测雪深数值中。每次观测须作三次测量，记入观测簿相应栏中，并求其平均值。三次测量的地点，测量条件允许情况下，彼此最好保持在 10 m 以上（丘陵、山地气象站因地形所限，距离可适当缩短），并做好标记，以免下次在原地重复测量。平均雪深不足 0.5 cm 时忽略不计；若 8 时降雪深度未达到标准，但持续降雪，当降雪深度累计达到测定标准时，则可以在 14 时或 20 时补充测量，记录在当日雪深栏中，并在观测簿上注明实际情况。注意：上述测量方法中选取测量点位应该在同一个水平线（雪层深度）上。

测量时选取样地中的小区域积雪进行精细处理，作为测量雪层密度和雪层温度的代表区域，减少或避免人为践踏等扰动，其他区域可酌情处理。规划人员进出各地块的路径，应减少对雪层的不规则扰动，开挖小道为仪器进场提供方便，过后简单掩埋，过道处不作为测量雪层密度、液态含水量、温度和雪粒直径的代表区域。

二、积雪覆盖对土壤温度的影响

试验过程中，冻结期、稳定期和融化期土壤不同层次温度的变化过程如图 6-1 所示，由分析可知：冻结期，不同层次的土壤温度均呈现出下降的趋势。由图 6-1 可知，裸地处理情况下，浅层 5 cm 处的土壤温差（ΔT）为 17.1℃；而自然积雪覆盖的区域，浅层 5 cm 土层处的土壤温差为 8.1℃；积雪压实和积雪加厚处理区域 5 cm 处的温差分别为 7.3℃、6.6℃；积雪加厚、积雪压实和自然积雪处理条件下土壤温差分别相对于裸地处理下降 10.5℃、9.8℃和 9℃。而对于深层 140 cm 地层，积雪加厚处理情况的土壤温差为 4.2℃；

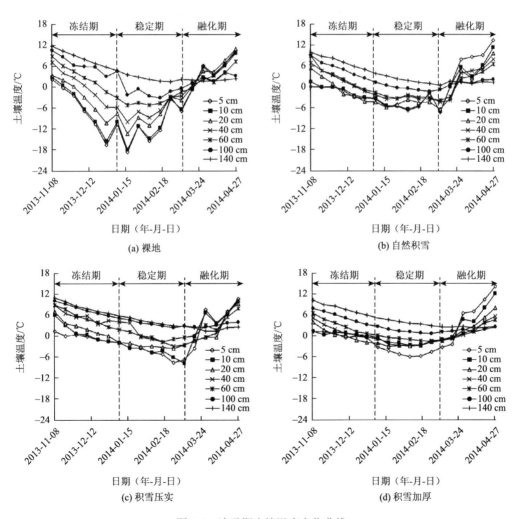

图 6-1 冻融期土壤温度变化曲线

积雪压实和自然积雪区域，土层土壤温差分别为 4.4℃和 5.6℃，分别相对于裸地处理温差 7.9℃有所减小。分析不同积雪覆盖情况下土壤 10 cm、20 cm、40 cm、60 cm、100 cm 深度处土壤温度在冻结期的变化，均表现出在积雪加厚、积雪压实、自然积雪和裸地区域温差依次变小的趋势。

稳定期，各区域土壤温度变化甚微，不同深度土壤温度均在较小的范围内变化浮动。其中裸地处理区域，浅层 0～40 cm 土层的温度分布在–16～–6℃，深层 60～140 cm 的土壤温度在–4.6～3.4℃；自然积雪处理区域，浅层土壤温度分布在–7～–2℃，深层土壤温度在 0～4℃；积雪压实条件下，土壤的浅层温度分布在–5～–1℃，深层温度稳定在 2～6℃；在积雪加厚区域，浅层温度在–4～0℃变动，深层温度稳定在 4～8℃。积雪的覆盖使得不同深度土壤的温度变化区间相对稳定在一个较高的水平，并且在积雪的压实和加厚处理区域，这种效果更加明显。

融化期，随着环境温度的大幅度升高，浅层土壤的温度迅速回升，由较低温度提升至 0℃以上。截至 4 月 27 日，裸地处理情况下，土壤 5 cm 处土层的温度升高至 18℃；自然积雪、积雪压实和积雪加厚处理温升分别为 15℃、12℃和 10℃。而深层 140 cm 处土壤在裸地处理、自然积雪、积雪压实和积雪加厚区域的温度分别为 5.3℃、5.1℃、4.6℃和 4.3℃，温度升高幅度逐渐变低。

分析冻结期、稳定期、融化期不同处理区域的温差、温度变化区间、温升幅度可知：裸地处理条件下，由于土壤这种多孔介质受环境温度影响较大，不同时期土壤的温度变化较为剧烈。在积雪覆盖区域，由于积雪的大比热容性及其对能量的吸收，冻结期环境温度降低时，土壤的温差变小，热量散失减少；稳定期，积雪的存在为土壤积蓄能量，土壤温度相对较高；融化期，积雪对能量具有一定的反射及储存作用，因此，积雪覆盖条件下土壤升温较慢。积雪覆盖隔绝了土壤与环境之间的能量交换，在越冬期保持了土壤温度，同时，自然积雪、积雪压实、积雪加厚处理的土壤温度曲线依次变得平缓。其中，积雪加厚处理（雪深 65 cm，密度 0.161 g/cm³）的保温效果最为明显，积雪压实处理（雪深 24 cm，密度 0.256 g/cm³）次之，表明积雪的密度和厚度影响着其对能量的反射、储存及传导。

三、积雪覆盖对地-气之间温差的影响

环境（大气）温度的变化在一定程度上影响着地表温度的变化，两者有着相似的变化趋势。在 4 种不同积雪覆盖处理条件下，随着积雪厚度的变化，地表温度与大气温度的变化规律如图 6-2 所示。

分析两者之间的差异可知：在裸地处理情况下，环境温度与地表温度几乎同步，在 1 月 14～17 日两者均达到温度的最低值，并且大气温度波谷值为–22.3℃，地表温度波谷值为–17.6℃，二者温差仅为 4.7℃。同时，在 3 月 19 日气温升至 0℃以上，地表温度也随之迅速回升，两者保持了高度的同步性。

在自然积雪处理的区域，地表温度波谷出现在 1 月 28 日，相对于环境温度波谷延迟 12 d，地表与环境之间的最大温差为 13.1℃，远大于裸地处理的温度差距 4.7℃。并且地

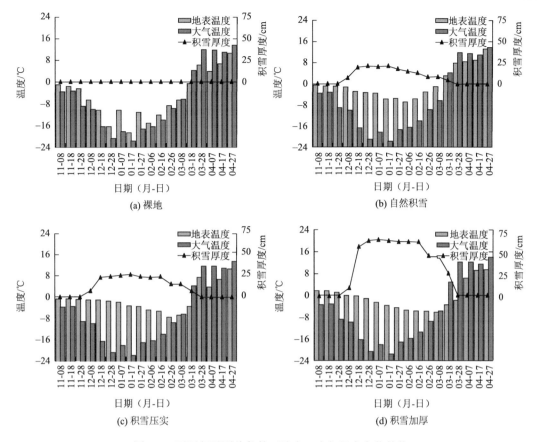

图 6-2　不同积雪覆盖条件下地表、大气温度变化趋势

表温度的变化范围在–6.2～13.6℃，远小于环境温度的变化区间，表明积雪的存在影响了地表温度，使地表温度与环境温度之间相似趋势减弱。

在积雪压实和积雪加厚的区域，温差同样保持着增大的趋势。积雪压实区域的地表温度波谷出现在 2 月 4 日，相对于大气温度的波谷延迟 17 d，并且波谷的温度为–7.6℃，相对于气温波谷升高了 14.7℃，地气之间温度差异变大。对于积雪加厚的情况，由于覆盖物的厚度变大，这种保温效果更加明显，地表最低温度出现在 2 月 16 日，地表温度大幅高于大气温度，同时，当大气温度恢复到 0℃以上时，地表温度在 8～10 d 仍处于负温，阻碍了土壤温度的回升。对于积雪压实和积雪加厚处理，地表和大气之间的温度差较大，大气温度对地表影响十分微弱。

在积雪覆盖的条件下，由于积雪的大热容量性和强反射性，其能够吸纳并释放能量，阻碍了土壤温度的降低，地表和环境之间的温差增大。同时，积雪的存在也大幅度延缓了地表温度波谷的出现日期。在自然积雪、积雪压实和积雪加厚处理的条件下，这种差异性表现得越加明显。表明积雪加厚处理（65 cm）和积雪压实处理（密度 0.265 g/cm^3）对于地气之间的隔绝能力要大于自然积雪处理。

四、土壤热状况对气象因素的响应

为分析不同的气象要素对土壤温度的作用程度,采用灰色关联分析的方法,以土壤温度作为参变量,以大气温度、环境湿度、大气总辐射量、大气净辐射量、风速、饱和水汽压差等气象因素作为自变量,在 4 种不同积雪覆盖处理条件的试验小区,分别筛选出土壤温度的主要影响因素[10-13]。

(一)主要影响因素的灰色关联分析

将不同积雪覆盖处理 4 个小区的土壤温度分别作为参变量,将原始数列和各气象因素构成的数列进行无量纲化处理[14],求得各数列与原始数列的关联系数,进而确定大气温度、环境湿度、大气总辐射量、风速、大气净辐射量和饱和水汽压差在不同积雪覆盖条件下对地温的作用效果。不同积雪覆盖条件下,各气象因素与土壤温度关联度如表 6-1 所示。

表 6-1　不同气象因素与土壤温度的关联度

处理方式	大气温度	环境湿度	大气净辐射量	风速	大气总辐射量	饱和水汽压差
裸地	0.9524	0.5510	0.9129	0.9002	0.8646	0.8959
自然积雪	0.8966	0.5424	0.8511	0.8315	0.7968	0.8262
积雪压实	0.8823	0.5131	0.8579	0.8476	0.7014	0.7407
积雪加厚	0.8744	0.5225	0.8531	0.8125	0.7084	0.7379

由表 6-1 可知,裸地、自然积雪、积雪压实、积雪加厚不同处理条件下,在影响土壤热状况的各气象因素中,大气温度与土壤温度的关联度最高。裸地处理条件区域,大气温度与土壤温度的关联度为 0.9524。然而,随着积雪深度增加和密度增大,覆盖物对地表与环境联系的阻隔程度增强,自然积雪、积雪压实和积雪加厚情况下的关联度分别为0.8966、0.8823 和 0.8744,土壤温度与大气温度的关联度有所降低。除此之外,大气净辐射量对地温也有较强的影响,裸地处理、自然积雪、积雪压实和积雪加厚处理小区中,大气净辐射量与土壤温度之间的关联度同样呈现出减弱的趋势。由此得知,积雪的存在影响了气象因素与土壤之间的能量交换,使得土壤温度对气象因素的响应程度降低。

(二)土壤温度对主要气象因子的响应

由上述分析可知,在所有影响土壤温度的气象因素中,环境温度起着主要的作用。基于逐日观测的平均数据,分析了土壤不同深度温度与大气温度之间的相关关系,如图 6-3 所示。

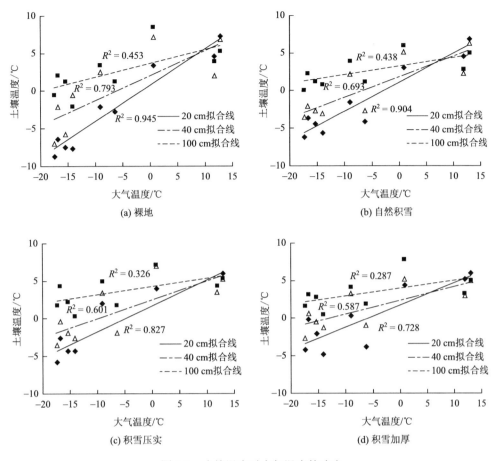

图 6-3　土壤温度对大气温度的响应

通过分析可知，裸地处理在 20～100 cm 的地层，大气温度与浅层 20 cm 处的决定系数 $R^2 = 0.945$，相关性较高；随着深度的增加，在 40 cm 和 100 cm 地层，决定系数分别为 0.793 和 0.453，呈现出随着深度的增加，大气温度与土壤温度相关性逐渐减小的趋势。并且在 100 cm 处，两者之间的关联度仅为 0.453，进一步说明土壤较深层次温度对于大气温度的响应十分微弱。

对比 4 种不同积雪覆盖处理条件下的土壤温度对主要气象因素的响应情况，发现在自然积雪处理条件下，大气温度与 20 cm 深度处土壤温度的决定系数 $R^2 = 0.904$，相对于裸地处理条件的决定系数有所减弱；40 cm 和 100 cm 处土壤温度的决定系数分别为 0.693 和 0.438，呈现出地层深度增加过程中，决定系数变小的现象。与裸地处理条件对比可知，自然积雪处理条件下不同土层的温度与大气温度的相关性降低。同理，在积雪压实和积雪加厚处理的条件下，20 cm 处的决定系数分别为 0.827 和 0.728，小于裸地处理的决定系数 0.945 和自然积雪条件的决定系数 0.904。

积雪的存在有效减小了土壤温度的波幅，保持了地温。对浅层土壤影响较大，深层影响较小，积雪的覆盖密度和厚度也在不同程度上影响着土壤的温度变化。冻结稳定期，自然积雪、积雪压实和积雪加厚区域表层 5 cm 处土壤温度相对于裸地提高 11.9～13.1℃，深层 140 cm 处土壤温度提升幅度在 3.2～4.7℃。积雪降低土壤能量散失,其中,积雪压实和积雪加厚的保温效果要优于自然积雪处理。积雪作为一种多孔介质,延缓了大气对土壤温度的影响,使地气之间温度差异增大。在自然积雪、积雪压实和积雪加厚处理条件下,地气之间最大温差由裸地处理条件下的 4.7℃大幅增至 13.1～15.7℃。并且,3 种积雪覆盖条件下,积雪加厚处理(65 cm)的土壤与大气温差最大,其次为积雪压实处理(25 cm),自然积雪处理(23 cm)最小。

综上所述,在土壤温度对大气温度的响应效果中,4 种积雪覆盖处理区域,20～100 cm 不同土层,土壤温度与大气温度的决定系数存在差异,并且在积雪压实和积雪加厚处理区域中,二者决定系数较小,响应作用减弱。进一步证实积雪对太阳辐射能量具有吸收、存储、反射的作用,并且随着积雪密度的增加和覆盖厚度的增大,这种特性更加凸显,影响了外界环境与土壤之间的相互作用,同时也对季节性冻土区土壤温度产生保温、延时变化、减小变幅的效用。

第三节　冻融土壤水热耦合互作机理

季节性冻融土壤的水分和热量在土壤中和其他界面中如何传输,以及宏观尺度上土壤的水分转化特征、冻融土壤的生态水文过程都在一定程度上受到土壤热能量的影响。此外,土壤的融化过程同样可以通过土壤的导水率和土壤水容量的变化来改变土壤的地表径流和土壤入渗特征,直接或者间接影响土壤的水循环过程。随着土壤的冻结与融化的循环过程,土壤的水分也发生着有效的变化。随着土壤水热领域研究的不断深入,研究人员发现了土壤中的水分和热量是相互影响、相互作用的,土壤中热量的迁移变化会影响土壤水汽的迁移和传输,特别是土壤中水分状态的改变。

由于冻融土壤水热迁移问题本身的复杂性以及影响因素的不稳定性,采用单一方法来掌握水热的迁移规律难以实现。随着计算机技术的发展,试验研究和数值模拟相结合的方法逐渐受到研究者的重视。为了更好地体现季节性冻融土壤水热交换的复杂物理过程,根据地表能量平衡原理,将冻结条件下的土壤水热迁移方程、微气象学原理以及地气之间水热交换的上边界条件相结合,建立了冻融土壤水热耦合迁移模型。在热力学平衡的基础上优选参数化方案,建立一个合理通用的水热耦合模型对于简化和模拟干旱、半干旱以及冻融土壤的水热过程具有重要的现实意义。在后续研究工作中,应不断完善土壤基质势与水热运动参数的机理性研究,提高模型数值模拟的稳定性。另外,还可提出统计性和随机性等数学模型,在简化模型预测的基础上,根据实际情况建立有针对性的数值模拟模型,进而有效地表征冻融条件下土壤水热的动态变化及其与影响因素之间的内在关系,为实现冻融土壤的水热动态预报以及春播期土壤墒情的识别提供科学支撑。

本节立足于大田试验,研究不同积雪覆盖条件下土壤水分和热量的交换机理,特别是考虑季节性冻融循环条件下的土壤水分互作效应。同时,分别建立冻结期和融化期的土壤水热耦合模型,并用野外实测数据对所建立的模型进行误差检验。在研究过程中,掌握冻融土壤的水热平衡及其交换特征,讨论研究地区的土壤水热资源高效利用的途径与方法，提出改善农业资源利用的方式，结合本书的成果为研究地区区域综合治理与开发、生态环境的改善提供一定的理论依据。

一、试验方案

试验过程中将试验地划分为 4 个试验小区，每个小区为 10 m×10 m 的地块。其中，每个试验小区的试验测定指标为积雪厚底、积雪密度、积雪温度、雪层液态含水量、土壤温度、土壤液态含水量和土壤冻深等特征性指标。试验期内，由于土壤的冻结作用，冻结锋面垂直向下迁移，土壤含水量和温度在水平方向上的变化较小，但是为了防止融化期试验区域之间融雪水的扩散对土壤温度和液态含水量产生影响，试验区之间埋设 1 m 深的塑料薄膜隔水带，保证区域之间免受融雪水扩散的影响。积雪深度由直尺测量，积雪密度、液态含水量采用 Snow Fork 雪特性分析仪测定，积雪温度采用探针式温度计测定。在试验过程中，随着大气降雪的出现，将试验区做 4 种不同的处理，分别为自然积雪、积雪压实、积雪加厚和裸地对照组处理，其中对照组处理通过人工清扫完成；自然积雪处理地块保持原有的自然状态，不做任何的修饰、清扫处理，该处理条件下的积雪覆盖厚度为 23 cm，积雪的覆盖密度为 0.157 g/cm³；积雪压实处理通过人工堆雪，增加积雪覆盖量，同时采用聚乙烯板（质量恒定）夯实，使得积雪的深度为 24 cm，积雪的密度为 0.256 g/cm³；积雪加厚区通过模拟人工降雪，使得积雪的覆盖量增加，但是积雪的覆盖形式尽量保持与自然积雪覆盖处理的情况相同，该处理下的雪深为 65 cm，积雪密度为 0.161 g/cm³。

试验时期为大田土壤冻融全阶段（11 月份初至次年 5 月末）。试验内容包括常规试验和小区对比试验，常规试验以提供积雪、土壤的基本物理性质指标及水热迁移动力学参数为目的，测量积雪的厚度、温度、雪粒直径大小等。小区对比试验为研究积雪覆盖对于土壤温度的影响提供资料，主要测定积雪覆盖条件下不同土层的温度值。具体试验场地布置如图 6-4 所示。

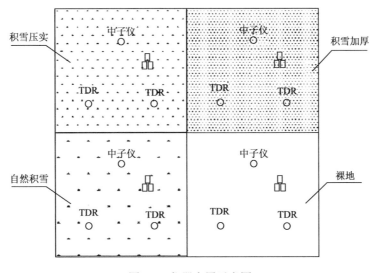

图 6-4　仪器布置示意图

由图 6-4 可知，在每块样地中埋设一根中子仪测管和两根 TDR 测管。TDR 管距离最近两边的距离为 2500 mm，中子仪距离上边 2500 mm，距离左右两边 5000 mm，三者成等边三角形排布。中子仪测管长 2200 mm，中子仪管的内径大小为 43 mm，管壁厚 2.5 mm；TDR 测管采用特殊的塑料材质制成，塑料管的规格：管长为 2000 mm，测管的内部直径为 42 mm，外部直径为 44.6 mm。中子仪测管和 TDR 测管埋入地表以下的深度均为2000 mm。中子仪测管和 TDR 测管排布距离大于 5000 mm，因此，它们之间不会产生相互影响。土壤水分传感器和土壤温度传感器埋设在土质均匀的位置，且探头之间的距离大于 20 cm，避免探头之间相互影响，导致数据出现误差。

二、冻结期土壤水热互作效应

（一）冻结期土壤液态含水量变异特性

浅层土壤受环境因素的影响较大，因此浅层土壤的水分和温度随时间的变化波动性相对较强，而深层土壤的温度变化差异相对较小，在试验过程中，将传感器以及 TDR 测定的数据结果绘制成土壤液态含水量曲线，如图 6-5 和图 6-6 所示。

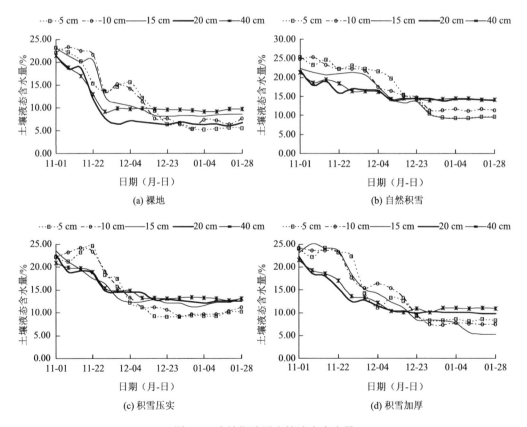

图 6-5 冻结期浅层土壤液态含水量

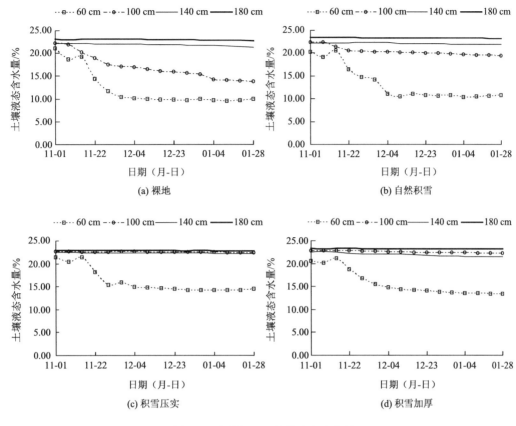

图 6-6　冻结期深层土壤液态含水量

　　分析冻结期浅层土壤液态含水量的变化趋势可知，随着环境温度的降低，一部分液态水转变成冰体，而另一部分则在水势梯度的影响下发生了迁移，土壤的液态含水量均呈现出一定的减小现象。但是不同的覆盖处理也会对土壤的含水量变化产生一定的影响。裸地处理条件下，在土壤冻结过程中，5 cm 土层深度的初始液态含水量为 23.16%，随着冻结锋面的不断向下移动，冻结土壤的各土层液态含水量均出现减小的现象，5 cm 土层的液态含水量最小值为 5.31%；随着土层深度的增加，10 cm、15 cm、20 cm 土层处的土壤液态含水量分别为 7.42%、8.31%、6.72%，在浅层土壤范围内，随着土层深度的增加，土壤液态含水量的变化幅度增加；越过 20 cm 土层界限，在 40 cm 土层处的土壤含水量的变化幅度为 12.77%，相对于表层 10 cm、15 cm、20 cm 处土层土壤液态含水量的变化过程，其变化幅度有了明显的降低。自然积雪处理条件下，液态含水量的整体变化趋势与裸地对照处理近乎相同，但是由于多了一个特殊的覆盖介质层，土壤液态含水量的变化幅度相对于裸地处理有所降低。具体分析可知，5 cm 土层的土壤液态含水量的最大值为 23.98%，最小值为 8.16%，土壤液态含水量的变化差值（$\Delta\theta$）为 15.82%，相对于裸地处理条件下 5 cm 土层土壤液态含水量的变化幅度有所降低。同理，10 cm、15 cm、20 cm、40 cm 土层处的土壤液态含水量的变化幅度分别为 14.38%、18.12%、12.25%、11.57%。不同土层的土壤液态含水量表现为由浅入深呈现出先增加后减小的趋势，变化幅度的最大层面出现在 10 cm 处。另外，对比自然积雪覆盖处理条件和裸地处理条件下的土壤的液态含水量的变化差异可知，自然积雪覆盖条件下 5 cm、10 cm、15 cm、20 cm、40 cm 土层处的土壤相对于对照组同土层的土壤液态含水量变化均有所降低。由此可知，积雪的覆盖阻碍了土壤含水量的大幅度变异，一定程度上减弱了土壤液态含水量大范围迁移。

积雪压实处理条件下，积雪的密实程度加大，导致大气环境与土壤之间联系的阻碍增强，土壤的液态含水量的变化幅度依次呈现出减弱的趋势。由图 6-5（c）可知，5 cm 土层处土壤液态含水量的最大值为 25.31%，液态含水量的最小值为 10.00%，变化幅度为 15.31%，随着土层深度的增加，在 10 cm、15 cm、20 cm、40 cm 处的土壤液态含水量变化差异分别为 13.55%、13.21%、7.49% 和 6.81%，液态含水量的变化幅度范围在逐渐缩小，液态含水量的变化规律也在逐渐趋于稳定，表明积雪覆盖密度增加，土壤的液态含水量差异也在逐渐减弱。

而积雪加厚处理条件下的土壤液态含水量的变化范围以及波动的幅度对于裸地处理、自然积雪、积雪压实三种处理均出现了降低的现象，积雪加厚导致积雪的覆盖量增加，蓄水保温效果明显增强。由图 6-5（d）可知，5 cm 土层液态含水量的最大值为 22.23%，最小值为 9.13%，含水量数值以及变化差值相对于裸地、自然降雪和积雪压实处理条件均有所降低。同时，在 10 cm、15 cm、20 cm 和 40 cm 土层处土壤液态含水量的变化差值分别为 12.54%、11.30%、10.16% 和 10.14%，液态含水量的数值变化区间同样在逐渐趋于稳定。对比图 6-5 和图 6-6 可知，深层土壤距离地表相对较远，与大气环境之间的能量交换相对较少，因此土壤的液态含水量相对变化较小。由第二章中的冻深过程曲线图可知，不同处理条件下的土壤最大冻结深度在 90～120 cm，因此，深层 140 cm 和 180 cm 土层处的土壤液态含水量变化甚微。由图 6-6（a）可知，受冻结锋面迁移的影响，60 cm 土层处的液态含水量变化范围为 9.58%～20.99%；100 cm 土层处的液态含水量变化范围为 14.04%～22.13%；而 140 cm 和 180 cm 处的液态含水量变化范围分别为 21.57%～22.2% 和 22.87%～23.21%，随着土层深度的增加，土壤液态含水量的变化范围在逐渐缩小，含水量的变化情况逐渐趋于稳定。

自然积雪处理条件下，积雪覆盖导致土壤液态含水量的变化范围逐渐降低，由图 6-6（b）可知，60 cm 土层的土壤液态含水量的变化范围为 10.51%～20.23%；100 cm 土层的土壤液态含水量变化范围为 19.55%～22.34%；140 cm 和 180 cm 处的土壤液态含水量的变化范围分别为 21.98%～22.23% 和 23.24%～23.43%。相对于裸地处理，土壤的液态含水量变化过程更为稳定。

在积雪压实覆盖处理地块，60 cm 土层的土壤液态含水量的变化范围为 14.18%～21.33%；100 cm 土层处的土壤液态含水量变化范围为 22.39%～22.55%，变化区间相对较小；在 140 cm 和 180 cm 处的土壤液态含水量的变化范围分别为 22.22%～22.42% 和 22.82%～22.90%。同理，积雪加厚处理条件下的液态含水量呈现出更为稳定的状态，其液态含水量的变化区间以及数值波动相对较小。

综上分析可知，不同积雪覆盖处理对土壤的液态含水量迁移变化过程产生一定的影响，具体体现为表层土壤的液态含水量变化幅度相对较大，由于浅层土壤与大气环境接触相对较为密切，因此，受环境气候的影响较为严重，随着环境温度的降低，环境水汽压的减弱，土壤表层的液态含水量不断降低。积雪覆盖在一定程度上阻碍了土壤与环境之间的能量交换与水汽传输，土壤的液态含水量变化差异相对减弱。同时，随着积雪覆盖厚度的增加和密度的增大，液态含水量的变化幅度逐渐减弱，稳定性逐渐增强。另外，深层土壤液态含水量的变化过程显示出相似性，不同的覆盖处理均会导致土壤与环境之间的能量交换减弱，深层土壤的液态含水量变化波动相对于浅层土壤有所减弱。

（二）冻结期土壤温度变异特性

冻结期内，随着环境温度的不断降低，土壤的直接表征即是冻结现象的发生，伴随发生的是土壤温度的降低。试验过程中，表层土壤受大气温度以及太阳辐射的影响，土壤温度的变化波动较大，冻结期内土壤的温差也相对较为剧烈，不同土层的温度动态变化过程具体见图 6-7 和图 6-8。

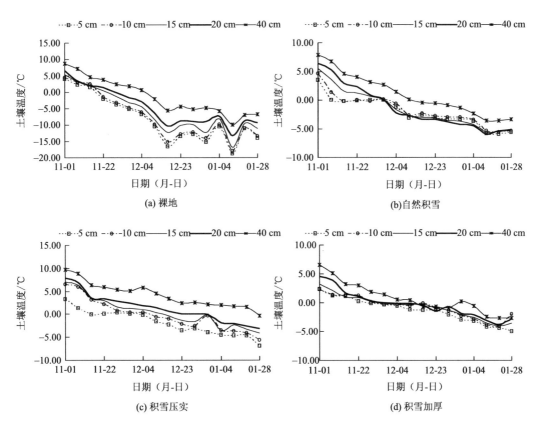

图 6-7　冻结期浅层土壤温度

裸地处理条件下，土壤温度受环境影响较为明显，并且波动幅度较大。由图 6-7 可知，不同土层的土壤温度均呈现出下降趋势。5 cm 土层处的土壤温度的最大值为 3.9℃，最低温度为–18.76℃，土壤温差（ΔT）为 22.66℃；10 cm、15 cm、20 cm 和 40 cm 土层处土

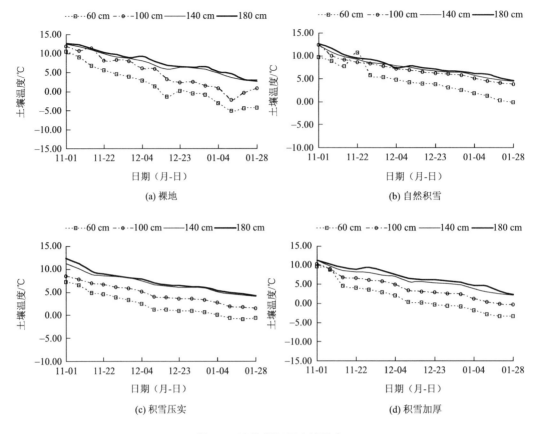

图 6-8　冻结期深层土壤温度

壤的温差依次为 22.35℃、22.25℃、19.8℃和 18.7℃。分析上述数据可知，裸地处理条件下的土壤温度的变化幅度相对较大，由于土壤表面无任何覆盖处理，因此土壤的温度与环境温度之间保持着较高的相关性，但是不同土层之间仍然会呈现出随着土层深度的增加，土壤温度的变化幅度呈现出减弱的状态。

自然积雪处理条件下，积雪作为一种低导热率及高反射性的介质，在阻碍土壤温度散失的同时也抑制了土壤对外界能量的吸收，导致土壤温度相对于无覆盖处理呈现出相对稳定的趋势。分析图像可知，5 cm 土层处的土壤温度的最大值为 3.5℃，最小值为−5.88℃，土壤的温差为 9.38℃，相对于裸地处理条件下 5 cm 土层处的土壤温差有了大幅度的降低。另外，在 10 cm、15 cm、20 cm 和 40 cm 处的土壤温度的温差分别为 10.64℃、8.76℃、7.98℃和 7.76℃，土壤温差呈现出逐渐减小的趋势。同时，各土层的土壤温度温差与裸地处理条件相比，同样呈现了一定的减弱趋势，表明积雪的存在使得土壤积蓄一定的能量，土壤温度处于相对较高的水平，土壤温度的变化较为平缓。

相对于自然积雪处理条件下，积雪压实处理条件下浅层土壤温度的变化幅度相对更加稳定，由于积雪覆盖密度的增加，积雪对于大气环境与土壤之间的阻隔能力增强，因此，土壤温度受环境的影响相对较小，同时土壤的能量散失程度也逐渐降低。分析图像可知，5 cm 土层处的土壤温度最小值为–5.84℃，而最高温度为 3.25℃，土层的温度差值为 9.09℃，相对于自然积雪处理条件下的土壤温差降低了 0.29℃，土壤温度的变化区间也有所减小。10 cm、15 cm、20 cm 和 40 cm 土层处的土壤温度差值分别为 6.78℃、6.45℃、5.7℃和 5.46℃，土壤的温差范围在逐渐缩小。由此可知，随着积雪覆盖密度的增加，随着土壤温度的变动幅度逐渐减小。

在自然积雪覆盖处理条件下，积雪的覆盖作用同样对深层土壤温度产生一定的影响，小幅度减少了土壤热量的散失，由图 6-8（b）可知，在该处理地块中，60 cm 土层处的土壤温度的变化区间为 0.072～9.65℃；而 100 cm、140 cm、180 cm 土层处的土壤温度变化区间分别为 4～10.23℃、4.8～11.23℃、4.9～11.23℃，土层的最低温度随着土层深度的增加在逐渐升高，相同土层在积雪覆盖处理条件下，土壤温度的变化范围也在不断缩小。

在积雪压实处理条件下，其对土壤深层温度的影响程度要弱于自然积雪处理条件。由图 6-8（c）可知，60 cm 土层深度的温度变化范围为–0.607～7.32℃，相对于上述自然积雪条件的 60 cm 土层处的温度有了微弱的稳定效果。同样，随着土层深度的增加，在 100 cm、140 cm、180 cm 土层处土壤的温度变化范围分别为 1.86～8.37℃、5.2～12.34℃和 5.98～12.56℃，各个土层的温差分别为 6.51℃、7.14℃和 6.58℃。随着积雪覆盖密度的增加，深层土壤温度的稳定性增强。

同理，在积雪加厚覆盖处理的条件下，深层土壤的温度相对于自然积雪和积雪压实处理条件呈现出较为稳定的趋势。总结上述分析可知，在四种不同积雪覆盖处理条件下，积雪的覆盖影响了土壤温度的变化规律。此外，随着覆盖处理的不同，土壤温度的变化也存在着一定的差异，土壤温度的稳定程度依次为积雪加厚＞积雪压实＞自然积雪＞裸地处理。

（三）冻结期土壤水热耦合关系

采用 20 cm 土层处 1 号 TDR 中测定的土壤含水量和温度数据建立的回归模型，如表 6-2 所示，将两个参数联系起来，不同雪被覆盖条件下的回归模型用于分析雪被覆盖变化对土壤含水量和温度耦合变化关系的影响。在冻结过程中，土壤含水量和温度之间的耦合模型能够用较统一的回归方程来表示。不同积雪覆盖处理条件下的土壤含水量和温度之间的耦合效应也存在着一定的差异。由表 6-2 建立的耦合模型得知，在裸地处理条件下，土壤水分与温度之间的相关系数的平方（R^2）为 0.898；积雪加厚处理条件下的土壤水热之间的 R^2 达到 0.978。另外，积雪压实和积雪加厚处理条件下的土壤含水量和温度之间的相关性相对于裸地处理也出现不同程度的增加现象。

表 6-2 冻结期不同积雪覆盖条件下 20 cm 土层处土壤水分与温度关系回归模型

处理方式	土壤水分与温度关系回归模型	R^2	平均误差/%
裸地	$\theta_v = 8.39 + 28.45/(1+\exp(-(T_s+2.94)/1.72))$	0.898	0.31
自然积雪	$\theta_v = 12.26 + 30.17/(1+\exp(-(T_s+2.90)/0.95))$	0.927	0.27

续表

处理方式	土壤水分与温度关系回归模型	R^2	平均误差/%
积雪压实	$\theta_V = 18.2 + 31.34 / (1 + \exp(-(T_S - 0.99) / 1.52))$	0.946	0.15
积雪加厚	$\theta_V = 18.9 + 35.29 / (1 + \exp(-(T_S - 0.94) / 0.77))$	0.978	0.07

注：θ_V 为土壤含水量；T_S 为土壤温度。

统计不同积雪覆盖条件下 2 号测点的土壤含水量和温度数据，将土壤温度的观测值与使用 θ_V-T_S 耦合模型得出的温度预测值相对比，冻结期，土壤含水量随温度的降低而呈现减小的趋势，当土壤温度介于 0℃和土壤冻结温度之间时，土壤含水量与温度之间表现出较好的相关性。如图 6-9 所示，对比 4 种不同覆盖处理条件下的预测效果可知，在裸地处理条件下，随着土壤温度的降低，其预测结果的差异增大，其预测值与实测值之间的平均误差为 0.31%；在自然积雪、积雪压实和积雪加厚处理条件的平均误差分别相对于裸地处理有所降低，积雪覆盖条件下的预测效果要优于裸地处理。而随着积雪覆盖量的增加，这种耦合效果更加明显。

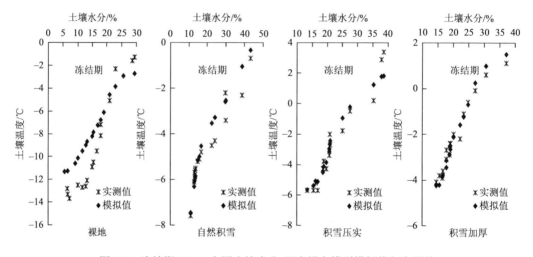

图 6-9　冻结期 20 cm 土层土壤水分-温度耦合模型模拟值与实测值

随着土层深度的增加，土壤的水热耦合效果相应会出现一定的差异，但是整体的耦合效果相对 20 cm 土层处要强。通过表 6-3 可知，四种不同积雪覆盖处理条件下的土壤水热耦合能用统一的耦合模型来进行表述，但是在裸地处理条件下，二者的相关系数的平方为 0.902，相对于该处理模式中 20 cm 土层处的水热耦合关系有所增强。同样，在自然积雪、积雪压实和积雪加厚处理条件下，40 cm 土层处土壤温度和含水量之间的相关系数的平方分别为 0.914、0.952 和 0.973。由此可知，随着积雪覆盖厚度的增加和密度的增大，土壤温度和含水量之间的耦合作用逐渐增强，并且相对各地处理条件下浅层 20 cm 处土壤水热之间的耦合关系有所增强。

表 6-3　冻结期不同积雪覆盖条件下 40 cm 土层处土壤水分与温度关系回归模型

处理方式	土壤水分与温度关系回归模型	R^2	平均误差/%
裸地	$\theta_{\mathrm{V}} = 8.551\exp(0.021T_{\mathrm{S}}) - 34.67\exp(-0.098T_{\mathrm{S}})$	0.902	0.27
自然积雪	$\theta_{\mathrm{V}} = -85.11\exp(-031T_{\mathrm{S}}) + 60.19\exp(-0.0135T_{\mathrm{S}})$	0.914	0.24
积雪压实	$\theta_{\mathrm{V}} = 74.38\exp(0.0356T_{\mathrm{S}}) - 77.48\exp(0.031T_{\mathrm{S}})$	0.952	0.13
积雪加厚	$\theta_{\mathrm{V}} = 0.004627\exp(0.3462T_{\mathrm{S}}) - 499.8\exp(-0.5479T_{\mathrm{S}})$	0.973	0.05

同样，将四种不同覆盖处理条件下 40 cm 土层处水分与温度之间关系的回归模型进行验证可知，在裸地处理条件下，实际值与预测值之间的平均误差为 0.27%。在自然积雪、积雪压实和积雪加厚处理条件下，实测土壤水分值和温度值之间的平均误差分别为 0.24%、0.13% 和 0.05%。由此可知，随着土壤水分和温度的耦合效果增强，其预测效果也明显提高。另外，如图 6-10 所示，与浅层 20 cm 土壤的水分和温度的耦合效果对比可知，40 cm 土层的耦合效果要优于浅层 20 cm 情况。分析原因可知，随着土层深度的增加，土壤含水量和温度状况受环境温度、大气辐射和环境水汽压的影响程度减弱，所以土壤含水量和温度之间的耦合效果要优于表层。

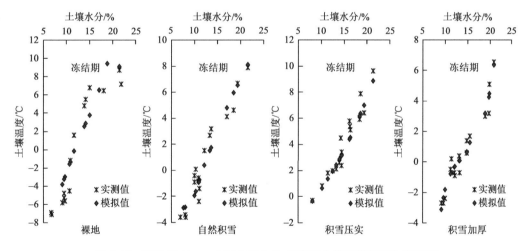

图 6-10　冻结期 40 cm 土层土壤水分-温度耦合模型模拟值与实测值

在深层土壤中，选取 60 cm 土层土壤的水分和温度建立水热耦合回归模型，如表 6-4 所示，60 cm 土层处的水热耦合效果整体上要弱于 20 cm 和 40 cm 处的水分和温度的耦合效果。具体表现为裸地处理条件下，土壤水热的耦合模型相关系数的平方为 0.812；自然积雪、积雪压实和积雪加厚处理条件下的土壤水分和温度耦合模型相关系数的平方分别为 0.835、0.852 和 0.934。由此可知，60 cm 土层处的土壤水热耦合效果同样随着积雪覆盖厚度的增加和密度的增大而增强。分析 60 cm 与 20 cm 和 40 cm 土层之间水热耦合效果差异可知，由于 4 种覆盖处理条件土壤的相对冻结深度在 80~120 cm，因此 60 cm 土层的土壤距离冻结锋面相对较近，由于冻结锋面附近的土壤液态含水量受土壤水势的影响，水分大量向冻结锋面移动，因此对土壤的水分和温度之间的耦合效应产生一定的影响，该土层的水热耦合效应要弱于浅层 20 cm 和 40 cm 土层。

表 6-4 　冻结期不同积雪覆盖条件下 60 cm 土层处土壤水分与温度关系回归模型

分类	处理方式	土壤水分与温度关系回归模型	R^2	平均误差/%
冻结期	裸地	$\theta_V = 243.7\exp(-0.096T_S) - 321.2\exp(-0.1248T_S)$	0.812	0.42
	自然积雪	$\theta_V = 298.9\exp(-0.047T_S) - 326.7\exp(-0.0548T_S)$	0.835	0.36
	积雪压实	$\theta_V = 38.86\exp(-0.065T_S) - 3861\exp(-0.3967T_S)$	0.852	0.21
	积雪加厚	$\theta_V = 0.4852\exp(0.1223T_S) - 5.679\exp(-1.248T_S)$	0.934	0.17

同理，由于 60 cm 土层处的土壤水分和温度之间的耦合模型的拟合效果存在着一定的差异，因此其预测效果也存在着一定的异同。具体分析图 6-11 可知，在裸地处理条件下，实测值与预测值之间的平均误差为 0.42%；自然积雪覆盖处理下的平均误差为 0.36%；积雪压实和积雪加厚处理条件下的平均误差分别为 0.21% 和 0.17%。由此得知，深层土壤水分和温度的耦合效果同样遵循着随着积雪覆盖厚度的增加和密度的增大，土壤的水热耦合效果逐渐增强。

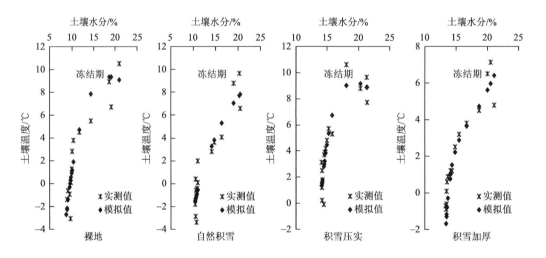

图 6-11 　冻结期 60 cm 土层土壤水分-温度耦合模型模拟值与实测值

综上所述，土壤水分和温度存在相互作用、相互依存的关系，二者具有强烈的耦合效应，积雪覆盖减弱了土壤水分和温度迁移趋势，土壤水分和温度在积雪覆盖处理的条件下其耦合效果要弱于无覆盖处理条件。经统计分析可知，土壤水分和温度的耦合效果具体表现为积雪加厚＞积雪压实＞自然积雪＞裸地。同时，随着土壤土层深度的增加，环境因素对土壤水分和温度的影响效果减弱，其耦合效应增强；但是在 60 cm 土层处，由于土层距离冻结锋面相对较近，因此该土层的水热耦合效果弱于 20 cm 和 40 cm 土层处的耦合状况，但是该土层的水分和温度的耦合作用仍然会随着积雪覆盖量的增加，呈现出耦合效果增强的现象。

三、融化期土壤水热互作效应

（一）融化期土壤含水量变异特性

融化期内，随着大气温度的不断回升，土壤温度也随着升高，同时，土壤出现双向融化的现象。雪作为一种特殊覆盖层，随着环境温度的升高，积雪会融化成液态水，土壤的水分会得到一定的补给；土壤含水量的变化也会对土壤温度产生一定的影响。因此，土壤含水量与土壤温度之间的耦合效果也会受到一定的影响。

分析图 6-12 和图 6-13 可知，融化期，土壤中的固态冰随着土壤温度的升高逐渐融化，转变成液态水，因此，土壤浅层液态含水量和深层液态含水量呈现增加的趋势。但是积雪的融化、融雪水的入渗，导致浅层土壤的液态含水量变化幅度加大，深层土壤的液态含水量也会受到一定程度的影响，但是变化差异相对较弱。具体分析图 6-12，在裸地处理条件下，5 cm 土层处的液态含水量由融化初始的 5.31% 提升到融化期末的 15.21%，土壤液态含水量提升了 9.9%；而 10 cm 土层处的土壤的液态含水量为 10.23%；随着土层

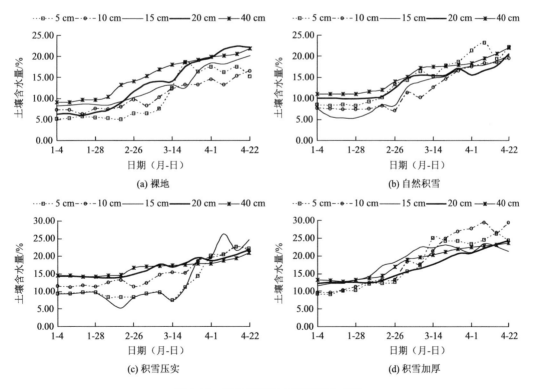

图 6-12　融化期浅层土壤液态含水量

深度的增加，在 15 cm、20 cm 和 40 cm 的土层中，土壤液态含水量分别为 11.56%、16.07% 和 12.14%，由此可知，在裸地处理条件下，由于土壤地表无积雪覆盖，因此土壤在融化过程中受外界环境的影响较小，浅层土壤液态含水量的变化幅度近乎相同，差异性相对不明显。

而在自然积雪处理条件下，由于积雪的融化土壤液态含水量出现骤然增加的现象，在 2 月 12 日到 4 月 22 日之间，5 cm 土层处的液态含水量大幅度提升了 8.6%，整个融化期，该处理地块 5 cm 土层处土壤液态含水量的差值为 14%，相对于裸地处理有了一定的增加；而在 10 cm、15 cm、20 cm 和 40 cm 土层处的土壤液态含水量的变化差值分别为 12.13%、14.82%、10.82% 和 10.92%。通过分析数据可知，由于融雪水的入渗影响，土壤的液态含水量在浅层 0~40 cm 呈现出先增加后减小的趋势，表明融雪水的入渗影响范围有限，对 0~20 cm 的土壤液态含水量的变化过程影响较大。

积雪压实处理条件下，由于积雪的密实度增强、雪量加大，融雪水当量加大，土壤表层的入渗量相对增大，因此，土壤表层的液态含水量的变化趋势也相对加大。5 cm 土层处的土壤液态含水量的变化值差值为 14.15%，相对于自然积雪处理条件下 5 cm 土层处的土壤含水量的变化幅度有所提升。随着土层深度的增加，在 10 cm、15 cm、20 cm 和 40 cm 土层处的土壤液态含水量的变化值分别为 10.46%、15.01%、7.68% 和 6.76%。对比可知，该处理条件下在 15 cm 土层处，土壤液态含水量的变化幅度达到了最大值；而在 20 cm 和 40 cm 土层处的土壤液态含水量受到的影响相对较小。

同理，在积雪加厚处理的条件下，由于积雪的覆盖量有了显著的增加，各个土层的土壤液态含水量的增大幅度都相对较大。其中，5 cm 土层处的液态含水量变化差值为 15.18%；而在 10 cm、15 cm、20 cm 和 40 cm 土层处的土壤液态含水量的变化值分别为 19.08%、9.01%、11.74% 和 10.87%。对比可知，积雪加厚处理条件下的土壤液态含水量的变化幅度相对于裸地处理、自然积雪和积雪压实处理条件下土壤液态含水量的变化幅度有了明显的增加，大量的融雪水入渗导致土壤水分的变化趋势更加复杂、无序。

相对于浅层土壤液态含水量的变化趋势，深层土壤的液态含水量的变化过程相对平缓，具体分析图 6-13 可知：在裸地处理条件下，60 cm 土层处的液态含水量受外界环境影响较小，土壤的液态含水量的变化区间为 9.7%~21.6%，相对于 40 cm 土层液态含水量的变化区间有缩小的趋势；同时在 100 cm、140 cm 和 180 cm 土层处的土壤液态含水量的变化区间分别为 13.98%~20.67%、21.22%~21.43% 和 22.51%~22.82%。由此可知，在裸地处理条件下，土壤含水量的变化主要影响因素为水分由固态转变为液态的相变。随着土层深度的增加，土壤的液态含水量变化幅度逐渐缩小，在 140 cm 和 180 cm 土层的土壤液态含水量几乎不变。

在自然积雪覆盖处理的条件下，60 cm 和 100 cm 土层的土壤液态含水量变化过程会受到融雪水入渗的影响。分析图像可知，60 cm 土层的土壤液态含水量的变化范围为 10.66%~20.29%；100 cm 土层的土壤液态含水量的变化范围为 19.48%~20.03%，该处理 60 cm 土层的土壤液态含水量的变化区间低于裸地处理；而由于 140 cm 土层的土壤没有发生冻结现象，因此，该土层的土壤液态含水量的变化幅度相对较低，几乎不受冻结与融雪水入渗的影响。

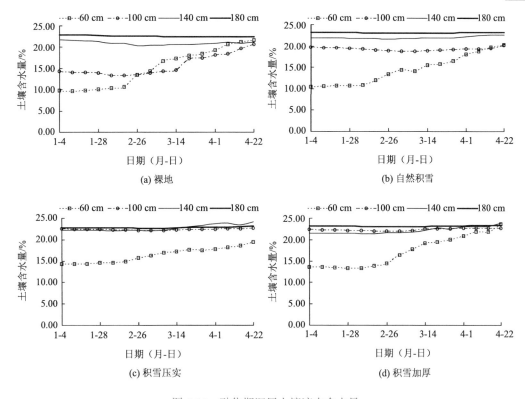

图 6-13 融化期深层土壤液态含水量

积雪压实处理条件下，土壤含水量与浅层土壤液态含水量呈现出相同的变化趋势，具体分析可知，该处理条件下 60 cm、100 cm、140 cm 和 180 cm 土层处的土壤液态含水量的变化区间分别为 14.2%～19.36%、22.33%～22.63%、22.2%～24.1% 和 22.78%～23.12%。对比分析可知，该处理地块的土壤液态含水量的变化趋势与自然积雪几乎保持一致，在 60～100 cm 土壤区域之间存在着一个明显的变化影响临界层面，在临界层以内，土壤液态含水量的变化幅度较为明显；而临界层以外的区域，土壤液态含水量变化并没有明显的差异。

同理，在积雪加厚覆盖的条件下，由于积雪覆盖量的增加和积雪覆盖密度的增大，融雪水对土壤各个土层含水量的影响程度也有所增加。在该处理条件下，60 cm 土层处的土壤液态含水量的变化区间为 13.41%～23.66%，与上述的裸地、自然积雪、积雪压实处理地块的液态含水量变化幅度相比，该处理条件下的土壤含水量变化范围增大。同时，由于土壤液态含水量增加，春季气候干燥、多风，土壤受环境的影响波动也相对较大。因此，积雪加厚覆盖处理条件下的土壤液态含水量的变化过程也更加多变。另外，在 100 cm、140 cm 和 180 cm 土层处土壤含水量的变化差异相对不大。具体分析数据可知，这三个层次的含水量变化范围分别为 22.18%～22.68%、21.46%～23.83% 和 23.16%～23.28%。由此可知，随着土壤土层深度的增加，土壤液态含水量的变化逐步趋于稳定。同时，随着积雪覆盖厚度的增加和密度的增大，土壤临界范围内的土壤液态含水量的波动性逐渐增强。

综合上述分析可知，融化期内，随着环境温度的升高，冻结土壤的融化导致土壤的液态含水量逐渐升高，但是临界层以内的土壤液态含水量的变化情况受外界环境以及融雪水的入渗影响较为严重；临界层以外的含水量变化浮动较为微弱。并且，在积雪覆盖处理条件下，随着积雪覆盖厚度的增加和密度的增大，土壤液态含水量变化规律更加错综复杂，含水量的变幅以及波动性都随着积雪覆盖量的增加而增大。

（二）融化期土壤温度变异特性

通过分析 2014 年 1 月 4 日至 4 月 22 日土壤温度数据可知，土壤温度随着环境温度的升高不断升高，同时在融化末期，土壤温度呈现出一定的复杂波动变化趋势。具体分析图 6-14 和图 6-15 四种不同覆盖处理条件下土壤温度变化趋势可知：在裸地处理条件下，5 cm 土层处的土壤温度变化较为平缓，但是土壤的温差相对较大，具体分析可知，土壤温度的最低值为–18.7℃，最高温度值为 10.6℃，土壤的温差为 29.3℃；随着土层深度的增加，土壤温度的变化幅度逐渐减弱，在 10 cm、15 cm、20 cm、40 cm 土层中，土壤温度的变化幅度分别为 28.6℃、27.4℃、23.8℃和 20.5℃，可以发现，融化期内同样出现随着土层深度的增加，土壤温度变化幅度逐渐减小。

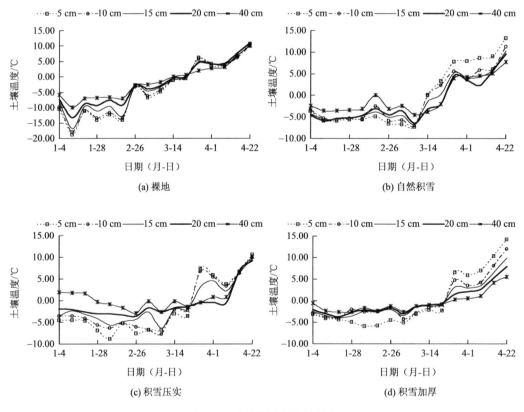

图 6-14　融化期浅层土壤温度

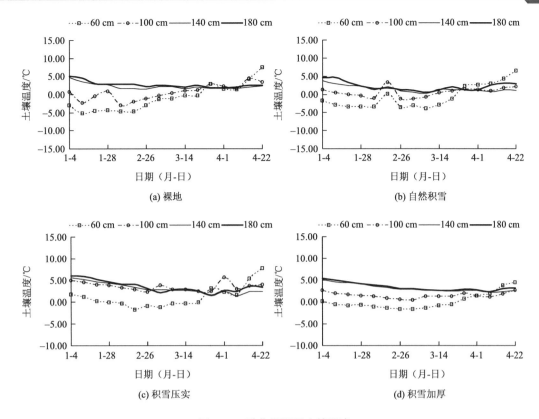

图 6-15 融化期深层土壤温度

自然积雪覆盖处理条件下，与裸地处理土壤温度的变化趋势相一致，同样表现出随着环境温度的升高，土壤温度逐渐提升。具体分析各土层的温度变化情况可知，5 cm 土层处的土壤温度变化的差值为 20.87℃，由于积雪的覆盖作用，减少了土壤热量的向外扩散，同时也抑制了外界环境对于土壤温度的干扰，因此，自然积雪覆盖处理条件下土壤温度的变化差值相对于裸地处理降低。另外，随着土层深度的增加，土壤温度的变化幅度逐渐降低，其中 10 cm 土层的土壤温度变化幅度为 18.42℃；而 15 cm、20 cm、40 cm 土层处的土壤温度的变化幅度为 17.07℃、15.89℃和 12.59℃，土壤温度的变化区间也在不断缩小。

积雪压实覆盖的处理条件下，积雪密度的增大同样导致土壤的温度变化幅度逐渐降低，分析数据可知，5 cm 土层处的土壤温度变化幅度为 19.61℃，相对于裸地处理和自然积雪覆盖处理都有了一定的降低；随着土层深度的增加，在 10 cm、15 cm、20 cm 和 40 cm 土层中，土壤温度的变化幅度分别为 18.52℃、17.04℃、14.5℃和 13.68℃。由此可知，土壤的温度变化幅度在逐渐降低，各个土层的温度变幅同样相对于裸地处理和自然积雪覆盖处理出现一定的降低趋势，但是由于融雪水的入渗，随着土壤液态含水量的提升，水的大比热容性导致土壤温度提升出现了滞缓。土壤温度在 4 月 8 日时出现了骤然升高的现象，表明积雪覆盖下融化期土壤温度的变化规律错综复杂。

积雪加厚处理条件下，随着土层深度增加，土壤温度变化幅度逐渐减小的变化趋势更加明显，各土层的土壤温度提升变化过程更加平缓，并且土壤温度的变化规律相对复杂。

分析图 6-15 可知,在深层土壤中,土壤的温度变化趋势相对于浅层土壤的变化过程显得更加稳定有序。在裸地处理条件下,60 cm 土层处的土壤温度的变化范围为–4.6～7.4℃,土壤的温度变化范围相对于 40 cm 土层的变化范围有所减少;随着土层深度的增加,在 100 cm、140 cm 和 180 cm 土层处的土壤温度变化范围分别为–3.09～4.74℃、1.53～4.86℃和 1.81～5.1℃。由此可知,随着土层深度的增加,土壤的温度变化趋势相对更加稳定,并且随着环境温度的升高,土壤温度的提升过程变得相对更加缓慢。

自然积雪覆盖处理地块,土壤温度的变化趋势与裸地处理条件基本保持一致,在60 cm 土层处,土壤温度的变化范围为–3.4～6.4℃,由于积雪的覆盖作用,土壤温度的变化幅度相对较小。另外,在 100 cm、140 cm、180 cm 处,土壤温度的变化范围分别为–1.1～3.21℃、0.6～2.1℃和 1.6～2.9℃。由此可知,积雪的覆盖处理导致土壤的温度变化趋势相对更加平缓,并且在冻结层面范围以下,土壤的温度几乎不受外界环境以及融雪水入渗的影响。

积雪压实覆盖处理条件下,60 cm 土层的土壤温度变化范围为–1.34～7.8℃,该土层的土壤温度变化区间以及土壤的温度值相对于裸地处理和自然积雪处理条件有了一定的提升,表明积雪压实处理对于土壤具有一定的保温作用,阻止了土壤热量的扩散。另外,对于 100 cm、140 cm、180 cm 土层,土壤温度的变化范围分别为 2.8～4.0℃、1.4～5.37℃和 2.5～5.2℃,由此得知,土壤的温度值相对增大,同时温度的变化区间也在不断缩小。

积雪加厚覆盖处理条件下,各个土层的土壤温度相对于上述的裸地处理、自然积雪、积雪压实处理分别有不同程度的提高;土壤温度的变化区间也相对于其他 3 种处理有所缩小。表明积雪覆盖处理导致土壤的温度变化过程逐渐变缓。同时,融化期融雪水的入渗对于深层土壤的温度变化影响相对较小。

综合上述分析可知,随着土壤温度的升高,冻结土壤呈现出双向融解的现象;表层土壤温度相对变化幅度较大,深层土壤温度的变化幅度相对减小;并且在土壤临界层以下,土壤温度的变化甚微。融雪期内随着融雪水的入渗,土壤液态含水量提高的同时也影响着土壤温度的变化。分析可知,在融化初期,土壤温度的变化相对较为平缓;在含水量相对降低的时候,土壤温度会出现骤然增加的现象,土壤温度的变化过程相对复杂。

(三)融化期土壤水热耦合关系

同冻结期分析方法一致,用 20 cm 土层处的土壤液态含水量和传感器中取出的温度数据建立耦合模型。由模型的整体规律可知,二者之间的耦合关系不同于冻结期水热耦合效果,需采用不同形式的模型来表述。融化期的土壤水分和温度的耦合效果相对较差,二者之间的互作关系受到外界环境以及一些不可抗因素的影响,由表 6-5 中数据分析可知,在裸地对照处理条件下,含水量和温度之间的 R^2 为 0.904。同理,与冻结期规律相似,在 3 种积雪覆盖处理条件下,土壤液态含水量和温度之间的相关关系均出现了不同程度的降低现象。

表 6-5　融化期不同积雪覆盖条件下 20 cm 土层处土壤水分与温度关系回归模型

处理方式	土壤水分与温度关系回归模型	R^2	平均误差/%
裸地	$\theta_v = 24.5 \exp(-((T_s - 10.43)/12.34)^2)$	0.904	0.35
自然积雪	$\theta_v = -4.412 \exp(-0.28T_s) + 20.58 \exp(0.015T_s)$	0.843	0.73
积雪压实	$\theta_v = -0.006T_s^3 - 0.055T_s^2 + 1.57T_s + 19.06$	0.785	1.23
积雪加厚	$\theta_v = 0.02T_s^4 - 0.13T_s^3 - 0.44T_s^2 + 2.88T_s + 23.95$	0.739	2.78

　　融化期，裸地处理条件下的平均误差为 0.35%；自然降雪处理条件下的平均误差为 0.73%，相对于裸地处理条件差异性显著增强；积雪压实处理条件下的平均误差和积雪加厚覆盖处理条件下的平均误差分别为 1.23% 和 2.78%，表明在这两种积雪加厚覆盖处理条件下，含水量骤然增加，影响了模型的预测效果，导致模型的预测误差有所增大。由此可知，融化期的变化规律恰恰与冻结期的变化规律相反，随着积雪覆盖量的增加，水分和温度的耦合效果减弱。

　　对比分析图 6-16 和图 6-17 可知，随着土层深度的增加，40 cm 土层土壤的液态含水量和温度受外界环境因素的影响小于表层 20 cm 处，因此其耦合关系显著。具体分析表 6-6 可知，在裸地处理条件下，土壤液态含水量和温度之间的耦合模型较为稳定，二者之间的相关系数的平方为 0.913。在自然积雪覆盖处理条件下，土壤中液态含水量和温度之间耦合模型的相关系数平方为 0.867。由此可知，积雪覆盖条件下在融雪期内，融雪水的入渗导致土壤中含水量和温度的迁移规律受到雪水的影响，耦合程度相对较低。同理，在积雪加厚覆盖处理条件中，随着积雪的融雪水当量加大，土壤液态含水量和温度的耦合关系依次减弱，二者之间的耦合关系降低为 0.795。

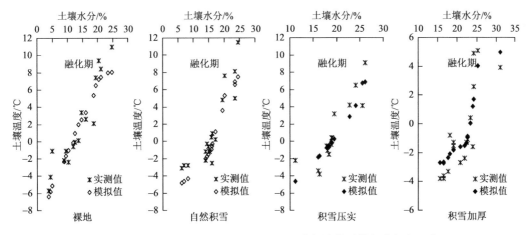

图 6-16　融化期 20 cm 土层土壤水分-温度耦合模型模拟值与实测值

　　将该土层深度处的土壤液态含水量和温度的耦合模型与实测值进行对比可知，在裸地覆盖处理条件下，土壤液态含水量和温度实测值与模拟值之间的平均误差为 0.38%；而在自然积雪、积雪压实和积雪加厚覆盖处理条件下的土壤液态含水量和温度之间的模拟值与实测值之间的平均误差值分别为 0.65%、1.43%和 2.66%。由此可知，随着积雪覆盖厚度的增加和密度的增大，融雪水入渗量增加，土壤水分和温度之间的耦合效果减弱，导致水分、温度的实测值与模拟值之间的相对误差增大。

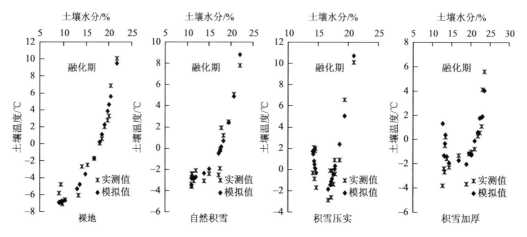

图 6-17　融化期 40 cm 土层土壤水分-温度耦合模型模拟值与实测值

表 6-6　融化期不同积雪覆盖条件下 40 cm 土层处土壤水分与温度关系回归模型

分类	处理方式	土壤水分与温度关系回归模型	R^2	平均误差/%
融化阶段	裸地	$\theta_v = -10.77\exp(0.06657T_S) + 4.507\exp(0.115T_S)$	0.913	0.38
	自然积雪	$\theta_v = 0.1038\exp(0.2337T_S) - 1.971\exp(0.0681T_S)$	0.867	0.65
	积雪压实	$\theta_v = -0.06854T_S^3 + 4.19T_S^2 - 81.62T_S + 511.6$	0.812	1.43
	积雪加厚	$\theta_v = 0.0315T_S^3 - 1.608T_S^2 + 26.96T_S - 149.9$	0.795	2.66

在 60 cm 土层处，由上述土壤液态含水量和温度的变化趋势分析可知，融化期，土壤会出现双向融解的现象，相对冻结期土壤的单向冻结来讲，融化期内土壤的液态含水量和温度的变化过程显得更加复杂多变。同时，该土层距离土壤冻结的临界层相对较近，因此，该处理条件下的土壤液态含水量和温度之间的耦合效应相对减弱。分析表 6-7 可知，在裸地处理条件下，土壤水热耦合模型的相关系数的平方为 0.845，相对于 20 cm 和 40 cm 土层处的土壤水热耦合关系都有了一定的减弱；在积雪覆盖处理条件下，自然积雪处理水分和温度的相关系数的平方为 0.734；而在积雪压实和积雪加厚处理中，二者的耦合相关系数平方降为 0.574 和 0.634，二者之间的耦合效果不显著。

表 6-7　融化期不同积雪覆盖条件下 60 cm 土层处土壤水分与温度关系回归模型

分类	处理方式	土壤水分与温度关系回归模型	R^2	平均误差/%
融化阶段	裸地	$\theta_v = 0.02745\exp(0.2611T_S) - 7.589\exp(-0.05789T_S)$	0.845	1.45
	自然积雪	$\theta_v = 0.00031\exp(0.5014T_S) - 6.268\exp(-0.07745T_S)$	0.734	2.87

续表

分类	处理方式	土壤水分与温度关系回归模型	R^2	平均误差/%
融化阶段	积雪压实	$\theta_v = -0.1007T_s^3 + 5.833T_s^2 - 108.8T_s + 657.9$	0.574	9.67
	积雪加厚	$\theta_v = -0.009782T_s^3 + 0.6571T_s^2 - 13.51T_s + 86.01$	0.634	4.32

由于土壤液态含水量和温度的耦合效果相对较差，模型的预测误差也相对较大，由图 6-18 和表 6-7 可知，在裸地处理条件下，土壤液态含水率和温度的平均误差为 1.45%；在自然积雪、积雪压实和积雪加厚覆盖处理条件下的土壤液态含水量和温度之间的平均误差分别为 2.87%、9.67% 和 4.32%。由此可知，60 cm 土壤的液态含水量和温度之间的耦合效果同样体现出积雪覆盖量的增加耦合关系减小的变化过程，同时模拟误差也在不断加大。

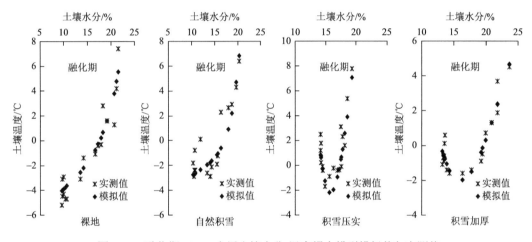

图 6-18　融化期 60 cm 土层土壤水分-温度耦合模型模拟值与实测值

综上分析可知，由于融化期土壤含水量无规律地增加，水分的迁移扩散影响了土壤温度的变化，因此二者的耦合效果降低。另外，积雪量的增加导致融雪水量急剧增加，因此，耦合效果逐渐减弱，温度和含水量的变化复杂程度依次提高。

第四节　冻融土壤水热耦合迁移模型

季节性冻融土壤的水热变异及空间迁移过程是一个复杂的动力学系统，冻融土壤水热系统作为自然界能量循环的重要环节，在水资源、环境、能源以及人类工程等方面占有极其重要的地位，详细探求冻融土壤的水热扩散机理，准确地掌握土壤的水热迁移状况，对于科学合理地制定春播制度具有深远的影响。土壤水热耦合模型的研究是 20 世纪 50 年代在热平衡原理基础之上发展起来的，其与大气环流、水资源利用以及农业遥感技术密切相关[15]。有研究已建立了相应的水分迁移模型。随着土壤水分运动研究的不断深入，广大学者发现土壤中的水分和温度是相互影响、相互制约的，土壤中的热量差异和改变会引起水分的迁移和转化，由此，土壤水热耦合迁移模型的数值模拟逐渐兴起。进入 20 世纪 80 年代，国内外的研究者更加注重覆盖模式下的水热耦合运移模型，并且在一维水热耦合模型的基础上发展了二维土壤耦合模型。

现有模型建立在多与实际不符的假设和简化的边界条件基础上，其模型结构的合理性和适用性需进一步验证，同时数值模型的求解方面也存在计算繁杂、精度差等弊病，需进一步改进。针对这些缺点和不足，本研究计划在紧密结合田间和室内试验的基础上，应用 SHAW（水热耦合）模型对裸地、自然积雪、积雪加厚和积雪压实四种不同上边界条件的土壤的季节性冻融过程进行模拟，通过分析不同积雪覆盖条件下土壤水热运动变化，揭示土壤水热耦合迁移规律，为寒区土壤水热资源持续高效利用提供理论依据、试验基础和实际应用参考。本节结合田间试验得到的 2013 年 11 月至 2014 年 4 月的季节性冻融土壤水分及温度数据，在 SHAW 模型规定的模拟目标及边界条件下，利用 SHAW 模型对不同积雪覆盖条件下冻融期土壤含水量和温度变化情况进行了数值模拟分析，通过与相应冻融时期及不同深度土壤的实测值相比较，验证了 SHAW 模型的模拟精度。

一、冻融土壤水热耦合迁移模型构建

（一）SHAW 模型概述

SHAW 模型最初由美国农业部西北流域研究中心 Flerchinger 和 Saxton 于 1989 年建立[16]，并应用于模拟土壤冻结和融化过程，功能包括模拟植被覆盖、积雪覆盖以及作物残留物在内的一维剖面尺度的水分、热量和溶质通量的传输交换。并且该模型可以通过对土壤水热运动状况的模拟而分析预测气候变化或农田管理对土壤冻结、冰雪融化、径流、土壤温度、土壤水分和蒸散发等的影响；已经被证明在作物、积雪及残渣覆盖等条件下具有很好的适用性[17, 18]。模拟的系统是一个从积雪表面、土壤表面、作物冠层或作物残留物到指定深度土层的一维垂向剖面，如图 6-19 所示。SHAW 模型模拟系统的对象为气温、风速、湿度、太阳辐射、降水在内的大气上边界条件和已知土壤下边界条件之间物理系统内部的水分、热量及溶质通量。

SHAW 模型为一维水热耦合模型，自建立以来被广泛应用于模拟不同地表上边界条件的冻融土壤水分、热量和溶质通量的传输交换。Flerchinger 和 Hanson[19]为了拓展 SHAW 模型对草地土壤的适用能力，在试验流域范围内选取了低、中、高 3 个不同海拔高度牧场的土壤在牧草及积雪覆盖条件下进行土壤冻结深度、积雪厚度及土壤温度的数值模拟，利用 SHAW 模型得到的冻深模拟值与实测值很接近。Flerchinger[20]在 1991 年对模型进行了敏感度分析，研究了典型的变化（测量误差或自然变异）对模型输入参数及土壤冻融过程的影响，并指出土壤水分特性参数对冻结深度的影响较小但对土壤水分运动及含冰量影响较大。Flerchinger 和 Pierson[17]于 1991 年考虑了植物冠层及植被覆盖对土壤水热运动的影响，用 SHAW 模型模拟土壤-植物-大气连续体的水分、热量运动情况并在后续研究中对模型进行了校准及验证。Flerchinger 等[21]还将 SHAW 模型分别应用在草地及灌木为主的不同地表覆盖条件土壤，模拟了表面的能量流及辐射温度，取得较好结果，并且

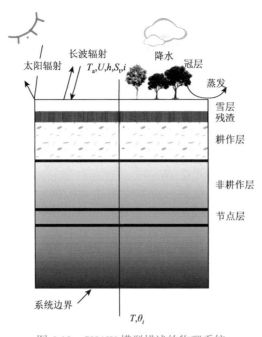

图 6-19　SHAW 模型描述的物理系统

T_a 表示气温；U 表示风速；h 表示湿度；S_t 表示太阳辐射；i 表示降水；θ_i 表示土壤含水量

验证了模型对不同上边界条件的适用性。此外，Flerchinger 等[22]针对积雪及冰存在对土壤水热运动的复杂影响，模拟了在最大积雪厚度 30 cm、积雪覆盖时间约 100 天情况下的土壤冻结过程，仿真结果良好，证明了 SHAW 模型在模拟冬季地表-大气间能量传输方面的良好能力。2004 年，Flerchinger 和 Hardegree[23]将 SHAW 用于模拟山火后壤土、砂土、粉土三类土壤近地表土壤的温度及水分变化，用以预测山火过后的种子萌发率，结果表明 SHAW 模型可以用于长期模拟、评估植物的苗床小气候。2012 年，Flerchinger 等[24]又运用逐步局部搜索、试验误差校准及自动化目标参数优化算法三种方法对模型进行了校准及验证，对比分析了不同方法的优缺点及适用情况。

　　近年来 SHAW 模型在我国的应用逐渐增多，涉及多种气候、土壤质地及地表条件[25-28]。国内外众多对 SHAW 模型的应用、实践及改进等相关研究成果证明了 SHAW 模型对不同自然条件具有很强的适用性，模型精度高，并且具有较高的灵活性及可调性，模型不同模块之间衔接良好，使用者可根据实际情况修改、扩展，是定量模拟不同地表条件下冻融土壤水热耦合运动的理想工具。SHAW 模型是定量研究积雪融化及不同上边界条件下土壤冻结、融化过程比较有效和详细的模型。在该模型模拟系统中，积雪厚度会根据降雪厚度、积雪沉积和融化而发生动态变化。系统中的热量和水流通量由上边界以上的每天或每小时大气温度、风速、湿度、太阳总辐射和降水条件以及下边界的土壤条件定义。通过植物冠层、积雪、残留物和土壤建立分层系统，每一层都由一个单独的节点代表。能量、水分和溶质通量通过每个时间步长节点间计算，每个节点的水热平衡方程利用有限差分格式离散。在解决能量、水分和溶质的平衡后更新降水、融雪水量并在每个时间步长结束时确定积雪、拦截和入渗量。最后模型会选择性输出模型结果，包括水平衡、表面能量传输、积雪深度、冻结深度以及各不同深度土壤剖面的含水量、土壤温度、溶质。

SHAW 模型的突出特点包括：同时考虑了土壤水分、热量及相关溶质通量的共同运动情况及综合作用；利用数学公式详细描述了土壤的冻结和融化过程；对多种不同植物冠层水分蒸散发及传输过程的详细模拟。基于这些特点便于水热平衡方程的联立求解。该模型提供了用以评价不同田间处理措施和气候变化对诸如作物种子萌发、植株生长、昆虫种群数量、土壤冻结、入渗、径流和地表水产流等生物学和水文过程影响的工具。

（二）上边界条件-表面能量和水流

上边界条件中相互关联的能量和水流是通过大气温度、风速、相对湿度和太阳辐射这些气象观测数据计算出来的。表面能量平衡方程见下式：

$$R_n + H + L_v E + G = 0 \tag{6-1}$$

式中，R_n 为净全波辐射，W/m^2；H 为感热通量，W/m^2；$L_v E$ 为潜热通量，W/m^2；G 为土壤或地面热通量，W/m^2；L_v 为蒸发潜热，J/kg；E 为土壤表面和作物冠层的总蒸发蒸腾量，$kg/(m^2 \cdot s)$。

1. 净辐射

在气象观测数据中输入太阳总辐射（S_t）[分为直射辐射（S_b）和散射辐射（S_d）两部分]，利用太阳总辐射可以计算被系统吸收的太阳辐射。由于直射辐射和散射辐射吸收和传输的方式不同，根据如下公式将太阳总辐射分为两部分：

$$\tau_d = \tau_t \left[1 - \exp \left(\frac{0.6(1 - B/\tau_t)}{B - 0.4} \right) \right] \tag{6-2}$$

式中，τ_d 为大气散射辐射透射系数；τ_t 为大气总辐射透射系数；B 为晴天情况下的大气最大透射率（取 0.76）。

1）积雪表面的太阳辐射

积雪反射率和雪粒直径计算见下式：

$$A_s = 1.0 - 0.206 C_v d_s^{1/2} \tag{6-3}$$

$$d_s = G_1 + G_2 \rho_s^2 + G_3 \rho_s^4 \tag{6-4}$$

式中，A_s 为积雪对太阳辐射的反射率；d_s 为雪粒直径；ρ_s 为积雪密度；C_v、G_1、G_2、G_3 为与试验区域积雪有关的经验参数（皆为正值）。

2）土壤表面的太阳辐射

土壤对辐射的反射率随地面土壤含水量变化而变化，可由下式推算：

$$\alpha_s = \alpha_d \exp[-a_\alpha \theta_l] \tag{6-5}$$

式中，α_d 为干土反射率；θ_l 为地表处体积含水量；a_α 为经验系数；α_s 为土壤表面反射率。

3）长波辐射

大气长波辐射直接作用到地表面，可用下式计算：

$$L_i = \varepsilon_{ac} \sigma T_K \tag{6-6}$$

式中，ε_{ac} 为大气辐射率；σ 为 Stefan-Boltzman 常数[取为 5.6697×10^{-8} W/(m$^2 \cdot$K^4)]；T_K 为大气温度（K）。

2. 感热通量和潜热通量

组成表面能量平衡的感热通量和潜热通量可通过冠层-残留物-土壤表面和大气之间的温度和水汽梯度计算得到。其中，感热通量的计算公式为

$$H = -\rho_a c_a \frac{T - T_a}{r_H} \tag{6-7}$$

式中，ρ_a、c_a、T_a 分别为位于测点参考高度 z_{ref} 处的空气密度、比热和温度，单位分别为 kg/m^3、J/(kg·C)和℃；T 为交换面的温度，℃；r_H 为用于校正大气稳定度的表面热量传输阻力，s/m。

潜热通量（E）与交换表面和大气的水汽传输有关，见下式：

$$E = \frac{\rho_{vs} - \rho_{va}}{r_v} \tag{6-8}$$

式中，ρ_{vs}、ρ_{va} 分别为参考高度 z_{ref} 处和交换表面的水汽密度，kg/m^3。水汽传输阻力 r_v 等同于 r_H，热量传输阻力 r_H 用下式计算：

$$r_H = \frac{1}{u_* k} \left[\ln \left(\frac{z_{ref} - d + z_H}{z_H} \right) + \psi_H \right] \tag{6-9}$$

式中，u_* 为摩擦速率，m/s，由下式得出：

$$u_* = uk \left[\ln \left(\frac{z_{ref} - d + z_m}{z_m} \right) + \psi_m \right]^{-1} \tag{6-10}$$

式中，k 为常数；d 为零平面位移；z_H 和 z_m 分别为温度和动量剖面的表面粗糙度参数；ψ_H 和 ψ_m 分别为热量和动量的传热校正因子。由大气稳定度公式求得

$$s = \frac{k z_{ref} gH}{\rho_a c_a T u_*^3} \tag{6-11}$$

式中，g 为重力加速度。

在稳定情况下（$s > 0$ 时），

$$\psi_H = \psi_m = 4.7s \tag{6-12}$$

在不稳定情况下（$s < 0$ 时），

$$\psi_H = -2\ln \left(\frac{1 + \sqrt{1 - 16s}}{2} \right) \tag{6-13}$$

在考虑作物冠层存在的情况下，当作物冠层高度为 h 时，动量剖面的表面粗糙度 $z_m = 0.13\,h$，零平面位移 $d = 0.77\,h$。另外，也可以根据实际情况采用使用者提供的 z_m 值，将 d 设为 0，温度剖面的表面粗糙度 z_H 取为 $0.2 z_m$。

3. 地面热通量

地面热通量需要与表面能量平衡方程同步迭代求解。地面热通量由能量平衡公式的残差计算得到，必须满足整个凋落物层和土壤剖面的热通量方程。

（三）系统中的能量通量

1. 积雪内部的能量通量

不同积雪层的能量平衡方程如下：

$$\rho_s c_i \frac{\partial T}{\partial t} + \rho_1 L_f \frac{\partial w_{sp}}{\partial t} = \frac{\partial}{\partial z}\left[k_{sp}\frac{\partial T}{\partial z}\right] + \frac{\partial R_n}{\partial z} - L_s\left(\frac{\partial q_v}{\partial z} + \frac{\partial \rho_v}{\partial t}\right) \tag{6-14}$$

式中，ρ_s 为积雪密度，kg/m^3；w_{sp} 为积雪液态含水量，m^3/m^3；k_{sp} 为积雪的导热系数，$W/(m^3 \cdot C)$；c_i 为冰的比热，$J/(kg \cdot C)$；ρ_1 为水的密度，kg/m^3；L_f 为融化潜热，J/kg；L_s 为升华潜热，J/kg；q_v 为水汽通量，$kg/(s \cdot m^2)$；ρ_v 为水汽密度，kg/m^3；t 为能量随时间的变化率；z 为能量随雪层深度的变化率。

1）比热

当温度低于0℃时，净辐射能被积雪吸收引起积雪温度变化。积雪的容积比热是温度的函数，可由积雪的密度和冰的比热推算：

$$c_i = 92.96 + 7.37T_K \tag{6-15}$$

式中，T_K 为积雪的开氏温度。

2）融化潜热

在0℃时，积雪吸收净辐射能导致冰融化，积雪层内的含冰量改变的时间步长为小时，每个时间段结束后，含冰量会随着融化调整。

3）导热性

冰晶之间和冰晶内部的热量传导是积雪场内部能量传导的主要机制。积雪的导热性已经被证明与积雪密度有重要联系，可由以下经验公式推求：

$$k_{sp} = a_{sp} + b_{sp}(\rho_{sp}/\rho_1)^{c_{sp}} \tag{6-16}$$

式中，a_{sp}、b_{sp}、c_{sp} 为经验参数，建议参考值分别为0.021、2.51、2.0；ρ_{sp} 为积雪密度。

4）辐射吸收

由于积雪是半透明体，太阳辐射在进入雪层的过程中会因为积雪的吸收而产生衰减，一定深度雪层的太阳净辐射能可表示为

$$S_z = (S_s + S_d)(1 - \alpha_{sp})e^{-vz} \tag{6-17}$$

式中，S_z 为积雪内部深度 z 处的太阳净辐射；S_s 为斜坡上的太阳直射辐射；S_d 为太阳散射辐射；$(S_s + S_d)$ 为积雪表面的太阳总辐射；v 为消光系数，由下式可求：

$$v = 100C_V(\rho_{sp}/\rho_1)d_s^{-1/2} \tag{6-18}$$

其中，C_V 可取1.77。

5）升华潜热

积雪层中响应温度梯度的水汽传输导致了升华潜热的运移，积雪中的水汽密度被认为等同于冰中的饱和水汽密度，所以它只是温度的函数。雪层中较暖的区域具有较高的

水汽密度，水汽将会向较冷的区域扩散，导致过分饱和发生升华释放潜热。积雪内部的水汽通量（q_v）可表示为

$$q_v = D_e \frac{\partial \rho_v}{\partial z} \tag{6-19}$$

式中，D_e 为水汽的有效扩散系数，m/s^2；ρ_v 为与温度相关的水汽密度。雪层的升华潜热等于水汽密度的增加值减去净转移的水汽量。

2. 土壤中的热量传输过程

考虑冻结土壤中的液体对流热交换和水汽热传输的潜热变化，土壤温度状态的垂向一维能量方程可表示为

$$C_s \frac{\partial T}{\partial t} - \rho_i L_f \frac{\partial \theta_i}{\partial t} = \frac{\partial}{\partial z}\left[k_s \frac{\partial T}{\partial z} \right] - \rho_l c_l \frac{\partial q_l T}{\partial z} - L_v \left(\frac{\partial q_v}{\partial z} + \frac{\partial \rho_v}{\partial t} \right) \tag{6-20}$$

式中，$C_s \dfrac{\partial T}{\partial t}$ 为温度增加引起的能量储存，W/m^3；$\rho_i L_f \dfrac{\partial \theta_i}{\partial t}$ 为水冻结成冰所需要的潜热，W/m^3；$\dfrac{\partial}{\partial z}\left[k_s \dfrac{\partial T}{\partial z} \right]$ 为进入土层的净热传导，W/m^3；$\rho_l c_l \dfrac{\partial q_l T}{\partial z}$ 为由水流运动引起的净热对流，W/m^3；$L_v \left(\dfrac{\partial q_v}{\partial z} + \dfrac{\partial \rho_v}{\partial t} \right)$ 为蒸发潜热，W/m^3。其中，C_s 为土壤容积热容量，$J/(kg\cdot C)$；T 为土壤温度，℃；ρ_i 为土壤中冰的密度，kg/m^3；θ_i 为体积含冰率，m^3/m^3；k_s 为土壤的导热系数，$W/(m^3\cdot C)$；ρ_l 为土壤中水的密度，kg/m^3；c_l 为水的比热，$J/(kg\cdot C)$；q_l 为水流通量，m/s。

1）热容量

土壤的容积热容量等于土壤中各组分比热容的加和：

$$C_s = \sum \rho_j c_j \theta_j \tag{6-21}$$

式中，ρ_j、c_j、θ_j 分别为土壤中第 j 种成分的密度、比热容、体积百分比。

2）融化潜热

在土壤冻结的整个温度范围内，在土壤基质势和渗透势的作用下，当土壤温度降低至正常重力水的冰点以下时，土壤中仍然会有部分液态水残留，土壤水分与冰平衡共存。所以在确定融化潜热之前，必须明确土壤含冰率与土壤温度间的关系。土壤水分的总势能是由冰引起的水汽压所控制的，利用冻结点降低方程可计算：

$$\varphi = \pi + \psi = \frac{L_f}{g}\left(\frac{T}{T_K} \right) \tag{6-22}$$

式中，φ 为总水势，m；π 为土壤水渗透势，m；ψ 为土壤基质势，m。土壤渗透势由下式计算：

$$\pi = -cRT_K / g \tag{6-23}$$

式中，c 为土壤溶液中的溶质浓度，mol/kg；R 与 g 为常数。鉴于土壤渗透势和土壤温度可确定基质势，进而确定液态含水量。如果总含水量是已知的，含冰率和潜热项就可以决定。

3）热传导

土壤的导热系数可根据 de Vries[29]提出的理论公式计算。具有适当土壤含水量的土壤可以被定义为一种由含有土壤颗粒、冰晶体、分散孔隙以及非饱和液态水组成的连续介质。这种理想模型的导热系数（k_s）可根据下式计算：

$$k_s = \frac{\sum m_j k_j \theta_j}{\sum m_j \theta_j}$$ （6-24）

式中，m_j 为第 j 种土壤成分的权重；k_j 为第 j 种土壤成分的导热系数；θ_j 为第 j 种土壤成分所占土壤的体积比。

4）蒸发潜热

在土壤中水汽密度与总水势平衡的情况下，土层中的净蒸发潜热可由水汽密度的增长率减去土层中的净水汽传输计算：

$$\rho_v = h_r \rho_v' = \rho_v' \exp\left(\frac{M_w g}{R T_K} \varphi\right)$$ （6-25）

式中，ρ_v 为水汽密度，kg/m^3；ρ_v' 为饱和水汽密度，kg/m^3；h_r 为相对湿度；M_w 为水的分子量，取 0.018 kg/mol；g 为重力加速度，9.81 m/s^2；R 为通用气体常数，8.3143 J/(mol·K)；φ 为总水势，m。

（四）系统中的水流通量

1. 积雪中的质量平衡

由于液态水的变化量由能量平衡计算，每个时间步长每层积雪中的积雪密度和含冰率都被假设为常数。在时间步长结束时，每一层的厚度和密度随水汽传输和含水量的变化而调整。多余的液态水通过积雪通路排出，使用衰减和延迟系数确定积雪流出量，积雪的密度随积雪的压实沉积改变。

1）积雪流出量

液态水量可由毛管张力计算：

$$w_{sp_{hold}} = w_{spmin} + \left(w_{spmax} - w_{spmin}\right)\frac{\rho_s - \rho_{sp}}{\rho_s} \qquad \rho_{sp} < \rho_e$$ （6-26）

式中，$w_{sp_{hold}}$ 为积雪持水量，m^3/m^3；w_{spmin} 为持水量最小值，m^3/m^3（适用于致密的积雪）；w_{spmax} 为持水量最大值，m^3/m^3；ρ_s 为积雪密度，kg/m^3；ρ_{sp} 为持水量；积雪的渗透率变化复杂而且定义不明确，因而在积雪持水量达到饱和后，可用经验公式描述多余液态水的滞后和衰减过程，雪层中 d_{sp} 深度处最大的滞后时间可由下式计算：

$$L_{w_{max}} = C_{L1}\left[1 - \exp(-0.025 d_{sp} / \rho_{sp})\right]$$ （6-27）

其中，$L_{w_{max}}$ 为多余液态水通过积雪的最大滞后时间；C_{L1} 为允许的最大滞后时间（取为 10 h）；实际的滞后时间根据液态水量并由下式决定：

$$L_w = \frac{L_{w_{\max}}}{100C_{L2}W_x + 1} \tag{6-28}$$

式中，L_w 为多余液态水通过积雪的实际滞后时间；W_x 为多余液态含水量的深度，m；C_{L2} 为经验参数（取为 1.0/cm）；在多余液态水滞后过程结束后，积雪流出量会发生衰减并可由下式计算：

$$W_o = \frac{S_{sp} + W_L}{1 + C_{L3}\exp\left[C_{L4}W_L\rho_{sp}/(\rho_l d_{sp})\right]} \tag{6-29}$$

式中，W_o 为积雪流出量；W_L 为滞后多余水分的深度，m；S_{sp} 为储存的多余水量，m；C_{L3}、C_{L4} 为经验参数。

2）积雪的密度改变

积雪的密度主要与积雪压实和积雪沉积有关。

（1）积雪压实。

当施加持续性荷载时积雪会产生连续和永久性变形。描述积雪变形率的基本公式为

$$\frac{1}{\rho_{sp}}\frac{\partial \rho_{sp}}{\partial t} = C_1 W_{sp}\exp(0.08T - C_2\rho_{sp}/\rho_l) \tag{6-30}$$

式中，W_{sp} 为所求雪层上方的积雪重量；C_1 为施加荷载后每小时积雪密度增加量，0.01 cm/h；C_2 为经验参数（约为 21.0）。

（2）积雪沉降。

降雪后雪层中冰晶的质变导致积雪的沉降，这个过程与一个特定的积雪密度 ρ_d（150 kg/m³）相关：

$$\frac{1}{\rho_s}\frac{\partial \rho_s}{\partial t} = \begin{cases} C_3\exp(C_4T) & \rho_s < \rho_d \\ C_3\exp(C_4T)\exp[-46(\rho_s - \rho_d)] & \rho_s > \rho_d \end{cases} \tag{6-31}$$

式中，C_3 为温度为 0℃时的沉降率；C_4 为经验参数，取为 0.04℃。雪层中液态水的存在会增加沉降率，当雪层中开始出现液态水时，沉降率的计算公式还要再乘以一个 C_5（假定为 2.0）。

2. 土壤中的水流通量

冻融土壤中一维垂向水量平衡方程可以表示为

$$\frac{\partial \theta_l}{\partial t} + \frac{\rho_i}{\rho_l}\frac{\partial \theta_l}{\partial t} = \frac{\partial}{\partial z}\left[K\left(\frac{\partial \psi}{\partial z} + 1\right)\right] + \frac{1}{\rho_l}\frac{\partial q_v}{\partial z} + U \tag{6-32}$$

式中，$\dfrac{\partial \theta_l}{\partial t}$ 为液态含水量的变化率，m³/(m³·s)；$\dfrac{\rho_i}{\rho_l}\dfrac{\partial \theta_l}{\partial t}$ 为体积含冰率的变化率，m³/(m³·s)；$\dfrac{\partial}{\partial z}\left[K\left(\dfrac{\partial \psi}{\partial z} + 1\right)\right]$ 为土层中的净水流通量，m³/(m³·s)；$\dfrac{1}{\rho_l}\dfrac{\partial q_v}{\partial z}$ 为净水汽通量，m³/(m³·s)；U 为水流系统的源汇项，m³/(m³·s)；K 为非饱和导水率，m/s；ψ 为土壤基质势，m。

1）液态水通量

计算土壤基质势的公式如下：

$$\psi = \psi_e\left(\frac{\theta_l}{\theta_s}\right) \tag{6-33}$$

式中，ψ_e 为空气进入势，m；θ_s 为土壤饱和含水量，m^3/m^3，θ_l 为液态含水量。非饱和导水率与基质势之间的关系可用下式说明：

$$K = K_s\left(\frac{\theta_l}{\theta_s}\right)^{(2b-3)} \tag{6-34}$$

式中，K_s 为土壤饱和导水率，m/s；b 为孔隙大小分布参数。假设冻土中的水流与非饱和土中的水流运动状态相似，所以非饱和土中非饱和导水率与土壤基质势之间的关系同样适用于冻土。但当土壤接近饱和时，冻土的导水率随含冰量增加呈线性降低。

2）水汽通量

土壤中的水汽传输量为分别由水势梯度和温度梯度引起的水汽通量之和：

$$q_v = q_{vp} + q_{vT} = -D_v\rho_v\frac{dh_r}{dz} - \zeta D_v h_r s_v\frac{dT}{dz} \tag{6-35}$$

式中，q_{vp} 为由水势梯度引起的土壤水汽通量；q_{vT} 为由温度梯度引起的土壤水汽通量；D_v 为土壤水汽扩散率，m^2/s；h_r 为土壤相对湿度；s_v 为饱和水汽密度曲线的斜率，$kg/(m^3\cdot C)$；ζ 为增强因子。土壤中的水汽扩散率可由空气中的水汽扩散率推算：

$$D_v = D_v' b_v \theta_a^{c_v} \tag{6-36}$$

式中，D_v' 为水汽在空气中的扩散率，m^2/s；θ_a 为气孔率；b_v、c_v 为与空气弯曲度有关的系数，分别取 0.66、1.0。用于校正水汽通量的增强因子可由下式计算：

$$\zeta = E_1 + E_2(\theta_l/\theta_s) - (E_1 - E_4)\exp(-(E_3\theta_l/\theta_s)^{E_5}) \tag{6-37}$$

式中，E_1、E_2、E_4、E_5 为经验参数（分别取 9.5、3.0、1.0、4.0）；E_3 可根据饱和土中的黏粒含量计算得到 $\theta_s(1+26(\%clay)^{-1/2})$。饱和水汽密度曲线的斜率可用经验公式准确地表示为

$$s_v = 0.0000165 + 4944.43\rho_v'/T_K^2 \tag{6-38}$$

3）含冰量

要想求解水量和热量平衡方程还需要另外一个方程。利用 Clausius-Clapeyron 方程，在有冰存在的情况下，总水势可根据基质势和温度计算：

$$\varphi = \pi + \psi = \frac{L_f}{g}\left(\frac{T}{T_K}\right) \tag{6-39}$$

式中，π 为土壤渗透势。土壤水势会随着温度降低而下降，从而在土壤中建立起水势梯度导致水分向土壤冻结处运动。土壤渗透势由下式计算：

$$\pi = -cRT_K/g \tag{6-40}$$

式中，c 为土壤溶液中的溶质浓度，mol/kg。冻结条件下土壤液态含水量由温度决定：

$$\theta_l = \theta_s\left[\frac{\dfrac{L_f T}{T+273.16} + cRT_K}{g\pi}\right]^{-\frac{1}{b}} \tag{6-41}$$

此方程为求解水热平衡方程的联系方程，已知冻融土壤系统中的总含水量后，即可由上式计算出含冰量。

（五）下边界条件

可用两种方式来说明模型下边界特定水分及热量条件，下边界的土壤温度和含水量数据既可以由用户手动输入，也可以由模型根据实测气象资料及相关公式估算：手动输入时，用户可以利用含水量和温度的输入文件输入特定温度及含水量数值；由模型估算时，模型在每个时间步长结束时通过对不同日期输入数据进行线性插值来获得下边界的含水量和温度数值。因此，若输入模式为用户手动输入，至少需要输入两个时间点土壤剖面的温度或含水量（模拟时间起点和模拟结束当天或结束第二天剖面）。

如果利用模型估算系统下边界的土壤含水量，那么，认为下边界的水汽梯度只与重力加速度相关。在这种条件下，水量平衡公式中的基质势梯度变为0，这种下边界条件被称为单位梯度。水流通量等于下边界现存土壤含水量对应的非饱和导水率。

在每个时间步长结束时，模型将会选择性地预测模型下边界的土壤温度，利用最下面两层土壤的温度、剖面深度以及下边界的阻尼深度的权重估算温度。时间步长结束时的温度可由下式计算：

$$T_{NS}^{j+1} = (1 - A_T)T_{NS}^j + A_T T_{NS-1}^j \qquad (6\text{-}42)$$

式中，NS 和 NS－1 分别为土壤的底层和次底层；j 和 $j+1$ 分别为初始和结束时的时间步长；A_T 为底层土壤温度的加权系数，其值可根据年度阻尼深度由下式来计算：

$$A_T = \frac{\Delta t}{24}\left[-0.00082 + \frac{0.00983957 d_d}{Z_{NS} - Z_{NS-1}}\right]\left(\frac{Z_{NS}}{d_d}\right)^{-0.381266} \qquad (6\text{-}43)$$

式中，Δt 为时间步长，s；Z_{NS} 和 Z_{NS-1} 分别为底层和次底层的深度；d_d 为阻尼深度，m，可由下式计算：

$$d_d = \left(\frac{2k_s}{C_s \omega}\right)^{1/2} \qquad (6\text{-}44)$$

式中，ω 为年温度震荡径向频率，取为 $1.99238 \times 10^{-7}\ \text{s}^{-1}$。

（六）降水和水分入渗

在每个时间步长结束计算水流、热流之后再计算降水和融雪水。植物冠层、雪层、残留层和土壤层的水分和温度条件会根据降雨或融雪水的吸收、截流和入渗调整。

1. 积雪堆积

当存在下列两个条件之一时，降水被认为以雪的形式存在：湿球温度低于指定温度时或一个非零的积雪密度值被输入进时间步长中时。如果积雪温度已知而积雪密度未知，新雪的密度可用下式计算：

$$\rho_s = 50 + 1.7(T_{wb} + 15)^{1.5} \tag{6-45}$$

式中，T_{wb} 为湿球温度，℃。

在降雪落在裸露的土壤或残留物上时，足量的降雪融化会使表面残留层或土层节点的温度降至 0℃。额外的雪按照一定的厚度分层（表层 2.5 cm）。降落在现存雪层上的新雪会将表层积雪填补至给定厚度。填补后的雪层属性为新雪与现存雪层的均值。

2. 土壤水分入渗

降雨、融雪水和积水在每个时间步长结束时渗透至土壤中。入渗量由 Green-Ampt 方法计算，多层土壤中湿润锋面的入渗速率可用下式计算：

$$f = \frac{\mathrm{d}F_m'}{\mathrm{d}t'} = \frac{F_m'/\Delta\theta_1 + \psi_f + \sum \Delta z_k}{\dfrac{F_m'}{\Delta\theta_l K_{e,m}} + \sum \dfrac{\Delta z_k}{K_{e,k}}} \tag{6-46}$$

式中，f 为入渗速率，m/s；$K_{e,k}$ 为第 k 层土的有效渗透系数，m/s；ψ_f 为湿润锋的吸力水头，m，假设在数值上等于土壤基质势；$\Delta\theta_l$ 为湿润锋经过后的含水量变化量，m^3/m^3；F_m' 为第 m 层土壤的累计入渗量，m；t' 为湿润锋进入土层的时间，s；Δz_k 为第 m 层土至地面的深度，m。有效入渗的导水率由有效孔隙度决定。

（七）数值实现

前文中提出的一维状态方程描述了无穷小的层次中的水量和能量平衡。利用隐式有限差分形式对积雪和土壤中每个层次的水量和能量平衡方程进行离散并采用 Newton-Raphson（牛顿-拉弗森）方法迭代求解。有限差分逼近方法使这些平衡方程可以被用来表示有限厚度的土壤节点层。土壤节点间通量的计算需要在假设线性梯度条件下。每个节点的能量存储基于土层厚度。每层及其相邻土层的平衡方程以未知终结时步值的形式给出。计算通量方程的偏导数后，与未知值的 Newton-Raphson 近似形成三角矩阵。持续迭代直到近似达到使用者设定的允许范围。在每个时间步长内，热量通量方程和水分通量方程的 Newton-Raphson 迭代交替进行。首先进行热量通量方程的迭代，在该迭代时步末更新土壤温度值，再进行水分通量方程的迭代。在每个节点层的热量和水分通量值都达到误差范围内后停止迭代。所以热量和水分通量方程在一起求解的同时保持着公式间的校正平衡。

二、冻融土壤水热耦合迁移模型参数确定

（一）SHAW 模型模拟系统建立

本研究使用的模型为 SHAW 2.3，模型至少需要五个输入文件：

1. 模型输入、输出设置文件

设置模拟气象指标时间步长类型（小时或日）；其他输入文件的路径设置等。

2. 初始土壤剖面水分文件

需要分别输入模拟起止时刻（年、日、时）不同深度土层各节点的土壤含水量数据，用来插值模拟。土壤含水量为总含水量，即液态含水量及含冰率之和。

3. 初始土壤剖面温度文件

需要分别输入模拟起止时刻（年、日、时）不同深度土层各节点的土壤温度数据。

4. 气象条件文件

根据"1. 模型输入、输出设置文件"中设置的气象指标时间步长类型（本研究选择逐日气象因素）输入初始气象因素：时间、大气温度、风速、相对湿度、新雪的密度、太阳总辐射强度等。

5. 模拟地点位置及土壤特性文件

模拟地点的位置参数为：纬度、坡度、坡向及海拔，具体参数值见表 6-8。土壤特性为干土反射率（0.15）、湿土反射率（0.35），以及土壤分层情况及各层土壤的机械组成、饱和含水量、导水率等参数。存在积雪覆盖时，还需要输入土壤表面积雪的厚度、密度、温度等特性参数。

表 6-8　模拟地点位置参数

纬度	坡度	坡向	海拔/m
45°44′	1/1000	0	138

（二）模型参数确定

影响模型结果的主要参数为土壤的水力特性参数，如饱和导水率 K_s、空气进入势 ψ_e 及孔隙大小分布参数 b。在 SHAW 模型中可以根据输入的不同深度土层初始土壤温度、含水量，土壤的黏粒、粉粒、砂粒含量等数据利用下列方法及经验公式计算出土壤的水力特性参数。

在假设土壤颗粒直径分布近似为对数正态分布的条件下，任何比例的黏粒、粉粒、砂粒都可以用几何（对数）平均直径 d_g 和几何标准差 σ_g 来表示：

$$d_g = \exp(a) \tag{6-47}$$

$$\sigma_g = \exp(b) \tag{6-48}$$

$$a = \sum m_i \ln(d_i) \tag{6-49}$$

$$b = \left[\sum m_i (\ln(d_i)^2) - a^2\right]^{1/2} \tag{6-50}$$

式中，m_i 为土壤组分 i 的质量分数；d_i 为土壤组分 i 直径的算术平均值。标准空气进入势可用下式表示：

$$\psi_{es} = -0.5d_g^{-1/2} \tag{6-51}$$

式中，ψ_{es} 为标准体积密度（1.3 g/m³）对应的空气进入势。进而推求土壤水分特征参数：

$$\psi_e = \psi_{es}(\rho_b/1.3)^{0.67B} \tag{6-52}$$

$$B = -2\psi_{es} + 0.2\sigma_g \tag{6-53}$$

$$K_s = 4\times10^{-3}(1.3/\rho_b)^{1.3b}\exp(-6.9m_c - 3.7m_s) \tag{6-54}$$

式中，m_c 为土壤中黏粒的质量分数；m_s 为土壤中粉粒的质量分数。另外，也可以用试验方法，如水平土柱入渗法[30]等测定土壤饱和导水率，烘干法测定饱和含水量。通过比较后确定模型相关参数，如表 6-9 所示。

表 6-9　SHAW 模型参数

土层深度/cm	饱和含水量/(m³/m³)	饱和导水率/(m/s)	空气进入势/m	孔隙大小分布参数 b
0	0.45	0.95	0.02	4.5
20	0.43	1.6	0.02	4.7
40	0.43	1.9	0.02	4.4
60	0.40	2.0	0.02	4.4
100	0.41	1.5	0.02	4.6
140	0.38	1.9	0.03	4.2
180	0.37	2.1	0.03	4.2

三、冻融土壤水热耦合迁移过程数值模拟

按照输入文件格式设定相关初始参数及模拟初始、结束时间土壤温度及含水量数据。运行模型，输出模拟结果。

（一）土壤冻融过程模拟

选取无人扰动的自然积雪样地，利用实测及 SHAW 模型模拟出的自然积雪状态下土壤冻结及融化深度绘制图 6-20。对比分析图 6-20 中 SHAW 模型模拟的冻融过程与实测冻融过程，可以看出在最大冻结深度上模拟值与实测值相差了 13 cm，融通时间相差了 7 d，并且模拟值的土壤起始融化时期推迟了 10 d，这很可能是模型忽略了不同深度雪层积雪密度的改变及积雪堆积等原因造成的。可以通过分段模拟及改进积雪模型的积雪模块等方法减小误差。

（二）不同积雪覆盖条件下土壤温度变化模拟

利用 SHAW 模型对 2013 年 11 月至 2014 年 4 月试验期内裸地土壤水热运动情况进行数值模拟，不同深度土层土壤温度模拟值及观测值对比如图 6-21 所示。

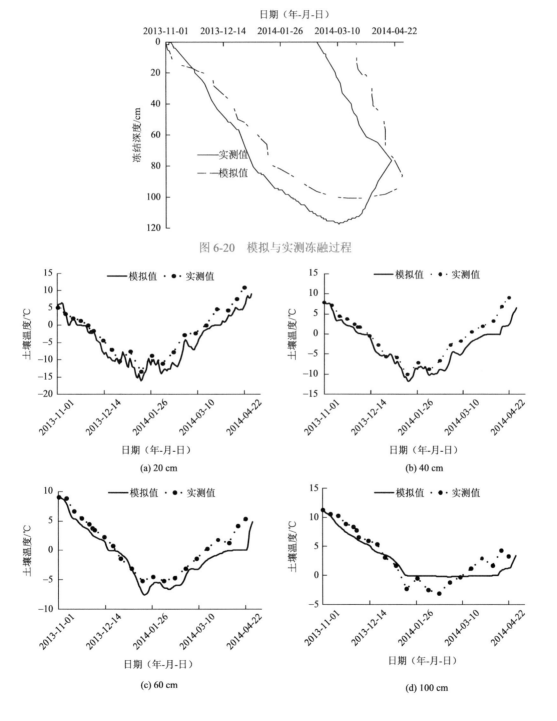

图 6-20　模拟与实测冻融过程

(a) 20 cm

(b) 40 cm

(c) 60 cm

(d) 100 cm

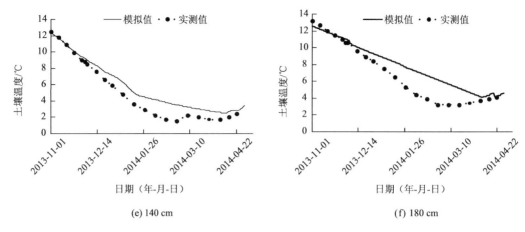

(e) 140 cm   (f) 180 cm

图 6-21 裸地不同深度土壤温度 SHAW 模型模拟值及实测值

图 6-21 给出了裸露样地 20 cm、40 cm、60 cm、100 cm、140 cm、180 cm 共 6 个不同深度土壤温度的实测值与 SHAW 模型模拟值比较,可以看出,不同深度土壤温度模拟值的变化趋势、最大值、最小值都与实测的土壤温度值在整体线型上基本吻合,较好地体现了土壤温度在整个冻融期的变化;100 cm 及以下土层土壤在土壤温度较低时模拟误差较大,可能是模型计算温度方法本身存在误差及忽略了更深层土壤对模型系统下边界的影响。

利用裸地土壤温度数据来检验 SHAW 模型对土壤温度的模拟。采用均方根误差(root mean square error,RMSE)来表示模拟值与实测值的契合程度。

结合图 6-21,分析表 6-10 可以看出,SHAW 模型可以较好地模拟冻融土壤温度变化规律及特点。因此运用 SHAW 模型对存在稳定积雪覆盖时期(2013 年 11 月 20 日至 2014 年 2 月 15 日)的自然积雪、积雪压实、积雪加厚样地的土壤冻融过程进行模拟。不同深度土层土壤温度模拟值与观测值对比分别如图 6-22~图 6-24 所示。

表 6-10 裸地土壤温度模拟值与实测值的均方根误差

	20 cm	40 cm	60 cm	100 cm	140 cm	180 cm
RMSE/℃	2.06	2.00	1.76	1.67	1.36	1.51

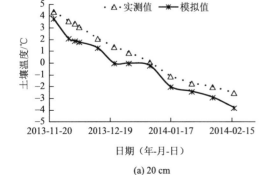

(a) 20 cm

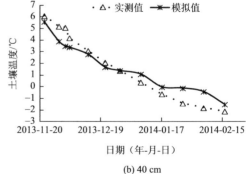

(b) 40 cm

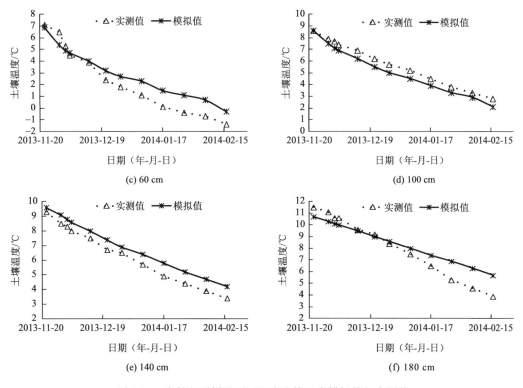

图 6-22　自然积雪样地不同深度土壤温度模拟值与实测值

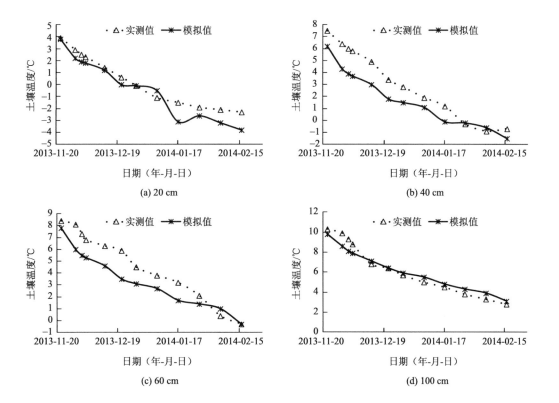

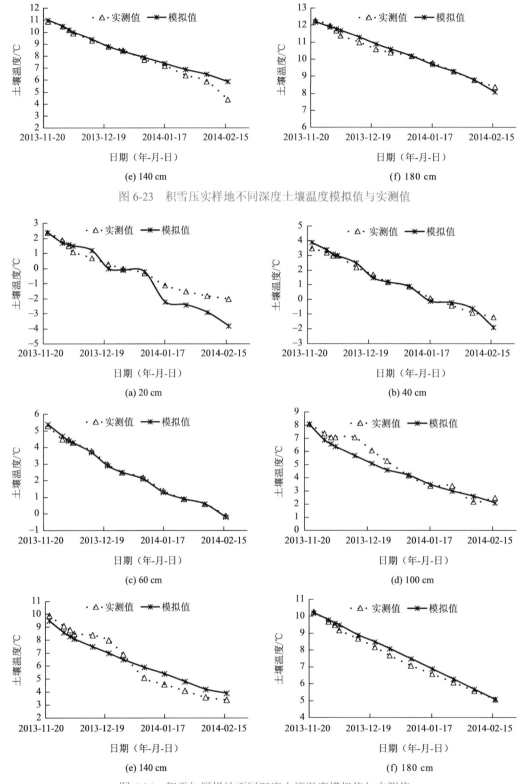

(e) 140 cm

(f) 180 cm

图 6-23　积雪压实样地不同深度土壤温度模拟值与实测值

(a) 20 cm

(b) 40 cm

(c) 60 cm

(d) 100 cm

(e) 140 cm

(f) 180 cm

图 6-24　积雪加厚样地不同深度土壤温度模拟值与实测值

综合分析图 6-22～图 6-24，SHAW 模型在整体上可以良好地对不同积雪覆盖条件下土壤温度变化进行模拟。对模拟值与实测值进行误差分析，列于表 6-11。分析表中统计结果可以看出，100 cm 及以下土壤温度模拟值平均绝对误差全部小于 1℃，且自然积雪和压实积雪处理普遍小于 100 cm 以上土壤温度模拟结果的平均绝对误差。可见积雪等上边界条件对 100 cm 及更深层土壤的影响较小。而对于同一深度的土壤，积雪压实样地多数深度的模拟结果最大绝对误差及平均绝对误差皆大于另外两种积雪覆盖条件，因为积雪压实在很大程度上改变了积雪的密度等重要特性。

表 6-11　不同深度土壤温度模拟值及实测值对比

深度/cm	自然积雪/℃		积雪压实/℃		积雪加厚/℃	
	最大绝对误差	平均绝对误差	最大绝对误差	平均绝对误差	最大绝对误差	平均绝对误差
20	1.3	1.00	1.6	0.68	1.8	0.55
40	1.6	0.79	2.1	1.31	0.7	0.22
60	1.5	0.86	2.4	1.28	0.2	0.08
100	0.7	0.54	1.3	0.55	1.4	0.51
140	0.9	0.63	1.5	0.28	1	0.63
180	1.8	0.01	0.3	0.15	0.4	0.21

（三）不同积雪覆盖条件下土壤水分运动模拟

利用 SHAW 模型对 2013 年 11 月至 2014 年 4 月试验期内土壤水热运动情况进行数值模拟，选取 2014 年 1 月 22 日对比土壤总含水量的模拟值及实测值。

由图 6-25 可以看出，SHAW 模型得出的土壤总含水量数值模拟结果与土壤温度模拟结果相似，数值上存在一定误差，但含水量随深度变化曲线趋势基本相同，多数模拟值小于实测值；但是 180 cm 处误差最大，这可能是测量时中子管内壁存在水分，并且水分在测管底部汇集造成的。对比土壤的覆盖条件，可以发现裸地的模拟误差较小，但含水量的变化幅度较大；而积雪压实及积雪加厚的误差较大、含水量变化相对均匀，可见对积雪施加人为扰动会造成积雪特性的改变，进而影响数值模拟的精度。结合田间试验得到的 2013 年 11 月至 2014 年 4 月的季节性冻融土壤水分及温度数据，在 SHAW 模型规定的模拟目标及边界条件下，利用 SHAW 模型对不同积雪覆盖条件下冻融期土壤含水量和温度变化情况进行了数值模拟分析，通过与相应冻融时期及不同深度土壤的实测值相比较，验证了 SHAW 模型的模拟精度。

SHAW 模型在整体上可以良好地对不同积雪覆盖条件下土壤温度变化进行模拟，利用数学公式描述了包括积雪内部的能量平衡及水分平衡，土壤内部的能量及水分平衡，积雪的堆积、沉降，土壤水分入渗等积雪覆盖条件下冻融土壤水热运动涉及的复杂物理过程。利用隐式有限差分格式离散水分、能量方程，再结合联系方程联立求解即可得到SHAW 模型模拟结果。而对于同一深度的土壤，积雪压实样地模拟结果的最大绝对误差及平均绝对误差皆大于另外两种积雪覆盖条件，因为积雪压实在很大程度上改变了积雪的

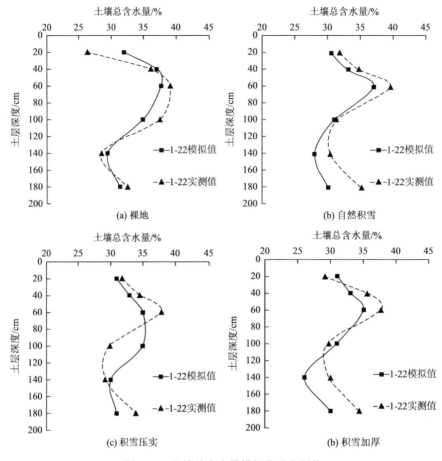

图 6-25　土壤总含水量模拟值及实测值

密度等重要特性。SHAW 模型得出的土壤总含水量数值模拟结果和土壤温度模拟结果与实测数据相似，数值上存在一定误差；但含水量随深度变化曲线趋势基本相同。SHAW 模型的模拟结果验证了通过实测资料总结的不同积雪覆盖条件下冻融土壤水热变化规律。

第五节　冻融土壤水盐传输扩散机制

土壤冻结是一个非常复杂的过程，它伴随着物理、物理化学、力学的现象，主要包括土壤水热传输、水分相变和盐分的积聚[31, 32]。在冻结土壤水-热-盐复合体系中，土壤的水分迁移变化影响着土壤的热特征参数以及土壤溶质的扩散，导致温度出现重分布现象[33]。另外，土壤温度梯度的存在影响土壤水分的迁移以及土壤水分特征参数的变化[34]。在土壤冻结过程中，土壤中液态水在负温作用下发生相变并且形成冻结锋面[35]，在势能差的驱动下，土壤水分和盐分向表层聚集，导致土壤次生盐渍化问题的发生[36]。而春季解冻期，融雪水的入渗以及大气降水又导致土壤中的盐分被淋洗[37]。土壤积盐危害春季作物幼苗生长，严重影响作物产量，威胁干旱区农业可持续发展。因此，寻求适宜的耕作调控模式来调节冻融土壤的水盐迁移特征具有重要理论价值和现实意义。

在寒旱地区，冻融土壤水盐运动的特殊规律与分配特性影响北方地区土壤盐渍化发生、发展和演变。土壤的冻结和融化对于土壤盐渍化具有重要的作用。越冬期间土壤水分、盐分在垂直剖面上的迁移与土壤冻融的关系十分密切。研究冻融条件下土壤水热盐迁移，对农业生产具有十分重要的意义。由于冻融问题涉及冻土物理学、地下水文学和溶质动力学等多学科，其机理十分复杂。自然条件下土壤冻融过程中水热盐迁移问题迄今尚未得到系统研究。以往的研究大多侧重于对冻融过程中土壤水热盐迁移规律以及互作驱动机理的探索，而对土壤水盐扩散转移的调控技术探索相对欠缺。本节立足于东北松嫩平原黑土区，分别从冻结期和融化期土壤水分迁移特征角度出发，着重探究了不同耕作模式下土壤水盐运移协同效应，阐述农田土壤水盐环境演变机理，优选最佳耕作模式，以期为北方寒区的农田土壤墒情调控及环境改良提供借鉴参考。

一、试验方案

（一）总体试验布置

本研究设置了 4 种试验样地，在试验前期，借助翻地机将土壤翻松，并且分别设置对照处理（BL 处理）、生物炭覆盖调控处理（20 t/hm^2，记作 CS 处理）、秸秆覆盖调控处理（12 t/hm^2，记作 JS 处理）、生物炭与秸秆覆盖调控处理（10 t/hm^2 + 6 t/hm^2，记作 CJS 处理）。试验中所使用的生物炭产自辽宁金和福农业科技股份有限公司，采用玉米秸秆作为原材料，在缺氧或绝氧环境中，经高温裂解后生成；所使用的秸秆为试验田收割的玉米茎秆，本书所使用的两种覆盖原材料属于玉米茎秆的不同形态产物。在场地的布置过程中，CS 处理是将生物炭均匀地抛洒于地表，然后采用翻地机对表层土壤进行翻耕处理，确保生物炭与土壤充分混合，翻耕深度为 40 cm；JS 处理是将土壤进行翻松处理，并且将秸秆均匀地平铺在试验地块；CJS 处理是将生物炭抛洒于地表，将表层土壤翻松，随后将秸秆平铺地表，生物炭与秸秆的使用量分别为 CS 处理和 JS 处理的 1/2。而 BL 处理仅将土壤进行翻耕处理。

试验过程中，实时监测土壤的冻结深度发展趋势，在各试验小区内埋设冻土器 1 根。同时，各安置 1 台土壤环境监测系统，用以测量土壤温度和液态含水量。在冻结期和融化期内，借助自制的人工取土器，通过人工击打夯实的方式获取土芯样品，土层取样深度分别为 0 cm、5 cm、10 cm、15 cm、20 cm、25 cm、30 cm、35 cm、40 cm，进而测定土壤总含水量以及土壤盐分含量。试验小区的积雪覆盖厚度借助钢板尺，采用人工观测记录的方式来获取。与此同时，在试验地块附近的空阔地带设置气象生态环境监测系统自动记录环境温度、蒸发量、总辐射、热通量和净辐射等气象指标。

（二）指标测定方法

1. 土壤水分通量

取人工夯实获取的土芯样品，采用烘干法测量各土层土壤的总含水量，在不考虑

土壤水分侧向迁移的情况下，根据质量守恒原理，确定土壤各土层单位面积水分通量公式为[38]

$$W_i^j = 100000 h_i \gamma_i \omega_i^j \qquad (6\text{-}55)$$

式中，W_i^j 为第 j 次取样时第 i 层土壤的储水量，g；h_i 为第 i 层土壤的厚度，cm；γ_i 为第 i 层土壤的干容重，g/cm³；ω_i^j 为第 j 次取样时第 i 层土壤的含水量，%；$i = 1, 2, 3, \cdots, m$；$j = 1, 2, 3, \cdots, n$。

$$W_i^{j+1} - W_i^j = q_{i+1}^j - q_i^j \qquad (6\text{-}56)$$

式中，q_i^j 为第 j 时段内第 i 层土壤下边界水分通量，g，方向以向上为正，顶层土壤上边界通量为 q_0。

2. 土壤盐分通量

将人工获取的土壤样品进行风干碾碎，配制成土水比为 1∶5 的溶液，为了促进水溶性盐完全溶解，用振荡器振荡 5 min，提取上清液用 DDJS-308A 型电导仪测定土壤电导率，得出电导率 S（μS/cm）与含盐量 C（g/100 g，%）的关系式为[39]

$$C = (S + 9.2)/2000 \qquad (6\text{-}57)$$

测量各土层土壤含盐量后，计算第 j 次取样时，第 i 层土壤的储盐量为

$$S_i^j = 100000 h_i \gamma_i C_i^j \qquad (6\text{-}58)$$

式中，S_i^j 为第 j 次取样时第 i 层土壤的储盐量，g；C_i^j 为第 j 次取样时第 i 层土壤的含盐率，%；$i = 1, 2, 3, \cdots, m$；$j = 1, 2, 3, \cdots, n$。

土层内储盐量的增加应与其流入量之差相等，则

$$S_i^{j+1} - S_i^j = Q_{i+1}^j - Q_i^j \qquad (6\text{-}59)$$

式中，Q_i^j 为第 j 时段内第 i 层土壤下边界盐分通量，g，方向以向上为正，顶层土壤上边界通量为 Q_0。

二、冻融期土壤盐分迁移特征分析

在冻融期土壤能量收支状况及水分迁移特征基础之上，进一步统计不同处理条件下各时段土壤盐分空间变化过程（图 6-26）。在冻结期内，表层土壤盐分出现了增加的趋势，在 BL 处理条件下，表层土壤含盐量的增加比例为 0.024%，而在土壤地表覆盖调控作用下，伴随着土壤水分迁移量的增加，表层土壤养分也呈现逐渐增加的趋势；在 CS、JS 和 CJS 处理条件下，表层土壤含盐量的增加比例分别为 0.028%、0.038% 和 0.034%；JS 处理条件下，土壤盐分的聚集现象最显著。在融化期，融雪水的入渗对土壤中的盐分产生了一定的淋洗效果，土壤表层含盐量呈现降低的趋势。其中，在 BL 处理条件下，表层土壤盐分含量相对于初期降低了 0.015%，而在 CS、JS 和 CJS 处理条件下，表层土壤盐分含

量分别相对于初期降低了 0.039%、0.022%和 0.043%，表明生物炭与秸秆的联合调控作用有效地促进了土壤盐分的淋洗。在融化末期，土壤水分蒸发作用为盐分迁移提供了驱动力，水分以水蒸气形式散发的同时，盐分在地表留滞，出现了"水去盐留"现象。比较分析可知，BL 和 JS 处理条件下，融化末期表层土壤盐分含量相对于初始期有所增加，而 CS 和 CJS 处理条件下，土壤盐分相对于初始期显著降低，表明生物炭覆盖有效地调节了土壤盐分水平。

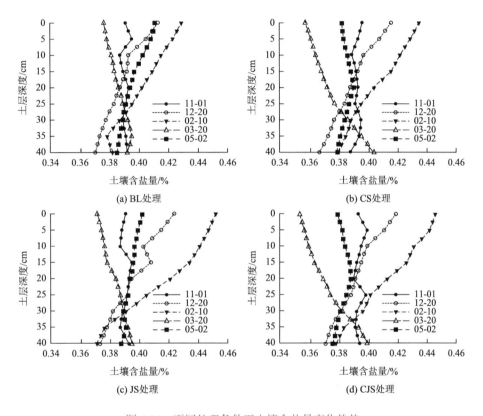

图 6-26　不同处理条件下土壤含盐量变化趋势

基于上述研究，进一步统计不同处理条件下各土层区间储盐量的变化过程，见表 6-12。冻结期内，在 BL 处理条件下，表层 0~10 cm 土层的储盐量增加值为 74.23 g；在 CS、JS 和 CJS 处理条件下，土壤储盐量变化值分别相对于 BL 处理增加了 6.98 g、17.34 g 和 11.40 g，同样表现出在秸秆覆盖处理条件下，土壤盐分的累计值最为显著。在融化期，融雪水的入渗导致大量盐分向深层迁移，浅层区域内土壤储盐量出现了不同程度的降低。其中，在 BL 处理条件下，土壤储盐量的减小值为 42.51 g；在 CS、JS 和 CJS 处理条件下，土壤储盐量的变化值分别相对于 BL 处理出现不同程度的增加，有效地降低了土壤盐碱程度。统计不同处理条件下冻结期和融化期土壤盐分累计状况可知，BL 和 JS 处理条件下在整个冻融期盐分呈现出聚集现象，而 CS 和 CJS 处理条件下均表现为淋洗状态。

表 6-12　各土层土壤储盐量变化值　　　　　　　（单位：g）

处理方式	冻结期					融化期				
	0～10 cm	10～20 cm	20～30 cm	30～40 cm	累计值	0～10 cm	10～20 cm	20～30 cm	30～40 cm	累计值
BL	74.23	48.74	22.34	−11.45	133.86	−42.51	−33.46	−17.64	11.46	−82.15
CS	81.21	57.76	31.57	−12.66	157.88	−85.34	−61.23	−34.17	9.63	−171.11
JS	91.57	68.47	33.43	−17.17	176.13	−68.51	−53.84	−29.62	10.59	−141.38
CJS	85.63	63.29	25.12	−15.78	158.26	−91.21	−69.55	−34.25	8.33	−186.68

三、冻融期土壤水盐协同关系分析

在土壤冻融期内，土壤水分的迁移为盐分的扩散提供了运输条件，二者具有较强的协同作用关系，在研究中，分别统计各土层内不同时段储水量和储盐量变化值，构建冻结期以及融雪入渗期二者之间的响应关系，见图 6-27。

在冻结期内，土壤储水量变化值与储盐量变化值之间的关系符合方程 $y = y_0 + a\ln x$，随着土壤储水量的增加，土壤盐分含量也呈现出依次增加的趋势。在融雪水入渗期，随着融雪水的入渗，土壤中的含盐量逐渐减少，并且二者之间的关系符合 $y = y_0 + e^{-ax}$。冻结期内土

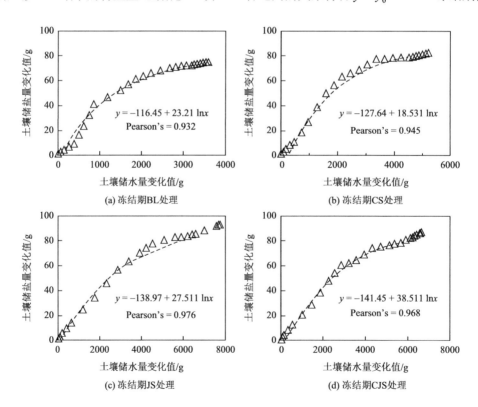

(a) 冻结期BL处理　　　　　　　　　　　　(b) 冻结期CS处理

(c) 冻结期JS处理　　　　　　　　　　　　(d) 冻结期CJS处理

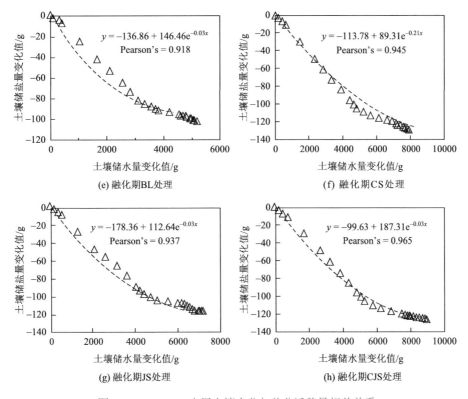

图 6-27　0~5 cm 土层土壤水分与盐分迁移量相关关系

壤储水量变化值与储盐量变化值之间的相关系数，在 BL 处理条件下，二者之间的 Pearson 相关系数为 0.932；而在 CS、JS 和 CJS 处理条件下，二者之间的相关系数分别相对于 BL 处理增加了 0.013、0.044 和 0.036，由此可知，冻结期，秸秆覆盖处理条件下，土壤水分与盐分的协同作用效果最为显著。在融化期内，CJS 处理条件下土壤水分通量与盐分通量之间的 Pearson 相关系数分别相对于 BL、CS 和 CJS 处理呈现出不同程度的增加现象，表明生物炭与秸秆的联合调控作用有效地促进了土壤盐分的淋洗。

在上述 0~5 cm 土层土壤水分与盐分之间响应函数的基础之上，进一步探究冻结期和融化期内各土层土壤储水量和储盐量之间的响应关系（表 6-13）。在冻结期内，JS 处理条件下土壤水分与盐分之间协同效应关系整体相对于 BL、CS 和 CJS 处理呈现出一定的优势。在融化期内，其同样表现出 CJS 处理条件下协同关系较强。此外，随着土层深度的增加，二者之间的协同关系表现出依次减弱的现象。

表 6-13　土壤水分与盐分迁移协同效应关系

土层深度/cm	冻结期				融化期			
	BL	CS	JS	CJS	BL	CS	JS	CJS
5~10	0.921**	0.937**	0.962**	0.957**	0.909*	0.942**	0.929**	0.955**
10~15	0.913**	0.924**	0.955**	0.943**	0.902*	0.931**	0.938**	0.942**
15~20	0.902*	0.912*	0.942**	0.925**	0.894*	0.915*	0.921**	0.927**

土层深度/cm	冻结期				融化期			
	BL	CS	JS	CJS	BL	CS	JS	CJS
20~25	0.894*	0.901*	0.927**	0.913*	0.872*	0.904*	0.911*	0.916*
25~30	0.872*	0.861*	0.911*	0.892*	0.851*	0.885*	0.893*	0.901*
30~35	0.781	0.807*	0.863*	0.834*	0.797	0.801	0.813*	0.844*
35~40	0.766	0.795	0.854*	0.805	0.775	0.786	0.799	0.822*

**$P<0.01$；*$P<0.05$。

在试验过程中，由于秸秆具有较好的绝缘性与保温性，其在一定程度上抑制了土壤能量的散失，进而降低了土壤的冻结速率，减小了最大冻结深度。试验结果表明，冻结期内，JS处理条件下土壤能量的散失量分别相对于 BL、CS 和 CJS 处理降低了 66.34 MJ、38.47 MJ和 6.73 MJ。另外，土壤的冻结速率也相对于其他 3 种处理呈现出降低趋势，正如赵凤霞等[40]提出的，秸秆覆盖对光辐射吸收转化和能量传导均有影响，并且减少土壤热量向大气中散发，在低温时有"增温效应"。生物炭作为一种土壤改良剂，由于其质地黑色，吸光吸热性强，有助于土壤温度的积累，加之秸秆良好的保温效果，融化期内生物炭与秸秆的联合覆盖调控作用有效地促进了土壤能量的积累，土壤的融解速率加快。

土壤冻结过程中，浅层土壤形成冻结锋面，并且不断向下迁移，而在势能差的驱动作用下，未冻水逐渐向冻结锋面迁移，形成水分富集的现象。秸秆的覆盖作用降低了土壤的冻结期趋势，为水分迁移提供了充足的时间。试验结果表明，JS 处理条件下土壤水分总迁移量分别相对于 BL、CS 和 CJS 处理条件增加了 42.4 kg、18.4 kg 和 18.0 kg，正如王子龙等[41]提出的，温差是促使水分迁移的基本要素，而环境温度的大幅度降低将导致土壤水分的相变程度增大，并且在一定程度上降低了水分的运移量。在水分迁移的同时，盐分会伴随水分发生一定的扩散效应。正如靳志锋等[42]提出的，水结冰后少部分盐分析出，溶于未冻水中，在水势梯度的作用下，继续向着地表迁移扩散。在融化期，融雪水的入渗对土壤水分进行了充分的补给，由于秸秆的储水保温效应以及生物炭较强的持水性，二者的协同作用对春季土壤起到了良好的保墒作用。其中，CJS 处理条件下，表层土壤含水量分别相对于 BL、CS 和 JS 处理提升了 3.87%、1.42%和 2.11%，正如于博等[43]提出的，生物炭调节土壤促进了水分的入渗效果，并且增强了土壤的持水能量，土壤水分含量显著提升。生物炭的调控作用促进了土壤中盐分离子的吸附与交换作用，提升了土壤盐分的淋洗能力，正如 Akhtar 等[44]提出的，生物炭提升了土壤透水性，导致土壤盐分随水分的迁移能力增强，加快了土壤盐分的淋洗速率，并且在蒸发期抑制了土壤盐分在地表的聚集。

土壤冻结过程中，在温度梯度的驱动作用下，土壤水分向地表聚集，而秸秆的覆盖作用降低了土壤的冻结趋势，促进了水分的迁移效应；而融化期，秸秆的吸水性以及生物炭的持水性有效地提升了土壤水分含量，有效地调节了土壤墒情效果，土壤水分的迁移为盐分的扩散提供了有效载体。在冻结期，秸秆覆盖处理条件下，土壤缓慢冻结为土壤盐分提供了更多的运输通道，有效地促进了盐分的扩散效果；而在融化期，秸秆的储水性以及生物炭的强电解性提升了土壤离子的交换作用，促进了土壤盐分的淋洗，并且随着土层深度的增加，土壤水分迁移与盐分扩散的协同效果减弱。

第六节　冻融土壤水热盐协同运移关系表征

土壤水分运移包含汽相运移和液相运移两大部分；热量运移包含对流与传导；而溶质运移则较为复杂，包括了分子扩散、水动力弥散、液态水运移以及盐筛作用和温度梯度等的影响作用[45]。目前土壤的盐渍化现象在世界范围内都很常见，土壤水热盐耦合运移机理的研究是针对该问题的基础理论研究，对于盐渍化土壤治理和改良研究都有着重要的作用。目前，因为土壤水热盐运移过程中，三者之间复杂的相互关系及耦合研究的难度大，大多数关于土壤水热盐运移机理的研究都是两种耦合情况，如水盐、水热运移研究，对土壤水分、热量、溶质的耦合运移规律研究较少。因此，国内外研究学者针对土壤水热盐耦合运移开展了相关研究以达到揭示其运移机理的目的。

土壤水势梯度会带来水分运动，而水分运动带来了溶质迁移与热量交换。当土壤中存在水势梯度、温度梯度、溶质梯度时，会引起土壤水热盐同时迁移。影响冻融土壤中水盐运移的主要因子是温度势、溶质势，土壤中水盐迁移一般遵循"盐随水动，水盐同步"的基本理论，可见土壤水和盐之间有着非常密切的关系。在土壤冻结过程中，根据实际的冻结状况，可分为"冻结层""似冻结层""非冻结层"[46]。由于土壤不同土层间温度梯度的存在，冻结层土壤水势降低，引起非冻结土层中水分向似冻结层运移，盐分随着水分同步运移，形成第一次积盐；消融过程中，随着地表蒸发渐强，在冻结过程中积聚在冻结土层中的盐分进一步向表土强烈聚集，使得表土盐分含量大增[47]，形成第二次积盐。由季节性土壤冻融过程中水盐运移规律研究可知，冻融对土壤水盐分布、土温、土壤结构特性[48]等都有明显的影响，这种影响直接关系早春作物种植的土壤环境和冬作物的生长状况，使得研究季节性冻融机理对土壤水热盐状况影响具有重大意义[49]。

一、试验方案

（一）冻融试验装置

土柱在人工气候室内单向冻结，人工气候室的室内温度在–15℃和40℃之间变化，其长度、宽度和高度分别为5 m、2.6 m和2.9 m，面积为13 m²。室内土壤单向冻结装置主要由试样桶、隔热板、制冷压缩机、水分供应系统、土壤温度传感器和永久冻土器组成。冻融循环试验装置示意图如图6-28所示。

试验过程中，使用制冷压缩机对人工气候室进行冷却。在气候室顶部安装一台电风扇，以确保空气从上到下均匀冷却；冷却温度误差为±0.5℃。试样筒的厚度为2 mm，尺寸为60 cm×60 cm×100 cm。为了避免水土流失，给试样筒的角落涂上玻璃胶。为了保证土壤的单向冻结，在土柱的侧壁和底部安装了一块5 cm厚的挤塑式聚苯乙烯（XPS）保温板，这种保温板是由聚苯乙烯和其他辅助材料压缩的硬质泡沫塑料板，其提供了良

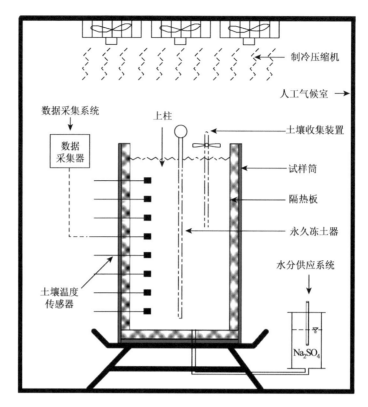

图 6-28　冻融循环试验装置示意图

好的隔热性能[XPS 隔热板的导热系数为 0.028 W/(m·K)]。2016～2020 年，整个松嫩平原的平均地下水深度为 6.85 m，潜水层的位置相对较低。因此，地下水对浅层土壤的补给能力相对较低，0～80 cm 土层含水量的补给主要来源为下层土壤。本试验采用固定水头供水方式进行补水，供水系统由一个马里奥特瓶和一个与大气相连的玻璃导管组成。在试验过程中，通过调整玻璃导管的位置来控制马里奥特瓶中的水位，并确保向土柱底部提供自由水，从而模拟从下层土壤向 0～80 cm 土层供水。补给水为 Na_2SO_4 溶液，这阻止了土壤水溶液浓度差异导致的土壤水迁移。此外，马里奥特瓶中的水每 3 小时补充一次。土壤温度传感器的埋深分别为 10 cm、20 cm、30 cm、40 cm、50 cm、60 cm、70 cm 和 80 cm。土壤温度数据由数据采集器自动采集，并以每小时 1 次记录的频率记录数据。在土柱中安装一套冻土装置（锦州利诚，LQX-DT），以监测土壤冻结深度的变化，并以每 6 小时 1 次的记录频率手动记录冻结深度数据。同时，自行设计取土器，通过人工夯击的方式获取冻结土壤的柱状土芯，取样深度与上述传感器埋设层位相对应，采样的频率设置为 1 次/2 d。通过土壤钻探定期获取各土层中的土壤，以测量土壤质量含水量和含盐量。其中，前者（液态水＋固态水）通过干燥法测定。后者（土壤含盐量）通过各种离子浓度的总和来确定。

（二）试验方案设计

砂质壤土经过干燥、压碎、筛分（2 mm），用于不同初始含水量、冻结温度和土壤容重的土柱中。根据本研究涉及的影响因素和相应指标的梯度水平，测试方案包括三个影响因素和三个水平。此外，为了探索不同因素对土壤水热盐迁移特性的影响，在试验方案设计中，控制两个因素不变，同时改变第三个因素的水平。此外，为了确保研究结果的可靠性和代表性，建立了 7 组试验土柱，并构建了代表三种不同初始含水量、三种不同冻结温度和三种不同容重的最佳水平组合。具体设计的土柱如表 6-14 所示，其中，N1、N2 和 N3 代表不同初始土壤含水量的试验组；N4、N5 和 N6 代表不同的冻结温度试验组；N2、N5 和 N7 代表不同的土壤容重试验组。土柱的制备方法如下：①不同初始含水量。根据松嫩平原的平均土壤含水量，将土柱的重量含水量设定为 18.84%、23.43% 和 28.78%。为确保各土层的含水量均匀，将混合土壤密封一定时间。②不同的冻结温度。这些土柱的含水量为 23.43%，在–5℃、–10℃ 以及 –15℃ 的人工气候室内冻结。在正常情况下，压缩机开启后，人工气候室在 1 h 内达到目标温度。鉴于这段时间相对较短，可以忽略人工气候室冷却过程对土壤水、热和盐变化的影响。③不同的土壤容重。土柱的容重设置为 1.33 g/cm³、1.45 g/cm³ 和 1.58 g/cm³。采用平板压实法。为了确保土壤密度均匀，在制作土柱的过程中，将土壤逐层压实。众所周知，随着冻土层厚度的增加，土壤能量传递的影响减小，冻结锋向下移动的速率逐渐减小。因此，结合土柱的尺寸，并确保土柱之间的冻结深度存在显著差异，土柱的冻结时间设置为 28 天。

表 6-14　冻结试验方案设置

试样编号	初始含水量/%	干密度/(g/cm³)	冻结温度/℃	冻结时间/d	土壤类型
N1	24.84	1.33	–10	14 d	壤土
N2	29.42	1.33	–10	14 d	壤土
N3	36.78	1.33	–10	14 d	壤土
N4	29.42	1.45	–5	14 d	壤土
N5	29.42	1.45	–10	14 d	壤土
N6	29.42	1.45	–15	14 d	壤土
N7	29.42	1.58	–10	14 d	壤土

二、冻结土壤水热盐迁移响应之间的关系

（一）冻结土壤温度变化特征

在本研究中，绘制了冻结期结束时各垂直土壤剖面的温度，如图 6-29 所示。在 N1 土柱中，表层土壤温度为–9.4℃。此外，随着土壤深度的增加，土壤温度逐渐升高；在 10 cm、20 cm 和 30 cm 土层中，土壤温度分别为–7.8℃、–6.3℃ 和–4.1℃，表层土壤和最深土层（80 cm）之间的温差为 12.5℃。在 N2 和 N3 土柱中，表层土壤温度分别变为–9.0℃ 和–8.7℃，表层土壤和 80 cm 土层之间的温差分别为 13.2℃ 和 14.1℃。随着初始土壤含水量的增加，表层（10 cm）和最深层（80 cm）之间的温差逐渐增大。

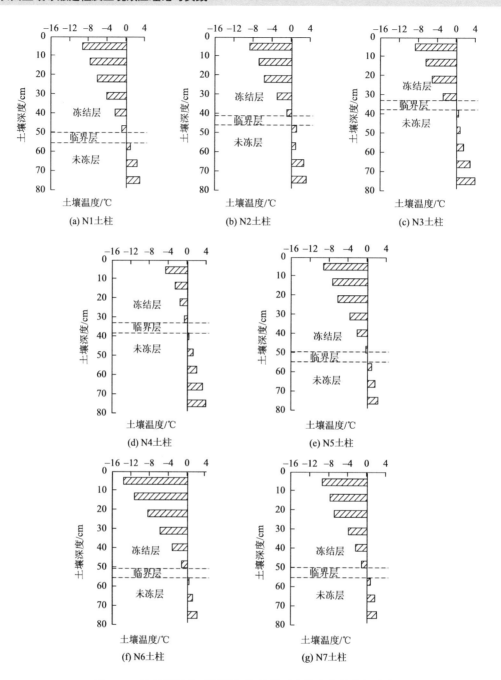

图 6-29   冻结期结束时不同初始处理下土柱温度的空间分布

（a）、（b）和（c）分别代表初始含水量 18.84%、23.43% 和 28.78%；（d）、（e）和（f）分别代表冻结温度−5℃、−10℃ 和−15℃；
（b）、（e）和（g）分别代表土壤容重 1.33 g/cm³、1.45 g/cm³ 和 1.58 g/cm³

随着冻结温度的降低，冻结对土壤垂直温度剖面的影响显著，温度变化范围逐渐增大。图 6-29（b）、（e）和（g）的对比分析表明，与 N2 土柱相比，N5 和 N7 土柱的表面温度分别降低了 0.3℃ 和 0.5℃。此外，随着土壤深度的增加，这种减小趋势逐渐显著。

此外，与 N2 土柱中的温差相比，N5 和 N7 土柱中表面（10 cm）和最深（80 cm）土层之间的温差分别降低了 1.3℃和 2.1℃。

在土壤冻结过程中，土壤的冻结区和未冻结区之间存在一个过渡区，该过渡区通常用作土壤冻结深度的边界，因此该过渡区在本研究中称为临界深度。结合土壤冻结深度数据和垂直剖面上的土壤温度变化特征，N1 土柱中土壤冻结的临界深度为 51.3 cm；随着土壤含水量的增加，土壤冻结范围减小，N2 和 N3 土柱的土壤冻结临界深度分别比 N1 土柱增加 8.6 cm 和 17.5 cm。对 N4、N5 和 N6 土柱的对比分析表明，随着冻结温度的降低，冻结深度逐渐增加，N5 和 N6 土柱的临界层深度分别比 N4 土柱减小 16.6 cm 和 20.3 cm，呈现出逐渐减小的趋势。同样，对于 N2、N5 和 N7 土柱，随着土壤容重的增加，土壤与大气环境之间的热交换加强，冻结临界层深度呈下降趋势。

（二）冻结土壤水分再分配特征

我们绘制了不同时期冻土土壤水分的空间分布图，如图 6-30 所示。在 N1 土柱中，48 h 后，10～20 cm 土层积聚水分；随着冻结时间的增加，土壤冻结锋逐渐向下延伸，在冻结期结束时（336 h），土壤垂直剖面的最大含水量为 26.54%。此外，最大含水量的深度与冻结深度一致，最大值比初始值增加了 7.80%。在 N2 和 N3 土柱中，冻结期结束时垂直土壤剖面的最大含水量分别为 35.17% 和 33.41%，分别比初始值增加了 9.17% 和 10.35%。初始含水量的增加为土壤水分迁移提供了充足的水分，导致冻结深度处的土壤水分增加。

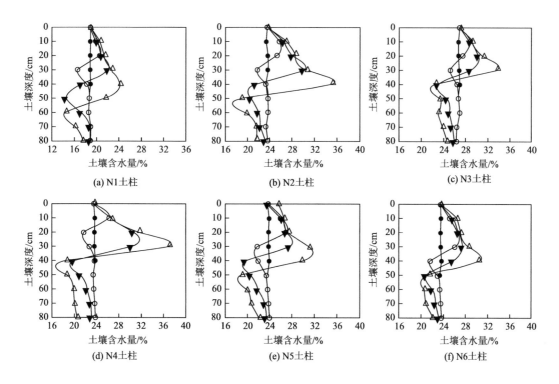

(a) N1土柱　　　　　　(b) N2土柱　　　　　　(c) N3土柱

(d) N4土柱　　　　　　(e) N5土柱　　　　　　(f) N6土柱

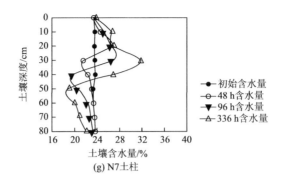

图 6-30   不同时期不同初始处理下土壤含水量的空间分布

(a)、(b) 和 (c) 分别代表初始含水量 18.84%、23.43% 和 28.78%；(d)、(e) 和 (f) 分别代表冻结温度−5℃、−10℃ 和−15℃；(b)、(e) 和 (g) 分别代表土壤容重 1.33 g/cm³、1.45 g/cm³ 和 1.58 g/cm³

冻结期结束时，N4 土柱垂直剖面的土壤最大含水量为 36.64%，最大含水量深度在 30～40 cm；随着冻结温度的降低，N5 和 N6 土柱垂直剖面的最大含水量分别为 32.94% 和 31.66%，均呈下降趋势，各层土壤含水量逐渐降低。同样，对 N2、N5 和 N7 土柱的对比分析表明，土壤水分迁移能力随着土壤容重的增加而降低，土壤水分积累层也呈下降趋势。

在土壤含水量空间分布的基础上，进一步探讨了不同土层蓄水量的变异性，具体结果见表 6-15。首先，根据试样筒的尺寸和绝缘板的厚度，确定试验土柱的体积为 2×10^5 cm³（50 cm×50 cm×80 cm）。在 N1 土柱中，表层（0～10 cm）土壤蓄水量变化量为 1.81 mm；而 10～20 cm、20～30 cm 和 30～40 cm 土层的蓄水量分别比 0～10 cm 土层增加了 1.24 mm、2.14 mm 和 3.33 mm，土壤蓄水量明显呈现增加趋势；在 50～60 cm 土层，土壤蓄水量减小；随着土层深度的增加，土壤蓄水量的变化幅度逐渐减小。分析表明：N1 土柱各土层的总水分迁移量为 33.57 mm；N2 和 N3 土柱 0～10 cm 土层蓄水量变化比 N1 土柱分别增加了 39.78% 和 51.38%。随着土层深度的增加，蓄水量变化呈现不同程度的增加，N2 和 N3 土柱的总水分迁移量相对于 N1 土柱也呈增加趋势。在 N1 土柱中，上层土壤水分总转移量为 22.68 mm，下层土壤水分总流失量为 10.89 mm，两者差值为 11.79 mm。差异部分的供水来自外部供水，即下层供水。此外，在 N2 和 N3 土柱中，上层土壤水分转移总量与下层土壤水分流失总量之差分别为 7.59 mm 和 5.65 mm，表明随着初始土壤含水量的增加，下层向 0～80 cm 土层的水分补给量减少。

表 6-15   不同处理条件下土层蓄水量的变化特征

土柱	不同深度范围土柱横截面土壤蓄水量的变化/mm								总迁移量/mm
	0～10	10～20	20～30	30～40	40～50	50～60	60～70	70～80	
N1	1.81	3.05	3.95	5.14	8.73	−5.82	−3.42	−1.65	33.57
N2	2.53	4.9	6.97	10.5	−6.46	−4.14	−3.45	−3.26	42.21
N3	2.74	5.48	7.94	11.18	−7.82	−5.28	−4.1	−4.49	49.03
N4	2.85	5.3	8.86	10.66	−6.57	−4.64	−3.94	−2.66	45.48

续表

土柱	不同深度范围土柱横截面土壤蓄水量的变化/mm								总迁移量/mm
	0~10	10~20	20~30	30~40	40~50	50~60	60~70	70~80	
N5	2.33	3.75	7.02	9.43	−5.54	−4.22	−3.93	−2.23	38.45
N6	1.99	2.66	3.42	3.82	5.03	−5.82	−3.58	−1.93	28.25
N7	2.13	3.39	3.71	4.17	5.41	−5.33	−4.23	−2.7	31.07

　　在 N4、N5、N6 土柱中，垂直剖面土壤含水量普遍呈现浅层增加、深层减少的趋势。在 N4 土柱中，表层（0~10 cm）土壤蓄水量变化为 2.85 mm；同土层 N5 和 N6 土柱的蓄水量变化比 N4 土柱分别降低了 18.25%和 30.18%，表明随着温度的降低，土壤水分迁移能力逐渐降低。与 N4 土柱相比，N5 和 N6 土柱的土壤水分迁移总量分别减少了 15.46%和 37.88%。上层土壤水分转移总量与下层土壤水分流失总量的差值逐渐减小，表明向 0~80 cm 土层补给的土壤水分量逐渐减少。同样，随着土壤容重的增加，各土层蓄水量的变化呈下降趋势。

（三）冻结土壤盐分扩散特征

　　在土壤冻结过程中，随着液态水的迁移，土壤盐分发生扩散。此外，当水在传输过程中冻结时，盐从水中沉淀，并继续随未冻结的水迁移到表层土壤。因此，盐分积聚在土壤表层。不同土柱中土壤含盐量的分布见图 6-31。

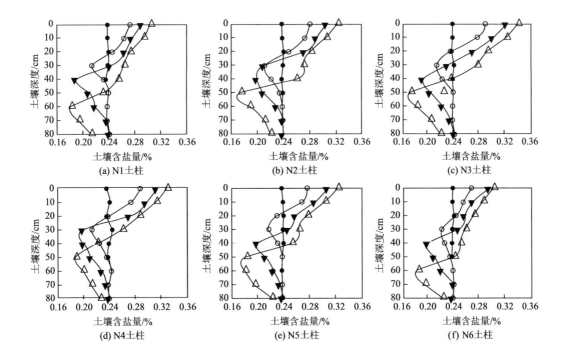

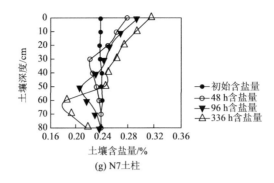

(g) N7土柱

图 6-31　不同时期不同初始处理下土壤含盐量的空间分布

(a)、(b) 和 (c) 分别代表初始含水量 18.84%、23.43%和28.78%，(d)、(e) 和 (f) 分别代表冻结温度−5℃、−10℃和−15℃，(b)、(e) 和 (g) 分别代表土壤容重 1.33 g/cm³、1.45 g/cm³ 和 1.58 g/cm³

　　N1 土柱中表层土壤含盐量在冻结初期为 0.246%；随着冻结时间的延长，表层土壤含盐量逐渐增加；冻结结束（336 h），表层土壤含盐量为 0.318%，土壤盐分变化幅度达 0.072%。随着土层深度的增加，土壤含盐量逐渐降低；10 cm、20 cm 和 30 cm 土层土壤含盐量分别为 0.306%、0.283%和 0.273%；在 50 cm 土层，冻结末期土壤含盐量相对于冻结初期有所降低，表明冻结期以下土壤含盐量有所降低。在 N2 和 N3 土柱中，冻结末期表层土壤含盐量分别为 0.338%和0.357%。随着含水量的增加，土壤盐分变化幅度逐渐增大。

　　在 N4 土柱中，冻结期结束时含盐量增加到 0.346%；随着冻结温度的降低，冻结末期 N5、N6 土柱表层土壤含盐量较 N4 土柱分别降低 0.016%、0.031%，土壤盐分变化幅度逐渐减小。同时，对 N2、N5、N7 土柱对比分析表明，随着土壤容重的增加，土壤冻结速率加快，盐活性强度降低。各土层土壤含盐量可表示为 N2＞N5＞N7。

　　在分析土壤盐分空间分布的基础上，进一步探究不同土层盐分储量的变化特征，具体结果如表 6-16 所示。在 N1 土柱中，表层（0～10 cm）土壤盐分储量变化为 10.27 mg/cm²；与 0～10 cm 土层相比，10～20 cm、20～30 cm 和 30～40 cm 土层盐分储量变化分别减少了 27.36%、55.01%和70.20%，土壤盐分储量总体呈增加趋势。当土层深度超过 50 cm 后，土壤含盐量呈下降趋势。在 N2 和 N3 土柱中，盐分储量在垂直剖面上的变化趋势与 N1 土柱相似；在 0～10 cm 土层，N2 和 N3 土柱的盐分储量变化比 N1 土柱分别增加了 19.96%和34.86%。随着土层深度的增加，各土层相对于 N1 土柱的盐分储量变化有不同程度的增加。累计统计结果表明，N2 和 N3 土柱的盐分总迁移量较 N1 土柱分别增加了 22.94%和44.21%。

表 6-16　不同处理条件下土壤盐分储量的变化特征

| 土柱 | 不同深度范围土柱横截面土壤盐分储量的变化/(mg/cm²) | | | | | | | | 总迁移量/(mg/cm²) |
	0～10	10～20	20～30	30～40	40～50	50～60	60～70	70～80	
N1	10.27	7.46	4.62	3.06	1.30	−8.62	−7.45	−5.13	47.91
N2	12.32	10.21	7.07	5.94	3.84	−9.84	−4.93	−4.75	58.90

续表

土柱	不同深度范围土柱横截面土壤盐分储量的变化/(mg/cm²)								总迁移量/(mg/cm²)
	0～10	10～20	20～30	30～40	40～50	50～60	60～70	70～80	
N3	13.85	10.74	7.82	5.49	−10.34	−8.66	−7.14	−5.05	69.09
N4	12.64	9.86	7.14	2.62	−10.22	−7.82	−6.15	−4.10	60.55
N5	10.48	8.62	6.20	2.97	2.21	−8.61	−7.07	−4.34	50.50
N6	9.46	7.01	3.86	2.52	1.30	−8.34	−6.73	−4.92	44.14
N7	8.74	6.48	3.82	3.46	1.47	−9.86	−5.43	−3.42	42.68

在 N4 土柱中，表层（0～10 cm）的盐分储量为 12.64 mg/cm²，随着土壤冻结温度的降低，N5 和 N6 土柱的盐分储量分别比 N4 土柱减少了 17.09% 和 25.16%，地表附近的土壤盐分积累减弱。此外，土壤盐分迁移总量也有所减少。与 N2 土柱相比，N5 和 N7 土柱的盐分总迁移量分别降低 14.26% 和 27.54%，表明随着土壤容重的增加，盐的空间扩散也呈减弱趋势。

（四）冻结土壤中水热盐迁移响应之间的关系

根据不同时间段的温度差、水通量和盐通量的值，构建了各土层三者的响应关系函数。它们在表层（0～10 cm）土层中的关系及其作用如图 6-32 和表 6-17 所示。

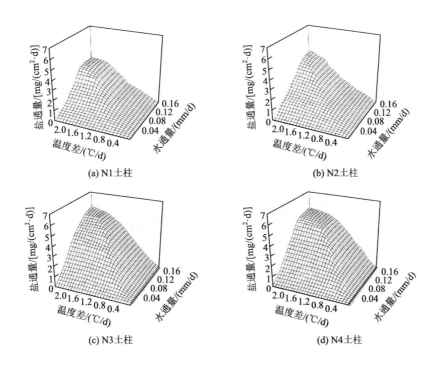

(a) N1土柱　　　　　　　(b) N2土柱

(c) N3土柱　　　　　　　(d) N4土柱

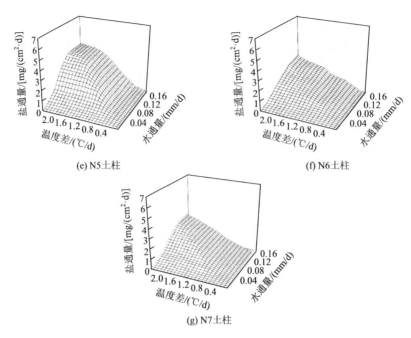

图 6-32　表层（0～10 cm）土层不同初始处理下土壤水热盐迁移特征

（a）、（b）和（c）分别代表初始含水量 18.84%、23.43%和 28.78%；（d）、（e）和（f）分别代表冻结温度−5℃、−10℃和−15℃，
（b）、（e）和（g）分别代表土壤容重 1.33 g/cm³、1.45 g/cm³ 和 1.58 g/cm³

表 6-17　表层（0～10 cm）土层不同处理条件下土壤水分（x）、热量（y）和盐分（z）的响应函数

土柱	水热盐响应函数	RMSE	NSE	R^2	P
N1	$z = 4.23 / ((1 + ((x - 0.14) / 0.06)^2) \cdot (1 + ((y - 2.41) / 1.09)^2))$	0.24	0.9	0.92	0.0064
N2	$z = 4.61 / ((1 + ((x - 0.16) / 0.07)^2) \cdot (1 + ((y - 2.39) / 1.01)^2))$	0.21	0.92	0.93	0.0041
N3	$z = 5.61 / ((1 + ((x - 0.15) / 0.07)^2) \cdot (1 + ((y - 1.93) / 0.97)^2))$	0.19	0.95	0.95	0.0023
N4	$z = 5.61 / ((1 + ((x - 0.15) / 0.07)^2) \cdot (1 + ((y - 1.93) / 0.92)^2))$	0.23	0.91	0.94	0.0087
N5	$z = 4.23 / ((1 + ((x - 0.14) / 0.06)^2) \cdot (1 + ((y - 2.31) / 1.05)^2))$	0.27	0.87	0.91	0.0134
N6	$z = 3.35 / ((1 + ((x - 0.13) / 0.06)^2) \cdot (1 + ((y - 2.93) / 1.37)^2))$	0.32	0.85	0.89	0.0197
N7	$z = 3.16 / ((1 + ((x - 0.12) / 0.05)^2) \cdot (1 + ((y - 2.57) / 1.12)^2))$	0.31	0.83	0.87	0.0231

在 N1 土柱中，随着土壤温度差和水通量的增加，土壤盐通量逐渐增加，表明三个参数之间呈正相关。具体分析表明，当土壤温度差为 1℃/d、水通量为 0.08 mm/d 时，土壤盐通量为 0.79 mg/(cm²·d)；当土壤温度差为 2℃/d、水通量为 0.16 mm/d 时，土壤盐通量为 3.34 mg/(cm²·d)。在 N2 和 N3 土柱中，在相同的温度差和水通量条件下，随着初始土壤含水量的增加，土壤盐通量逐渐增加。当土壤温度差为 2℃/d，水通量为 0.16 mm/d 时，与 N1 土柱进行比较，N2 和 N3 土柱的土壤盐通量分别增加了 0.66 mg/(cm²·d)和 2.01 mg/(cm²·d)。

对于不同温差和水通量条件下的 N4、N5 和 N6 土柱，当土壤的温度差为 2℃/d、土壤水通量为 0.16 mm/d 时，N4、N5 和 N6 土柱的盐通量分别为 5.26 mg/(cm²·d)、3.59 mg/(cm²·d)和 1.83 mg/(cm²·d)；在相同温度差和水通量条件下，随着土壤冻结温度的降低，土壤盐通量逐渐降低。同样，对 N2、N5 和 N7 土柱的水热盐迁移模式的比较分析表明，在相同的土壤温度差和水通量条件下，土壤盐通量随着土壤容重的增加呈逐渐降低的趋势。

对构建函数进行整体对比分析，均通过显著性检验（$P<0.05$），形式均符合洛伦兹曲线，说明土壤盐分扩散对水分和热量的空间变化表现出显著的响应关系。在 N1 土柱中，土壤水热盐响应函数实测值与模拟值的均方根误差为 0.24 mg/(cm²·d)；随着土壤含水量的增加，N2 和 N3 土柱实测值与模拟值之间的 RMSE 较 N1 土柱分别降低 0.03 mg/(cm²·d)和0.05 mg/(cm²·d)，模型的仿真效果逐渐增强。此外，该函数的模拟值与实测值之间的 NSE也呈增加趋势，模拟值与实测值之间的相似度增加；随着土壤初始含水量的增加，土壤水热盐响应函数的 R^2 也呈现出提高的趋势。在 N4、N5 和 N6 土柱中，随着土壤冻结温度的降低，与 N4 土柱相比，N5 和 N6 土柱实测值与模拟值之间的 RMSE 分别增加了 0.04 mg/(cm²·d)和 0.09 mg/(cm²·d)。同样，N2、N5 和 N7 的 RMSE 与容重表现出协同增加趋势。

在分析表层（0～10 cm）土层土壤水热盐相互作用的基础上，进一步探索空间变化特征，具体特征见表 6-18。在 N1 土柱中，随着土层深度的增加，20 cm、30 cm 和 40 cm土层实测值与模拟值之间的 RMSE 分别为 0.23 mg/(cm²·d)、0.21 mg/(cm²·d) 和0.19 mg/(cm²·d)。当土层深度超过 50 cm 时，实测值与模拟值之间的 RMSE 逐渐增大，在垂直剖面呈先减小后增大的趋势。另外，表明该关系在最大土壤冻结深度附近最为显著。在 N2 和 N3 土柱中，实测值和模拟值之间的总体 RMSE 相对于 N1 土柱减小，表明构建的响应函数随着水分含量的增加而提高，土壤水热盐之间的关系变得更紧密。

表 6-18　土壤水热盐响应关系的空间变异特征

土层深度/cm	N1		N2		N3		N4		N5		N6		N7	
	RMSE	R^2	RMSE	R^2	RMSE	R^2	RMSE	R^2	RMSE	R^2	RMSE	R^2	RMSE	R^2
20	0.23	0.94*	0.19	0.95*	0.18	0.96**	0.21	0.95**	0.25	0.93**	0.29	0.90*	0.28	0.89*
30	0.21	0.95**	0.17	0.97*	0.16	0.99**	0.15	0.98**	0.22	0.94*	0.27	0.91*	0.23	0.91*
40	0.19	0.96**	0.14	0.98**	0.19	0.95*	0.19	0.94**	0.17	0.96**	0.20	0.93*	0.21	0.93*
50	0.17	0.97**	0.20	0.95*	0.21	0.93*	0.22	0.92*	0.16	0.97**	0.19	0.95**	0.19	0.95**
60	0.22	0.94*	0.21	0.93*	0.22	0.92*	0.23	0.89*	0.20	0.94*	0.17	0.96**	0.18	0.96*
70	0.29	0.92*	0.26	0.89*	0.24	0.91*	0.31	0.88*	0.22	0.90*	0.23	0.92*	0.20	0.92*
80	0.23	0.86*	0.29	0.89*	0.30	0.88*	0.34	0.85*	0.27	0.88*	0.30	0.87*	0.28	0.89*

　　**$P<0.01$；*$P<0.05$。

在 N4、N5 和 N6 土柱中，随着土壤冻结温度的降低，土壤水热盐三者之间的关系逐渐减弱，空间实测值与模拟值之间的 RMSE 与上述 N1 土柱一致。其中，在 N4 土柱中，土壤水热盐响应关系最显著的层出现在 30 cm 土层。与 N4 土柱相比，在 N5 和 N6 土柱中，土壤水热盐响应关系最显著层的深度分别为 50 cm 和 60 cm 土层。同样，对 N2、N5

和 N7 土柱的对比分析表明，随着土壤容重的增加，RMSE 逐渐增加，土壤水热盐之间的关系逐渐减弱。在土柱垂直剖面，土壤水热盐响应关系的最显著深度逐渐下降，与土壤冻结深度相似。

三、冻融土壤水分积累影响因素

在冻土复合体系中，温度场引起的势能差导致土壤中未冻水不断向冻土运动，水在冻土层内积聚。随着初始土壤含水量的增加，土壤的冻结速度减慢，为水分的迁移提供了充足的时间。因此，冻土区土壤水分的积累意义重大。在 N2 和 N3 土柱中，土壤含水量比 N1 土柱分别增加了 6.19% 和 20.50%。正如吴谋松等[50]报道，大量补水影响土壤水热分布特征，增强土壤水分富集。此外，在前人研究的基础上，本书发现该层土壤水分浓度与冻结深度显著一致，且该层随着初始含水量的增加而逐渐升高。

随着冻结温度的降低，土壤的冻结速度会加快，大量液态水会被固定在原地。同时，土壤冻结导致土壤毛孔堵塞，这也抑制了水分的传输。因此，土壤温度梯度对水分迁移的影响减弱。在本研究考察的三种不同冷冻温度处理条件下，N5 和 N6 土柱冻土区的含水量分别比 N4 土柱降低了 22.15% 和 29.54%。这表明土壤温度的差异是促进水分迁移的基本因素，环境温度的显著降低会导致土壤水分相变程度的增加，并在一定程度上减少水的迁移。此外，本书提出：随着冻结温度的降低，土壤冻结深度增加，上层土壤水分较低的补给效果减弱。增加土壤容重可以确保结构更加紧凑，一方面，通过这一过程增加了土壤的传热能，导致土壤冻结速度加快，水分迁移时间缩短[51]；另一方面，土壤水分输送通道受到很大阻碍，土壤水分输送能力也相应降低[52]。综上所述，增加土壤容重也会降低水力梯度，减弱冻土水的累积效应。

四、水盐协同运动的影响因素

在土壤冻结过程中，土壤水分经常发生扩散、对流和分散，这些过程伴随着溶质（盐）的迁移。基于土壤的多孔介质结构，冻土中的盐分主要以两种形式存在：一种形式，盐分随水在永久冻土中积累，大部分盐分储存在冻土层中[53]；另一种形式，水结冰后形成的小盐沉淀物，它们溶解在未冻结的水中，并在水势梯度的作用下继续迁移到地表[42]。因此，在土壤冻结过程中，随着初始土壤含水量的增加，向地表补给的土壤水量变大，伴随此水的盐分也随之增加。本节研究了不同时间段不同土层的水通量和盐通量之间的关系，具体结果如图 6-33 所示。N1 土柱中水通量和盐通量拟合线的 R^2 为 0.87。在 N2 和 N3 土柱中，这两个参数的 R^2 值与 N1 土柱相比分别增加了 0.05 和 0.08。关于拟合线的斜率，随着土壤含水量的增加，斜率值从高到低依次为 N3＞N2＞N1。此外，水迁移携带的盐量逐渐增加，从而证实盐对水的响应逐渐增加。在此基础上，对比分析了不同冻结温度和土壤容重对土壤水盐运移的影响。分析表明，冻结温度的降低和土壤容重的增加均增加了土壤的冻结程度和冻结锋的迁移速度，大量盐分被原位固定[54]，而且盐迁移通道被阻塞，从而降低了土壤盐分的迁移和扩散能力。

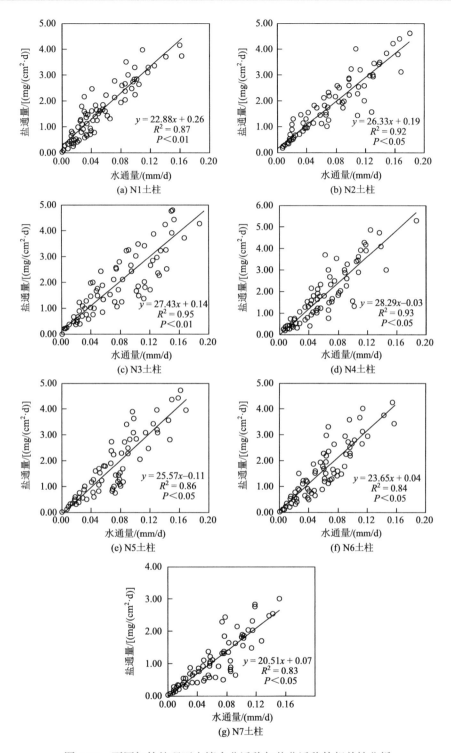

图 6-33　不同初始处理下土壤水分迁移与盐分迁移的相关性分析

本节发现土壤界面的水和盐通量随着土壤深度的增加而逐渐增加。此外，土壤水通量和盐通量在土壤临界冻结深度达到最大值，土壤盐分对水分的响应增强。但在临界深度以下，各土壤界面的水盐通量逐渐下降，土壤水的携盐能力下降。换言之，在不同处理条件下，对土壤水分最显著的盐分响应随冻结深度而变化。本节利用温度梯度驱动水分迁移进而承载盐分扩散效应，创新构建了土壤温度差、水通量和盐通量之间的响应函数，定量表达了土壤水分、热量和盐分之间的关系。响应函数的准确性通过 RMSE 验证；随着土层深度的增加，RMSE 呈先下降后上升的趋势。

在土壤冻结过程中，初始条件的差异影响土壤中水分的积累和盐分的扩散。首先，随着土柱初始含水量的增加，土壤水分运移能力逐渐提高，溶质在土壤中的扩散能力增强。其次，随着土壤冻结温度的降低和土壤容重的增加，土壤表层和最深层之间的温差增大，大量水分在原位固结；土壤孔隙度降低，限制了土壤水分的有效传输。浅层土壤水分积累效应和盐分扩散效应呈逐渐减弱趋势。土壤水热盐在不同的传递过程中具有较强的相互作用。构建了土壤温度差、水通量和盐通量之间的响应函数，并通过显著性检验。随着土柱初始含水量的增加，在温度势能的驱动下，水分运移增加。此外，土壤水热对盐分的驱动作用显著，二者之间的响应关系增强。然而，随着冻结温度的降低和土壤容重的增加，土壤水热盐的响应关系减弱。

在空间尺度上，随着土层深度的增加，土层的水盐通量增加。当穿越冻土层时，迁移作用逐渐减弱，水热盐这三个参数之间的相互作用关系在土壤冻结处最为明显。在此基础上，阐述了不同初始含水量、冻结温度和容重对冻土水分积累和盐分扩散的影响特征。同时，有效地构建了土壤水热盐传递函数，试验结果较好地定量表达了这三个参数之间的关系。然而，本节研究仅限于理论和反应机制的实验室探索。在今后的研究中有必要进行实际的田间试验来应用耕作调节模型，优化模型参数，为有效准确地模拟寒冷地区农田土壤的水热盐迁移特征和有效抑制农田土壤盐渍化提供指导和参考。

参 考 文 献

[1] 吴谋松. 冻融土壤水热盐运移规律研究及数值模拟[D]. 武汉：武汉大学，2016.

[2] Philip J R，Vries D D. Moisture movement in porous materials under temperature gradients[J]. Transac Tions-American Geophysical Union，1957，38（2）：222.

[3] Harlan R L. Analysis of coupled heat-fluid transport in partially frozen soil[J]. Water Resources Research，1973，9（5）：1314.

[4] 雷志栋，尚松浩，杨诗秀，等. 地下水浅埋条件下越冬期土壤水热迁移的数值模拟[J]. 冰川冻土，1998，20（1）：52-55.

[5] 雷志栋，尚松浩，杨诗秀，等. 土壤冻结过程中潜水蒸发规律的模拟研究[J]. 水利学报，1999（6）：8-12.

[6] 郑秀清，樊贵盛. 冻融土壤水热迁移数值模型的建立及仿真分析[J]. 系统仿真学报，2001，13（3）：308-311.

[7] 杨金凤. 季节性冻融期不同地表条件下土壤水热动态变化规律的试验研究[D]. 太原：太原理工大学，2006.

[8] 宋长春，王毅勇，王跃思，等. 季节性冻融期沼泽湿地 CO_2、CH_4 和 N_2O 排放动态[J]. 环境科学，2005，26（4）：7-12.

[9] 李邦，杨岩，王绍明，等. 干旱区滴灌棉田冻融季土壤水热盐分布规律研究[J]. 新疆农业科学，2011，48（3）：528-532.

[10] 刘春景，唐敦兵，何华，等. 基于灰色关联和主成分分析的车削加工多目标优化[J]. 农业机械学报，2013，44（4）：292，293-298.

[11] 赵韩，张彦，方良海，等. 灰色关联分析法在汽车零部件故障分析中的应用[J]. 农业机械学报，2005，36（8）：125-128.

[12] 唐振兴，何志斌，刘鹄. 祁连山中段林草交错带土壤水热特征及其对气象要素的响应[J]. 生态学报，2012，32（4）：52-61.

[13] 刘思峰，郭天榜，党耀国. 灰色系统理论及其应用[M]. 2 版. 北京：科学出版社，1999.

[14]　景国勋，贾智伟，段振伟. 井下作业温度对事故影响关系的灰色关联分析[J]. 中国安全科学学报，2003，13（10）：64-66.

[15]　Osterkamp T E. Freezing and thawing of soils and permafrost containing unfrozen water or brine[J]. Water Resources Research，1987，23（12）：2279-2285.

[16]　Flerchinger G N，Saxton K E. Simultaneous heat and water model of a freezing snow-residue-soil system I. Theory and Development[J]. Transactions of the ASAE，1989，32（2）：573-576.

[17]　Flerchinger G N，Pierson F B. Modeling plant canopy effects on variability of soil temperature and water[J]. Agricultural and Forest Meteorology，1991，56（3-4）：227-246.

[18]　Flerchinger G N，Pierson F B. Modelling plant canopy effects on variability of soil temperature and water：Model calibration and validation[J]. Journal of Arid Environments，1997，35（4）：641-653.

[19]　Flerchinger G N，Hanson C L. Modeling soil freezing and thawing on a rangeland watershed[J]. Transactions of the ASAE，1989，32（5）：1551-1554.

[20]　Flerchinger G. Sensitivity of soil freezing simulated by the SHAW model[J]. Transactions of the ASAE，1991，34（6）：2381-2389.

[21]　Flerchinger G N，Kustas W P，Weltz M A. Simulating surface energy fluxes and radiometric surface temperatures for two arid[J]. Journal of Applied Meteorology，1998，37（5）：449-460.

[22]　Flerchinger G N，Baker J M，Spaans E J A. A test of the radiative energy balance of the SHAW model for snowcover[J]. Hydrological Processes，1996，10（10）：1359-1367.

[23]　Flerchinger G N，Hardegree S P. Modelling near-surface soil temperature and moisture for germination response predictions of post-wildfire seedbeds[J]. Journal of Arid Environments，2004，59（2）：369-385.

[24]　Flerchinger G N，Caldwell T G，Cho J，et al. Simultaneous heat and water（SHAW）model：Model use，calibration，and validation [J]. Transactions of the ASABE，2012，55（4）：1395-1411.

[25]　肖薇，郑有飞，于强. 基于 SHAW 模型对农田小气候要素的模拟[J]. 生态学报，2005，25（7）：1626-1634.

[26]　刘杨，赵林，李韧. 基于 SHAW 模型的青藏高原唐古拉地区活动层土壤水热特征模拟[J]. 冰川冻土，2013，35（2）：280-290.

[27]　李瑞平. 冻融土壤水热盐运移规律及其 SHAW 模型模拟研究[D]. 呼和浩特：内蒙古农业大学，2007.

[28]　成向荣，黄明斌，邵明安. 基于 SHAW 模型的黄土高原半干旱区农田土壤水分动态模拟[J]. 农业工程学报，2007，23（11）：1-7.

[29]　van Wijk W R，Hoffman J G. Physics of Plant Environment[J]. Physics Today，1964，17（11）：76.

[30]　杨诗秀，雷志栋. 水平土柱入渗法测定土壤导水率[J]. 水利学报，1991（5）：1-7.

[31]　Bing H，He P，Zhang Y. Cyclic freeze-thaw as a mechanism for water and salt migration in soil[J]. Environmental Earth Sciences，2015，74（1）：675-681.

[32]　Junior V V，Carvalho M P，Dafonte J，et al. Spatial variability of soil water content and mechanical resistance of Brazilian ferralsol[J]. Soil and Tillage Research，2006，85（1-2）：166-177.

[33]　Wu M S，Tan X，Huang J S，et al. Solute and water effects on soil freezing characteristics based on laboratory experiments[J]. Cold Regions Science and Technology，2015，115：22-29.

[34]　常龙艳，戴长雷，商允虎，等. 冻融和非冻融条件下包气带土壤墒情垂向变化的试验与分析[J]. 冰川冻土，2014，36（4）：1031-1041.

[35]　薛珂，温智，张明礼，等. 土体冻结过程中基质势与水分迁移及冻胀的关系[J]. 农业工程学报，2017，33（10）：176-183.

[36]　王风，朱岩，陈思，等. 冻融循环对典型地带土壤速效氮磷及酶活性的影响[J]. 农业工程学报，2013，29（24）：118-123.

[37]　田富强，温洁，胡宏昌，等. 滴灌条件下干旱区农田水盐运移及调控研究进展与展望[J]. 水利学报，2018，49（1）：126-135.

[38]　严应存，李凤霞，颜亮东，等. 长江、黄河源区土壤储水量动态变化规律[J]. 干旱地区农业研究，2008，26（4）：23-27.

[39]　裴磊，王振华，郑旭荣，等. 土壤盐分含量对滴灌复播青储玉米光合特性及土壤水盐动态的影响[J]. 干旱地区农业研究，2016，34（4）：77-84，93.

[40]　赵凤霞，温晓霞，杜世平，等. 渭北地区残茬（秸秆）覆盖农田生态效应及应用技术实例[J]. 干旱地区农业研究，2005，23（3）：90-95.

[41]　王子龙，林百健，姜秋香，等. 寒区春季融雪期表层土壤湿度变化与影响因素分析[J]. 农业机械学报，2019，50（11）：301-311.

[42]　靳志锋，虎胆·吐马尔白，马合木江，等. 积雪消融对北疆棉田土壤水盐运动的影响研究[J]. 新疆农业大学学报，2013，36（2）：169-172.

[43]　于博，于晓芳，高聚林，等. 秸秆全量深翻还田和施加生物炭对不同土壤持水性的影响[J]. 灌溉排水学报，2018，37（5）：25-32.

[44]　Akhtar S S，Andersen M N，Liu F L. Residual effects of biochar on improving growth，physiology and yield of wheat under salt stress[J]. Agricultural Water Management，2015，158：61-68.

[45]　冯琛雅. 滨海平原包气带水热盐运移二维模拟[D]. 天津：天津大学，2019.

[46]　赵永成，虎胆·吐马尔白，马合木江，等. 冻融及雪水入渗作用下土壤水盐运移特征研究[J]. 新疆农业大学学报，2013，36（5）：412-416.

[47]　张殿发，郑琦宏，董志颖. 冻融条件下土壤中水盐运移机理探讨[J]. 水土保持通报，2005，25（6）：14-18.

[48]　张殿发，郑琦宏. 冻融条件下土壤中水盐运移规律模拟研究[J]. 地理科学进展，2005，24（4）：46-55.

[49]　李瑞平，史海滨，赤江刚夫，等. 冻融期气温与土壤水盐运移特征研究[J]. 农业工程学报，2007，23（4）：70-74.

[50]　吴谋松，黄介生，谭霄，等. 不同地下水补给条件下非饱和砂壤土冻结试验及模拟[J]. 水科学进展，2014，25（1）：60-68.

[51]　齐吉琳，马巍. 冻土的力学性质及研究现状[J]. 岩土力学，2010，31（1）：133-143.

[52]　曾健，费良军，裴青宝. 土壤容重对红壤水分垂直入渗特性的影响[J]. 排灌机械工程学报，2017，35（12）：1081-1087.

[53]　王维真，吴月茹，晋锐，等. 冻融期土壤水盐变化特征分析：以黑河上游祁连县阿柔草场为例[J].冰川冻土，2009，31（2）：268-274.

[54]　Wang K，Wu M S，Zhang R D. Water and solute fluxes in soils undergoing freezing and thawing[J]. Soil Science，2016，181（5）：193-201.

第七章 农田冻融土壤碳素循环转化机理及伴生过程

第一节 概　　述

存在于陆地表面的土壤碳库是全球地表系统碳库重要的组成部分，全球土壤碳库总量达 $2.2 \times 10^3 \sim 3 \times 10^3$ Pg（1 Pg = 10^{15} g），其中有机碳储量为 $1.5 \times 10^3 \sim 1.6 \times 10^3$ Pg[1]。小幅度的土壤碳库储量变动将对地球气候系统带来重大的影响，并体现在温室效应的加强或削弱[2]。陆地生态系统作为保证土壤碳库组分相互转化的天然场所，受生态系统中土壤理化性质、植被覆盖情况、微生物活动等因素的影响，各种形态碳素均表现出极强的协同效应关系[3]。有机碳含量高值区集中分布在以林草地为主、土壤开垦程度低的低山丘陵地区，此处植被丰富，利于土壤有机碳的累积，从而显示出相对较高的含量[4]。而长期的过度开垦以及不合理的耕作模式势必会导致土壤有机质含量的降低，进而影响有机碳含量，由此体现出土壤有机碳分布与土地利用类型密切相关[5]。另外，人为活动，涉及土地利用、耕作措施、秸秆还田、施加有机肥等[6]，影响了土壤碳素的时空分布及演变过程。

在生态系统的能量循环转化过程中，绿色植物在日照情况下进行光合作用，将其中的二氧化碳（carbon dioxide，CO_2）吸收，并将其转化为有机生物体。由于大气中的 CO_2 受绿色植被的影响，因此在温热多雨的地区，CO_2 的固定量相对较高，而在寒冷干旱的地区固定量则相对较低。据不完全统计，全球每年 CO_2 的固定量大约为 630 亿 t。这些有机质形成后一部分被动植物消耗食用；而另一部分则被微生物消化吸收，作为其有机体的一部分。可见，植物、动物和微生物的有机质构成了陆地总生物量。

如图 7-1 所示，有机碳在合成积累的同时，自然界中的生物也在不断对其进行消耗。伴随着生物体的生命活动循环，植物的落叶、动物粪便以及动植物残骸等有机生物质不断补充陆地生态系统中的有机碳库，而土壤中现存的真菌以及异养型微生物又会将其消耗分解，并且该过程也为微生物的活动提供着动力与能量。通常情况下，土壤中的有机质主要包括容易分解的多糖类有机质，这些有机质的分子量相对较小，容易被消耗、分解和利用；而另一类则是蛋白质、氨基酸以及淀粉等大分子有机质，这些物质需要专一的酶对其进行分解，变为小分子有机化合物，进而被消耗分解；而部分难分解的芳香型化合物则通过微生物的转化形成腐殖质，形成了土壤有机质的主体。在微生物的生命活动过程中，一部分有机碳被微生物消耗吸收，另一部分有机碳被分解，并伴随着释放 CO_2 气体。微生物死亡后，有机质又被继续消耗分解，碳元素同样以 CO_2 气体的形式被排放。与此同时，自然界中以 C 原子和 CO 气体形式存在的碳元素又会被 O_2 氧化，形成 CO_2 气体而排放于大气之中。另外，在土壤碳素的循环转化过程中，当土壤处于缺氧情况下，土壤中厌氧型产甲烷菌的活性相对较高，土壤中碳素以 CH_4 的形式排放于大气中；而在土壤结构疏松、通气性良好的情况下，好氧型甲烷氧化菌则表现出了明显的优势，大气中的 CH_4 气体被不断地吸收氧化，在一定程度上影响着自然界中碳素的循环转化。

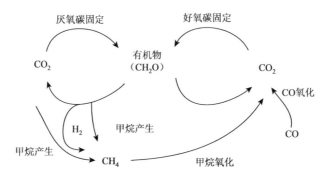

图 7-1　农田土壤碳素循环和转化过程

在季节性冻土区，土壤冻融交替是寒区农田土壤碳氮循环的重要驱动力，直接影响着区域农田生态系统中碳、氮元素的周转[7-9]。冻融交替作用通过改变土壤团聚体、力学性质和微生物群落，增加了土壤中溶解性有机碳的含量。溶解性有机碳具有移动快、稳定性差、易氧化的特点，对环境因子的变化极为敏感。另外，土壤中溶解性有机碳含量的增加可以提高土壤肥力。同时，活性炭直接或间接地参与几乎所有的土壤生物化学过程，在土壤物质和能量循环中起着重要的作用。

第二节　冻融土壤碳形态转化特征

本节以东北黑土区农田土壤为研究对象，探究季节性冻融过程对土壤碳素循环的影响，深入挖掘土壤碳素矿化速率及温室气体排放通量对土壤水热的响应机制，定量表征土壤碳素转化与环境敏感性因子之间的协同效应关系，研究结果对进一步探究黑土耕作层土壤碳库平衡和土壤肥力保持具有重要的意义。

一、试验方案

（一）试验区布置

研究于 2017 年 11 月至 2018 年 5 月开展，共设置 4 种试验区域，每个试验地块设置为 8 m×8 m 的规格，为了防止不同试验地块之间的水分迁移扩散，在不同区域的边界处埋设 1 m 深的塑料薄膜隔水带。根据生物炭与秸秆的理化特性以及当地农业生产的需要，各个试验小区分别设置为生物炭覆盖（CS，20 t/hm²）、秸秆覆盖（JS，12 t/hm²）、生物炭与秸秆联合覆盖（CJS，10 t/hm² + 6 t/hm²）以及自然对照（BL）处理。试验中所使用的生物炭以玉米秸秆为原材料，在 500～550℃下限烧制而成，并且将其研磨后过 2 mm 筛子，确保其颗粒均一稳定。在试验场地规划布置过程中，CS 处理是将生物炭均匀地抛洒于地表，然后采用翻地机对土壤进行深松翻耕处理，确保生物炭与土壤均匀混合，土壤翻耕深度范围为 0～40 cm。JS 处理是将土壤进行深松翻耕处理，翻耕深度范围同样为 0～40 cm。同时，在地表覆盖两层秸秆，秸秆的铺设采用十字交叉的方式，秸秆的覆盖厚度为 10 cm。CJS 处理中生物炭与秸秆的施入量分别是 CS 与 JS 的一半，首先对土壤深松翻耕，将生物炭与土壤均匀混合，再在地表覆盖一层秸秆，秸秆的覆盖厚度为 5 cm。而自然对照（BL）处理只将土壤进行深松翻耕，而不做其他任何覆盖处理。试验场地布置如图 7-2 所示。

图 7-2　试验场地布置示意图

在每个试验区内埋设冻土器 1 根（锦州利诚 LQX-DT），用来监测土壤的冻深发展情况。每个试验小区分别埋设 1 套土壤墒情监测系统（北京东方生态 ET100），测量土壤 10 cm、20 cm、30 cm、40 cm 处土层的温度和含水量。同时，利用该监测系统测算土壤水分的蒸发量，仪器在出厂前进行了校核，误差范围保持在 2% 以内。在试验地块附近的空阔地带设置 TRM-ZS1 型气象生态环境监测系统，自动记录环境温度、露点温度、蒸发量、总辐射和净辐射等气象指标。

（二）试验采样方案

1. 土壤水热数据采集

在土壤冻融循环过程中，土壤液态含水量、温度主要采用北京东方润泽生态科技股份有限公司生产的 ET100 土壤水分传感器测量，传感器的计数间隔设置为 1 h/次，并且数据自动记录到云平台。同时，为了确保试验数据的精度，进一步采用 TDR 测定土壤的液态含水量，对传感器记录的数据进行补充校核，TDR 测定土壤液态含水量时，同一测点的同一测深进行 3 次测量，每次 TDR 的探头旋转 120° 观测，以确保测量数据的稳定性。土壤的总含水量则采用烘干法进行测定。

2. 土壤样品采集

试验过程中，为了测量土壤中溶解性有机碳含量以及土壤酶活性，采用自行设计取土器，通过人工夯击的方式获取冻结土壤的柱状土芯，土芯的取样深度与传感器的位置相对应，分别为 10 cm、20 cm、30 cm、40 cm，取样时间间隔为 7 d/次。与此同时，将人工取出的土壤样品采用锡箔纸进行包裹，确保土壤处于密封状态，并且将包裹的样品装入自封袋中，以备后续的土壤理化指标测量。

3. 温室气体采集

在土壤采集的同时，采用人工静态箱的方法来采集土壤排放气体，进而测定土壤中 CO_2、CH_4 和 N_2O 气体的通量。人工静态箱是由透明有机玻璃制成的圆柱形一端无盖的密闭桶，有机玻璃厚度为 5 mm，在气体采集时，箱体无盖的一侧与地面紧密接触，防止玻璃桶漏气。采气管从箱体的顶部打孔进入，采气管的长度为 20 cm，气体借助采气泵进行抽取，并且将气体储存于采气袋中。在气体采集过程中，为了减少太阳辐射导致的箱内气体温度变化，在静态箱的外侧覆盖锡纸进行隔热。

（三）土壤碳元素指标测定

1. 土壤总有机碳含量测定

土壤的总有机碳含量利用总有机碳分析仪（TOC-VCPH/CPN Analyzer，日本岛津）进行测定。在测定过程中，先将收集到的土壤样品放在室内自然风干，随后用镊子认真挑拣出土壤样品中所含有的植物根系与叶片，再将土壤样品转移至研钵内磨碎，并将研磨后的土壤样品过规格为 100 目的筛网，得到小颗粒的土壤样品。称量后对样品进行酸化处理，并用去离子水洗净、晾干，最终上机进行测定。

2. 土壤溶解性有机碳含量测定

土壤可溶性有机碳采用冷水浸提法，在试验过程中，称取 10 g 过 2 mm 筛子的鲜土，并且将土壤置于 50 mL 的离心管中，加入 40 mL 的超纯水，于 250 r/min 的速度振荡 30 min 后，在离心机上以 4000 r/min 离心 30 min，取上清液过 0.45 μm 的过滤膜进行过滤处理，随后，将过滤液放置于总有机碳分析仪进行测定[10, 11]。

3. 土壤碳矿化速率

土壤碳矿化速率采用室内培养、碱液吸收的方式来测定。称取 20 g 过 2 mm 筛子的土壤，置于广口瓶中，瓶内悬放有一个 10 mL 装有 0.2 mol/L NaOH 溶液的塑料杯，用于吸收土壤释放的 CO_2 气体，并且确保其处于密封的状态。在试验过程中，分别在培养的第 2 d、6 d、10 d、14 d、18 d 和 30 d 时取出烧杯，将其溶液完全冲洗入三角瓶中，然后加过量 1 mol/L 的 $BaCl_2$ 溶液及酚酞试剂，同时，用 0.11 mol/L 的 HCl 滴定至红色消失。每组做 3 次重复试验，并且设置空白对照组，根据 CO_2 的排放量来计算培养期内土壤有机碳的矿化速率[12]。

4. 田间土壤温室气体测定

取样方法为人工静态箱法。一般情况下，取样时段设置在晴朗天气中的 9:00～11:00，并以此时段的气体排放速率代表全天的气体平均通量，采气管由箱体顶部接入，每次取样分别在第 0 min、10 min、20 min、30 min 时利用气泵抽取约 200 mL 气体注入特制的集气袋中，并记录抽取气体时的土壤温度以及箱体内外温度。集气完成后待测气体通过气相色谱仪进行量测（岛津 GC-17A，日本），CO_2 及 CH_4 气体浓度采用氢火焰离子化检测器（FID）检测，N_2O 气体浓度采用热导检测器（ECD）检测。

温室气体的排放通量计算式为[13, 14]

$$F = \frac{dc}{dt} \cdot \frac{M}{V_0} \cdot \frac{P}{P_0} \cdot \frac{273}{273+T} \cdot H \tag{7-1}$$

式中，F 是温室气体排放通量，$\mu g/(m^2 \cdot h)$；dc/dt 为气体浓度变化率；M 为气体的摩尔质量（N_2O 气体为 44 g/mol，CO_2 气体为 44 g/mol，CH_4 气体为 16 g/mol）；V_0 为标准状态下的气体摩尔体积 22.4 L/mol；P_0 为标准大气压；P 为当地大气压强，本节中默认当地大气压强为标准大气压；T 为静态箱内的温度，℃；H 为箱体顶部到土体之间的距离，m。

温室气体的累积排放量计算公式为

$$R = \sum \left(F_{i+1} + F_i\right) / 2 \times \left(t_{i+1} - t_i\right) \times 24 \tag{7-2}$$

式中，R 为温室气体的累积排放量，kg/hm^2；F_i 为第 i 次取样时气体的排放通量，$\mu g/(m^2 \cdot h)$；t_i 是第 i 次取样时间，d。

全球增温潜势的计算公式为

$$GWP = R_{CO_2} + R_{CH_4} \times 25 + R_{N_2O} \times 298 \tag{7-3}$$

式中，R_{CO_2}、R_{CH_4}、R_{N_2O} 分别是 CO_2、CH_4、N_2O 气体的累积排放量。

5. 土壤酶（转化酶）活性测定

采用 3,5-二硝基水杨酸比色法进行测定。在绘制好标准曲线后，称量土壤样品 5 g，置于 50 mL 三角瓶中，注入 15 mL 8%的蔗糖溶液、5.0 mL 的 pH5.5 磷酸缓冲液和 5 滴甲苯。摇匀混合物后，放入恒温箱，在 37℃ 下培养 24 h，到时取出。6000 r/min 离心 10 min。取 1.0 mL 上清液（新鲜土样所吸取的上清液体积为 1.0 mL；风干土及保存 1 个月的土样所吸取的上清液体积为 0.5 mL）于 50 mL 比色管中，然后将待测样品放在分光光度计上于 508 nm 处进行比色测定[15, 16]。

二、土壤可溶性有机碳变化特征

在农田土壤生态系统中，微生物将土壤中的有机质分解，释放其中的养分，并且将一部分的 C 转化为稳定的土壤腐殖质，而另一部分则以 CO_2 的形式排放到大气中；该循环过程直接关系土壤中养分元素释放与供应、温室气体的形成。然而在此过程中，主要参与碳素循环的是土壤可溶性有机碳，其既可以在土壤全碳变化之间反映土壤微小的变化，又直接参与了土壤生物化学反应，是土壤中有效养分的储备库，在土壤肥力和植物营养中具有重要的作用。而在试验过程中，土壤受到冻融循环作用，土壤水热环境的演变影响了可溶性有机碳含量，不同处理条件土壤可溶性有机碳含量变化如图 7-3 所示。

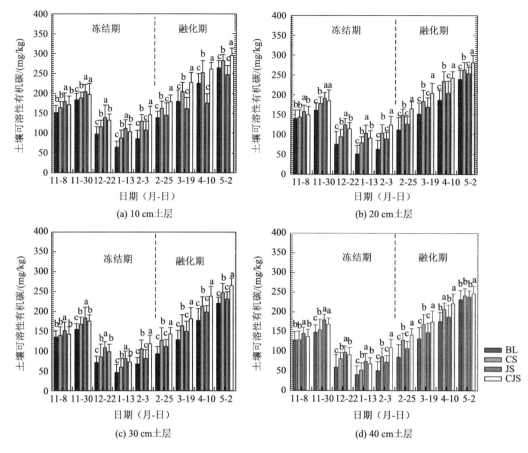

图 7-3　不同处理条件下土壤可溶性有机碳含量变化

在冻结初期，表层 10 cm 土层处，BL 处理条件下，土壤可溶性有机碳含量为 151.34 mg/kg。此时，在 CS、JS 和 CJS 处理条件下，土壤中可溶性有机碳的含量分别变为 164.21 mg/kg、179.63 mg/kg 和 171.46 mg/kg。随着生物炭以及秸秆的调控作用，土壤中可溶性有机碳的含量有所增加。在冻结初期时，其可溶性有机碳含量出现了一定的增加趋势，而后又逐渐降低；在冻结期末时，土壤中可溶性有机碳的含量达到了最低值。其中，BL 处理条件下，其可溶性有机碳的含量变为 64.34 mg/kg；在 CS、JS 和 CJS 处理条件下土壤中可溶性有机碳的含量分别相对于 BL 处理提升了 23.11 mg/kg、47.11 mg/kg 和 39.11 mg/kg。由此可知，土壤冻结过程中，JS 处理条件下土壤中可溶性有机碳含量提升最显著。

而在融化期，随着环境温度的提升，冻结土壤逐渐消融，土壤中的可溶性有机碳含量也在逐渐提升。在融化末期，BL 处理条件下，土壤中可溶性有机碳含量为 264.18 mg/kg；而在 CS、JS 和 CJS 处理条件下，其含量分别变为 282.16 mg/kg、246.97 mg/kg 和 295.45 mg/kg。由此可知，在 CJS 处理条件下，土壤中可溶性有机碳的含量提升效果最为显著。

同理，在 20 cm 土层处时，其整体变化趋势与表层 10 cm 土层处土壤可溶性有机碳含量的变化趋势一致。冻结初期，在 BL 处理条件下，土壤可溶性有机碳的含量为 140.75 mg/kg，其相对于表层 10 cm 土层处降低了 10.59 mg/kg。同理，在 CS、JS 和 CJS

处理条件下，土壤中可溶性有机碳的含量分别相对于表层 10 cm 土层处呈现出不同程度的降低，并且同样体现出在 JS 条件下，其含量提升最为显著。而在融化期，随着土壤温度的提升，该层位土壤可溶性有机碳的含量同样表现出增加的趋势。在融化期末期，BL处理条件下，其含量为 239.42 mg/kg；而在 CS、JS 和 CJS 处理条件下，土壤中可溶性有机碳的含量分别为 263.28 mg/kg、254.12 mg/kg 和 281.12 mg/kg，其相对于表层 10 cm 土层同样表现出不同程度的降低，并且在 CJS 处理条件下土壤中可溶性有机碳的含量提升最为显著。此外，在 30 cm 和 40 cm 土层处，其整体变化趋于与表层 10 cm 和 20 cm 一致，但是其含量水平相对于表层土壤呈依次降低的趋势。

三、土壤碳素矿化速率

在试验过程中，分别获取不同时期不同土层处土壤样品，采用室内恒温培养的方法测定土壤各个时间点的有机碳矿化速率，并且计算各个时间点有机碳矿化速率的平均值，在研究中将其作为野外大田该时期土壤有机碳的矿化速率。统计不同处理条件下土壤有机碳矿化速率变化特征，具体情况如图 7-4 所示。

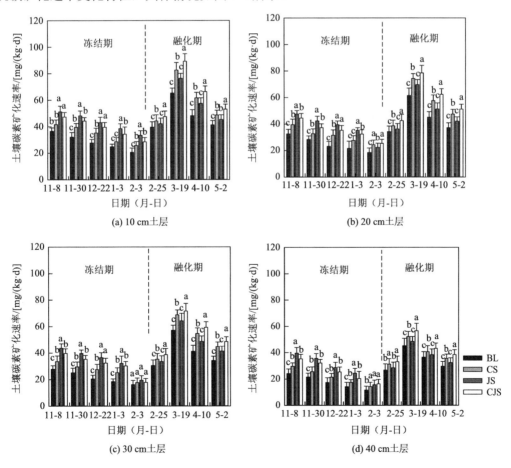

图 7-4　不同处理条件下土壤碳素矿化速率

在表层 10 cm 土层处,冻结初期,BL 处理条件下,土壤碳素矿化速率为 36.56 mg/(kg·d);并且在 CS、JS 和 CJS 处理条件下,土壤碳素矿化速率分别相对于 BL 处理提升了 5.10 mg/(kg·d)、14.67 mg/(kg·d)和 10.72 mg/(kg·d)。伴随着土壤的冻结,土壤水热含量水平的降低导致微生物大量死亡,并且其活性也随之降低,导致土壤的碳素矿化速率也显著降低。在冻结期末期时,BL 处理条件下,土壤碳素矿化速率降低为 20.58 mg/(kg·d);而在 CS、JS 和 CJS 处理条件下,土壤碳素矿化速率分别变为 25.67 mg/(kg·d)、33.48 mg/(kg·d)和 28.45 mg/(kg·d),并且在 JS 处理条件下土壤中碳素矿化速率相对较高。而在融化期内,随着环境温度的提升以及大气辐射的增强,土壤水热环境得以恢复,土壤中微生物数量及其活性显著增强,土壤碳素矿化速率大幅度提升,并且在融化中期时出现了最大值。其中,在 BL 处理条件下,土壤碳素矿化速率为 65.21 mg/(kg·d);而在 CS、JS 和 CJS 处理条件下,土壤碳素矿化速率分别相对于 BL 处理提升了 17.45 mg/(kg·d)、11.16 mg/(kg·d)和 24.13 mg/(kg·d),表明生物炭的调控作用有效地提升了土壤微生物的活性,并且在生物炭与秸秆的联合调控作用下,这种促进效果最为显著。而在融化末期,土壤碳素矿化速率又呈现出一定的降低趋势;比较四种不同调控处理条件下碳素矿化效果可知,在 CJS 处理条件下其矿化能力最为显著。

与此同时,进一步分析 20 cm 土层处土壤碳素的矿化速率变化过程。首先,在冻结初期时,土壤碳素矿化速率为 32.59 mg/(kg·d),其相对于表层 10 cm 土层处降低了 3.97 mg/(kg·d);而在 CS、JS 和 CJS 处理条件下,该土层处土壤碳素矿化速率分别相对于表层 10 cm 土层处降低了 2.14 mg/(kg·d)、3.71 mg/(kg·d)和 2.77 mg/(kg·d)。同样,在土壤冻结过程中,JS 处理条件下土壤碳素矿化速率最为显著。而在融化期内,20 cm 土层处土壤碳素矿化速率同样出现了一个波峰,在 BL 处理条件下土壤碳素矿化速率的最大值为 61.42 mg/(kg·d),其相对于表层 10 cm 土层降低了 3.79 mg/(kg·d);而在 CS、JS 和 CJS 处理条件下,其土壤碳素矿化速率分别为 74.28 mg/(kg·d)、69.58 mg/(kg·d)和 78.52 mg/(kg·d),其分别相对于表层 10 cm 土层处呈现出不同程度的降低趋势,并且在生物炭与秸秆联合调控作用下,土壤碳素矿化速率水平提升最为显著。此外,随着土层深度的增加,在 30 cm 和 40 cm 土层处,随土层深度的增加,土壤碳素矿化速率水平逐渐降低,其变化趋势与表层土壤均表现为一致效果。

第三节　冻融土壤碳排放通量特征

一、土壤 CO_2 气体排放通量变化

在农田土壤碳素循环系统中,土壤中 CO_2 的排放通量实际是土壤中生物代谢和生物化学过程等所有因素的综合产物,并且它是大气中重要的温室气体,其排放显著地影响着农田环境的变化。同时,土壤中 CO_2 产生的过程通常又称为"土壤呼吸",其强度主要取决于土壤中有机质的数量、矿化速率、土壤中微生物数量以及酶活性。在试验过程中,统计不同时期不同处理条件下土壤 CO_2 排放通量变化特征,具体情况如图 7-5 所示。

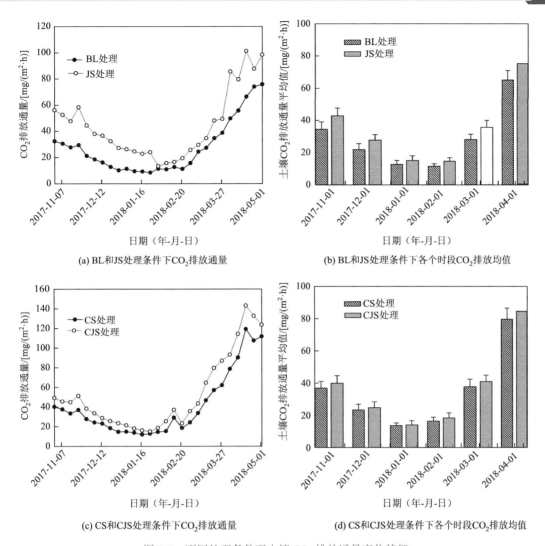

(a) BL和JS处理条件下CO₂排放通量

(b) BL和JS处理条件下各个时段CO₂排放均值

(c) CS和CJS处理条件下CO₂排放通量

(d) CS和CJS处理条件下各个时段CO₂排放均值

图 7-5　不同处理条件下土壤 CO_2 排放通量变化特征

分析图 7-5（a）和（c）可知，在冻结期内，各种处理条件下土壤 CO_2 排放通量呈现出逐渐降低的趋势，并且该时期排放通量的平均水平较低。首先，在 BL 处理条件下土壤 CO_2 的排放通量平均值为 18.22 mg/(m²·h)，由于冻结期土壤温度以及含水量状况相对较低，土壤中微生物大量死亡，并且残留的微生物活性相对较低，土壤 CO_2 排放通量的平均水平相对较低。而伴随着生物炭与秸秆的覆盖调控作用，土壤温度和水分含量有所提升，因此，其在一定程度上促进了土壤微生物的呼吸作用，提升了 CO_2 的排放通量，在 CS、JS 和 CJS 处理条件下，土壤 CO_2 排放通量的平均值分别相对于 BL 处理增加了 5.33 mg/(m²·h)、19.5 mg/(m²·h)和 13.447 mg/(m²·h)。由此可知，在 JS 处理条件下土壤 CO_2 排放通量最为显著。而在融化期，随着环境温度的提升，土壤水分和温度水平也呈现出上升的趋势，土壤中微生物的数量及活性增强，土壤中 CO_2 排放通量增大。具体比较分析可知，在融化期末期，BL 处理条件下土壤 CO_2 排放通量的最大值为 75.79 mg/(m^2·h)；而在 CS、JS 和 CJS 处理条件下，土壤 CO_2 排放通量最大值分别为 111.64 mg/(m^2·h)、98.34 mg/(m^2·h) 和 123.46 mg/(m^2·h)。由此可知，在融化期生物炭与秸秆的联合调控作用显著提升了土壤中微生物的活性，增强了其呼吸作用，因而导致环境中 CO_2 的排放有所提升。

　　与此同时，分析各个时段内土壤 CO_2 排放通量可知，在 11 月 1～22 日，BL 处理条件下，土壤 CO_2 排放的平均值为 34.45 mg/(m^2·h)；而在 JS 处理条件下，该时段土壤 CO_2 排放通量的平均值相对于 BL 处理增加了 8.47 mg/(m^2·h)。而随着时间的推移，在 2017 年 11 月 22 日～2018 年 2 月 21 日，JS 处理条件下土壤的 CO_2 排放均相对于 BL 处理有所提升；在 2 月 21 日～4 月 4 日，土壤融化过程中，JS 处理条件下土壤 CO_2 排放通量同样相对于 BL 处理有所增加，表明秸秆覆盖调控作用在整个冻融循环过程中均提升了土壤 CO_2 的排放效果。而比较分析 CS 与 CJS 处理条件下土壤 CO_2 排放效果可知，在 2017 年 11 月 1 日～2018 年 2 月 21 日，CS 处理条件下土壤 CO_2 排放的均值为 36.94 mg/(m^2·h)；而 CJS 处理条件 CO_2 排放的平均水平相对于 CS 处理提升了 3.01 mg/(m^2·h)。同理，随着时间的推移，在 2 月 21 日～4 月 4 日，CJS 处理条件下土壤 CO_2 排放通量的均值分别相对于 CS 处理呈现出不同程度的提升趋势。整体比较分析四种不同处理条件地块各个时段土壤 CO_2 的排放效果可知，在冻结期，JS 处理条件下土壤 CO_2 排放通量较大；而在融化期，CJS 处理条件下土壤 CO_2 的排放通量较大。

二、土壤 CO_2 累积排放量

　　在上述不同处理条件下土壤 CO_2 排放通量特征分析的基础之上，进一步统计土壤 CO_2 的累积排放量，各个时段内土壤 CO_2 累积排放量如图 7-6 所示。首先，分析 CO_2 排放累积值的整体变化趋势：在冻结期，各种处理条件下气体排放累积值呈现出平缓的递增趋势；而在融化期，随着环境温度的提升，气体排放通量的累积值表现出显著增加趋势，整体表现出 "S" 形变化趋势。

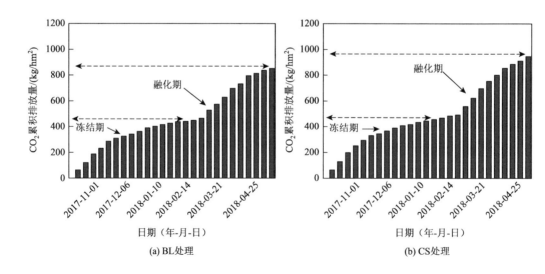

(a) BL处理　　　　　　　　　　　　(b) CS处理

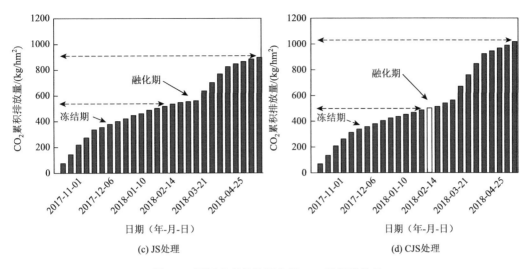

(c) JS处理 (d) CJS处理

图 7-6 不同处理条件下土壤 CO_2 累积排放量

比较不同处理条件下土壤 CO_2 排放差异效果可知，在 BL 处理条件下，冻结期，土壤 CO_2 排放通量的累积值为 431.61 kg/hm^2；而伴随着生物炭与秸秆的覆盖，在 CS、JS 和 CJS 处理条件下，土壤中 CO_2 的累积排放量分别为 435.27 kg/hm^2、479.16 kg/hm^2 和 449.13 kg/hm^2。由此可知，在 JS 处理条件下，土壤 CO_2 的累积排放量最大。在此过程中由于土壤冻结程度较大，大量微生物死亡，并且残留土壤中微生物及酶活性水平较低，该时期生物炭对土壤中微生物活性的调节效果不显著，而秸秆的覆盖作用在一定程度上保持了土壤温度，提升了微生物的活性，因此该处理条件下土壤 CO_2 的排放总量有所提升。而在融化期，随着土壤水热状况的提升，土壤中微生物及酶的活性也显著增加，而此时不同调控措施改善着土壤的生态效应和微生物及酶的作用效果。具体比较可知，CJS 处理条下土壤 CO_2 的累积量分别相比 BL、CS 和 JS 处理增加了 126.05 kg/hm^2、30.73 kg/hm^2 和 81.84 kg/hm^2，表明融化期内生物炭与秸秆的联合调控作用增加了土壤 CO_2 的排放效应。

三、土壤 CH_4 气体排放通量变化

在农田土壤生态系统中，土壤中产甲烷菌在严格厌氧环境中氧化有机物的过程中产生 CH_4 气体，即使在季节性冻土区，土壤冻结条件下产甲烷菌仍然会产生一定量的 CH_4 气体，而低温条件下土壤中 CH_4 的产生量有所降低。另外，土壤中的甲烷菌在通气性良好的土壤中会消耗大量的 CH_4，因此通气性良好的土壤也是陆地生态系统中重要的 CH_4 汇，而不同的覆盖调控作用在一定程度上调节了气体的排放过程。因此，试验中测量了土壤中 CH_4 的排放通量，具体情况如图 7-7 所示。

分析图 7-7（a）和（c）可知，在冻结期，各种处理条件下土壤的 CH_4 排放通量表现为负值，表明该时期土壤对 CH_4 呈现吸收的状态；而在融化期，CH_4 的排放通量表现为正值，该时期土壤对 CH_4 呈现出排放状态。具体比较不同处理条件下土壤 CH_4 排放通量可知，在冻结初期 BL 处理条件下，土壤 CH_4 排放通量为 -42.35 μg/(m^2·h)；而

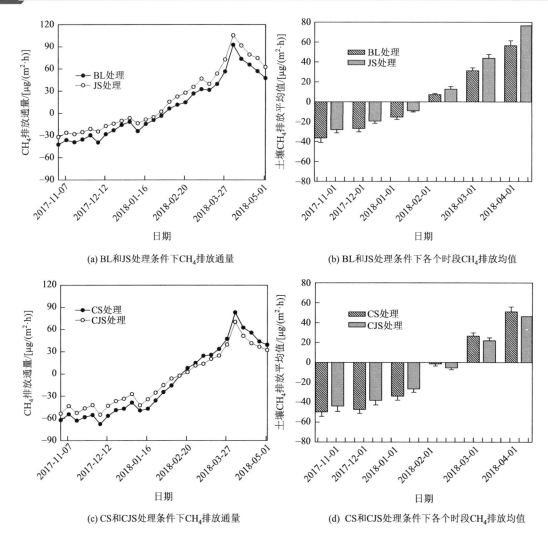

图 7-7 不同处理条件下土壤 CH_4 排放通量变化特征

在 CS、JS 和 CJS 处理条件下,土壤中 CH_4 的排放通量分别变为 $-62.46\ \mu g/(m^2 \cdot h)$、$-32.16\ \mu g/(m^2 \cdot h)$ 和 $-53.68\ \mu g/(m^2 \cdot h)$;CS 处理条件下土壤对于 CH_4 的吸收能力较强,其次为 CJS 处理,JS 处理条件下吸收能力最弱,表明生物炭的覆盖调控作用有效促进了 CH_4 的汇,而秸秆的覆盖调控作用则抑制了吸收效果。而随着环境温度的降低,土壤冻结过程减弱了土壤对于 CH_4 的吸收;在冻结末期,BL 处理条件下土壤 CH_4 排放通量为 $-9.34\ \mu g/(m^2 \cdot h)$;在 CS 和 CJS 处理条件下,土壤 CH_4 吸收通量分别相对于 BL 处理增加了 $26.85\ \mu g/(m^2 \cdot h)$ 和 $16.08\ \mu g/(m^2 \cdot h)$;在 JS 处理条件下,土壤 CH_4 的吸收通量相对于 BL 处理降低了 $4.05\ \mu g/(m^2 \cdot h)$。体现出在生物炭调控处理下,土壤对于 CH_4 的吸收能力显著。

而在融化期内,随着土壤环境温度的提升,土壤中的固态冰转化为液态水,同时土壤表面的积雪融化入渗,导致土壤中的空隙被填充,土壤中的氧气含量降低,此时土壤中 CH_4 表现为排放状态;并且在融化中期,土壤中的 CH_4 的排放量出现了变化峰值,而后又出现了降低趋势。具体比较分析可知，在 BL 处理条件下，土壤 CH₄ 排放的最大值为 92.64 µg/(m²·h)；而在 CS、JS 和 CJS 处理条件下，土壤中 CH₄ 分别变为 83.19 µg/(m²·h)、105.33 µg/(m²·h) 和 70.46 µg/(m²·h)。由此可知秸秆覆盖处理条件下，JS 处理条件下土壤的 CH₄ 排放通量最为显著；而 CJS 处理条件下气体的排放能力最弱。而在融化末期，同样表现出在生物炭与秸秆的联合调控作用下，土壤中 CH₄ 气体的排放效果最为微弱。

同理，在上述分析土壤 CH₄ 排放过程的基础之上，进一步统计各个时段土壤 CH₄ 排放的平均状况。在 11 月 1 日～11 月 22 日，BL 处理条件下，土壤 CH₄ 排放的平均值为 −36.38 µg/(m²·h)；在 JS 处理条件下，该时段土壤对 CH₄ 吸收通量的平均值相对于 BL 处理降低了 8.24 µg/(m²·h)；并且随着时段的推移，在 2017 年 11 月 22 日～2018 年 2 月 21 日，JS 处理条件下土壤对 CH₄ 吸收的平均值均相对于 BL 处理有所降低；而在 2 月 21 日～4 月 4 日，BL 处理条件下的 CH₄ 排放量显著增加，而此时 JS 处理条件下土壤 CH₄ 的排放通量平均值相对于 BL 处理有所增加。而比较分析 CS 和 CJS 处理条件下土壤 CH₄ 在各个时段的排放均值可知，在 2017 年 11 月 1 日～2018 年 2 月 21 日，CJS 处理条件下土壤各个时段内对 CH₄ 的吸收值均相对于 CS 处理呈现出一定程度的降低；而在融化期，CJS 处理又抑制了 CH₄ 的排放。

四、土壤 CH₄ 累积排放量

在上述不同处理条件下土壤 CH₄ 通量特征分析的基础之上，进一步统计土壤 CH₄ 的累积排放量，各个时段内土壤 CH₄ 累积排放量如图 7-8 所示。整体分析其变化趋势可知，在冻结期，各种处理条件下土壤 CH₄ 累积排放通量表现为负增长的趋势；而在融化期，随着环境温度的提升，土壤中 CH₄ 累积排放通量呈现出回升趋势。

具体比较分析可知，冻结期，在 BL 处理条件下，土壤 CH₄ 累积吸收量为 598.75 kg/hm²；而在 CS、JS 和 CJS 处理条件下，土壤对 CH₄ 的累积吸收量分别为 672.34 kg/hm²、579.64 kg/hm² 和 627.58 kg/hm²。由此可知，在 CS 处理条件下，土壤对 CH₄ 的累积吸收

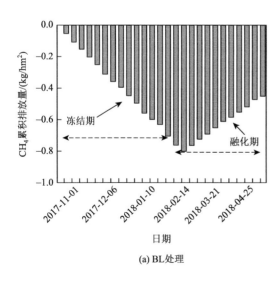

(a) BL处理

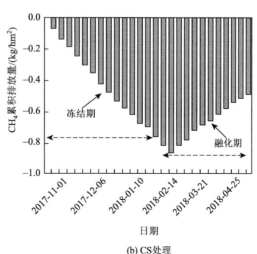

(b) CS处理

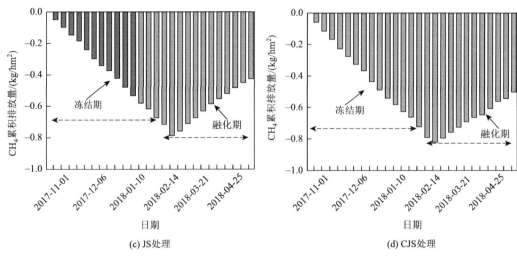

图 7-8　不同处理条件下土壤 CH_4 累积排放量

量最大。在此过程中，由于生物炭的调控作用增大了土壤的孔隙结构，土壤的通透性增强，氧气含量提升，抑制了土壤中产甲烷菌的活性，因此土壤对 CH_4 表现为吸收作用。并且随着生物炭施加量的增多，土壤对于 CH_4 的吸收效果越为显著。而在融化期，随着土壤水热状况的提升，土壤中的孔隙被融雪水大量填充，土壤处于缺氧状态，CH_4 的排放通量显著增加。截至融化末期时，BL 处理条件下土壤 CH_4 的累积排放量为 $-451.29\ kg/hm^2$；而在 CS、JS 和 CJS 处理条件下，土壤 CH_4 的累积排放量分别为 $-486.69\ kg/hm^2$、$-425.61\ kg/hm^2$ 和 $-502.15\ kg/hm^2$，累积值整体仍表现为吸收的状态；但是在 CJS 和 CS 处理条件下，土壤对于 CH_4 的吸收效果较为显著。

五、土壤 N_2O、CO_2 和 CH_4 气体排放综合温室效应

目前普遍采用全球增温潜势来衡量农田净温室效应，以 CO_2、CH_4 和 N_2O 三种气体净交换量的 CO_2 当量的代数和来计算。由于单位质量的 CH_4 和 N_2O 在百年时间尺度全球增温潜势分别是 CO_2 的 25 倍和 298 倍，因此净温室效应可以表示为

$$净温室效应 = R_{CO_2} + R_{CH_4} \times 25 + R_{N_2O} \times 298$$

式中，R_{CO_2}、R_{CH_4}、R_{N_2O} 分别指 CO_2、CH_4、N_2O 累积排放量，kg/hm^2。

在试验过程中，测算了土壤冻结期与融化期内 CH_4 和 N_2O 气体的温室效应，并且最终核算了不同处理条件下冻融循环过程中净温室效应，具体情况如表 7-1 所示。

表 7-1　不同覆盖处理条件下土壤气体排放温室效应　（单位：$kg\ CO_2/hm^2$）

处理	冻结期			融化期			冻融期净温室效应
	CH_4 温室效应	N_2O 温室效应	总温室效应	CH_4 温室效应	N_2O 温室效应	总温室效应	
BL	−14.97	58.41	475.05	4.87	239.76	708.21	1183.26
CS	−18.81	63.17	479.63	4.62	169.13	675.99	1155.62
JS	−12.49	79.29	545.96	5.64	181.81	676.19	1222.15
CJS	−17.69	65.14	494.58	4.13	131.55	648.79	1143.37

具体比较分析可知，在冻结期，BL 处理条件下 CH_4 的温室效应为 –14.97 kg CO_2/hm^2，N_2O 的温室效应为 58.41 kg CO_2/hm^2，土壤总温室效应为 475.05 kg CO_2/hm^2；而在 CS、JS 和 CJS 处理条件下，土壤的总温室效应分别相对于 BL 处理增加了 4.58 kg CO_2/hm^2、70.91 kg CO_2/hm^2 和 19.53 kg CO_2/hm^2。而在融化期，BL 处理条件下，土壤 N_2O 气体温室效应为 239.76 kg CO_2/hm^2；在 CS、JS 和 CJS 处理条件下，土壤 N_2O 气体温室效应分别为 169.13 kg CO_2/hm^2、181.81 kg CO_2/hm^2 和 131.55 kg CO_2/hm^2。由此可知，融化期 JS 处理条件下土壤 N_2O 气体温室效应较为显著。进而整体分析冻融期土壤净温室效应可以发现，在 JS 处理条件下土壤净温室效应值为 1222.15 kg CO_2/hm^2，其相对于 BL、CS 和 CJS 处理呈现出不同程度的提升趋势；并且在 CJS 处理条件下，土壤净温室效应最为微弱。

第四节　冻融土壤 CO_2 排放关键性影响因素分析

一、土壤 CO_2 排放对温度的响应效果

在试验过程中，土壤中 CO_2 的排放主要取决于土壤的呼吸作用，包括自养呼吸和异养呼吸作用。其中，自养呼吸主要取决于总初级生产力的变化，而异养呼吸主要受环境温度、湿度以及酶活性的影响[17, 18]。在土壤冻结过程中，土壤地上部生物量以及生产力有所降低，并且土壤中微生物的异养呼吸能力减弱[19]，因此土壤中 CO_2 的排放通量在冻结过程中呈现出下降趋势。具体比较分析不同处理条件下土壤 CO_2 排放通量与土壤温度之间的关系曲线（图 7-9）可知，在整个冻结期，随着环境温度的降低，土壤 CO_2 的排放通量与土壤温度之间呈现出线性递减的趋势；并且在冻结末期，由于土壤温度水平相对较低，此时土壤的呼吸作用也变得极其微弱。然而比较不同处理条件下土壤温度与 CO_2 排放通量之间的相关关系可知，表层 10 cm 土层处，在 BL 处理条件下，二者关系曲线的拟合精度（R^2）值为 0.933；而伴随着生物炭与秸秆的覆盖调控作用，土壤环境温度有所提升，其在一定程度上促进了土壤的呼吸作用，因此在 CS、JS 和 CJS 处理条件下，土壤温度与 CO_2 排放通量之间的关系曲线的拟合精度分别变为 0.947、0.978 和 0.964，分别相对于 BL 处理呈现出了不同程度的提升趋势。

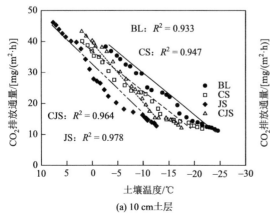

(a) 10 cm土层

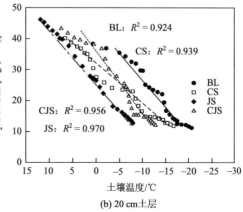

(b) 20 cm土层

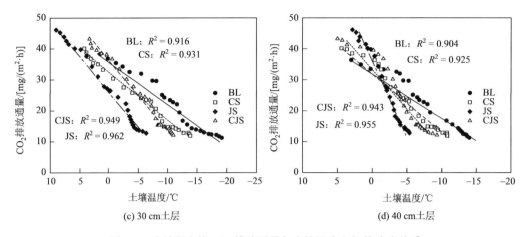

图 7-9 冻结期土壤 CO_2 排放通量与土壤温度之间的响应关系

与此同时，分析图 7-10 可知，在融化期，随着环境温度的回升，冻结土壤逐渐融解，土壤中微生物数量及其活性显著提升。另外，地上部分的生物量水平也逐渐提升。适宜的土壤水热环境以及充足的物料提供，极大促进了土壤 CO_2 的排放。整体分析不同处理条件

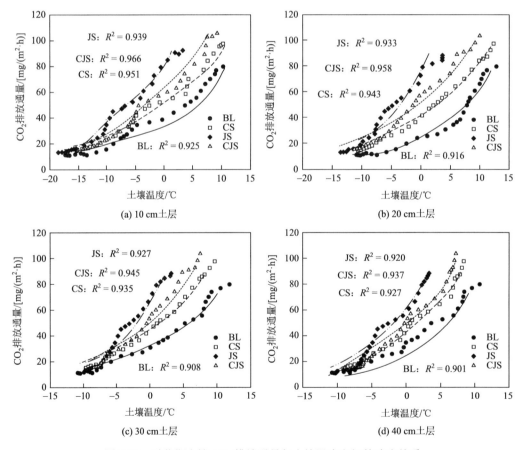

图 7-10 融化期土壤 CO_2 排放通量与土壤温度之间的响应关系

下土壤温度与 CO_2 排放通量之间的变化关系曲线可知，在–20～0℃温度变化区间内，随着土壤温度的提升，土壤 CO_2 排放通量的提升速度缓慢；而当土壤温度大于 0℃时，土壤中 CO_2 的排放通量呈现出显著的指数增长趋势。具体比较分析不同处理条件下土壤温度与 CO_2 排放通量关系曲线的拟合效果可知，表层 10 cm 土层处，在 BL 处理条件下，二者之间关系曲线的拟合精度为 0.925，并且随着环境温度的提升，土壤 CO_2 排放水平相对其他处理条件较低；而在 CS、JS 和 CJS 处理条件下，土壤温度与 CO_2 排放通量之间关系曲线的拟合精度分别为 0.951、0.939 和 0.966。由此可知，在生物炭与秸秆的联合调控作用下土壤中 CO_2 排放响应最为显著。同理，随着土层深度的增加，二者之间的关系曲线拟合精度与表层趋于一致，但是其整体水平相对于表层有所降低。

在此基础之上，进一步构建不同处理条件下土壤温度与 CO_2 排放通量之间的响应函数，具体情况如表 7-2 所示。在冻结期，土壤温度变化与 CO_2 排放通量之间呈现出线性函数关系，具体分析不同处理条件下土壤温度与 CO_2 通量之间的相关关系可知：在 BL 处理条件下表层 10 cm 土层处，土壤温度与 CO_2 排放通量之间的 Pearson 相关系数为 0.968；而在 CS、JS 和 CJS 处理条件下，二者之间的相关系数分别相对于 BL 处理增加了 0.007、0.025 和 0.018。这表明冻结期秸秆覆盖处理增加了土壤温度与 CO_2 排放通量之间的相关性，正如闫翠萍等[20]的研究发现，即在小麦-玉米轮作田中，施加秸秆覆盖提升了土壤中 CO_2 的排放通量，增加了土壤的综合增温潜势。此外，分析拟合函数的实测值与模拟值之间的相对误差可知，在 BL 处理条件下 Re 值为 2.89%；而在 CS、JS 和 CJS 处理条件下，响应函数模拟值与实测值之间的相对误差分别相对于 BL 处理有所降低，表明二者的函数构建精度逐渐提升，土壤温度与 CO_2 排放通量之间的响应关系增强。

表 7-2　CO_2 排放通量与土壤温度的响应函数

土层深度/cm	处理方式	冻结期			融化期		
		响应函数	Re/%	r	响应函数	Re/%	r
10	BL	$y = 1.28x + 41.01$	2.89	0.968	$y = 48.95e^{0.057x} - 8.37$	3.67	0.949
	CS	$y = 1.23x + 35.62$	2.56	0.975	$y = 78.39e^{0.043x} - 25.75$	2.82	0.963
	JS	$y = 1.67x + 31.71$	1.67	0.993	$y = 134.82e^{0.038x} - 57.12$	3.29	0.953
	CJS	$y = 0.81x + 30.89$	1.96	0.986	$y = 104.51e^{0.041x} - 45.41$	2.13	0.971
20	BL	$y = 1.57x + 42.36$	3.23	0.962	$y = 15.77e^{0.128x} + 6.68$	3.85	0.942
	CS	$y = 1.26x + 30.96$	2.87	0.971	$y = 72.07e^{0.046x} - 30.41$	3.16	0.957
	JS	$y = 1.76x + 26.09$	2.05	0.988	$y = 42.35e^{0.011x} - 36.48$	3.59	0.946
	CJS	$y = 1.74x + 33.75$	2.46	0.981	$y = 169.69e^{0.025x} - 114.98$	2.57	0.966
30	BL	$y = 1.48x + 37.97$	3.79	0.958	$y = 38.78e^{0.072x} - 7.29$	4.17	0.936
	CS	$y = 1.54x + 32.19$	3.35	0.964	$y = 65.21e^{0.062x} - 20.99$	3.34	0.953
	JS	$y = 2.32x + 26.58$	2.44	0.982	$y = 299.37e^{0.027x} - 230.89$	3.86	0.942
	CJS	$y = 2.18x + 36.17$	2.86	0.975	$y = 130.81e^{0.042x} - 77.46$	2.96	0.962

土层深度/cm	处理方式	冻结期			融化期		
		响应函数	Re/%	r	响应函数	Re/%	r
40	BL	$y = 1.65x + 34.87$	4.17	0.952	$y = 43.47e^{0.071x} - 10.41$	4.61	0.931
	CS	$y = 2.08x + 33.67$	3.75	0.959	$y = 61.28e^{0.070x} - 17.92$	4.03	0.949
	JS	$y = 4.55x + 35.94$	3.16	0.976	$y = 376.79e^{0.017x} - 313.52$	4.45	0.937
	CJS	$y = 3.65x + 34.89$	3.57	0.968	$y = 112.34e^{0.041x} - 64.02$	3.86	0.957

　　而在融化期，随着环境温度的提升，土壤中 CO_2 的排放通量呈现出指数型递增趋势。具体比较分析不同处理条件下土壤温度与 CO_2 排放通量之间的相关关系可知：在 BL 处理条件下，二者之间的 Pearson 相关系数为 0.949；而在 CS、JS 和 CJS 处理条件下，伴随着生物炭与秸秆的覆盖调控作用，土壤温度与 CO_2 排放通量之间的相关系数分别变为 0.963、0.953 和 0.971，表明在生物炭与秸秆的联合调控作用下，土壤温度的提升对于 CO_2 的排放通量促进效果最为显著。正如陈静等[21]提出的，农田土壤中生物炭与秸秆的联合覆盖提升了土壤水热状况及环境效应，土壤中的 CO_2 排放量相对于单纯施加生物炭调控处理有所增加。与此同时，随着响应函数拟合精度的提升，其拟合值与实测值之间的相对误差逐渐降低。

　　综上分析可知，在土壤冻融循环过程中，土壤温度与 CO_2 的排放通量之间具有显著的关系；并且在冻结过程中，随着土壤温度的降低，土壤 CO_2 的排放通量逐渐下降，此时 JS 处理显著提升了二者之间的协同效应关系。而在融化期内，生物炭以及秸秆的调控作用提升了土壤微生物的活性，增加了 CO_2 的排放；并且在 CJS 处理条件下，土壤 CO_2 的排放通量与土壤温度之间的相关系数最高。

二、土壤 CO_2 排放对含水量的响应效果

　　在农田土壤碳素循环过程中，土壤含水量的变化直接或者间接地影响着微生物的组成、活性以及土壤中酶的活性，从而改变着土壤中有机质的分解和土壤的呼吸作用，进而影响着土壤中 CO_2 的排放通量[22, 23]。在试验中，绘制冻结期土壤含水量与 CO_2 排放通量之间的关系曲线，如图 7-11 所示。在土壤冻结过程中，土壤中的液态水逐渐转化为固态冰，土壤中微生物以及酶的活性显著降低。具体分析可知：在 10 cm 土层处含水量为15%～25%时，土壤 CO_2 排放通量的降低趋势相对缓慢；而当土壤含水量小于 15%时，土壤中 CO_2 的排放通量呈现出骤然下降的趋势。而具体比较分析不同处理条件下土壤含水量与 CO_2 排放通量之间关系曲线的拟合精度可知，在 BL 处理条件下，二者之间关系曲线的决定系数为 0.937；随着生物炭与秸秆的覆盖调控作用，在 CS、JS 和 CJS 处理条件下，土壤含水量与 CO_2 排放通量之间的决定系数分别为 0.951、0.986 和 0.972，并且在秸秆覆盖处理条件下，二者之间的关系曲线的拟合精度最高。另外，分析不同处理条件下土壤 CO_2 排放通量的变化转折点可知，在生物炭和秸秆覆盖调控作用下，转折点所对应的含水量水平在逐渐提升。此外，随着土层深度的增加，在 20 cm、30 cm 和 40 cm 土

层处，土壤含水量与 CO_2 排放通量之间关系曲线的拟合精度整体趋势有所降低，但仍然表现出在 JS 处理条件下其拟合效果最优。

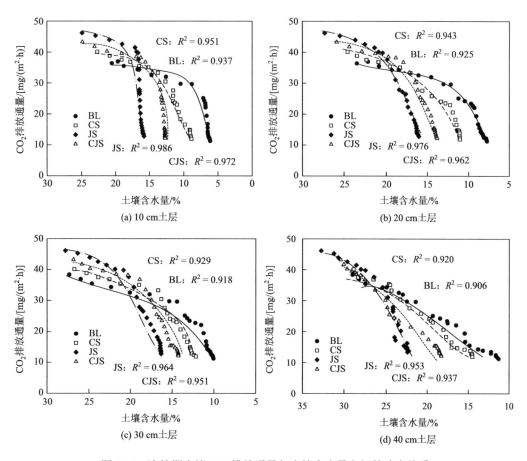

图 7-11　冻结期土壤 CO_2 排放通量与土壤含水量之间的响应关系

在融化期，随着环境温度的提升，冻结土壤中的冰体转化为液态水，土壤中的微生物以及酶活性显著提升，土壤中 CO_2 的排放通量呈提升的趋势。具体分析图 7-12 可知，在融化初期，随着土壤中液态含水量的提升，在含水量为 5%～20% 时，CO_2 的排放通量显著提升；而当含水量水平大于 20% 时，CO_2 的排放通量变化过程缓慢。具体比较不同处理条件下土壤 10 cm 含水量与 CO_2 排放通量之间关系曲线的拟合精度可知：在 BL 处理条件下，土壤含水量与 CO_2 排放通量之间关系曲线的决定系数为 0.901；而在 CS、JS 和 CJS 处理条件下，二者之间关系曲线的决定系数分别变为 0.927、0.908 和 0.943，在生物炭与秸秆的覆盖调控作用下，随着土壤含水量的提升，土壤 CO_2 的排放通量水平逐渐上升。

在上述土壤含水量与 CO_2 排放通量关系曲线变异规律分析的基础之上，进一步构建土壤含水量与 CO_2 排放通量之间的响应函数，并且探究了不同处理条件下土壤含水量与 CO_2 排放通量之间的相关关系，具体情况如表 7-3 所示。表层 10 cm 土层处，在 BL 处理

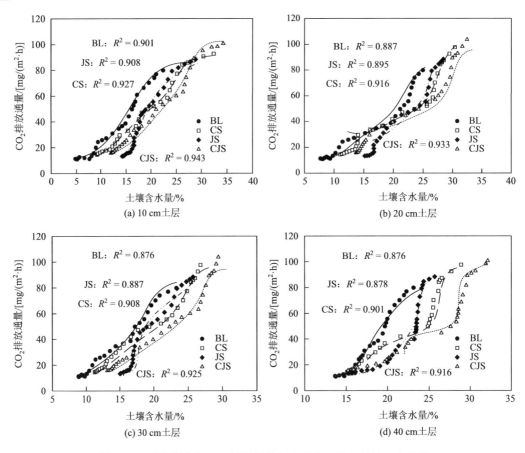

图 7-12　融化期土壤 CO_2 排放通量与土壤含水量之间的响应关系

条件下，土壤含水量与 CO_2 排放通量之间的 Pearson 相关系数为 0.968；而在 CS、JS 和 CJS 处理条件下，土壤含水量与 CO_2 排放通量之间的相关系数分别变为 0.975、0.993 和 0.986，由此可知在冻结期，JS 处理条件下二者之间相关性最为显著。张宇等[24]的研究也表明，不同耕作措施下农田土壤 CO_2 的排放通量具有明显的季节性规律，并且土壤 CO_2 的排放通量与土壤含水量之间具有显著的相关性。同时，随着土层深度的增加，在 20 cm、30 cm 和 40 cm 土层处，土壤含水量与 CO_2 排放通量之间的相关关系逐渐减弱。分析响应函数模拟值与实测之间的相对误差可知：在表层 10 cm 土层处，BL 处理条件下的相对误差为 2.15%；而在 CS、JS 和 CJS 处理条件下，响应函数模拟值与实测值之间的相对误差分别变为 1.97%、1.37% 和 1.62%；在秸秆覆盖处理条件下响应函数的模拟效果最优。

表 7-3　CO_2 排放通量与土壤含水量的响应函数

土层深度/cm	处理方式	冻结期			融化期		
		响应函数	Re/%	r	响应函数	Re/%	r
10	BL	$y = -195.88 + 232.64(1 - e^{-0.157x})$	2.15	0.968	$y = -35.43 + 33.21e^{0.057x}$	5.13	0.949
	CS	$y = -177.54 + 218.58(1 - e^{-0.228x})$	1.97	0.975	$y = -329.63 + 311.48e^{0.011x}$	4.67	0.963

续表

土层深度/cm	处理方式	冻结期			融化期		
		响应函数	Re/%	r	响应函数	Re/%	r
10	JS	$y=-114.79+156.97(1-e^{-0.239x})$	1.37	0.993	$y=-216.67+197.33e^{0.015x}$	4.89	0.953
	CJS	$y=-134.88+189.22(1-e^{-0.477x})$	1.62	0.986	$y=-345.54+319.67e^{0.093x}$	4.34	0.971
20	BL	$y=-118.57+156.43(1-e^{-0.357x})$	3.03	0.962	$y=3.29+3.64e^{0.122x}$	5.68	0.942
	CS	$y=-218.66+238.59(1-e^{-0.417x})$	2.79	0.971	$y=6.21+3.51e^{0.108x}$	4.93	0.957
	JS	$y=-169.55+204.87(1-e^{-0.226x})$	1.86	0.988	$y=-37.37+18.23e^{0.068x}$	5.37	0.946
	CJS	$y=-134.65+183.26(1-e^{-0.413x})$	2.52	0.981	$y=7.04+3.26e^{0.104x}$	4.69	0.966
30	BL	$y=-212.84+245.67(1-e^{-0.217x})$	3.45	0.958	$y=-24.68+17.01e^{0.084x}$	6.11	0.936
	CS	$y=-337.61+387.96(1-e^{-0.338x})$	3.05	0.964	$y=-36.87+28.03e^{0.057x}$	5.52	0.953
	JS	$y=-197.87+256.37(1-e^{-0.295x})$	2.63	0.982	$y=-218.74+209.37e^{0.053x}$	5.86	0.942
	CJS	$y=-232.98+277.37(1-e^{-0.287x})$	2.91	0.975	$y=0.79+4.35e^{0.105x}$	4.91	0.962
40	BL	$y=-184.63+231.57(1-e^{-0.653x})$	4.12	0.952	$y=-68.71+27.58e^{0.074x}$	8.36	0.931
	CS	$y=-179.23+216.59(1-e^{-0.472x})$	3.67	0.959	$y=-2.52+2.83e^{0.125x}$	7.35	0.949
	JS	$y=-246.58+289.96(1-e^{-0.393x})$	2.96	0.976	$y=6.78+0.054e^{0.291x}$	7.59	0.937
	CJS	$y=-237.84+283.79(1-e^{-0.384x})$	3.49	0.968	$y=22.51+0.027e^{0.422x}$	7.03	0.957

在融化期内，土壤含水量与 CO_2 排放通量之间的响应函数整体符合 $y=y_0+ax^b$。在表层 10 cm 土层处，土壤含水量与 CO_2 排放通量之间的 Pearson 相关系数为 0.949；而在 CS、JS 和 CJS 处理条件下，土壤含水量与 CO_2 排放通量之间的相关性分别变为 0.963、0.953 和 0.971。随着生物炭与秸秆的覆盖调控作用增强，土壤对水分的固持能力增强，土壤含水量显著提升，并且在 CJS 处理条件下，土壤含水量与 CO_2 排放通量之间的相关关系最为显著。正如刘芳婷等[25]的研究结论：对土壤进行灌水处理能够提升 CO_2 的排放通量，而当含水量提升到一定水平时，土壤 CO_2 的排放通量趋于稳定，甚至呈下降的趋势。另外，随着土壤含水量与 CO_2 的响应关系的提升，CO_2 排放通量与土壤含水量之间响应函数模拟值与实测值之间的相对误差逐渐降低。

综上分析，土壤冻结过程中，随着土壤中液态水的相变，土壤含水量逐渐降低，CO_2 的排放通量逐渐降低；秸秆的覆盖调控作用有效提升了土壤液态水含量，调节了土壤中微生物及酶的活性，进而提升了土壤 CO_2 的排放通量，增强了二者之间的相关关系。而在融化期，随着固态冰的融化，土壤含水量显著提升，土壤呼吸能力增强，CO_2 的排放通量增大；而此时秸秆与生物炭的协同覆盖作用最有效提升了土壤的呼吸效果，增强了土壤含水量与 CO_2 排放通量之间的相关关系。

三、土壤 CO_2 排放对可溶性有机碳含量的响应效果

在土壤冻融循环过程中，随着土壤中水分和温度的降低，土壤中可溶性有机碳的

含量呈现出逐渐降低的趋势。在农田土壤生态系统中,土壤中可溶性有机碳为最活跃的碳源,其易受土壤中如微生物生物体和残余物分解、土壤湿度和温度季节变化以及土壤管理措施的影响[26, 27]。而在土壤冻结过程中,随着环境温度的降低,土壤中可溶性有机碳的含量呈现出降低的趋势,导致土壤中可供给性的碳源减少,土壤中 CO_2 的排放通量也呈现出减弱的趋势。在试验过程中,土壤可溶性有机碳含量变化与 CO_2 排放通量之间关系曲线如图 7-13 所示。分析可知:随着土壤中可溶性有机碳含量的降低,土壤 CO_2 排放通量呈现出快速降低的趋势,而当可溶性有机碳含量降低到一定水平时,土壤 CO_2 排放通量变化趋势也趋于平缓。具体比较不同处理条件下土壤可溶性有机碳与 CO_2 排放通量关系曲线的拟合效果可知,在 10 cm 土层处 BL 处理条件下二者之间关系曲线的拟合精度(R^2)为 0.916;而在 CS、JS 和 CJS 处理条件下,二者之间关系曲线的拟合精度分别为 0.924、0.931 和 0.945,表现出在 CJS 覆盖处理条件下,二者关系曲线的拟合精度较高。

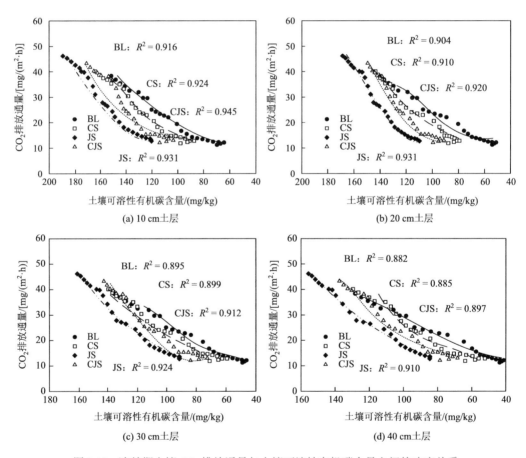

图 7-13　冻结期土壤 CO_2 排放通量与土壤可溶性有机碳含量之间的响应关系

在融化期,伴随着土壤的融化,其水热状况回升,土壤中的可溶性有机碳含量呈显著的提升趋势。分析图 7-14 可知,在融化初期,随着土壤中可溶性有机碳含量的增加,土壤 CO_2

排放通量增加的速度相对缓慢；而在融化末期，土壤中 CO_2 排放通量提升速率快速提升。不同的调控模式之间，土壤 CO_2 的排放通量水平、土壤可溶性有机碳含量以及二者之间关系曲线的拟合效果也存在着一定的差异。在表层 10 cm 土层处，BL 处理条件下，土壤可溶性有机碳含量水平相对较低；而在 CJS 处理条件下，土壤的可溶性有机碳含量高。比较分析不同处理条件下土壤 CO_2 的排放通量可知：在 BL 处理条件下，CO_2 的排放通量整体水平较低；而在 CS、JS 和 CJS 处理条件下，其排放能力逐渐提升；并且 4 种处理条件下 CO_2 排放量从大到小依次为：CJS＞CS＞JS＞BL。比较分析不同处理条件下土壤 CO_2 的排放通量与土壤可溶性有机碳含量之间关系曲线的拟合精度可知：在 BL 处理条件下，土壤 CO_2 的排放通量与可溶性有机碳含量之间关系曲线的拟合精度（R^2）为 0.899；而在 CS、JS 和 CJS 处理条件下，二者之间关系曲线的拟合精度分别为 0.925、0.914 和 0.933。这表明伴随着生物炭与秸秆的调控作用，土壤中可溶性有机碳含量与 CO_2 的排放通量拟合精度提高。与此同时，随着土层深度的增加，在 20 cm、30 cm 和 40 cm 土层处，在不同覆盖模式调控作用下，土壤中可溶性有机碳含量与 CO_2 的排放通量之间关系曲线的拟合精度与表层 10 cm 变化规律一致。

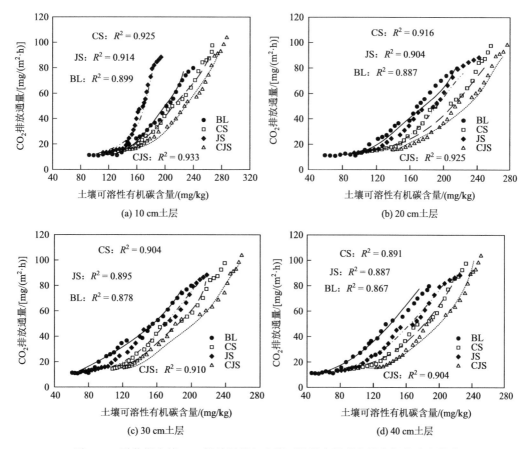

图 7-14　融化期土壤 CO_2 排放通量与土壤可溶性有机碳含量之间的响应关系

　　同理，构建不同处理条件下各个土层处土壤 CO_2 排放通量与土壤可溶性有机碳之间的响应函数，具体如表 7-4 所示。在冻结期，随着土壤可溶性有机碳含量的降低，二者之间表现出指数降低的变化趋势。分析 10 cm 土层处土壤可溶性有机碳含量与 CO_2 排放通量之间的相关关系可知,在 BL 处理条件下,土壤可溶性有机碳含量与 CO_2 排放通量之间的 Pearson 相关系数为 0.957;而在 CS、JS 和 CJS 处理条件下,二者之间的相关系数分别为 0.961、0.972 和 0.965。由此可知,在秸秆覆盖处理条件下,二者之间的关系最为显著。正如张磊[28]的研究结论:农田耕作区有助于土壤中可溶性有机碳的积累,并且土壤中可溶性有机碳含量与土壤 CO_2 排放通量呈现出正相关变化趋势。与此同时,分析土壤可溶性有机碳与 CO_2 排放通量响应函数的模拟值与实测值之间的相对误差为 3.79%;而在 CS、JS 和 CJS 处理条件下,二者之间响应函数的模拟值与实测值之间的相对误差分别为 3.16%、1.98% 和 2.57%;表明在生物炭与秸秆的调控作用下,土壤可溶性有机碳与 CO_2 排放通量之间响应函数模拟值与实测值之间的相对误差在逐渐降低。而在融化期,土壤 CO_2 排放通量随着可溶性有机碳含量的增加呈现出指数递增的趋势。在 10 cm 土层处,BL 处理条件下,土壤可溶性有机碳与 CO_2 排放通量之间的 Pearson 相关系数为 0.948;而在 CS、JS 和 CJS 处理条件下,二者之间的相关系数分别为 0.962、0.956 和 0.966,在生物炭与秸秆的联合调控作用下,二者的相关关系最为显著,并且响应函数的模拟值与实测值的相对于误差最低。同理,随着土层深度的增加,在 20 cm、30 cm、40 cm 土层处,土壤可溶性有机碳含量与 CO_2 排放通量之间的相关关系有所减弱。而比较分析融化期响应函数的模拟精度可知,生物炭与秸秆的覆盖调控作用下响应函数的模拟精度最优。

表 7-4   土壤 CO_2 排放通量与土壤可溶性有机碳的响应函数

土层深度/cm	处理方式	冻结期			融化期		
		响应函数	Re/%	r	响应函数	Re/%	r
10	BL	$y=-8.39+3.25e^{0.011x}$	3.79	0.957	$y=-2.21+0.541e^{0.015x}$	3.87	0.948
	CS	$y=-20.45+5.72e^{0.009x}$	3.16	0.961	$y=-19.92+3.37e^{0.012x}$	3.16	0.962
	JS	$y=-19.33+2.54e^{0.011x}$	1.98	0.972	$y=-10.17+0.024e^{0.022x}$	3.54	0.956
	CJS	$y=-19.35+2.81e^{0.012x}$	2.57	0.965	$y=-5.27+0.922e^{0.012x}$	2.67	0.966
20	BL	$y=-32.55+18.93e^{0.056x}$	3.89	0.951	$y=-3.67+1.67e^{0.021x}$	4.35	0.942
	CS	$y=-9.22+2.16e^{0.013x}$	3.34	0.954	$y=-22.67+8.57e^{0.034x}$	3.27	0.957
	JS	$y=-18.74+1.64e^{0.014x}$	2.23	0.965	$y=-11.34+0.54e^{0.025x}$	3.89	0.951
	CJS	$y=-0.835+0.164e^{0.023x}$	2.69	0.959	$y=-8.27+3.87e^{0.018x}$	2.67	0.962
30	BL	$y=-46.27+29.62e^{0.045x}$	4.41	0.946	$y=-5.89+2.17e^{0.037x}$	5.89	0.937
	CS	$y=-10.43+3.93e^{0.017x}$	3.64	0.948	$y=-19.76+10.11e^{0.059x}$	3.59	0.951
	JS	$y=-11.43+1.95e^{0.013x}$	2.74	0.961	$y=-13.22+4.52e^{0.026x}$	4.67	0.946
	CJS	$y=-6.37+2.36e^{0.034x}$	3.15	0.955	$y=-7.84+8.34e^{0.047x}$	2.98	0.954
40	BL	$y=-38.59+26.37e^{0.038x}$	4.96	0.939	$y=-9.57+4.68e^{0.032x}$	7.13	0.931
	CS	$y=-12.34+2.85e^{0.047x}$	4.59	0.941	$y=-28.36+13.86e^{0.027x}$	5.29	0.944
	JS	$y=-16.79+3.87e^{0.016x}$	3.35	0.954	$y=-13.69+3.37e^{0.049x}$	5.96	0.942
	CJS	$y=-5.21+3.85e^{0.041x}$	4.07	0.947	$y=-11.37+5.84e^{0.058x}$	4.37	0.951

　　综上分析可知，在冻融循环过程中，随着环境温度的降低，土壤 CO_2 的排放通量与土壤可溶性有机碳的含量呈现出指数降低的趋势；并且在 JS 处理条件下，土壤 CO_2 的排放通量与土壤可溶性有机碳的整体含量水平相对较高，相关性较强。而在融化期，随着土壤可溶性有机碳含量的提升，土壤 CO_2 的排放通量呈指数递增的变化趋势；并且在 CJS 处理条件下，土壤 CO_2 的排放通量与土壤可溶性有机碳含量之间的响应效果最为显著。

第五节　冻融土壤 CH_4 排放关键性影响因素分析

一、土壤 CH_4 排放对温度的响应效果

　　在农田土壤复合体系中，土壤中碳素时刻进行着循环转化。当土壤处于缺氧状态时，土壤中的产甲烷菌会将土壤中的有机碳氧化，进而产生大量的 CH_4[29, 30]。而当土壤的孔隙结构较大，并且通气性良好的时候，土壤中甲烷氧化菌表现出较强的活性，此时土壤对于 CH_4 表现出吸收作用。因此，通气性良好的土壤也是陆地生态系统的碳源、汇[31]。而在冻结过程中，伴随着积雪的覆盖，冰冻层和积雪覆盖层阻碍了土壤与大气之间的气体交换过程，同时积雪的疏松结构和较大的比表面积也有助于土壤对于 CH_4 的吸收；因此伴随着土壤的冻结过程，土壤对 CH_4 呈现出吸附趋势。具体分析（图 7-15）不同处理条件下 CH_4 排放通量与土壤温度之间的关系曲线可知，随着土壤温度的降低，其对于 CH_4 的吸收通量在逐渐降低。其中，在 JS 覆盖处理条件下，土壤对于 CH_4 吸附的整体水平相对较低；而在 CS 处理条件下，其对于 CH_4 的整体吸附能力较强。另外，分析不同处理条件下 10 cm 土壤温度与 CH_4 吸附通量之间关系曲线的拟合精度可知，在 BL 处理条件下，二者之间关系曲线的决定系数为 0.958；而在 CS、JS 和 CJS 处理条件下，二者之间关系曲线的决定系数分别为 0.972、0.951 和 0.962。由此可知，在生物炭覆盖调控处理条件下，土壤结构疏松，土壤中微生物对于 CH_4 的吸附能力有所增强。

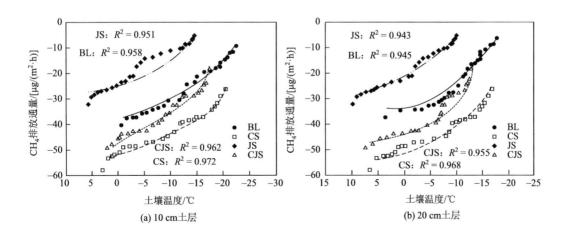

(a) 10 cm土层　　　　　　　　　　(b) 20 cm土层

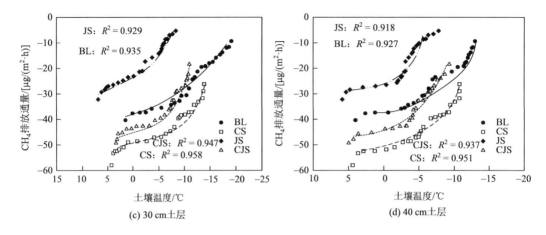

图 7-15 冻结期土壤 CH_4 排放通量与土壤温度之间的响应关系

分析图 7-16 可知，融化期随着环境温度的提升，地表积雪逐渐消融，土壤水热环境得以恢复，土壤微生物活性也得到了显著的提升，因此在融化期 CH_4 气体表现出排放状态。首先，在融化初期，被禁锢在土壤中的 CH_4 气体得以大量释放，该时期 CH_4

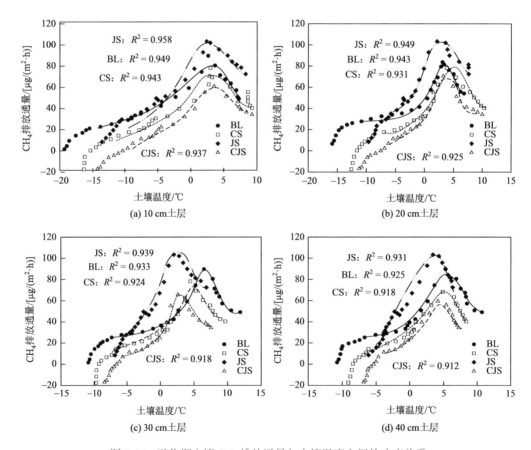

图 7-16 融化期土壤 CH_4 排放通量与土壤温度之间的响应关系

排放通量的提升幅度相对较大，并且出现了一个峰值。然后，随着土壤温度的提升，土壤空隙中的水分大量散失，土壤变得疏松多孔，土壤甲烷氧化菌的活性增强，因此 CH_4 的排放通量又呈现出了一定的降低趋势。具体比较分析可知，在 10 cm 土层 BL 处理条件下，土壤温度与 CH_4 排放通量之间的关系曲线的拟合精度为 0.949；而在 CS、JS 和 CJS 处理条件下，二者之间关系曲线的拟合精度分别变为 0.943、0.958 和 0.937。由此可知在 JS 处理条件下，土壤温度的提升最有效促进了 CH_4 的排放效果。与此同时，随着土层深度的增加，在 20 cm、30 cm 和 40 cm 土层处，土壤温度与 CH_4 排放通量之间关系曲线的拟合精度与表层 10 cm 土层处变化趋势一致，同样表现出在 JS 处理条件下拟合效果最优。

在上述分析基础之上，构建不同处理条件下土壤温度与 CH_4 排放通量之间的响应函数，具体情况如表 7-5 所示。在冻结期，土壤温度与 CH_4 的吸收通量之间呈现出线性变化趋势。分析不同处理条件下土壤温度与 CH_4 排放通量之间的相关关系可知，在 10 cm 土层处，BL 处理条件下，二者之间的 Pearson 相关系数为 0.979；而在 CS、JS 和 CJS 处理条件下，二者之间的相关系数分别变为 0.986、0.975 和 0.981。这表明在 CS 处理条件下，土壤温度与 CH_4 吸收通量之间的相关关系最为显著。正如 Knoblauc 等[32]提出的，农田土壤施加生物炭能够有效地调节土壤的 pH、有机质含量、土壤通透性和土壤温湿度等指标，这些理化性质的变化降低了土壤产甲烷菌的活性和丰度，同时提高了甲烷氧化菌的活性，从而抑制了 CH_4 的排放。分析不同处理条件下土壤温度与 CH_4 排放通量响应函数的模拟值与实测值之间的误差状况可知，在 BL 处理条件下，其相对误差值为 2.86%，而在 CS、JS 和 CJS 处理条件下，二者之间的相对误差分别为 1.79%、3.27% 和 2.28%，表明在生物炭调控作用下，响应函数的模拟效果最佳。

表 7-5　土壤 CH_4 排放通量与土壤温度的响应函数

土层深度/cm	处理方式	冻结期			融化期		
		响应函数	Re/%	r	响应函数	Re/%	r
10	BL	$y = 6.38e^{-0.068x} - 44.38e^{-2.87x}$	2.86	0.979	$y = 67.91 \cdot \exp((-0.5 \cdot (x - 2.58) / 9.87)^2)$	2.67	0.974
	CS	$y = 10.29e^{-0.064x} - 60.11e^{-1.77x}$	1.79	0.986	$y = 63.88 \cdot \exp((-0.5 \cdot (x - 3.53) / 7.06)^2)$	3.27	0.971
	JS	$y = 5.37e^{-0.074x} - 35.64e^{-3.15x}$	3.27	0.975	$y = 89.91 \cdot \exp((-0.5 \cdot (x - 4.03) / 8.42)^2)$	2.28	0.979
	CJS	$y = 7.22e^{-0.096x} - 50.31e^{-2.12x}$	2.28	0.981	$y = 57.31 \cdot \exp((-0.5 \cdot (x - 3.51) / 5.42)^2)$	3.96	0.968
20	BL	$y = 5.98e^{-0.047x} - 41.24e^{-1.96x}$	3.67	0.972	$y = 69.57 \cdot \exp((-0.5 \cdot (x - 7.86) / 12.78)^2)$	3.98	0.971
	CS	$y = 9.77e^{-0.053x} - 57.32e^{-1.91x}$	2.57	0.984	$y = 64.27 \cdot \exp((-0.5 \cdot (x - 6.73) / 8.34)^2)$	4.59	0.965
	JS	$y = 4.96e^{-0.074x} - 38.31e^{-3.48x}$	4.14	0.971	$y = 91.48 \cdot \exp((-0.5 \cdot (x - 8.67) / 10.55)^2)$	3.64	0.974
	CJS	$y = 7.68e^{-0.036x} - 49.87e^{-2.68x}$	2.93	0.977	$y = 62.38 \cdot \exp((-0.5 \cdot (x - 4.23) / 7.64)^2)$	5.27	0.962
30	BL	$y = 5.67e^{-0.039x} - 38.37e^{-3.37x}$	4.21	0.967	$y = 73.42 \cdot \exp((-0.5 \cdot (x - 8.78) / 14.56)^2)$	5.26	0.966
	CS	$y = 9.12e^{-0.058x} - 55.21e^{-2.83x}$	3.39	0.979	$y = 69.58 \cdot \exp((-0.5 \cdot (x - 6.78) / 11.63)^2)$	5.97	0.961
	JS	$y = 4.47e^{-0.086x} - 35.16e^{-1.17x}$	4.96	0.964	$y = 95.37 \cdot \exp((-0.5 \cdot (x - 11.27) / 9.37)^2)$	4.27	0.969
	CJS	$y = 7.11e^{-0.037x} - 44.31e^{-3.47x}$	3.76	0.973	$y = 58.42 \cdot \exp((-0.5 \cdot (x - 7.56) / 8.55)^2)$	6.78	0.958

续表

土层深度/cm	处理方式	冻结期			融化期		
		响应函数	Re/%	r	响应函数	Re/%	r
40	BL	$y = 5.43\mathrm{e}^{-0.035x} - 32.21\mathrm{e}^{-3.78x}$	4.65	0.963	$y = 64.28 \cdot \exp((-0.5 \cdot (x - 4.67) / 6.56)^2)$	6.89	0.962
	CS	$y = 8.86\mathrm{e}^{-0.047x} - 51.57\mathrm{e}^{-2.56x}$	3.68	0.975	$y = 58.77 \cdot \exp((-0.5 \cdot (x - 5.83) / 7.52)^2)$	7.23	0.958
	JS	$y = 4.79\mathrm{e}^{-0.058x} - 28.25\mathrm{e}^{-2.21x}$	5.17	0.958	$y = 81.56 \cdot \exp((-0.5 \cdot (x - 7.94) / 9.38)^2)$	6.37	0.965
	CJS	$y = 6.32\mathrm{e}^{-0.036x} - 41.46\mathrm{e}^{-2.97x}$	3.97	0.968	$y = 59.47 \cdot \exp((-0.5 \cdot (x - 6.21) / 5.11)^2)$	8.59	0.955

而在融化期，随着土壤温度的提升，CH_4 排放通量呈现出先增大后减小的峰值变化趋势。首先，在表层 10 cm 土层处，BL 处理条件下，土壤温度与 CH_4 排放通量之间的 Pearson 相关系数为 0.974，而在 CS、JS 和 CJS 处理条件下，二者之间的相关系数分别为 0.971、0.979 和 0.968；比较可知在 JS 处理条件下，二者之间的相关关系最为显著，表明该条件下土壤温度对于 CH_4 的排放调控效果最好。在该处理条件下，土壤温度调节了土壤结构，增加了土壤的透气性，进而增强了土壤中甲烷氧化菌的活性；而秸秆的覆盖提升了土壤的保温储能效果，进而有效地抑制了 CH_4 的排放。正如倪雪等[33]提出的，CH_4 的吸收量与土壤温度之间呈现正相关关系，而与土壤含水量之间表现为负相关关系。同时，随着二者之间相关关系的提升，响应函数的模拟效果逐渐提升。

综上分析可知，在土壤冻融循环过程中，土壤温度与 CH_4 的吸收、排放通量之间具有显著的作用关系，并且在冻结过程中土壤对 CH_4 气体表现出吸收的趋势；在 CS 处理条件下，土壤对 CH_4 的吸收效果最佳。而在融化期，生物炭覆盖调控作用减小了 CH_4 的排放，并且在 CJS 处理条件下，土壤 CH_4 气体的排放通量最低，土壤温度与 CH_4 的排放通量之间关系效果最为微弱。

二、土壤 CH_4 排放对含水量的响应效果

在试验过程中，伴随着土壤的冻结，土壤中的液态水逐渐转化为固态冰，土壤表层出现了稳定的冻土层，并且土壤中大量的微生物被固结于冻层中。土壤中的产甲烷菌和甲烷氧化菌的活性均有所降低[34]。同时，在冻结过程中，地表的积雪覆盖作用增加了土壤对于 CH_4 的吸附作用，因此在土壤的冻结过程中土壤对于 CH_4 气体表现出吸收效果[35]。随着土壤冻结程度的增大，土壤中液态水含量逐渐降低，土壤的冻层逐渐变厚，土壤对于 CH_4 的吸收能力逐渐减弱。具体分析图 7-17 可知，在冻结期内，随着含水量的降低，当其在 30%~15%时，土壤对于 CH_4 气体的吸收通量处于较为稳定的水平；而当含水量低于 15%时，土壤对于 CH_4 气体的吸收近乎达到饱和状况，其吸收能力迅速降低。比较不同处理条件下 CH_4 的吸收效果可知，在 BL 处理条件下，土壤对于 CH_4 的吸收能力较弱；在 CS 处理条件下，土壤对 CH_4 气体的吸收能力较强。具体分析可知，生物炭的调控作用增加了土壤颗粒之间的空隙，并且随着土壤的固化，冻层土壤的通透性增强，土壤对 CH_4 的容纳能力增强。同时，甲烷氧化菌也会在一定程度上提升 CH_4 气体的氧化吸

收能力。CS 处理条件下土壤含水量与 CH_4 排放通量之间的拟合精度也相对于其他处理有所提升。

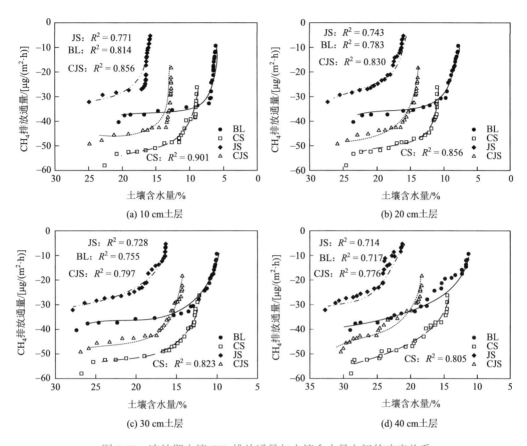

图 7-17　冻结期土壤 CH_4 排放通量与土壤含水量之间的响应关系

同理，分析图 7-18 可知，在融化期，土壤中的固态冰体转化为液态水，与此同时，地表积雪逐渐融化，而此时土壤冻层的阻碍作用导致融雪水无法下渗，土壤处于高度厌氧环境，因此产甲烷菌的活性得以增强。另外，融雪水的入渗填充了土壤内部的空隙，将土壤中储存的 CH_4 气体排出。因此在融化初期土壤中的 CH_4 排放通量显著提升。而比较不同处理条件下土壤 CH_4 排放通量效果可知，10 cm 土层处，在 BL 处理条件下，CH_4 排放通量的整体水平相对较高；而伴随着生物炭与秸秆的覆盖调控作用，其排放通量逐渐降低；并且在 CJS 处理条件下，土壤 CH_4 排放通量水平最低。具体分析不同处理条件，BL 处理下土壤含水量和 CH_4 排放通量之间关系曲线的决定系数为 0.945；而在 CS、JS 和 CJS 处理条件下，二者之间的拟合曲线决定系数分别为 0.939、0.955 和 0.933。表明在 JS 处理条件下，土壤 CH_4 的排放通量最为显著；而在 CJS 处理条件，其对 CH_4 排放通量的抑制效果最强。

根据上述分析结果，进一步构建不同处理条件下土壤 CH_4 排放通量与土壤含水量之间的响应函数，具体情况如表 7-6 所示。在冻结期，土壤含水量与 CH_4 排放通量之间

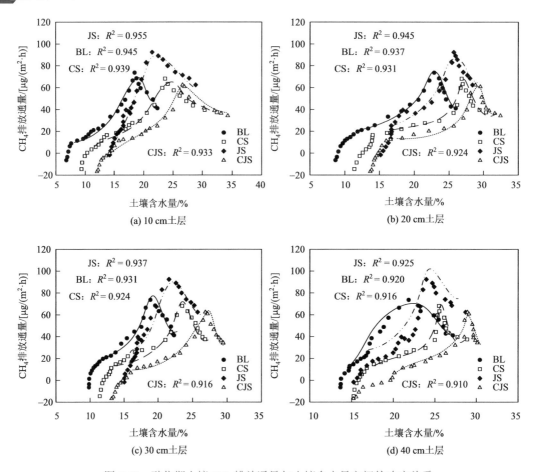

图 7-18　融化期土壤 CH_4 排放通量与土壤含水量之间的响应关系

的关系符合 $y = 191.37 - 192.54(1 - e^{-0.849x})$ 的形式；并且分析二者之间的相关关系可知，二者之间相关性整体水平较融化期有所降低。在表层 10 cm 土层处，BL 处理条件下，土壤含水量与 CH_4 排放通量之间的 Pearson 相关系数为 0.902；而在 CS、JS 和 CJS 处理条件下，二者之间的相关系数分别变为 0.949、0.878 和 0.925。在生物炭调控作用下，二者之间的相关关系相对较为显著，正如王国强等[36]的研究结论：生物炭的大比表面积和疏松多孔结构有助于土壤吸收大量 CH_4，同时甲烷氧化菌的活性也显著提升。因此，在土壤冻结情况下，随着土壤含水量的降低，其与 CH_4 排放通量之间的相关关系增强。

表 7-6　土壤 CH_4 排放通量与土壤含水量的响应函数

土层深度/cm	处理方式	冻结期			融化期		
		响应函数	Re/%	r	响应函数	Re/%	r
10	BL	$y = 191.37 - 192.54(1 - e^{-0.849x})$	6.15	0.902	$y = 60.69 \cdot \exp((-0.5 \cdot (x - 18.87) / 4.64)^2)$	3.22	0.972
	CS	$y = 125.07 - 125.12(1 - e^{-0.798x})$	5.13	0.949	$y = 57.74 \cdot \exp((-0.5 \cdot (x - 25.12) / 6.01)^2)$	3.67	0.969
	JS	$y = 330.24 - 331.56(1 - e^{-0.841x})$	6.87	0.878	$y = 91.48 \cdot \exp((-0.5 \cdot (x - 23.68) / 4.63)^2)$	2.67	0.977

续表

土层深度/cm	处理方式	冻结期			融化期		
		响应函数	Re/%	r	响应函数	Re/%	r
10	CJS	$y = 217.36 - 317.89(1 - e^{-0.756x})$	5.69	0.925	$y = 33.35 \cdot \exp((-0.5 \cdot (x - 28.13) / 5.46)^2)$	4.11	0.966
20	BL	$y = 184.32 - 186.57(1 - e^{-0.479x})$	6.64	0.885	$y = 59.34 \cdot \exp((-0.5 \cdot (x - 16.57) / 5.12)^2)$	3.52	0.968
	CS	$y = 143.59 - 144.77(1 - e^{-0.307x})$	5.59	0.925	$y = 54.21 \cdot \exp((-0.5 \cdot (x - 23.33) / 6.89)^2)$	4.09	0.965
	JS	$y = 298.34 - 299.17(1 - e^{-0.512x})$	6.87	0.862	$y = 94.66 \cdot \exp((-0.5 \cdot (x - 19.64) / 7.21)^2)$	2.97	0.972
	CJS	$y = 226.52 - 226.98(1 - e^{-0.625x})$	5.93	0.911	$y = 48.53 \cdot \exp((-0.5 \cdot (x - 25.87) / 4.38)^2)$	4.35	0.961
30	BL	$y = 179.25 - 180.27(1 - e^{-0.317x})$	6.78	0.869	$y = 55.46 \cdot \exp((-0.5 \cdot (x - 13.64) / 6.28)^2)$	4.01	0.965
	CS	$y = 136.44 - 136.96(1 - e^{-0.414x})$	5.94	0.907	$y = 49.21 \cdot \exp((-0.5 \cdot (x - 19.89) / 5.71)^2)$	4.69	0.961
	JS	$y = 258.31 - 259.07(1 - e^{-0.527x})$	7.12	0.853	$y = 83.37 \cdot \exp((-0.5 \cdot (x - 17.44) / 4.65)^2)$	3.31	0.968
	CJS	$y = 214.56 - 214.89(1 - e^{-0.613x})$	6.16	0.893	$y = 45.64 \cdot \exp((-0.5 \cdot (x - 24.57) / 7.21)^2)$	5.13	0.957
40	BL	$y = 165.42 - 165.94(1 - e^{-0.227x})$	7.49	0.847	$y = 57.42 \cdot \exp((-0.5 \cdot (x - 14.56) / 4.11)^2)$	5.31	0.959
	CS	$y = 127.43 - 128.01(1 - e^{-0.239x})$	6.77	0.897	$y = 43.66 \cdot \exp((-0.5 \cdot (x - 22.17) / 3.58)^2)$	6.27	0.957
	JS	$y = 224.69 - 224.95(1 - e^{-0.576x})$	8.03	0.845	$y = 78.54 \cdot \exp((-0.5 \cdot (x - 19.56) / 5.64)^2)$	4.49	0.962
	CJS	$y = 198.37 - 198.98(1 - e^{-0.621x})$	7.26	0.881	$y = 39.21 \cdot \exp((-0.5 \cdot (x - 26.37) / 7.11)^2)$	6.89	0.954

　　而在融化期，随着土壤含水量的提升，CH_4 的排放通量同样表现出一个峰值，二者之间的函数关系呈现出峰值函数形式。具体比较不同处理条件下土壤含水量与 CH_4 排放通量之间的相关关系及函数模拟效果可知，10 cm 土层处，在 BL 处理条件下，土壤含水量与 CH_4 排放通量之间的 Pearson 相关系数为 0.972；在 CS、JS 和 CJS 处理条件下，二者之间的相关系数分别为 0.969、0.977 和 0.966。由此可知，在生物炭覆盖调控作用下，二者之间的相关性逐渐增强；而在秸秆覆盖调控作用下，二者之间的相关性最高。正如 Liu 等[37]的研究结论：土壤中同时存在产甲烷菌和甲烷氧化菌，并且在含水量高及淹水的土壤中产甲烷菌占主导；而在含水量降低的情况下则以甲烷氧化菌占主导。因此，随着土壤含水量的提升，土壤中 CH_4 的排放通量逐渐增加。而随着生物炭的调控作用，土壤的孔隙增大，土壤甲烷氧化菌的活性增强，在一定程度上又抑制了 CH_4 的排放，导致土壤含水量与 CH_4 排放通量之间的相关性减弱。此外，分析二者之间响应函数模拟值与实测值之间的相对误差可知，随着二者之间相关关系提升，响应函数的模拟精度提升。

　　综上分析可知，在土壤冻结过程中，土壤含水量水平间接影响土壤对于 CH_4 气体的吸收效果。并且在 CS 处理条件下，土壤对于 CH_4 气体的吸收效果最佳。而在融化期，含水量的提升填充了土壤的空隙结构，大量的 CH_4 气体排出。同时，随着土壤含水量的提升，土壤处于厌氧环境，产甲烷菌活性增强。生物炭与秸秆的覆盖调控作用增大了土壤的透气性和保温效果，甲烷氧化菌活性增强，因此 CJS 处理条件下，土壤含水量与 CH_4 排放通量之间的作用效果最微弱。

三、土壤 CH₄ 排放对可溶性有机碳含量的响应效果

在农田土壤陆地生态系统中，土壤微生物是有机质的分解者与转化者，在此过程中，土壤中伴随着 CH_4 的排放效应，而土壤中 CH_4 的净排放量是甲烷氧化菌和产甲烷菌共同作用的结果[38]。在土壤碳素循环过程中，土壤有机质所提供的可利用碳源极大限度激发了土壤 CH_4 的排放效应，并且外源有机碳的补充将会对土壤微生物活动以及其代谢途径产生重要的影响[39]。在冻结过程中，土壤可溶性有机碳含量与 CH_4 排放通量之间的关系曲线如图 7-19 所示。尽管在该时期，随着土壤可溶性有机碳含量的降低，土壤对于 CH_4 的吸收通量呈现出线性关系；但是土壤对 CH_4 的吸收作用主要体现积雪和土壤界面对其吸附作用。同时，冻结过程中产甲烷菌的活性降低，而甲烷氧化菌活性受温度影响较小，随着土壤冻结程度增大，土壤对于 CH_4 的吸附能力逐渐减弱。因此在冻结期内，土壤可溶性有机碳含量与 CH_4 的吸收通量之间的关系曲线表现出线性降低的趋势。比较分析不同处理条件下土壤可溶性有机碳含量与 CH_4 吸收量之间关系曲线的拟合精度可知，其整体拟合精度水平较低。10 cm 土层处，在 BL 处理条件下，拟合曲线的决定系数为 0.707；

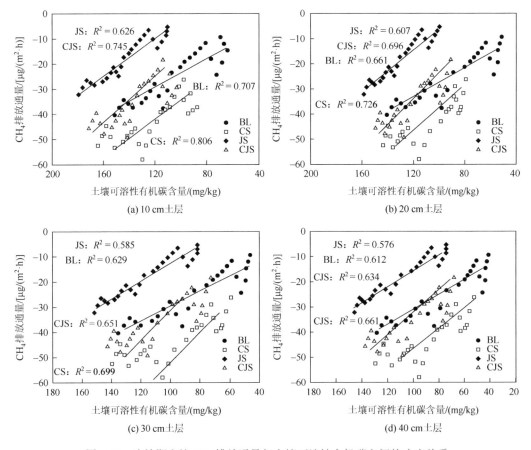

图 7-19　冻结期土壤 CH₄ 排放通量与土壤可溶性有机碳之间的响应关系

而在 CS、JS 和 CJS 处理条件下，二者之间拟合曲线的决定系数分别为 0.806、0.626 和 0.745；表明在 CS 处理条件下，土壤可溶性有机碳含量与 CH_4 排放通量之间拟合精度相对较高。

同理，分析图 7-20 可知，在融化期，随着环境温度的提升，土壤含水量显著增强，土壤中产甲烷菌的活性显著增强；土壤中可溶性有机碳的含量显著提升，其为土壤中微生物的分解活动提供了充足的碳源。因此在融化过程中，随着土壤可溶性有机碳含量的增加，土壤中 CH_4 的排放通量显著增加，并且在融化的中期，CH_4 排放通量达到了最大值。随着春季土壤水分蒸发量的增大，土壤含水量逐渐降低，甲烷氧化菌的活性增强，土壤 CH_4 的排放通量又呈现出降低的趋势。具体比较分析不同处理条件下土壤可溶性有机碳与 CH_4 排放通量之间关系曲线的拟合精度可知，在表层 10 cm 土层处，BL 处理条件下，土壤可溶性有机碳与 CH_4 排放通量之间关系曲线的拟合精度为 0.906；而在 CS、JS 和 CJS 处理条件下，二者之间关系曲线的拟合精度分别为 0.897、0.918 和 0.889，表明生物炭的调控作用降低了二者之间关系曲线的拟合精度，而秸秆的覆盖处理则提升了二者之间的关系效果。同理，随着土层深度的增加，在 20 cm、30 cm 和 40 cm 土层处，二者之间关系曲线的拟合效果的变化与表层 10 cm 呈现出一致趋势。

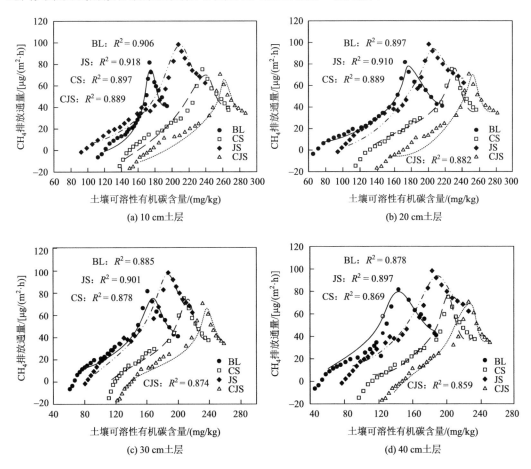

图 7-20　融化期土壤 CH_4 排放通量与土壤可溶性有机碳之间的响应关系

在上述土壤可溶性有机碳与 CH_4 排放通量关系曲线变化趋势的基础之上，进一步构建不同冻融时期二者之间的响应函数，具体情况如表 7-7 所示。在冻结期，二者之间的响应函数的构建效果相对较弱。分析土壤可溶性有机碳含量以及 CH_4 排放通量之间的相关关系可知，在表层 10 cm 土层处，BL 处理条件下，二者之间的 Pearson 相关系数为 0.841；而在 CS、JS 和 CJS 处理条件下，二者之间的相关系数分别变为 0.897、0.791 和 0.863，整体上仍然表现出在秸秆覆盖处理条件下，作用效果最弱。同时，关系曲线的模拟值与实测值之间的误差值也有所提升。

在融化期内，土壤可溶性有机碳含量与 CH_4 排放通量之间响应函数符合峰值变化关系，具体分析不同处理条件下二者之间的相关性可知，在表层 10 cm 土层处，BL 处理条件下，二者之间的 Pearson 相关系数为 0.952；而在 CS、JS 和 CJS 处理条件下，二者之间的相关性分别为 0.947、0.958 和 0.943，表明在生物炭调节作用下，土壤可溶性有机碳含量对于 CH_4 的排放通量的影响程度有所降低。正如吴家梅等[40]的研究发现，土壤中施加有机肥能够显著提升微生物量碳、可溶性有机碳以及 CH_4 排放通量的水平，并且在此过程中土壤中的可溶性有机碳含量与 CH_4 排放通量之间呈现显著的正相关关系。分析二者之间响应函数模拟值与实测之间的相对误差可知，在 BL 处理条件下，其相对误差为 3.39%；而在 CS、JS 和 CJS 处理条件下，其相对误差分别变为 3.69%、2.68% 和 4.11%，表明随着生物炭的调控作用，传递函数的模拟效果有所降低。同理，在 20 cm、30 cm、40 cm 土层处，二者之间的关系与表层 10 cm 土层相一致，但是其整体的相关性效果相对于表层 10 cm 有所降低。

表 7-7 土壤 CH_4 排放通量与土壤可溶性有机碳的响应函数

土层深度/cm	处理方式	冻结期			融化期		
		响应函数	Re/%	r	响应函数	Re/%	r
10	BL	$y = -0.459x + 70.05$	9.86	0.841	$y = 63.95 \cdot \exp((-0.5 \cdot (x - 277.96)/16.31)^2)$	3.39	0.952
	CS	$y = -0.336x + 32.21$	8.68	0.897	$y = 59.84 \cdot \exp((-0.5 \cdot (x - 339.44)/30.49)^2)$	3.69	0.947
	JS	$y = -0.383x + 74.87$	10.11	0.791	$y = 78.52 \cdot \exp((-0.5 \cdot (x - 317.94)/44.67)^2)$	2.68	0.958
	CJS	$y = -4.11x + 64.02$	9.35	0.863	$y = 52.48 \cdot \exp((-0.5 \cdot (x - 360.24)/27.19)^2)$	4.11	0.943
20	BL	$y = -0.537x + 65.37$	10.05	0.813	$y = 58.94 \cdot \exp((-0.5 \cdot (x - 253.47)/19.54)^2)$	3.79	0.947
	CS	$y = -0.349x + 34.12$	8.97	0.852	$y = 61.22 \cdot \exp((-0.5 \cdot (x - 297.56)/21.65)^2)$	4.32	0.943
	JS	$y = -0.392x + 68.55$	10.48	0.779	$y = 73.96 \cdot \exp((-0.5 \cdot (x - 278.34)/39.88)^2)$	3.09	0.954
	CJS	$y = -0.487x + 59.11$	9.69	0.834	$y = 48.57 \cdot \exp((-0.5 \cdot (x - 321.58)/29.46)^2)$	5.37	0.939
30	BL	$y = -0.436x + 63.56$	10.31	0.793	$y = 61.32 \cdot \exp((-0.5 \cdot (x - 239.88)/21.26)^2)$	5.51	0.941
	CS	$y = -0.318x + 35.27$	9.52	0.836	$y = 58.59 \cdot \exp((-0.5 \cdot (x - 286.47)/24.58)^2)$	5.93	0.937

土层深度/cm	处理方式	冻结期			融化期		
		响应函数	Re/%	r	响应函数	Re/%	r
30	JS	$y = -0.397x + 61.94$	10.69	0.765	$y = 73.12 \cdot \exp((-0.5 \cdot (x - 256.84) / 29.77)^2)$	4.78	0.949
	CJS	$y = -0.368x + 52.11$	9.86	0.807	$y = 61.28 \cdot \exp((-0.5 \cdot (x - 299.54) / 28.41)^2)$	6.11	0.935
40	BL	$y = -0.389x + 61.28$	10.76	0.782	$y = 57.42 \cdot \exp((-0.5 \cdot (x - 243.87) / 18.77)^2)$	6.37	0.937
	CS	$y = -0.311x + 34.87$	9.77	0.813	$y = 63.64 \cdot \exp((-0.5 \cdot (x - 287.45) / 23.46)^2)$	7.93	0.932
	JS	$y = -0.357x + 55.26$	11.22	0.759	$y = 71.96 \cdot \exp((-0.5 \cdot (x - 261.85) / 27.45)^2)$	5.21	0.947
	CJS	$y = -0.346x + 49.33$	10.11	0.796	$y = 53.22 \cdot \exp((-0.5 \cdot (x - 303.17) / 19.54)^2)$	9.22	0.927

综上分析可知，在冻结期，土壤的孔隙结构以及积雪覆盖状况对 CH_4 的吸收通量作用效果较为显著，而土壤可溶性有机碳含量对其影响较为微弱。通过相关性分析可知，CS 处理条件下，土壤可溶性有机碳含量与 CH_4 排放通量之间的相关性相对较高。而在融化期，随着土壤温度以及含水量的提升，土壤中产甲烷菌的活性相对较高，土壤可溶性有机碳对于 CH_4 的排放具有显著的促进作用；并且在 JS 处理下，二者的相关作用较强，而在 CS 和 CJS 处理条件下，二者的相关性有所降低。

第六节　冻融土壤碳矿化过程环境响应机制

一、土壤碳素矿化速率对温度的响应效果

在陆地生态系统中，土壤碳库的矿化是土壤中重要的生物化学过程，直接关系土壤中养分元素的释放、温室气体的排放以及土壤质量的保持[41]。在农田土壤水热环境的演变过程中，温度的提升有效激发了土壤中微生物的活性和生命力，同时土壤中酶的活性也显著提升，土壤温度场的变化显著影响了碳素的矿化过程[42, 43]。具体分析图 7-21 可知，在冻结期，随着环境温度的降低，土壤能量大量散失，土体逐渐冻结，土壤中微生物及酶的活性随土壤环境的变化而逐渐降低，导致土壤碳素矿化速率逐渐下降，并且二者之间表现出显著的线性关系。具体分析不同处理条件下土壤温度与碳素矿化速率关系曲线的拟合效果可知，在表层 10 cm 土层处，BL 处理条件下，二者之间关系曲线的拟合精度为 0.947；在 CS、JS 和 CJS 处理条件下，伴随着土壤的覆盖作用，土壤的保温效果有所提升，土壤温度与碳素矿化速率的关系曲线拟合效果也逐渐增强。同时，随着土层深度的增加，在 20 cm、30 cm 和 40 cm 土层处，二者之间的关系曲线形式与表层 10 cm 处一致，并且在 JS 处理条件下，二者关系曲线的拟合效果最佳。

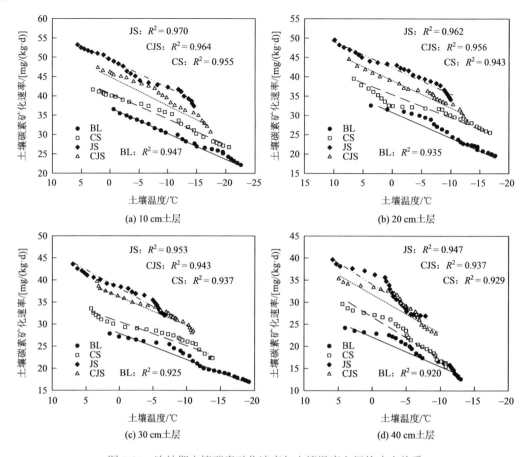

图 7-21　冻结期土壤碳素矿化速率与土壤温度之间的响应关系

　　同理，分析图 7-22 可知，在融化期，随着土壤温度的提升，土体逐渐融化，其中的微生物及酶活性得以复苏，其对土壤碳素的消耗能力也有所增强。由图中关系曲线的整体变化趋势可知，在融化初期，随着土壤温度的提升，土壤碳素矿化速率提升效果显著；并且在融化中期，土壤碳素矿化速率达到了最大值；在融化末期，由于地表土壤受季风气候的

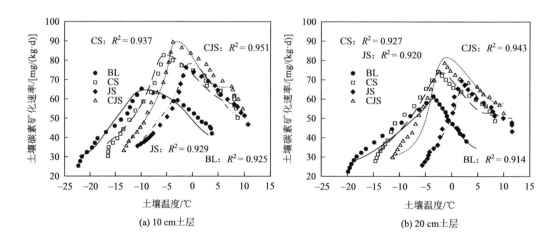

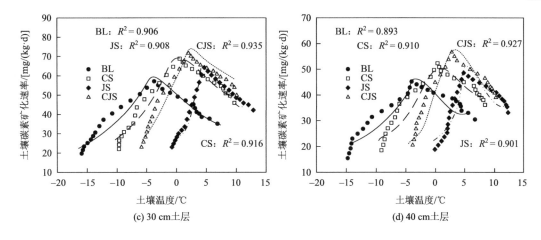

图 7-22　融化期土壤碳素矿化速率与土壤温度之间的响应关系

影响，表层土壤水分大量流失，其在一定程度上抑制了微生物的活性，土壤碳素矿化速率又表现出一定的降低。具体分析不同处理条件下二者之间关系曲线的拟合效果可知，在 10 cm 土层处，BL 处理条件下，土壤温度与碳素矿化速率之间拟合曲线的决定系数为 0.925；在 CS、JS 和 CJS 处理条件下，土壤温度与碳素矿化速率关系曲线的拟合精度分别相对于 BL 处理提升了 0.012、0.004 和 0.026，并且在 CS 和 CJS 处理条件下，这种提升效果显著。

　　在上述分析土壤温度与碳素矿化速率关系曲线变化趋势的基础之上，进一步构建不同处理条件下二者响应函数，具体情况如表 7-8 所示。在冻结期内，二者的响应函数符合线性关系形式。具体分析土壤温度与碳素矿化速率的相关关系以及响应函数的模拟效果可知，在表层 10 cm 土层处，BL 处理条件下，土壤温度与碳素矿化速率之间的 Pearson 相关系数为 0.973；而在秸秆覆盖调控作用下，二者之间的相关性显著提升；并且在 JS 处理条件下，效果最为明显。正如白洁冰等[44]的研究发现，温度对高寒草甸和高寒湿地土壤碳矿化影响显著，并且不同温度间的土壤碳矿化速率存在显著差异。同时，分析不同处理条件下土壤温度与碳素矿化速率响应函数的模拟值与实测值之间的相对误差可知，在 10 cm 土层处，BL 处理条件下，其相对误差为 3.68%；而随着二者之间相关性的提升，响应函数模拟值与实测值之间的相对误差呈现出逐渐降低的趋势。

　　同理，在融化期，土壤温度与碳素矿化速率之间关系曲线变化趋势符合峰值函数的形式。分析不同处理条件下二者之间的相关关系可知，在表层 10 cm 土层处，土壤温度与碳素矿化速率之间的相关系数为 0.962；在 CS、JS 和 CJS 处理条件下，二者之间的相关系数分别变为 0.968、0.964 和 0.975。由此可知，生物炭的调节作用有效提升了土壤碳素矿化速率，同时也提升了其余土壤温度之间的相关性效果。正如 Hamer 等[45]提出的生物炭提高了土壤微生物的活性，从而促进了土壤有机碳的分解。另外，比较分析不同处理条件下土壤温度与碳素矿化速率之间响应函数模拟值与实测值之间的相对误差可知，在 BL 处理条件下，其相对误差为 3.39%；在 CS、JS 和 CJS 处理条件下，二者之间响应函数的拟合值与实测值之间的相对误差分别为 2.86%、3.11% 和 2.15%，同样在 CJS 处理条件下，响应函数的模拟效果最佳。

表 7-8　土壤碳素矿化速率与土壤温度的响应函数

土层深度/cm	处理方式	冻结期			融化期		
		响应函数	Re/%	r	响应函数	Re/%	r
10	BL	$y = 0.613x + 36.63$	3.68	0.973	$y = 62.51 \cdot \exp((-0.5 \cdot (x + 6.39)/12.23)^2)$	3.39	0.962
	CS	$y = 0.652x + 40.56$	3.35	0.977	$y = 78.74 \cdot \exp((-0.5 \cdot (x + 1.09)/11.58)^2)$	2.86	0.968
	JS	$y = 0.728x + 49.01$	2.56	0.985	$y = 70.88 \cdot \exp((-0.5 \cdot (x - 2.14)/9.89)^2)$	3.11	0.964
	CJS	$y = 0.337x + 42.11$	2.97	0.982	$y = 84.96 \cdot \exp((-0.5 \cdot (x - 0.51)/9.86)^2)$	2.15	0.975
20	BL	$y = 0.597x + 33.21$	4.29	0.967	$y = 74.37 \cdot \exp((-0.5 \cdot (x + 4.37)/14.63)^2)$	3.87	0.956
	CS	$y = 0.632x + 39.46$	4.08	0.971	$y = 96.21 \cdot \exp((-0.5 \cdot (x + 0.53)/12.11)^2)$	3.36	0.961
	JS	$y = 0.684x + 45.87$	3.27	0.981	$y = 83.66 \cdot \exp((-0.5 \cdot (x - 3.79)/8.59)^2)$	3.64	0.959
	CJS	$y = 0.487x + 43.22$	3.95	0.978	$y = 95.31 \cdot \exp((-0.5 \cdot (x - 1.15)/6.54)^2)$	2.79	0.971
30	BL	$y = 0.378x + 31.56$	4.89	0.962	$y = 78.51 \cdot \exp((-0.5 \cdot (x + 2.97)/15.71)^2)$	4.19	0.952
	CS	$y = 0.459x + 37.42$	4.49	0.968	$y = 94.21 \cdot \exp((-0.5 \cdot (x - 1.16)/11.64)^2)$	3.84	0.957
	JS	$y = 0.512x + 43.85$	3.57	0.976	$y = 94.21 \cdot \exp((-0.5 \cdot (x - 1.16)/11.64)^2)$	4.11	0.953
	CJS	$y = 0.482x + 41.66$	4.19	0.971	$y = 86.33 \cdot \exp((-0.5 \cdot (x - 5.38)/8.57)^2)$	3.05	0.967
40	BL	$y = 0.495x + 32.64$	5.11	0.959	$y = 99.87 \cdot \exp((-0.5 \cdot (x - 2.37)/9.88)^2)$	4.96	0.945
	CS	$y = 0.524x + 36.11$	4.89	0.964	$y = 81.24 \cdot \exp((-0.5 \cdot (x + 2.23)/12.61)^2)$	3.97	0.954
	JS	$y = 0.472x + 41.64$	4.03	0.973	$y = 88.74 \cdot \exp((-0.5 \cdot (x - 6.57)/10.33)^2)$	4.49	0.949
	CJS	$y = 0.352x + 38.86$	4.69	0.968	$y = 103.22 \cdot \exp((-0.5 \cdot (x - 4.22)/11.65)^2)$	3.64	0.963

综上分析，在土壤冻融循环过程中，土壤碳素矿化速率受到土壤温度的调控作用显著的影响。在冻结期，随着土壤温度的降低，土壤碳素矿化速率有所降低；并且在 JS 处理条件下，二者之间的响应关系最明显。而在融化期，随着环境温度的提升，土壤中微生物及酶活性显著提升，土壤碳素矿化速率经历了先增加后减小的趋势；并且在 CJS 处理条件下，二者之间的关系效果最显著。

二、土壤碳素矿化速率对含水量的响应效果

在土壤冻融循环过程中，土壤中水分经历了"液相—固相—液相"的循环转化过程，而土壤含水量水平又是土壤有机碳矿化主要的影响因素之一。通常情况下，土壤含水量适当的提升可以提高土壤有机碳矿化速率，然而，当土壤含水量处于饱和状态时，其在一定程度上又会抑制土壤碳素的矿化效果[46]。具体分析图 7-23 可知，在冻结期，随着土体自上而下的冻结过程，浅层土壤液态含水量逐渐降低，而土壤碳素矿化速率也呈现出缓慢降低的趋势，并且在含水量区间在 30%～15%时，随着含水量的降低，土壤碳素矿化速率的下降幅度相对较低；而当土壤含水量降低到 15%～5%时，土壤碳素矿化速率下

降幅度较为明显。但是整体比较不同处理条件下土壤碳素矿化速率变化规律可知，在 BL 处理条件下，土壤碳素矿化速率水平相对较低；而在 JS 处理条件下，土壤碳素矿化速率水平相对较高，并且下降速度相对缓慢。同时，比较分析不同处理条件下土壤含水量与碳素矿化速率关系曲线拟合精度可知，在 10 cm 土层处，BL 处理条件下，二者之间关系曲线的决定系数为 0.955；在 CS、JS 和 CJS 处理条件下，二者之间关系曲线的决定系数分别为 0.962、0.986 和 0.974，在 JS 处理条件下关系曲线的拟合精度最高。

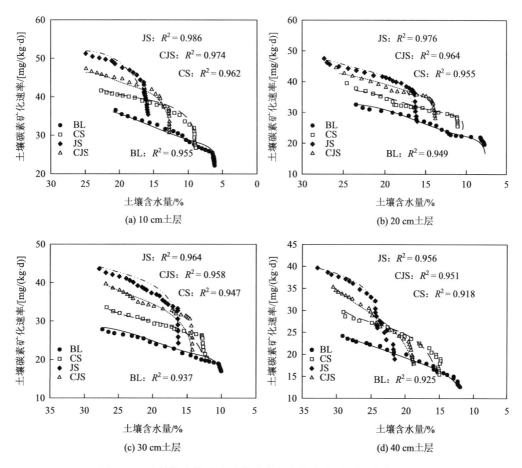

图 7-23　冻结期土壤碳素矿化速率与土壤含水量之间的响应关系

分析图 7-24 可知，在融化期，随着土壤含水量的提升，土壤微生物及酶活性有所提升，其在极大程度上促进了土壤碳素矿化速率；而随着土壤含水量的继续提升，土体近乎处于饱和状态，其又在一定程度上抑制了土壤微生物的活性，因此土壤碳素矿化速率又呈现出降低的趋势。整体分析土壤含水量与碳素矿化速率变化趋势可知，在含水量为 5%～25%时，随着土壤含水量的提升，碳素矿化速率表现出显著的提升趋势；在 25%～35%时，土壤碳素矿化速率则呈现出了下降趋势。另外，分析不同处理条件下土壤含水量与碳素矿化速率之间的关系曲线的拟合精度可知，在 BL 处理条件下，二者之间的关系曲线的决定系数为 0.931；在 CS、JS 和 CJS 处理条件下，二者之间关系曲线的拟合精度分别相对 BL 处理呈现出了不同程度的增加趋势,表明生物炭及秸秆覆盖处理有效促进了土壤含水量与碳素矿化速率之间的驱动关系。

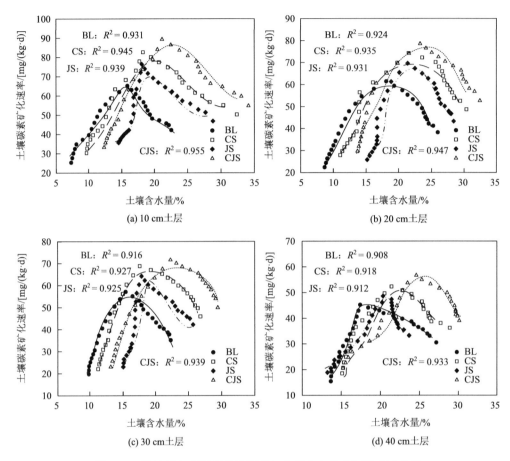

图 7-24 融化期土壤碳素矿化速率与土壤含水量之间的响应关系

在上述土壤含水量与碳素矿化速率关系曲线变化趋势分析的基础之上,进一步构建二者之间的响应函数,具体情况如表 7-9 所示。在冻结期,随着土壤液态含水量的降低,土壤碳素矿化速率与含水量之间呈现出指数递减的变化趋势,其响应函数符合 $y = a(1 - e^{-bx})$ 形式,具体分析不同处理条件下二者之间的相关性可知,在表层 10 cm 土层处,BL 处理条件下,土壤含水量与碳素矿化速率之间的 Pearson 相关系数为 0.977;而随着生物炭以及秸秆的覆盖调控作用,二者的相关系数分别相对于 BL 处理增加了 0.004、0.016 和 0.010,其分别相对于 BL 处理呈现出不同程度的提升趋势,土壤液态含水量与碳素矿化速率的相关性有所增强。正如张鹏等[47]的研究结论:秸秆还田在一定程度上提升了土壤中总有机碳、活性有机碳以及微生物量碳的含量,同时覆盖调控作用也提升了微生物的活性,土壤碳素矿化速率及其累积矿化量均呈现不同程度的提升。另外,分析土壤含水量与碳素矿化速率模拟值与实测值之间的相对误差可知,在 BL 处理条件下,响应函数的相对误差值为 3.37%;在 CS、JS 和 CJS 处理条件下,相对误差逐渐降低。

表 7-9　土壤碳素矿化速率与土壤含水量的响应函数

土层深度/cm	处理方式	冻结期			融化期		
		响应函数	Re/%	r	响应函数	Re/%	r
10	BL	$y = 81.21(1 - e^{-0.029x})$	3.37	0.977	$y = 61.13 \cdot \exp((-0.5 \cdot (x - 15.68) / 7.12)^2)$	4.49	0.965
	CS	$y = 49.56(1 - e^{-0.058x})$	3.06	0.981	$y = 77.14 \cdot \exp((-0.5 \cdot (x - 21.08) / 9.58)^2)$	2.91	0.972
	JS	$y = 36.37(1 - e^{-0.162x})$	1.89	0.993	$y = 71.04 \cdot \exp((-0.5 \cdot (x - 21.37) / 6.58)^2)$	3.59	0.969
	CJS	$y = 65.44(1 - e^{-0.096x})$	2.28	0.987	$y = 83.69 \cdot \exp((-0.5 \cdot (x - 23.78) / 9.54)^2)$	2.49	0.977
20	BL	$y = 76.33(1 - e^{-0.047x})$	3.79	0.974	$y = 55.76 \cdot \exp((-0.5 \cdot (x - 14.74) / 8.56)^2)$	4.89	0.961
	CS	$y = 58.24(1 - e^{-0.122x})$	3.52	0.977	$y = 73.21 \cdot \exp((-0.5 \cdot (x - 16.47) / 7.21)^2)$	3.69	0.967
	JS	$y = 61.85(1 - e^{-0.087x})$	2.87	0.988	$y = 68.55 \cdot \exp((-0.5 \cdot (x - 18.65) / 9.33)^2)$	4.11	0.965
	CJS	$y = 73.22(1 - e^{-0.065x})$	3.13	0.982	$y = 79.34 \cdot \exp((-0.5 \cdot (x - 19.87) / 10.56)^2)$	3.07	0.973
30	BL	$y = 58.95(1 - e^{-0.067x})$	4.12	0.968	$y = 53.21 \cdot \exp((-0.5 \cdot (x - 13.21) / 7.58)^2)$	5.58	0.957
	CS	$y = 64.37(1 - e^{-0.098x})$	3.97	0.973	$y = 71.65 \cdot \exp((-0.5 \cdot (x - 15.84) / 6.31)^2)$	3.97	0.963
	JS	$y = 87.45(1 - e^{-0.142x})$	3.03	0.982	$y = 64.58 \cdot \exp((-0.5 \cdot (x - 16.21) / 5.89)^2)$	4.46	0.962
	CJS	$y = 78.22(1 - e^{-0.108x})$	3.54	0.979	$y = 77.31 \cdot \exp((-0.5 \cdot (x - 17.64) / 10.31)^2)$	3.48	0.969
40	BL	$y = 63.58(1 - e^{-0.024x})$	4.47	0.962	$y = 56.31 \cdot \exp((-0.5 \cdot (x - 12.73) / 8.21)^2)$	7.98	0.953
	CS	$y = 78.86(1 - e^{-0.056x})$	4.23	0.958	$y = 73.88 \cdot \exp((-0.5 \cdot (x - 1.16) / 6.33)^2)$	4.96	0.958
	JS	$y = 52.96(1 - e^{-0.095x})$	3.37	0.978	$y = 64.21 \cdot \exp((-0.5 \cdot (x - 16.11) / 5.18)^2)$	6.38	0.955
	CJS	$y = 83.87(1 - e^{-0.143x})$	3.97	0.975	$y = 80.21 \cdot \exp((-0.5 \cdot (x - 17.35) / 9.37)^2)$	4.22	0.966

　　融化期，土壤含水量与碳素矿化速率之间的关系曲线符合峰值函数形式，并且在表层 10 cm 土层处，BL 处理条件下，土壤含水量与碳素矿化速率之间的相关系数为 0.965；在 CS、JS 和 CJS 处理条件下，二者之间的相关系数分别为 0.972、0.969 和 0.977；而随着土层深度的增加，在 20 cm、30 cm、40 cm 处，土壤含水量与碳素矿化速率之间的相关关系呈现出依次降低的趋势，并且同样在 CJS 处理条件下，二者之间的相关关系最为显著。正如陈威等[48]的研究结论：生物炭的施加为土壤提供了较多易分解态有机质，为微生物的生命活动提供了更多的物料，提高了微生物的活性，加速了土壤本身有机碳的矿化速率，提升了土壤含水量对于土壤碳素矿化速率的促进效果。同时，分析土壤含水量与碳素矿化速率响应函数的模拟精度可知，其相对误差随着二者相关关系的提升而逐渐降低。

　　综上分析可知，在土壤冻融循环过程中，土壤含水量对于微生物及酶的活性具有较为重要的影响，在冻结过程中，随着土壤液态含水量水平的降低，土壤碳素矿化速率逐渐下降；并且在 JS 处理条件下，二者的相关关系最为显著。而在融化期，随着土壤含水量的提升，土壤碳素矿化速率呈现出先增加后减小的变化趋势，并且在生物炭与秸秆的联合调控作用下，生物炭激发了微生物的生命活动，而秸秆覆盖提升了土壤温度，二者联合调控提升了土壤含水量与碳素矿化速率的相关关系。

三、土壤碳素矿化速率对转化酶活性的响应效果

在农田土壤复合系统中，土壤酶参与土壤中一切生物化学过程，是土壤生态系统中物质循环和能量流动中最活跃的物质[49]。而土壤有机碳的矿化作用是土壤有机碳在微生物驱动作用下有酶作用的生物化学过程，而在众多种类的活性酶中转化酶对于土壤碳素矿化具有重要的促进作用[50]。而土壤中酶的活性也受到温度、水分以及土壤颗粒结构的影响[51]。因此在土壤冻融循环过程中，土壤水热环境的变化调节土壤转化酶的活性，进而影响着土壤碳素矿化速率。分析冻结期土壤转化酶活性与碳素矿化速率之间关系曲线变异特征，具体情况如图 7-25 所示。根据整体变化趋势可知，在 JS 处理条件下，随着土壤转化酶活性的降低，土壤碳素矿化速率的整体水平相对较高；而在 BL 处理条件下，其整体水平相对较低。同时，分析二者关系曲线的拟合精度可知，在 10 cm 土层处，BL 处理条件下，土壤碳素矿化速率与土壤转化酶活性之间关系曲线的拟合决定系数为 0.945；在 CS、JS 和 CJS 处理条件下，二者之间的关系曲线的拟合决定系数分别为 0.956、0.982 和 0.970，由此可知在 JS 处理条件下，二者之间关系曲线的拟合精度最优。

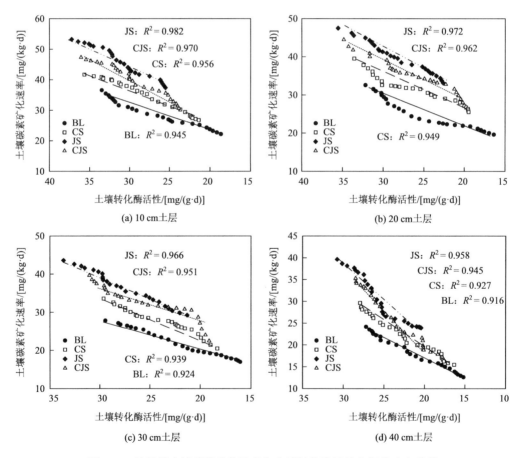

图 7-25 冻结期土壤碳素矿化速率与土壤转化酶活性之间的响应关系

同理，分析图 7-26 可知，在融化期间，冻结土壤的消融导致土壤中微生物的活性以及酶的活性均呈现出显著的提升趋势，进而有效促进了土壤中有机碳的矿化效应。整体分析不同处理条件下土壤碳素矿化速率与土壤转化酶之间的变化曲线可知，随着土壤转化酶活性的提升，土壤中碳素矿化速率表现出对数增长趋势；并且当土壤转化酶活性提升到一定水平时，土壤碳素矿化速率趋于平缓，并且处于较高的水平。分析不同处理条件下土壤碳素矿化速率与土壤转化酶活性之间关系曲线的拟合精度可知，在 10 cm 土层处，BL 处理条件下，二者之间关系曲线的拟合决定系数值为 0.925；在 CS、JS 和 CJS 处理条件下，二者之间关系曲线的拟合决定系数分别为 0.943、0.935 和 0.951。由此可知，生物炭与秸秆联合调控作用有效提升了二者之间关系曲线的拟合精度。同时，随着土层深度的增加，在 20 cm、30 cm 和 40 cm 土层处时，二者之间的关系曲线拟合精度分别相对于表层 10 cm 土层有所降低，并且其在不同调控模式下的变异规律与表层 10 cm 土层相一致。

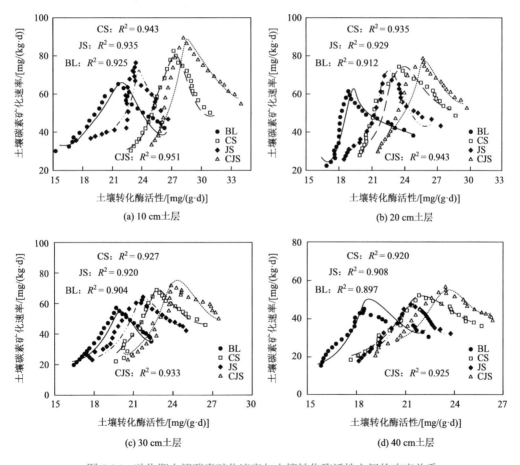

图 7-26 融化期土壤碳素矿化速率与土壤转化酶活性之间的响应关系

在上述分析土壤碳素矿化速率与土壤转化酶活性的基础之上，进一步构建二者之间的响应函数，具体情况如表 7-10 所示。在冻结期，土壤碳素矿化速率与土壤转化酶活性之间的响应函数符合线性函数变化趋势。在此基础之上，分析二者之间的相关关系以及响应函数的模拟精度效果可知，在表层 10 cm 土层处，BL 处理条件下，土壤碳素矿化速率与土壤转化酶活性之间的 Pearson 相关系数为 0.972；在 CS、JS 和 CJS 处理条件下，二者之间的相关系数分别相对于 BL 处理提升了 0.006、0.019 和 0.013，表明在 JS 处理调控作用下，二者之间的相关关系最为显著，并且随着土壤深度的增加，尽管土壤碳素矿化速率与土壤转化酶活性之间的相关关系整体水平有所降低，但同样表现出在 JS 处理条件下二者之间的相关性最高。正如吴静等[52]的研究结论：土壤中微生物及酶活性对温度提升具有积极的响应效果，进而促进了土壤有机碳的矿化速率，而秸秆的覆盖作用极大程度保持了土壤温度。分析不同该处理条件下响应函数的模拟精度可知，在表层 10 cm 土层处，BL 处理条件下，响应函数模式值与实测值之间的相对误差为 2.11%；在 CS、JS 和 CJS 处理条件下，其相对误差分别变为 1.95%、0.98% 和 1.56%，秸秆覆盖调控处理下，响应函数模拟值与实测值之间的相对误差最低。

表 7-10　土壤碳素矿化速率与土壤转化酶活性的响应函数

土层深度/cm	处理方式	冻结期			融化期		
		响应函数	Re/%	r	响应函数	Re/%	r
10	BL	$y=0.84x+6.18$	2.11	0.972	$y=58.52\cdot\exp((-0.5\cdot(x-21.86)/5.28)^2)$	6.11	0.962
	CS	$y=1.12x+3.06$	1.95	0.978	$y=75.16\cdot\exp((-0.5\cdot(x-27.56)/3.15)^2)$	4.97	0.971
	JS	$y=1.41x+2.21$	0.98	0.991	$y=62.55\cdot\exp((-0.5\cdot(x-23.72)/4.34)^2)$	5.86	0.967
	CJS	$y=1.34x+0.19$	1.56	0.985	$y=84.29\cdot\exp((-0.5\cdot(x-29.71)/3.65)^2)$	3.68	0.975
20	BL	$y=0.73x+8.56$	2.56	0.965	$y=55.76\cdot\exp((-0.5\cdot(x-19.87)/5.57)^2)$	7.13	0.955
	CS	$y=1.06x+7.49$	2.23	0.974	$y=76.54\cdot\exp((-0.5\cdot(x-25.21)/6.31)^2)$	6.24	0.967
	JS	$y=1.28x+3.21$	1.13	0.986	$y=68.21\cdot\exp((-0.5\cdot(x-22.36)/5.38)^2)$	6.68	0.964
	CJS	$y=1.17x+2.28$	1.74	0.981	$y=80.73\cdot\exp((-0.5\cdot(x-28.39)/4.21)^2)$	5.31	0.971
30	BL	$y=0.65x+7.54$	3.35	0.961	$y=52.64\cdot\exp((-0.5\cdot(x-15.64)/3.37)^2)$	7.98	0.951
	CS	$y=0.89x+5.28$	2.97	0.969	$y=71.73\cdot\exp((-0.5\cdot(x-21.55)/6.54)^2)$	6.45	0.963
	JS	$y=1.37x+2.26$	1.67	0.983	$y=59.87\cdot\exp((-0.5\cdot(x-18.64)/9.87)^2)$	6.67	0.959
	CJS	$y=1.18x+1.19$	2.54	0.975	$y=78.24\cdot\exp((-0.5\cdot(x-23.87)/5.21)^2)$	5.97	0.966
40	BL	$y=0.58x+8.57$	3.97	0.957	$y=49.67\cdot\exp((-0.5\cdot(x-12.23)/4.46)^2)$	9.35	0.947
	CS	$y=0.94x+5.22$	3.39	0.963	$y=58.51\cdot\exp((-0.5\cdot(x-19.87)/3.71)^2)$	7.65	0.959
	JS	$y=1.23x+4.89$	1.98	0.979	$y=53.24\cdot\exp((-0.5\cdot(x-15.84)/2.85)^2)$	7.91	0.953
	CJS	$y=1.12x+1.16$	2.79	0.972	$y=63.54\cdot\exp((-0.5\cdot(x-22.37)/8.67)^2)$	6.98	0.962

具体分析各种处理条件下土壤碳素矿化速率与土壤转化酶活性之间的相关关系

可知，在表层 10 cm 土层处，BL 处理条件下，二者之间的相关系数为 0.962。同时，伴随着生物炭与秸秆的覆盖调控作用，在 CS、JS 和 CJS 处理条件下，二者之间的相关关系分别变为 0.971、0.967 和 0.975，表明生物炭的调控作用显著提升了土壤转化酶活性与碳素矿化速率之间的相关关系。同理，在 20 cm 土层处，四种处理条件下二者之间的相关关系从大到小依次为 CJS＞CS＞JS＞BL。正如龚丝雨等[53]的研究结论：在作物生育期内，生物炭能够有效促进土壤中过氧化氢酶、转化酶、脲酶的活性，进而提升土壤碳素元素的转化效应。与此同时，上述构建的响应函数的模拟精度均随着土壤碳素矿化速率与土壤转化酶活性相关关系的提升而增大。

综上所述，冻结期，随着土壤转化酶活性的降低，土壤碳素矿化速率呈现出线性降低的趋势，并且在秸秆覆盖处理条件下，二者之间的相关关系最为显著。在融化期，随着土壤转化酶活性的恢复，土壤碳素矿化速率快速提升，生物炭与秸秆的联合调控作用有效增强了二者之间的响应关系。

参 考 文 献

[1]　许文强，陈曦，罗格平，等. 干旱区三工河流域土壤有机碳储量及空间分布特征[J]. 自然资源学报，2009，24（10）：1740-1747.

[2]　Mu G T，Zhang Z M，Liu Y P. Characteristics of spatio-temporal variation of soil organic carbon in mid subtropical forests driven by climate change a case study of the Fanjingshan nature reserve in Guizhou China[J]. Fresenius Environmental Bulletin，2021，30（6B）：7483-7489.

[3]　Dai E F，Huang Y，Wu Z，et al. Analysis of spatio-temporal features of a carbon source/sink and its relationship to climatic factors in the Inner Mongolia grassland ecosystem[J]. Journal of Geographical Sciences，2016，26（3）：297-312.

[4]　Li L，Qin F，Jiang L，et al. Spatio-temporal variability of soil organic carbon in semi-arid area[J]. Journal of Agricultural Science and Technology，2020，22（3）：100-107.

[5]　Ou Y，Rousseau A N，Wang L X，et al. Spatio-temporal patterns of soil organic carbon and pH in relation to environmental factors：A case study of the black soil region of northeastern China[J]. Agricultural Ecosystems & Environment，2017，245：22-31.

[6]　Wan W，Zhao X Y，Wang W J，et al. Analysis of spatio-temporal patterns of carbon emission from energy consumption by rural residents in China[J]. Acta Ecologica Sinica，2017，37（19）：6390-6401.

[7]　Reinmann A B，Templer P H，Campbel J L. Severe soil frost reduces losses of carbon and nitrogen from the forest floor during simulated snowmelt：A laboratory experiment[J]. Soil Biology and Biochemistry，2012，44（1）：65-74.

[8]　Elliott A C，Henry H A L. Freeze-thaw cycle amplitude and freezing rate effects on extractable nitrogen in a temperate old field soil[J]. Biology and Fertility of Soils，2009，45（5）：469-476.

[9]　Gao B，Huang T，Ju X T，et al. Chinese cropping systems are a net source of greenhouse gases despite soil carbon sequestration[J]. Global Change Biology，2018，24（12）：5590-5606.

[10]　Gutierrez-Giron A，Rubio A，Gavilan R. Temporal variation in microbial and plant biomass during summer in a Mediterranean high-mountain dry grassland[J]. Plant and Soil，2014，374（1-2）：803-813.

[11]　Sanderman J，Kramer M G. Dissolved organic matter retention in volcanic soils with contrasting mineralogy：A column sorption experiment[J]. Biogeochemistry，2017，135（3）：293-306.

[12]　Keuskamp J A，Schmitt H，Laanbroek H J，et al. Nutrient amendment does not increase mineralisation of sequestered carbon during incubation of a nitrogen limited mangrove soil[J]. Soil Biology and Biochemistry，2013，57：822-829.

[13]　Lubbers I M，van Groenigen K J，Fonte S J，et al. Greenhouse-gas emissions from soils increased by earthworms[J]. Nature Climate Change，2013，3（3）：187-194.

[14] Kim S，Dale B E. Effects of nitrogen fertilizer application on greenhouse gas emissions and economics of corn production[J]. Environmental Science & Technology，2008，42（16）：6028-6033.

[15] Wallenstein M D，McMahon S K，Schimel J P. Seasonal variation in enzyme activities and temperature sensitivities in Arctic tundra soils[J]. Global Change Biology，2009，15（7）：1631-1639.

[16] Qin M S，Zhang Q，Pan J B，et al. Effect of arbuscular mycorrhizal fungi on soil enzyme activity is coupled with increased plant biomass[J]. European Journal of Soil Science，2020，71（1）：84-92.

[17] 王学霞，高清竹，干珠扎布，等. 藏北高寒草甸温室气体排放对长期增温的响应[J]. 中国农业气象，2018，39（3）：152-161.

[18] Chen Z，Yu G R，Zhu X J，et al. Covariation between gross primary production and ecosystem respiration across space and the underlying mechanisms：A global synthesis[J]. Agricultural and Forest Meteorology，2015，203：180-190.

[19] Ganjurjav H，Gao Q Z，Gornish E S，et al. Differential response of alpine steppe and alpine meadow to climate warming in the central Qinghai-Tibet Plateau[J]. Agricultural and Forest Meteorology，2016，223：233-240.

[20] 闫翠萍，张玉铭，胡春胜，等. 不同耕作措施下小麦–玉米轮作农田温室气体交换及其综合增温潜势[J]. 中国生态农业学报，2016，24（6）：704-715.

[21] 陈静，张建国，赵英，等. 秸秆和生物炭添加对关中地区玉米-小麦轮作农田温室气体排放的影响[J]. 水土保持研究，2018，25（5）：170-178.

[22] McHugh T A，Koch G W，Schwartz E. Minor changes in soil bacterial and fungal community composition occur in response to monsoon precipitation in a semiarid grassland[J]. Microbial Ecology，2014，68（2）：370-378.

[23] Li Y M，Lin Q Y，Wang S P，et al. Soil bacterial community responses to warming and grazing in a Tibetan alpine meadow[J]. Fems Microbiology Ecology，2016，92（1）：fiv152.

[24] 张宇，张海林，陈继康，等. 耕作措施对华北农田 CO_2 排放影响及水热关系分析[J]. 农业工程学报，2009，25（4）：47-53.

[25] 刘芳婷，范文波，张金玺，等. 滴灌水量与温度对表层土壤 CO_2 通量的影响[J]. 节水灌溉，2018，（5）：1-4，10.

[26] 徐星凯，段存涛，吴浩浩，等. 冻结强度和冻结时间对高寒区温带森林土壤微生物量、可浸提的碳和氮含量及 N_2O 和 CO_2 排放量的影响[J]. 中国科学：地球科学，2015，45（11）：1698-1716.

[27] 戴雅婷，侯向阳，闫志坚，等. 库布齐沙地不同植被类型下土壤微生物量碳及土壤呼吸的变化[J]. 中国草地学报，2013，35（5）：92-95.

[28] 张磊. 土地耕作后微生物量碳和水溶性有机碳的动态特征[J]. 水土保持学报，2008，22（2）：146-150.

[29] Schuur E A G，McGuire A D，Schadel C，et al. Climate change and the permafrost carbon feedback[J]. Nature，2015，520（7546）：171-179.

[30] Kurganova I，Teepe R，Loftfield N. Influence of freeze-thaw events on carbon dioxide emission from soils at different moisture and land use[J]. Carbon Balance and Management，2007，2（1）：Article number 2.

[31] Safari E，Al-Suwaidi G，Rayhani M T. Performance of biocover in mitigating fugitive methane emissions from municipal solid waste landfills in cold climates[J]. Journal of Environmental Engineering，2017，143（5）：06017003.

[32] Knoblauc C，Maarifat A A，Pfeiffer E M，et al. Degradability of black carbon and its impact on trace gas fluxes and carbon turnover in paddy soils[J]. Soil Biology and Biochemistry，2011，43（9）：1768-1778.

[33] 倪雪，江长胜，陈世杰，等. 地膜覆盖和施氮对菜地 CH_4 排放的影响[J]. 环境科学，2019，40（5）：2404-2412.

[34] Nan Q，Xin L Q，Qin Y，et al. Exploring long-term effects of biochar on mitigating methane emissions from paddy soil：A review[J]. Biochar，2021，3（2）：125-134.

[35] Song C C，Zhang J B，Wang Y Y，et al. Emission of CO_2，CH_4 and N_2O from freshwater marsh in northeast of China[J]. Journal of Environmental Management，2008，88（3）：428-436.

[36] 王国强，孙焕明，郭琰. 生物炭对 CH_4 和 N_2O 排放的影响综述[J]. 中国农学通报，2018，34（27）：118-123.

[37] Liu X J，Ruecker A，Song B，et al. Effects of salinity and wet-dry treatments on C and N dynamics in coastal-forested wetland soils：Implications of sea level rise[J]. Soil Biology and Biochemistry，2017，112：56-67.

[38] 谢军飞，李玉娥. 农田土壤温室气体排放机理与影响因素研究进展[J]. 中国农业气象，2002（4）：48-53.

[39] 邱虎森，苏以荣，刘杰云，等. 易利用态有机物质对水稻土甲烷排放的激发作用[J]. 土壤，2018，50（3）：537-542.

[40] 吴家梅，霍莲杰，纪雄辉，等. 不同施肥处理对土壤活性有机碳和甲烷排放的影响[J]. 生态学报，2017，37（18）：6167-6175.

[41] 徐洪文，卢妍. 土壤碳矿化及活性有机碳影响因子研究进展[J]. 江苏农业科学，2014，42（10）：4-7.

[42] 刘燕萍，唐英平，卢茜，等. 温度和土地利用变化对土壤有机碳矿化的影响[J]. 安徽农业科学，2011，39（7）：3896-3927.

[43] 武山梅，刘颖慧，李悦，等. 禁牧放牧下温湿度对西藏那曲地区高寒草甸土壤碳矿化的影响[J]. 北京师范大学学报（自然科学版），2017，53（5）：615-623.

[44] 白洁冰，徐兴良，宋明华，等. 温度和氮素输入对青藏高原三种高寒草地土壤碳矿化的影响[J]. 生态环境学报，2011，20（5）：855-859.

[45] Hamer U，Marschner B，Brodowski S，et al. Interactive priming of black carbon and glucose mineralisation[J]. Organic Geochemistry，2004，35（7）：823-830.

[46] 杨继松，刘景双，孙丽娜. 温度、水分对湿地土壤有机碳矿化的影响[J]. 生态学杂志，2008，27（1）：38-42.

[47] 张鹏，李涵，贾志宽，等. 秸秆还田对宁南旱区土壤有机碳含量及土壤碳矿化的影响[J]. 农业环境科学学报，2011，30（12）：2518-2525.

[48] 陈威，胡学玉，陆海楠. 生物炭输入对土壤本体有机碳矿化的影响[J]. 环境科学，2015，36（6）：2300-2305.

[49] 陈涛，郝晓晖，杜丽君，等. 长期施肥对水稻土壤有机碳矿化的影响[J]. 应用生态学报，2008，19（7）：1494-1500.

[50] 黄耀，刘世梁，沈其荣，等. 环境因子对农业土壤有机碳分解的影响[J]. 应用生态学报，2002，13（6）：709-714.

[51] 马志良，赵文强，刘美，等. 高寒灌丛生长季土壤转化酶与脲酶活性对增温和植物去除的响应[J]. 应用生态学报，2018，29（7）：2211-2216.

[52] 吴静，陈书涛，胡正华，等. 不同温度下的土壤微生物呼吸及其与水溶性有机碳和转化酶的关系[J]. 环境科学，2015，36（4）：1497-1506.

[53] 龚丝雨，聂亚平，张启明，等. 增施生物炭对烤烟成熟期根际土壤酶活性的影响[J]. 江西农业学报，2017，29（10）：54-57.

第八章 农田冻融土壤氮素循环转化机理及伴生过程

第一节 概 述

氮素作为植物生长发育的必需元素之一，其赋存形态直接影响着土壤氮素的转化[1]。氮素在自然界有多种存在形式，数量最多的是大气中的氮气，占大气体积的 79%，总量约 3.9×10^8 t。在土壤的两大氮库中，有机氮的占比高达 95% 以上[2]；而无机氮仅占到 5% 左右，包括可交换性氮和非交换性氮。可交换性氮是以游离形态存在于土壤溶液中的氮（NH_4^+-N、NO_3^--N、NO_2^--N），能被植物和微生物利用[3]。因此，土壤中可利用氮源数量有限，地球表面生物量的增长受到可利用氮的限制。

氮素循环过程中的几个主要环节是：①大气中的分子态氮被固定成氨（固氮作用）；②氨被植物吸收合成有机氮并进入食物链；③有机氮被分解释放出氨（氨化作用）；④氨被氧化成硝酸；⑤硝酸又被还原成氮，返回大气（脱氮作用）。氨或铵盐在有氧条件下能被氧化成硝酸盐。硝酸盐溶于水，易被植物吸收利用，但也易从土壤中淋失，流至河湖及海洋。人们为了发展农业生产，除大力增产氮肥外，还必须提高对氮素循环中各个环节的了解，以便在氮肥的使用和管理上，采取合理的措施。

农田系统中土壤氮素的循环和转化过程如图 8-1 所示，其中，土壤中的氮素分为有机氮和无机氮两大类，土壤中的有机氮主要是来源于动植物的残骸以及有机肥，这种有机氮也成为新鲜氮库。而这种新鲜氮库经过微生物的分解形成微生物量氮库，这种有机氮形式更容易被氧化分解，供动植物体所吸收利用。

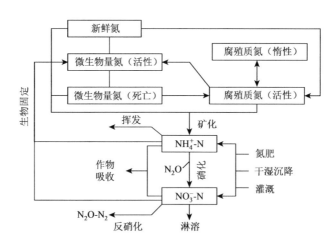

图 8-1 农田土壤中氮素循环和转化过程

　　土壤中的无机氮主要包括硝态氮和铵态氮两种，其主要的来源包括土壤化肥的施用以及有机氮的矿化效应。同时，土壤中的硝态氮与铵态氮又会在微生物的驱动作用下发生硝化与反硝化作用。其中，硝化作用是指在通气性良好的情况下，土壤中所存在的氨、胺及酰胺在微生物催化作用下氧化为硝酸根的生物化学过程。而在通气性不良或者是供氧不足的情况下，土壤中厌氧微生物以硝酸根或亚硝酸根等代替氧气为最终电子受体进行呼吸代谢。硝酸根经呼吸产生 N_2O，最终生成氮气的过程称为反硝化作用或脱氮作用。

　　在季节性冻土区，冻融交替作为一种非生物应力，对土壤氮素迁移转化乃至整个生态系统的氮循环过程有着十分重要的作用，主要通过改变土壤水热条件和营养物质含量来影响土壤氮素矿化过程。冻融循环在一定程度上会促进土壤的氮矿化过程和硝化作用，增加土壤中可溶性有机物的含量。可溶性有机氮的增加一方面加速了土壤氮素的淋溶冲刷作用，另一方面作为反应底物促进反硝化作用的进行，最终被微生物分解为氮气（N_2）、一氧化氮（NO）和氧化亚氮（N_2O）进入大气。虽然已有的许多研究结果表明冻融交替对土壤氮素循环关键过程有显著影响，但是现有的研究结果差异仍然较大，其影响机制尚不明确。本书在大量整理前人已有研究结果的基础上，重点探索了土壤氮素矿化及其伴生过程对土壤水热环境的响应机制，为今后黑土区农田土壤氮素可持续利用提供技术支撑。

第二节　冻融土壤无机氮含量变异特征

　　氮素作为作物生长必需的营养元素之一，是植物从土壤中吸收量最大的元素。农田土壤生态系统的氮素主要来源于动植物残体的降解、大气沉降及生物固氮等，而土壤氮素的转化离不开土壤氮转化酶的参与，土壤氮转化酶是具有特殊生物催化能力的蛋白质，能促进有机氮转化成植物能直接利用的有效氮。本节以东北松嫩平原典型黑土区为研究对象，采用野外大田试验，探究农田冻融土壤环境-生物-化学耦合过程协同效应，旨在揭示土壤氮素循环对环境演变的定量响应关系。

一、试验方案

（一）试验区布置

　　与上述第六章选用的试验场地相同。

（二）试验采样方案

　　在试验过程中，为了测量土壤中无机氮含量以及土壤酶活性，采用自行设计取土器，通过人工夯击的方式获取冻结土壤的柱状土芯，土芯的取样深度与传感器的位置相对应，分别为 10 cm、20 cm、30 cm、40 cm，取样时间间隔为 7 d/次。与此同时，将人工取出的土壤样品采用锡箔纸进行包裹，确保土壤处于密封状态，并且将包裹的样品装入自封袋中，以备后续的土壤化学指标测量。

（三）土壤氮元素指标测定

1. 土壤硝态氮

硝态氮在土壤中的含量一般较低，但它是植物能直接吸收利用的速效性氮素。土壤中硝态氮含量随季节的变化和植物不同生育阶段而有显著的差异。硝态氮不易被土壤吸附，易遭淋失，所以雨量多的季节及作物生长盛期含量低，干旱季节及作物收获后含量较高。另外，硝态氮与土壤通气状况也有密切关系：通气好，含量高；通气差，含量低。在土壤硝态氮的测试中，首先对其进行提取，称 10 g（精确到 0.01 g）过 2 mm 筛孔新鲜土样于 250 mL 广口瓶内，加入 1 mol/L 的 KCl 溶液 100 mL，塞紧瓶塞，置于振荡器上室温振荡 1 小时，随后用定性滤纸对其进行过滤。采用 AA3 型流动分析仪对其含量进行测定，其反应原理为硝酸盐在碱性环境中，在铜的催化作用下，被硫酸肼还原成亚硝酸盐，并和对氨基苯磺酰胺及 N-（1-萘基）乙二胺盐酸反应生成粉红色化合物在 550 nm 波长下检测[4, 5]。

2. 土壤铵态氮

在土壤中呈交换性铵状态存在的铵态氮，是可以为植物直接吸收利用的，它是速效性氮素。通常土壤中含量为每百克土含有 0.14～3 mg 速效性氮素，最高可达 5 mg 以上。在土壤铵态氮的测试过程中，同样采取上述方法对土壤中的铵态氮进行提取，随后，同样采用 AA3 型流动分析仪对其含量进行测定，其反应原理为样品与水杨酸钠和二氯异氰尿酸钠（DCI）反应生成蓝色化合物在 660 nm 波长下检测，加入的硝普钠作为催化剂，加速其反应速率[6, 7]。

3. 土壤氮素矿化速率

土壤净氮矿化量计算方法如下[8, 9]：

$$土壤净氮矿化量 = 培养后的无机氮含量 - 培养前的无机氮含量$$

土壤净氮素矿化速率计算方法如下：

$$土壤净氮素矿化速率 = (培养后的无机氮含量 - 培养前的无机氮含量)/培养时间$$

4. 土壤脲酶活性

土壤脲酶测定采用靛酚蓝比色法，被测物浸提剂中的 NH_4^+，在强碱性介质中与次氯酸盐和苯酚反应，生成水溶性染料靛酚蓝，其深浅与溶液中的 NH_4^+-N 含量呈正比，线性范围为 0.05～0.5 mg/L。

在绘制标准曲线的基础之上，分别量取 2 g 过 1 mm 筛子的风干土样放于 50 mL 锥形瓶中，并向其中加入 1 mL 甲苯，使土样全部湿润。随后，向土样中加入 10 mL 的 10%

尿素溶液和 20 mL 柠檬酸缓冲液（pH = 6.7），并振荡摇匀。将锥形瓶放入 37℃恒温箱中，培养 24 h。培养结束后，用加热至 38℃的水稀释至刻度，充分摇荡，并将悬液用滤纸过滤到锥形瓶中。设置有土无基质对照，即排除各种溶液和土壤中氨氮存在带来的影响。

分别吸取 1～3 mL 滤液于 50 mL 容量瓶中，加蒸馏水至 20 mL，充分振荡，然后加入 4 mL 苯酚钠，充分混合，再加入 3 mL 次氯酸钠充分摇荡，放置 20 min，用水稀释至刻度，溶液呈现靛酚的蓝色（在 1 h 内保持稳定）。在分光光度计上用 1 cm 比色杯，于 578 nm 处进行比色测定[10, 11]。

二、土壤硝态氮含量变化特征

在试验过程中，冻融循环作用显著影响着土壤的氮素存在形式及其变异过程，因此，在研究中，为了有效地揭示不同调控模式下土壤氮素循环过程，统计了不同调控模式下各个土层处土壤硝态氮在各个时段的含量，具体如图 8-2 所示。

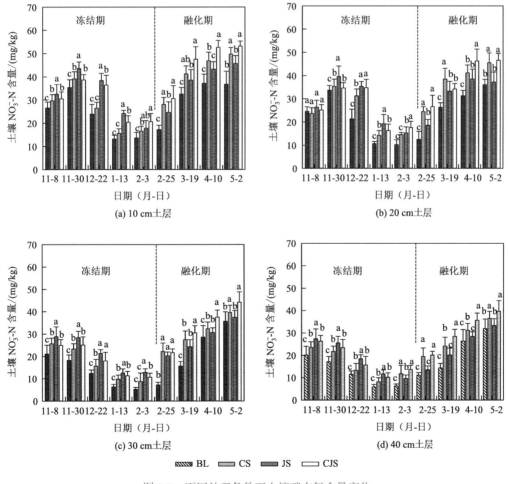

图 8-2 不同处理条件下土壤硝态氮含量变化

在冻结初期，受气温波动的影响，表层土壤出现了冻融交替的现象，10 cm 土层处土壤硝态氮含量呈现出增加的趋势，而随着环境温度的逐渐降低，土壤趋于冻结稳定状态，土壤硝态氮含量逐渐降低。在 BL 处理条件下，在冻结初期，土壤硝态氮含量的最大值为 35.27 mg/kg；在 CS 处理条件下，在生物炭调节作用下，土壤硝态氮含量的最大值为 38.11 mg/kg，其相对于 BL 处理呈现出一定的增长趋势；而在 CJS 和 JS 处理条件下，伴随着秸秆的填充，土壤硝态氮含量的最大值分别相对于 BL 处理提升了 3.38 mg/kg 和 8.27 mg/kg。在冻结期 BL 处理条件下，土壤硝态氮含量的平均水平为 24.51 mg/kg；而 CS、CJS 和 JS 处理条件下硝态氮含量分别相对于 BL 处理呈现出不同程度的提升，其含量从大到小依次表现为 JS＞CJS＞CS＞BL；并且通过单因素方差分析可知，各个时间节点，JS 处理条件下土壤硝态氮含量均体现出显著的差异。而在融化期，土壤硝态氮含量显著提升。其中，BL 处理条件下，土壤硝态氮含量的平均水平为 30.93 mg/kg；JS 和 CS 处理土壤硝态氮含量平均水平分别相对于 BL 处理提升了 7.10 mg/kg 和 10.52 mg/kg；此时，CJS 处理的作用效果最为显著，其含量达到了 45.98 mg/kg。

而在 20 cm 土层处，在冻结初期，土壤硝态氮含量同样表现出显著增加的趋势，在 BL 处理条件下，土壤硝态氮含量的最大值为 33.65 mg/kg；在 CS、JS 和 CJS 处理条件下，土壤硝态氮分别变为 35.28 mg/kg、39.64 mg/kg 和 34.59 mg/kg。同样体现出在秸秆覆盖调控处理条件下，土壤硝态含量水平最为显著，并且随着环境温度的降低，土壤中硝态氮含量也在降低，然而该土层处土壤硝态氮含量整体低于表层 10 cm 土层，并且硝态氮含量的变化幅度也相对有所降低。在融化期，随着环境温度的提升，土壤中硝态氮含量同样表现出逐渐增加的趋势。其中，BL 处理条件下，土壤硝态氮含量的平均水平为 23.21 mg/kg；在 CS、JS 和 CJS 处理条件下，土壤硝态氮含量的平均值分别为 32.84 mg/kg、28.59 mg/kg 和 34.24 mg/kg，其同样相对于表层 10 cm 土层处呈现出不同程度的下降现象。

同理，在 30 cm 和 40 cm 土层处，土壤硝态氮含量的变化趋势与表层 10 cm 土层变化趋势一致，但是其整体含量水平相对于表层依次减弱，不同覆盖措施对其调控能力也有所降低。

三、土壤铵态氮含量变化特征

在研究过程中，同样分析了不同调控模式下土壤铵态氮含量的变化过程，具体情况如图 8-3 所示。整体比较分析可知，农田土壤中铵态氮的含量相对于硝态氮有所降低，其变化趋势与硝态氮相似。首先，在 BL 处理条件下，表层 10 cm 土层处土壤铵态氮的初始值为 19.86 mg/kg；在 CS、JS 和 CJS 处理条件下，土壤铵态氮含量水平分别为 23.68 mg/kg、25.45 mg/kg 和 24.34 mg/kg，3 种覆盖调控处理条件下的土壤铵态氮含量水平相对较高。而在土壤经历了频繁的冻融循环过程后，各种处理条件下的土壤铵态氮含量水平出现了显著的提升。其中，在 BL 处理条件下，土壤铵态氮含量提升为 25.78 mg/kg；在 CS、JS 和 CJS 处理条件下，土壤中铵态氮含量分别相对于 BL 处理增加了 2.36 mg/kg、6.48 mg/kg 和 4.37 mg/kg。而随着冻结程度的增大，在冻结末期，土壤铵态氮含量降到了最低点，并且在 BL 处理条件下，土壤铵态氮含量变为 12.31 mg/kg。与此同时，CS、JS 和 CJS 处理条件下，土壤铵态氮的含量分别降低为 15.68 mg/kg、18.75 mg/kg 和 19.68 mg/kg，此时生物炭与秸秆覆盖处理条件下，土壤铵态氮含量水平最为显著。而在融化期，随着环境温度的提升，土壤微生物及酶活性的提升有效地促进了土壤氮的析出，土壤铵态氮的含量逐渐提升。其中，在 BL 处理条件下，土壤铵态氮含量的变化区间为 19.65～32.69 mg/kg；而在 JS 处理条件下，土壤铵态氮含量的变化区间变为 27.54～36.17 mg/kg，其铵态氮含量水平及其变化区间分别相对于 JS 处理有所提升。而在 CS 和 CJS 处理模式下，土壤铵态氮含量的变化区间分别变为 24.62～38.06 mg/kg 和 33.72～45.24 mg/kg，表明在生物炭与秸秆联合调控模式下，土壤铵态氮含量的提升效果最为显著。

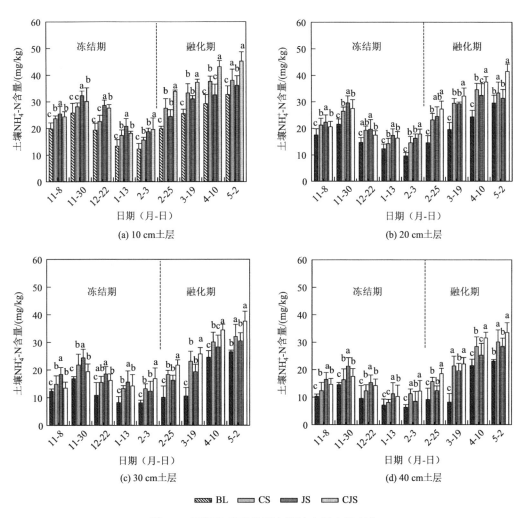

图 8-3　不同处理条件下土壤铵态氮含量变化

同理，在 20 cm 土层处，BL 处理条件下，土壤铵态氮的含量变为 17.63 mg/kg，其相对于表层 10 cm 土层处有所降低；在 CS、JS 和 CJS 处理条件下，20 cm 土层处土壤铵态氮含量分别相对于 10 cm 呈现出不同程度的降低。同样，冻结前期的冻融交替作用，土壤铵态氮含量同样出现一个变化峰值。其中，在 BL 处理条件下，土壤铵态氮含量为

21.53 mg/kg；而在 CS、JS 和 CJS 处理条件下，土壤铵态氮含量分别为 26.46 mg/kg、29.55 mg/kg 和 27.44 mg/kg，比较可知在冻结过程中，秸秆覆盖处理同样表现出良好的调控效果。而在融化期，随着环境温度的提升，BL 处理条件下，土壤铵态氮含量的变化区间为 14.51～29.53 mg/kg，其整体的含量水平相对于表层 10 cm 有所降低；并且在 CS、JS 和 CJS 处理条件下，土壤铵态氮含量的变化区间分别为 22.82～33.29 mg/kg、24.93～31.33 mg/kg 和 27.86～41.51 mg/kg，其含量水平相对于表层 10 cm 土层处分别呈现出不同程度的降低，并且在生物炭与秸秆协同覆盖处理条件下，土壤的铵态氮含量水平最高。与此同时，在 30 cm 和 40 cm 土层处，土壤铵态氮含量变化趋势与表层 10 cm 和 20 cm 土层处保持一致，然而其含量水平呈现出进一步的降低趋势。

四、土壤氮素矿化速率

在上述土壤硝态氮与铵态氮含量变化分析的基础之上，进一步测算土壤氮素的矿化速率，具体情况如图 8-4 所示。在 BL 处理条件下，冻结初期，表层 10 cm 土层处土壤氮素矿化速率为 0.807 mg/(kg·d)；在 CS 处理条件下，土壤氮素矿化速率变为 1.036 mg/(kg·d)；而在 CJS 和 JS 这两种秸秆覆盖处理条件下，土壤水分、温度以及脲酶活性极大程度地促进了土壤氮素的矿化过程，其矿化速率分别相对于 BL 处理增加了 0.447 mg/(kg·d) 和 0.702 mg/(kg·d)。随着土壤冻结程度的增大，其氮素矿化速率呈现出负增长趋势。分析可知，BL 处理条件下，土壤氮素矿化速率为–1.245 mg/(kg·d)，冻结环境对于土壤氮素矿化速率抑制效果最为显著；其次为 CS 和 CJS 处理，其土壤氮素矿化速率分别变为 –0.951 mg/(kg·d) 和–0.886 mg/(kg·d)；而在 JS 处理条件下，土壤氮素矿化速率为 –0.751 mg/(kg·d)，该处理条件下土壤氮素矿化速率的抑制效果最为微弱。在融化期，土壤氮素矿化速率显著提升，在 BL 处理条件下，土壤氮素矿化平均速率为 0.644 mg/(kg·d)；在 JS、CS 和 CJS 处理条件下，其土壤氮素矿化速率分别相对于 BL 处理提升了 0.101 mg/(kg·d)、0.229 mg/(kg·d) 和 0.353 mg/(kg·d)。由此可知，融化期秸秆与生物炭的联合覆盖处理积极地促进了氮素的矿化过程。

另外，在 20 cm 土层处，土壤氮素矿化速率的变异幅度整体相对于 10 cm 土层有所降低。首先，在冻结初期，BL 处理条件下土壤氮素矿化速率相对于 10 cm 土层处降低了 0.149 mg/(kg·d)；在 CS、JS 和 CJS 处理条件下，土壤氮素矿化速率的数值分别为 0.796 mg/(kg·d)、1.268 mg/(kg·d) 和 0.965 mg/(kg·d)，其分别相对于 10 cm 土层处呈现出不同程度的降低。而在冻结中期，土壤氮素矿化速率同样呈现为负值，环境条件同样对土壤氮素矿化呈现出抑制效应。在 BL 处理条件下，土壤氮素矿化速率为–1.134 mg/(kg·d)，同时，在 CS、JS 和 CJS 处理条件下，土壤氮素矿化速率分别变为–0.864 mg/(kg·d)、–0.665 mg/(kg·d) 和–0.779 mg/(kg·d)，其提升水平相对于表层 10 cm 土层有所增加，表明在冻结期，随着土层深度的增加，土壤氮素矿化速率的抑制效果有所减弱。而融化期，BL 处理条件下土壤氮素矿化速率的平均值为 0.286 mg/(kg·d)；在 CS、JS 和 CJS 处理条件下，土壤氮素矿化速率的平均值分别为 0.593 mg/(kg·d)、0.432 mg/(kg·d) 和 0.654 mg/(kg·d)，同样在生物炭与秸秆联合调控模式下，土壤氮素的矿化效果最为显著。

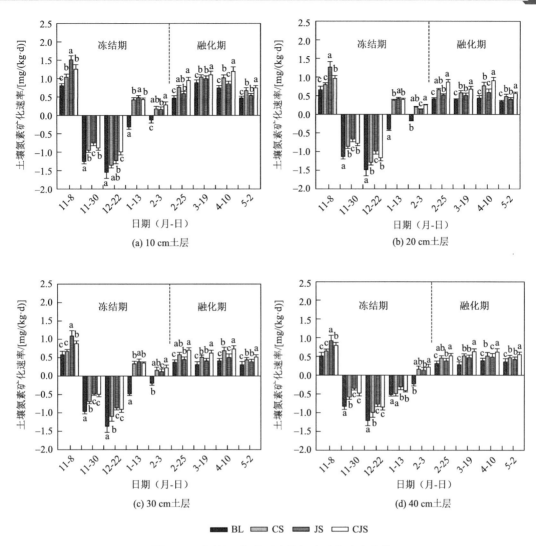

图 8-4　不同处理条件下土壤氮素矿化速率变化

同理，随着土壤深度的增加，在 30 cm 和 40 cm 土层处，冻结期，随着土层深度的增加，土壤氮素矿化速率的抑制效果逐渐减弱；而在融化期，土壤氮素矿化速率的增加趋势也相对有所降低。冻结期，秸秆覆盖调控处理效果最为显著；融化期，秸秆与生物炭的联合调控作用最强。

<h2 style="text-align:center">第三节　冻融土壤 N_2O 排放通量特征</h2>

一、土壤 N_2O 气体排放通量变化

在土壤冻融循环过程中，土壤的硝化和反硝化作用都会伴随着 N_2O 气体的排放，因此土壤是 N_2O 的重要排放源。通常情况下，冻结期内 N_2O 的排放量相对较低，冻融作用

可以促进土壤 N_2O 的大量排放，越冬期土壤 N_2O 的排放占全年的比例也相对较高。然而，由于农田土壤的不同调控模式处理和土壤的理化性质差异，土壤 N_2O 的排放特征也出现一定的差异。在试验过程中，统计不同处理条件下土壤 N_2O 排放通量，具体情况如图 8-5 所示。

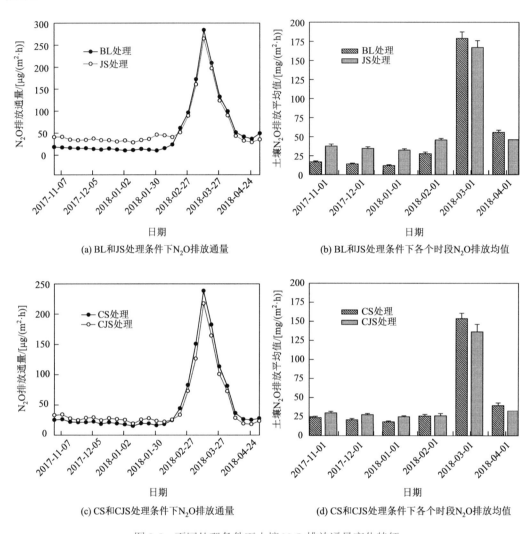

(a) BL和JS处理条件下N_2O排放通量

(b) BL和JS处理条件下各个时段N_2O排放均值

(c) CS和CJS处理条件下N_2O排放通量

(d) CS和CJS处理条件下各个时段N_2O排放均值

图 8-5　不同处理条件下土壤 N_2O 排放通量变化特征

分析图 8-5（a）和（c）可知，在冻结期，各种处理条件下土壤 N_2O 的排放通量均处于较低的水平，其中，在 BL 处理条件下，土壤 N_2O 排放通量平均值为 14.07 $\mu g/(m^2 \cdot h)$。此时，由于土壤处于冻结状况，微生物及酶的活性相对较低，土壤中 N_2O 的排放通量也处于较低的水平；而在 CS、JS 和 CJS 处理条件下，土壤中的 N_2O 排放通量出现了一定的提升现象，其分别相对于 BL 处理提升了 6.66 $\mu g/(m^2 \cdot h)$、20.69 $\mu g/(m^2 \cdot h)$ 和 13.17 $\mu g/(m^2 \cdot h)$。由此可知，农田土壤的调控处理在一定程度上增强了土壤中微生物与酶的活性，导致了土壤中 N_2O 的排放通量；并且在 JS 处理条件下，土壤的 N_2O 排放通量最为显著。而在融化期，随着环境温度的提升，土壤中水热及酶活性显著增强，因此，土壤中 N_2O 的排放通量出现了骤然增加的现象。其中，在 BL 处理条件下，土壤中的 N_2O 排放通量的最大值为 284.37 μg/(m^2·h)；在 CS、JS 和 CJS 处理条件下，土壤中的 N_2O 排放最大值分别变为 238.65 μg/(m^2·h)、264.78 μg/(m^2·h)和 217.54 μg/(m^2·h)。由此可知，在融化期，生物炭与秸秆的联合调控作用有效地抑制了土壤中 N_2O 的排放通量，降低了环境污染风险。而随着环境温度的进一步提升，土壤中 N_2O 的排放通量又呈现出降低趋势。其中，在 BL 处理条件下，土壤 N_2O 的排放通量为 49.32 μg/(m^2·h)；而在 CS、JS 和 CJS 处理条件下，土壤 N_2O 排放通量分别相对于 BL 处理呈现出不同程度的降低，土壤的覆盖调控作用抑制了温室气体的排放。

分析各个时段土壤 N_2O 排放的平均值可知，在 11 月 1～22 日，BL 处理条件下，土壤 N_2O 排放的平均值为 16.74 μg/(m^2·h)；在 JS 处理条件下，该时段土壤 N_2O 排放的平均值相对于 BL 处理增加了 20.92 μg/(m^2·h)。随着时段的推移，在 2017 年 11 月 22 日～2018 年 2 月 21 日，JS 处理条件下土壤 N_2O 排放的平均值均相对于 BL 处理有所提升；而在 2 月 21 日～4 月 4 日，BL 处理条件下的 N_2O 排放量显著增加。比较分析 CS 和 CJS 处理条件下土壤 N_2O 在各个时段的排放均值可知，在 2017 年 11 月 1 日～2018 年 2 月 21 日，CJS 处理条件下土壤各个时段内的 N_2O 排放均值均相对于 CS 呈现出一定程度的增加，而在融化期，CJS 处理又抑制了 N_2O 的排放效果。

二、土壤 N_2O 累积排放特征

在上述不同处理条件下土壤 N_2O 排放通量特征分析的基础之上，进一步统计土壤 N_2O 的累积排放量，各个时段内土壤 N_2O 累积排放量如图 8-6 所示。分析整体变化趋势可知，在冻结期，各种处理条件下土壤 N_2O 累积排放量呈现出平缓的递增趋势；而在融化期，随着环境水热状况的提升，土壤中 N_2O 的排放通量大幅度提升，呈现出近乎"S"曲线增长趋势。

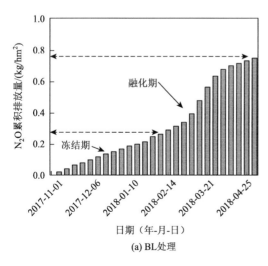

(a) BL处理

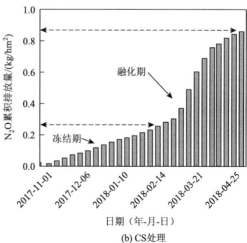

(b) CS处理

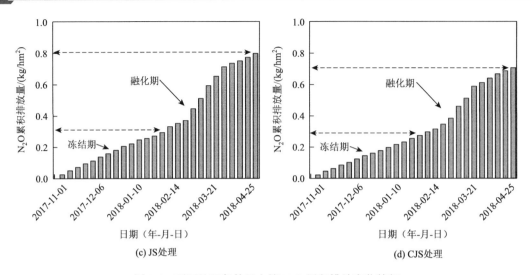

图 8-6　不同处理条件下土壤 N_2O 累积排放变化特征

　　具体比较分析可知,在 BL 处理条件下,冻结期,土壤 N_2O 累积排放量为 $0.196\ kg/hm^2$;在 CS、JS 和 CJS 处理条件下,土壤中 N_2O 的累积排放量分别为 $0.212\ kg/hm^2$、$0.256\ kg/hm^2$ 和 $0.232\ kg/hm^2$。由此可知在 JS 处理条件下,土壤 N_2O 的累积排放量最大,而在此过程中,由于土壤冻结程度较大,土壤中微生物及酶活性水平较低,并且 N_2O 的排放量相对较低,因此,调控措施对于土壤 N_2O 排放的作用效果不显著,而主要影响 N_2O 排放效应的是调控措施的保温作用。而在融化期,随着土壤水热状况的提升,土壤中微生物及酶的活性也显著增加,而此时,不同调控措施改善着土壤的生态效应,调节了微生物及酶的作用效果。具体比较可知,CJS 处理条件下土壤 N_2O 的累积量分别相对于 BL、CS 和 JS 处理降低了 $0.157\ kg/hm^2$、$0.039\ kg/hm^2$ 和 $0.092\ kg/hm^2$,表明融化期生物炭与秸秆的联合调控作用有效地抑制了 N_2O 的排放。

第四节　冻融土壤 N_2O 排放关键性影响因素分析

一、土壤 N_2O 排放对温度的响应效果

　　在试验过程中,土壤 N_2O 的排放与土壤温度具有显著的作用关系。在农田土壤的冻融循环过程中,土壤中微生物所参与的硝化、反硝化等活动是产生 N_2O 的重要途径[12]。首先,在有氧条件下,土壤的硝化作用相对较强,NH_3 或者 NH_4^+ 在微生物的作用下被氧化为 NO_2^- 和 NO_3^-,而在此过程中,NO_2^- 通过化学作用分解为 N_2O。与此同时,在缺氧的条件下,土壤的反硝化作用更为显著,土壤中的 NO_3^- 和 NO_2^- 在微生物的驱动作用下生成 N_2O 气体[13]。而在土壤冻结过程中,随着环境温度的降低,土壤中微生物的活性也降低,因此,土壤中微生物参与硝化与反硝化的能力减弱,土壤中 N_2O 的排放通量逐渐降低。具体分析图 8-7 中土壤温度与 N_2O 排放通量之间的关系曲线可知,在冻结初期,土壤降温速度较快,土壤 N_2O 的排放通量快速降低,而随着冻结程度的增大,土壤的 N_2O 的排

放通量趋于平稳，并处于较低的水平。而农田土壤中不同的覆盖调控模式对土壤温度起到一定的调节作用，进而影响了土壤 N_2O 的排放通量效果。具体比较分析可知，伴随着秸秆和生物炭的调控作用，土壤的温度变化幅度有所减弱，并且在 JS 处理条件下，土壤 N_2O 排放的降低幅度最小。

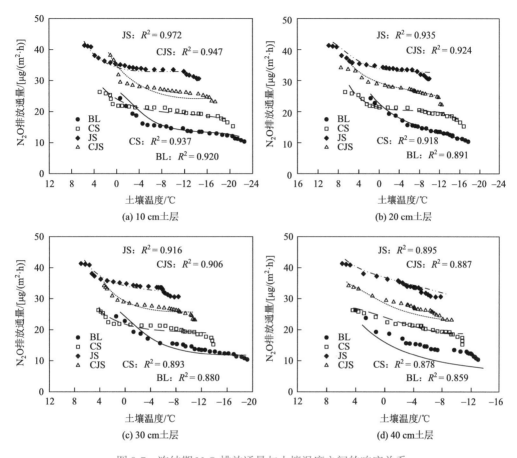

图 8-7 冻结期 N_2O 排放通量与土壤温度之间的响应关系

分析图 8-8 可知，在融化期内随着环境温度的提升，土壤逐渐融解，土壤中的微生物活性增强，并且在融化初期，土壤微生物的硝化与反硝化作用显著提升，土壤中的 N_2O 排放通量出现了变化峰值，并且随着环境温度的进一步提升，土壤中微生物的活性趋于稳定，土壤的硝化与反硝化能力也有所减弱，土壤中 N_2O 的排放通量逐渐降低。而在土壤融解过程中，由于土壤中的生物炭中含有大量的碱性物质，其改善了土壤的 pH，刺激了 N_2O 还原酶的活性，导致土壤中排放的 N_2O 转变为 N_2[14]。同时，生物炭具有较强的吸附性，其吸附了游离的 NH_4^+-N，减少了土壤 NH_4^+-N 的获得，土壤中的 NO_3^--N 生成减少，进而抑制了土壤的硝化与反硝化作用产生的 N_2O[15]。与此同时，比较分析四种不同处理条件下土壤 N_2O 的排放特征可知，在融化期初期，CJS 和 CS 处理条件下，土壤 N_2O 的排放通量最低。

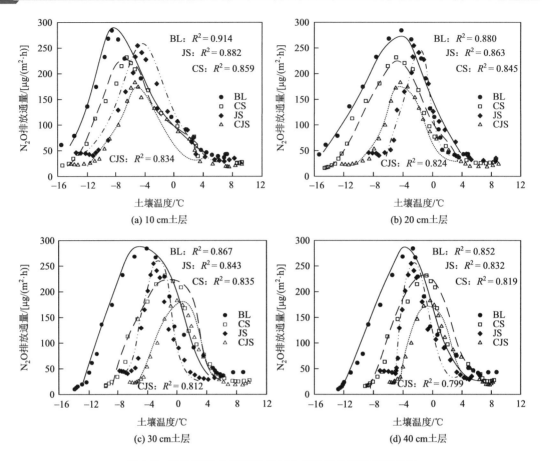

图 8-8　融化期 N_2O 排放通量与土壤温度之间的响应关系

在此基础之上，为了进一步探究不同处理条件下土壤 N_2O 排放通量与土壤温度之间的相关关系，在上述趋势分析的基础之上，构建了 N_2O 排放通量与土壤温度之间的响应函数，具体情况如表 8-1 所示。首先，在冻结期内，土壤 N_2O 排放通量与土壤温度之间的关系符合 $y = y_0 + ae^{-bx}$。通过分析二者的拟合效果可知，表层 10 cm 土层处，在 BL 处理条件下，土壤 N_2O 的排放通量与土壤温度之间的决定系数（R^2）为 0.920；在 CS、JS 和 CJS 处理条件下，土壤 N_2O 的排放通量与土壤温度之间的决定系数分别为 0.937、0.972 和 0.947。比较可知，在 JS 处理条件下，土壤 N_2O 的排放通量与土壤温度拟合精度较高。同理，随着土层深度的增加，在 20 cm、30 cm、40 cm 土层处，同样是在 JS 处理条件下，拟合效果最佳。分析土壤 N_2O 排放通量与土壤温度之间的 Pearson 相关系数可知，在表层 10 cm 土层处，二者之间的相关系数 r 为 0.959；而在 JS 处理条件下，二者的相关系数显著提升为 0.986。这表明秸秆覆盖作用下，土壤 N_2O 排放通量与土壤温度之间的相关关系明显增强，并且随着二者之间相关关系的增强，二者之间拟合曲线的相对误差也在逐渐降低。

而在融化期，表层 10 cm 土层处，在 BL 处理条件下，土壤 N_2O 的排放通量与土壤温度之间的决定系数为 0.914；在 CS、JS 和 CJS 处理条件下，伴随着生物炭以及秸秆的

表 8-1　N_2O 排放通量与土壤温度之间的响应函数

土层深度/cm	处理方式	冻结期			融化期		
		响应函数	Re/%	r	响应函数	Re/%	r
10	BL	$y = 25.864 + 4.227e^{-0.148x}$	2.66	0.959	$y = 251.06 \cdot \exp((-0.5 \cdot (x + 6.68) / 5.32)^2)$	2.12	0.956
	CS	$y = 28.534 + 2.634e^{-0.127x}$	2.41	0.968	$y = 209.87 \cdot \exp((-0.5 \cdot (x + 5.41) / 4.81)^2)$	3.27	0.927
	JS	$y = 31.085 + 4.558e^{-0.141x}$	1.58	0.986	$y = 221.58 \cdot \exp((-0.5 \cdot (x + 4.04) / 4.02)^2)$	2.48	0.939
	CJS	$y = 27.465 + 3.882e^{-0.133x}$	2.17	0.973	$y = 165.29 \cdot \exp((-0.5 \cdot (x + 3.94) / 4.13)^2)$	3.86	0.913
20	BL	$y = 26.386 + 3.667e^{-0.151x}$	3.68	0.944	$y = 284.89 \cdot \exp((-0.5 \cdot (x + 5.49) / 4.45)^2)$	3.13	0.938
	CS	$y = 29.678 + 5.112e^{-0.108x}$	3.07	0.958	$y = 224.32 \cdot \exp((-0.5 \cdot (x + 5.15) / 4.12)^2)$	4.27	0.919
	JS	$y = 34.557 + 2.067e^{-0.198x}$	2.51	0.967	$y = 234.64 \cdot \exp((-0.5 \cdot (x + 1.96) / 2.66)^2)$	3.51	0.929
	CJS	$y = 35.645 + 3.605e^{-0.147x}$	2.85	0.961	$y = 169.04 \cdot \exp((-0.5 \cdot (x + 3.64) / 3.12)^2)$	4.95	0.908
30	BL	$y = 37.446 + 2.784e^{-0.137x}$	5.67	0.938	$y = 276.86 \cdot \exp((-0.5 \cdot (x + 4.38) / 4.31)^2)$	3.89	0.931
	CS	$y = 31.265 + 1.864e^{-0.118x}$	4.86	0.945	$y = 228.87 \cdot \exp((-0.5 \cdot (x + 1.65) / 3.55)^2)$	5.35	0.914
	JS	$y = 25.741 + 2.634e^{-0.216x}$	4.13	0.957	$y = 237.52 \cdot \exp((-0.5 \cdot (x + 2.76) / 2.03)^2)$	4.32	0.918
	CJS	$y = 24.665 + 4.671e^{-0.153x}$	4.47	0.952	$y = 175.34 \cdot \exp((-0.5 \cdot (x - 0.078) / 2.71)^2)$	6.84	0.901
40	BL	$y = 31.264 + 2.237e^{-0.217x}$	8.28	0.927	$y = 260.91 \cdot \exp((-0.5 \cdot (x + 3.75) / 3.89)^2)$	4.35	0.923
	CS	$y = 29.363 + 4.652e^{-0.152x}$	6.98	0.937	$y = 218.61 \cdot \exp((-0.5 \cdot (x + 1.55) / 3.33)^2)$	8.37	0.905
	JS	$y = 25.337 + 3.521e^{-0.114x}$	5.71	0.946	$y = 234.38 \cdot \exp((-0.5 \cdot (x + 2.18) / 1.95)^2)$	5.51	0.912
	CJS	$y = 27.364 + 4.283e^{-0.127x}$	6.27	0.942	$y = 167.73 \cdot \exp((-0.5 \cdot (x + 0.102) / 2.76)^2)$	9.65	0.894

调控作用, 土壤 N_2O 排放通量与土壤温度之间的决定系数分别降低为 0.859、0.882 和 0.834, 二者之间关系曲线的拟合精度有所降低; 并且在 CJS 处理条件下, 土壤 N_2O 的排放通量与土壤温度之间关系曲线的拟合精度最低。同理, 分析土壤 N_2O 排放通量与土壤温度之间的 Pearson 相关系数可知, 在表层 10 cm 土层处, 在 BL 处理条件下, 二者之间的相关系数为 0.956; 而在 CJS 处理条件下, 生物炭与秸秆的联合调控作用显著降低了 N_2O 的排放通量, 二者之间的相关性大幅度降低, 并且随着土层深度的增加, 其表现出相同的变化趋势。同样, 随着二者相关性的降低, 土壤 N_2O 排放通量与土壤温度之间的拟合值与实测值之间的误差逐渐增大。

综上分析可知, 在土壤冻融循环过程中, 土壤温度与 N_2O 的排放通量之间具有显著的作用关系。在冻结过程中, 随着土壤温度的降低, 土壤 N_2O 的排放通量逐渐下降, 且处于较低的水平, 此时, JS 处理显著提升了二者之间的协同效应关系; 而在融化期, 生物炭以及秸秆覆盖的调控作用减小了 N_2O 的排放, 并且在 CJS 处理条件下, 土壤 N_2O 的排放与土壤温度之间的相关关系最弱。

二、土壤 N_2O 排放对含水量的响应效果

在土壤冻融循环过程中，随着环境温度的降低，土壤中的液态水逐渐相变为固态冰，土壤中的液态水量大幅衰减，其在一定程度上抑制了土壤氮素的硝化与反硝化作用[16]。因此，在试验过程中，同样表现出随着土壤含水量的降低，土壤中 N_2O 的排放通量也在逐渐降低。具体分析图 8-9（a）可知，当土壤含水量在 10%～25%时，土壤 N_2O 排放通量的降低速率相对较为缓慢；而含水量降低为 5%～10%时，土壤 N_2O 排放通量的降低速率大幅度降低。而分析不同调控模式下，土壤含水量变化状况与土壤 N_2O 的排放通量之间的相对变化趋势可知，在 JS 处理条件下，土壤含水量水平整体较高，土壤的 N_2O 排放通量相对较高；而在 CJS、CS 和 BL 处理条件下，土壤中液态含水量水平有所降低，并且此时土壤中 N_2O 的排放通量整体水平也有所降低。具体比较分析可知，表层 10 cm 土层处，在 JS 处理条件下，土壤水分和 N_2O 排放通量之间的拟合精度（R^2）为 0.953；在 CJS、CS 和 BL 处理条件下，土壤水分与 N_2O 排放通量之间的拟合精度（R^2）分别相对于 JS 处理降低了 0.024、0.045 和 0.060，二者之间的关系曲线拟合效果逐渐减弱。

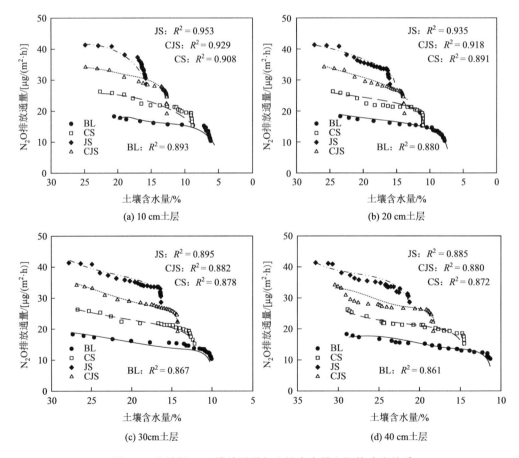

图 8-9　冻结期 N_2O 排放通量与土壤含水量之间的响应关系

　　分析图 8-10 可知，在融化期，随着土壤含水量的提升，土壤中的微生物逐渐复苏，并且土壤中的硝化与反硝化作用能力逐渐增强，因此，土壤中的 N_2O 排放通量也显著增加。整体分析变化趋势可知，在土壤含水量提升过程中，当土壤含水量为 10%～20%时，土壤中 N_2O 的排放通量大幅度提升；而随着土壤含水量的继续增大，土壤中 N_2O 的排放趋势有所降低，整体表现出先增加后减小的变化趋势。具体比较分析可知，在 BL 处理条件下，随着土壤含水量水平的提升，土壤 N_2O 的排放通量增加效果最为显著，其次为 JS 处理；而 CS 和 CJS 处理条件下，生物炭以及生物炭与秸秆的协同覆盖作用极大限度抑制了土壤 N_2O 的排放效应。具体比较几种不同处理条件下土壤含水量与 N_2O 之间关系曲线的拟合精度可以发现，在 BL 处理条件下，二者的拟合效果最佳，其决定系数（R^2）为 0.897；而在 CS、JS 和 CJS 处理条件下，土壤含水量与 N_2O 之间的拟合曲线的拟合精度分别相对于 BL 处理呈现出不同程度的降低。

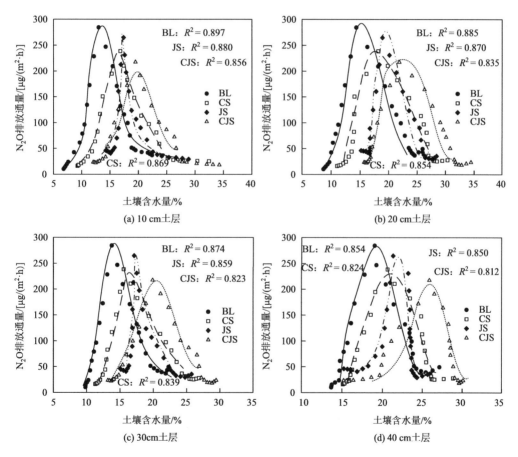

图 8-10　融化期 N_2O 排放通量与土壤含水量之间的响应关系

　　与此同时，构建冻融期不同处理条件下土壤 N_2O 排放通量与土壤含水量之间的响应函数，具体情况如表 8-2 所示。整体分析可知，在冻结期土壤 N_2O 排放通量土壤含水量之间的传递函数符合 $y = y_0 + ax^b$。统计分析不同处理条件下，土壤含水量与 N_2O

排放通量之间的 Pearson 相关系数可知，表层 10 cm 土层处，在 BL 处理条件下二者之间的相关系数为 0.945；在 CS、JS 和 CJS 处理条件下，土壤含水量与 N_2O 排放通量之间的相关系数分别相对 BL 处理提升了 0.008、0.031 和 0.019。由此可知，在生物炭与秸秆的调控作用下，冻结期土壤含水量与 N_2O 的排放通量之间的相关性显著。随着土层深度的增加，在 20 cm、30 cm、40 cm 土层处，各种处理条件下土壤含水量和 N_2O 的排放通量相对于表层 10 cm 土层呈现出不同程度的降低；并且在 JS 处理条件下，土壤含水量和 N_2O 的排放通量之间的相关关系最为显著。正如伍星等[17]提出的，在季节性冻土区，随着土壤含水量的提升，N_2O 的排放通量逐渐增大，并且当含水量较低时，温室气体的排放效果不明显。分析 N_2O 排放通量与土壤含水量之间的响应函数拟合值与实测值之间的相对误差可知，在表层 10 cm 土层处其相对误差为 2.95%；而在 CS、JS 和 CJS 处理条件下，其相对误差分别变为 2.76%、2.11% 和 2.85%。由此可知，在 JS 处理条件下，响应函数的耦合效果最优，并且其变化与相关系数呈现出反比例关系。

表 8-2　N_2O 排放通量与土壤含水量之间的响应函数

土层深度/cm	处理方式	冻结期			融化期		
		响应函数	Re/%	r	响应函数	Re/%	r
10	BL	$y = -266.57 + 270.87x^{0.0165}$	2.95	0.945	$y = 259.12 \cdot \exp((-0.5 \cdot (x-14.01)/2.75)^2)$	2.86	0.947
	CS	$y = -133.21 + 133.74x^{0.057}$	2.76	0.953	$y = 206.81 \cdot \exp((-0.5 \cdot (x-17.31)/3.61)^2)$	3.93	0.932
	JS	$y = -90.37 + 70.56x^{0.185}$	2.11	0.976	$y = 217.79 \cdot \exp((-0.5 \cdot (x-17.96)/1.63)^2)$	3.51	0.938
	CJS	$y = -105.33 + 98.96x^{0.1089}$	2.85	0.964	$y = 189.11 \cdot \exp((-0.5 \cdot (x-20.08)/3.67)^2)$	4.57	0.925
20	BL	$y = -275.13 + 275.48x^{0.0203}$	3.94	0.938	$y = 269.91 \cdot \exp((-0.5 \cdot (x-16.34)/3.72)^2)$	3.72	0.941
	CS	$y = -33.75 + 33.12x^{0.165}$	3.34	0.944	$y = 233.20 \cdot \exp((-0.5 \cdot (x-19.78)/4.17)^2)$	4.95	0.924
	JS	$y = -43.09 + 36.99x^{0.2534}$	2.87	0.967	$y = 239.63 \cdot \exp((-0.5 \cdot (x-20.67)/2.79)^2)$	4.17	0.933
	CJS	$y = -84.77 + 74.51x^{0.1451}$	3.15	0.958	$y = 220.11 \cdot \exp((-0.5 \cdot (x-23.64)/4.02)^2)$	5.82	0.914
30	BL	$y = -197.27 + 195.59x^{0.0297}$	6.84	0.931	$y = 256.17 \cdot \exp((-0.5 \cdot (x-14.75)/2.14)^2)$	4.37	0.935
	CS	$y = -105.44 + 100.46x^{0.0827}$	5.51	0.937	$y = 218.75 \cdot \exp((-0.5 \cdot (x-17.57)/3.18)^2)$	6.34	0.916
	JS	$y = -19.13 + 19.67x^{0.3401}$	4.49	0.946	$y = 220.57 \cdot \exp((-0.5 \cdot (x-18.07)/1.45)^2)$	5.11	0.927
	CJS	$y = -79.57 + 70.16x^{0.1467}$	4.87	0.939	$y = 191.89 \cdot \exp((-0.5 \cdot (x-20.75)/3.44)^2)$	8.33	0.907
40	BL	$y = -28.43 + 26.76x^{0.1627}$	9.65	0.928	$y = 324.84 \cdot \exp((-0.5 \cdot (x-19.33)/2.53)^2)$	5.27	0.924
	CS	$y = 2.22 + 3.11x^{0.5958}$	7.84	0.934	$y = 251.45 \cdot \exp((-0.5 \cdot (x-21.15)/2.71)^2)$	9.64	0.908
	JS	$y = -15.22 + 10.21x^{0.4918}$	6.11	0.941	$y = 319.01 \cdot \exp((-0.5 \cdot (x-21.91)/1.14)^2)$	7.42	0.922
	CJS	$y = 21.51 + 4.04x^{2.993}$	6.85	0.938	$y = 264.17 \cdot \exp((-0.5 \cdot (x-24.68)/2.49)^2)$	9.97	0.901

而在融化期，表层 10 cm 土层处，土壤 N_2O 的排放通量与土壤含水量之间的 Pearson

相关系数为 0.947；在 CS、JS 和 CJS 处理条件下，土壤 N_2O 排放通量与土壤含水量之间的 Pearson 相关系数分别为 0.932、0.938 和 0.925。这表明随着生物炭与秸秆的调控作用，土壤 N_2O 的排放通量与土壤含水量之间的相关性逐渐减弱。正如刘杏认等[18]提出的，施用秸秆可以有效地降低 N_2O 的累积排放量，并且添加生物炭对于减少氮素的气体损失具有较大的潜力。另外，何志龙等[19]也提出，农田土壤生态系统各种生物炭的添加量越大，土壤的 pH 越高，土壤的 N_2O 的排放通量也越低。此外，随着土层深度的增加，在 20 cm、30 cm、40 cm 土层处，均表现出 BL 处理条件下土壤的 N_2O 排放通量最大；而在 CJS 处理条件下，土壤中的 N_2O 排放通量最低，并且二者之间的相关性最低。与此同时，CJS 处理条件下土壤含水量与 N_2O 排放通量之间拟合函数的模拟相对误差最大。

综上分析，土壤冻结过程中，随着土壤中液态水的相变，土壤含水量逐渐降低，N_2O 的排放通量逐渐降低。然而，秸秆的覆盖调控作用有效地提升了土壤温度，进而提升了土壤 N_2O 的排放通量，增强了二者之间的相关关系。而在融化期，随着固态冰的融化，土壤含水量显著提升，土壤硝化与反硝化能力增强，N_2O 的排放通量增大，而此时，秸秆与生物炭的协同覆盖作用抑制了土壤 N_2O 的排放，降低了土壤含水量与 N_2O 排放通量之间的相关关系。

三、土壤 N_2O 排放对硝态氮的响应效果

在冻融循环过程中，无机氮含量受到环境演变的显著影响，而土壤中无机氮含量的变化在一定程度上决定了土壤硝化与反硝化作用的物料提供，进而影响了土壤中 N_2O 的排放通量[20]。本节统计了土壤硝态氮含量与 N_2O 排放通量之间的相关关系，具体情况如图 8-11 和图 8-12 所示。在冻结期，随着土壤温度的降低，土壤中硝态氮的含量逐渐下降，土壤中 N_2O 的排放通量与土壤硝态氮含量之间呈现出线性关系。然而不同处理条件下，土壤中硝态氮含量水平以及 N_2O 的排放通量均呈现出不同的变化趋势。其中，在 BL 处理条件下，N_2O 排放通量的整体水平相对较高，并且二者之间拟合曲线的决定系数相对较大，其 R^2 值为 0.924；而伴随着生物炭与秸秆的调控作用，土壤中的硝态氮含量有所提升，土壤中的 N_2O 的排放通量也有所增大，在 CS、JS 和 CJS

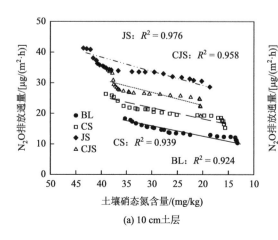

(a) 10 cm 土层

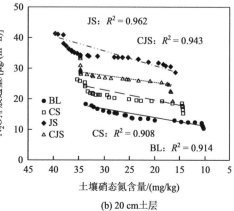

(b) 20 cm 土层

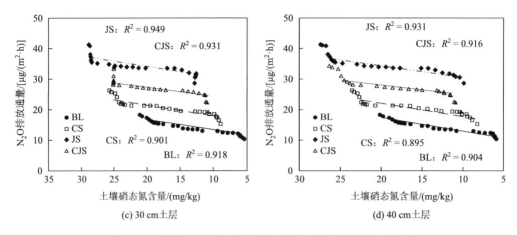

图 8-11 冻结期 N_2O 排放通量与土壤硝态氮之间的响应关系

处理条件下，土壤中 N_2O 的排放通量与土壤硝态氮之间的决定系数分别变为 0.939、0.976 和 0.958，表明在秸秆覆盖处理条件下，土壤 N_2O 的排放通量与土壤硝态氮之间拟合效果最佳。

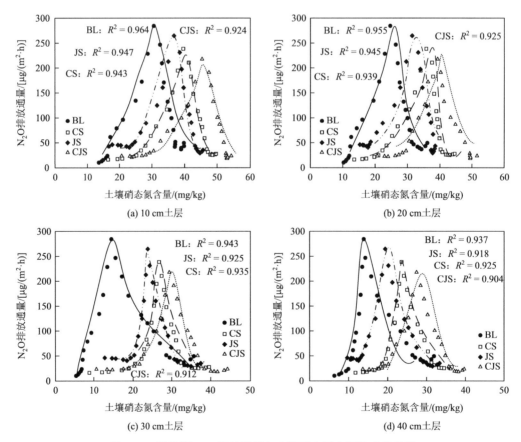

图 8-12 融化期 N_2O 排放通量与土壤硝态氮之间的响应关系

而在融化期，伴随着土壤的融解作用，土壤中微生物的活性增强，因此，进而显著提升了土壤中无机氮的含量，土壤 N_2O 的排放通量骤然增加。然而，土壤中 N_2O 的排放过程整体表现为先增大后减小，非线性增加的趋势。探究其变化特征的影响因素可知，在融化期，土壤中固态冰的融化以及融雪水的入渗显著提升了土壤中液态含水量的水平，并且当土壤长时间处于湿润状态时，其可吸收大量的 N_2O，减少温室气体的排放量[21]。而不同的调控模式之间，土壤 N_2O 的排放通量水平、土壤硝态氮含量以及二者之间的拟合效果也存在着一定的差异。首先，在表层 10 cm 土层处，BL 处理条件下，土壤硝态氮含量水平相对较低；而在 CJS 处理条件下，土壤的硝态氮含量水平受调控最为显著。而比较分析不同处理条件下土壤 N_2O 的排放通量可知，在 BL 处理条件下，N_2O 的排放通量整体水平较高；在 CS、JS 和 CJS 处理条件下，其排放能力逐渐减弱，并且 4 种处理条件下 N_2O 排放量从大到小依次为：BL>JS>CS>CJS。分析不同处理条件下土壤 N_2O 的排放通量与土壤硝态氮含量之间关系曲线的拟合精度可知，在 BL 处理条件下，土壤 N_2O 的排放通量与土壤硝态氮之间关系曲线的拟合精度（R^2）为 0.964；而在 CS、JS 和 CJS 处理条件下，二者之间关系曲线的拟合精度分别为 0.943、0.947 和 0.924；表明伴随着生物炭与秸秆的调控作用，土壤中硝态氮含量与 N_2O 的排放通量拟合精度有所降低。与此同时，随着土层深度的增加，在 20 cm、30 cm 和 40 cm 土层处，不同覆盖模式调控作用下，土壤硝态氮含量与 N_2O 的排放通量之间关系曲线拟合精度与表层 10 cm 变化规律一致。

在上述分析的基础之上，进一步构建土壤 N_2O 排放通量与土壤硝态氮含量之间的响应函数，具体情况如表 8-3 所示。在冻结期，土壤 N_2O 的排放通量与土壤硝态氮之间的关系符合线性关系。在表层 10 cm 土层处，土壤 N_2O 排放通量与土壤硝态氮之间的 Pearson 相关系数为 0.961；在 CS、JS 和 CJS 处理条件下，土壤 N_2O 排放通量与土壤硝态氮之间的相关系数呈现出上升趋势，并且 JS 处理条件下效果最为显著。然而随着土层深度的增加，土壤 N_2O 排放通量与土壤硝态氮含量之间的相关关系有所减弱，但整体仍表现出在 JS 处理条件下，二者的相关性最高。与此同时，在 10 cm 土层处，BL 处理条件下，拟合曲线的模拟值与实测值之间的相对误差为 2.58%；在 CS、JS 和 CJS 处理条件下，模拟值与实测值之间的相对误差分别变为 2.41%、1.76% 和 2.26%，伴随着耕作调控作用，土壤硝态氮含量与土壤 N_2O 排放通量拟合值与实测值之间的误差降低，函数的拟合精度有所提升。

表 8-3　N_2O 排放通量与土壤硝态氮之间的响应函数

土层深度/cm	处理方式	冻结期			融化期		
		响应函数	Re/%	r	响应函数	Re/%	r
10	BL	$y = 7.51 + 0.27x$	2.58	0.961	$y = 261.01 \cdot \exp((-0.5 \cdot (x - 29.38)/4.39)^2)$	3.29	0.982
	CS	$y = 12.29 + 0.31x$	2.41	0.969	$y = 209.20 \cdot \exp((-0.5 \cdot (x - 38.81)/4.88)^2)$	4.17	0.971
	JS	$y = 22.38 + 0.36x$	1.76	0.988	$y = 227.81 \cdot \exp((-0.5 \cdot (x - 35.61)/4.86)^2)$	3.67	0.973
	CJS	$y = 14.17 + 0.41x$	2.26	0.979	$y = 198.81 \cdot \exp((-0.5 \cdot (x - 44.76)/4.30)^2)$	4.82	0.961

土层深度/cm	处理方式	冻结期			融化期		
		响应函数	Re/%	r	响应函数	Re/%	r
20	BL	$y = 8.42 + 0.25x$	2.95	0.956	$y = 237.99 \cdot \exp((-0.5 \cdot (x - 23.58) / 5.22)^2)$	3.85	0.977
	CS	$y = 13.29 + 0.32x$	2.84	0.953	$y = 222.71 \cdot \exp((-0.5 \cdot (x - 34.62) / 3.72)^2)$	5.53	0.969
	JS	$y = 24.01 + 0.35x$	1.96	0.981	$y = 231.16 \cdot \exp((-0.5 \cdot (x - 29.93) / 4.91)^2)$	4.69	0.972
	CJS	$y = 15.92 + 0.41x$	2.13	0.971	$y = 179.31 \cdot \exp((-0.5 \cdot (x - 38.17) / 5.32)^2)$	6.19	0.962
30	BL	$y = 8.87 + 0.38x$	3.84	0.958	$y = 236.32 \cdot \exp((-0.5 \cdot (x - 17.01) / 5.75)^2)$	4.22	0.971
	CS	$y = 13.53 + 0.41x$	3.17	0.49	$y = 199.37 \cdot \exp((-0.5 \cdot (x - 27.16) / 2.81)^2)$	6.79	0.967
	JS	$y = 25.46 + 0.42x$	2.37	0.974	$y = 212.12 \cdot \exp((-0.5 \cdot (x - 24.83) / 3.05)^2)$	5.37	0.962
	CJS	$y = 17.57 + 0.51x$	2.89	0.965	$y = 179.43 \cdot \exp((-0.5 \cdot (x - 29.79) / 4.29)^2)$	8.81	0.955
40	BL	$y = 8.75 + 0.41x$	3.96	0.951	$y = 238.55 \cdot \exp((-0.5 \cdot (x - 16.82) / 4.18)^2)$	5.36	0.968
	CS	$y = 13.59 + 0.44x$	3.34	0.946	$y = 196.03 \cdot \exp((-0.5 \cdot (x - 24.71) / 3.39)^2)$	8.27	0.962
	JS	$y = 25.72 + 0.45x$	2.98	0.965	$y = 210.71 \cdot \exp((-0.5 \cdot (x - 20.42) / 4.47)^2)$	6.52	0.958
	CJS	$y = 17.39 + 0.54x$	3.16	0.957	$y = 178.38 \cdot \exp((-0.5 \cdot (x - 27.91) / 4.24)^2)$	9.53	0.951

而在融化期，土壤 N_2O 的排放通量与土壤硝态氮之间呈现出峰值变化趋势。在表层 10 cm 土层处，BL 处理条件下，土壤 N_2O 的排放通量与土壤硝态氮之间的相关系数为 0.982；而在 CS、JS 和 CJS 处理条件下，二者之间的相关性逐渐减弱，并且在 CJS 处理条件下生物炭与秸秆的联合覆盖调控作用极大抑制了土壤 N_2O 的排放通量。正如胡俊鹏等[22]提出的，生物炭可以改善土壤的物理性状，提高土壤的 pH，同时秸秆可以显著促进氮的生物固持作用，二者的协同覆盖作用显著降低了土壤 N_2O 的排放效果。赵颖等[23]也提出，长时间的秸秆覆盖调控作用能够有效抑制土壤 N_2O 的排放，降低环境的温室效应。同理，随着土层深度的增加，在 20 cm、30 cm、40 cm 土层处，土壤硝态氮与 N_2O 排放通量之间的相关关系有所减弱。分析融化期响应响应函数的模拟精度可知，随着生物炭与秸秆的覆盖调控作用，响应函数的模拟精度有所降低，同样体现出了相关关系降低。

综上分析，在冻融循环过程中，随着环境温度的降低，土壤 N_2O 的排放通量与土壤硝态氮的含量呈现出线性降低的趋势；并且在 JS 处理条件下，土壤 N_2O 的排放通量以及土壤硝态氮的整体含量水平相对较高，二者的拟合精度相对较高，相关性较强。而在融化期，随着土壤硝态氮含量的提升，土壤 N_2O 的排放通量呈现出先增加后减小的峰值变化趋势；并且在 BL 处理条件下，土壤 N_2O 的排放通量与土壤硝态氮含量之间的响应效果最为显著，而在 CJS 处理条件下降为最低。

四、土壤 N_2O 排放对铵态氮的响应效果

在上述研究基础之上，进一步研究 N_2O 的排放通量与土壤铵态氮之间的响应效果，

具体情况如图 8-13 所示。在冻结期，随着土壤铵态氮含量的降低，土壤 N_2O 的排放通量同样发生线性降低的趋势。在表层 10 cm 土层处，JS 处理条件下土壤 N_2O 的排放通量最高，并且二者关系曲线的拟合精度（R^2）为 0.918，与上述的 N_2O 排放通量与土壤硝态氮之间的关系相似；在 CS、JS 和 CJS 处理条件下，土壤 N_2O 的排放通量与土壤铵态氮之间关系曲线拟合精度分别为 0.929、0.958 和 0.947，表明冻结条件下秸秆的覆盖调控作用能够有效地增强土壤 N_2O 排放通量与土壤硝态氮之间的相关关系。而随着土层深度的增加，土壤与外界环境之间的接触效果减弱，土壤处于缺氧状态，土壤铵态氮的硝化能力减弱，因此深层土壤铵态氮含量与土壤 N_2O 的排放通量之间关系曲线的拟合效果有所减弱。具体分析可知，在 BL 处理条件下，20 cm、30 cm、40 cm 土层处，土壤铵态氮含量与土壤 N_2O 排放通量之间关系曲线的拟合精度分别相对于表层 10 cm 降低了 0.012、0.019 和 0.026，表现出不同程度的降低。

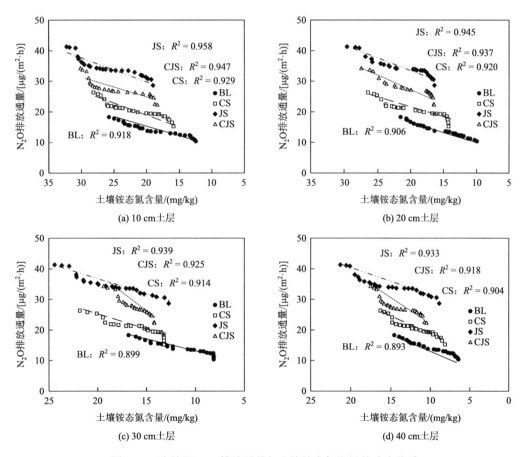

图 8-13　冻结期 N_2O 排放通量与土壤铵态氮之间的响应关系

同理，如图 8-14 所示，在融化期，伴随着土壤的融解过程，土壤中铵态氮的含量水平也呈现出了显著的提升趋势，并且随着土壤铵态氮含量的提升，土壤 N_2O 的排放通量也呈现出先增加后减小的变化趋势。然而，不同调控模式之间也存在着一定的差异。首先，在 BL 处理条件下，随着土壤硝态含量的增加，土壤 N_2O 的排放通量最先达到了峰值；其次为 JS 处理；最后为 CJS 处理。而具体分析不同处理条件下土壤铵态氮含量与土壤 N_2O 排放通量之间关系曲线的拟合精度可知，在表层 10 cm 土层处，BL 处理条件下，二者之间的拟合精度为 0.937；在 CS、JS 和 CJS 处理条件下，土壤铵态氮含量与 N_2O 排放通量之间关系曲线的拟合精度分别为 0.929、0.958 和 0.947。由此可知在 CS 处理条件下，土壤 N_2O 排放通量对于土壤铵态氮的响应效果最弱。与此同时，随着土层深度的增加，其与表层 10 cm 土层处表现出相同的趋势，并且呈现出逐渐减弱的趋势。

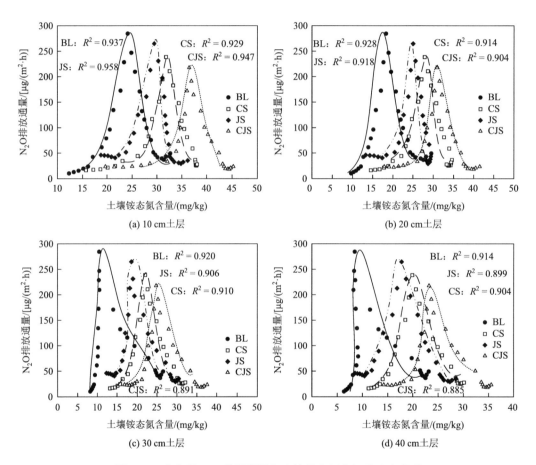

图 8-14　融化期 N_2O 排放通量与土壤铵态氮之间的响应关系

同上所述，进一步构建各种处理条件下土壤 N_2O 与土壤铵态氮之间的响应函数，具体情况如表 8-4 所示。同时测算了不同处理条件下不同土层深度处二者之间的相关关系，分析可知，冻结期内，表层 10 cm 土层处，BL 处理条件下，土壤 N_2O 排放通量与土壤铵态氮之间的 Pearson 相关系数为 0.958；在 CS、JS 和 CJS 处理条件下，二者之间的 Pearson 相关系数分别相对于 BL 处理提升了 0.006、0.021 和 0.015，并且在 JS 处理条件下提升效果最为显著。同时，随着土层深度的增加，在 20 cm、30 cm 和 40 cm 土层处，各种处理

条件下铵态氮与 N_2O 排放通量之间的相关性逐渐减弱，表明深层土壤对于土壤 N_2O 的排放贡献影响程度有所降低。土壤铵态氮与 N_2O 之间的响应函数拟合精度随着二者之间的相关性的降低而减弱；误差逐渐增大。而在融化期，表层 10 cm 土层处，土壤铵态氮与 N_2O 排放通量之间的相关系数为 0.968。同样，伴随着秸秆与生物炭的调控作用，二者之间的相关性逐渐减弱；并且在 CS、JS 和 CJS 处理条件下，二者之间的相关性分别相对于 BL 处理降低了 0.009、0.005 和 0.013，并且响应函数的模拟精度也分别相对于 BL 处理呈现出了不同程度的提升。

表 8-4　N_2O 排放通量与土壤铵态氮之间的响应函数

土层深度/cm	处理方式	冻结期			融化期		
		响应函数	Re/%	r	响应函数	Re/%	r
10	BL	$y = 4.99 + 0.48x$	2.26	0.958	$y = 234.62 \cdot \exp((-0.5 \cdot (x - 24.23) / 2.98)^2)$	1.95	0.968
	CS	$y = 6.59 + 0.63x$	1.89	0.964	$y = 206.85 \cdot \exp((-0.5 \cdot (x - 32.06) / 2.89)^2)$	3.64	0.959
	JS	$y = 17.10 + 0.67x$	1.28	0.979	$y = 232.45 \cdot \exp((-0.5 \cdot (x - 28.91) / 2.51)^2)$	2.77	0.963
	CJS	$y = 9.69 + 0.71x$	1.61	0.973	$y = 178.64 \cdot \exp((-0.5 \cdot (x - 37.31) / 2.57)^2)$	4.23	0.955
20	BL	$y = 4.61 + 0.61x$	2.87	0.952	$y = 231.50 \cdot \exp((-0.5 \cdot (x - 18.72) / 3.01)^2)$	2.27	0.964
	CS	$y = 8.91 + 0.63x$	2.34	0.959	$y = 209.79 \cdot \exp((-0.5 \cdot (x - 28.07) / 3.09)^2)$	4.14	0.961
	JS	$y = 19.18 + 0.72x$	1.79	0.972	$y = 212.71 \cdot \exp((-0.5 \cdot (x - 25.03) / 2.12)^2)$	3.64	0.958
	CJS	$y = 9.98 + 0.86x$	2.19	0.968	$y = 180.90 \cdot \exp((-0.5 \cdot (x - 31.52) / 2.88)^2)$	5.22	0.951
30	BL	$y = 5.66 + 0.72x$	3.37	0.948	$y = 246.37 \cdot \exp((-0.5 \cdot (x - 12.21) / 4.66)^2)$	2.97	0.959
	CS	$y = 5.56 + 0.94x$	3.08	0.956	$y = 197.80 \cdot \exp((-0.5 \cdot (x - 22.92) / 3.42)^2)$	5.79	0.954
	JS	$y = 17.49 + 0.93x$	2.59	0.969	$y = 210.01 \cdot \exp((-0.5 \cdot (x - 20.21) / 3.44)^2)$	4.11	0.952
	CJS	$y = -6.88 + 2.11x$	2.83	0.962	$y = 180.87 \cdot \exp((-0.5 \cdot (x - 26.17) / 3.31)^2)$	7.12	0.944
40	BL	$y = 5.77 + 0.84x$	7.65	0.945	$y = 249.41 \cdot \exp((-0.5 \cdot (x - 8.46) / 0.31)^2)$	4.41	0.956
	CS	$y = 8.01 + 1.05x$	6.22	0.951	$y = 200.01 \cdot \exp((-0.5 \cdot (x - 20.83) / 3.66)^2)$	7.51	0.951
	JS	$y = 22.83 + 0.78x$	4.37	0.966	$y = 217.07 \cdot \exp((-0.5 \cdot (x - 18.07) / 4.06)^2)$	6.26	0.948
	CJS	$y = 8.87 + 1.32x$	5.69	0.958	$y = 180.29 \cdot \exp((-0.5 \cdot (x - 24.18) / 3.38)^2)$	8.86	0.941

综上分析，在冻结期，土壤 N_2O 的排放通量与土壤铵态氮呈现出线性降低的趋势；并且在 JS 处理条件下，土壤 N_2O 排放通量与土壤铵态氮之间的相关性最为显著，响应函数的拟合相对误差最小。而随着土层深度的增加，土壤与外界环境之间的接触效果减弱，土壤 N_2O 排放通量与土壤铵态氮之间的相关性逐渐减弱。融化期，CJS 处理条件下土壤的 N_2O 减排效果最明显，并且 N_2O 的排放通量与土壤铵态氮之间的相关性最低。

第五节 冻融土壤氮素矿化过程环境响应机制

一、土壤氮素矿化速率对土壤温度的响应效果

在农业土壤生态系统中，土壤氮素的矿化速率受冻结温度和冻融次数的影响极为显著。随着土壤冻融循环次数的增加，土壤中无机氮质量分数比重提升，有利于无机氮在土壤中的积累[24]。短期的冻融交替作用能够显著提升氮素的矿化速率，而随着土壤氮素含量的不断提升，其在一定程度上又会抑制氮素矿化速率[25]。此外，在土壤冻结过程中，低温作用会破坏土壤结构，导致土壤无机氮素大量释放，提升土壤的矿化速率。然而，极端低温导致微生物数量减少，活性降低，在一定程度上抑制了净矿化速率的提升[26]。同时，生物炭的微孔结构为微生物的活动提供了适宜的场所，提升了土壤氮素的矿化速率，生物炭的酸性官能团通过粒子交换作用，吸附了大量的氮素，阻碍了氮素的流失[27]。结合本书的处理条件可知，在冻结初期，土壤经历了频繁的冻融交替作用，土壤氮素矿化速率较高。而随着环境温度的降低，土壤趋于稳定的冻结状态，JS 处理条件下，土壤温度的变异幅度较低，微生物活性降低程度减弱，因此其土壤氮素的矿化速率降低趋势微弱。同时，分析不同处理条件下土壤氮素矿化速率与土壤温度之间关系曲线的拟合精度（图 8-15）可知，表层 10 cm 土层处，在 BL 处理条件下，土壤氮素矿化速率与土壤温度之间关系曲线的决定系数为 0.943；在 CS、JS 和 CJS 处理条件下，土壤氮素矿化速率与土壤温度之间关系曲线的决定系数分别相对于 BL 处理增加了 0.015、0.041 和 0.026；并且在 JS 处理条件下，土壤温度对于土壤氮素矿化速率的影响作用最显著。随着土层深度的增加，在 BL 处理条件下，20 cm、30 cm、40 cm 土层处土壤氮素矿化速率与土壤温度之间的关系曲线的拟合精度分别相对于表层 10 cm 土层处降低了 0.015、0.022 和 0.117，其呈现出不同程度的降低趋势。

在融化期，随着土壤温度的增加，土壤氮素矿化速率显著提升，土壤氮素矿化速率首先呈现出了显著增加的趋势，而随着环境温度的进一步提升，土壤氮素矿化速率逐渐趋于稳定。各种处理条件下二者的变化趋势如图 8-16 所示。在表层 10 cm 土层处，BL 处理条件下，随着土壤温度的升高，土壤氮素矿化速率的提升速度相对较慢；而随

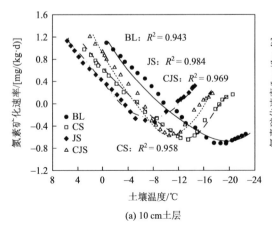

(a) 10 cm土层

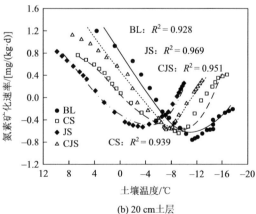

(b) 20 cm土层

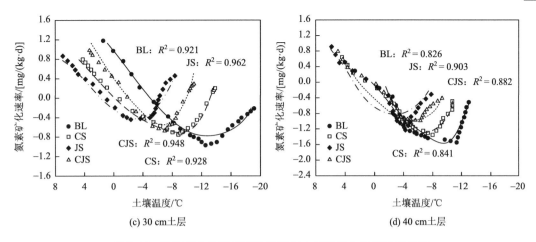

图 8-15　冻结期土壤氮素矿化速率与土壤温度之间的响应关系

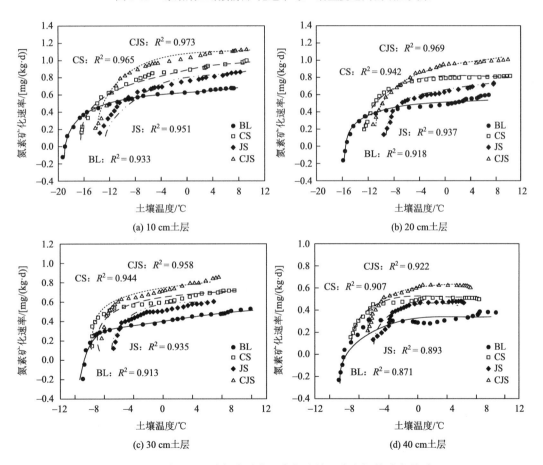

图 8-16　融化期土壤氮素矿化速率与土壤温度之间的响应关系

着土壤的覆盖调控作用，土壤的氮素矿化速率提升速度迅速增加；并且在 JS 处理条件下，其提升效果最为显著。具体比较二者之间关系曲线的拟合精度可知，在 BL 处理条件下，其决定系数为 0.933；而在 CS、JS 和 CJS 处理条件下，土壤氮素矿化速率与土壤温度之间关系曲线的决定系数分别相对于 BL 处理呈现出不同程度的增加趋势；并且随着土层深度的增加，在 20 cm、30 cm 和 40 cm 土层处，土壤氮素矿化速率与土壤温度之间的关系曲线整体变化趋势与表层 10 cm 一致，然而关系曲线的拟合精度有所降低。

为了有效地揭示土壤氮素矿化速率对于土壤温度的响应机制，分别构建冻结期与融化期土壤温度与矿化速率的响应函数，具体情况如表 8-5 所示。比较分析可知，函数的整体拟合效果均通过 $P<0.05$ 的显著性检验；并且在冻结期拟合结果符合二次函数形式，即随着土壤温度的降低，土壤氮素矿化速率表现为先减小，后微弱增大的趋势。在 10 cm 土层处，BL 处理条件下，土壤氮素矿化速率与土壤温度之间的 Pearson 相关系数为 0.971；在 CS、CJS 和 JS 处理条件下，二者之间的相关系数分别相对于 BL 处理增加了 0.008、0.013 和 0.021，表明土壤温度与土壤氮素矿化速率之间的相关关系逐渐增加，并且在 JS 处理条件下达到最优效果。正如王常慧等[28]所提出的，土壤氮素的矿化速率受土壤微生物活性控制，而土壤微生物受温度影响显著，因此适当提升土壤冻结温度，能够有效地抑制冻结土壤矿化速率的降低。融化期，随着土壤的融解，其氮素矿化速率逐渐提升，并且土壤温度与氮素矿化速率之间的响应函数符合指数增长的趋势。在表层 10 cm 土层处，BL 处理条件下，土壤氮素矿化速率与土壤温度之间的相关系数为 0.966；而伴随着生物炭与秸秆的调控处理，在 JS、CS 和 CJS 处理条件下，二者之间的相关系数呈现出依次增加的趋势，并且在 CJS 处理条件下土壤温度对于氮素的矿化速率促进效果最强；同时拟合函数的模拟精度显著提升，模拟误差有所降低。正如 Savage 等[29]的研究结论，高温有利于土壤氮素的矿化过程，促进无机氮的有效积累。同理，随着土层深度的增加，土壤温度受环境波动的影响逐渐减弱，土壤氮素矿化速率与土壤温度之间的响应关系也呈现出下降趋势。

表 8-5　土壤氮素矿化速率与温度之间响应函数

土层深度/cm	处理方式	冻结期			融化期		
		响应函数	Re/%	r	响应函数	Re/%	r
10	BL	$y=0.0037x^2+0.173x+1.33$	1.78	0.971	$y=0.637+0.007(1-e^{-0.24x})$	1.56	0.966
	CS	$y=0.0075x^2+0.176x+0.58$	1.34	0.979	$y=0.922+0.047(1-e^{-0.17x})$	1.04	0.982
	JS	$y=0.0082x^2+0.119x+0.29$	0.98	0.992	$y=0.781+0.063(1-e^{-0.17x})$	1.38	0.975
	CJS	$y=0.0113x^2+0.241x+0.91$	1.17	0.984	$y=1.058+0.033(1-e^{-0.23x})$	0.67	0.986
20	BL	$y=0.0081x^2+0.199x+0.71$	2.24	0.963	$y=0.521+0.002(1-e^{-0.37x})$	1.98	0.958
	CS	$y=0.0088x^2+0.117x-0.05$	1.87	0.969	$y=0.795+0.003(1-e^{-0.41x})$	1.33	0.971
	JS	$y=0.0099x^2+0.047x-0.37$	1.33	0.984	$y=0.659+0.031(1-e^{-0.29x})$	1.67	0.968
	CJS	$y=0.0095x^2+0.123x+0.12$	1.59	0.975	$y=0.942+0.057(1-e^{-0.32x})$	1.04	0.984
30	BL	$y=0.0117x^2+0.289x+0.98$	2.67	0.960	$y=0.446+0.002(1-e^{-0.52x})$	2.87	0.956
	CS	$y=0.0131x^2+0.175x-0.05$	2.14	0.963	$y=0.648+0.027(1-e^{-0.27x})$	1.98	0.972
	JS	$y=0.0173x^2+0.069x-0.26$	1.59	0.981	$y=0.539+0.023(1-e^{-0.42x})$	2.54	0.967
	CJS	$y=0.0223x^2+0.239x+0.14$	1.88	0.974	$y=0.753+0.045(1-e^{-0.27x})$	1.46	0.979

续表

土层深度/cm	处理方式	冻结期			融化期		
		响应函数	Re/%	r	响应函数	Re/%	r
40	BL	$y=0.0152x^2+0.216x-0.28$	3.11	0.909	$y=0.669+0.039(1-e^{-0.31x})$	3.98	0.933
	CS	$y=0.0225x^2+0.257x+0.27$	2.47	0.917	$y=0.721+0.065(1-e^{-0.27x})$	2.97	0.952
	JS	$y=0.0089x^2+0.168x+0.85$	2.04	0.950	$y=0.662+0.034(1-e^{-0.24x})$	3.64	0.945
	CJS	$y=0.0127x^2+0.274x+0.37$	2.19	0.939	$y=0.315+0.027(1-e^{-0.17x})$	2.66	0.960

　　综上分析，在冻结期，随着环境温度的降低，土壤氮素矿化速率逐渐降低；此时土壤处于冻结状况，生物炭与秸秆的理化性质对土壤氮素矿化速率的调控作用较低，秸秆覆盖调控的保温作用有效地提升了温度与氮素矿化速率之间的相关关系。而在融化期，随着环境温度的提升，土壤氮素矿化速率逐渐提升，而生物炭与秸秆的协同覆盖作用有效地促进了土壤微生物脲酶活性，显著提升了土壤氮素矿化速率。

二、土壤氮素矿化速率对土壤含水量的响应效果

　　在土壤冻融循环过程中，土壤液态含水量的变异状况也在极大程度上影响着土壤氮素的矿化速率。冻融循环作用会导致土壤水分呈现出"固—液"转变的现象，进而导致土壤经历干湿交替过程[30]。干湿交替会改变土壤团聚体结构，促进土壤中营养元素的释放。同时，干湿交替也能改变土壤水分潜在的渗透压而导致微生物死亡及细胞裂解，产生大量的无机氮[31]。另外，土壤的干旱程度决定了土壤氮素矿化速率的高低，大量研究表明，土壤含水量与土壤氮素矿化速率之间存在较好的线性关系，土壤氮素矿化速率随着含水量的增加而增大[32]。结合本书的处理条件可知，在冻结初期，土壤经历了频繁的干湿交替过程。此时，土壤氮素的矿化速率显著提升。而伴随着土壤的稳定冻结，其液态含水量水平逐渐降低，土壤氮素矿化速率同样呈现出减弱的趋势。具体分析图 8-17 可知，在 BL 处理条件下，冻结初始期，土壤氮素矿化速率处于较低的水平；而随着土壤含

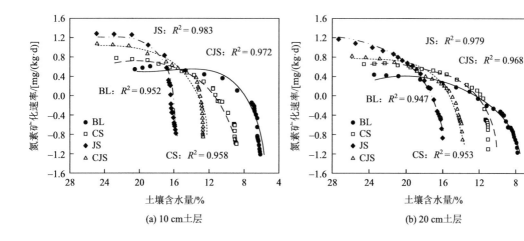

(a) 10 cm土层　　　　　　　　　　(b) 20 cm土层

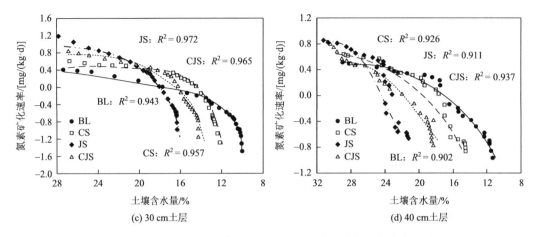

图 8-17　冻结期土壤氮素矿化速率与土壤含水量之间的响应关系

水量的降低,其氮素矿化速率降低幅度增大。在 JS 处理条件下,土壤氮素矿化速率的整体水平相对较高,并且降低幅度较弱。具体分析不同处理条件下土壤含水量与氮素矿化速率关系曲线的拟合精度可知,在表层 10 cm 土层处,BL 处理条件下,二者之间的决定系数为 0.952;在 CS、JS 和 CJS 处理条件下,其分别相对于 BL 处理呈现出不同程度的增加。在此过程中,JS 处理极大程度上抑制了土壤液态含水量的相变,促进了土壤氮素的矿化过程。此外,随着土层深度的增加,不同调控处理模式对于土壤氮素矿化速率的影响效果相同,并且二者之间的关系曲线拟合精度在不断降低。

　　而在融化期,随着土壤液态含水量的大幅度提升,土壤氮素矿化速率增加,而当土壤含水量增加到一定值时,其填充了土壤中的孔隙,极大抑制了土壤微生物及酶的活性,进而降低了土壤氮素矿化速率。具体比较分析不同处理条件下土壤氮素矿化速率与土壤含水量变化趋势(图 8-18)可知,在 BL 处理条件下,随着土壤含水量的提升,土壤氮素矿化速率提升速度较慢,并且其整体水平相对较低;而在 CJS 处理条件下,土壤氮素矿化速率的提升速率相对较快,并且在融化末期时,其整体水平相对较高。具体比较分析可知,在表层 10 cm 土层处,BL 处理条件下,土壤含水量与土壤氮素矿化速率之间关

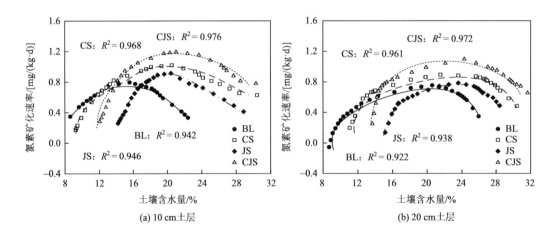

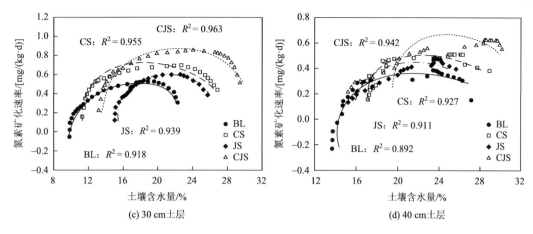

图 8-18 融化期土壤氮素矿化速率与土壤含水量之间的响应关系

系曲线的拟合精度为 0.942；在 CS、JS 和 CJS 处理条件下，土壤含水量与氮素矿化速率之间关系曲线的拟合精度分别相对于 BL 处理提升了 0.026、0.004 和 0.034，秸秆与生物炭的协同覆盖作用能够显著提升二者的关系效果。此时，CJS 处理条件下土壤持水能力最强，并且生物炭调控处理能够较好地满足微生物活动的需要，因此 CJS 处理对于土壤氮素矿化速率的调节效果最为优越。

在上述分析基础之上，进一步探究土壤氮素矿化速率与含水量之间的响应关系，构建二者之间的响应函数，具体情况如表 8-6 所示。在冻结期，土壤含水量与氮素矿化速率的拟合曲线符合对数函数形式，并且随着土壤含水量的降低，其氮素矿化速率呈现出显著的降低趋势。具体比较不同处理条件下二者的响应关系可知，在表层 10 cm 土层处，BL 处理条件下，土壤含水量与氮素矿化速率之间的相关系数为 0.976；在 CS 处理条件下，二者之间的相关系数提升为 0.979；而随着秸秆的覆盖调节，在 CJS 和 JS 处理条件下，土壤含水量与氮素矿化速率之间的相关系数呈现出逐渐增长的趋势。与此同时，随着土壤含水量的降低，JS 处理条件下的土壤氮素矿化速率的降低幅度最小。正如 Radicetti 等[33]研究所发现的，在越冬期对农田土壤进行覆盖处理可以抑制土壤水热的散失，有效地调控土壤氮素含量水平，进而提升作物氮素利用效率。融化期，融雪水入渗以及固态水的相变导致土壤含水量呈现出大幅度的提升趋势，并且土壤氮素的矿化速率也随之增大。并且当含水量增大到一定水平时，土壤氮素矿化速率反而出现降低趋势，表现出显著的二次相关关系。具体分析不同处理之间的差异可知，秸秆的吸水性使其储存了一定量的融雪水，并对土壤进行稳定的补给，同时生物炭的持水性也极大提升了土壤含水量水平。因此 CJS 处理条件下，土壤含水量与土壤氮素矿化速率之间的响应关系最为显著；并且随着含水量的提升，土壤氮素矿化速率的提升效果最为明显。正如 Glanville 等[34]研究发现的，在寒区土壤中，随着环境温度的增加，土壤中含水量水平逐渐提升，高分子有机化合物更容易分解，进而促进了土壤无机氮素的生成，加速氮素的循环过程。

表 8-6　土壤氮素矿化速率与含水量之间响应函数

土层深度/cm	处理方式	冻结期			融化期		
		响应函数	Re/%	r	响应函数	Re/%	r
10	BL	$y=-0.32+0.38\ln(x-6.06)$	2.76	0.976	$y=-0.0096x^2+0.29x-1.49$	2.47	0.971
	CS	$y=-0.39+0.47\ln(x-8.61)$	2.34	0.979	$y=-0.0048x^2+0.21x-1.16$	2.01	0.984
	JS	$y=0.23+0.59\ln(x-15.65)$	1.58	0.991	$y=-0.0111x^2+0.47x-4.15$	2.35	0.973
	CJS	$y=0.29+0.32\ln(x-12.66)$	1.83	0.986	$y=-0.0057x^2+0.26x-1.87$	1.68	0.988
20	BL	$y=-0.72+0.44\ln(x-7.41)$	3.11	0.973	$y=-0.007x^2+0.26x-1.67$	3.31	0.960
	CS	$y=-0.12+0.26\ln(x-11.03)$	2.69	0.976	$y=-0.0057x^2+0.25x-1.69$	2.57	0.980
	JS	$y=-0.13+0.55\ln(x-15.76)$	1.97	0.989	$y=-0.0093x^2+0.42x-3.96$	2.74	0.969
	CJS	$y=-0.13+0.41\ln(x-13.68)$	2.33	0.984	$y=-0.0066x^2+0.31x-2.42$	2.11	0.986
30	BL	$y=-0.76+0.39\ln(x-9.84)$	3.54	0.971	$y=-0.0079x^2+0.27x-1.85$	3.54	0.958
	CS	$y=-0.55+0.48\ln(x-11.98)$	3.37	0.978	$y=-0.0054x^2+0.22x-1.43$	2.77	0.977
	JS	$y=-0.53+0.67\ln(x-15.59)$	2.31	0.986	$y=-0.0111x^2+0.47x-4.27$	3.21	0.969
	CJS	$y=-0.44+0.51\ln(x-13.91)$	2.64	0.982	$y=-0.0057x^2+0.26x-2.03$	2.54	0.981
40	BL	$y=-0.31+0.48\ln(x-10.32)$	5.35	0.950	$y=-0.0065x^2+0.35x-5.12$	3.91	0.944
	CS	$y=-0.64+0.45\ln(x-12.65)$	4.22	0.962	$y=-0.0067x^2+0.22x-4.37$	3.16	0.963
	JS	$y=-0.73+0.41\ln(x-17.52)$	3.37	0.954	$y=-0.0043x^2+0.32x-2.65$	3.62	0.954
	CJS	$y=-0.55+0.56\ln(x-15.28)$	3.84	0.968	$y=-0.0051x^2+0.54x-3.86$	2.84	0.971

综上分析，在整个冻融循环过程中，冻结期，随着土壤含水量的降低，土壤氮素矿化速率也呈现出逐渐减弱的趋势；并且在 JS 处理条件下二者之间的相关关系显著。而在融化期，土壤水热环境的提升显著增加了土壤氮素矿化能力，而生物炭与秸秆的联合调控作用最有效地促进了土壤氮素矿化过程，有效地调节了土壤养分状况。

三、土壤氮素矿化速率对土壤脲酶活性的响应效果

土壤脲酶活性作为氮素矿化作用的催化剂，它能将土壤中的有机氮化物转化为植物和土壤能直接吸收的无机氮化物，因此，其在土壤氮素循环过程中扮演着重要的角色。土壤脲酶活性受到多重因素的影响，在土壤冻融循环过程中，频繁的冻融交替作用导致微生物细胞裂解死亡，释放相关酶，在一定程度上提升了土壤脲酶的活性[35]。同时，随着土壤冻结程度的增大，土壤中植物根系和生物因温度的降低而死亡，减少了脲酶的合成，降低了酶的活性[36]。此外，生物炭的施加能够显著影响土壤中微生物的丰度与活性，

积极促进微生物的活性，增强其酶合成能力。在土壤冻融循环过程中，脲酶的活性进一步影响着土壤氮素的矿化速率。分析研究结果可知，在冻结初期，受冻融交替作用的影响，土壤脲酶活性增加，土壤氮素的矿化速率也显著增强；而随着土壤冻结程度的增大，环境温度迅速降低，此时土壤氮素矿化速率逐渐减弱。具体分析图 8-19 可知，在表层 10 cm 土层处，BL 处理条件下，土壤氮素矿化速率水平相对较低，并且随着土壤脲酶活性的降低，土壤氮素矿化速率大幅度地降低；而伴随着生物炭与秸秆的覆盖调控，土壤氮素矿化速率显著提升，并且在 JS 处理条件下土壤氮素矿化速率最为显著。分析不同处理条件下土壤氮素矿化速率与土壤脲酶之间关系曲线的拟合精度可知，在表层 10 cm 土层处，BL 处理条件下，二者之间拟合曲线的拟合精度（R^2）为 0.962；在 CS、JS 和 CJS 处理条件下，土壤氮素矿化速率和脲酶之间关系曲线的拟合精度分别相对于 BL 处理有所提升。分析可知，JS 处理条件下，土壤脲酶活性显著，并且氮素矿化能力较强，表明该时期温度对于土壤氮素的循环过程影响较大。

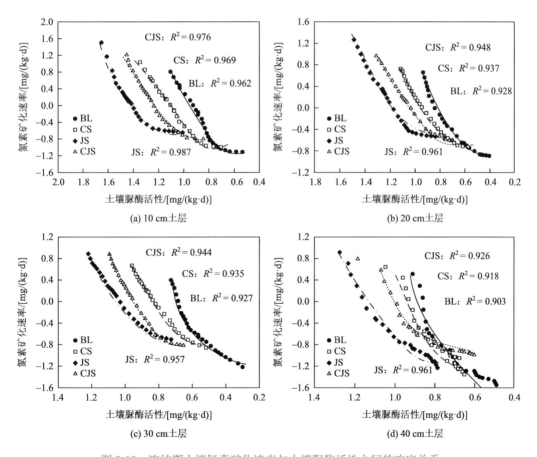

图 8-19　冻结期土壤氮素矿化速率与土壤脲酶活性之间的响应关系

而在融化期，伴随着土壤水热环境的调整提升，土壤脲酶活性显著增加，因此促进了土壤氮素矿化。分析图 8-20 可知，土壤氮素矿化速率与土壤脲酶活性之间表现出互作提升的趋势，并且在融化初期，土壤氮素矿化速率的提升效果较为明显；而在融化末期，随着土壤脲酶活性的继续提升，土壤氮素矿化速率变化过程趋于平缓。比较不同处理条件下土壤脲酶及氮素矿化速率变化水平差异可知，在表层 10 cm 土层处，BL 处理条件下，土壤氮素矿化速率提升速度相对缓慢；在 JS、CS 和 CJS 处理条件下，土壤氮素矿化速率提升效果显著。分析不同处理条件下土壤脲酶活性与土壤氮素矿化速率之间的关系曲线的拟合精度可知，在表层 10 cm 土层处，BL 处理条件下，二者之间的拟合精度（R^2）为 0.973；在 CS、JS 和 CJS 处理条件下，二者之间关系曲线的拟合精度分别相对于 BL 处理呈现不同程度的提升，并且在 CJS 处理条件下土壤脲酶活性及氮素矿化速率最大。

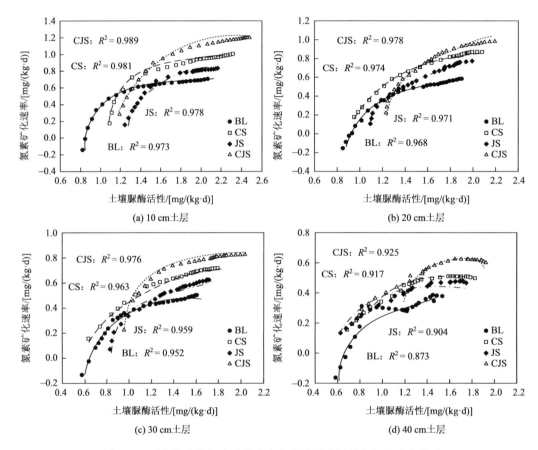

图 8-20　融化期土壤氮素矿化速率与土壤脲酶活性之间的响应关系

基于土壤水热影响效应，进一步探究土壤氮素矿化速率对于土壤脲酶活性的响应关系，土壤氮素矿化速率与土壤脲酶活性之间的响应函数如表 8-7 所示。在冻结期，土壤脲酶活性与土壤氮素矿化速率之间的响应函数呈现出显著的指数递减关系。经统计分析可知，不同处理条件下土壤脲酶活性与土壤氮素矿化速率之间的响应关系均能通过 $P<0.05$ 的显著性检验。在表层 10 cm 土层处，BL 处理条件下，土壤脲酶活性与氮素矿化速率之间的 Pearson 相关系数为 0.981；而随着生物炭与秸秆覆盖量的增加，在 JS 处理条件下，

其响应函数的相关系数最为显著，二者的相关关系最强。正如 Hedo 等[37]研究发现的，在季节性冻土区，森林覆被条件下土壤脲酶活性相对于无覆被处理显著增强，并且土壤氮素矿化速率显著提升，土壤脲酶对于土壤无机氮素生成具有促进作用。同理，在融化期，伴随着土壤的融解，土壤脲酶活性与氮素矿化速率均呈现出较强的增长趋势，并且二者的关系符合较强的指数增长关系。此时生物炭与秸秆的协同调控作用对土壤氮素矿化速率以及脲酶活性的影响最为显著。在表层 10 cm 土层处，CJS 处理条件下，土壤氮素矿化速率与土壤脲酶活性之间的相关系数分别相对于 BL、JS、CS 处理提升了 0.008、0.005 和 0.004；并且在生物炭与秸秆联合调控下，土壤氮素矿化速率对于脲酶活性的增加，其提升效果最为显著。正如 Bera 等[38]研究发现的，生物炭能够有效地提升土壤的质量指数，同时，显著促进土壤微生物的活性，增加土壤脲酶活性，提高作物生产力。此外，随着土壤深度的增加，土壤脲酶活性的降低，其对土壤氮素矿化速率的影响减弱。因此，在冻结期与融化期，二者之间的响应关系减弱，但变异差异与表层 10 cm 保持一致。

表 8-7　土壤氮素矿化速率与土壤脲酶活性之间的响应函数

土层深度/cm	处理方式	冻结期			融化期		
		响应函数	Re/%	r	响应函数	Re/%	r
10	BL	$y = 0.24e^{1.81x} - 2.23$	2.37	0.981	$y = 51.96(1 - e^{-5.15x}) - 51.28$	2.87	0.986
	CS	$y = 0.29e^{2.24x} - 2.15$	2.14	0.984	$y = 43.33(1 - e^{-3.75x}) - 42.35$	2.12	0.990
	JS	$y = 0.0014e^{4.49x} - 0.84$	1.54	0.993	$y = 143.95(1 - e^{-4.28x}) - 143.11$	2.54	0.989
	CJS	$y = 0.024e^{3.19x} - 1.28$	1.79	0.988	$y = 31.31(1 - e^{-2.97x}) - 30.11$	1.89	0.994
20	BL	$y = 0.027e^{4.41x} - 1.07$	2.87	0.963	$y = 10.93(1 - e^{-3.19x}) - 10.34$	3.35	0.984
	CS	$y = 0.077e^{2.89x} - 1.19$	2.34	0.968	$y = 2.97(1 - e^{-0.31x}) - 0.46$	2.84	0.987
	JS	$y = 0.052e^{2.58x} - 1.09$	1.79	0.980	$y = 7.51(1 - e^{-2.19x}) - 6.65$	3.09	0.985
	CJS	$y = 0.16e^{2.04x} - 1.35$	2.19	0.974	$y = 29.33(1 - e^{-3.02x}) - 28.31$	2.27	0.989
30	BL	$y = 0.014e^{6.53x} - 1.23$	3.22	0.963	$y = 5.46(1 - e^{-3.73x}) - 4.96$	3.78	0.976
	CS	$y = 0.16e^{2.76x} - 1.58$	2.91	0.967	$y = 2.12(1 - e^{-1.88x}) - 1.33$	2.97	0.981
	JS	$y = 0.076e^{2.78x} - 1.34$	2.44	0.978	$y = 1.79(1 - e^{-0.78x}) - 0.67$	3.46	0.979
	CJS	$y = 0.041e^{3.65x} - 1.34$	2.76	0.972	$y = 41.31(1 - e^{-4.51x}) - 40.49$	2.54	0.988
40	BL	$y = 0.037e^{4.12x} - 2.28$	3.76	0.950	$y = 25.61(1 - e^{-3.64x}) - 23.24$	4.01	0.934
	CS	$y = 0.052e^{1.67x} - 4.27$	3.15	0.958	$y = 31.56(1 - e^{-2.77x}) - 29.57$	3.52	0.958
	JS	$y = 0.45e^{3.52x} - 2.76$	2.86	0.965	$y = 6.53(1 - e^{-3.02x}) - 4.21$	3.75	0.951
	CJS	$y = 0.047e^{2.76x} - 5.27$	3.07	0.962	$y = 12.37(1 - e^{-2.56x}) - 11.28$	3.17	0.962

综上分析，在冻结期，土壤中脲酶活性呈现出逐渐降低的趋势，并且土壤氮素矿化

速率也呈现出下降趋势；而秸秆的覆盖调控作用提升了土壤温度水平，在一定程度上提升了土壤氮素矿化速率与土壤脲酶活性之间的响应关系。而在融化期，随着土壤脲酶活性的提升，土壤氮素矿化速率也呈现出显著的上升趋势；而生物炭与秸秆的联合调控作用营造了适宜微生物及酶活性的氛围，显著提升了土壤氮素矿化速率与土壤脲酶之间的响应关系。

参 考 文 献

[1]   Ding W C，He P，Zhang J J，et al. Optimizing rates and sources of nutrient input to mitigate nitrogen，phosphorus，and carbon losses from rice paddies[J]. Journal of Cleaner Production，2020，256：120603.

[2]   Rezgui C，Trinsoutrot-Gattin I，Benoit M，et al. Linking changes in the soil microbial community to C and N dynamics during crop residue decomposition [J]. Journal of Integrative Agriculture，2021，20（11）：3039-3059.

[3]   Cavalli D，Consolati G，Marino P，et al. Measurement and simulation of soluble，exchangeable，and non-exchangeable ammonium in three soils[J]. Geoderma，2015，259：116-125.

[4]   Lu J S，Hu T T，Zhang B C，et al. Nitrogen fertilizer management effects on soil nitrate leaching，grain yield and economic benefit of summer maize in Northwest China[J]. Agricultural Water Management，2021，247（5）：106739.

[5]   Zhang X，Zhang Y，Shi P，et al. The deep challenge of nitrate pollution in river water of China[J]. Science of the Total Environment，2021，770（25）：144674.

[6]   Yang W H，Weber K A，Silver W L. Nitrogen loss from soil through anaerobic ammonium oxidation coupled to iron reduction[J]. Nature Geoscience，2012，5（8）：538-541.

[7]   Latifah O，Ahmed O H，Majid N M A. Enhancing nitrogen availability from urea using clinoptilolite zeolite[J]. Geoderma，2017，306：152-159.

[8]   Li M，Zhou X H，Zhang Q F，et al. Consequences of afforestation for soil nitrogen dynamics in central China[J]. Agriculture Ecosystems & Environment，2014，183：40-46.

[9]   Zhou L S，Huang J H，Lu F M，et al. Effects of prescribed burning and seasonal and interannual climate variation on nitrogen mineralization in a typical steppe in Inner Mongolia[J]. Soil Biology and Biochemistry，2009，41（4）：796-803.

[10]   Pascual J A，Moreno J L，Hernandez T，et al. Persistence of immobilised and total urease and phosphatase activities in a soil amended with organic wastes [J]. Bioresource Technology，2002，82（1）：73-78.

[11]   Nourbakhsh F，Monreal C M. Effects of soil properties and trace metals on urease activities of calcareous soils[J]. Biology and Fertility of Soils，2004，40（5）：359-362.

[12]   Huddell A M，Galford G L，Tully K L，et al. Meta-analysis on the potential for increasing nitrogen losses from intensifying tropical agriculture[J]. Global Change Biology，2020，26（3）：1668-1680.

[13]   张玉铭，胡春胜，董文旭，等. 农田土壤 N_2O 生成与排放影响因素及 N_2O 总量估算的研究[J]. 中国生态农业学报，2004（3）：124-128.

[14]   Yanai Y，Toyota K，Okazaki M. Effects of charcoal addition on N_2O emissions from soil resulting from rewetting air-dried soil in short-term laboratory experiments[J]. Soil Science and Plant Nutrition，2007，53（2）：181-188.

[15]   Cayuela M L，Oenema O，Kuikman P J，et al. Bioenergy by-products as soil amendments？Implications for carbon sequestration and greenhouse gas emissions[J]. Global Change Biology Bioenergy，2010，2（4）：201-213.

[16]   杜睿，周宇光，王庚辰，等. 土壤水分对温带典型草地 N_2O 排放过程的影响 [J]. 自然科学进展，2003（9）：45-51.

[17]   伍星，刘慧峰，张令能，等. 雪被和土壤水分对典型半干旱草原土壤冻融过程中 CO_2 和 N_2O 排放的影响[J]. 生态学报，2014，34（19）：5484-5493.

[18]   刘杏认，张星，张晴雯，等. 施用生物炭和秸秆还田对华北农田 CO_2、N_2O 排放的影响[J]. 生态学报，2017，37（20）：6700-6711.

[19]   何志龙，夏文建，周维，等. 添加秸秆生物质炭对酸化茶园土壤 N_2O 和 CO_2 排放的短期影响研究[J]. 生态环境学报，

2016，25（7）：1230-1236.

[20]　陶瑞，张前前，李锐，等. 旱区覆膜滴灌棉田 N_2O 排放对化肥减量有机替代的响应[J]. 农业机械学报，2015，46（12）：204-211.

[21]　曾江海，王智平. 农田土壤 N_2O 生成与排放研究[J]. 土壤通报，1995（3）：132-134.

[22]　胡俊鹏，潘凤娥，王小淇，等. 秸秆及生物炭添加对燥红壤 N_2O 排放的影响[J]. 热带作物学报，2016，37（4）：784-789.

[23]　赵颖，张金波，蔡祖聪. 添加硝化抑制剂、秸秆及生物炭对亚热带农田土壤 N_2O 排放的影响[J]. 农业环境科学学报，2018，37（5）：1023-1034.

[24]　Reinmann A B，Templer P H，Campbell J L. Severe soil frost reduces losses of carbon and nitrogen from the forest floor during simulated snowmelt：A laboratory experiment[J]. Soil Biology and Biochemistry，2012，44（1）：65-74.

[25]　Zhang X，Bai W，Gilliam F S，et al. Effects of *in situ* freezing on soil net nitrogen mineralization and net nitrification in fertilized grassland of northern China[J]. Grass and Forage Science，2011，66（3）：391-401.

[26]　Benitez J M G，Cape J N，Heal M R，et al. Atmospheric nitrogen deposition in south-east Scotland：Quantification of the organic nitrogen fraction in wet，dry and bulk deposition[J]. Atmospheric Environment，2009，43（26）：4087-4094.

[27]　潘逸凡，杨敏，董达，等. 生物质炭对土壤氮素循环的影响及其机理研究进展[J]. 应用生态学报，2013，24（9）：2666-2673.

[28]　王常慧，邢雪荣，韩兴国. 温度和湿度对我国内蒙古羊草草原土壤净氮矿化的影响[J]. 生态学报，2004（11）：2472-2476.

[29]　Savage K E，Parton W J，Davidson E A，et al. Long-term changes in forest carbon under temperature and nitrogen amendments in a temperate northern hardwood forest[J]. Global Change Biology，2013，19（8）：2389-2400.

[30]　Wang G，Hu H C，Liu G S，et al. Impacts of changes in vegetation cover on soil water heat coupling in an alpine meadow of the Qinghai-Tibet Plateau，China[J]. Hydrology and Earth System Sciences，2009，13（3）：327-341.

[31]　Griffiths R I，Whiteley A S，O'donnell A G，et al. Physiological and community responses of established grassland bacterial populations to water stress[J]. Applied and Environmental Microbiology，2003，69（12）：6961-6968.

[32]　Georgallas A，Dessureault-Rompre J，Zebarth B J，et al. Modification of the biophysical water function to predict the change in soil mineral nitrogen concentration resulting from concurrent mineralization and denitrification[J]. Canadian Journal of Soil Science，2012，92（5）：695-710.

[33]　Radicetti E，Mancinelli R，Moscetti R，et al. Management of winter cover crop residues under different tillage conditions affects nitrogen utilization efficiency and yield of eggplant（*Solanum melanogena* L.）in Mediterranean environment [J]. Soil and Tillage Research，2016，155：329-338.

[34]　Glanville H C，Hill P W，Maccarone L D，et al. Temperature and water controls on vegetation emergence，microbial dynamics，and soil carbon and nitrogen fluxes in a high Arctic tundra ecosystem[J]. Functional Ecology，2012，26（6）：1366-1380.

[35]　Chaer G M，Myrold D D，Bottomley P J. A soil quality index based on the equilibrium between soil organic matter and biochemical properties of undisturbed coniferous forest soils of the Pacific Northwest[J]. Soil Biology and Biochemistry，2009，41（4）：822-830.

[36]　Hagenkamp-Korth F，Haeussermann A，Hartung E. Effect of urease inhibitor application on urease activity in three different cubicle housing systems under practical conditions[J]. Agriculture Ecosystems & Environment，2015，202：168-177.

[37]　Hedo J，Lucas-Borja M E，Wic-Baena C，et al. Experimental site and season over-control the effect of *Pinus halepensis* in microbiological properties of soils under semiarid and dry conditions[J]. Journal of Arid Environments，2015，116：44-52.

[38]　Bera T，Collins H P，Alvaa K，et al. Biochar and manure effluent effects on soil biochemical properties under corn production[J]. Applied Soil Ecology，2016，107：360-367.

第九章 作物生育期土壤环境演变机理及综合效应

第一节 概 述

农田生态环境质量是保障粮食安全生产的关键因素，但随着耕地压力的增大，农业资源被过度开发，农田在长期透支下出现土壤板结、养分流失、侵蚀加剧、土壤酸化和污染物残留等现象，严重影响了农田生态环境质量和农产品的安全生产[1]。近年来，农业生态环境受到越来越多的关注，国内外针对农田尺度的作物生境健康调控措施应运而生。在农业生产中，耕作制度、灌溉模式及施肥方法是影响农田土壤环境的主要因素[2]。与传统耕作相比，保护性耕作不仅能够改善土壤结构，减少地表径流和土壤流失，还有利于调节土壤系统 C、N、P 养分平衡，对作物生长发育有显著的促进作用[3, 4]。另外，保护性耕作对土壤微生物群落特征和碳氮循环过程也有显著影响[5]。Gunina 和 Kuzyakov[6]研究发现，免耕改变了土壤团聚体结构，且与翻耕相比，免耕麦田表层土壤的有机碳和总氮含量显著增加。黄茂林[7]研究发现，免耕能够减弱植物细胞膜脂过氧化反应，延缓叶片衰老，同时还能提高叶绿素含量，增强植物光合能力。

常规灌溉使土壤结构变差，土壤紧实度增大，透气性减小，且大水漫灌易造成表层土壤养分的流失、地下水富营养化等环境问题[8]。现代化灌溉技术不仅能够改善土壤结构，还能够改变作物对水分和养分的吸收，有利于作物在逆境胁迫下形态特征和生理活性的提升[9, 10]。Ma 等[11]研究发现根系分区交替灌溉促进了玉米叶片的生长，延缓了叶片衰老，使植株能够捕获更多的光能，有利于光合作用的进行。滴灌作为现代化灌溉技术，可以通过灌水量和灌水频率调节土壤温度和溶质运移，为作物根区创造了适宜生长的土壤环境[12, 13]。单鸿宾等[14]研究发现，滴灌显著提升了土壤微生物量碳氮含量，为作物生长创造了良好的微生物环境。在作物栽培过程中，肥料的施用是作物产量的保障，然而传统的施肥方式肥料利用效率低，且氮肥的过量施用会增加土壤 N_2O 的排放，增大了环境污染的风险。已有研究表明，肥料种类能够显著影响土壤环境和作物生长[15]。与常规尿素相比，控释肥的施用降低了土壤 NH_4^+-N 含量，从而显著减少了土壤氮素挥发，增大了作物对氮素的利用效率[16]。有机肥含有丰富的营养物质，能够调节土壤活性碳氮组分，对土壤养分有显著影响[17]。化肥和有机肥配施不仅能够有效提升土壤微生物量和酶活性，提高养分利用效率，还能够减少土壤水分和养分流失，对作物产量和品质的提升具有显著促进作用[18]。Zhong 等[19]研究发现，增施有机肥显著增加了土壤微生物量碳氮和微生物活性，且对总氮、速效磷和土壤 pH 也有显著影响。尹嘉德等[20]研究发现，施用有机肥增大了土壤含水量、叶片氮素含量和净光合速率，显著提升了作物产量。

随着可持续农业的发展，外源介质在土壤环境改良中被大量应用。秸秆是可再生的生物资源，秸秆还田不仅有利于提高土壤肥力质量、系统可持续性、碳效率和经济效益，还能避免秸秆焚烧所造成的环境污染[21]。生物炭作为一种低价、环保的土壤改良剂，对土壤物理、化学和生物特征也具有显著影响[22-25]。生物炭不仅能够直接为植物生长提供Ca、Mg、Al、Fe、P、S、K等矿质元素，还可以通过改善土壤团聚体结构，提升土壤微生物数量和酶活性，间接影响植物对养分的吸收[26,27]。大量研究已证实生物炭的施用能够对农田生态系统产生积极影响[28-30]。李娇等[31]研究了不同秸秆与生物炭还田方式对农田生态系统碳平衡和收益的影响，发现秸秆与生物炭的施用提高了作物产量和系统净初级生产力，增加了土壤固碳量。谷思玉等[32]研究了生物炭对大豆根际土壤养分及微生物的影响，发现生物炭可使各时期土壤有机碳、速效氮、磷、钾大幅增加，土壤蔗糖酶、过氧化氢酶和脲酶的活性增强，微生物群落数量成倍增长。Zhang 等[33]通过 6 年的连续监测，发现生物炭能够通过改善团聚体结构从而影响团聚体稳定性，进而改善土壤的碳储量和养分库（即氮、磷）、促进作物的根系生长和养分吸收。Forjan 等[34]研究了不同覆被条件下单独堆肥和生物炭堆肥对矿区土壤的修复情况，发现生物炭堆肥对土壤有着更好的改良作用，总碳、总氮、阳离子交换量等指标均高于单独堆肥处理，且有植被覆盖的土壤修复效果更好。

农田土壤环境为作物生长提供了物质与能量补给，为作物稳产、增收提供了坚实的基础保障。本章基于长周期的野外监测试验，探究了生物炭施加对于寒区季节性冻融土壤水土环境的调控作用机制。另外，设定盆栽试验，挖掘了生物炭调控对作物生育过程中土壤水肥利用效率的提升潜力。结合田间试验和盆栽模拟的研究结果，对比分析不同生物炭调控模式下土壤碳、氮迁移转化效果，剖析大豆生长发育过程环境协同效应，进而优选了适宜于寒区农田土壤健康可持续利用模式，为寒区黑土地绿色、低碳、高效生产模式的构建提供理论依据。

第二节　作物根系发育及根区土壤环境演变过程

农田生态系统中的"根系-土壤界面"与"作物根际"是位于植物根系与土壤之间的微小区域，在这个区域内，植物所需的养分元素会在微生物的相互作用下发生迁移和形态的转变。鉴于根际区域的复杂性与特殊性，根际区域微生物组也被认为是植物的第二基因组。因此，精准识别作物的根际区域范围、养分迁移转化过程，将作物根际区域设计成有利于作物生长发育的方向，有助于为农业生产创造更大的收益。

一、试验方案

（一）野外田间试验

野外田间试验的试验小区规格设置为 5 m×6 m，供试作物为大豆，品种为东北农业大学大豆研究所培育的东农 69 号，种植的行距为 60 cm，株距为 15 cm，种植深度 4 cm，每穴种植 3 株。在施用生物炭的过程中，共采取 3 种不同的生物炭施用方式，5 种生物炭施用梯度，共 13 种处理，即空白对照组，试验小区内不施加生物炭，试验小区编号记作 A；春季和秋季混合施用生物炭试验组，生物炭的施用总梯度为 3 kg/m²、6 kg/m²、9 kg/m²、12 kg/m²，秋季按 1.5 kg/m²、3 kg/m²、4.5 kg/m²、6 kg/m² 的梯度施加生物炭，春季按 1.5 kg/m²、3 kg/m²、4.5 kg/m²、6 kg/m² 的梯度施加另一半生物炭，试验小区编号分别记作 B1、B2、B3、B4；仅秋季施加生物炭试验组，生物炭的施用梯度为 3 kg/m²、6 kg/m²、9 kg/m²、12 kg/m²，试验小区编号分别记作 C1、C2、C3、C4；仅春季施加生物炭试验组，生物炭的施用梯度为 3 kg/m²、6 kg/m²、9 kg/m²、12 kg/m²，试验小区编号分别记作 D1、D2、D3、D4，各田块的生物炭施用情况如表 9-1 所示。秋季施用生物炭的时间为 2017 年 10 月 29 日，春季施用生物炭的时间为 2018 年 4 月 10 日，除上述两个时间外，不再追加施用生物炭，各试验小区内均不施加肥料。生物炭施用的具体方法为：将生物炭均匀地洒在土壤表面，然后用农用翻地机在耕层中将生物炭与土壤均匀地混合，生物炭与土壤混合深度为 25~30 cm。在试验过程中，各试验小区的作物品种、植保措施、药品施用量以及田间管理条件均保持一致。

表 9-1　不同处理田块的生物炭施用情况

处理	A	B1	B2	B3	B4	C1	C2	C3	C4	D1	D2	D3	D4
秋季施加量/(kg/m²)	0	1.5	3	4.5	6	3	6	9	12	0	0	0	0
春季施加量/(kg/m²)	0	1.5	3	4.5	6	0	0	0	0	3	6	9	12
总施加量/(kg/m²)	0	3	6	9	12	3	6	9	12	3	6	9	12

（二）野外盆栽试验

基于野外田间试验研究，考虑长期施用化肥易使农田土壤发生土壤板结、土壤地力下降等不利变化，故采用野外盆栽试验的方式探索生物炭与化学肥料联合施用对作物生理生长以及土壤碳、氮养分的影响效果。在野外盆栽试验中，共设置了 3 种生物炭施用梯度以及 3 种化肥施用梯度。其中，每种处理设置 3 次重复，每盆种植 3 株。此外，选取常规氮肥尿素（CON_2H_4）作为化肥，依据常规大田中 150 kg/hm² 的施肥量，考虑节约肥料的使用，本书中将 3 种施肥标准设置为 0 kg/hm²、75 kg/hm²、150 kg/hm²，分别记作 N0、N1、N2；参考野外大田试验的生物炭施用量，本书中将生物炭的 3 种施用梯度设置为 0 t/hm²、30 t/hm²、60 t/hm²，分别记作 B0、B1、B2，具体施用情况如表 9-2 所示。盆栽容器为 PVC 材质的圆桶，圆桶的高为 38.5 cm，上直径为 32.5 cm，下直径为 27.5 cm。参考大田中生物炭与土壤的混合深度，因此在本书中也将生物炭与土壤的混合深度设置为 25 cm，氮肥以基肥形式一次性施入至距离土面 10 cm 处，生长后期不再追肥，田间进行常规管理。为使盆栽内的土壤环境更加接近田间条件，在桶底预留了 12 个直径为 1 cm

的圆孔，作为土壤中的水分运移通道，并在取土的原位置挖掘出与试验桶等体积大小的土坑，将试验桶埋至与地面等高，以保证桶内的温度及水分条件与田间条件一致，盆栽在田间的填埋方式如图 9-1 所示。

表 9-2　不同处理下生物炭与化学肥料的施用情况

处理	CK	B0N1	B0N2	B1N0	B1N1	B1N2	B2N0	B2N1	B2N2
化肥施用量/(kg/hm²)	0	75	150	0	75	150	0	75	150
生物炭施用量/(kg/m²)	0	0	0	3	3	3	6	6	6

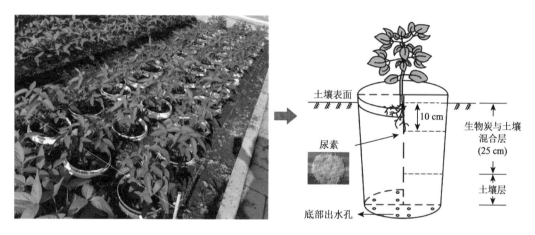

图 9-1　田间盆栽设置情况

二、样品采集与指标测定

（一）土壤样品的采集

为了更好地探究作物根系与根区土壤养分之间的关系，在野外田间试验中，根区土壤取样采用 Prendergast-Miller 等[35]所提出的采样方法，将作物根系附近的土壤按照相对于作物根系的位置分为三类，即位于作物冠层表面的根块土壤、位于土壤根系边缘的根际土壤以及与土壤主根紧密包围的根鞘土壤，具体根区土壤分布情况如图 9-2 所示。根区土壤的取样工作采取破坏性取样的方式进行，在取样过程中，每次在试验小区内随机选取 3 棵大豆植株，借助铁锹挖掘大豆植株周围的约 50 cm 深的土壤至其变得松动，再用小铲子挖取根块土；后将植株慢慢提起，再以轻微抖动植株的方式采集根际土壤以及根鞘土壤。不同于大田试验，盆栽试验的土壤取样工作借助取土钻完成，在试验过程中，每次采集 0～10 cm、10～20 cm 以及 20～30 cm 这三层的土壤进行分析。所有的土壤样品均以铝箔纸包裹的方式进行保存，然后装入密封袋转移到实验室中对样品进行处理。

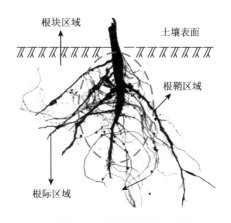

图 9-2　根区土壤分布情况

（二）作物的根系形态指标测定

作物的根系形态指标采用破坏性取样的方式进行测定。在取样过程中，每次在试验小区内随机选取 3 棵大豆植株，借助铁锹挖掘大豆植株周围的约 50 cm 深的土壤致其变得松动，后用手将大豆植株轻轻提起，并采取轻微抖动的方式将根系附近的土壤抖落，以保证大豆根系的完整性。进入实验室后，借助钳子将大豆的冠层部分与根系部分分开，将待处理的根系放入 200 目尼龙网中，用流动水小心冲洗干净，待清洗完成后，将完整的根系放在扫描仪上（爱普生 12000XL，日本），借助 WinRHIZO 植物根系分析仪对根系进行测量和描述（图 9-3）。最终得出作物总根长、作物总根表面积、作物根系体积、根系平均直径等指标。待根系指标测量完毕后，将作物根系与冠层烘干至恒重，进行作物植株的干物质重量以及根冠比的测定。

图 9-3　土壤根系测定过程

（三）土壤养分指标测定

1. 土壤总有机碳含量测定

土壤总有机碳含量利用 Vario TOC 总有机碳分析仪进行测定，其测试分析方法参考上述土壤总有机碳含量测定。

2. 土壤无机氮含量测定

在本书中，主要探究土壤铵态氮（NH_4^+-N）以及土壤硝态氮（NO_3^--N）这两项土壤无机氮指标，使用 AA3 连续流动注射仪进行样品分析，其测试分析方法参考上述土壤无机氮含量测定。若不能及时分析处理好的样品，则将其转移至−20℃的冰箱中进行保存。样品的质量分数计算公式如下：

$$\omega(N) = \frac{c \times 100 \times 10^{-3}}{m} \times 1000 \qquad (9\text{-}1)$$

式中，$\omega(N)$ 为某种无机氮的质量分数，mg/kg；c 为上机测试所得到的土壤无机氮含量，mg/L；100 为 KCl 溶液的体积，mL；m 为土壤的质量，g。

三、生物炭施用条件下大豆根系形态指标的变化

（一）总根长

根系长度能够很好地反映根系在空间中的变化情况，它也是反映作物水肥吸收能力的重要指标之一。在本书中，所供试的作物大豆属直根系作物，其形态有主根和侧根之分，在其主要生长期内，主侧根表面均有根毛分布。不同生物炭施用条件下的总根长随生育期的变化情况如图 9-4 所示。随着作物生育期的推进，由花芽分化期至开花结荚期作物根长增长迅速，其中 B2、B3 处理下增长最多，约为前者的 2.6 倍；至鼓粒期，除 D2、D3、D4 处理外，其余处理的根长较上一生育时期均有 4%～25%不等的下降。随着植株进一步成熟，根系吸收养分的能力减弱，根毛逐渐脱落，导致各处理的总根长数值明显变小。

同时，施加一定量的生物炭能够增加大豆各时期耕层的总根长。但仅部分处理间的根长与对照组具有显著性差异（$P<0.05$）。在花芽分化期表现为 C4（685.155 cm）＞B4（555.041 cm）＞B3（524.733 cm）＞A（451.678 cm）；在开花结荚期表现为 B3（1399.088 cm）＞B2（1127.045 cm）＞A（877.534 cm）；鼓粒期表现为 D3（1148.611 cm）＞D2（1114.475 cm）＞D4（1051.838 cm）＞B3（1047.686 cm）＞B2（1031.019 cm）＞A（841.321 cm）；成熟期表现为 D2（422.464 cm）＞D3（401.854 cm）＞B1（401.659 cm）＞D4（389.337 cm）＞C2（388.048 cm）＞A（337.807 cm）。综上所述，在作物生长中后期，

春季施用生物炭的方式下更容易增加大豆的总根长,6~9 kg/m²的生物炭施用梯度更利于大豆总根长的增长;考虑作物全生育期时,B2 为利于大豆根长生长的最佳处理。

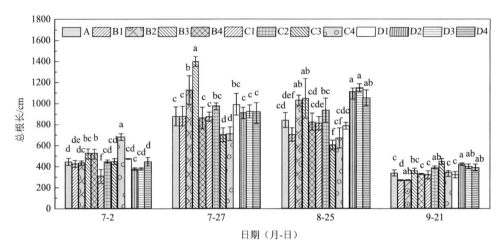

图 9-4　不同施炭方式下大豆的总根长

结果以平均值±标准误差表示。小写字母表示不同生物炭施用处理参数的显著差异($P<0.05$)。7-2、7-27、8-25 和 9-21 分别代表大豆的花芽分化期、开花结荚期、鼓粒期和成熟期

(二)总根系表面积

大豆总根系表面积的变化规律与主根长的变化规律相似(图 9-5),整体来看,数值上依旧为在开花结荚期增加,鼓粒期略有下降,直至成熟期降至较低水平,且在成熟期的各生物炭处理间的差异未达到显著水平,具体情况如图 9-5 所示。在花芽分化期表现为 C2(84.917 cm²)>C4(84.535 cm²)>D1(80.961 cm²)>B3(78.801 cm²)>

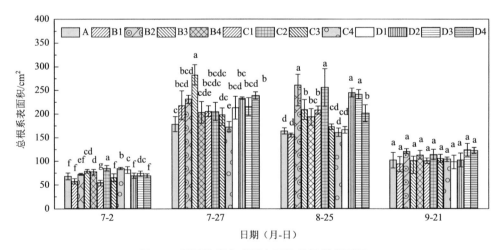

图 9-5　不同施炭方式下大豆的总根系表面积

结果以平均值±标准误差表示。小写字母表示不同生物炭施用处理参数的显著差异($P<0.05$)。7-2、7-27、8-25 和 9-21 分别代表大豆的花芽分化期、开花结荚期、鼓粒期和成熟期

B4（76.907 cm²）＞D3（73.981 cm²）＞A（67.907 cm²），C2 处理与 A 处理根长的差值最大，为 17.01 cm²；在开花结荚期表现为 B3（283.031 cm²）＞D4（238.374 cm²）＞D2（233.246 cm²）＞B2（230.576 cm²）＞B1（217.678 cm²）＞D3（215.050 cm²）＞D1（213.263 cm²）＞A（178.704 cm²），其中，B3 处理下的根长约为 A 处理的 1.6 倍；在鼓粒期表现为 B2（260.394 cm²）＞C2（256.234 cm²）＞D2（245.007 cm²）＞D3（241.148 cm²）＞B3（209.259 cm²）＞C1（207.789 cm²）＞D4（201.194 cm²）＞B4（193.701 cm²）＞A（163.291 cm²）。综上所述，虽然在大部分生物炭施用的情形下总根系表面积均有增加，但仅 B3 处理与 D3 处理条件下的根长在三个生育期内始终与 A 处理存在显著关系，且较 A 增加较多。

（三）总根系体积

不同于大豆总根长与大豆总根表面积，大豆总根系体积在全生育期内虽然在数值上也呈现先增加后减小的趋势，但仅在花芽分化期和鼓粒期，各生物炭处理间的总根系体积存在显著性差异（$P<0.05$），并且在这两个时期内仅 C2、D2 与 A 处理具有显著性差异；并且这两种处理下，总根系体积比对照处理增加了 30%～90%，具体情况见如图 9-6 所示。

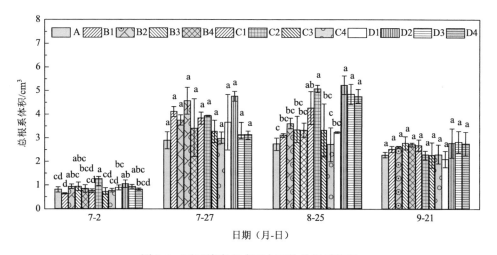

图 9-6　不同施炭方式下大豆的总根系体积

结果以平均值±标准误差表示。小写字母表示不同生物炭施用处理参数的显著差异（$P<0.05$）。7-2、7-27、8-25 和 9-21 分别代表大豆的花芽分化期、开花结荚期、鼓粒期和成熟期

（四）根系平均直径

根系平均直径的变化一般是由细胞木质素水平的改变所引起的，木质素水平增加会影响细胞的分裂和伸长，导致根系增粗。本书中，伴随大豆植株逐渐成熟，各施炭处理下的

大豆根系平均直径逐渐增长。除开花结荚期外，其余生育时期内不同处理间的根系平均直径呈现出显著差异（$P<0.05$），然而仅部分处理与对照差异显著（图9-7）。在花芽分化期表现为 D2（0.596 mm）＞C2（0.596 mm）＞A（0.480 mm）＞B4（0.382 mm）＞C4（0.341 mm）；在鼓粒期表现为 B1（0.948 mm）＞C3（0.878 mm）＞C2（0.851 mm）＞A（0.665 mm）；在成熟期表现为 D2（1.494 mm）＞C2（1.173 mm）＞B2（1.087 mm）＞A（0.901 mm）。综上所述，C2 及 D2 处理能够获得更大的根系平均直径。

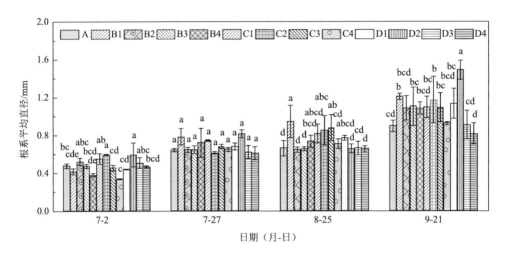

图 9-7　不同施炭方式下大豆的根系平均直径

结果以平均值±标准误差表示。小写字母表示不同生物炭施用处理参数的显著差异（$P<0.05$）。7-2、7-27、8-25 和 9-21 分别代表大豆的花芽分化期、开花结荚期、鼓粒期和成熟期

（五）根冠比

如图9-8所示，本书中，各时期各生物炭处理下的大豆根冠比的变化范围为0.082～0.328，整体来看，随着大豆生育进程的推进，各处理根冠比均逐渐下降。并且在大豆各生育阶段，不同施炭处理间均存在显著性差异（$P<0.05$），但仅部分处理间的根冠比与对照组具有显著性差异（$P<0.05$）。在花芽分化期表现为 C4（0.226）＜D4（0.228）＜D2（0.231）＜D3（0.237）＜C3（0.239）＜D1（0.245）＜C2（0.256）＜B3（0.280）＜B4（0.290）＜B2（0.292）＜A（0.320）；在开花结荚期表现为 B1（0.229）＞D1（0.221）＞A（0.186）＞D3（0.145），其余处理间均与 A 处理变化相似且不显著；在鼓粒期表现为 C4（0.136）＞D4（0.126）＞C2（0.121）＞D3（0.120）＞C3（0.120）＞B2（0.118）＞B4（0.115）＞D2（0.112）＞D1（0.111）＞A（0.093），大部分施炭处理的根冠比对比空白对照稍有增加；在成熟期表现为 D3（0.120）＞C3（0.118）＞C4（0.118）＞D2（0.117）＞D4（0.112）＞D1（0.111）＞A（0.082），D3 处理的根冠比约为空白对照的 1.46 倍，并且春季施炭情形下的该时期内的根冠比与上一生育时期接近一致。综合各时期的大豆根冠比的表现，发现在春季一次性施加生物炭的情形下，或在较高的生物炭施用量（9 kg/m² 和 12 kg/m² 的生

物炭施用梯度）时，相比 A 处理，大豆根部与冠层之间的平衡会发生改变，大豆的根冠比显著增加。

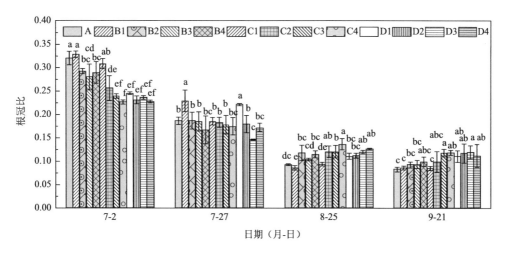

图 9-8　不同施炭方式下大豆的根冠比

结果以平均值±标准误差表示。小写字母表示不同生物炭施用处理参数的显著差异（$P<0.05$）。7-2、7-27、8-25 和 9-21 分别代表大豆的花芽分化期、开花结荚期、鼓粒期和成熟期

（六）不同生物炭施用处理下大豆根系指标的方差分析

由图 9-4～图 9-7 可知，当作物生长发育至鼓粒期时作物根系指标能够达到最大值，因此本书选取鼓粒期的根系数据，设定 $P<0.05$ 的显著水平，对该时期的根系数据进行方差分析，结果如表 9-3 所示。单一考虑生物炭施用梯度对作物根系带来的影响时，在不同生物炭施用梯度下，仅总根系表面积、总根系体积、根冠比显著变化，且当生物炭施用量为 6 kg/m² 时，能够获得较大的总根系表面积，并随着施炭量的增多，根系直径相对减小，根冠比相对增大。单一考虑不同生物炭施用方式时，在不同生物炭施用方式下，仅总根长、根体积、根冠比显著变化，并且春季施炭情形下大豆的总根长、根体积更大，秋季施炭情形下能够得到较大的根冠比。而不同生物炭施用方式及不同生物炭施用梯度的交互作用对根系指标有着显著影响（$P<0.05$）。综合各指标数据，在春季生物炭施用方式下，生物炭施用量在 6～9 kg/m² 时，大豆能够获得较大的根系。

表 9-3　土壤根系形态性状指标的方差分析

指标	总根长			总根表面积			总根系体积		
	均方根	F	P	均方根	F	P	均方根	F	P
生物炭施用量	63931.220	2.176	0.100	7078.151	11.468	0.000	2.198	3.105	0.032
生物炭施用方式	127268.944	5.387	0.005	1949.166	1.367	0.274	3.092	4.657	0.009
生物炭施用量＋施用方式	105412.416	6.533	0.000	4983.743	8.274	0.000	2.381	4.424	0.004

续表

指标	根系平均直径			根冠比			
	均方根	F	P	均方根	F	P	
生物炭施用量	0.032	2.405	0.075	0.001	9.906	0.000	
生物炭施用方式	0.030	2.122	0.121	0.001	3.856	0.020	
生物炭施用量 + 施用方式	0.034	2.941	0.027	0.001	10.917	0.000	

四、生物炭施用条件下大豆根区土壤养分指标的变化

（一）大豆根区土壤总有机碳含量变化

在大豆生长发育初始阶段（5月23日），大豆根系较为细小，无法对根区土壤进行分类取样，故在第一次土壤取样过程中，钻取0～20 cm土壤并将其均匀混合后进行上机测定，所得结果作为基础数据。从初始值来看，生物炭的施加极大地提高了土壤总有机碳含量，为土壤提供了充足的碳源。其中，B4、C3、C4、D3 处理的总有机碳数值分别为9.123%、6.443%、7.603%、8.155%，均大于空白对照处理下的4.065%。不同处理下土壤总有机碳含量随生育期的变化如图9-9所示。

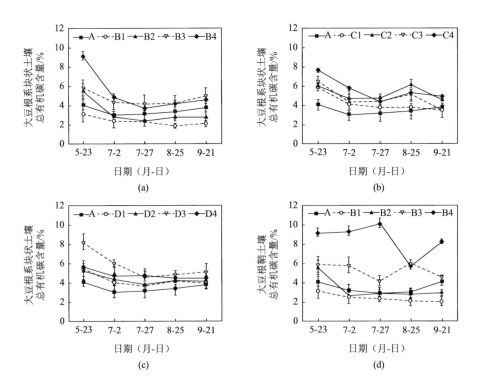

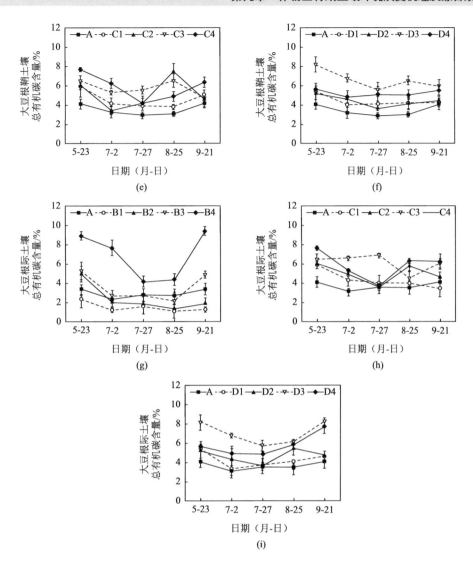

图 9-9　不同生物炭施用模式下不同根区土壤总有机碳变化情况

5-23、7-2、7-27、8-25 和 9-21 分别代表大豆的初始发育阶段（出苗期）、花芽分化期、开花结荚期、鼓粒期和成熟期

对于根系块状土壤，进入花芽分化期后，各处理总有机碳含量均减小，由于生物炭的调控作用，除 B1、B2 处理外，其他处理总有机碳含量均高于对照组，但至后续生育阶段变化增减各异。其中，A 处理总有机碳含量由 3.033%分别升至 3.152%、3.417%及 3.810%，持续增加；B4 处理总有机碳含量由 4.589%变化至 3.749%、4.206%及 4.648%，先减小后增加；C2 处理总有机碳含量由 4.676%变化至 4.733%、6.121%及 4.554%，先增加后减小。对于根鞘土壤总有机碳含量，在开花结荚期与鼓粒期之间的变幅较大，B 处理中，生物炭施用较多的 B4 变幅最大，比上一生育期减小 6.359%，至下一生育时期又随即增加 2.532%；而在 C 处理中，在开花结荚期与鼓粒期之间 C2 变化幅度最大，总有机碳含量增加了 3.245%；D 处理中根鞘土壤总有机碳含量变幅均未超过 1%。此外，对

于根际土壤总有机碳含量,当向田间施炭量较多时,在整个生育期土壤有机碳含量累积变幅值也较大。其中,B4 变幅为 9.16%,C4 变幅为 6.461%,D4 变幅为 3.66%,均大于 A 处理的变幅值 2.035%。

同时,对比各处理在花芽分化期后的根系块状土壤(根块土)、根鞘土以及根际土的有机碳含量平均值,仅 C2 处理根块土>根鞘土>根际土(5.021%>4.870%>4.705%);春秋混施处理下根鞘土总有机碳含量最高,B4 处理下根鞘土>根际土>根块土(8.813%>6.827%>4.366%);秋季施炭及春季施炭大部分处理下,根际土总有机碳含量最高,其中,C3 处理下根际土>根鞘土>根块土(5.997%>5.466%>4.340%),D3 处理下根际土>根鞘土>根块土(6.739%>6.211%>5.107%)。由此可知,随着作物生育期的深入,土壤有机碳会逐渐由土壤表层逐渐向作物根鞘及根尖运移。

(二)大豆根区土壤铵态氮变化情况

在作物生长发育过程中,由于根尖的分化生长以及降水的淋溶作用,改变了农田土壤原有的氮素分布,因此,本书中,为了揭示不同生物炭调控作用下的土壤氮素迁移过程,记录了不同调控模式下各位置土壤的铵态氮在各生育期的含量变化,结果如图 9-10 所示。在生育期初始阶段,D 处理铵态氮的初始值较其他处理高,D3 处理尤为明显,为 12.993 mg/kg。随着生育期的深入,各处理土壤铵态氮含量均呈现先减小后增大的趋势。对于根系块状土壤,进入花芽分化期后,各处理铵态氮含量处于 3.010~12.462 mg/kg。由出苗期进入花芽分化期,仅 B4、D4 处理下的铵态氮含量存在 1 mg/kg 以上的增长,其余大部分处理的铵态氮含量均有一定程度的降低。其中,D3 处理降低最多,为 3.1 mg/kg。此外,由花芽分化期至鼓粒期,所有处理土壤铵态氮含量均持续降低,平均降幅为 20.8%~58.2%。观察三种不同施炭模式下的土壤铵态氮含量变化,通过单因素方差分析可知,施用生物炭能够显著提高土壤中铵态氮的含量($P<0.05$),且当生物炭施用量为 9 kg/m^2 时,土壤铵态氮含量最高。对于根鞘土壤,进入花芽分化期后,对于出苗期土壤铵态氮含量,仅 D3 处理铵态氮含量减小了 0.531 mg/kg,其余处理均增加了 1.6%~59.6%;B3 处理的作用效果最为显著,其含量为 13.301 mg/kg。在其余生育期内,

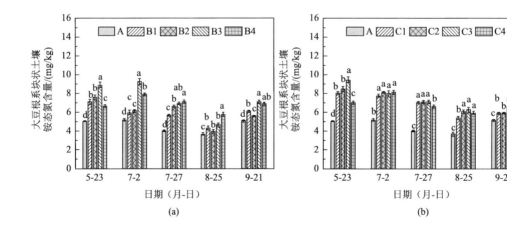

(a)　　　　　　　　　　　　　　　(b)

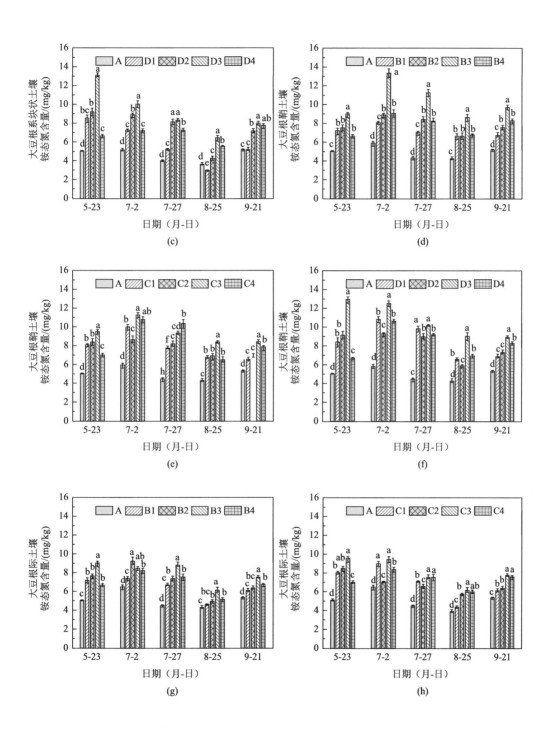

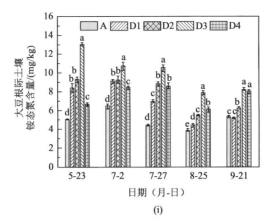

图 9-10 不同生物炭施用模式下不同根区土壤铵态氮变化情况

5-23、7-2、7-27、8-25 和 9-21 分别代表大豆的初始发育阶段（出苗期）、花芽分化期、开花结荚期、鼓粒期和成熟期

施加生物炭的处理也均与对照组在 $P<0.05$ 的水平上存在显著差异，土壤铵态氮含量最高的生物炭施用水平仍为 9 kg/m²。同理，对于根际土壤，其铵态氮含量随作物生育期进行所呈现出的变化规律与根系块状土壤及根鞘土壤变化大体一致。但各处理由出苗期进入花芽分化期的铵态氮含量变化增减各异。例如，D1～D4 处理各田块铵态氮变化分别为 0.676 mg/kg、0.043 mg/kg、–2.346 mg/kg、1.753 mg/kg。

同时，对三种不同类型土壤铵态氮含量变化进行比较，不难看出根鞘土的铵态氮含量整体高于其他两种土壤。鉴于出苗期土壤取样方式，可以推测出土壤铵态氮在根鞘土壤分布更多，且更为活跃，靠近根尖的根际土壤对作物进行养分供给，其变化情况更加复杂。

（三）大豆根区土壤硝态氮变化情况

土壤硝态氮含量的变化趋势与土壤铵态氮变化趋势相似，并且各田块间土壤硝态氮含量在 $P<0.05$ 的水平下显著，具体情况如图 9-11 所示。不同地块在生物炭以及冻融作用的调控下，在作物初始生育期表现各异，当生物炭施用梯度为 9 kg/m² 时，土壤硝态氮含量分别为各自区域内的最大值，B3、C3、D3 处理的硝态氮含量分别为 26.631 mg/kg、26.667 mg/kg、26.098 mg/kg，均远大于空白对照处理下的 17.436 mg/kg。并且由出苗期进入花芽分化期，三种不同土壤硝态氮含量变化最大的百分比分别为 18.5%、9.7%、21.9%，远低于土壤铵态氮含量降低的水平。此外，作物全生育期内各处理土壤硝态氮含量呈现先减小后增加的趋势，并在鼓粒期达到最低值；全生育期土壤硝态氮的变化范围在 7.861～27.475 mg/kg，相对于土壤铵态氮含量数值上有所增长。由花芽分化期至鼓粒期，土壤根系逐渐向下延伸，土壤硝态氮含量也随之出现较大变化。对于根系块状土壤，C2 处理土壤硝态氮含量下降最多，为 15.805 mg/kg；其次为 B3 处理，其值为 15.689 mg/kg。而对于根鞘土壤，同样是 C2 处理土壤硝态氮含量下降最多，为 13.035 mg/kg；其次为 B4 处理，其值为 12.676 mg/kg。在根际土壤中，B3 处理土壤硝态氮含量下降最多，为

13.377 mg/kg；其次为 C2 处理的 13.281 mg/kg。考虑土壤硝态氮具有能够直接被作物吸收且易淋失的特点，本书认为在 C2 和 B3 处理下土壤硝态氮在土壤中的运移较为活跃。至成熟期，土壤硝态氮又恢复到较高水平，从含量上考虑，土壤硝态氮在雨量多的季节及作物生长盛季含量低，干旱季节及作物收获后含量较高。

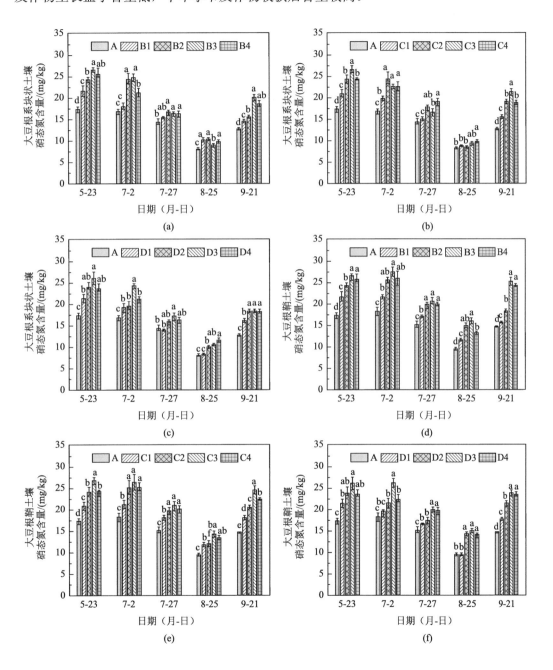

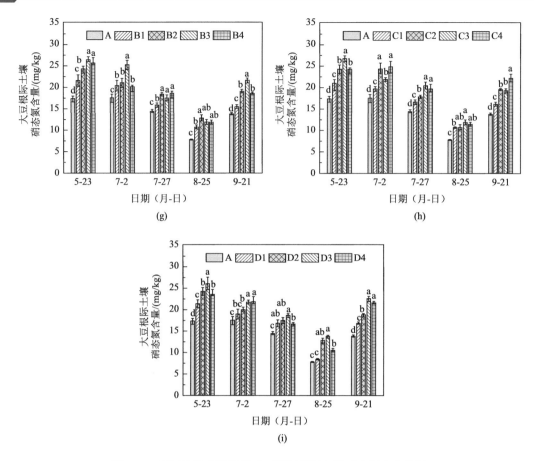

图 9-11　不同生物炭施用模式下不同根区土壤硝态氮变化情况

5-23、7-2、7-27、8-25 和 9-21 分别代表大豆的初始发育阶段（出苗期）、花芽分化期、开花结荚期、鼓粒期和成熟期

　　综合来看，与土壤铵态氮在各层土壤中的分布相同，土壤硝态氮在根鞘土壤中分布较多，由此，通过对比各生育期间根鞘土中的土壤硝态氮含量的平均值能够发现 B3＞C3＞D3＞B4＞B2＞C4＞D4＞C2＞D2＞C1＞B1＞D1＞A。上述结果也表明在 B3 处理下，土壤硝态氮含量的提升效果最为显著。

（四）不同生物炭处理下大豆根区土壤养分指标的方差分析

　　表 9-4 显示了在作物主要生育期内受不同生物炭处理条件影响的土壤总有机碳含量、土壤铵态氮含量、土壤硝态氮含量的显著水平（$P<0.05$）。方差分析结果表明，不单独考虑作物生育期对土壤总有机碳的影响时，其他处理对三者有显著影响，并且不同处理之间的相互作用也对三者有显著影响（$P<0.05$）。

表 9-4　土壤养分指标的方差分析

指标	土壤总有机碳含量			土壤铵态氮含量			土壤硝态氮含量		
	均方根	F	P	均方根	F	P	均方根	F	P
作物生长时期	6.066	2.328	0.074	169.949	77.242	0.000	2439.498	360.792	0.000
土壤种类	19.379	7.582	0.001	134.467	49.553	0.000	348.378	16.599	0.000
生物炭施用方式	38.442	16.041	0.000	84.910	30.876	0.000	210.548	9.944	0.000
生物炭施用量	106.139	61.216	0.000	113.120	48.573	0.000	366.222	18.859	0.000
作物生长时期 + 土壤种类	11.391	4.497	0.001	155.756	95.695	0.000	1603.050	303.455	0.000
作物生长时期 + 生物炭施用方式	22.254	9.379	0.000	127.430	76.673	0.000	1325.023	243.779	0.000
作物生长时期 + 生物炭施用量	63.251	37.085	0.000	137.476	111.253	0.000	1254.769	345.118	0.000
土壤种类 + 生物炭施用方式	30.817	13.266	0.000	104.733	48.046	0.000	265.680	13.448	0.000
土壤种类 + 生物炭施用量	77.219	46.594	0.000	120.236	68.487	0.000	360.274	20.024	0.000
生物炭施用方式 + 生物炭施用量	82.289	51.712	0.000	79.620	34.856	0.000	249.944	12.865	0.000
作物生长时期 + 土壤种类 + 生物炭施用方式	21.535	9.369	0.000	129.189	119.254	0.000	1080.862	274.257	0.000
作物生长时期 + 土壤种类 + 生物炭施用量	53.501	32.855	0.000	136.807	209.215	0.000	1053.349	494.449	0.000
作物生长时期 + 生物炭施用方式 + 生物炭施用量	56.881	36.416	0.000	109.730	92.522	0.000	979.795	274.013	0.000
土壤种类 + 生物炭施用方式 + 生物炭施用量	66.561	43.970	0.000	93.332	54.635	0.000	274.552	15.258	0.000
作物生长时期 + 土壤种类 + 生物炭施用方式 + 生物炭施用量	50.063	33.738	0.000	114.228	189.929	0.000	864.992	419.201	0.000

五、炭肥互作模式下大豆根区土壤养分指标的变化

（一）炭肥互作条件对土壤总有机碳含量的影响

不同处理下的土壤总有机碳变化情况如图 9-12 所示。生物炭的施加为农田土壤提供了碳源，在 0～10 cm 土层以及 10～20 cm 土层，施加生物炭处理的土壤总有机碳含量均与未施炭处理具有显著差异（$P<0.05$）。其中，在作物出苗期 10～20 cm 土层中的 B2N0 处理与 CK 差值最大，达到 5.871%；并且在这两个土层内，与成熟期相比，未施炭处理与 3 kg/m^2 的生物炭施用梯度下总有机碳略有增加。而在 20～30 cm 土层中，各施加生物炭

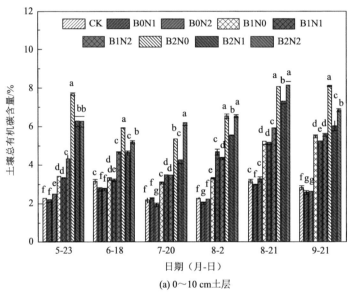

(a) 0～10 cm土层

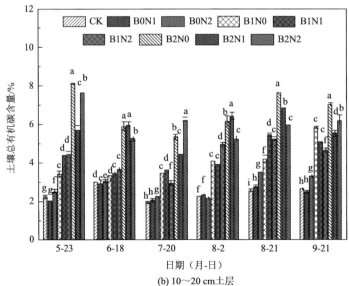

(b) 10～20 cm土层

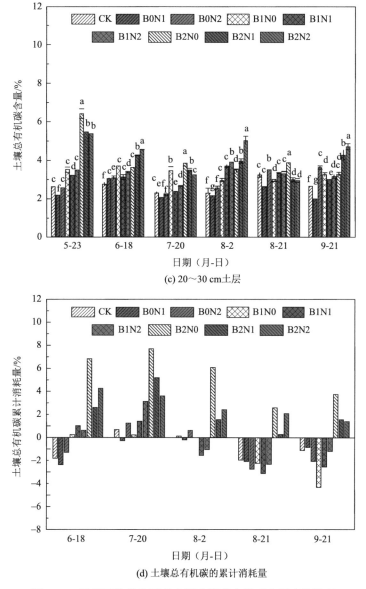

(c) 20～30 cm土层

(d) 土壤总有机碳的累计消耗量

图 9-12 炭肥互作条件下各土层土壤总有机碳含量变化情况

5-23、6-18、7-20、8-2、8-21 和 9-21 分别代表大豆的初始发育阶段（出苗期）、幼苗期、花芽分化期、
开花结荚期、鼓粒期和成熟期

处理的总有机碳含量均有所减少，并且各处理总有机碳含量在花芽分化期后的变化幅度在
0.615%～2.071%，远小于其他土层，说明生物炭在土壤中相对稳定，未发生明显的向下运移。

本书将截至下一生育阶段各土层土壤总有机碳损失量的累计值记为土壤总有机碳的
累计消耗量。其变化情况如图 9-12（d）所示，由作物出苗期至开花结荚期，作物累计总
有机碳消耗量逐渐增加，并且生物炭施加量为 6 kg/m^2 的处理总有机碳消耗量相对较多；
B2N0 处理的总有机碳累计消耗量最大，达到了 7.706%。至成熟期，除 6 kg/m^2 的处理外，
其他土壤有机碳含量在土层中积累开始增多。

（二）炭肥互作条件对土壤铵态氮含量的影响

图 9-13 显示了不同施用量的生物炭与肥料混合施用下的 0～10 cm、10～20 cm 以及 20～30 cm 土层土壤的铵态氮变化情况以及三个土层铵态氮的累计消耗量。各种处理的铵态氮含量由出苗期至成熟期逐渐降低，说明常规肥料尿素在短期内得到充分释放，其数值变化范围在 6.837～15.785 mg/kg。在作物幼苗期（6-18），与未施肥处理相比，各处理铵态氮含量在 10～20 cm 土层的差异最明显，例如，B2N2 处理比 B2N0 处理铵态

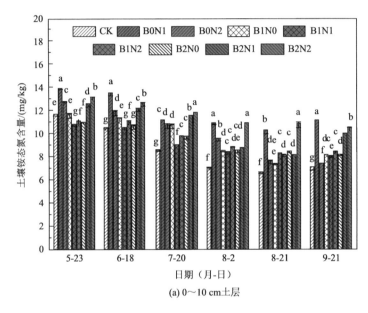

(a) 0～10 cm土层

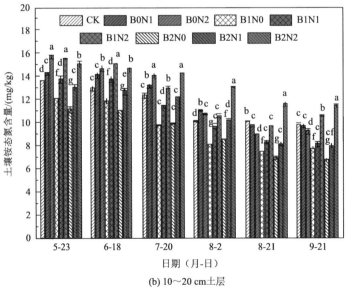

(b) 10～20 cm土层

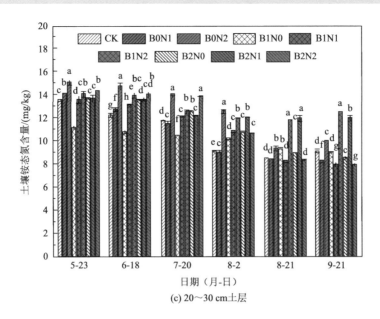

(c) 20～30 cm土层

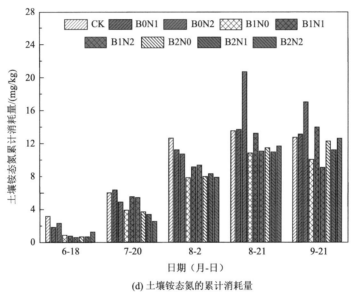

(d) 土壤铵态氮的累计消耗量

图 9-13　炭肥互作条件下各土层土壤铵态氮变化情况

5-23、6-18、7-20、8-2、8-21 和 9-21 分别代表大豆的初始发育阶段（出苗期）、幼苗期、
花芽分化期、开花结荚期、鼓粒期和成熟期

氮含量多 3.92 mg/kg；而在 0～10 cm 土层，B2N2 处理比 B2N0 处理铵态氮含量仅多 2.102 mg/kg，说明氮素在释放过程中，铵态氮向上发生迁移很少，主要过程为向下淋失。至大豆鼓粒期（8-21），在共同施加生物炭与氮肥的处理中 20～30 cm 土层累计消耗的铵态氮更多，其中 B1N2 处理铵态氮含量达到了 11.831 mg/kg，B2N1 处理铵态氮含量达到了 11.984 mg/kg，远大于 CK 的 8.538 mg/kg。从幼苗期至鼓粒期，B0N2 处理下的土壤铵态氮累计消耗量最多，为 20.694 mg/kg；而在同等施肥量下，施加生物炭处理的 B1N2 以

及 B2N2 的铵态氮的累计消耗量分别为 11.063 mg/kg 以及 11.747 mg/kg，说明生物炭的施用能够有效减少铵态氮的累计消耗量。

（三）炭肥互作条件对土壤硝态氮含量的影响

土壤硝态氮含量的变化范围在 7.193～41.060 mg/kg（图 9-14）。与土壤铵态氮变化规律相似，各土层土壤硝态氮含量也呈现出逐渐减小的趋势，各不同施肥处理与未施肥处理相比差异显著（$P<0.05$）。在幼苗期 0～10 cm 土层中，B0N2 处理的硝态氮含量最高，为 35.817 mg/kg；CK 的硝态氮含量最低，为 22.533 mg/kg；至成熟期，B2N1 处理硝

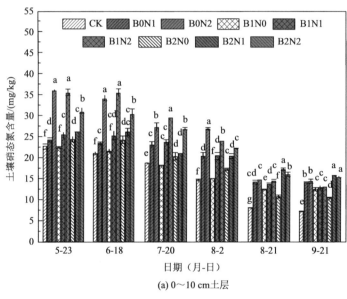

(a) 0～10 cm土层

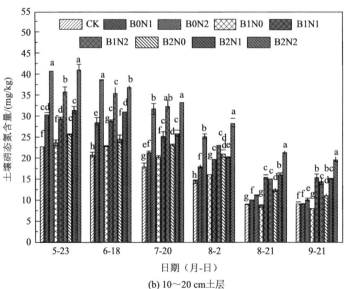

(b) 10～20 cm土层

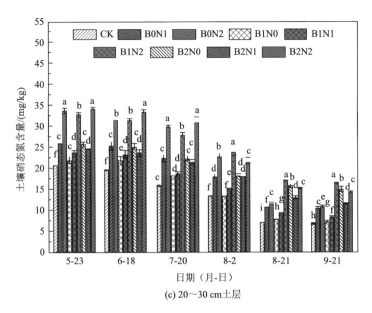

(c) 20～30 cm土层

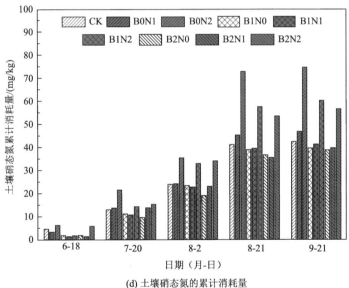

(d) 土壤硝态氮的累计消耗量

图 9-14　炭肥互作条件下各土层土壤硝态氮变化情况

5-23、6-18、7-20、8-2、8-21 和 9-21 分别代表大豆的初始发育阶段（出苗期）、幼苗期、花芽分化期、
开花结荚期、鼓粒期和成熟期

态氮含量最高，为 15.773 mg/kg，CK 的硝态氮含量最低，为 7.443 mg/kg。在幼苗期的
10～20 cm 土层中，B2N2 处理的硝态氮含量最高，比 CK 的硝态氮含量多 18.487 mg/kg，
随着作物生育期的进行不同处理下的硝态氮含量间的差异逐渐缩小；至成熟期，B2N2 处
理的硝态氮含量比 CK 多 10.625 mg/kg。而在 20～30 cm 土层中，各生育期内不同处理的
土壤硝态氮的最大值与最小值之差分别为 13.407 mg/kg、13.839 mg/kg、14.887 mg/kg、
10.506 mg/kg、9.813 mg/kg、9.649 mg/kg，从开花结荚期后也呈现出逐渐减小的趋势。不

同于土壤铵态氮累计消耗量的变化规律，当施肥量为 150 kg/hm² 时，各阶段土壤硝态氮累计消耗量较大；在鼓粒期和成熟期，各处理之间最大与最小消耗量的差值分别为 16.644 mg/kg、37.065 mg/kg、35.734 mg/kg。在同等施肥梯度下，随着生物炭施用量的增加，硝态氮累计消耗量呈梯度减小（图 9-14）。

第三节　作物农艺性状对土壤环境响应关系研究

作物冠层是作物植株的重要组成部分，它不仅影响着植株对阳光的截获量，并且能够通过影响农田生态系统中的水、热、气等微环境，作用于植株群体的光合效率与作物产量。因此，作物冠层结构是影响作物生理过程的重要因素之一。本节通过测量大豆株高、茎粗、叶片氮素含量、叶片叶绿素含量以及叶片温度等指标，对大豆生育周期内不同生物炭调控模式下农艺性状指标的时空变异规律展开探讨，进而阐明生物炭对大豆生理过程的影响效应。

一、试验方案

本节试验方案参考前文试验方案。

二、数据指标测定

本节主要测定了大豆的株高、茎粗、叶片氮素含量、叶片叶绿素含量相对值（SPAD）、叶片温度 5 项大豆农艺性状指标。其中，以直尺量取植株根颈部至顶部的距离作为株高，用游标卡尺记录茎粗，利用 TYS-3 N 养分速测仪记录大豆叶片的氮素含量、叶绿素含量相对值（SPAD）以及叶片温度的变化。为避免伤害植株幼苗，待所标记的植株生长到一定高度后开始对作物农艺性状指标进行测量，数据的测量周期为每 10～15 天记录一次，直至植株的株高和茎粗无明显变化且叶片枯黄为止。至大豆成熟期，通过称量计数的方式对植株的荚数、主茎分节数、百粒重等产量指标进行统计。

三、单一施用生物炭对大豆农艺性状的影响

（一）生物炭施用对大豆株高的影响

不同生物炭施用条件下的大豆株高变化情况如图 9-15 所示。整体来看，株高的生长主要在植物四个生育时期内完成，即幼苗期内逐渐适应作物生长环境，地上部缓慢生长；随着养分的进一步积累，在花芽分化期内生长速度加快，此时的生长速度为幼苗期的 2～3 倍；进入开花结荚期后，植株生长速度略有下降，植株地上部继续向上延伸；到达鼓粒

期时，植株养分进行积累，养分供给由植株生长需要转化为果实需要，此时植株生长停滞不再发生变化，随时间的积累，株高的增长是非线性的。

在不同生物炭施用条件下，植物株高生长状况各异。由最后一次观测（8-22）结果可知，春秋混施处理下的植物获得了更大的株高；与空白对照相比，B1、B2、B3、B4处理组的平均株高分别增加了 9.5 cm、4.66 cm、7.24 cm、7.32 cm；而春季施炭、秋季施炭情况下，仅 6 kg/m²、9 kg/m² 的施用梯度下的株高大于 A 处理。试验证明，将生物炭一次性施入土壤时，过多或过少的生物炭施加量都会导致株高下降；并且每种处理下的植株生长速度并不同步，在植株的开花结荚期，秋季施炭处理下的植株更早地进入缓慢生长的阶段，并早于其他施炭方式的植株进入成熟阶段，并且该时期内，不同施炭量引发的株高差异较大，C1 处理株高增长变化情况最为复杂。

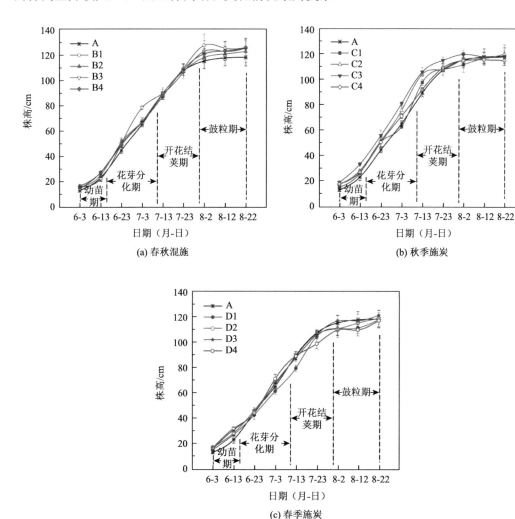

图 9-15　不同生物炭施用条件下的大豆株高变化

（二）生物炭施用对大豆茎粗的影响

植株茎粗随生育期的变化规律与株高具有较大差异，同时也有相似之处，具体情况如图 9-16 所示。不同于株高，茎粗的主要生长阶段在大豆的幼苗期及花芽分化期，由于幼苗期的植株较为脆弱，为不影响植株的正常生长，待植株生长到一定高度后才开始进行茎粗的测量。通过最后一次的测量结果可知，施加生物炭后，各处理的茎粗均小于未施炭的对照处理；并且在 6 kg/m² 以及 9 kg/m² 的生物炭的施用梯度下的茎粗相对较小，例如，C2、C3、D2 处理下茎粗分别较对照处理的茎粗减小了 0.159 cm、0.125 cm、0.123 cm。此外，不同的生物炭施用方式也会引起大豆茎粗的变化，在花芽分化期，春季施炭处理下的茎粗的极值约为 0.154 cm，并且茎粗的变化量与生物炭的施用量不成比例。

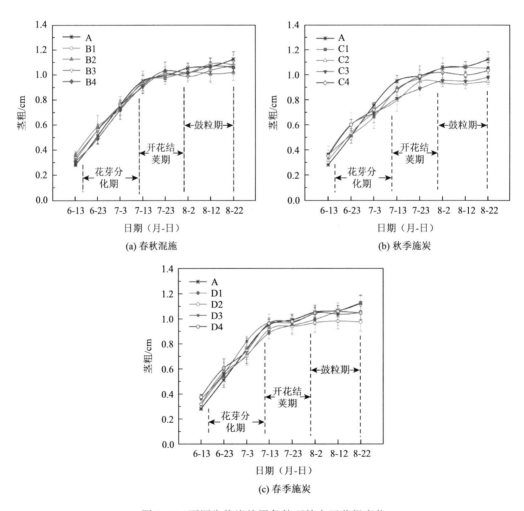

图 9-16　不同生物炭施用条件下的大豆茎粗变化

（三）生物炭施用对大豆叶片氮素含量的影响

选取作物的开花结荚期进行大豆叶片指标的测量，具体采样时间为 2018 年的 7 月 9 日、7 月 13 日、7 月 17 日以及 7 月 21 日。由表 9-5 可知，在相同的生物炭施用条件下，随大豆生育期的推进，各植株顶端位置的叶片与中间位置的叶片的氮素含量呈递增的趋势，而各处理的底端叶片的氮素含量则有上升也有下降，并且顶端叶片氮素含量的增长幅度要略大于中部叶片。其中，在 7 月 21 日各施炭处理的底端、中部、顶端叶片的氮素含量分别为 7 月 9 日的 0.92～1.21 倍、0.96～1.28 倍、1.33～1.53 倍。并且，B3 处理的中部、顶端叶片的氮素含量增加幅度最大，底端叶片氮素含量则为对照组增加最大，C4 处理减少最多。在 7 月 21 日之前，B1、B3、B4、C1、C4、D4 处理的不同位置叶片的氮素含量从底端到顶端依次递进，而 7 月 21 日的结果显示大部分处理的顶端叶片氮素含量大于其他位置的叶片氮素含量。但随着施用生物炭量的增加，同一部位叶片的氮素含量较对照有不同程度的增加和减少，变化不显著，不同叶片位置间氮素含量的差异不明显。

（四）生物炭施用对大豆叶片叶绿素含量的影响

以 SPAD 作为大豆叶片叶绿素含量的评价指标。由表 9-6 可知，大豆冠层的 SPAD 的垂直分布规律与叶片氮素含量垂直分布规律基本相似，在 7 月 21 日之前，各生长时期不同施炭处理的 SPAD 表现为底端＞中部＞顶端；随着叶片日趋成熟，最终 SPAD 表现为顶端＞中部＞底端。冠层 SPAD 随施炭量的增加，其变化情况也不尽相同，例如，在春秋混施情况下，7 月 9 日底端叶片 SPAD 随施炭量增加而增多；中间叶片、顶端叶片表现为随施炭量的增多先增加后减小；其他处理变化情况也不同于该处理。通过表 9-6 还可得知，中下部叶片间差异明显大于上下部叶片间的差异；与 7 月 9 日的数值相比，7 月 21 日的各部分叶片间 SPAD 变幅较大，顶端叶片 SPAD（在 B3 处理下，7 月 21 日 SPAD 为 7 月 9 日的 1.41 倍）有所增加，底端叶片 SPAD 有所减小（在 D1 处理下，7 月 21 日 SPAD 为 7 月 9 日的 83%）。

（五）生物炭施用对大豆叶片温度的影响

由于各因素的综合作用，不同施炭处理之间的叶片温度数据差异不大，叶片温度变化不能直接归因于生物炭的作用。因此，本节中，在植物叶片监测期间，记录了三个不同时间不同位置叶片的温度。箱形图如图 9-17 所示。整体来看，植株叶片温度与环境温度呈正相关关系，随着环境温度的增加，植株叶片温度也增加；分析各位置叶片温度，不难发现各时期各位置的叶片温度均值大致相等，且均高于该时段的环境温度；植株中间部叶片温度相比其他位置叶片温度表现得更加均一，说明该位置不同处理间的叶片温度的差异更小；而在较高环境温度条件下，异常值更多，且异常值所对应的均为施炭量较高的处理，说明在较高的生物炭施用量的情况下，叶片温度会发生一些细微的改变。

表 9-5　不同位置的叶片氮素含量

处理	7月9日			7月13日			7月17日			7月21日		
	底端	中部	顶端	底端	中部	顶端	底端	中部	顶端	底端	中部	顶端
A	3.19±0.05 ns	3.10±0.28 ns	2.44±0.24 ns	3.37±0.01a	2.90±0.04a	2.44±0.01b	3.48±0.03bcd	3.34±0.10abcd	2.44±0.14 h	3.87±0.09a	3.31±0.20 ns	3.46±0.06 ns
B1	3.28±0.15	3.04±0.11	2.56±0.04	3.39±0.03a	2.87±0.05a	2.41±0.04b	3.54±0.16abc	3.22±0.04de	2.53±0.03gh	3.15±0.17cd	3.47±0.33	3.58±0.03
B2	3.16±0.20	3.33±0.52	2.56±0.08	3.38±0.01a	2.89±0.02a	2.43±0.06b	3.48±0.05bcd	3.26±0.07cde	2.85±0.03e	3.34±0.14bcd	3.40±0.18	3.56±0.04
B3	3.51±0.26	2.95±0.41	2.44±0.22	3.29±0.05abc	2.81±0.06a	2.38±0.07bc	3.47±0.12bcd	3.30±0.11bcd	2.84±0.08e	3.31±0.18bcd	3.30±0.13	3.58±0.02
B4	2.96±0.45	2.78±0.10	2.48±0.04	3.31±0.09ab	2.84±0.10a	2.48±0.05b	3.47±0.01bcd	3.44±0.17ab	2.65±0.05fg	3.25±0.21cd	3.56±0.21	3.61±0.07
C1	3.24±0.05	3.16±0.06	2.40±0.04	3.36±0.06a	2.84±0.07a	2.38±0.01bc	3.59±0.14ab	3.33±0.04abcd	2.88±0.01de	3.08±0.08d	3.36±0.14	3.58±0.16
C2	2.99±0.27	3.25±0.22	2.29±0.10	3.16±0.01c	2.82±0.04a	2.44±0.03b	3.44±0.06cd	3.33±0.13abcd	3.23±0.13a	3.09±0.10d	3.47±0.09	3.50±0.04
C3	3.41±0.17	3.53±0.35	2.51±0.05	3.31±0.10ab	2.86±0.10a	2.35±0.02bc	3.44±0.04cd	3.28±0.03cde	3.01±0.14bcd	3.19±0.05cd	3.38±0.16	3.57±0.07
C4	3.41±0.17	3.15±0.20	2.37±0.16	3.22±0.10bc	2.85±0.12a	2.92±0.35a	3.47±0.12bcd	3.45±0.07a	2.91±0.06cde	3.13±0.13cd	3.28±0.22	3.48±0.04
D1	3.16±0.47	3.13±0.03	2.44±0.15	3.30±0.03ab	2.88±0.10a	2.46±0.05b	3.37±0.02d	3.37±0.02abc	2.94±0.04cde	3.45±0.07bc	3.33±0.13	3.52±0.02
D2	2.98±0.50	3.15±0.28	2.41±0.02	3.23±0.05bc	2.78±0.08a	2.30±0.06bc	3.43±0.00cd	3.27±0.02cde	3.03±0.07bc	3.61±0.42ab	3.24±0.19	3.47±0.15
D3	2.93±0.21	2.95±0.05	2.29±0.10	3.29±0.11ab	2.77±0.08a	2.40±0.13bc	3.65±0.03a	3.14±0.03e	2.96±0.10bcde	3.41±0.43bcd	3.41±0.02	3.46±0.24
D4	3.13±0.36	2.98±0.17	2.48±0.28	2.94±0.17d	2.54±0.29b	2.20±0.24c	3.42±0.09cd	3.28±0.15cde	3.09±0.11ab	3.60±0.06ab	3.11±0.11	3.31±0.14
平均值	3.18±0.30	3.12±0.28	2.44±0.14	3.27±0.13	2.82±0.13	2.43±0.19	3.48±0.10	3.31±0.11	2.87±0.23	3.34±0.29	3.36±0.19	3.51±0.12

注：结果表示为平均值±标准差。不同小写字母表示不同生物炭施用处理的参数差异显著（$P<0.05$），相同字母的参数无显著差异，ns 表示差异不显著。

表 9-6　不同位置的 SPAD（叶片叶绿素相对值）

处理	7月9日			7月13日			7月17日			7月21日		
	底端	中部	顶端	底端	中部	顶端	底端	中部	顶端	底端	中部	顶端
A	46.32±0.68cde	43.66±2.70cde	32.52±0.98cd	49.30±0.54a	41.99±0.48a	35.50±0.22ab	51.05±0.56abcd	48.29±1.54abcd	37.75±0.25d	44.12±2.13bcd	48.99±2.20ns	47.70±2.33ns
B1	45.78±2.20de	45.21±0.34abcd	36.81±0.46ab	49.19±0.32a	41.61±0.70a	35.00±0.58ab	51.60±2.35bc	46.73±0.43bcde	41.10±3.17c	45.25±3.00abcd	46.85±2.92	47.53±4.02
B2	45.44±3.26de	43.52±1.59cde	37.59±1.15a	49.38±0.37a	41.93±0.24a	35.29±0.82ab	50.83±0.92abcd	47.20±0.96cde	41.34±0.38c	47.37±2.86a	48.24±1.66	48.01±2.57
B3	47.95±4.10bcd	46.54±1.57ab	34.79±4.32abcd	47.68±0.68ab	40.80±0.93a	34.55±0.98ab	50.73±1.84bcd	47.80±1.55cde	41.36±0.93c	45.45±0.99abcd	48.31±1.60	49.04±2.96
B4	49.65±1.17abc	41.51±2.15e	35.52±1.24abc	48.09±1.30ab	41.22±1.47a	36.04±0.70a	50.63±0.57bcd	45.95±1.52de	41.17±3.40c	45.35±1.93abcd	50.22±5.29	46.87±4.61
C1	46.99±0.69bcde	45.88±0.86abc	35.54±0.94abc	48.73±0.75ab	42.57±2.34a	34.63±0.14ab	52.89±1.85ab	45.99±2.75cde	41.77±0.10bc	45.35±0.17abcd	48.04±2.98	52.62±2.01
C2	47.46±0.70cde	45.13±0.82abcd	33.74±1.88bcd	46.12±0.42b	40.94±0.55a	35.51±0.21ab	49.93±1.24cde	48.31±1.81abc	46.91±1.91a	46.62±1.59ab	50.61±0.99	50.00±1.52
C3	46.81±2.11bcde	45.19±1.12abcd	36.65±0.83ab	48.04±1.37ab	42.50±0.91a	34.12±0.25abc	50.18±0.77cde	47.53±0.36cde	43.69±1.99bc	45.89±1.33abc	49.35±1.83	50.87±1.20
C4	47.93±1.84bcd	44.43±2.29bcd	34.36±2.19abcd	46.79±1.45b	41.30±1.70a	35.09±2.27ab	50.70±1.84bcd	50.59±1.29a	42.52±1.12bc	45.40±0.75abcd	47.99±2.76	48.14±2.96
D1	52.57±2.71a	45.36±0.45abcd	35.13±1.76abc	47.85±0.38ab	41.96±1.65a	35.62±0.63ab	47.78±1.30e	49.03±0.17ab	42.89±0.74bc	43.95±0.66bcd	47.86±2.52	50.92±0.81
D2	50.16±1.48ab	43.13±1.48de	35.40±0.18abc	46.87±0.67b	40.40±1.20a	33.36±0.79bc	48.87±1.33de	47.62±0.36bcde	44.46±1.46ab	46.27±1.63abc	46.67±3.17	47.20±2.22
D3	45.49±3.49de	42.82±0.64de	32.97±1.84cd	45.30±0.89b	40.23±1.13a	34.83±1.88b	53.25±0.74a	45.54±0.33e	43.16±1.56bc	43.56±1.32cd	46.55±3.03	53.09±0.65
D4	43.71±1.15e	43.43±2.59cde	31.62±3.32d	43.06±2.85c	36.94±4.19b	31.88±3.41c	49.17±2.06cde	47.46±2.12bcde	43.84±0.61bc	42.78±1.44d	44.55±1.81	46.94±3.49
平均值	47.40±2.94	44.29±1.93	34.82±2.35	47.42±2.00	41.11±1.98	34.72±1.55	50.59±1.90	47.54±1.77	42.46±2.53	45.18±1.89	48.02±2.75	49.15±3.04

注：结果表示为平均值±标准差。不同小写字母表示不同生物炭施用处理的参数差异显著（$P<0.05$），相同字母的参数无显著差异，ns 表示差异不显著。

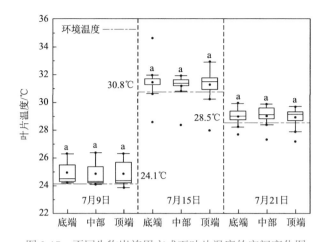

图 9-17　不同生物炭施用方式下叶片温度的空间变化图

不同小写字母表示不同生物炭施用处理的参数差异显著（$P<0.05$），相同字母的参数无显著差异

四、炭肥互作对大豆农艺性状的影响

（一）炭肥互作对大豆株高的影响

随着作物生育期的推进，各处理的株高均稳固上升，花芽分化期（7月4日）至开花结荚期（8月2日）大豆株高增长明显。其中，CK 株高增长倍数最少，为花芽分化期的 2.14 倍；而 B1N1 株高涨幅最多，为花芽分化期的 2.62 倍；至鼓粒期，作物逐渐成熟，大豆植株顶部叶片衰老脱落，株高略有下降（图 9-18）。对比不同施肥处理，不难发现大部分处理的株高均与不施肥处理存在显著差异，但两种肥料施用梯度下的株高的差异则表现为不显著。当生物炭施用量为 0 kg/m² 时，7 月 20 日与 8 月 2 日的株高最大值与最小值的组间差值分别为 10.47 cm 与 23.23 cm；当生物炭施用量为 3 kg/m² 时，组间差值分别下降为 5.13 cm 和 12.43 cm；当生物炭施用量为 6 kg/mL 时，组间差值下降为 6.47 cm。此外，对比三种生物炭施用梯度下的株高平均值，在 8 月 2 日表现为 B2（89.88 cm）＞B1（89.11 cm）＞B0（83.13 cm），在 8 月 21 日表现为 B1（74.17 cm）＞B2（73.74 cm）＞B0（67.42 cm）。

（二）炭肥互作对大豆茎粗的影响

大豆茎粗随生育期的变化如图 9-18 所示。随着生育期的深入，大豆茎粗呈现出先逐渐增加后略有减少的变化趋势，但仅在大豆生长后期 3 kg/m² 生物炭施用梯度下的施肥处理表现出显著差异。其中，在 8 月 2 日，B1N2 的茎粗为 B1N0 茎粗的 1.26 倍；但 B0N1 的茎粗也为 CK 的 1.21 倍，组间没有显著性差异。在 8 月 21 日，B1N2 的茎粗为 B1N0 的 1.19 倍，B0N2 的茎粗也为 CK 的 1.1 倍，组间没有显著性差异。综合以上结果，可以发现并没有一种炭肥互作模式能够为全生育期大豆茎粗的增长提供理论依据。

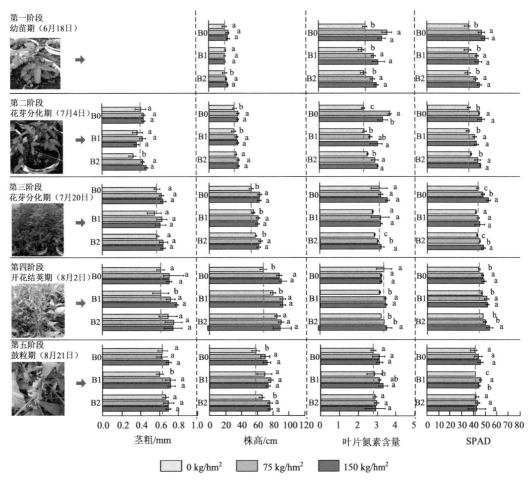

图 9-18 不同炭肥互作模式下的大豆农艺性状指标变化

将平均值和标准差作为结果（$n=3$），不同的小写字母表示数据在 $P<0.05$ 的水平上存在显著性差异

（三）炭肥互作对大豆叶片氮素含量的影响

在各生物炭施用梯度下，随着氮肥的施入，叶片氮素含量显著提升，以 6 月 18 日氮素含量为例，在 0 kg/m² 生物炭施用梯度下，B0N1 为 CK 的 1.48 倍；在 3 kg/m² 生物炭施用梯度下，B1N2 为 B1N0 的 1.35 倍；在 6 kg/m² 生物炭施用梯度下，B2N2 为 B2N0 的 1.28 倍。至下一生育时期，组间差异逐渐减小，甚至部分氮肥处理间的叶片氮素含量相互之间差异并不显著，如 7 月 20 日的 B0 和 B1 处理，当植株进入成熟期后，随着叶片逐渐衰老，组间差距进一步缩小。综合以上结果，B1N3 的炭肥互作处理能够使作物全生育期内拥有最大的叶片氮素含量（图 9-18）。

（四）炭肥互作对大豆叶片叶绿素含量相对值的影响

植物体内由于叶绿体的存在，植株叶片能够进行光合作用为植物生理活动提供能量，而叶绿素是叶绿体的重要组成部分之一。当叶片细胞在植物体内分裂生长时，其制造的养分可以供给植物体生长发育；当植株进入成熟期后，叶片叶绿素数值下降，叶黄素数值上升使叶片枯萎脱落。本书中，SPAD 为叶片叶绿素相对值，其数值也能够代表叶片的生理状态。由图 9-18 可知，不同处理间 SPAD 变化规律存在差异，仅有 0 kg/m^2 的生物炭施用量下的 B0N1 与 B0N2 两种处理的 SPAD 在 7 月 20 日达到最大值，分别为 47.84 与 52.93，其余处理均在 8 月 2 日达到最大值。并且在多种生物炭施用梯度下，施加氮肥的处理与不施肥处理间叶片全生育期的 SPAD 的均值相差 3.75～8.46，并在作物关键生育期内能够达到显著水平（$P<0.05$）。综合以上结果，不难发现施用生物炭能够改变 SPAD 的组间差异，并且施用氮肥越多，叶片的 SPAD 相对越大。

（五）炭肥互作模式下大豆农艺性状的方差分析

不同处理下的作物信息的显著水平情况如表 9-7 所示（$P<0.05$）。方差分析结果表明，在不同的生育期，施加生物炭或氮肥均对大豆的株高、茎粗、叶片氮素含量及 SPAD 有显著影响（$P<0.05$），并且不同生物炭与氮肥混合处理的相互作用对上述作物信息也有着显著影响（$P<0.05$），说明生物炭和氮肥能够在土壤中产生交互作用，促进植物生长发育。

表 9-7 大豆农艺性状指标的方差分析

指标		a	a×b	a×c	a×b×c
株高	均方根	19117.847	12777.048	13003.431	9776.436
	F	631.911	437.042	698.223	561.731
	P	0.000	0.000	0.000	0.000
茎粗	均方根	0.485	0.292	0.314	0.225
	F	136.771	82.300	126.923	91.615
	P	0.000	0.000	0.000	0.000
叶片氮素含量	均方根	1.147	0.914	1.758	1.431
	F	9.355	7.784	22.553	19.861
	P	0.000	0.000	0.000	0.000
SPAD	均方根	281.822	195.658	359.176	275.215
	F	18.500	12.951	48.262	38.277
	P	0.000	0.000	0.000	0.000

注：a 代表作物的生长时期；b 代表生物炭的施用梯度；c 代表肥料的施用梯度。

五、土壤养分指标与作物农艺性状指标间的关系

基于炭肥互作对作物农艺性状以及土壤碳、氮含量影响的研究可知，当大豆生长

发育至鼓粒期时，大豆的株高、茎粗、叶片氮素含量以及 SPAD 等农艺性状达到极大值，因此选取大豆鼓粒期的作物农艺性状初始数据与土壤碳、氮数据，利用 Pearson 相关分析评估了不同土壤养分指标与作物农艺性状指标之间的关系（图 9-19）。结果表明，作物株高与各土层的硝态氮含量均显著相关，并且与 0～10 cm 土层的硝态氮含量相关性达到了极显著，相关系数为 0.67。茎粗与 20～30 cm 土层的硝态氮含量相关系数最大，为 0.52。作物叶片氮素与 SPAD 则主要受 20～30 cm 土层的土壤总有机碳含量影响，其相关系数分别为 0.57 和 0.79。

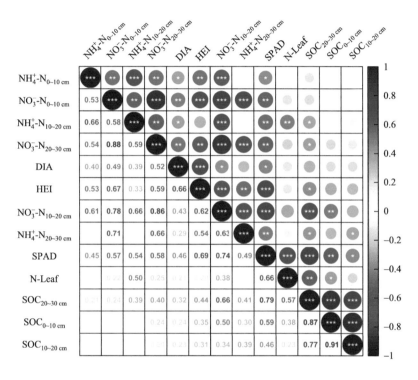

图 9-19 不同作物指标与土壤养分指标的相关矩阵

由于图形篇幅有限，图中采取字母缩写的方式描述数据指标，各字母的含义如下：DIA 代表茎粗；HEI 代表株高；N-Leaf 代表叶片氮素含量；SPAD 代表叶片叶绿素含量相对值；NH_4^+-$N_{0\sim10\,cm}$、NH_4^+-$N_{10\sim20\,cm}$、NH_4^+-$N_{20\sim30\,cm}$ 分别代表 0～10 cm、10～20 cm、20～30 cm 的土壤铵态氮含量；NO_3^--$N_{0\sim10\,cm}$、NO_3^--$N_{10\sim20\,cm}$、NO_3^--$N_{20\sim30\,cm}$ 分别代表 0～10 cm、10～20 cm、20～30 cm 的土壤硝态氮含量；$SOC_{0\sim10\,cm}$、$SOC_{10\sim20\,cm}$、$SOC_{20\sim30\,cm}$ 分别代表 0～10 cm、10～20 cm、20～30 cm 的土壤总有机碳含量

同时，采用逐步回归分析得到了大豆农艺性状指标与土壤碳、氮指标的拟合模型，所有模型拟合效果较好，均具有显著的统计学意义。土壤 NO_3^--$N_{0\sim10\,cm}$ 和 $SOC_{10\sim20\,cm}$ 解释了 52.8%的株高变化；NO_3^--$N_{20\sim30\,cm}$ 解释了 24%的茎粗变化；$SOC_{10\sim20\,cm}$ 和 $SOC_{20\sim30\,cm}$ 解释了 39.3%的叶片氮素含量变化，$SOC_{20\sim30\,cm}$ 与 NO_3^--$N_{0\sim10\,cm}$ 解释了 76.5%的 SPAD 变化（表 9-8）。这些很好地解释了土壤养分指标与植物农艺性状指标间的联系。

表 9-8　作物指标与土壤指标的逐步回归分析结果

逐步多元回归模型	R^2	F	P
$HEI = 0.686 \cdot NO_3^- - N_{0\text{-}10\,cm} + 0.343 \cdot SOC_{10\text{-}20\,cm}$	0.528	15.524	<0.001
$DIA = 0.519 \cdot NO_3^- - N_{20\text{-}30\,cm}$	0.240	9.197	0.006
$N\text{-}leaf = 0.976 \cdot SOC_{20\text{-}30\,cm} - 0.522 \cdot SOC_{10\text{-}20\,cm}$	0.393	9.422	0.001
$SPAD = 0.694 \cdot SOC_{20\text{-}30\,cm} + 0.409 \cdot NO_3^- - N_{0\text{-}10\,cm}$	0.765	43.403	<0.001

六、炭肥互作对作物产量指标的作用效果

表 9-9 记录了不同处理下的大豆百粒重、主茎分节数、单株荚数、氮肥偏生产力（PFP）以及氮肥农学利用率（AE）。除 B1N0、B2N1 处理外，其余处理的大豆百粒重均大于或等于 CK，并且 B1N1 以及 B2N2 处理的百粒重分别比 CK 重 1.4 g 和 1.2 g。而不同处理的主茎分节数范围在 12～13.4；单株荚数范围在 21～31.8。综合考虑三种参数的数值大小，B1N1 以及 B2N1 为较为高产。同时，表 9-9 的数据表明较小施肥量具有较高的氮肥偏生产力。生物炭的施用提升了氮肥农学利用率，其中 B1N1 处理效果最明显，其值为 2.63。

表 9-9　不同处理下的大豆的产量指标

指标	CK	B0N1	B0N2	B1N0	B1N1	B1N2	B2N0	B2N1	B2N2
百粒重/g	21.1±0.2	21.9±0.0	21.1±0.1	19.8±0.148	22.5±0.1	21.5±0.5	21.1±0.1	20.6±0.6	22.3±0.2
主茎分节数	12.0±0.2	13.4±0.7	13.1±1.1	12.8±1.2	13.1±0.9	13.4±0.7	12.7±1.0	13.2±0.8	12.4±2.0
单株荚数	21.0±4.3	29.7±8.3	29.3±5.8	26.1±8.9	30.7±5.1	31.8±4.7	28.8±7.5	27.8±5.5	26.8±7.5
PFP/(g/g)	—	21.1	11.12		22.44	11.96		22.71	11.82
AE/(g/g)	—	1.29	1.22	—	2.63	2.05		2.9	1.92

第四节　外源介质对农田作物生境调控机制的解析

一、生物炭对作物冠层的综合影响效应

在验证植物对生物炭施用的响应过程中，许多研究表明，施用生物炭可以改变植物的有效养分浓度，进而改变土壤的养分状况[36, 37]。大量研究集中于根际化学性质的变化[38, 39]，一些研究还探索了生物炭在水培环境中的应用效果[40]。与以往的研究相比，本书着重探讨了不同生物炭施用方法对大豆冠层的指标的影响。

株高通常被认为是衡量植物光合和呼吸能力的指标。相对高大的植物有更丰富的枝

叶，因此会吸收更多的太阳辐射；作物茎粗可用于测量植物的果实的结果程度。总的来说，随着茎粗的增加，根系的吸收也会增加，植株的抗旱性也会提高。图 9-15 和图 9-16 的分析表明，在幼苗期，各处理的株高和茎粗均大于对照处理，但 3 kg/m² 的施炭量下，植株幼苗期的株高和茎粗增长幅度最小；反观作物的整个生育期，春秋两季混合施加生物炭的情形下，相比对照组的数据，平均株高增加了约 7.18 cm，然而植物的茎粗则相对减少，6 kg/m² 的施炭量下尤为明显。这表明生物炭作为土壤之外的炭源为株高的增长奠定了养分基础，生物炭的施用也会使土壤变得更加松软，利于植物幼根增长。而适度坚硬的土壤则利于全生育期内的植物扎根与发育，施用过多的生物炭时，植株生长过程中根系不够稳固，植株应对如暴雨等灾害天气的抗逆性会减弱。

对比本书植物叶片氮素含量及 SPAD 的测量结果，分层取样所表现的各生物炭处理所产生的株高、茎粗的改变并未对叶片氮素含量及 SPAD 产生显著差异。但在研究过程中证实了冠层叶片中的叶片氮素含量与 SPAD 呈现垂直梯度的分布（表 9-5 和表 9-6），这与 Aerts 和 Caluwe[41]的研究结果相一致。在整个监测过程中，B3 处理下的植株上端的叶片的 SPAD 增加了，而下端叶片的 SPAD 减小了。本书认为，生物炭的施用促进了植株叶片叶绿素在不同叶片位置间的转移，利于植物的生长发育，加速了植物代谢过程，使植株更早地进入了下一生育阶段。而由图 9-17 可知，在高温胁迫下，作物的正常生理活动将受到影响[42]。综上所述，相比其他生物炭的施用方式，春秋混施处理下的作物长势最好，并且 9 kg/m² 是最利于作物冠层生长发育的生物炭施加量。

二、生物炭施用对大豆根系特征的作用机理

在作物生长发育初期，根系对作物生长至关重要，它有助于植物吸收养分和水分以抵抗外界环境变化而引发的胁迫问题[43]。本书研究结果表明，在花芽分化期至开花结荚期，与对照组相比施用生物炭处理后的大豆的总根长、总根表面积有一定的增长，这个结果与 Reyes-Cabrera 等[44]和 Zhu 等[45]的研究相一致。但本书同样发现，大豆总根长与根系表面积并不总是随着生物炭施用量的增加而变大，并且在同等生物炭施用量下不同生物炭施用方式处理下的总根长和根系表面积也表现各异（图 9-4 和图 9-5）。同时 Ordonez 等[46]在研究中指出，大豆根系生长主要与土壤热量持续的时间以及水的累积呈现正相关，并且更加依赖土壤累积温度的变化。但结合先前研究中得到的规律[47]，在土壤中获得较大累积温度的春季施炭区域的总根长与总根系表面积在数值上并未明显优于对照处理。因此能够确定不同的生长环境对大豆根系产生影响的因素各不相同。

此外，由图 9-4～图 9-8 能够观察到，在大豆的开花结荚期和鼓粒期，部分处理的误差线较大。作者认为，在田间播种过程中，不同于盆栽种植的作物，机械化翻耕未能使每个试验地块作物的生长环境保持完全一致[48]，因此相同试验小区内作物的出苗也会存在一定的时间间隔，作者观察到率先出苗的植株借助阳光等外界条件往往能够获得更大的株高、茎粗、叶面积，这使各植株养分的转化和积累产生差异，进而影响作物根系的生长发育。此外，施加生物炭改变了小区内部的自相关性[49]，而开花结荚期和鼓粒期作为作物生长发育较为迅速的时期，组间差异更为明显，误差线较大。

同时，通过大豆在鼓粒期的各根系指标的方差分析结果发现，单独考虑生物炭施用梯度的情况下，各处理大豆总根长以及根系平均直径的变化不显著（$P>0.05$），单独考虑不同施炭方式的情况下，各处理大豆总根表面积与根系平均直径的变化不显著（$P>0.05$），而在二者产生的交互作用下，各根系指标间的差异达到极显著（表 9-3）。因此，本书确定，虽然作物在非冻融的情况下生长，但漫长的冻融期通过冻融作用能够改变"生物炭-冻融土壤"复合体的内部环境。

Ericsson[50]的研究表明土壤中不稳定的碳和氮元素之间的内部平衡决定了植物干物质的分配方式，即根冠比能够反映出各种处理之间不稳定的碳与氮元素之间的差异。并且在一定的养分及水分胁迫条件下，植株的根冠比也会略有增加，植株的逆境适应能力得到增强[51, 52]。在本书中，当作物处于花芽分化期时，除 B1 和 C1 处理外，其他处理的根冠比均远小于空白对照，这证实生物炭的施用为土壤提供了外来的碳源，经冻融作用的影响，土壤中原有的不稳定碳和氮元素之间的平衡被破坏，同时生物炭改变了土壤原有的结构，根毛进入充满水的大孔或与生物炭表面结合[53]，减轻了"生物炭-土壤"复合体对作物的胁迫情况；除去 3 kg/m² 这一生物炭施用梯度，其他处理在同等施炭量下，春秋混施与另外两种施炭方式差异显著（$P<0.05$），本书推测比起这两种施炭方式，生物炭的分次施用使土壤内部发生更多的扰动。并且从施用效果来看，生物炭的施用量并不是越大越好（图 9-8）。

三、炭肥互作对大豆生理特征的影响机制

通常来讲，在不同类型的土壤中施加生物炭对作物生长发育所产生的影响效果各不相同[54]。在本书中，将生物炭与肥料混合施用于黑壤土中，观察到大豆的株高与茎粗得到了显著提升（图 9-18），并且方差分析结果显示作物农艺性状指标在不同梯度的生物炭以及氮肥的交互作用下存在显著差异（表 9-7）。同时生物炭与肥料混施的处理能够促进大豆叶片氮素含量与 SPAD 的积累，而在作者先前的研究中却发现在仅施用生物炭时，改变生物炭的施用方式与施用梯度，叶片氮素含量与 SPAD 不具有显著差异[47]。Wright等[55]曾提出植物的光合作用受土壤和植物中的氮素影响，作者结合表 9-8 以及图 9-19的相关内容，提出如下假设：氮肥的施加显著提升了土壤中无机氮的含量（图 9-13 和图 9-14），生物炭利用其吸附能力能够固持住土壤中的水分[56]并且间接地引发了土壤微生物的固定化效应（microbial immobilization effect）[57]，减少了无机氮素的向下淋失，增强了无机氮素在土壤耕作层中的保留，保留的这些养分被植物根系所吸收，增加了大豆的叶片氮素含量以及 SPAD。然而，在仅施加生物炭的情形下，根区土壤所固定的无机氮的量远不及施加肥料补充的无机氮的量。此外，在野外田间试验中，氮的淋失量比盆栽试验中更多，因此解释了在先前田间试验研究中各处理叶片氮素含量与 SPAD 不具有显著差异的原因。

生物炭与氮肥混合施用促进了土壤氮的累积，进而促进了大豆光合作用的进行，为植物体提供了更多的养料，同样利于有植物体内养分的累积，因此大豆的株高、茎粗、主茎分节数、荚数、粒重得到显著增长（表 9-9）。然而，在农业生产过程中，农民对耕

地的管理决策仍以经济收益为主[58]，从经济角度以及可持续发展角度考虑，生物炭与肥料的合理配施是解决产量问题与生态问题之间矛盾的有效方案。如何降低生物炭的制备成本，使生物炭的应用更具有经济价值是下一步研究的重点。

四、生物炭对土壤氮素保留的影响

氮是作物生长最主要的营养元素之一，不仅能够被作物吸收利用，而且可以通过矿化及硝化作用转化成其他形态参与土壤的循环过程[59]。但季节性冻土区，经过漫长的越冬期，土壤中的氮素易受冻融循环所影响[60]，并易在雨季发生淋失[61]。生物炭作为一种土壤改良剂，其比表面积大、施入土壤中能够有效提高土壤中微生物及酶的活性等，已被诸多文献所证实[62-64]。本书主要针对土壤铵态氮以及土壤硝态氮这两种形态的氮展开讨论。

土壤铵态氮与硝态氮是可供植物直接吸收利用的两种土壤氮离子的形式[65]。但在土壤中，这两种离子形式的氮元素均具有流动性，不易被土壤胶体所吸附。当土壤中的氮元素发生淋失时，可能会耗尽土壤肥力[66]。在本书中，各土层的铵态氮与硝态氮含量在作物幼苗期均为最大值，并且 $10\sim20$ cm 土层的氮元素整体含量高于其他土层，考虑本书的施肥深度在 10 cm 处，说明农田土壤中的无机氮存在向下迁移的现象，并且在该土层各处理土壤铵态氮含量的最大值与最小值差值为 4.614 mg/kg，而硝态氮含量极差则达到了 18.487 mg/kg，铵态氮与硝态氮含量的极差值相差较多；这说明施入的尿素肥料，短期内转化为碳酸氢铵，随后通过硝化作用转化为硝酸盐[67]。同时，在幼苗期 $10\sim20$ cm 土层下，CK 的铵态氮含量为 13.647 mg/kg，B1N0 处理及 B2N0 处理的铵态氮含量分别为 12.099 mg/kg 及 11.171 mg/kg；而硝态氮含量分别为 22.573 mg/kg、23.500 mg/kg 及 25.665 mg/kg。该土层硝态氮与铵态氮的相关系数表现出极显著，数值为 0.66（图 9-19）。综合以上结果，说明生物炭的施加促进了土壤内部的铵态氮向硝态氮的转化，提高了土壤的硝态氮含量，这一结论也与 Nelissen 等[68]的研究结果相似。

由于氮矿化是一个短期过程[65]，并且生物炭对土壤矿化作用的影响取决于原料、热解温度、生物炭与土壤混合的时间以及生物炭的碳氮比等因素的共同作用[68-70]，在本书中，作者假定在盆栽桶装填完成的时间至作物幼苗期第一次取样时间的间隔中，施用生物炭对土壤无机氮所造成的矿化影响已经结束，因此，忽略了关于生物炭对土壤矿化速率的研究与讨论。

图 9-13（d）与图 9-14（d）分别记录了各土层土壤的铵态氮与硝态氮各阶段的总消耗情况。经历漫长的生育期，作物由幼苗期至成熟期 $0\sim30$ cm 土层的硝态氮含量呈现稳定消耗的状态，铵态氮含量呈现累计消耗至成熟期略有回升的趋势。以土壤硝态氮含量变化为例，虽然施加肥料的处理，尤其是施肥量达到 150 kg/hm^2 时，B0N2 处理与 CK 相比增加了约 75%的氮损失，但值得注意的是，B1N2 和 B2N2 的氮损失降低至了 42%和 33%，这证明施加生物炭能够有效减少氮的损失。作者推断产生这种结果的潜在机理如下：从根系微观角度来看，生物炭疏松多孔的结构能够刺激以固氮菌和氮螺菌为代表的自由生活的重氮营养菌的活性[71]，当种植豆科植物时，根瘤菌也被激活，在多种菌的共同作

用下，促进了氮固定和根系结瘤[72]，因此施加生物炭增加了土壤氮元素的保留。从物理吸附角度来看，生物炭表面的官能团能够促进硝态氮吸附到生物炭上[73]，同时，作者先前的研究结果显示生物炭的施用能够保存土壤耕作层中的水分[47, 49]，通过水分的保持使土壤养分得到保留。

五、生物炭对土壤碳固存的影响

针对本研究中的田间试验，在春播之前，各试验小区均采用翻耕机将 0～25 cm 范围内的土壤混合均匀。根据图 9-9 的具体分析可知，在作物不同生育时期土壤内的生物炭存在着迁移现象，在大多数处理下各层土壤的有机碳含量表现为根鞘土＞根际土＞根系块状土。此外，在对根区土壤取样的过程中，通过土壤剖面的土壤颜色能够发现根系周围环绕的土壤含生物炭量更多，作者认为在作物生育期生物炭具有向根系趋近的表现。Prendergast-Miller 等[35]的研究也发现经生物炭处理的土壤所种植的作物往往会具有更大的根际，根与生物炭颗粒结合更紧密。有趣的是，作者发现图 9-9 中土壤总有机碳含量的变化规律各不相同，根系块状土中土壤有机碳含量逐渐降低，这是土壤水分向下迁移土壤有机碳也随着水分迁移逐渐减少造成的。而根鞘土以及根际土的有机碳含量在开花结荚期最少，虽然生物炭在逐渐向根系趋近，但当作物处于开花结荚期时，作物根系会吸收更多的养分供应冠部植物体的生长发育。

生物炭中含有的有机碳分为两类：一类是性质较为稳定的芳香族碳，直接贡献于土壤有机质；另一类则是抗矿化能力较弱的容易降解的碳，其能够转化为可溶性有机碳的形式补充土壤碳库[74-76]。根据本书中盆栽试验的结果，土壤总有机碳含量随生物炭施用量的增加而增加，以 10～20 cm 土层为例，在作物全生育期内，生物炭的施用能够增加 1.016～3.624 倍的总有机碳含量，施炭处理与未施炭处理的土壤总有机碳含量均差异显著（$P<0.05$）。这与 Dong 等[77]得到的试验结果相类似。说明生物炭能够为土壤提供稳定的碳源（图 9-12）。

同时，有研究指出，向土壤中施加生物炭能够减少"炭-土复合体"中非生物炭成分的土壤总有机碳的分解[78, 79]。作者根据图 9-12（d）所展示的数据，以未施加生物炭处理的碳的变化量为基准，假定在各处理情景下，作物在生长发育阶段内所吸收利用的土壤有机碳的含量是固定的，在未施肥的情景下，未施加生物炭的处理全生育期内的土壤有机碳增长 1.074%；施用 3 kg/m² 生物炭的处理土壤有机碳增长 4.288%；而施用 6 kg/m² 生物炭的处理土壤有机碳损耗 3.797%。在施肥量为 75 kg/hm² 的情形下，土壤总有机碳含量损耗情况分别为–0.792%、–2.491%及 1.605%。而在施肥量为 150 kg/hm² 的情形下，土壤总有机碳含量损耗情况分别为–2.005%、–1.138%及 1.457%。以上数据说明，仅低施肥量与低生物炭施用量可以促进有机碳在土壤中的积累。

第五节　农田土壤环境改良效果的综合评价研究

本书通过梳理并筛选作物农艺性状指标、作物根系形态指标、根区土壤养分指标、根区土壤结构指标、根区土壤水热指标以及作物产量指标等多项数据，构建了基于实数编码的加速遗传算法的投影寻踪农田土壤环境改良效果评价模型（RAGA-PPC 农田土壤环境改良效果评价模型），旨在评述出一种能够改良季节性冻土区农田土壤环境的最优炭土调控方案。

一、RAGA-PPC 农田土壤环境改良效果评价模型的建立

（一）农业系统中复杂数据的处理方法

农业作为第一产业，是我国国民经济的基础，它也是联系物质生产部门与非物质生产部门的一条纽带。因其发展离不开气候条件等自然因素的影响，所以农业具有季节性、地域性、周期性等特点，因此农业数据就成了一种来源广泛、种类繁多、结构复杂并能够挖掘出潜在价值的多种复杂现象与特点交织在一起的数据集[80]。同时，农业系统是复杂的，获取到的农业数据可能同时具有多个特点，在采用传统的数据分析方法时，可能得不到精度高、运行较为稳健的数学模型，导致计算的数据与实际情况差异较大[81]。因此，需要在现有应用数学模型的基础上，根据遇到的实际问题，对相关理论进行改进和补充，对数据集进行重新建模，降低多元复杂数据的维度，以实现揭示事物与现象之间的内在规律。

根据农业数据的特点，近年来模糊数学、灰色系统理论、集对分析、人工神经网络模型、混沌分析等不确定分析方法被广泛应用于农业系统的研究中[82]。在建立模型解决问题时，将所有的独立因素作为独立参数，每增加一个独立因素就为参数空间增加了一个维度，因此在遇到独立因素比较多的问题时，问题所张开的空间维数也大幅增加，在解决这类问题的过程中就需要有足够的资料对模型参数进行估计，增加了资料长度与估计精度之间的矛盾。这时可以运用投影寻踪这种统计方法将高维问题引入低维空间后再对其进行研究。投影寻踪模型[83]是处理非正态类型数据总体的一类统计方法，既可以用作对位置答案的问题的探索，也可以用作数据的确定性分析，其根本主旨是拆解高维数据将其投影至较低维度的子空间上，并在子空间上寻求能够反映出高维数据特征的投影，从而实现对高维数据的准确分析，其优点在于：①能够破解高维数据的"维数祸根"；②可以排除与数据特征无关的干扰；③利用维度的子空间能够快速识别带有重要特征的数据点；④类似于一些非参数方法，能够解决部分的非线性问题。

本书中，借助投影寻踪模型进行聚类分析，以投影数据所反映出的点团信息对生物炭改良效果进行分组，寻找出不同生物炭处理对农田土壤环境改良效果的差异性，最终筛选出最适宜的生物炭对农田土壤环境的调控模式。

（二）基于实数编码的加速遗传算法的建模过程

遗传算法是由 Holland[84]提出的，是模拟生物在自然环境中的遗传和进化过程而形成的一种自适应全局优化概率搜索算法，包括选择、交叉和变异等操作。标准遗传算法的

编码形式为二进制编码，它所构成的基因为一个二进制编码符号串，其编码过程烦琐，精度易受字串长度限制，当要求计算精度时，不得不增加字串的长度，计算量大，进化过程会变得缓慢，易出现早熟收敛。同时，二进制编码不便于反映所求问题的特定知识，因此不便于开发针对问题专门知识的遗传运算算子。基于实数编码的加速遗传法是由遗传算法改进而来的，其主要思想是求解出如下的最优化问题[82]。它具有采用实数编码、在个体适应度评价时不受实际目标值的影响、在进化迭代时能够实现遗传算法的并行计算同时可以保证个体的多样性、在运算过程中能够通过搜索到的优秀个体所囊括的空间来逐步调整优化变量的搜索空间等特点。

$$\left.\begin{array}{l} \text{Max}: f(x) \\ \text{s.t.}: a(j) \leqslant x(j) \leqslant b(j) \end{array}\right\} \tag{9-2}$$

建模步骤如下。

步骤 1：在各决策变量取值变化区间 $[a_j, b_j]$ 生成 N 组均匀分布的随机变量 $V_i^{(0)}\left(x_1, x_2, \cdots, x_j, \cdots, x_p\right)$，简记为 $V_i^{(0)}$，$i=1\sim n$，$j=1\sim p$，n 为种群规模，p 为优化变量的个数。$V_i^{(0)}$ 代表初始染色体。

步骤 2：计算目标函数值。将步骤 1 中随机生成的初始染色体 $V_i^{(0)}$ 代入目标函数，求出对应的函数值 $f^{(0)}(V_i^{(0)})$，按照函数值的大小将染色体进行排序，形成 $V_i^{(1)}$。

步骤 3：计算基于序的评价函数（用 eval（V）表示）。评价函数用来对种群中的每个染色体 V 设定一个概率，使得该染色体被选择的可能性与其种群其他染色体的适应性成比例。染色体适应性越强，往往被选择的可能性就越大。

设参数 $\alpha = (0, 1)$，定义基于序的评价函数为

$$\text{eval}(V_i) = \alpha(1-\alpha)^{i-1}, \quad i=1,2,\cdots,n \tag{9-3}$$

步骤 4：进行选择操作，以生成第 1 个子代群体。选择过程是以旋转赌轮 n 次为基础的。每次旋转都为新的种群选择一个染色体。赌轮按每个染色体的适应度来选择染色体。经过选择操作，得到一个新的种群 $V_i^{(2)}$。

步骤 5：对步骤 4 产生的新种群进行交叉操作。首先定义参数 P_c 作为交叉操作的概率。为确定交叉操作的父代，从 $i=1$ 到 n 重复以下过程：从[0, 1]中产生随机数 r，如果 $r<P_c$ 则选择 V_i 作为一个父代。用 V_1'，V_2'，$\cdots$ 表示选择的父代，并把它们随机分成下面的对：（V_1'，V_2'），（V_3'，V_4'），（V_5'，$V_6' V_6'$）。采用算数交叉法，首先从开区间（0, 1）中产生一个随机数 c，然后按下列形式在 V_1' 和 V_2' 之间进行交叉操作，并产生如下的两个后代 X 和 Y。$X = c \cdot V_1' + (1-c)V_2'$，$Y = (1-c)V_1' + c \cdot V_2'$，经过交叉操作后，生成新的种群 $V_i^{(3)}$。

步骤 6：对步骤 5 产生的新种群进行变异操作。定义参数 P_m 作为变异概率。按下面的方法进行变异。在 R^m 中随机选择变异方向 d，如果 $V+Md$ 是不可行的，那么，设置 M 为 $0\sim M$ 的随机数，直到其可行为止，其中，M 是一个足够大的数。如果在预先给定的迭代次数之内没有找到可行解，则设置 $M=0$，无论 M 为何值，总用：$X = V + Md$ 代替 V。经变异操作后，生成新的种群 $V_i^{(4)}$。

步骤 7：进化迭代。由步骤 4 至步骤 6 得到的子代染色体 $V_i^{(4)}$，按其适应度函数值从

大到小进行排序，算法转入步骤 3，进入下一轮进化过程，重新对父代群体进行评价、选择、交叉变异，如此反复进化，直到最后。

步骤 8：上述 7 个步骤构成标准遗传算法（SGA）。但 SGA 不能保证全局收敛性。研究表明，SGA 中的选择算子操作、杂交算子操作的搜索寻优功能随进化迭代次数的增加而逐渐减弱，在实际应用中常出现在远离全局最优点的 SGA 即停滞寻优工作，此时许多个体相似甚至重复。因此，采用第 1 次、第 2 次或者第 3 次、第 4 次进化迭代所产生的优秀个体的变量变化区间作为变量新的初始变化区间，算法进入步骤 1，重新运行 SGA，形成加速运行，则优秀个体区间将逐渐缩小，与最优点的距离越来越近。直到最优个体的优化准则函数值小于某一设定值或算法运行达到预定加速次数，结束整个算法的运行。此时，将当前群体中最佳个体指定为实数编码的加速遗传算法（RAGA）的结果。

上述 8 个步骤构成基于实数编码的加速遗传算法（RAGA）。

（三）投影寻踪评价模型的建模过程

本书中将各生物炭调控方案所得到的数据结果作为 RAGA-PPC 农田土壤环境改良效果评价模型的样本，并以多个样本所组成的样本群的投影特征值作为依据对各生物炭调控方案进行合理评价，具体的计算步骤如下[83]。

步骤 1：对样品指标数据集进行归一化处理。

设置各指标值的样本数据集为 $\{x*(i,j)|i=1\sim n, j=1\sim p\}$，其中，$x*(i,j)$ 为第 i 个样本的第 j 个指标值；n 为样本容量；p 为指标数目。

对于越大越优的指标：

$$x(i,j)=\frac{x*(i,j)-x_{\min}(j)}{x_{\max}(j)-x_{\min}(j)} \tag{9-4}$$

对于越小越优的指标：

$$x(i,j)=\frac{x_{\max}(j)-x*(i,j)}{x_{\max}(j)-x_{\min}(j)} \tag{9-5}$$

式中，$x_{\max}(j)$、$x_{\min}(j)$ 分别为第 j 个指标的最大值、最小值；$x(i,j)$ 为指标特征值归一化后的序列。

步骤 2：构造投影指标函数 $Q(a)$。

投影寻踪方法的原理为将 p 维数据 $\{x*(i,j)|j=1\sim p\}$ 综合成以 $a=\{a(1),a(2),a(3),\cdots,a(p)\}$ 为投影方向的一维投影值 $Z(i)$：

$$Z(i)=\sum_{j=1}^{p}a(j)x(i,j),\quad i=1,2,\cdots,n \tag{9-6}$$

然后，根据 $\{Z(i)|i=1\sim n\}$ 的一维散布图进行分类，式（9-6）中 a 为单位长度向量。综合投影指标值时，要求投影值 $Z(i)$ 的散布特征为：局部的投影点尽可能密集，相互之间为汇聚的若干点团；而整体上各投影点团尽可能分散。基于上文叙述，投影指标函数可以表达成：

$$Q(a) = S_z D_z \tag{9-7}$$

式中，S_z 为投影值 $Z(i)$ 的标准差；D_z 为投影值 $Z(i)$ 的局部密度，即

$$S_z = \sqrt{\frac{\sum_{i=1}^{n}(z(i)-E(z))^2}{n-1}} \tag{9-8}$$

$$D_z = \sum_{i=1}^{n}\sum_{j=1}^{n}(R-r(i,j)) \cdot u(R-r(i,j)) \tag{9-9}$$

式中，$E(z)$ 为序列 $\{z(i)|i=1\sim n\}$ 的平均值；R 为局部密度的窗口半径，可根据试验来确定；$r(i,j)$ 为样本之间的距离，$r(i,j)=|Z(i)-Z(j)|$；$u(t)$ 为一单位阶跃函数，当 $t \geqslant 0$ 时，其值为 1，当 $t < 0$ 时，其函数值为 0。

步骤 3：优化投影指标函数。

当各指标值样本集被给定时，投影指标函数 $Q(a)$ 只随着投影方向 a 的变化而变化，最佳投影方向就是最大可能暴露高维数据某类特征结构的投影方向，因此可以将估计最佳投影方向转化为求解投影指标函数最大化问题，即

最大化目标函数：

$$\text{Max} \quad Q(a) = S_z D_z \tag{9-10}$$

约束条件：

$$\text{s.t.} \quad \sum_{j=1}^{p} a^2(j) = 1 \tag{9-11}$$

这是以 $\{a(j)|j=1\sim p\}$ 为优化变量的复杂非线性优化问题，难以用传统的优化方法进行处理。故本节采用基于实数编码的加速遗传算法（RAGA）来解决此处的高维全局寻优问题。

步骤 4：对评价结果进行排列。

将在步骤 3 中所得到的最佳投影方向 $a*$ 代入式（9-6）后可得到各样本点的投影值 $Z*(i)$。之后比较 $Z*(i)$ 与 $Z*(j)$，最终将 $Z*(i)$ 的值按从大到小排序，该顺序即评价结果从高级到低级的排序。

二、RAGA-PPC 农田土壤环境改良效果评价指标的筛选

作物包含粮食作物与经济作物两大类，本研究中主要种植的作物为大豆，间作作物为玉米，均属于粮食作物。农田土壤环境属于农田生态系统的范畴，而农田生态系统是一个较为复杂的系统，其主要影响因素包括土壤的养分、水分、温度、光照等，对农田土壤环境进行调控，其主要目的就是通过耕作技术以及其他的农艺措施，维持农田土壤的可持续性，最终实现作物增产稳产的目标。因此，除了上述的影响因素外，结合上文中所分析的数据，参考对农田土壤进行调控的相关文献[85]～[89]，在农田土壤环境的评价指标中也应考虑粮食作物的产量与收益等问题。具体的评价指标如表 9-10 所示。

表 9-10　不同生物炭处理下的农田土壤环境改良效果的评价指标

指标类型	指标名称	指标缩写	单位	指标类型
水热指标	土壤温度	TEM	℃	越大越优型
	土壤液态含水量	MOI	%	越大越优型
土壤的结构指标	广义土壤结构指数	GSSI	—	越大越优型
土壤的养分指标	总有机碳含量	SOC	%	越大越优型
	铵态氮含量	NH_4^+-N	mg/kg	越大越优型
	硝态氮含量	NO_3^--N	mg/kg	越大越优型
作物的农艺性状指标	株高	HEI	cm	越大越优型
	茎粗	DIA	mm	越大越优型
	叶片叶绿素含量相对值	SPAD	—	越大越优型
产量指标	百粒重	Weight	g	越大越优型
	亩产量	Yield	kg/亩	越大越优型
	主茎分节数	SEG	—	越大越优型
	单株荚数	Pods	—	越大越优型
土壤侵蚀指标	土壤可蚀性因子	K	—	越小越优型

　　在本书中，虽然借助野外大田试验连续 4 年进行了大豆的种植，但因受新冠疫情的影响，研究区第 3 年的相关数据未能实现阶段性的连续监测。因此，综合各试验田块种植的实际情况，在对数据的选择过程中进行了如下处理：土壤的温度和土壤的液态含水量，选取 20 cm 土层的数据进行研究，并取该土层前 3 年水热数据的平均值代入模型。考虑研究区内季节性冻融的气候特性，在作物生长的夏季和秋季土壤温度很少发生极度升温现象，因此本书将土壤温度以及土壤水分均看作越大越优的指标。土壤的结构指标和土壤侵蚀指标，选取第 4 年作物成熟期的量测结果作为最终值代入模型（在第 4 年进行间作试验的田块中，选取大豆田块中远离玉米田块的部分进行采样）。作物的养分指标与农艺性状指标选择种植的第 2 年的数据作为结果代入模型。其中，株高、茎粗与植物的养分数据选取作物成熟后的测量值，SPAD 数据选取开花结荚期的测量值。作物的产量指标选取大豆连续种植前 3 年的数据的平均值代入模型。同时，由上文可知大豆根系的形态特征指标，虽然考虑了大豆根系的形态特征指标主要与根区土壤的养分密切相关，但这些指标不能直接表现出作物的生长情况，因此并未将大豆根系的形态特征指标纳入评价体系。此外，广义的土壤结构指数与土壤三相距离均是反映土壤三相结构的指标，因此土壤的三相距离也未纳入评价指标体系中。对上述数据进行处理后，得到不同生物炭调控模式下的农田土壤环境改良效果的评价指标汇总表（表 9-11）。根据表 9-11 的内容，对农田土壤环境评价指标进行归一化处理，结果见表 9-12。

表 9-11　不同生物炭调控模式下的农田土壤环境改良效果的评价指标汇总表

处理	TEM	MOI	GSSI	SOC	NH_4^+-N	NO_3^--N	HEI	DIA	SPAD	Weight	Yield	Pods	SEG	K
A	6.859	23.973	98.723	4.110	5.310	14.754	117.52	1.12	46.94	21.82	257.63	45.64	15.373	0.255
B1	6.931	22.023	97.154	2.040	6.811	15.703	125.30	1.08	46.54	21.86	245.12	48.05	15.834	0.332
B2	7.690	24.392	97.395	2.950	7.606	21.609	122.18	1.02	47.87	21.99	297.87	43.85	15.194	0.266
B3	7.679	21.884	96.207	4.566	9.662	25.335	124.76	1.07	47.60	21.51	283.35	47.47	15.557	0.255
B4	7.613	25.930	95.883	8.214	8.238	24.410	124.84	1.06	47.48	21.64	288.24	45.82	15.944	0.247
C1	6.793	21.889	98.633	5.005	6.631	18.136	117.14	1.05	48.67	20.67	243.67	42.40	14.786	0.295
C2	8.317	22.253	94.901	4.515	6.923	20.565	119.38	0.95	49.08	20.73	257.68	37.38	14.688	0.268
C3	8.256	22.997	97.685	4.674	8.460	24.663	117.18	0.98	48.70	19.42	243.24	35.02	14.372	0.305
C4	8.697	18.971	93.091	6.291	7.893	22.505	114.36	1.04	47.18	19.84	225.86	35.61	14.572	0.277
D1	8.196	20.423	94.179	4.242	6.956	17.851	117.18	1.13	47.58	19.22	247.40	39.11	14.371	0.274
D2	8.491	20.405	96.580	4.481	7.453	21.378	118.22	0.98	46.71	18.64	261.29	36.20	14.470	0.287
D3	8.389	19.543	94.854	5.987	8.957	23.893	120.56	1.05	47.73	20.93	256.54	33.28	13.843	0.266
D4	8.329	21.485	98.888	5.529	8.297	23.478	116.36	1.05	44.76	22.19	283.21	37.59	14.044	0.271

表 9-12　归一化处理后的不同生物炭调控模式下的农田土壤环境改良效果的评价指标

处理	TEM	MOI	GSSI	SOC	NH_4^+-N	NO_3^--N	HEI	DIA	SPAD	Weight	Yield	Pods	SEG	K
A	0.035	0.719	0.972	0.335	0.000	0.000	0.289	0.982	0.505	0.896	0.441	0.837	0.728	0.896
B1	0.073	0.439	0.701	0.000	0.345	0.090	1.000	0.727	0.414	0.907	0.267	1.000	0.948	0.000
B2	0.471	0.779	0.742	0.147	0.528	0.648	0.715	0.398	0.722	0.945	1.000	0.716	0.643	0.778
B3	0.465	0.419	0.537	0.409	1.000	1.000	0.951	0.689	0.659	0.809	0.798	0.961	0.815	0.906
B4	0.431	1.000	0.482	1.000	0.673	0.913	0.958	0.606	0.631	0.845	0.866	0.849	1.000	1.000
C1	0.000	0.419	0.956	0.480	0.304	0.320	0.254	0.582	0.906	0.571	0.247	0.617	0.449	0.434
C2	0.800	0.472	0.312	0.401	0.371	0.549	0.459	0.000	1.000	0.588	0.442	0.277	0.402	0.753
C3	0.768	0.579	0.792	0.427	0.724	0.937	0.258	0.188	0.914	0.218	0.241	0.118	0.252	0.317
C4	1.000	0.000	0.000	0.689	0.593	0.733	0.000	0.485	0.561	0.337	0.000	0.158	0.347	0.649
D1	0.737	0.209	0.188	0.357	0.378	0.293	0.258	1.000	0.653	0.162	0.299	0.395	0.251	0.678
D2	0.892	0.206	0.602	0.395	0.492	0.626	0.353	0.154	0.453	0.000	0.492	0.198	0.298	0.528
D3	0.838	0.082	0.304	0.639	0.838	0.864	0.567	0.579	0.689	0.646	0.426	0.000	0.000	0.771
D4	0.807	0.361	1.000	0.565	0.686	0.824	0.183	0.559	0.000	1.000	0.796	0.292	0.095	0.719

三、RAGA-PPC 农田土壤环境改良效果评价结果

在模型运算过程中，借助 MATLAB 2016a 编程软件对数据进行运算和处理，对施加生物炭的不同田块的调控效果数据建立投影寻踪评价模型，预先选定父代初始种群规模

为 $N = 400$，交叉概率 $P_c = 0.8$，变异概率 $P_m = 0.2$；选取两次进化所产生的优秀个体变化区间作为下次加速时优化变量的变化区间，优秀个体数目选定为 40 个，最大加速次数为 20 次，变异方向的系数 $M = 10$，运行停止的最小阈值为 10^{-6}。并且分别选取投影半径 R 为 0.1 S_z，0.3 S_z，0.5 S_z，1/5 r_{max}，1/4 r_{max}，1/3 r_{max} 以观察不同投影半径的影响。考虑 RAGA 是随机寻优算法，所以将 6 种窗口半径的情况分别运行 1000 次，取其中最大目标值对应的投影方向及投影值作为运算结果。

表 9-13 为不同半径情况下的 13 种生物炭调控模式下的投影值。为了更好地对投影点进行分类，将投影值预先进行了升序的排序，并根据该顺序绘制了各投影值的散点图，具体情况如图 9-20 所示。

表 9-13　不同窗口半径的投影结果

投影半径	分类情况	标准差	点团间距离和
$R = 0.1\,S_z$	I ={D1}；II ={C4，D2}；III ={C1}；IV ={C3，C2，D4，A，B1，D3}；V ={B2}；VI ={B3}；VII ={B4}	0.5000	0.0096
$R = 0.3\,S_z$	I ={D1，C4}；II ={D2}；III ={C1}；IV ={D4，B1，C3，D3，C2，A}；V ={B2}；VI ={B3}；VII ={B4}	0.5049	0.0233
$R = 0.5\,S_z$	I ={C4}；II ={D2}；III ={D3，C3，D1}；IV ={C2}；V ={C1，D4}；VI ={B2，A，B1，B3}；VII ={B4}	0.6320	0.9607
$R = 1/5\,r_{max}$	I ={C4}；II ={D1}；III ={D2，C1}；IV ={D3，C3，C2，A，B1，D4}；V ={B2}；VI ={B3}；VII ={B4}	0.5350	1.0765
$R = 1/4\,r_{max}$	I ={C4}；II ={D1}；III ={D2，C1}；IV ={C3，D3，D4，B1，C2，A}；V ={B2}；VI ={B3}；VII ={B4}	0.5382	1.6226
$R = 1/3\,r_{max}$	I ={C4}；II ={D1，D2}；III ={C3，C1，D3，C2，D4}；IV ={B1，A}；V ={B2}；VI ={B3}；VII ={B4}	0.5609	1.9825

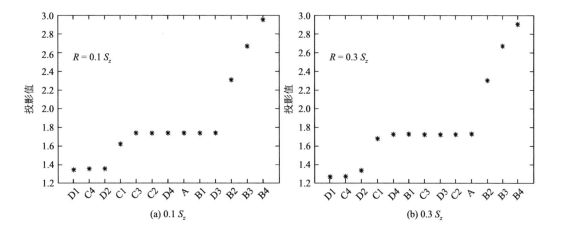

(a) 0.1 S_z　　　　　　　　　　(b) 0.3 S_z

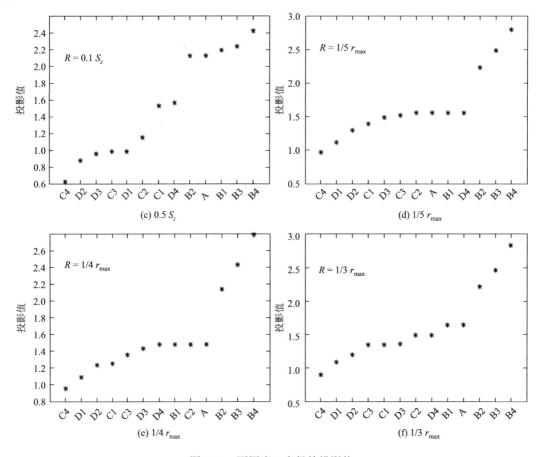

图 9-20 不同窗口半径的投影值

　　根据投影寻踪模型的思想，各投影点的分布应该具有如下特征：整体上应该表现为分散，而局部应该存在聚集，并可以汇聚成若干个点团，各点团之间能够尽可能地散开。在分析过程中，一般采用投影点的标准差判定投影点的整体分散情况，利用升序后的投影值的一阶差分结果来度量局部聚集，并将一阶差分较大的值用来分类。在此，以本书中的 $R = 0.1 S_z$ 进行举例，在该窗口半径下，升序的投影值分别为 1.3421、1.3500、1.3548、1.6194、1.7367、1.7367、1.7367、1.7367、1.7367、2.0656、2.3110、2.6725、2.9582，所对应的处理分别为 D1、C4、D2、C1、C3、C2、D4、A、B1、D3、B2、B3、B4；投影值的一阶差分结果为 0.0078、0.0048、0.2650、0.1170、0.0000、0.0000、0.0000、0.0000、0.0000、0.5743、0.3614、0.2858，其中 0.5743 为最大值，说明 B2 与 D3 之间差异最大，可以将 D3 之前的样本归为一类，将 B2 之后的样本归为一类。并按照此种方式以此类推，按照预定的分组数将各样本归好类别。分类完成后，可以将每一组数据看作一个点团，计算每个点团内所有投影点的两两距离和，再将所有点团的距离和相加，得到点团间距离和，该值越小表明局部越聚集。

　　根据图 9-20 的投影值的散点图的分布情况，主观上将样本分为 7 类，不同密度窗宽下所对应的分类情况、投影点的标准差以及点团间距离和均记录在表 9-3 中。从整体分散层面上来看，当密度窗宽 $R = 0.5\,S_z$ 时，投影值的标准差最大，为 0.6320，整体分散程度最好。从局部聚集的层面上来看，r_{max} 整体上优于 S_z 的倍数。当密度窗宽 $R = 1/3\,r_{max}$ 时，整体分散优于 $0.3\,S_z$，局部聚集优于 $0.5\,S_z$，所以本书选取 $R = 1/3\,r_{max}$ 作为最终的窗口半径，在该密度窗宽下，程序运行 1000 次对应的目标函数值的变化情况如图 9-21 所示。在程序运行的第 87 次时，所对应的目标函数达到最大值，最大目标值为 24.4292，此时的投影方向 $a*$ 为（0.0017，0.4237，0.0727，0.2380，0.1831，0.2592，0.4432，0.0444，0.1418，0.0536，0.4209，0.3177，0.3228，0.2328）。

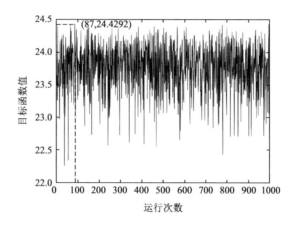

图 9-21　程序运行 1000 次所对应的目标函数值的变化

最大目标值的寻优过程和投影方向如图 9-22 和图 9-23 所示，可以发现，RAGA 加速 15 次找了最大目标值，即在加速到第 15 次时，优秀个体中变量之间的差异已经小于 10^{-6}。

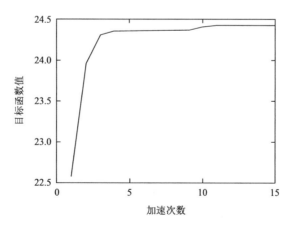

图 9-22　基于实数编码的加速遗传算法的寻优过程

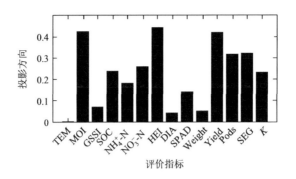

图 9-23 投影方向柱状图

分析以 $R = 1/3\ r_{max}$ 作为密度窗宽时得到的分类结果可知，第 I 类的生物炭调控措施仅包含 C4 处理；第 II 类的生物炭调控措施包含 D1 和 D2 处理。综合分析第 I 类和第 II 类的分组情况，这些处理的株高、茎粗以及 SPAD 与其他处理比较所得到的结果相类似，但主茎分节数与单株结荚数这两项重要的产量指标的数值偏低，即这些田块上的单位面积的同种长势的作物对产量的贡献相对较小。第Ⅲ类生物炭调控措施的分组内的处理较多，分别为 C3、C1、D3、C2、D4 处理，与第 II 类分组相比，这一组处理的百粒重的数值得到了显著的提升，考虑 C3、D3、C4 处理的生物炭施加量分别为 9 kg/m^2、9 kg/m^2、12 kg/m^2，从经济层面考虑，这三种处理产量少、投入多，在实际生产中并不占据优势。第Ⅳ类的分组为 B1 和 A 处理，虽然对照组在土壤温度、土壤可蚀性因子、土壤总有机碳含量、土壤铵态氮含量以及土壤硝态氮含量等指标下均不占优势，但对照处理的百粒重与亩产量处于领先位置；这个结果说明虽然向土壤中施加生物炭能够改变作物根区土壤养分的状态，但单一考虑根区土壤的养分来评判生物炭对农田土壤环境的改良效果并不全面。第Ⅴ类的分组为 B2 处理，第Ⅵ类的分组为 B3 处理，第Ⅶ类的分组为 B4 处理，综合来看第Ⅴ类、第Ⅵ类以及第Ⅶ类的分组均隶属于春秋混施生物炭的施用方式，与一次性加入生物炭相比分批施加生物炭能够对农田土壤有更好的调控效果；分析这 3 种处理的数据分布情况以及数据的投影方向（图 9-23），土壤液态含水量、株高、百粒重、亩产量、单株结荚数与主茎分节数仍占据综合调控效果的绝对比例。考虑 B4 处理生物炭施用过多，认为 B3 处理为本书中的最优处理。

参 考 文 献

[1] 赵红香. 耕作措施与秸秆还田对农田土壤质量和冬小麦根系生长与代谢的调控[D]. 泰安：山东农业大学，2021.

[2] 张前兵，杨玲，张旺锋，等. 农艺措施对干旱区棉田土壤有机碳及微生物量碳含量的影响[J]. 中国农业科学，2014，47（22）：4463-4474.

[3] Karunatilake U，van Es H M，Schindelbeck R R. Soil and maize response to plow and no-tillage after alfalfa-to-maize conversion on a clay loam soil in New York[J]. Soil & Tillage Research，2000，55（1）：31-42.

[4] Kumar S，Kadono A，Lal R，et al. Long-term no-till impacts on organic carbon and properties of two contrasting soils and corn yields in ohio[J]. Soil Science Society of America Journal，2012，76（5）：1798-1809.

[5] 潘孝晨. 不同耕作模式对双季稻田土壤碳氮循环微生物多样性的影响[D]. 长沙：湖南大学，2020.

[6] Gunina A，Kuzyakov Y. Pathways of litter C by formation of aggregates and SOM density fractions：Implications from ^{13}C

natural abundance[J]. Soil Biology & Biochemistry，2014，71：95-104.

[7]　黄茂林. 免耕下不同轮作系统的作物生产力及土壤环境效应[D]. 杨凌：西北农林科技大学，2009.

[8]　Dhungel J，Bhattarai S P，Midmore D J. Aerated water irrigation（oxygation）benefits to pineapple yield，water use efficiency and crop health[J]. Advances in Horticultural Science，2012，26（1）：3-16.

[9]　Araki H，Iijima M. Stable isotope analysis of water extraction from subsoil in upland rice（*Oryza sativa* L.）as affected by drought and soil compaction[J]. Plant and Soil，2005，270（1-2）：147-157.

[10]　Zegada-Lizarazu W，Iijima M. Deep root water uptake ability and water use efficiency of pearl millet in comparison to other millet species[J]. Plant Production Science，2005，8（4）：454-460.

[11]　Ma X Y，Zhou G S，Li G，et al. Quantitative evaluation of the trade-off growth strategies of maize leaves under different drought severities[J]. Water，2021，13（13）：1852.

[12]　Dong S D，Wang G M，Kang Y H，et al. Soil water and salinity dynamics under the improved drip-irrigation scheduling for ecological restoration in the saline area of Yellow River basin[J]. Agricultural Water Management，2022，264：107255.

[13]　Guo M M，Li X B，Wan S Q，et al. The efficacy of acidified drip irrigation for reducing soil pH in remediating heavy saline coastal soils[J]. Journal of Irrigation and Drainage，2021，40（6）：72-79.

[14]　单鸿宾，梁智，王纯利，等. 连作及灌溉方式对棉田土壤微生物量碳氮的影响[J]. 干旱地区农业研究，2010，28（4）：202-205.

[15]　徐芳蕾，张杰，李阳，等. 施肥方式对黄土高原旱作春玉米农田土壤氨挥发的影响[J]. 中国农业科学，2022，55（12）：2360-2371.

[16]　Yang M，Zhu X Q，Bai Y，et al. Coated controlled-release urea creates a win-win scenario for producing more staple grains and resolving N loss dilemma worldwide[J]. Journal of Cleaner Production，2021，288：125660.

[17]　Lazcano C，Gomez-Brandon M，Revilla P，et al. Short-term effects of organic and inorganic fertilizers on soil microbial community structure and function[J]. Biology and Fertility of Soils，2013，49（6）：723-733.

[18]　Zhao Y C，Wang P，Li J L，et al. The effects of two organic manures on soil properties and crop yields on a temperate calcareous soil under a wheat-maize cropping system[J]. European Journal of Agronomy，2009，31（1）：36-42.

[19]　Zhong W H，Gu T，Wang W，et al. The effects of mineral fertilizer and organic manure on soil microbial community and diversity[J]. Plant and Soil，2010，326（1-2）：511-522.

[20]　尹嘉德，侯慧芝，张绪成，等. 全膜覆土下施有机肥对春小麦旗叶碳氮比、光合特性和产量的影响[J]. 应用生态学报，2020，31（11）：3749-3757.

[21]　李硕. 秸秆还田与减量施氮对土壤固碳、培肥和农田可持续生产的影响[D]. 杨凌：西北农林科技大学，2017.

[22]　Cheng Y，Cai Z C，Chang S X，et al. Wheat straw and its biochar have contrasting effects on inorganic N retention and N_2O production in a cultivated Black Chernozem[J]. Biology and Fertility of Soils，2012，48（8）：941-946.

[23]　Enders A，Hanley K，Whitman T，et al. Characterization of biochars to evaluate recalcitrance and agronomic performance[J]. Bioresource Technology，2012，114：644-653.

[24]　Peng F，He P W，Luo Y，et al. Adsorption of phosphate by biomass char deriving from fast pyrolysis of biomass waste[J]. Clean-Soil Air Water，2012，40（5）：493-498.

[25]　Xu G，Lv Y C，Sun J N，et al. Recent advances in biochar applications in agricultural soils：Benefits and environmental implications[J]. Clean-Soil Air Water，2012，40（10）：1093-1098.

[26]　姚钦. 生物炭施用对东北黑土土壤理化性质和微生物多样性的影响[D]. 长春：中国科学院大学（中国科学院东北地理与农业生态研究所），2017.

[27]　Hussain M，Farooq M，Nawaz A，et al. Biochar for crop production：Potential benefits and risks[J]. Journal of Soils and Sediments，2017，17（3）：685-716.

[28]　Borchard N，Siemens J，Ladd B，et al. Application of biochars to sandy and silty soil failed to increase maize yield under common agricultural practice[J]. Soil & Tillage Research，2014，144：184-194.

[29]　Major J，Rondon M，Molina D，et al. Maize yield and nutrition during 4 years after biochar application to a Colombian

savanna oxisol[J]. Plant and Soil，2010，333（1-2）：117-128.

[30]　Wang J Y，Pan X J，Liu Y L，et al. Effects of biochar amendment in two soils on greenhouse gas emissions and crop production[J]. Plant and Soil，2012，360（1-2）：287-298.

[31]　李娇，田冬，黄容，等. 秸秆及生物炭还田对油菜/玉米轮作系统碳平衡和生态效益的影响[J]. 环境科学，2018，39（9）：4338-4347.

[32]　谷思玉，李欣洁，魏丹，等. 生物炭对大豆根际土壤养分含量及微生物数量的影响[J]. 大豆科学，2014，33（3）：393-397.

[33]　Zhang Q Q，Song Y F，Wu Z，et al. Effects of six-year biochar amendment on soil aggregation，crop growth，and nitrogen and phosphorus use efficiencies in a rice-wheat rotation[J]. Journal of Cleaner Production，2020，242：118435.

[34]　Forjan R，Rodriguez-Vila A，Cerqueira B，et al. Comparison of the effects of compost versus compost and biochar on the recovery of a mine soil by improving the nutrient content[J]. Journal of Geochemical Exploration，2017，183：46-57.

[35]　Prendergast-Miller M T，Duvall M，Sohi S P. Biochar-root interactions are mediated by biochar nutrient content and impacts on soil nutrient availability [J]. European Journal of Soil Science，2014，65（1）：173-185.

[36]　Sohi S P，Krull E，Lopez Capel E，et al. A review of biochar and its use and function in soil[J]. Advances in Agronomy，2010，105（1）：47-82.

[37]　Yuan H R，Lu T，Wang Y Z，et al. Sewage sludge biochar：Nutrient composition and its effect on the leaching of soil nutrients[J]. Geoderma，2016，267：17-23.

[38]　Haider G，Steffens D，Moser G，et al. Biochar reduced nitrate leaching and improved soil moisture content without yield improvements in a four-year field study[J]. Agriculture Ecosystems & Environment，2017，237：80-94.

[39]　Rogovska N，Laird D A，Karlen D L. Corn and soil response to biochar application and stover harvest[J]. Field Crops Research，2016，187：96-106.

[40]　Awad Y M，Lee S E，Ahmed M B M，et al. Biochar，a potential hydroponic growth substrate，enhances the nutritional status and growth of leafy vegetables[J]. Journal of Cleaner Production，2017，156：581-588.

[41]　Aerts R，Caluwe H D. Effects of nitrogen supply on canopy structure and leaf nitrogen distribution in carex species[J]. Ecology，1994，75（5）：1482-1490.

[42]　Sinsawat V，Leipner J，Stamp P，et al. Effect of heat stress on the photosynthetic apparatus in maize（*Zea mays* L.）grown at control or high temperature Science Direct[J]. Environmental & Experimental Botany，2004，52（2）：123-129.

[43]　Lynch J P. Roots of the second green revolution[J]. Australian Journal of Botany，2007，55（5）：493-512.

[44]　Reyes-Cabrera J，Leon R G，Erickson J E，et al. Biochar changes shoot growth and root distribution of soybean during early vegetative stages[J]. Crop Science，2017，57（1）：454-461.

[45]　Zhu Q，Kong L J，Xie F T，et al. Effects of biochar on seedling root growth of soybeans[J]. Chilean Journal of Agricultural Research，2018，78（4）：549-558.

[46]　Ordonez R A，Archontoulis S V，Martinez-Feria R，et al. Root to shoot and carbon to nitrogen ratios of maize and soybean crops in the US Midwest[J]. European Journal of Agronomy，2020，120：126130.

[47]　Li Q L，Wang M，Fu Q，et al. Short-term influence of biochar on soil temperature，liquid moisture content and soybean growth in a seasonal frozen soil area[J]. Journal of Environmental Management，2020，266：110609.

[48]　Li Q L，Li T X，Liu D，et al. The effect of biochar on the water-soil environmental system in freezing-thawing farmland soil：The perspective of complexity[J]. Science of the Total Environment，2022，807（Pt 1）：150746.

[49]　Li Q L，Li H，Fu Q，et al. Effects of different biochar application methods on soybean growth indicator variability in a seasonally frozen soil area[J]. Catena，2020，185（1-2）：104307.

[50]　Ericsson T. Growth and shoot：Root ratio of seedlings in relation to nutrient availability[J]. Plant & Soil，1995，168-169（1）：205-214.

[51]　Du Y L，Zhao Q，Chen L R，et al. Effect of drought stress on sugar metabolism in leaves and roots of soybean seedlings[J]. Plant Physiology and Biochemistry，2020，146：1-12.

[52]　Mathew I，Shimelis H，Mwadzingeni L，et al. Variance components and heritability of traits related to root：Shoot biomass

allocation and drought tolerance in wheat[J]. Euphytica，2018，214：1-12.

[53] Joseph S D，Camps-Arbestain M，Lin Y，et al. An investigation into the reactions of biochar in soil[J]. Australian Journal of Soil Research，2010，48（6-7）：501-515.

[54] Jeffery S，Verheijen F G A，van der Velde M，et al. A quantitative review of the effects of biochar application to soils on crop productivity using meta-analysis[J]. Agriculture Ecosystems & Environment，2011，144（1）：175-187.

[55] Wright I J，Reich P B，Westoby M，et al. The worldwide leaf economics spectrum[J]. Nature，2004，428（6985）：821-827.

[56] Fu Q，Zhao H，Li H，et al. Effects of biochar application during different periods on soil structures and water retention in seasonally frozen soil areas[J]. Science of the Total Environment，2019，694：133732.

[57] Ippolito J A，Novak J M，Busscher W J，et al. Switchgrass biochar affects two aridisols[J]. Journal of Environmental Quality，2012，41（4）：1123-1130.

[58] Luo X X，Liu G C，Xia Y，et al. Use of biochar-compost to improve properties and productivity of the degraded coastal soil in the Yellow River Delta，China[J]. Journal of Soils and Sediments，2017，17（3）：780-789.

[59] Petrovic A M. The fate of nitrogenous fertilizers applied to turfgrass[J]. Journal of Environmental Quality，1990，19（1）：1-14.

[60] Fu Q，Yan J W，Li H，et al. Effects of biochar amendment on nitrogen mineralization in black soil with different moisture contents under freeze-thaw cycles[J]. Geoderma，2019，353：459-467.

[61] Wang Y J，Gao H J，Xie Z L，et al. Effects of different agronomic practices on the selective soil properties and nitrogen leaching of black soil in Northeast China[J]. Scientific Reports，2020，10（1）：14939.

[62] Hou R J，Li T X，Fu Q，et al. The effect on soil nitrogen mineralization resulting from biochar and straw regulation in seasonally frozen agricultural ecosystem [J]. Journal of Cleaner Production，2020，255：14939.

[63] Madari B E，Silva M A S，Carvalho M T M，et al. Properties of a sandy clay loam Haplic Ferralsol and soybean grain yield in a five-year field trial as affected by biochar amendment[J]. Geoderma，2017，305：100-112.

[64] Novak J M，Ippolito J A，Ducey T F，et al. Remediation of an acidic mine spoil：Miscanthus biochar and lime amendment affects metal availability，plant growth，and soil enzyme activity[J]. Chemosphere，2018，205：709-718.

[65] Nguyen T T N，Xu C Y，Tahmasbian I，et al. Effects of biochar on soil available inorganic nitrogen：A review and meta-analysis[J]. Geoderma，2017，288：79-96.

[66] Laird D，Fleming P，Wang B Q，et al. Biochar impact on nutrient leaching from a Midwestern agricultural soil[J]. Geoderma，2010，158（3-4）：436-442.

[67] Datta S. Nitrogen transformation processes in relation to improved cultural practices for lowland rice[J]. Plant and Soil，1987，100（1）：47-69.

[68] Nelissen V，Rutting T，Huygens D，et al. Maize biochars accelerate short-term soil nitrogen dynamics in a loamy sand soil[J]. Soil Biology & Biochemistry，2012，55：20-27.

[69] Clough T J，Condron L M，Kammann C，et al. A review of biochar and soil nitrogen dynamics[J]. Agronomy，2013，3（2）：275-293.

[70] Zimmerman A R，Gao B，Ahn M Y. Positive and negative carbon mineralization priming effects among a variety of biochar-amended soils[J]. Soil Biology & Biochemistry，2011，43（6）：1169-1179.

[71] Dong Z J，Li H B，Xiao J N，et al. Soil multifunctionality of paddy field is explained by soil pH rather than microbial diversity after 8-years of repeated applications of biochar and nitrogen fertilizer[J]. The Science of the Total Environment，2022，853：158620

[72] Quilliam R S，Deluca T H，Jones D L. Biochar application reduces nodulation but increases nitrogenase activity in clover[J]. Plant and Soil，2013，366（1-2）：83-92.

[73] Amonette J E，Joseph S D. Characteristics of biochar：Microchemical properties[J]. Journal of the Party School of Shengli Oilfield，2009，7（6）：1649-1654.

[74] Cen R，Feng W Y，Yang F，et al. Effect mechanism of biochar application on soil structure and organic matter in semi-arid areas[J]. Journal of Environmental Management，2021，286：112198.

[75] Plaza C，Giannetta B，Fernandez J M，et al. Response of different soil organic matter pools to biochar and organic fertilizers[J]. Agriculture Ecosystems & Environment，2016，225：150-159.

[76] Zimmerman A R. Abiotic and microbial oxidation of laboratory-produced black carbon（biochar）[J]. Environmental Science & Technology，2010，44（4）：1295-1301.

[77] Dong X L，Singh B P，Li G T，et al. Biochar application constrained native soil organic carbon accumulation from wheat residue inputs in a long-term wheat-maize cropping system[J]. Agriculture Ecosystems & Environment，2018，252：200-207.

[78] Kuzyakov Y，Subbotina I，Chen H Q，et al. Black carbon decomposition and incorporation into soil microbial biomass estimated by ^{14}C labeling[J]. Soil Biology & Biochemistry，2009，41（2）：210-219.

[79] Spokas K A，Koskinen W C，Baker J M，et al. Impacts of woodchip biochar additions on greenhouse gas production and sorption/degradation of two herbicides in a Minnesota soil[J]. Chemosphere，2009，77（4）：574-581.

[80] 朱鹤健，何绍福. 农业资源开发中的耦合效应[J]. 自然资源学报，2003（5）：583-588.

[81] 何绍福. 农业耦合系统的理论与实践研究[D]. 福州：福建师范大学，2005.

[82] 付强. 数据处理方法及其农业应用[M]. 北京：科学出版社，2006.

[83] 付强，赵小勇. 投影寻踪模型原理及其应用[M]. 北京：科学出版社，2007.

[84] Holland J H. Genetic algorithms and the optimal allocation of trials[J]. Siam Journal on Computing，1973，2（2）：88-105.

[85] 都耀庭. 聚类分析法在高寒草甸生态系统健康评价中的应用：以青海玉树县为例[J]. 土壤通报，2014，45（2）：307-313.

[86] 王小艳，冯跃华，李云，等. 基于主成分和聚类分析的村域稻田土壤肥力评价[J]. 中国农学通报，2014，30（33）：46-50.

[87] 王秀萍，张国新，鲁雪林，等. 河北沿海区耕地土壤质量综合评价[J]. 中国农学通报，2013，29（30）：136-142.

[88] 贠平，杨婷，李晓龙，等. 陆地棉耐涝相关性状主成分及聚类分析[J]. 湖北农业科学，2015，54（22）：5520-5524.

[89] 高宇. 季节性冻土区施加生物炭对农田土壤水热及碳氮过程的调控机理研究[D]. 哈尔滨：东北农业大学，2021.

第十章 农田土壤冻融过程及生境效应
理论发展问题与展望

第一节 农田冻融土壤水土环境研究的重要发现

土壤冻融循环伴随着土壤能量传递交换、水分相变迁移以及溶质扩散转化等过程。冻融土壤的水、热、养分变异作为自然界能量循环的重要环节，在农业水土资源优化配置、作物高效增产等方面占有重要的地位[1-3]。因此，本书以我国东北松嫩平原典型黑土区为研究对象，开展气候变化条件下农田土壤冻融过程相关基础理论和应用技术研究，探究农田冻融土壤生境健康调控理论和调控模式，以期为季节性冻土区合理利用冻土水-融雪水资源、保障农业持续发展提供理论依据和技术支撑。近十年来，研究团队在区域农业水土资源复合系统分析理论与方法、冻融土壤水热迁移及耦合作用机理、寒区农田水热循环与生态环境效应等方面取得了突出的成果，创新并且完善了寒区农业水利的基础理论与应用研究体系。

一、冻融土壤结构演变及理化特性响应机制

首先，基于田间原位试验，分析了生物炭施加在冻融前后对土壤结构组成、分布及稳定性等物理特性的影响，揭示了生物炭在冻融作用的影响下对土壤物理特性的响应机制。其次，分析了不同时期施加生物炭对土壤结构组成、分布及稳定性的影响，揭示了改善土壤结构的响应机制。然后，探究了不同时期施加生物炭土壤胀缩模式的差异程度及主要驱动因素。并以此为基础，探究了生物炭对土壤导水、导热、导气性能的影响。最终探索出一种高效合理的施加方式，其不仅能改善土壤结构，而且能够满足土壤水分的稳定供给需求。

（一）土壤团聚体和土壤孔隙的演变规律

生物炭具有丰富的有机质和孔隙结构，提升了土壤颗粒之间的黏结力和吸附性，有效抑制了土壤团聚体的破碎，增加了土壤大中粒径团聚体比重，提高了土壤结构稳定性。生物炭的施加可降低土壤固态所占比例，进而改善土壤结构。结合土壤总孔隙度发现，过高的施炭量会导致土壤结构过于松散。生物炭的施加降低了土壤体积密度，同时显著降低了土壤极微孔径所占比例，增加了土壤其余孔径所占比例。此外，季节性冻融作用会抑制土壤发生垂直方向的收缩变化，而生物炭的施加在冻融前后不仅会抑制土壤在垂

直方向的变化，而且会减少土壤在水平方向的收缩。生物炭的施加提高了土壤较大孔径比例，且生物炭自身性质及其对土壤结构稳定性的影响间接抑制了土壤膨胀现象的发生。

（二）土壤导水、导热、导气性能的变化特征

生物炭对土壤水分特性的影响受生物炭施加时期、生物炭施加量以及土壤结构的综合影响。生物炭施加增强了土壤孔隙的储水能力，土壤孔径分布及孔隙度的增加改善了土壤保水能力。另外，生物炭的内部孔径也可保持水分，从而提高土壤的储蓄水能力。从炭-土混合层平均液态含水量发现，并非所有施炭处理均能增加土壤含水量，只有在合理的时期施加适宜的生物炭才可以满足土壤水分的稳定供给需求。同时，生物炭降低了冻结土壤导热率和热扩散率，减缓了土壤温度的变化幅度和波动范围。另外，土壤气体扩散不仅受到土壤总孔隙度的影响，还受到孔隙特征，如孔径分布、孔隙连通性的影响。生物炭和秸秆联合施加有效调控了土壤的颗粒组成和孔隙分布，有效抑制了土壤通气性的波动。

二、冻融土壤能量传输水热盐协同运移机制

受环境驱动作用的影响，土壤在冻融循环过程中伴随着水热的运移及能量的交换传递作用。根据土壤水热的相变、迁移过程，核算了土壤能量收支平衡量值，分析了能量传递转化在空间尺度的变异效果。同时，通过分析冻融土壤结构破坏、土体形变过程对土壤持水能力、热传导效应及盐分游离释放的作用效果，揭示了土壤水热参数演变机理及盐分时空分异特征。此外，基于冻融土壤水热盐协同运移效应，通过复杂性理论及方法系统地分析了土壤水分相变与温度扩散之间的动态平衡效应，深入挖掘了冻融作用下土壤水热特征参数的环境响应效果。

（一）大气-雪被-冻融土壤系统水热能量协同作用机制

将大气-覆被-农田土壤视为一个复合系统，研究大气与雪被、雪被与冻融土壤之间的水热协同关系与能量传递，进而揭示水热能量在大气、雪被和冻融土壤之间的协同作用机制。积雪的低导热性和高反射率阻碍了环境累积负积温对土壤冻结过程的影响，其绝缘效应有效地增强了土壤水热变异的稳定性，降低了土壤冻结指数与环境积温之间的吻合度。在冻融循环过程中，土壤水热与环境气象因子之间存在着较强的关联性效果。其中，环境温度、总辐射对于土壤温度变异的驱动指数影响较大，而环境湿度和饱和水汽压与土壤含水量之间的相关关系较强。伴随着积雪协同覆盖处理，其阻碍了土壤水热与环境之间的水热交换效果，土壤水热与主要响应的环境气象因子之间的关联度逐渐降低。

（二）冻融土壤水热盐协同效应理论及过程模拟

土壤冻结过程中，在温度梯度的驱动作用下，土壤水分向地表聚集；而秸秆的覆盖

作用减缓了土壤的冻结趋势，促进了水分的迁移效应。而融化期，秸秆的吸水性以及生物炭的持水性有效地提升了土壤水分含量，调节了土壤墒情效果。土壤水分的迁移为盐分的扩散提供了有效载体。冻结期，在秸秆覆盖处理条件下，土壤缓慢冻结为土壤盐分提供了更多的运输通道，有效地促进了盐分的扩散。而在融化期，秸秆的储水性以及生物炭的强电解性提升了土壤离子的交换作用，促进了土壤盐分的淋洗；并且随着土层深度的增加，土壤水分迁移与盐分扩散的协同效果减弱。SHAW 模型对不同积雪覆盖条件下土壤温度变化进行模拟，整体效果良好，创新性地构建了土壤水热耦合互作函数，有效解释了冻结期土壤液态水相变转化及融化期积雪产流入渗情景模式下土壤水热变异关联效果。

（三）冻融土壤水热复杂性特征

通过采用基于小波变换的信息量系数法、近似熵、符号动力学以及小波分形等复杂性测度理论和方法，对雪被农田土壤复合系统不同深度以及不同处理下的土壤含水量和温度序列进行复杂性测算，发现表层土壤含水量受各种因子影响最大，其土壤水量结构复杂性相对较强；表层土壤温度与大气接触密切，受到较多太阳辐射的影响，能量交换和传递也比较剧烈，导致其具有较强的复杂性。而深层土壤由于仅能通过表层土壤获取能量，其复杂性相对较弱。由土壤水热变异的复杂性可知，不同冻融时段内，积雪的吸收、存储、反射能量在一定程度上改变着土壤水热复杂性动态规律。在土壤水热复杂性空间变异中，快速冻结期和融化期，各种覆盖处理均表现出随土层深度增加，复杂性减弱；而在稳定冻结期，不同处理条件下土壤垂直剖面均存在一个分维数峰值，并且随着积雪和秸秆覆盖的增加，峰值层面逐渐提升。

三、冻融土壤碳氮循环及土壤环境演变机理

冻融作用是寒冷生态系统土壤碳氮循环过程的重要驱动力，通过影响土壤理化性质及生物性状对陆地生态系统碳氮元素迁移转化过程产生深刻影响。基于田间原位试验，分析了土壤水、热迁移转化规律及碳、氮时空演变特征，进而实现了土壤水热状况与土壤碳氮矿化能力响应关系的定量表征。同时，明晰了冻融循环作用下土壤碳氮元素循环转化过程内在作用机制，提出了土壤水热环境与土壤养分矿化过程信息响应模式的有效诊断方法，为土壤生物地球化学过程健康调控提供了理论参考。

（一）土壤水、热变异与碳、氮矿化信息的交互作用

冻结作用导致土壤中能量散失，土壤中温度场空间分布发生变化，进而影响了土壤水分的迁移。冻融循环影响了土体内部结构及水分分布状况，促进了土壤可溶性有机碳和有机氮的释放，进而改变了土壤碳、氮矿化速率及温室气体排放通量。突破性考虑了土壤中温室气体排放通量与土壤水分、温度以及碳氮元素的响应关系，建立了土壤水热

环境与养分循环之间的耦合过程传递函数模型，进而清晰地阐述了农田土壤温室气体排放的环境响应机理。与此同时，揭示了土壤碳氮矿化速率对于土壤水热环境的响应关系，定量描述了土壤碳氮循环转化对于环境的传递效应，阐述了冻融土壤水热特征对养分循环转化的关联效果，提出了土壤碳、氮元素矿化过程动力学原理定量表征方法，为土壤生物地球化学过程健康调控提供了理论参考。

（二）冻融条件下土壤水土环境演变机理与驱动机制

在冻融过程中，秸秆覆盖调控作用有效地抑制了土壤能量的散失，同时，相对稳定的水热环境在一定程度上维持了土壤微生物的活性，进而抑制了土壤脲酶活性的降低。土壤氮素矿化速率与土壤水分、温度及脲酶活性具有显著的相关关系。在冻结期，秸秆保温效果显著地提升了土壤氮素矿化速率与土壤水、热、脲酶之间的相关关系。此外，随着冻结程度的增大，土壤水、热、脲酶水平降低。而在融化期，生物炭与秸秆调控作用下的土壤环境能够较好地满足氮素转化需要，土壤氮素矿化速率与土壤水、热、脲酶之间的相关性增强。土壤有机碳矿化速率也受到土壤温度、水分以及转化酶活性的显著影响。在冻结期，随着土壤温度、水分和酶活性水分的下降，二者均表现出显著降低的趋势，然而覆盖调控作用提升了二者之间的相关性。而在融化期，随着土壤水热环境的改善，土壤碳素矿化速率显著提升，并且在生物炭与秸秆覆盖处理条件下其效果最为显著。

四、作物生理生长状况及最佳调控模式优选

基于冻融期作物生境健康恢复机理，通过对大豆根区土壤进行分类取样，明确了施加生物炭对大豆根区不同类别土壤养分迁移转化过程的影响，揭示了生物炭对大豆根区土壤生境状况的协同演变机理。同时，分析不同调控模式下作物生境对春季作物出苗率、株高、作物产量等生理指标的影响，筛选影响春季作物生境健康的关键性因子，建立不同调控模式与作物生境健康关键因子之间的联系方程。通过综合评价不同调控模式对作物生境健康的调控效果，提出农田土壤冻融期作物生境健康的最佳调控模式。

（一）外源介质对农田作物生长发育状况的影响效应

基于野外田间试验，采用田间实测数据值，分析了大豆冠层全生育周期不同生物炭调控模式下农艺性状指标的时空变异规律，探索了生物炭施用对大豆生理过程的影响效应。生物炭的施用能够显著提高大豆株高，加速植物代谢过程。当生物炭的施用量达到 $12\,kg/m^2$ 时，不仅不利于植物叶片的生理活性，而且会降低大豆根系的稳固性，进而降低植株的抗逆性。此外，借助野外盆栽试验，分析了生物炭与化肥混合施用对土壤有机碳、土壤无机氮等作物生长微环境的影响，明确了作物生理指标与作物养分之间的协同关系。生物炭与化学肥料混合施用还具有提升大豆株高、茎粗、叶片氮素含量、SPAD 的效果，

在二者的交互作用下，还能够增加大豆的粒重与结荚数，提高氮肥偏生产力以及氮肥的
农学利用率。

（二）外源介质对农田土壤生境健康调控的最佳模式

将生物炭施入土壤后，所形成的"炭-土复合体"增加了农田土壤的复杂性。梳理野
外田间试验所测定的作物农艺性状指标、作物根系形态指标、根区土壤养分指标、根区
土壤结构指标、根区土壤水热指标以及作物产量指标的相关数据，构建了 RAGA-PPC 农
田土壤环境评价模型，丰富并完善了农田土壤环境评价的技术理论研究体系，提出能够
改善农田土壤环境的最佳生物炭调控模式。对比同等生物炭施用梯度下的其他施用方式，
春秋混施处理下的生物炭调控模式的效果较好，分批次施加生物炭或许能够对农田土壤
起到更好的调控效果。综合考虑模型的运行结果，最终确立 9 kg/m^2 的生物炭施用梯度下
的春秋混施处理为改善农田土壤环境的最优生物炭调控模式。

第二节　农田冻融土壤生态过程的核心问题与挑战

一、农田冻融土壤水资源高效利用

积雪是寒区重要的淡水补给来源，冬季降雪量调控着春播期土壤墒情状况。在季节
性冻土区，春季未融通的冻土层会阻碍融雪水的入渗，易出现上层滞水，形成春季涝渍
灾害，影响正常农业生产活动的进行。随着全球气候变暖日趋严重，水资源空间分布不
平衡的问题逐渐凸显[4]，区域旱涝灾害频发[5]。黑龙江省是我国农业与畜牧业的主要功能
区，在水资源的利用中存在农业用水消耗量大、利用率低等问题，且随着作物种植结构
调整与农业现代化发展的需求，水资源供需矛盾进一步加剧[6]。因此，预测未来水资源供
给变化，合理高效利用融雪水资源，优化农业用水模式，关系我国农业水资源的供给平
衡和可持续利用。

（一）寒区生态水文过程原理

区域水文循环过程是人类活动和气候变化综合作用的结果[7, 8]。随着全球气候变暖，
不同区域水资源和水环境问题日益凸显，并且全球气候变暖对寒区生态水文过程产生强
烈的影响。寒区水文循环主要包括降水、蒸散发、产汇流、入渗及其与周围环境的交互
过程，是寒区农田土壤物质迁移与能量传输的重要方式。近年来，寒区生态水文过程已
经成为当今水文和大气科学等学科研究的主要方向。相关学者以不同时空尺度分析全球
气候变化和人类活动对水资源和水环境的影响[9, 10]，最终证实，在长时期内气候变化对流
域水文水资源的影响显著，而在短时期内人类活动是生态水文变化的主要驱动因素[11]。

冻融土壤水分迁移受土壤内部各种动力势能综合作用影响，取决于控制水分的势能
变化，包括土粒对水分的吸引力、水的表面张力、重力、渗透压和水汽压等。而冻融土

壤内水分迁移涉及热量和质量流的相变耦合过程，主要取决于温度控制下的水分相变程度与土水势梯度[12, 13]。在寒区水文过程中，季节性积雪与冻土的消融状况极易影响土壤水分运动[14]。积雪覆盖地表时，大量水分以积雪的形式存在于土壤表面，直接影响水分的分布与迁移过程。由于积雪具有较高的反射率和较低的导热率，控制着土壤温度、湿度与冻融状态，关系大气-土壤界面的能量交换过程[15]。此外，冻土的不透水性、蓄水调节作用和抑制蒸发作用，从性质上改变了包气带厚度和土壤水分运动规律，破坏了寒区陆面-大气系统中水循环与平衡过程，进而影响整个生态系统格局[16]。

融雪水资源作为寒区农田冻融土壤重要的水分来源补给，同时也是农田涝渍灾害的主要成因。在积雪融化过程中，冻土夹层的存在，导致融雪水入渗缓慢；大部分融雪水形成径流，滞留于土壤表层，产生土壤涝渍灾害现象；且冻土将伴随整个融雪水入渗过程，直至冻土完全融通[17]。此外，冻土的入渗能力也受到土壤孔隙结构、冻层位置的影响[18]。冻土中存在不同粒径的孔隙，大孔中水分的冻结增加了水分入渗路径的弯曲度，阻碍了液态水在毛孔中的流动，并且大孔径内的水冻结速率较快，融化过程又表现出滞后性，造成冻土的渗透能力明显下降。因此，有效揭示融雪入渗过程曲线及水分传输原理，创建融雪入渗-产流临界阈值识别方法，降低寒区农田融雪涝渍灾害风险，提升冻融土壤水文循环调控能力及水资源利用效率是未来寒区冻土水分发展的核心问题。

（二）寒区农田水资源高效利用技术瓶颈

在冻融循环条件下，高寒区农田土壤冻结层演变过程导致水热环境变化具有较强的复杂性与特殊性[19]。春季作物出苗期，土壤融冻水或融雪水由于冻层顶托作用形成临时滞水，导致作物根系土壤水分过饱和，引发农田涝渍灾害，"烂根""腐根""死苗"等现象时常发生，严重影响了作物出苗率和生育期生长状况[20]。冻结土壤上层滞水容易引发产汇流现象，致使融雪水无效流失。与此同时，春季融雪水产流将对冻融土壤产生冲刷和侵蚀，导致土壤养分流失[21]。另外，春旱已经成为春季农业生产的重要限制性因素，对作物出苗和幼苗生长造成了严重危害。然而，高寒地区特殊的气候条件给土壤冻结层位置的动态监测带来了挑战，很难确定冻融条件下农田土壤冻结层位置及动态变化规律，因此如何有效识别寒区农田土壤冻结层位置是亟待突破的技术瓶颈。

为了更好地揭示农田土壤冻融过程水文循环作用机制，应该着重考虑寒区融雪型水分补给效应的特殊性。同时，需要突破以地下水位变化为边界条件的传统研究模式，准确识别春季农田土壤冻结层位置，合理率定不同作物融雪型涝渍灾害发生的关键阈值，进而完善寒区春季涝渍灾害预警技术理论体系。未来的研究中需要将探地雷达等相关仪器实测冻融土壤水热数据与理论分析相结合，采用统计学中的方差、极差和变异系数等特征参数以及逻辑斯蒂曲线等方法，构建农田冻融土壤水热变异耦合方程，通过求解变异耦合方程极值点实现对农田土壤冻结层的准确定位，进而实现寒区农田水资源健康可持续调控利用，为保障寒区水安全、粮食安全及生态安全提供水利科技支撑。

二、农田冻融水文过程伴生环境效应

近年来，对土地资源的过度开发导致土壤退化、土壤污染和水土流失等问题日趋严峻[22]。健康的农田水土环境是农业发展的重要基础，实现农业生产与水土环境保护相协调是当前十分迫切的任务。同时，春季融水产流对冻融土壤产生冲刷和侵蚀影响，加剧了水肥流失效应。因此，缓解春季涝渍灾害及黑土养分流失对农田土壤水土环境带来的负面影响，保障季节性冻土区春季农事活动的正常开展，对于实现我国粮食产能稳步提升具有重要的实践意义。

（一）寒区农田土壤环境演变机理

健康的土壤环境对于确保农田生态系统良性发展至关重要，不合理开发与利用农田资源将导致土壤质量严重退化。全球约 15%的农田土壤表现出土质退化现象，其中达到重度退化程度的土地面积约为 1.3×10^8 hm²[23, 24]。土壤退化导致土壤肥力流失速度远超过自然调节能力，土壤养分呈现逐年亏缺状态，严重制约粮食产能提升[25]。特别是在高纬度与高海拔地区，土壤水分受环境温度变化影响发生相变，破坏土壤机械结构，引起土壤渗透率、导水率等指标发生变化，土颗粒在重力与径流的作用下产生迁移和累积，加重土壤养分流失[26]。相关研究表明，黑土层厚度由开垦初期的 60～70 cm 下降到 20～30 cm，平均每年流失表土 0.3～1.0 cm，严重威胁农业的可持续发展[27]。过度的农业开发与长期高强度利用，导致土壤生产力逐年下降，耕作层变浅、犁底层变硬等问题日趋严重，东北黑土区由生态功能区逐步转变为生态脆弱区[28]。综上，东北地区是全国最大的粮食生产基地，在全国粮食生产重心"北进东移"的背景下，如何抑制土壤退化状况，提高农业综合生产力是现代化农业发展进程中亟待解决的重大难题。

土壤冻融循环过程是农田土壤盐渍化发生、发展和演变的主要驱动力。水分作为盐分的运输载体，影响水分迁移的因素也会影响盐分的迁移。因此，温度差异、未冻水含量和土水势也是探究冻融土壤中水盐运移的重要因素[29]。东北地区受冻融作用的影响，水分和盐分会发生"二次"迁移，加重盐渍化危害。在土壤冻结过程中，由于势能差的存在，土壤盐分随水分向冻层运移，累积于冻层内。在融化期，土体内部水分向地表运移并蒸发，冻结期间累积于该层中的盐分也迅速向表层聚集，致使表土含盐量急剧增加，导致水分和盐分发生二次迁移[30]。据统计，东北地区约 18.8%的土壤受盐渍化危害的影响，且盐渍化土壤面积仍不断扩大，重度盐渍化土壤面积每年以 1.4%～1.5%的速度扩展[31]，土壤退化程度不断加剧，生态环境面临严重威胁[32]。

另外，随着工农业的快速发展，土壤污染问题不断加剧，且污染来源多样，主要分为有机物污染和无机物污染两大类[18]。其中，土壤有机污染主要由有机肥料、农药及污水灌溉引起，具有持久性和高毒性等特点。无机污染主要为盐类、重金属污染，具有多源性、长期性和不可逆性等特点[33]。当土壤中含有的有害物质超过土壤的自净能力时，土壤的组成、结构和功能会发生变化，有害物质或其分解产物在土壤中逐渐积累，通过直接接触、食物链等方式对人体健康产生威胁[34]。在季节性冻土区，积雪作为一种特殊介质层，不仅是气候系统的关键组成部分，也是季节性冻土区重要的生态因子。在冬季降雪过程中，大气悬浮的粉尘粒子、有害气体、重金属粒子、有机污染物等会伴随降雪降落在土壤、河流表层[35]。当春季气温回升，土壤、河流解冻时，融雪水携带的污染物会入渗到土壤和河流中，游离态的污染物会随着水分向更深层迁移扩散。而在土壤水分蒸发过程中，地表水降低，深层水分不断补给地表水，所携带的污染物在土壤表层逐渐富集。此外，冻土层的存在会抑制土壤水分入渗，延长污染物在表层土壤的存留时间，导致其代谢为毒性更强的化合物。值得注意的是，土壤团粒作为土壤内物质循环的关键载体，对于土壤内物质扩散与迁移具有重要作用，但冻融循环作用会破坏土壤团粒结构，改变土壤颗粒的吸附能力，导致污染物二次释放，加重土壤和河流的污染情况[36]。

（二）寒区农田土壤环境健康调控模式

由于长期大规模的开垦、高强度的集约利用以及多年的冻融作用，土壤物理结构破坏严重、耕作层变薄变硬、污染物累积富集等问题日益加重[37]。此种背景下，通过干预调控，有效缓解春季涝渍灾害及土壤养分流失对农业生产活动的影响，对于寒区农业水土资源高效利用及黑土生境保护模式构建具有重要意义。根据农田土壤冻融过程水文效应、污染物迁移和碳氮循环过程等基础理论，通过采取施加生物炭、秸秆还田及深翻等农艺措施，干预农田土壤冻融过程，进而实现对作物生境的健康调控。

然而，外源介质与冻融过程如何有机耦合，其能否改变或影响水文效应、水热过程、污染物迁移和碳氮循环等环节，适宜的生物炭施用量、秸秆粉碎长度、翻耕深度及其组合模式始终是生产实践中的难题。因此，通过外源介质调控农田土壤冻融过程，获取各种干预措施的最佳组合模式，已经成为调控农田作物生境、合理利用寒区农田土壤水热资源的关键所在。但现有寒区作物生境健康调控模式研究尚未形成理论体系，很难准确回答"各种干预措施调控效果如何"和"如何实现各种干预措施的最佳耦合调控"等具有重要现实意义的问题。未来研究需从空间尺度和时间尺度上分析作物生境健康指标变化规律，构建不同生境健康调控模式与作物生理特性之间的耦合模型。另外，收集长周期原位试验监测数据，构建多元指标体系数据集，通过人工机器学习方法，确定外源介质调控临界阈值，可为提升农田水-热-肥利用效率、优选农田作物生境健康生产模式提供理论与技术支撑。

第三节　农田冻融土壤生境健康调控的未来展望

在全球气候变暖的背景下，寒区农田水土环境与作物生长之间的矛盾日益凸显，区域粮食安全、资源安全及生态安全受到了严重威胁。农田土壤冻融期生态水文效应与作物生境健康调控已经成为寒区生态水文学、积雪水文学、农业水土工程及相关交叉学科领域的研究热点[38, 39]。目前，农田尺度土壤冻融过程水热传输、积雪消融过程及涝渍成因、生态环境效应及健康调控等方面的理论基础和相关模型还比较薄弱，特别是农田土壤环境改良技术体系构建及智能化动态过程模拟较为欠缺[40,41]。因此，探究寒区农田冻融土壤水养互作机制，构建区域农业水土资源环境健康协同演变的调控技术是冻融土壤生境调控未来发展的两个重要方向。

一、寒区农田冻融土壤水养耦合互作机制

季节性冻土区特殊的气候条件影响着土壤水土环境演变趋势，进而决定了土壤生物化学过程及养分补给状况。东北黑土地退化、有机质的减少直接影响了作物的生长及产量，使得寒冷地区粮食产能提升和农业的可持续发展受到了制约[42]。基于现有问题，需要基于"点-线-面"研究尺度，构建区域农业水土资源环境健康协同演变的理论体系。采用室内情景模拟，探究冻融循环对土壤水热养演变过程的驱动机理；在野外田间尺度揭示雪被-农田土壤系统溶质迁移转化过程；从区域评价尺度上揭示土壤冻融生态协同转化及其伴生效应。

（一）基于点尺度室内模拟探究冻融土壤水养传输驱动机理

针对不同农田土壤类型、土壤含水量、土壤容重等控制因素，依托室内冻融模拟试验研究，借助核磁共振技术、超分辨成像技术、同步辐射技术等微观表征方法，系统分析变化情景模式下土壤物理结构、水热迁移、养分循环等过程演变规律，准确识别气候变化、下垫面环境、土壤质地等对土壤水热养迁移转化的驱动机理。在相关理论研究的基础上，进一步完善水热养耦合运移过程原理，构建冻融土壤水热养迁移转化响应函数，实现冻融土壤水分迁移相变及养分释放转移与环境关系的定量表征。研究预期成果目标旨在完善冻土物理学和冻土水文学、拓展冻融土壤水动力学等理论。

（二）基于线尺度田间试验揭示冻融土壤水养协同运移转化过程

对于不同外源介质、耕作方式、作物种植结构等调控措施，进行田间小区原位监测试验，开展不同调控模式下大气-积雪-土壤之间水热能量传输机制及养分循环效应研究。基于原位监测、样品采集及调研数据等基础资料，识别冻融土壤水热养过程敏感性环境因子，率定冻融土壤水热养耦合迁移模型关键参数，动态模拟冻融土壤水热养多维传输过程。在此基础上，剖析冻融土壤结构变化对溶解性碳、氮、磷释放驱动机制，阐述土壤养分矿化循环对冻融循环过程的响应机制。研究预期成果对于提升寒区土壤肥力修复、增强春季土壤保墒、提高水肥利用效率具有重要的理论和实践价值。

（三）基于面尺度空间预测冻融土壤生态演变及环境伴生过程

在区域冻深、积雪和植被遥感数据的基础之上，利用地理信息系统（GIS）和空间自相关分析方法探究冻土、积雪和植被的空间变异及格局分布规律。通过诊断遥感监测数

据与实测土壤冻融过程、积雪特性指标、植被覆盖率之间的量化关系，建立大气-覆被-土壤之间的生态协同效应模型，进而模拟不同大气、环境、植被情景模式下的区域冻土的分布及土壤环境演变过程。此外，完善复杂性识别基础理论及其应用研究体系，从区域尺度评价土壤冻融生态协同原理及其环境伴生过程，优化区域农业水土资源高效配置及管理模式。研究预期成果将有助于从宏观尺度预测寒区农田冻融土壤水热环境演变趋势，为实现未来变化气候条件下冻融土壤生态过程调控提供理论支撑。

二、寒区农田冻融土壤健康调控技术体系构建

农业水土环境健康评估与改良是现代农业高质量发展的重要环节，对于优化土壤水土环境状况、提高粮食稳步增产具有重要意义。探索农业水土环境监测与调控管理技术，合理优化区域水土资源高效利用，是实现资源可持续利用和粮食产能新突破的迫切需求[43]。基于现有问题，需要积极探索农业废弃物资源化处理路径，不断改良作物生育环境，同时构建寒区黑土低碳减排生产模式。

（一）寒区农田作物生境健康调控模式探索

基于黑土区农业废弃物区域分布特征及还田方式，探究微生物催化腐殖质生成的作用原理，揭示农业废弃物资源化还田处理对黑土有机质正效应调控机制。监测农业废弃物资源化还田模式下土壤结构转变过程，探究土壤结构转变与土壤保墒储热性能交互作用关系，阐述土壤养分协同迁移转化机制原理，定量表征土壤水-气-热-养分对农业废弃物还田模式的响应关系。结合黑土区作物生境改良评估指标体系，构建寒区农田作物全生育周期健康调控的决策宏系统，为黑土区作物生境改良决策提供理论支撑。结合系统性、典型性、动态性、科学性等原则，构建多目标、多尺度、多参数的综合评价模型，对土壤改良效果进行多目标综合评价，不断改良寒区黑土农田水土环境健康可持续的调控模式。

（二）寒区农田土壤固碳减排技术体系构建

开展不同条件下土壤碳汇机制研究，包括土壤碳汇转化的影响因素、作用机理、过程机制及固碳效应，重点挖掘土壤结构转化、水热变异、肥力提升对碳素排放的驱动作用，加强土地利用生命周期过程的土壤碳排放和碳汇核算及其效率变化的机制研究。努力调整生产结构，优化生产模式，转变传统生产方式，应用土壤固碳技术，加强保护性耕作、秸秆还田、有机肥和生物炭利用等固碳措施，增强生态系统和土壤固碳容量和效率。此外，注重化肥、农药减量施用技术、节水灌溉技术、减排新材料应用等减排技术利用，进而实现碳捕获和碳储存，助力黑土资源可持续利用，这也是实施"藏粮于地、藏粮于技"的迫切需要，是巩固提升粮食产能、端稳中国饭碗的重要基础。

另外，对于土壤冻融过程及生境效应的解析与探索，需要将水文学与水资源、农业

水土工程、环境科学及材料科学与工程等多学科领域技术体系交叉融合，提升学科互补性与延伸性，构建基于实时信息传递和反馈调整的集成系统，通过传统理论研究方法与改进的混合人工智能算法相结合，精准解析冻融土壤水热环境演变过程多目标、多约束、多变化等特征问题。

参 考 文 献

[1] 郑秀清. 水分在季节性非饱和冻融土壤中的运动[M]. 北京：地质出版社，2002.

[2] 程红光. 季节性冻融区农田土壤氮素输移与负荷特征研究[M]. 北京：科学出版社，2014.

[3] 尚松浩. 土壤水分模拟与墒情预报模型研究进展[J]. 沈阳农业大学学报，2004（Z1）：455-458.

[4] Gray V. Climate change 2007：The physical science basis summary for policymakers[J]. Energy & Environment，2007，18（3-4）：433-440.

[5] Wang Y B，Liu D，Cao X C，et al. Agricultural water rights trading and virtual water export compensation coupling model：A case study of an irrigation district in China[J]. Agricultural Water Management，2017，180：99-106.

[6] Liu D，Qi X C，Fu Q，et al. A resilience evaluation method for a combined regional agricultural water and soil resource system based on Weighted Mahalanobis distance and a Gray-TOPSIS model[J]. Journal of Cleaner Production，2019，229：667-679.

[7] Ficklin D L，Luo Y Z，Luedeling E，et al. Climate change sensitivity assessment of a highly agricultural watershed using SWAT[J]. Journal of Hydrology，2009，374（1-2）：16-29.

[8] Wu Y P，Liu S G，Abdul-Aziz O I. Hydrological effects of the increased CO_2 and climate change in the Upper Mississippi River Basin using a modified SWAT[J]. Climatic Change，2012，110（3-4）：977-1003.

[9] 徐学祖，王家澄，张立新. 冻土物理学[M]. 北京：科学出版社，2001.

[10] 李昌峰，高俊峰，曹慧. 土地利用变化对水资源影响研究的现状和趋势[J]. 土壤，2002（4）：191-196，205.

[11] 刘剑宇，张强，陈喜，等. 气候变化和人类活动对中国地表水文过程影响定量研究[J]. 地理学报，2016，71（11）：1875-1885.

[12] 郑冬梅. 松嫩平原盐渍土水盐运移的节律性研究[D]. 长春：东北师范大学，2005.

[13] Zheng X Q，van Liew M W，Flerchinger G N. Experimental study of infiltration into a bean stubble field during seasonal freeze-thaw period[J]. Soil Science，2001，166（1）：3-10.

[14] 侯仁杰. 冻融土壤水热互作机理及环境响应研究[D]. 哈尔滨：东北农业大学，2016.

[15] 吴青柏，沈永平，施斌. 青藏高原冻土及水热过程与寒区生态环境的关系[J]. 冰川冻土，2003（3）：250-255.

[16] Li Q，Sun S F. Development of the universal and simplified soil model coupling heat and water transport[J]. Science in China Series D-Earth Sciences，2008，51（1）：88-102.

[17] 杨金明，李诚志，房世峰，等. 新疆地区季节性融雪洪水模拟与预报研究[J]. 新疆大学学报（自然科学版），2019，36（1）：80-88.

[18] 樊贵盛，贾宏骥，李海燕. 影响冻融土壤水分入渗特性主要因素的试验研究[J]. 农业工程学报，1999（4）：88-94.

[19] Gao D C，Bai E，Yang Y，et al. A global meta-analysis on freeze-thaw effects on soil carbon and phosphorus cycling[J]. Soil Biology & Biochemistry，2021，159：108283.

[20] Li Y L，Fu Q，Li T X，et al. Snow melting water infiltration mechanism of farmland freezing-thawing soil and determination of meltwater infiltration parameter in seasonal frozen soil areas[J]. Agricultural Water Management，2021，258：107165.

[21] Liu B，Ma R M，Fan H M. Evaluation of the impact of freeze-thaw cycles on pore structure characteristics of black soil using X-ray computed tomography[J]. Soil & Tillage Research，2021，206（5）：104810.

[22] Rodríguez-Eugenio N，McLaughlin M，Pennock D. Soil pollution：A hidden reality[R]. Food and Agriculture Organization of the United Nations，Rome，2018：142.

[23] 蒋睿奇. 不同积雪覆盖条件下季节性冻融黑土水热迁移数值模拟[D]. 哈尔滨：东北农业大学，2015.

[24] 孟祥志，刘艇，王继红. 我国黑土区水土流失研究综述[J]. 中国农村水利水电，2010（10）：36-38，41.

[25] 张瑞芳，王瑄，范昊明，等. 我国冻融区划分与分区侵蚀特征研究[J]. 中国水土保持科学，2009，7（2）：24-28.

[26] 刘宝元，阎百兴，沈波，等. 东北黑土区农地水土流失现状与综合治理对策[J]. 中国水土保持科学，2008（1）：1-8.

[27] 郭瑞，冯起，司建华，等. 土壤水盐运移模型研究进展[J]. 冰川冻土，2008（3）：527-534.

[28] 郗慧，何平. 不同冻结方式下盐渍土水盐重分布规律的试验研究[J]. 岩土力学，2011，32（8）：2307-2312.

[29] 张殿发，郑琦宏，董志颖. 冻融条件下土壤中水盐运移机理探讨[J]. 水土保持通报，2005（6）：14-18.

[30] 赵玲，滕应，骆永明. 中国农田土壤农药污染现状和防控对策[J]. 土壤，2017，49（3）：417-427.

[31] 蔡美芳，李开明，谢丹平，等. 我国耕地土壤重金属污染现状与防治对策研究[J]. 环境科学与技术，2014，37（S2）：223-230.

[32] 郑喜珅，鲁安怀，高翔，等. 土壤中重金属污染现状与防治方法[J]. 土壤与环境，2002（1）：79-84.

[33] 孙海宁. 季节性冻土区冻层融雪水分入渗规律研究[D]. 哈尔滨：黑龙江大学，2019.

[34] 王震. 施加生物炭对融雪期农田土壤中 Cu 和 Zn 的吸附-迁移调控机理研究[D]. 哈尔滨：东北农业大学，2021.

[35] 马畅，刘新刚，吴小虎，等. 农田土壤中的农药残留对农产品安全的影响研究进展[J]. 植物保护，2020，46（2）：6-11.

[36] 王镜然，帕丽达·牙合甫. 降雪和积雪中重金属的污染状况与来源解析：以乌鲁木齐市 2017 年初数据为例[J]. 环境保护科学，2020，46（1）：147-154.

[37] Lessmann M，Ros Gerard H，Young M D，et al. Global variation in soil carbon sequestration potential through improved cropland management[J]. Global Change Biology，2021，28（3）：1162-1177.

[38] 王根绪，张寅生. 寒区生态水文学理论与实践[M]. 北京：科学出版社，2016.

[39] 康绍忠. 农业水土工程概论[M]. 北京：中国农业出版社，2007.

[40] 孙菽芬. 陆面过程的物理、生化机理和参数化模型[M]. 北京：气象出版社，2005.

[41] 张念强，马建明，朱云枫. 分布式流域水文模型及其应用[C]. 中国水利水电科学研究院第九届青年学术交流会，2008.

[42] Fu Q，Zhao H，Li H，et al. Effects of biochar application during different periods on soil structures and water retention in seasonally frozen soil areas[J]. Science of the Total Environment，2019，694：133732.

[43] Hou R J，Qi Z Y，Li T X，et al. Mechanism of snowmelt infiltration coupled with salt transport in soil amended with carbon-based materials in seasonally frozen areas[J]. Geoderma，2022，420：115882.